苏北供水计量关键技术

SUBEI GONGSHUI JILIANG GUANJIAN JISHU

主　编◎陈锡林
副主编◎李太民　赵德友　司存友

河海大学出版社
HOHAI UNIVERSITY PRESS
·南京·

图书在版编目(CIP)数据

苏北供水计量关键技术 / 陈锡林主编. — 南京：河海大学出版社，2019.10
ISBN 978-7-5630-6142-6

Ⅰ. ①苏… Ⅱ. ①陈… Ⅲ. ①水文计算－研究－苏北地区 Ⅳ. ①P333

中国版本图书馆 CIP 数据核字(2019)第 243659 号

书　　名	苏北供水计量关键技术
书　　号	ISBN 978-7-5630-6142-6
责任编辑	曾雪梅
特约校对	彭　雪
装帧设计	徐娟娟
出版发行	河海大学出版社
地　　址	南京市西康路 1 号(邮编:210098)
电　　话	(025)83737852(总编室)　(025)83787103(编辑室) (025)83722833(营销部)
经　　销	江苏省新华发行集团有限公司
排　　版	南京布克文化发展有限公司
印　　刷	虎彩印艺股份有限公司
开　　本	787 毫米×1092 毫米　1/16
印　　张	26
字　　数	646 千字
版　　次	2019 年 10 月第 1 版
印　　次	2019 年 10 月第 1 次印刷
定　　价	178.00 元

《苏北供水计量关键技术》编委会

主　　编：陈锡林
副主编：李太民　赵德友　司存友
编　　委：(按姓氏笔画排序)
　　　　马余良　王业英　司存友　李太民
　　　　李明武　陈　靓　陈锡林　杭庆丰
　　　　赵德友　黄卫东　陈家大

参　　编：(按姓氏笔画排序)
　　　　马　悦　王聪聪　刘远征　胡　明
　　　　潘道宏
统　　稿：陈锡林
审　　稿：杨诚芳　芮孝芳　丁　强

各章编写人员

第1章　黄卫东　陈家大　李太民
第2章　杭庆丰　李太民　王业英
第3章　李太民　赵德友　杭庆丰
第4章　赵德友　司存友　王聪聪
第5章　司存友　赵德友　陈　靓
第6章　马余良　陈　靓　司存友
第7章　李明武　马余良　刘远征
第8章　王业英　马　悦　陈　靓
第9章　陈家大　黄卫东　李明武
第10章　黄卫东　李明武　刘远征
第11章　杭庆丰　潘道宏　马余良
第12章　王业英　胡　明　陈家大

序

20世纪末,江苏省苏北地区已初步建成以江水北调工程为骨干,通过多级水利枢纽连接长江、淮河、沂沭泗河,统筹调度多种水源的跨流域调水系统。其中江都抽水站为江水北调龙头,多年平均抽引江水33亿 m^3,所抽江水通过梯级泵站沿京杭大运河逐级提升,并经洪泽湖、骆马湖、微山湖等湖库调节,最终北送至苏北各地。江水北调工程于20世纪60年代初开始兴建,在防洪、除涝、灌溉、工业及城市供水、航运等方面发挥了重要作用,为苏北地区经济社会的发展做出了重大贡献,现已成为苏北经济社会可持续发展和环境改善的重大基础设施与保障条件。

江苏省地处南北气候过渡带,特定的气候条件和地理环境决定了全省降水量年际、年内变幅较大,区域分配不均匀,南丰北枯,特别是2000年以后,江苏省徐州、宿迁、淮安、连云港、盐城、扬州6市经济社会快速发展,苏北地区水资源紧缺矛盾十分突出。为解决用水矛盾,江苏省防汛抗旱指挥部不得不采取一系列强制性的行政措施,一方面命令江都抽水站开足机组,加大抽水量;另一方面要求沿输水主河道有关市、县政府控制用水,计划用水。在农业供水管理方面,大部分灌区仍采用传统粗放的管理方式,大部分干、支、斗供水渠首尚未安装供水计量设备和计量设施,灌溉用水时大灌大排,回归水未能得到有效控制和利用。要补齐供水计量短板,解决供水矛盾问题,根本途径就是要优化配置苏北地区水资源,逐步实行计划用水,按方收费,最终建立起权责明确、管理科学、适应社会主义市场经济要求的供水管理体制。为此,江苏省水文水资源勘测局结合苏北供水计量监测、科研和苏北地区水资源配置监控调度系统工程建设实践需要,开展了苏北供水计量关键技术研究工作。

苏北供水计量关键技术研究主要包括站网规划、监测技术、传输技术、处理技术等方面,前后持续10年时间,集中了江苏省水文系统10多位技术专家联合攻关,系统总结形成《苏北供水计量关键技术》一书。该书全面总结了苏北供水计量关键技术专题研究成果,内容丰富,研究成果扎实,实用性强,反映了当前供水计量前沿技术水平,是一部具有实用价值的书籍,难能可贵。

本书作者在多年工作积累的基础上,历时数载潜心研究,总结出版《苏北供水计量关键技术》,对于促进江苏省供水计量管理,乃至为南水北调东线、中线、西线工程供水管理提供技术支持,都具有重要意义。该书不仅是从事水文监测教学、生产、科研人员的重要参考书,对水利、交通、环保以及自然科学等相关专业的技术人员也不失为值得参考的读本。我相信,该书的出版将为广大水文工作者及相关领域的科技人员提供重要的指导。我为这本书的出版感到由衷的高兴,并感谢各位作者付出的辛勤劳动。

特撰此页,是为序。

2017年6月1日

前　　言

　　江苏省苏北地区位于长江、淮河下游,处于南北气候过渡带,降雨时空分布不均,当地水资源紧缺,洪涝旱渍碱多种灾害频发,水多、水少矛盾突出。新中国成立70年来,苏北地区水利规划不断优化、工程建设坚持不懈,已初步建成了具有防洪、除涝、灌溉、挡潮、降渍、调水等综合功能的水利工程体系及水资源监控调度运用体系,为苏北地区经济社会的快速发展提供了坚实的基础水利保障。

　　苏北地区是我国东部沿海经济带的重要组成部分,地属长三角经济区北翼,是沿海经济带与欧亚大陆桥经济带的交汇区域,"临港、沿线、依桥、托海"的地理区位优势明显。改革开放以来,苏北地区的经济基础明显增强,综合实力提升较快。农副产品、矿产、土地、海洋等资源丰富,是全国重要的商品粮、棉基地,是江苏省的重要矿产地。随着国际国内产业结构调整、区域性资源整合优化和长三角一体化进程的加快,苏北经济社会发展步入快车道,同时对作为国民经济和社会发展基础产业的水利、水资源的安全保障也提出了更高的要求。

　　20世纪50年代以来,由于缺乏严格、准确的供水计量,苏北地区水资源既紧缺又浪费的现象普遍存在。随着改革开放和经济社会的快速发展,用水需求不断增加,水资源供需矛盾日趋尖锐,尤其是干旱年份的农业大用水季节,各地"争水"现象尤为突出。20世纪90年代的供水高峰期,省水利厅采取各种行政措施和强制性措施,曾派出多个工作组分赴供水干河沿线各市,开展用水督查、巡查。直到2001年,根据中央"改革水的管理体制,建立合理的水价形成机制,调动全社会防治水污染的积极性"的要求,苏北地区开始实施《江苏省苏北供水经营管理实施方案》,实行"市界计量、计划用水,超计划加价收费"的管理办法,逐步规范供用水行为,落实水利工程水费由行政事业性收费向经营性收费转变,逐步建立起管理科学、计量供水、收费,适应社会主义市场经济要求的供水管理体制。供水计量的理念及其技术日益普及。

　　为了加快苏北地区水资源科学优化调配,结合苏北供水计量监测、科研和苏北地区水资源配置监控调度系统工程的建设,江苏省水文水资源勘测局开展了苏北供水计量关键技术研究工作,主要包括供水监测站网规划技术、监测技术、传输技术、处理技术及区域供水试验等,重点对新仪器新设备的智能感知技术、水工建筑物测流技术、实时在线测流技术、干河输水损失等方面进行了研究。现将相关成果汇编成书,全书共十二章,第一章苏北地区水利概况,介绍了苏北地区自然地理与水文气象、水资源特点和现状供水工程布局;第二章供水计量的提出,介绍了供水计量的发展过程;第三章供水计量水文站网规划与布设,提出了供水监测站网布设原则和布设方案;第四章供水信息采集技术,介绍了水位、流量、降水、蒸发及墒情等供水要素的自动采集技术;第五章供水计量信息传输技术,介绍了多信息源的测站感知技术、多路由的信息传输技术以及数据交换技术;第六章供水计量信息处理技术,介绍了数据资料整编处理技术;第七章河道实时流量监测技术,介绍采用时差法和声学多普勒仪器在线测流及水工建筑物出流供水监测断面流量实时在线的实现方法;第八章水工建筑物测流技术,以苏北地区京杭大运河涵闸站工程为研究对象,编制测验方案,拟定质量控制措施,进行水位流量关系的个体研究、分类研究和同类综合研究,验证涵闸站工程过流的一般规律;第九章供水干河输水损失测定,介绍了跨流域供水干河测验方案、测验误差控制和精度分析方法;第十章南四湖应急生态补水计量监测成果,介绍了从长江(江都)向南四湖(山东)补水的跨流域调水水量监测实例及分析;第十一章供水计量试验与研究,以盐城市为例介绍了小区供水计量的实践,包括地市级、县级、试验小区三种不同尺度的试验方法、水量控制、质量控制和供水计量成果验证等内容;第十二章苏北地区供水计量成果分析评价,在前述各章技术基础上,规划监测站网,实施计量监测,进行年度供用水和不同农供期供用水成果评价和供水计量效益分析。

本书由陈锡林统稿,杨诚芳、芮孝芳、丁强等专家审稿。

本书全面总结了苏北供水关键技术专题研究成果,内容全面丰富,指导性强,反映了当代供水计量前沿技术水平,是一部具有实用价值的书籍,可供同行借鉴。因编者水平有限,加之现代技术快速升级变换,且书中遗漏和错误在所难免,殷切希望得到同行专家和读者的批评指正。

本书编写组

2019 年 5 月于南京

目　录

第一章　苏北地区水利概况	1
1.1　基本情况	1
1.2　自然地理与水文气象	4
1.3　社会经济概况	4
1.4　相关水利规划	5
1.5　水资源特点	5
1.6　现状供水工程布局	6
1.6.1　运河、总渠灌溉供水工程	8
1.6.2　以洪泽湖为水源的供水工程	8
1.6.3　骆马湖供水工程	10
1.6.4　淮水北调、分淮入沂工程	12
1.6.5　江水北调工程	12
1.6.6　江水东引北送工程	13
1.6.7　南水北调东线工程	14
第二章　供水计量的提出	16
2.1　供水初始阶段	16
2.2　供水计量的发展	17
2.2.1　水资源紧缺催生供水计量	17
2.2.2　供水计量工程	18
2.2.3　供水计量实务	20
2.2.4　供水计量的挑战	24
2.3　供水计量需要研究的内容	26
2.3.1　供水计量研究的主要问题	26
2.3.2　供水计量技术	26
2.3.3　供水计量关键技术	26
第三章　供水计量水文站网规划与布设	28
3.1　站网规划	28
3.1.1　供水计量水文站网的基本属性	28
3.1.2　供水计量站网规划的原则和要点	29
3.1.3　供水计量站网密度设计	31
3.2　站网布设	33

         3.2.1　供水计量站网布设的实施 …………………………………… 33
         3.2.2　输水干线及水源地站网布设 ………………………………… 34
         3.2.3　市际供水计量站网布设 ……………………………………… 34
         3.2.4　区域代表片选择 ……………………………………………… 36
    3.3　站网规划成果 ……………………………………………………………… 37
         3.3.1　供水干线及水源地站网规划 ………………………………… 38
         3.3.2　区域站网规划 ………………………………………………… 42
         3.3.3　区域巡测站网规划 …………………………………………… 44

第四章　供水信息采集技术 ……………………………………………………… 50
    4.1　概述 ………………………………………………………………………… 50
    4.2　水位信息采集技术 ………………………………………………………… 52
         4.2.1　浮子式水位计 ………………………………………………… 52
         4.2.2　压力式水位计 ………………………………………………… 54
         4.2.3　超声波水位计 ………………………………………………… 57
         4.2.4　气泡式水位计 ………………………………………………… 59
         4.2.5　其他类型水位计概述 ………………………………………… 61
         4.2.6　水位监测方案比选 …………………………………………… 62
    4.3　流量信息采集技术 ………………………………………………………… 62
         4.3.1　水文缆道测流 ………………………………………………… 62
         4.3.2　声学时差法测流 ……………………………………………… 70
         4.3.3　声学多普勒流速剖面仪侧视法测流 ………………………… 76
         4.3.4　声学多普勒流速剖面仪走航法测流 ………………………… 84
         4.3.5　水工建筑物测流 ……………………………………………… 91
         4.3.6　流量监测方式选择 …………………………………………… 98
    4.4　降水量信息采集技术 ……………………………………………………… 100
         4.4.1　工作原理 ……………………………………………………… 100
         4.4.2　使用维护 ……………………………………………………… 101
         4.4.3　方法评述 ……………………………………………………… 101
    4.5　蒸发量信息采集技术 ……………………………………………………… 101
         4.5.1　工作原理 ……………………………………………………… 101
         4.5.2　使用与维护 …………………………………………………… 102
         4.5.3　方法评述 ……………………………………………………… 102
    4.6　墒情信息采集技术 ………………………………………………………… 102
         4.6.1　工作原理 ……………………………………………………… 103
         4.6.2　使用与维护 …………………………………………………… 103
         4.6.3　方法评述 ……………………………………………………… 104

第五章　供水计量信息传输技术 ………………………………………………… 105
    5.1　供水计量信息传输现状与目标 …………………………………………… 105
         5.1.1　水利信息传输技术发展历程 ………………………………… 105

5.1.2　水文(防汛)测报信息传输技术的发展 …………………………………… 106
　　5.1.3　苏北供水信息传输现状 ………………………………………………… 107
　　5.1.4　供水信息传输目标与要求 ……………………………………………… 109
5.2　多信息源的测站感知技术 ……………………………………………………… 110
　　5.2.1　主要传感器的选择 ……………………………………………………… 110
　　5.2.2　供水信息感知技术 ……………………………………………………… 111
　　5.2.3　终端设备及其对信息的获取 …………………………………………… 113
　　5.2.4　防雷和接地 ……………………………………………………………… 119
　　5.2.5　系统的可靠性设计 ……………………………………………………… 121
5.3　多路由的信息传输技术 ………………………………………………………… 122
　　5.3.1　各种信道传输技术对比 ………………………………………………… 122
　　5.3.2　双通信信道的使用 ……………………………………………………… 124
　　5.3.3　测站通信组网 …………………………………………………………… 124
　　5.3.4　测站与分中心通信 ……………………………………………………… 126
5.4　分中心的控制和交换技术 ……………………………………………………… 127
　　5.4.1　分中心功能 ……………………………………………………………… 127
　　5.4.2　分中心拓扑结构 ………………………………………………………… 130
　　5.4.3　系统数据流程 …………………………………………………………… 130
　　5.4.4　分中心对测站数据交换及控制 ………………………………………… 131
　　5.4.5　数据预处理 ……………………………………………………………… 133
　　5.4.6　分中心之间的数据交换 ………………………………………………… 134
5.5　对供水传输技术的评述与展望 ………………………………………………… 136
　　5.5.1　传感技术 ………………………………………………………………… 136
　　5.5.2　智能终端技术 …………………………………………………………… 137
　　5.5.3　通信技术 ………………………………………………………………… 137
　　5.5.4　物联网技术 ……………………………………………………………… 138

第六章　供水计量信息处理技术 …………………………………………………… 139
6.1　概述 ……………………………………………………………………………… 139
6.2　需求分析 ………………………………………………………………………… 139
　　6.2.1　功能需求 ………………………………………………………………… 139
　　6.2.2　性能需求 ………………………………………………………………… 140
6.3　系统总体设计 …………………………………………………………………… 140
　　6.3.1　系统目标 ………………………………………………………………… 140
　　6.3.2　系统组成 ………………………………………………………………… 140
　　6.3.3　运行环境 ………………………………………………………………… 141
　　6.3.4　技术方案 ………………………………………………………………… 141
6.4　模块设计及运用 ………………………………………………………………… 142
　　6.4.1　系统的安装 ……………………………………………………………… 142
　　6.4.2　数据导入与处理模块 …………………………………………………… 142
　　6.4.3　水流沙计算模块 ………………………………………………………… 150

	6.4.4	引排水量计算模块	167
	6.4.5	降蒸潮位计算模块设计	172
	6.4.6	实测表处理模块设计	179
6.5	结语		182

第七章　河道实时流量监测技术 ... 183

- 7.1 测流技术简介 ... 183
  - 7.1.1 常规测流技术 ... 183
  - 7.1.2 供水测流计量面临的问题 ... 183
  - 7.1.3 适应供水计量的测流技术 ... 183
- 7.2 现代测流技术典型应用 ... 184
  - 7.2.1 运河站时差法测流系统的设计与应用 ... 184
  - 7.2.2 Argonaut-SL 流量实时监测系统典型应用 ... 189
- 7.3 实时流量监测系统研究 ... 196
  - 7.3.1 概述 ... 196
  - 7.3.2 系统设计 ... 196
  - 7.3.3 测站控制信息表结构设计 ... 199
  - 7.3.4 流量计算软件的设计 ... 204
  - 7.3.5 设计流程图 ... 206
  - 7.3.6 流量监测基本信息配置系统的设计 ... 206
  - 7.3.7 系统的安装 ... 209
  - 7.3.8 系统的运用 ... 210

第八章　水工建筑物测流技术 ... 219

- 8.1 概述 ... 219
- 8.2 水工建筑物流量测验 ... 220
  - 8.2.1 测验方案 ... 220
  - 8.2.2 质量控制 ... 226
  - 8.2.3 成果检验 ... 230
- 8.3 水工建筑物流量系数率定与分析 ... 231
  - 8.3.1 淹没式堰流 ... 233
  - 8.3.2 自由式孔流 ... 237
  - 8.3.3 淹没式孔流 ... 241
  - 8.3.4 水电站 ... 246
  - 8.3.5 抽水站 ... 250
  - 8.3.6 率定成果精度评定 ... 252
- 8.4 应用评价 ... 253
  - 8.4.1 水工建筑物过流能力率定成果评价 ... 253
  - 8.4.2 水工建筑物过流能力率定成果应用效益分析 ... 254
  - 8.4.3 水工建筑物过流能力率定成果应用建议 ... 255

第九章　供水干河输水损失测定 ... 257
9.1　概述 ... 257
9.2　供水干河测验河段的确定 ... 258
9.2.1　供水干河及主要工程 ... 258
9.2.2　测验河段分段原则 ... 260
9.2.3　测验河段确定方案 ... 261
9.3　测验组织与技术保证 ... 262
9.3.1　测验组织 ... 262
9.3.2　技术保证 ... 263
9.4　测验方案 ... 263
9.4.1　断面布设原则 ... 263
9.4.2　测验依据及时间安排 ... 264
9.4.3　测验方法 ... 264
9.4.4　断面布设 ... 266
9.5　测验成果与评价 ... 270
9.5.1　测验成果的合理性分析检查 ... 270
9.5.2　误差控制和精度分析 ... 272
9.5.3　输水损失计算与分析 ... 278
9.5.4　成果评价 ... 281

第十章　南四湖应急生态补水计量监测成果 ... 282
10.1　补水缘由 ... 282
10.2　监测任务 ... 282
10.3　监测方案 ... 283
10.3.1　断面布设 ... 287
10.3.2　计量监测方法 ... 288
10.4　现场测验与质量控制 ... 288
10.5　监测成果与分析 ... 290
10.5.1　补水沿线主要站点水量统计分析 ... 293
10.5.2　补水期间江淮水量配置分析 ... 294
10.5.3　典型河段的水量平衡分析 ... 295
10.6　启示 ... 300

第十一章　供水计量试验与研究——以盐城市为例 ... 301
11.1　概述 ... 301
11.2　市级供水计量研究 ... 302
11.2.1　试验目的 ... 302
11.2.2　预期 ... 302
11.2.3　技术路线 ... 302
11.2.4　总体方案 ... 302
11.2.5　研究条件 ... 316

11.2.6　供水计量监测 ··· 319
　　　11.2.7　主要成果 ··· 334
　11.3　县级供水计量研究——以建湖县为例 ·· 334
　　　11.3.1　建湖县供水计量实践 ·· 334
　　　11.3.2　水量控制 ··· 336
　　　11.3.3　质量控制 ··· 338
　　　11.3.4　流量测验方案 ··· 340
　　　11.3.5　水位等水文要素测验方案 ·· 341
　　　11.3.6　供水计量试点工作成果 ··· 342
　11.4　小区试验 ·· 342
　　　11.4.1　研究目的 ··· 342
　　　11.4.2　典型小区的选择 ··· 343
　　　11.4.3　站网布设与水文测验 ··· 344
　　　11.4.4　资料整理与分析 ··· 344
　　　11.4.5　主要成果 ··· 346
　　　11.4.6　成果分析 ··· 348
　11.5　供水计量成果验证（水量平衡原理） ·· 350
　　　11.5.1　水量平衡数学模型 ·· 350
　　　11.5.2　水量平衡计算存在的问题 ·· 350
　　　11.5.3　水量平衡验算 ··· 352
　11.6　结论 ··· 353

第十二章　苏北地区供水计量成果分析评价······································· 372
　12.1　监测站网 ·· 372
　　　12.1.1　小区监测站网 ··· 372
　　　12.1.2　大区监测站网 ··· 378
　12.2　计量监测 ·· 382
　　　12.2.1　超声波测速仪与传统流速仪测流比较 ···································· 382
　　　12.2.2　实时流量在线监测成果质量评价 ·· 384
　12.3　成果评价 ·· 389
　　　12.3.1　年度供用水评价 ··· 390
　　　12.3.2　不同农供期供用水评价 ··· 393
　12.4　效益分析 ·· 398

参考资料 ·· 401

第一章 苏北地区水利概况

江苏省苏北地区位于长江、淮河下游，处于南北气候过渡带，降雨时空分布不均，当地水资源紧缺，洪涝旱渍碱多种灾害频发，水多、水少矛盾突出。新中国成立70年来，苏北地区水利规划不断优化，工程建设坚持不懈，已初步建成了具有防洪、除涝、灌溉、挡潮、降渍、调水等综合功能的水利工程体系及水资源监控调度应用体系，基本实现了较高标准设计年型"遇汛保安全，逢旱保水源"的目标要求。

1.1 基本情况

江苏省的苏北地区，习惯上是指长江以北的地区，但本书所说的"苏北地区"，仅指江苏长江以北属于淮河流域、沂沭泗流域水系的部分地区，即新通扬运河、如泰运河以北地区，也是江苏实施"江（南）水北调、东引（引水至苏北沿海地区）北送（调水至连云港市）"跨流域调水的沿线地区，行政区域涉及扬州、泰州、淮安、盐城、宿迁、连云港、徐州、南通等8个市中的53个县（市、区）。苏北地区行政区划如图1-1所示。

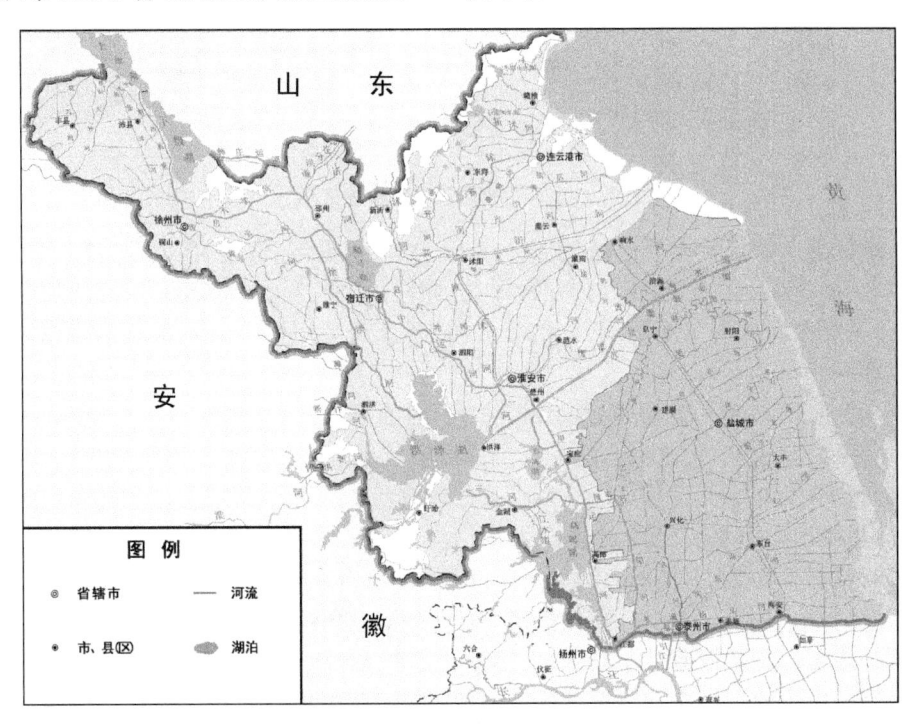

图1-1 苏北地区行政区划图

苏北地区以废(故)黄河为分界线,形成南部淮河、北部沂沭泗河两大水系。主要干河有新沭河、新沂河、盐河、废黄河、苏北灌溉总渠、淮河入海水道、淮河入江水道、淮沭新河、京杭运河、新通扬运河、泰州引江河、三阳河、通榆河等,主要的湖泊有微山湖、骆马湖、洪泽湖、白马湖、宝应湖、高邮湖、邵伯湖等。

苏北地区南部属于淮河流域,涉及宿迁、淮安、盐城、扬州、泰州、南通等6个市,流域面积达3.97万 km²。淮河流域江苏部分南以新通扬运河、如泰运河为界,北以废黄河为界,包括洪泽湖上游入湖水系、洪泽湖下游水系、里下河腹部水系、沿海垦区水系和废黄河水系等5个二级水系。苏北地区淮河流域范围如图1-2所示。

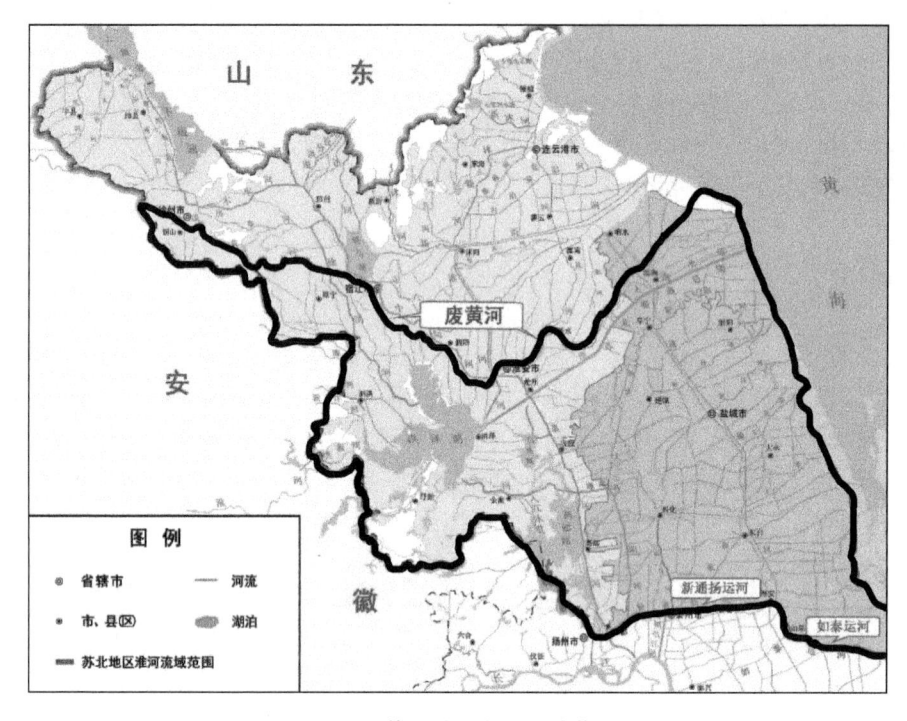

图1-2 苏北地区淮河流域范围

苏北地区北部属于沂沭泗流域(水系),涉及徐州、连云港、宿迁、淮安、盐城等5个市,流域面积达2.58万 km²,包括南四湖湖西、邳苍、骆马湖、沂沭河下游区间。沂、沭、泗河源出山东,经骆马湖和石梁河水库调节后,由新沂河、新沭河等河流东泄入海。苏北地区沂沭泗流域范围如图1-3所示。

洪泽湖为我国第四大淡水湖,位于淮河中下游的接合部,承接淮河干支流和区间来水。具有防洪、蓄水、养殖、航运等综合功能。洪泽湖设计洪水位16.0 m(废黄河高程,下同),相应规划水面积3 414 km²,库容112.13亿 m³。洪泽湖以下称淮河下游,有淮河入江水道、苏北灌溉总渠、淮河入海水道、废黄河等分泄淮河洪水入江或入海。

废黄河系古淮河故道,是南宋时黄河夺淮长达661年的河线。1855年黄河北徙后,变成了废(故)黄河,留下了一个狭长、高亢地带,对区域小气候影响显著,并成为淮河水系与沂沭泗水系的分水岭。废黄河原从丰县入苏北境,流经徐州、宿迁、淮安、盐城4市,从滨海县中山河口出海。现该河道杨庄闸以上已分段治理,成为区域性河道;杨庄闸以下仍为流域性河道,承担泄洪、排涝及供水等功能。

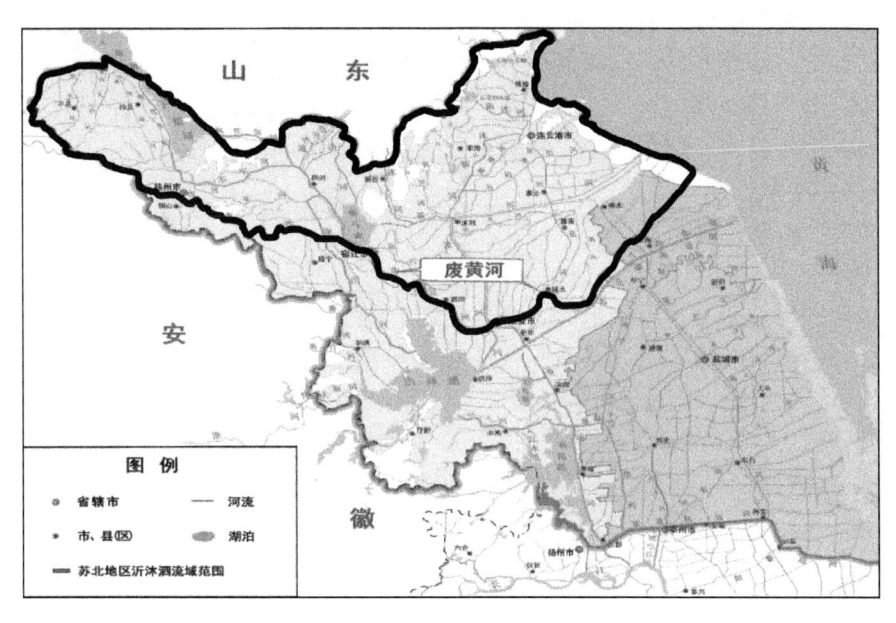

图 1-3　苏北地区沂沭泗流域范围

里下河(即京杭运河淮安—扬州段)地区属于淮河流域,该区域北、西、南等三边高堤(苏北灌溉总渠、京杭运河、新通扬运河及如泰运河等流域性河道的堤防)封闭,东临黄海(海堤),被人为地围成一个 2 万 km² 的大型圩区,其供水、排水、挡潮等均具有区域独立特性,按照圩区特点治理区域洪水和内涝,由射阳港、新洋港、黄沙港、斗龙港等通海河流直接排水入海。苏北里下河地区范围如图 1-4 所示。

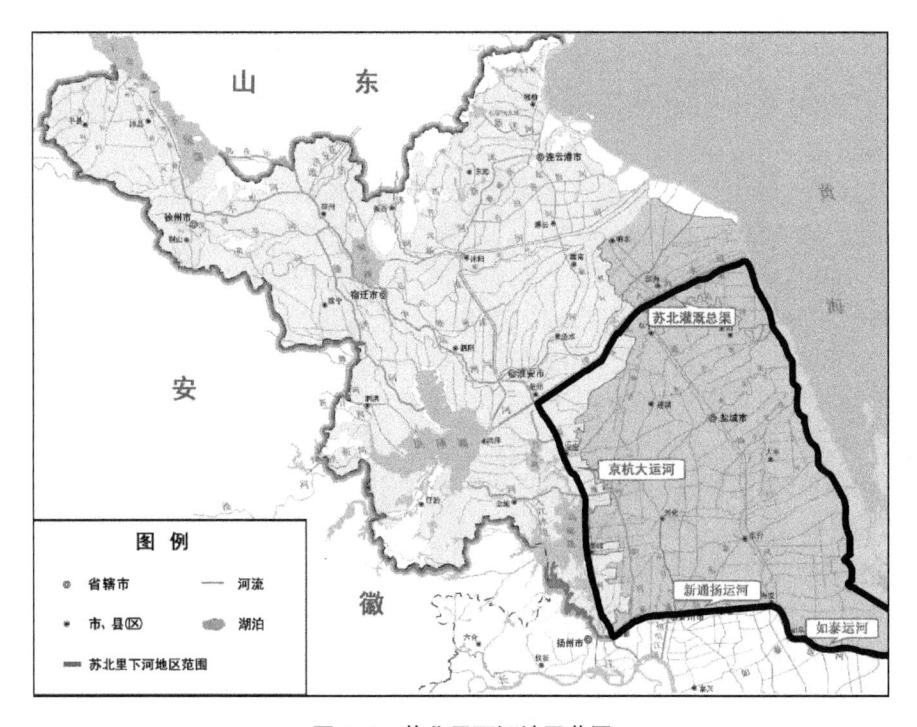

图 1-4　苏北里下河地区范围

京杭运河纵贯整个苏北地区,沟通微山湖、骆马湖、洪泽湖、白马湖、宝应湖、高邮湖、邵伯湖等众多湖泊,以及徐洪河、淮沭新河、废黄河、盐河、苏北灌溉总渠、新通扬运河等河道,成为苏北地区跨流域调水的骨干河道,使得长江、淮河、沂沭泗诸河水资源可以互济互调。京杭运河也是国家南水北调东线工程的输水干线。

1.2 自然地理与水文气象

苏北地区地形主要为平原坡地,西、北部地区有低山丘陵,中东部为陆相冲积平原和海相沉积平原,地势低洼,河网密布。该区处于黄淮平原与江淮平原的过渡地带,也是我国南北气候过渡带,属半湿润暖温带季风气候区,其特点是:冬春干旱少雨,夏秋闷热多雨,降水量的年际间差异悬殊,冷暖和旱涝转变急剧。年平均气温15℃,最高气温可达40℃以上,最低气温可达−10℃以下。多年平均降水量950 mm,空间分布总的趋势是南部大、北部小、东部大、西部小。降水量年内分配很不均匀,6—9月份降雨量占全年降水量的60%以上。多年平均的水面蒸发量为1 000—1 100 mm,陆地蒸发量为600—800 mm。

苏北地区暴雨主要发生在江淮梅雨期、淮北雨季和台风季节。梅雨通常发生在6月中旬至7月上中旬。淮北雨季一般比梅雨迟发生。江淮之间多年平均梅雨量为225 mm,淮北地区梅雨期相应雨量为188 mm。

苏北地区多年平均地表径流深约220 mm,但径流的年内分配很不均匀,主要集中在汛期,汛期径流量占全年径流量的80%左右。

特定的地理环境及水文气象特征,决定了苏北地区是洪、涝、旱、渍、台等自然灾害多发地区。

1.3 社会经济概况

苏北地区总面积约6.08万 km^2,占江苏全省面积的60%;有人口3 506万左右,约占江苏全省总人口的45%。

苏北地区是我国东部沿海经济带的重要组成部分,地属长三角经济区北翼,是沿海经济带与欧亚大陆桥经济带的交汇区域,"临港、沿线、依桥、托海"的地理区位优势明显,在全国生产力布局中具有承东接西、沟通南北、双向开放、梯度推进的特点。20世纪80年代以来,苏北地区的经济基础明显增强,综合实力提升较快。农副产品、矿产、土地、海洋等资源丰富,是全国重要的商品粮、棉基地,是江苏省的重要矿产地。苏北地区交通便利,已形成铁路、公路、水运、航空、管道"五通汇流"的立体交通格局,是江苏现代化工业布局新的优位区域。其中徐州是淮海经济区中心城市,全国重要的交通和铁路枢纽、能源基地和工业基地;盐城是"江苏沿海地区发展规划"中重点建设的三大中心城市之一;淮安是长三角城市群22城市之一;连云港是我国1984年首批提出沿海开放的14座城市之一,是全国十大海港之一,是中国重要的综合性国际贸易枢纽港、新亚欧大陆桥东方桥头堡。

随着国际国内产业结构调整、区域性资源整合优化和长三角一体化进程的加快,苏北经济社会发展步入了快车道。至2010年,苏北地区生产总值达到13 055亿元,占全省的1/3,人均GDP达到4 980美元,是国内人均GDP(4 382美元)的1.14倍,地区财政总收入为2 483亿元;城乡面貌持续改观,中心城市建设取得重大进展,全社会固定资产投资19 470亿元,城市化水平达到 48.4%;人民生活日趋改善,城镇居民人均可支配收入达到 18 300 元,农民人均纯收入达到 8 070 元。近年来,苏北地区社会经济发展更快。2018 年,苏北地区生产总值突破 3 万亿元。

苏北地区经济和社会的快速发展,对作为国民经济和社会发展基础产业的水利、水资源安全保障提出了更高的要求。

1.4　相关水利规划

江苏省"十三五"水利规划对苏北地区的供水节水工程建设提出新的要求。"十三五"期间,江苏将进一步完善跨流域、跨区域调配水工程体系,满足沿海开发和淮北扩大灌溉面积的用水需求,解决淮北丘陵山区、高亢地区水资源短缺问题。同时落实"节水优先"方针,健全节水激励机制,加强节水型社会建设,提高用水效率。

完善南水北调东线工程等水源工程。完善南水北调东线工程体系,实施南水北调东线一期配套工程,包括输水线路完善工程、干线水质保护补充工程、输水干线节水计量与监测监控工程。完善南四湖湖西地区供水工程体系,研究实施郑集河输水扩大工程,提高湖西地区水资源供给能力。根据国家安排,开展南水北调东线后续工程规划研究。

完善沿海引江调水工程。服务沿海开发战略,加快实施沿海淡水资源供给工程建设。实施下官河、黄沙港南段与大三王河拓浚等水源工程,研究并起步实施沿海引江调水工程方案。建设通榆河以东沿海主要港区、港城和滩涂围垦开发供水工程,满足沿海开发用水需求。

完善丘陵山区水源工程。加强淮北丘陵山区、高亢地区水源工程建设,完善补水设施和井灌工程。完成抗旱应急水源工程建设任务。

供水和节水工程的进一步完善,也为供水监测技术提供新的发展平台。

1.5　水资源特点

据 1951 年以来的长系列水文资料统计,苏北地区多年平均降水量为 950 mm,除去直接消耗于自然水体、土壤和作物等蒸发,形成的地表水资源量为 150 亿 m^3;浅层地下水资源年平均补给量为 99.27 亿 m^3(不包含淮河及沂沭泗河的入境水量年平均 439 亿 m^3);地区水资源量人均占有 1 500 m^3、亩[①]均 1 360 m^3,不足全国平均水平的七成。如加入入境水量 439 亿 m^3,则苏北地区地表水资源显得丰沛,但入境水量多集中在该地区本身水量较为丰富的季节,而且年际、年内变幅较大,丰枯悬殊,干旱年份水资源异常紧张。如 1954 年淮河入境水量为 800 亿 m^3,1978 年仅为 20 亿 m^3,丰水年为枯水年的 40 倍。1957 年沂沭泗河入境水量为 218 亿 m^3,1968 年仅为 24 亿 m^3,丰水年为枯水年的 9 倍。另一方面,苏北地区为平原地区,河网的调蓄能力较差,入境水量往往成为过境水量,弃水量大。因此,苏北地区这个河网密集、看起来水资源丰富的地区,水资源紧缺情况却是十分严重。

江苏省水资源研究课题(1987—1989 年)提出的《江苏省水资源合理开发利用和保护》研究成果,对现状水平遇干旱年份水资源供需状况进行的分析认为,以中等干旱年份(相当于保证

[①]　1 亩=666.67 m^2。

率75%)及特殊干旱年份(相当于保证率95%)按1985年现状水平进行供需平衡的计算结果表明:在平水年可基本满足工农业生产要求,但还会发生区域性和季节性缺水现象;在中等干旱年,缺水62亿 m^3,在特殊干旱年份缺水108亿 m^3;随着经济社会的持续发展和人民生活水平的不断提高,用水量还将进一步增多。因此,苏北地区水资源供需矛盾十分突出。

综合苏北地区地域地理特点、水文气象特性及水资源定量计算等可以发现,苏北地区水资源具有以下特征。

一是水资源时空分布极不均匀,年际变化大。受典型季风气候影响,苏北地区年径流60%以上集中在汛期(6—9月)。年际丰枯变化剧烈,最大最小月径流比达5~30倍之巨。空间分布总体上呈由南向北逐渐减少的趋势。

二是气候多变,洪涝干旱灾害频繁。苏北地区处于我国南北气候过渡带,受南北冷暖气流剧烈影响,气候多变,加之上述径流的变化特点,该地区洪、涝、旱、渍灾害频繁交替发生,且常出现连续干旱或连续洪涝年、一年内出现先旱后涝或先涝后旱的现象。

三是产水率低,本地径流量少。苏北地区一般年份降水比较丰沛,由于平原地区蒸发量较大,产水率低,多年平均径流量仅为降水量的25%。

四是地势低平,蓄水能力差。境内大部分为平原地区,洪泽湖以下地区地势低洼,虽然河网密集,水面积比重很大,但水位变幅小,调节能力低。作为淮河流域的"洪水走廊",洪涝时大量排水,干旱时又无水可用,不能做到以丰补枯。

五是入境水量多,但利用受限制。流域上游来水虽然较多,但年际年内变化大,有时甚至长期断流,而上游丰枯变化又往往与地区同步,大水时大量废泄,枯水时上游断流,入境水量可用而不可靠。淮北地区缺水量多,占全省缺水量的75.9%。

六是跨流域调水,区位优势明显。苏北地区南靠长江,长江水资源稳定、丰富,较为可靠,加上京杭运河纵贯南北,串湖连河,使得苏北地区具有自流引江和抽江调水的良好条件。

特殊的省情、水情和工情,决定了苏北地区必须通过科学有序的江水北调,才能满足地区经济社会的可持续发展和人民群众的生产、生活用水需求。

1.6 现状供水工程布局

新中国成立以后,工农业生产飞速发展,但苏北地区一开始就面临着水资源紧缺问题,于是,在大力治理洪水的同时,开展了大规模的农田灌溉工程,兴修了洪泽湖、骆马湖水库,以及山丘区大、中、小型水库工程,开辟了苏北灌溉总渠、淮沭新河、新通扬运河等骨干输水河道,整治了京杭运河,兴建了大量引水涵闸。至1959年,苏北地区有效灌溉面积迅速扩大,有效地适应了"以粮为纲"的政治形势和"旱改水"(旱作物改为水稻)农业耕作制度改革这一经济形势。但随之而来的问题,即水源不足的矛盾逐渐暴露,特别是淮北地区,水资源更为紧缺。

从20世纪50年代初期起,江苏省就开始先后规划以洪泽湖、骆马湖为水源的大中型灌区,继而提出"淮水北调、分淮入沂"规划,又先后提出"引江济淮""江水北调""江水东引北送"等跨流域调水工程规划。苏北地区水资源开发一直是在省级历次规划引领下具体谋划、逐步完善、有序实施的。

20世纪50年代末,江苏开始建设淮(河)水北调工程,即由洪泽湖向北,经杨庄、沭阳到新海连市(今连云港市)兴建一条长172.9 km的淮沭新河,从洪泽湖引水900 m^3/s,由淮阴闸向北送水 440 m³/s,其中由沭新闸向沂北地区送水 100 m³/s,进行灌溉供水,并结合改善航运及城市生产生活用水。

但是,供水实践证明,淮水(指淮河即洪泽湖水源)年际、年内变化大,可用不可靠。

于是,20 世纪 60 年代初起步建设以江水为水源,以京杭运河为输水干渠,将江、淮、沂沭泗三个流域相继沟通,逐级实现能灌、能排、能调度、能通航的新水系,力争从根本上解决苏北地区水资源紧缺状况,把苏北水利全盘搞活。

江水北调(京杭运河线)第一梯级江都第一、二、三引江抽水站相继建成,抽引江水 250 m³/s,可沿里运河(京杭运河扬州—淮阴段)调水北上。

20 世纪 70 年代,建成江都第四抽水站、淮安第一、二抽水站,并通过多级临时机组翻水站把江、淮水送到骆马湖以下地区;淮沭新河全线贯通,洪泽湖水可北送到连云港市。

20 世纪 80 年代,江水北调、淮水北调继续延伸,从长江到徐州至微山湖的调水线路全线初通,向连云港市供水格局基本形成,淮北地区旱改水面积稳定在 1 000 万亩以上。至 1980 年代末,江水北调、淮水北调工程贯通长江、淮河两大流域,串连洪泽湖、骆马湖、微山湖三大湖泊,基本覆盖了整个苏北地区。仅仅里运河、灌溉总渠沿线就有 26 个 5 万亩以上大中型灌区,控制土地面积达 5 204 km²,设计灌溉面积 463 万亩,有效灌溉面积 341 万亩。

20 世纪 90 年代实施江水东引工程,向里下河地区引、供水,开挖泰州引江河,建设泰州引江河高港枢纽,南引长江,北接新通扬运河,提高了里下河地区和通南地区的灌排标准。

进入 21 世纪,南水北调东线工程由国务院正式批准后,江苏在江水北调的基础上,新建、改扩建调水沿线各梯级泵站工程,完善输水干线河道工程,大大提高了苏北地区引、调、供水能力。

上述灌溉及调水工程体系的建成,实现了长江与淮河、沂沭泗水系的互连互通、互调互济,大大提高了苏北地区水资源的有效保障能力,有力地保证了苏北地区经济社会发展和人民群众生产生活水平提高对水资源的高速增长的需求。苏北地区调水工程总体布局如图 1-5 所示。

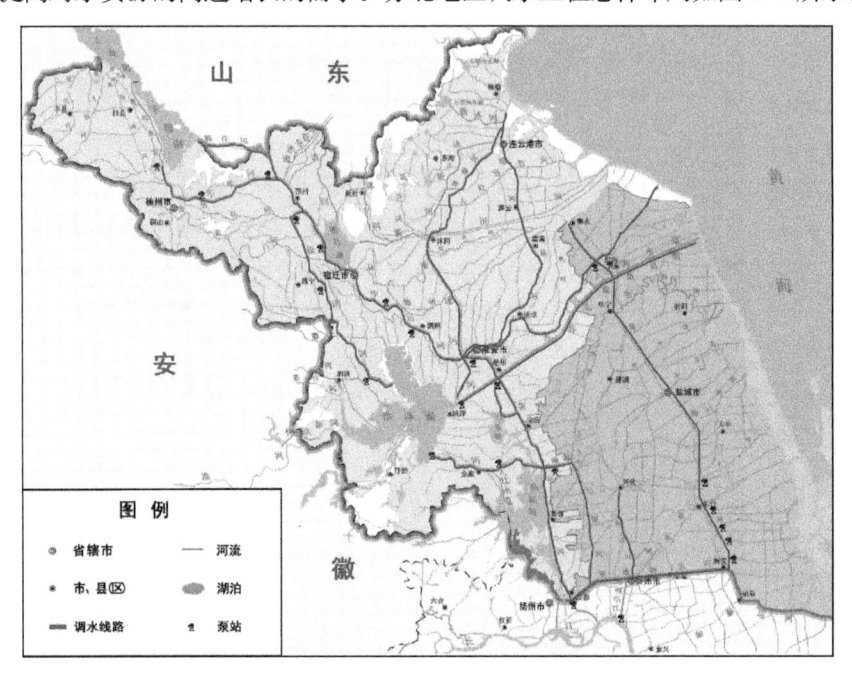

图 1-5 苏北地区调水工程总体布局图【2010 年代】

1.6.1 运河、总渠灌溉供水工程

从里运河(史称邗沟,后为京杭运河扬州—淮阴段)引水灌溉,约始于两晋。民国时期,曾修复运河堤防、兴建穿堤闸洞,淮安以南东堤有闸洞50座(其中淮安19座、宝应17座、高邮12座、江都2座),西堤有16座(淮安5座、宝应9座、高邮2座)。淮水从张福河至杨庄循里运河南下,会高邮、宝应、邵伯湖水,一并进入通扬运河,沿线灌溉农田近百万亩。

新中国成立初期,江苏在全力治水救灾、整治洪患的同时,就开始建设灌溉工程。1951年8月,水利部第二次治淮会议上"苏北灌溉总渠工程规划概要"指出,苏北灌溉总渠作为淮河下游总干渠,除沿线灌溉外,并送水进入西干渠(即里运河)、南干渠(即通扬运河)、东干渠(即串场河)。当年冬,灌溉总渠土方工程及高良涧进水闸、运东分水闸工程开工,设计从洪泽湖引水500 m^3/s,计划沿线发展灌溉面积360万亩。1952年沿总渠建设砚台、涧河、苏嘴、阜坎、五岸等12座灌溉涵洞,设计灌溉面积212万亩。同年建设淮安节制闸,可向里运河送灌溉水300 m^3/s。1953年三河闸建成,苏北灌溉总渠(简称总渠)、里运河引淮水灌溉的总体格局基本形成。

1953年2月,水利部组织实地调查后提出,通扬运河以北、废黄河以南地区利用淮水灌溉。以后,沿运河、总渠的江都、高邮、宝应、淮安、阜宁、滨海、射阳等县相继建设自流灌溉体系。一大批灌区的建成,使灌溉面积大大增加,用水量也相应增加,但由于当时的里运河输水能力不足,总渠水位难以保证。

1956年,水利部批准《里运河(西干渠)整治工程设计》,实施西干渠即里运河整治工程,扩大输水能力,结合复堤提高防洪标准。同时于1957年在总渠上建设阜宁腰闸,以抬高苏北灌溉总渠中段水位。

至20世纪50年代末,苏北地区又相继建成了一批中型自流灌区,总面积达到200多万亩。如沿里运河有江都的昭关,高邮的车逻、南关、头闸、周山、子婴,宝应的庆丰、永丰、临城、泾河,淮安的平桥、头闸、乌沙、板闸等灌区。沿灌溉总渠有淮安的新河、涧河、市河,阜宁的薛犁、小中,滨海的舀港、十八层、陈涛、通济等灌区。用水面积又大大增加。

与此同时,淮北地区的灌区也在陆续建设,这使得沿里运河灌区用水更加困难。

1963年、1964年,江都第一、第二抽水站相继建成,沿里运河灌区开始使用江水。1969年,江都第三抽水站建成,1971年在里运河淮安闸下至总渠运东闸下开辟一条斜河,并建设淮安引江闸,设计流量200 m^3/s,可向运东分水闸下游输送江水,将江水灌溉延伸到灌溉总渠中、下段地区。1977年,江都第四抽水站建成,抽引江水的能力提高到400 m^3/s。至此,沿运河、总渠的灌溉工程体系基本建成并得到完善,从引用淮水发展到江、淮并用,沿运河地区则改以江水灌溉为主。

1.6.2 以洪泽湖为水源的供水工程

1951年4月,水利部治淮委员会向政务院提出《关于治淮方略的初步报告》,计划兴建洪泽湖水库,提出淮河下游开辟四大干渠,用洪泽湖水灌溉废黄河以南2 580万亩农田的总体设想。1953年三河闸竣工,洪泽湖具备了蓄水条件。1956年淮河流域规划认为,按50%灌溉保证率,洪泽湖蓄水可灌溉下游地区2 534万亩农田,加上里下河地区利用区域径流灌溉

386万亩，苏北淮水灌区面积合计 2 920 万亩。

1956 年，江苏省政府提出淮北地区结合水利发展水稻之后，江苏省水利厅提出盐河整治工程规划，计划再发展灌溉面积 800 万亩，其中旱改水 400 万亩。1957 年起，又兴建骆马湖、石梁河等水库，认为在充分利用微山湖蓄水和洪泽湖水源基础上，可在淮北 20 个县扩大旱改水面积 800 万～1 000 万亩，以改善徐淮地区的贫困面貌。接着，江苏省水利厅又提出淮水北调规划，除利用盐河和废黄河输送淮水外，再开辟一条淮沭新河，灌溉面积扩大到 1 144 万亩。淮水北调灌区以淮沭新河为总干渠，中运河、盐河、废黄河（淮阴杨庄以下段）为分干渠，兴建了淮沭河、盐河、中山河、沂北、二河、竹络坝等 6 大灌区，使灌溉范围扩大到废黄河以北、鲁兰河以南、新开河至淮泗河以东地区。

20 世纪 70 年代后期，淮水北调范围进一步扩大，洪泽湖自流灌区用水趋紧，灌溉水位也难以保证，加之灌区太多，规模偏大，输水线路长，尾部用水困难。以上规划灌溉面积之大，远远超过了洪泽湖的蓄水、供水能力。

为进一步增加灌溉水源，1981 年国务院召开治淮工作会议，确定洪泽湖蓄水位由 12.5 m 抬高到 13.5 m。即便如此，每年的农业灌溉高峰期，特别是干旱年份，淮水仍不能满足灌溉用水需要。

江水北调第一、二梯级抽水站基本建成后，解决了灌溉总渠以南地区的灌溉水源问题，缓解了洪泽湖的供水负担。至 20 世纪 80 年代末，洪泽湖灌区范围内尚有 5 万亩以上大中型灌区 19 处，控制土地面积 7 000 多 km²，设计灌溉面积 648.05 万亩。洪泽湖周边工程布置如图 1-6 所示，基本情况见表 1-1。

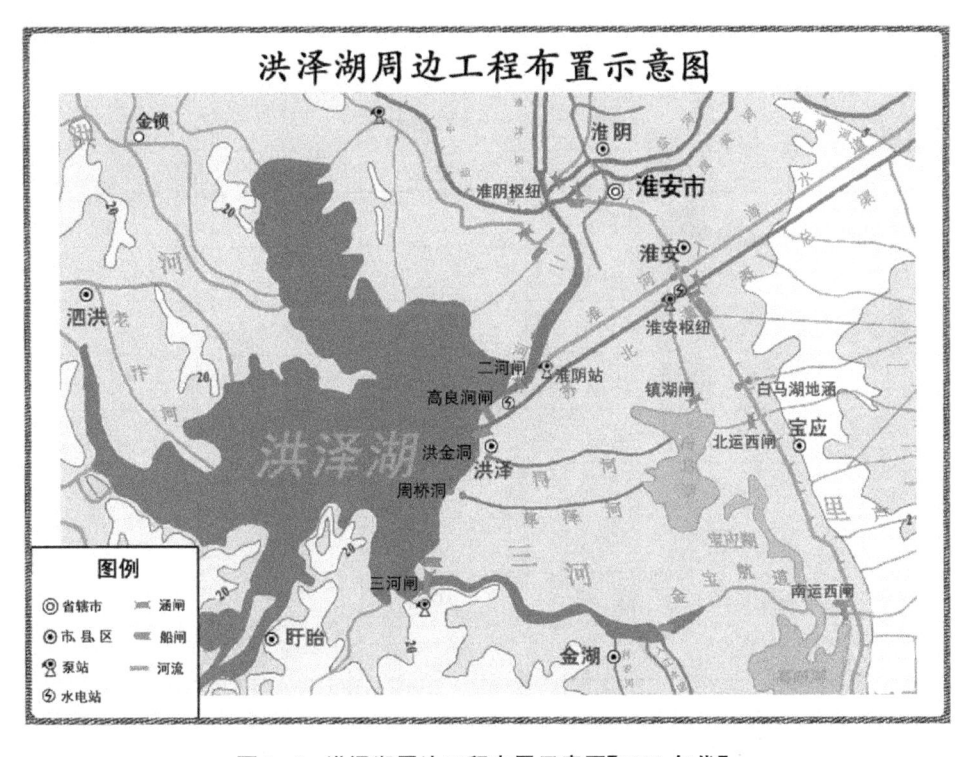

图 1-6　洪泽湖周边工程布置示意图【1990 年代】

表1-1 洪泽湖大中型供水灌区基本情况表

类型		灌区名称	控制面积（km²）	设计面积（万亩）	所在县（区）
淮沭河灌区	大型	淮涟	763.7	74.26	淮阴、涟水
		柴塘	547.1	42.8	沭阳、灌南
	中型	新北		14.2	沭阳
		柴沂	247.5	21.97	沭阳、灌南
		沙河		18.16	沭阳
沭新河灌区	大型	沭新	462.5	52.0	东海
		沂北	409.4	46.0	沭阳
	中型	古泊	198	18.9	沭阳
盐河灌区	大型	涟东	619.5	32.5	涟水
		涟中	497.0	39.0	涟水、灌南
		涟西	497.94	35.16	
	中型	沂南	89.4	7.4	灌南
废黄河灌区	中型	张弓	741	25.0	滨海
		南干	315	25.8	
		大寨	146.6	15.4	响水
		红旗	66	7.0	
洪泽湖灌区	大型	东灌区		30.8	盱眙
		临湖		20	淮阴
		竹络坝	342.2	31.6	淮阴
		周桥	341.5	32.0	洪泽
		洪金	398.3	33.0	洪泽、金湖
	中型	桥口		10	盱眙
		顺河洞	85.9	7	清浦
		蛇家坝	20	8.1	清浦
合计24个				648.05	

1.6.3 骆马湖供水工程

明代沂水入泗受阻，潴积为骆马湖。新中国成立初期进行大规模导沂整沭工程。1949

年冬至 1953 年春先后兴建自皂河镇北至马陵山坡地 18.4 km 的骆马湖南堤,并在中运河兴建了皂河闸及船闸,在六塘河口兴建了洋河滩闸,完成嶂山切岭工程,建成骆马湖滞洪的皂河控制线(骆马湖一线堤防),即形成了骆马湖水库。

1958 年 2 月,水电部批准骆马湖为常年蓄水库,在徐州市境内的原保麦圩堰的基础上进行复堤加固,兴建了东堤、西堤和北堤,宿迁市境内兴建了宿迁闸、宿迁船闸、六塘河节制闸及中运河至废黄河之间的大堤,形成了二道防洪控制线,从此骆马湖成为具有防洪、灌溉供水等综合利用及退守滞洪功能的常年蓄水湖泊。

骆马湖建成常年蓄水湖泊后,设计蓄水位由 1958 年的 21.0 m 逐渐抬高至 20 世纪 70 年代的 23.0 m,湖泊下游扩大了灌溉面积,由洋河滩闸经六塘河至壅水闸抬高水位后自流灌溉,自流灌溉面积达到 150 万亩,发展水稻面积 300 万亩。

与此同时,骆马湖以上地区开始发展"旱改水",沿中运河、沂河提水灌溉。显然,骆马湖蓄水量与灌区发展很不适应,用水高峰季节水位迅速下降,不但造成地区之间争水纠纷,而且造成京杭运河断航、断流。为扩大灌溉供水水源及为京杭运河补水,自 1971 年起,江苏省政府决定从淮阴以北,陆续建设淮阴、泗阳、刘老涧、杨河滩、皂河、刘山、解台及井儿头、民便河等 9 级抽水站(先建临时抽水站,再逐级逐步建设固定泵站),以迅速扩大淮水、江水北调的能力。

骆马湖周边控制工程及江水北调工程的建设,使骆马湖周边灌溉供水保证率得到提高。至 20 世纪 80 年代末,骆马湖周边有 5 万亩以上大中型灌区 7 处,总控制面积 1 987.8 km²,设计灌溉面积 172.3 万亩,有效灌溉面积 143.3 万亩。骆马湖周边工程布置情况如图 1-7 所示,基本情况详见表 1-2。

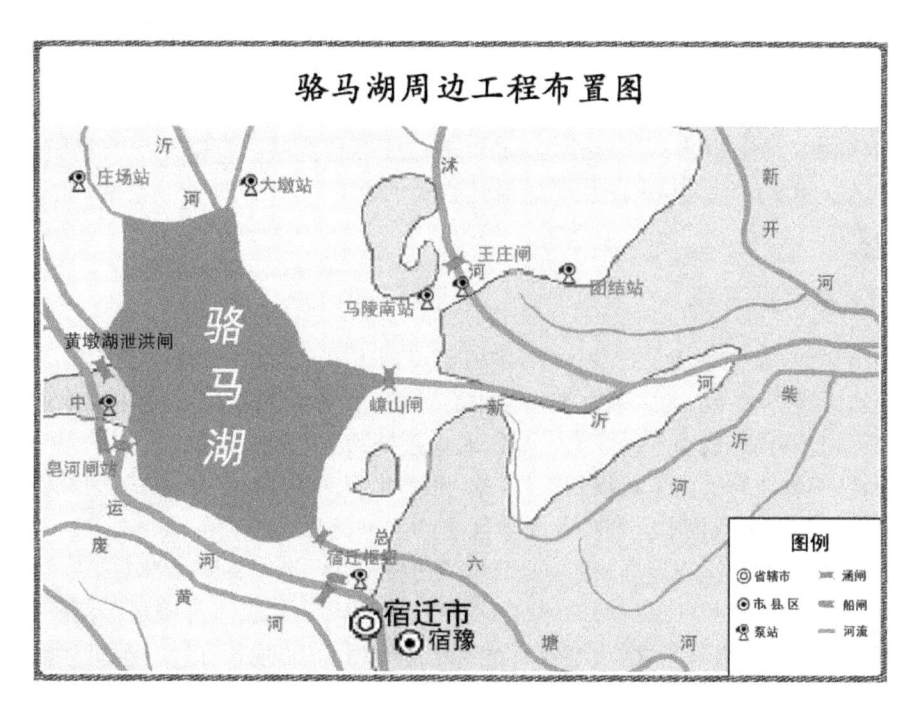

图 1-7 骆马湖周边工程布置示意图【1990 年代】

表 1-2　骆马湖大中型供水灌区基本情况表

类　型		灌区名称	控制面积（km²）	设计面积（万亩）	所在县（区）
骆马湖灌区	大型	来龙	648.5	49.4	宿豫
	中型	沂北	340	27.5	新沂
		淮西	275.5	26.0	沭阳
中运河灌区	中型	运南	383	25.0	泗阳
		众东	177.1	17.0	
		程道	203.4	20.67	
		新华	71.3	6.74	
合计（7个）			2 098.8	172.31	

1.6.4　淮水北调、分淮入沂工程

1956年，徐州、淮阴（现在的淮安、宿迁市及连云港市部分）地区涝灾严重，受灾面积达1 648万亩，成灾1 017万亩。为此，江苏省政府确定了"洼地必须结合除涝治碱，改旱作为水稻"和"冬春灌溉、旱作水浇"的综合治理方针。

1957年，水利部批准《淮水北调、分淮入沂规划意见》和《淮水北调、分淮入沂工程规划设计任务书》后，江苏省立即在苏北地区部署实施第一个跨流域调水的系统工程——"淮水北调、分淮入沂"工程，旨在解决淮北工农业用水，并相机辅助淮河分泄部分洪水，在淮河和沂沭泗河之间进行跨流域调水。重点是从洪泽湖起，向北到连云港市新开辟一条淮沭新河，同时建成二河闸、淮阴闸、沭阳闸、沭新闸等工程。从洪泽湖可引水900 m³/s，以灌溉为主，结合分洪（分淮入沂），并发挥了航运、发电等多功能综合效益。正常年份的灌溉季节，淮沭新河保持送水400 m³/s，其中100 m³/s送达新沂河以北，有效地解决了淮北，包括连云港市的用水困难。

1.6.5　江水北调工程

1959年，淮河流域发生了严重干旱，淮河干流断流108天，洪泽湖一度干涸。

随着国民经济和社会的发展及淮河上中游工情、水情的变化，苏北地区缺水问题逐步显露，"淮水可用不可靠"成为各级政府、水利、农业系统乃至全社会的共识。

因而，江苏省政府提出了扎根长江，实施"淮水北调、引江济淮"的规划，同时提高洪泽湖蓄水位，增加蓄水量，从根本上解决苏北地区灌溉水源问题。

《江水北调江苏段工程规划要点》于1960年编制上报，经国务院批准后逐步实施。江水北调工程的规划是：从长江（江都）取水，利用京杭大运河苏北段作为输水干河，多级提引江水北上，串连洪泽湖、骆马湖、微山湖及石梁河水库等湖库，实现长江、淮河、沂沭泗三大水系跨流域调水，如图1-8所示。

工程从1961年开始实施，首先兴建引江第一站——江都第一抽水站，1977年建成江都第四抽水站，历时17年。

20世纪70年代至20世纪末,又先后建成了淮安、淮阴、泗阳、刘老涧、皂河、刘山、解台、沿湖等另外8个梯级抽水站20余座大中型泵站,输水干线长404 km。第1级泵站江都抽水站提水能力400 m³/s,第9级站沿湖站提水入微山湖能力为32 m³/s。再经过郑集、范楼、梁寨等站,可把江水送至江苏最西北的丰县。东支线经二河、淮沭河、蔷薇河等河道再经房山、芝麻、石梁河等泵站可把江水送到江苏最东北的赣榆县。江都水利枢纽自建成以来,年均抽引江水158天,多年平均抽江水量约40亿 m³,干旱年抽江水量可达60多亿 m³。

值得指出的是,1966—1967年苏北连年干旱,淮河断流221天,已建成的江都第一、第二抽水站(抽水能力128 m³/s)连续开机414天,抽引江水37.7亿 m³,使沿运河、沿总渠各县粮食获得丰收。在本次干旱中,江水北调工程显现了巨大作用,更加快了江都第三、第四抽水站及沿线各级泵站规划和建设的进程。

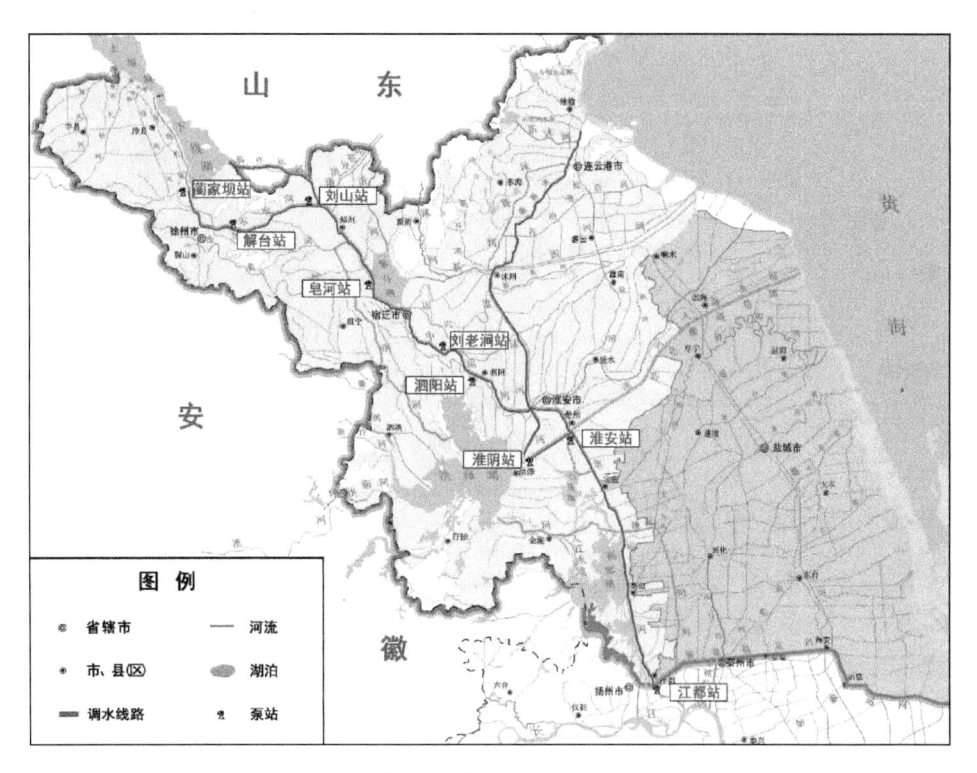

图1-8 江苏江水北调工程示意图【2010年代】

1.6.6 江水东引北送工程

江水东引工程是解决里下河腹部地区、沿海垦区、渠北及新沂河南、北地区水源的主要供水工程。该工程有两条引江路线:一是以高港枢纽为龙头,经过泰州引江河(其一期工程自流、抽引江水设计流量各300 m³/s,二期工程实施后可达到600 m³/s)、新通扬运河(自流引江能力550 m³/s)、泰东河和通榆河,将江水向东、向北送至沿海地区。高港枢纽自1999年建成以来,累计引江水已达200多亿 m³,抽排涝水22亿 m³。二是从长江三江营通过江都西闸、江都东闸、新通扬运河自引江水入里下河腹部地区。江水东引北送工程布置如图1-9所示。

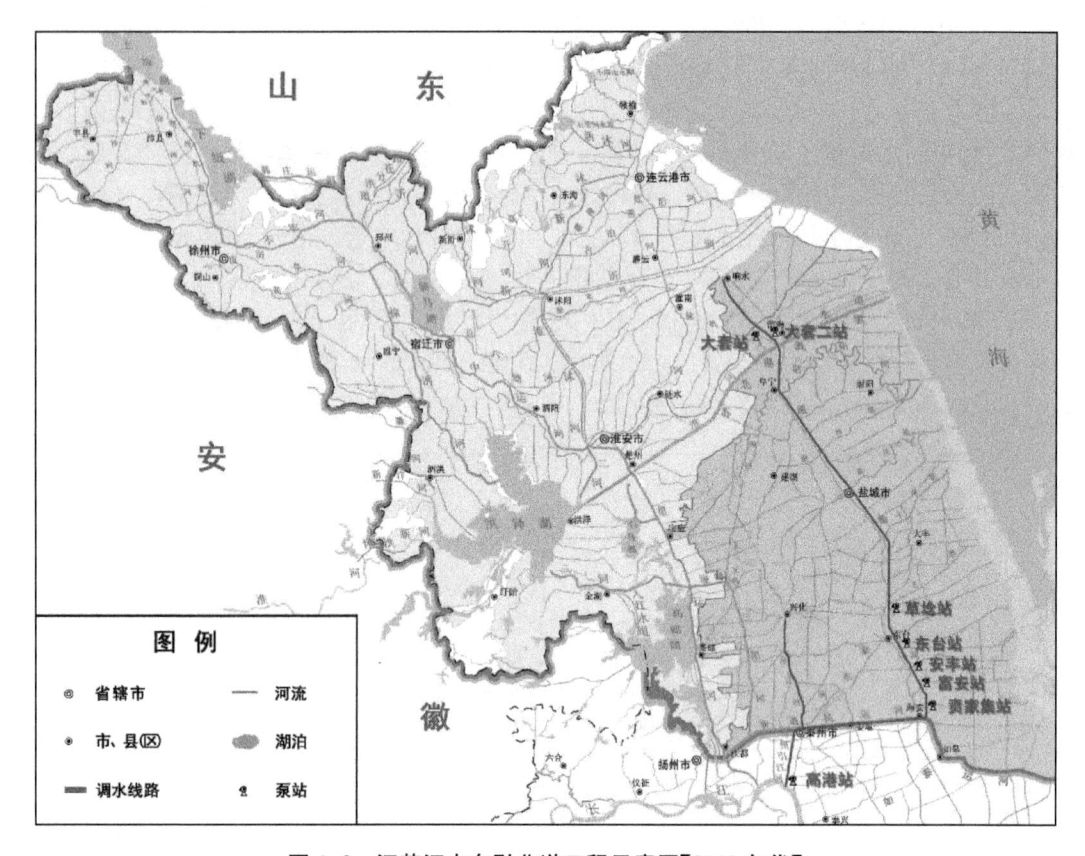

图 1-9　江苏江水东引北送工程示意图【2010 年代】

1.6.7　南水北调东线工程

为了解决我国北方严重缺水问题,2002 年,国务院批准了《南水北调总体规划》,其中,南水北调东线工程系在江苏江水北调工程基础上扩大规模,利用京杭运河及与其平行的河道为输水主干线和分干线逐级提水北送,输水干线在江苏境内长 689 km。江苏境内全线共设置 9 个梯级泵站,逐级抬高水位,高差达 40 多 m。新建、扩建泵站 14 座。工程抽江规模由 400 m³/s 扩大到 500 m³/s,工程已于 2002 年底开工建设,2013 年进行了通水验收。

南水北调工程是跨流域、跨地区的特大型水利基础设施,江苏省境内南水北调一期工程总投资在 150 亿元以上,是迄今为止江苏单项投资最大的水利重点工程,该工程布置如图 1-10 所示。

南水北调东线工程与江苏省江水北调工程共用输水河道、泵站和湖泊。如何保证供水时各级泵站达到计划送水量,特别是遇淮河流域干旱或江苏用水高峰期,向北供水流量如何得到保障,实现出省流量预期目标？在总的供水水源中,淮水、江水如何根据实际配比调用以实现经济效益最佳？在水务、水资源市场化进程中,如何实现按量收费,如何制定节水定额和政策,实现供用水各层级之间的量化管理？

这就对调水、配水、供水提出更严格的要求,需要我们对供水各干线、各主要控制断面的流量、水位进行全面监控,掌握实时动态,对调水沿线水资源的计量监测和供水管理更科学、更精确。

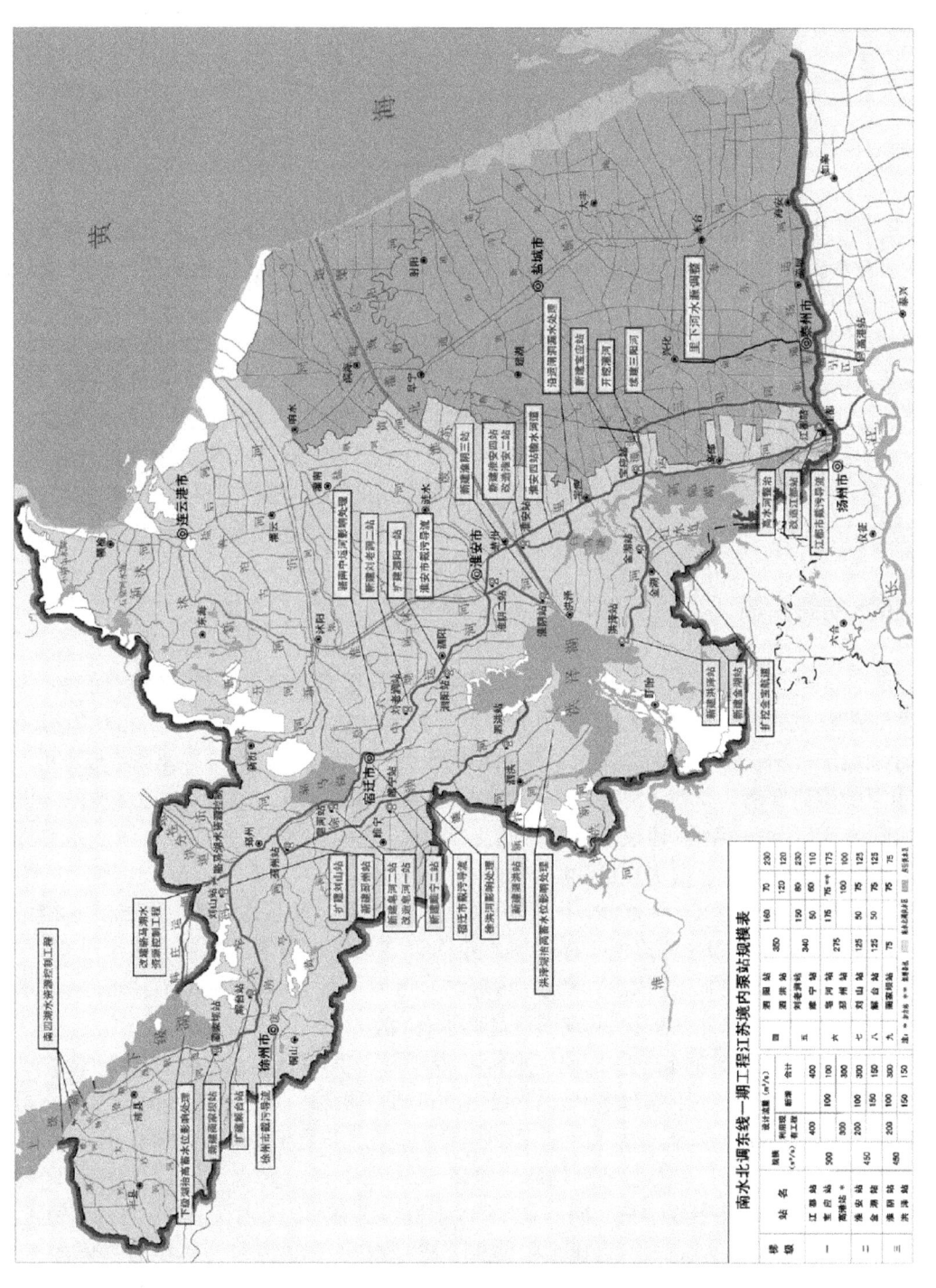

图 1-10 南水北调东线一期工程江苏境内示意图【2010 年代】

第二章 供水计量的提出

水资源是生态环境的控制性因素之一，更是战略性经济资源。随着工农业生产和城镇居民生活对水资源的需求日益增加，水资源短缺和水环境恶化等问题已成为经济社会发展的严重制约因素。

20世纪50年代以来，由于缺乏严格、准确的供水计量，苏北地区水资源既紧缺又浪费的现象普遍存在。直到2001年，根据中央"改革水的管理体制，建立合理的水价形成机制，调动全社会防治水污染的积极性"的要求，苏北地区开始实施《江苏省苏北供水经营管理实施方案》，实行"市界计量、计划用水、超计划加价收费"的管理办法，逐步规范供用水行为，落实水利工程水费由行政事业性收费向经营性收费转变，逐步建立起管理科学、计量供水、收费，适应社会主义市场经济要求的供水管理体制。供水计量的理念及其技术日益普及。

2.1 供水初始阶段

20世纪50年代初期，苏北地区没有专门的供水工程，也没有调水条件，各市（地、县）用水主要依靠当地水源，农业种植以旱作物为主，旱年望天收。50年代中期，苏北开始有组织、有计划地推行旱改水。治水思路由单纯治理洪水，逐步转入治涝治旱并重，抗灾兴利并举，供水问题得到重视。苏北运河整修和苏北灌溉总渠开挖工程先后完工后，苏北地区又进行了灌区、水库以及梯级河网建设，基本解决了农业灌溉用水严重不足的问题。河水水质均在Ⅲ类水以上，工业和生活用水直接就近取用。

20世纪50年代末至60年代初，中共中央提出"以粮为纲"，苏北地区大力发展水稻种植，只有骆马湖、洪泽湖和一些点源水库在丰水年尚可满足供水需求。在寻求水源过程中，人们逐步认识到：沂沭河水难蓄难用；淮水泄多蓄少，可用不可靠；当地径流槽蓄量小，用水必须扎根长江，建设江水北调工程，实现跨区域调水、供水。

跨区域供水工程：江都抽水一站、二站江水北调，从长江引水，利用京杭运河向北输水，淮安、淮阴、泗阳、刘老涧、宿迁、刘山、解台等梯级节点建有临时抽水机站（后逐步改建成固定式抽水机站），在农业改制（旱改水）、抗旱、供水和工业发展中，特别是在大旱之年，发挥了重要作用。

1978年春季（3—5月）江苏省面平均降雨量仅12～90 mm，6月以后，淮河以南地区梅雨总量仅10～40 mm，几乎成空梅。同时，35℃以上高温持续35天之久，9、10月份降雨只有30～60 mm。全省年平均降雨量，比常年偏少五成左右，有的地方仅为常年的三分之一。镇扬宁地区为百年来降雨量最少的一年。上中游来水也特少。淮河年来水总量27亿 m³，是有水文记录以来60年中最少的一年，淮河干流断流达225天。长江大通（8—11月）月平均流量比常年同期少四成左右。由于降水量少，上中游来水量少，河湖水位低，大部分河港断流,水库塘坝干涸见底。洪泽湖长期处于死水位以下,骆马湖、微山湖也降至死水位,京杭运河徐州段断流 40 天,盐城地区 3.6 万条生产河有 1.5 万条断流。沿海各入海干河 5~10 km,河水含盐量一般 3%~6%,最高 10%。丘陵山区、沿海垦区连人畜饮水都有严重困难。全省受旱面积一度达 5 800 万亩,旱情严重程度超过历史上的 1929 年大旱。抗旱期间,江都抽水站抽引 63 亿 m^3 江水,有效缓解了旱情。

1994 年,苏北地区比 1978 年同期雨量偏少 1~3 成。淮河干流 7 月 31 日断流,汛期 6、7、8、9 四个月来水量仅 27.18 亿 m^3,比常年同期少 146.6 亿 m^3。主要灌溉蓄水水源微山、洪泽湖水位长时间保持在死水位以下,骆马湖、石梁河水库水位一直接近死水位。丘陵山区的绝大多数小型水库和塘坝基本干涸,大中型水库存水也很少。素有"锅底洼"之称的兴化市内河水位也迅速下跌,里下河地区的盐城、大丰、阜宁、建湖等地水位都曾降至新中国成立后特大干旱年 1978 年的最枯水位以下。面对历史上罕见的干旱威胁,全省上下奋起抗旱。省防汛防旱指挥部充分运用跨区域调水等工程措施,保证了经济社会发展对水资源的基本需求。

近年来,苏北地区充分利用江水北调工程,在供水计划框架内统筹调度洪水、涝水、供水,实施水资源跨流域、跨区域优化配置,较好地完成了历年苏北地区生产、生活和生态用水的供水任务。

纵观苏北地区多年来供水实践,跨区域供水也暴露出水权不清、水账不清和治污职责不明等问题。这些问题倒逼供水计量实现精细化管理。

2.2 供水计量的发展

2.2.1 水资源紧缺催生供水计量

苏北地区,特别是淮河以北地区,年降水量只有 800~900 mm,洪水拦蓄量少风险大,当地水资源不能满足生产生活和发展的需要。向苏北、淮北供水工程应需而生,即 20 世纪五六十年代的淮水、江水北调工程。

随着改革开放和经济社会的快速发展,用水需求不断增加,水资源供需矛盾日趋尖锐,尤其是干旱年份的农业大用水季节,各地争水现象十分突出。20 世纪 90 年代的供水高峰期,省水利厅多次被迫采取各种行政措施和强制性措施,省政府发文件,省委、省政府领导视察、督查,省水利厅派出几十名以处级干部带队的工作组分赴供水干河沿线各主要取水口门,日夜督守闸洞放水,有时甚至需要省委、省政府主要领导干预、协调。

苏北 2002 年降雨量偏少、分布不均,1—10 月淮北地区面平均降雨量仅 623 mm,比常年同期雨量偏少 25.2%。其中 1 月至 2 月 20 日为全省性干旱,全省平均降雨量仅 24 mm,比常年同期偏少 64%。7 月 25 日至 10 月底,淮北地区出现持续晴热少雨天气,面平均降雨量只有 136 mm,为 1967 年以来 35 年同期雨量最小值,特别是丰沛地区平均降雨量仅为 80 mm,且分配不均,为近 30 年来同期降雨最少的年份。其间主要湖库蓄水严重不足,年初"三湖一库"蓄水总量为 24.0 亿 m^3,为正常蓄水量的 61%,洪泽湖水位 11.06 m,低于死水位 0.24 m。后因采取补水措施才不至于干涸,汛末淮北"两湖一库"蓄水总量 5.2 亿 m^3,为正常蓄水量的 27%。

2005 年,区域内供水明显不足。

2006—2007 年,虽然供水充分,但洪涝灾害严重。

2010年10月至2011年6月270天，淮北地区累计雨量193.1 mm，比常年同期少51%，为历年同期最小值；江淮之间累计面雨量367.7 mm，比常年同期少35%，为历年同期第三小值。沂沭泗2010年汛后至2011年6月基本无来水。由于长期抗旱用水等消耗，虽然大规模实施跨流域调水补给，但上半年主要湖库水位仍然持续下降，蓄水明显不足。6月中旬至7月上旬，微山湖、骆马湖、洪泽湖水位先后降至死水位以下，最低水位仅31.11 m、20.29 m、11.08 m，分别低于死水位0.39 m、0.21 m、0.22 m，"三湖一库"（指苏北地区的洪泽湖、骆马湖、南四湖和石梁河水库）可用水量基本耗尽。2011年干旱，跨越上年秋冬，不仅淮北地区旱情严重，地势低洼的里下河地区水位也持续偏低，影响居民正常生活生产用水。江淮地区旱情长达8个月，直到6月中旬入梅后才得以解除；淮北地区旱情持续9个多月，直到7月中下旬才解除，为60年来最严重的干旱之一。

2011年，全省11个市、68个县（区）受到干旱影响。夏收作物累计受旱面积2 345.6万亩，占播种面积的47%。因旱造成的直接经济总损失52.4亿元，其中农业直接经济损失26.8亿元，水产养殖业损失14.8亿元。其中徐州受灾最为严重，小麦受旱面积431万亩，造成重大经济损失。

根据统计，苏北地区自2000年开展供水计量，实施计划用水、计量考核、超用累计加价的水费收取政策，到2003年水费收取转型完成，2003年至2010年8年间共收取计量水费195 224.7万元，其中农业水费143 379.8万元。在农业水费的收取中，供水计量为水费收取提供了公正、准确的收费依据。

总而言之，水资源紧缺催生了供水计量，供水计量为供水管理和配置提供了公正、准确的依据。

2.2.2 供水计量工程

苏北供水工程分淮水北调工程和江水北调工程。

淮水北调工程从1957年盐河朱码节制闸兴建开始，直到1973年淮沭新河开挖完成，实现了洪泽湖与京杭运河、废黄河、盐河、新沂河及沂北诸河的连通，使淮水（即洪泽湖水）可通过送达废黄河以北的大部分地区，直至连云港市区。

江水北调工程自1961年兴建江都抽水一站开始，到1996年刘老涧抽水一站建成，形成了基本完整的江水北调工程系统。它利用京杭运河作为输水干河，主要抽引长江水以补充淮沂沭泗诸河水量之不足。

苏北地区的江水北调工程立足长江，引江济淮、济沂，实现了各水系、各区域、各种水资源的合理调节。各级泵站和省属水利枢纽包括苏北灌溉总渠、淮沭新河，输水干线供水均由省防汛抗旱指挥部（省水利厅）统一调度，实施供水工程的群体配合，多水源、多渠道统一调度、联合运行；充分发挥河网调蓄功能，合理利用本地径流和回归水，实施流域、地区间水量的联合调度、优化调节，发挥多条引水线的互补作用。

苏北供水扎根长江，充分利用淮水，较好地解决了苏北地区水资源不足问题，有力地促进了苏北地区经济社会的发展。但是，由于苏北供水工程是在不同年代和不同体制下修建，在水量调节管理中仍存在一些问题。

（1）存在两片高水低用地区和部分无控制用水情况。沿京杭运河的里下河地区、洪泽湖周边和二河系统等淮水灌溉地区灌溉定额明显偏高，水资源浪费严重，形成大量回归水进入白马湖和下游洼地,加重了沿湖洼地的涝情。同时,部分自流灌区由于用水不计量,实耗水量有效利用率不足30%。

(2) 工程老化,设备失修造成大量漏水。

(3) 干线多级提水、调水,有时上抽下排,循环抽水,甚至放水发电,造成浪费。

(4) 输水沿线取水无序,运行管理和调度困难,供用水调控不及时与上下游供用水不均造成的水资源供需矛盾时有发生。

2.2.2.1 南水北调东线供水

2000年12月国家计委、水利部对于南水北调作出部署,淮河水利委员会会同海河水利委员会编制了《南水北调东线工程规划(2001年修订)》。该规划突出水资源优化配置,按照"三先三后"的原则,论证了东线工程的水资源开发利用和保护,修订了供水范围、供水目标和工程规模;探讨了东线工程建设体制和运营机制,以及如何建立合理的水价体系;根据北方城市的需水要求,结合东线治污规划的实施,制定的分期实施方案。具体内容如下:

东线工程利用江苏省江水北调工程,扩大规模,向北延伸。从江苏省扬州附近的长江干流引水,利用京杭运河以及与其平行的河道输水,连通洪泽湖、骆马湖、南四湖、东平湖,并作为调蓄水库,经泵站逐级提水进入东平湖后,分水两路,一路向北穿黄河后自流到天津;另一路向东经新辟的输水干线接入引黄济青渠道,向胶东地区供水。从长江至东平湖设13个梯级抽水站,总净扬程65 m。

东线工程从长江引水,有三江营和高港2个引水口门,三江营是主要引水口门。高港在冬春季节长江低潮位时,承担经三阳河向宝应站加力补水任务。

从长江至洪泽湖,由三江营抽引江水,分运东和运西两线,分别利用里运河、三阳河、苏北灌溉总渠和淮河入江水道送水。

从洪泽湖至骆马湖,采用中运河和徐洪河双线输水。利用二河和新开的成子新河从洪泽湖引水送入中运河。

从骆马湖至南四湖,有三条输水线:中运河—韩庄运河、中运河—不牢河和房亭河。

南四湖内除利用湖西输水外,须在部分湖段开挖深槽,并在二级坝建泵站抽水入上级湖。

南四湖以北至东平湖,利用梁济运河输水至邓楼,建泵站抽水入东平湖新湖区,沿柳长河输水送至八里湾,再由泵站抽水入东平湖老湖区。

穿黄位置选在解山和位山之间,包括南岸输水渠、穿黄枢纽和北岸出口穿位山引黄渠三部分。穿黄隧洞设计流量200 m^3/s。

江水过黄河后,接小运河至临清,立交穿过卫运河,经临吴渠在吴桥城北入南运河送水到九宣闸,再由马厂减河送水到天津北大港。

从长江到天津北大港水库输水主干线长约1 156 km,其中黄河以南646 km,穿黄段17 km,黄河以北493 km。

胶东地区输水干线工程西起东平湖,东至威海市米山水库,全长701 km,建成后与山东省胶东地区应急调水工程衔接,可替代部分引黄水量。

2.2.2.2 多线供水

南水北调东线工程是特大型跨流域调水工程,它是在江水北调的基础上进一步给力苏北供水,是解决苏北严重缺水的有效措施。江水北调不仅是苏北地区水量调配的关键支撑,也是南水北调东线水资源系统的重要子系统,占南水北调输水线路总长的1/3。

江水北调时,由苏北灌溉总渠输水或翻水站翻淮水送至盐城,南水北调东线工程实施后,将调整送水方式,淮水丰量时将因减省梯级、减耗节能而直接送水至北京。向盐城供水则由江水东引工程(以高港枢纽为龙头,包括泰州引江河、新通扬运河等组成的系统),通过泰东河和通榆河,将江水送至里下河腹部地区和沿海垦区。

关于沂沭泗流域洪涝水调度,如经中长期预报,流域无大的降水过程,则从8月中旬起,抓汛末蓄水,将南四湖、骆马湖、石梁河水库由汛限水位逐步抬高到汛末蓄水位。

为了保证江水北送,需将沿里运河、苏北灌溉总渠已建的自流灌区增设提水设施,在灌溉水源不足的情况下,则开机抽取里下河水进行灌溉。

关于淮河流域洪泽湖洪水资源利用问题,在预报8、9月没有大雨、台风的情况下,洪泽湖可努力拦蓄洪尾,并从8月末、9月初开始按汛末水位逐步抬高,尽量多蓄水,以保证水资源供给。

2.2.3 供水计量实务

2.2.3.1 供水计划与用水量统计

1. 供水计划制定

根据苏北供水区扬州、淮安、宿迁、徐州、盐城、连云港6个市上报的年度用水计划,省苏北供水局会同省防汛防旱指挥部办公室等单位,在充分考虑各市实际用水情况和农作物灌溉定额的基础上,结合"三湖一库"蓄水状况,以及对降雨、来水情况的预测,每年按月制定苏北6市工业、生活及直接供水区水稻及旱作物的供水计划。

2. 用水量统计范围

各市用水量的统计范围,主要指利用江水北调等工程跨流域、跨区域供给的外来水量,对于本地水(包括本地降雨径流)和域内回归水,目前尚未纳入省对各市用水量的配置与统计。

3. 用水量统计方法

某市用水量等于市界进水断面监测水量减去出市断面监测水量和区间输水损失。如计算值为正值则计为该市用水量;如为负值则表明进入该市的水量小于出市水量,可能是本地降雨量较大等原因造成,为方便计算则将该市用水量计为零。

2.2.3.2 供水监测

苏北供水区现共设34处市际供用水计量断面(如图2-1所示)。由苏北供水局委托省水文水资源勘测局每日对上述站点流量进行监测,汛期(5—9月)一日测报两次(8时、16时),非汛期一日测报一次(8时),测量结果在水文信息网上进行实时公布。利用相应的计算软件对监测数据进行计算分析,得出各市用水量,并于每旬初期公布前一旬各市用水情况。

2.2.3.3 2005—2008年供用水量统计分析

苏北6市2005—2008年平均实际用水98.76亿m^3,为供水计划的109.7%,除2005年,其余3年均超出计划。

考虑到每年的7月中旬以后,淮河流域发生较大汛情,各市主要利用洪水资源进行灌溉,因此,除统计全年供用水量外,汛期5—9月份农业用水量亦统计作为丰枯年型的比较指标。2005—2008年汛期平均实际供水量74.70亿m^3,约为供水计划的100.7%,除2008年外,基本未突破供水计划。

2005—2008年苏北地区直接供水区及市际用水计量断面见表2-1;苏北6市全年和汛期供用水情况统计分析见表2-2。

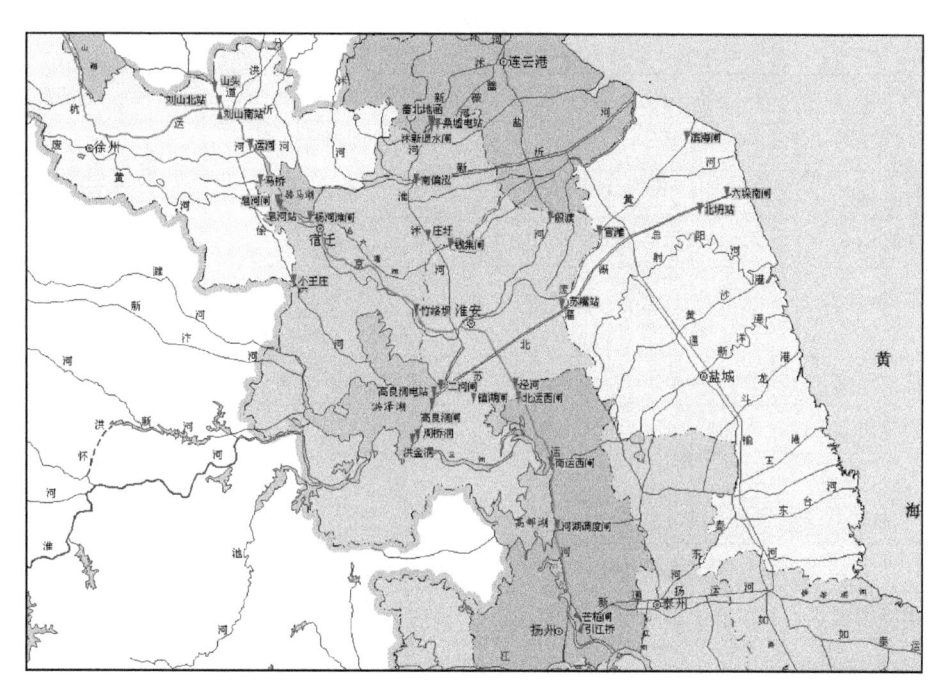

图 2-1 苏北供水监测断面分布图

表 2-1 苏北地区直接供水区及市际用水计量断面一览表

市别	直接供水区灌区名称	灌溉面积（万亩）	市际用水计量断面 入流监测站	市际用水计量断面 出流监测站	输水流量损失（m³/s）
扬州	里运河	102.60	引江桥、南运西闸、北运西闸	泾河、芒稻闸、河湖调度闸	80.0
淮安	里运河、总渠运东闸上、总渠运东闸下、二河段、盐河、淮涟、周桥、洪金	197.70	二河闸、泾河、周桥洞、洪金洞镇湖闸、高良涧闸、高良涧电站	苏嘴、官滩、殷渡、庄圩、竹络坝	80.0
宿迁	淮沭河、中运河	153.00	竹络坝、庄圩、皂河闸、马桥、洋河滩闸	桑墟电站、蔷背地涵、沭新退水闸、皂河站、钱集闸、南偏泓	32.5
盐城	总渠苏嘴以下、废黄河	147.10	官滩、苏嘴、北坍站	六垛南闸、滨海闸	35.0
连云港	沭新河、蔷薇河	57.00	桑墟电站、殷渡蔷北地涵、沭新退水闸、南偏泓		0.0
徐州	徐洪河小王庄以上、骆马湖刘山南站、刘山北站	176.00	刘山南站、刘山北站、小王庄	山头	0.0
合计		833.40			227.5

表 2-2 苏北 6 市全年和汛期供用水情况统计分析表　　　　　　单位：万 m³

年份		2005 年		2006 年		2007 年		2008 年	
		全年	5—9 月	全年	5—9 月	全年	5—9 月	全年	5—9 月
扬州市	计划供水	120 580	107 359	120 524	107 372	121 188	107 388	127 103	112 859
	实际用水	165 029	156 834	157 853	125 417	145 248	134 108	137 646	127 508
	实际占计划百分比(%)	137	146	131	117	120	125	108	113
淮安市	计划供水	232 977	195 674	232 986	195 674	235 419	195 674	259 202	209 411
	实际用水	259 229	216 659	327 232	237 273	313 117	201 762	319 716	264 639
	实际占计划百分比(%)	137	146	140	121	133	103	123	126
宿迁市	计划供水	159 399	130 441	149 717	121 751	147 325	121 741	159 379	137 066
	实际用水	87 176	79 428	102 457	85 322	112 210	99 585	125 193	116 880
	实际占计划百分比(%)	55	61	68	70	76	82	79	85
盐城市	计划供水	166 599	121 745	175 300	130 440	182 162	130 440	175 899	137 820
	实际用水	151 944	113 354	169 958	93 503	180 768	109 594	208 967	143 936
	实际占计划百分比(%)	91	93	97	72	99	84	119	104
连云港市	计划供水	73 268	50 025	73 304	50 030	74 286	50 030	76 856	45 000
	实际用水	202 815	128 655	249 608	151 682	269 854	176 472	264 715	151 658
	实际占计划百分比(%)	277	257	341	303	363	353	344	337
徐州市	计划供水	162 600	127 432	162 570	127 426	160 687	127 423	153 609	128 000
	实际用水	20 013	19 034	17 032	16 168	23 763	22 337	18 771	16 232
	实际占计划百分比(%)	12	15	10	13	15	18	12	13
苏北合计	计划供水	914 423	732 676	914 401	732 693	921 064	732 706	852 048	770 156
	实际用水	886 206	713 964	1 024 140	709 365	964 960	743 858	1 075 008	820 853
	实际占计划百分比(%)	97	97	112	97	105	102	113	107

2.2.3.4　供用水水质分析

江苏省水利厅于 2004 年 7 月起组织开展重点水功能区监测评价工作，并由省水文水资源勘测局定期编制《江苏省重点水功能区水质通报》，选择 pH、溶解氧、氨氮、高锰酸盐指数、五日生化需氧量、挥发酚等 17 个项目(饮用水增加硫酸盐、氯化物、硝酸盐、铁和锰 5 个项目)进行评价,评价标准依据《地表水环境质量标准》(GB 3838—2002)。苏北供水从长江北上至入江水道、里运河,经淮安、宿迁到徐州,东送到盐城境内灌溉总渠、废黄河,东北至连云港蔷薇河,沿线水质呈南好北差状态,供水水质无论是保留区、保护区,还是饮用水水源区,大多为Ⅲ类水。徐州、连云港地段供水水质不达标,大多劣于Ⅲ类水。水功能区供用水水质情况详见表2-3。

表2-3 苏北6市水功能区供用水水质情况统计表

	年份	2005年	2006年	2007年	2008年
扬州市	水功能区(个)	15	17	17	16
	达标数(个)	11	10	11	11
	达标率(%)	76	56	65	68
淮安市	水功能区(个)	17	17	18	18
	达标数(个)	11	12	14	14
	达标率(%)	67	67	78	78
宿迁市	水功能区(个)	14	16	15	15
	达标数(个)	8	12	10	9
	达标率(%)	58	72	67	61
盐城市	水功能区(个)	14	14	14	15
	达标数(个)	8	7	8	8
	达标率(%)	68	49	57	54
连云港市	水功能区(个)	20	20	20	21
	达标数(个)	7	3	4	6
	达标率(%)	33	16	20	22
徐州市	水功能区(个)	20	22	21	20
	达标数(个)	5	6	5	6
	达标率(%)	27	25	24	32
苏北合计	水功能区(个)	100	106	105	105
	达标数(个)	50	50	52	54
	达标率(%)	50	47	50	51

注:年达标数及达标率均由各月情况统计汇总得出;苏北合计为6市水功能区和达标数合计算得的达标率。

苏北6市共有水功能区415个,2005—2008年四年间实施水功能区监测数在100～106个,其中水功能区达标数在50～54个,总体达标率在50%上下。分区水质南部扬州、淮安、宿迁、盐城4市总体较好,平均达标率分别为66.3%、72.5%、64.5%、57.0%。北部徐州、连云港水质总体较差,平均达标率只有27%和22.8%。

从水资源可持续利用的角度看,随着经济和社会的发展,人们对水的认识不断转变,在更高的层次上推进水利的跨越式发展。为了解决水资源紧缺、时空分布不均问题,以及满足经济发展的需求,目前应该将工程措施与非工程措施相结合,运用法律、行政、经济、教育等手段,推动有利于全局与长远利益的工程体系建设,建立供水计量系统(工程与非工程措施协调供水),实行供水计量措施,适度调整水资源供需策略,构建动态水价体系,形成人与自然和谐共处的模式,保障经济社会和生态环境的可持续发展。

2.2.4 供水计量的挑战

1. 实施水权管理与地区水资源条件

随着社会经济的发展和城市化进程的加快,为了缓解水资源的紧张状况,提高供用水保证率,除了节约和保护水资源之外,跨流域调水已经成为中国许多城市的必然选择。

跨流域调水必然带来水资源供需关系的变化。要充分发挥调水工程的功能与效益,就必须认真研究水权和水市场问题,研究实现水资源优化配置的经济手段。比如,通过调水工程实现新方式供水之后,与原来的供水关系如何处理,如何用经济手段进行调整,有限的水如何分配,水费征收与水价上调的客观依据是什么,等等。这些都涉及水权问题,以及上游和下游、地表水和地下水、农业用水和城市用水、经济用水和生态用水之间的矛盾怎么统筹,供水与需水、短缺与浪费、开源与节流、用水和防污之间的关系如何处置等问题。

江苏省地处南北气候过渡带,特定气候条件和地理位置决定了全省降雨量年际、年内变幅较大,区域分配不均,南丰北枯,特别是苏北地区水资源紧缺现象十分严重。

2. 水资源管理体制改革的不断探索

在保障水资源供给和建设节水社会的背景下,江苏省水利厅拟在苏北地区建设先通后畅、联合调度、综合开发利用水资源,保障供用水双方利益,推进水量计量,并逐步完善水价核定与计量收费工作,力求建立安全、保障供水的工程调度管理体系,其改革思路与措施具体如下。

苏北供水管理是个复杂的系统工程,涉及农村生活用水、农副业用水以及城、镇各行各业和居民生活用水,既要保证京杭运河、通榆河等主要河道航运水位,又要加强环保,改善水质条件。

水权集中、统一调度,需要由省水利厅在宏观上对现有水资源进行优化配置、统一调度,以实现水资源的高效利用和合理配置,保障经济和社会的可持续发展。

分级管理、各负其责,是对供水实行省、市、县、乡、村、组6级管理,建立分级控制、管理、核算、收费,形成各负其责的运行机制。对京杭运河、泰州引江河、总渠、二河及洪泽湖、高宝湖、骆马湖等河、湖上的供水干河收归省管,采取省直管,或委托市、县代管。省管供水工程以下的各级供水河渠由各市、县、乡根据行政区划,或按供水系统自行管理。

设立供水专管机构,建立苏北供水统一管理队伍。鉴于苏北地区实际,在干线供水尚未作为商品水推向市场的情况下,可由苏北供水局下设供水管理处(根据水系或行政区域),亦可与江都、苏北灌溉总渠、淮沭新河、骆运、三河闸和泰州引江河等省管水利工程管理处合署办公,实行一套班子、两块牌子。供水管理处下属再按水系或灌区建立供水管理站,相应调整理顺灌区管理体制。处及站管理人员编制根据各供水管理处、管理站范围和任务进行确定。管理费用及人员工资可在当年运行费用中列支,或在水费中专项列支。

对于县级水行政主管部门,要根据集约型供水管理要求,加强和完善基层水利服务体系建设,重点是加强乡级水利站、基层水利工程管理单位和村、组、群管组织建设,以形成省、市、县、乡、村、组水利管理组织体系。

规范各级管理职能,发挥供水管理机构作用。苏北供水局的职能主要是负责苏北地区供水计划、协调、服务、监督与收费管理工作。

"计划"即根据市或县所报的用水计划编制年度供水计划,报省水利厅批准后实施。

"管理"即负责苏北地区水资源保护、配水调度、新用水户审查等供水管理工作,并加强科学用水的宏观管理、控制及探讨,总结和推广面上的典型经验与技术。

"协调"即及时调解跨市各类用水纠纷与矛盾。

"服务"即为各市、县及有关部门做好供水服务,并负责与用户签订用水合同。

"监督"即对各市各系统供水的计量使用进行检查监督,以保证计划用水实施,并对违反供水管理法规的给予查处。

"收费管理"包括全系统的管理和向各市各分支系统收取省级水费工作,直接负责省级的经济核算。省苏北供水局下属各供水管理处根据管理范围具体负责以上工作,按照适应社会主义市场经济的要求,实行有偿服务,变管理型为"管理→经营→服务"型,逐步过渡到独立进行水利经营管理的良性运行机制。

根据水资源总量,按用水定额进行优化配置。在实施前,省水利厅先部署对各市、县现有各行各业用水情况进行分类调查统计,包括对农业、渔业、工业、城镇居民生活用水、航运和环保用水等相关资料进行分类调查,然后根据国家用水定额结合本省实际制定出各市用水计划,各市根据省厅分配的用水总量再进行分配。

各级都必须按批准的用水计划用水,对超计划的,由市向省苏北供水局申请,经省厅批准后方能实施。对于未经批准而用水超过计划的地方,要制定切实可行的惩处措施。各级必须服从统一供水调度,任何单位和个人不得擅自拦截和抢水源,避免扰乱供水秩序。

用现代科学管理手段进行计量管理。目前由于供水干线工程取水口较多,计量仪器设施投入较大,可采取全面规划、分期分批配置的办法逐步实施。首先,要明确省级供水工程管理范围,省级管理的供水工程渠首全部配置用水计量设备,以实现计划用水,节约用水。其次,对市、县级供水工程渠道进行配置。由于一次性配置投入较大,省厅可分期对市、县、乡给予一定的补助和扶持。对于城镇、工业、渔业、冲污及农村副业等用水大户,可根据管理范围权属进行单独配置,以便实行计量管理。

改革现行水价,按照《水法》的规定对水价的管理进行改革。水利工程的供水价格由政府定价,但须按管理的权属关系和总成本费用来进行。目前,江苏省所定的水价较低,没有按工程供水实际成本定价,需逐步调整到位。水价还应与计划用水、节约用水紧密结合,推行超计划累进加价,以及根据不同条件实行浮动水价等指标。

通过立法来规范、引导合理开发利用和保护有限的水资源。苏北供水管理是跨行业、跨地区,且直接涉及各地区、各部门的切身利益的工作。必须制定法规,对各级管理部门的法律责任、权利、义务和水价确定、收取、使用等做出明确规定。例如,对用水单位违反规定超计划用水或不及时交纳水费,管理部门可按有关规定实施罚款、收取滞纳金或委托银行代扣等行政处罚。

加大宣传力度。对苏北供水管理的必要性和紧迫性进行广泛的宣传,以得到各级党委、政府的高度重视和各相关部门的配合和支持,使社会各界都能理解和接受。特别是对"节水措施""供水管理及水价改革政策""水利产业政策"等主要政策精神,要转变观念,支持和配合这一工作。

2.3 供水计量需要研究的内容

2.3.1 供水计量研究的主要问题

供水计量研究的主要问题包括站网规划与布设、信息采集传输与处理、实时流量监测、水工建筑物实时流量在线监测、输水损失控制、生态补水计量、区域供水计量、供水计量效益分析等。

此外,本书还对骨干供水网络及其监测站点构建,供水水源布局,覆盖苏北各市的监测、计量体系,分级建设县、镇(乡)或灌区内各级行政交界河流节点的站点布设,计量设备的选型及装备建设等各分项技术展开研究,对供水干线工程和平原水网区行政区界供用水过程等进行应用研究。

2.3.2 供水计量技术

供水计量技术包括以下方面。

(1) 供水系统的架构:从供、用、测几个方面考虑,涉及水源布局、交界节点、站网布设与河段划分等。

(2) 信息采集:与原有水文站网之间的关系与协调,测验方案与精度、仪器等。

(3) 监测:实时监测系统的构成,技术、水工建筑物监测。

(4) 信息传输。

2.3.3 供水计量关键技术

供水计量主要关键技术包括以下方面。

(1) 供水干河的分段与确定、测验组织与技术保证、测验方案、测验成果与评价、误差控制和精度分析。确定输水干河分段原则,并给出实例,以此进一步探讨沿线监测站点的布设方法,并对试点段测验的误差进行评定和分析,提出符合一般供水干河输水损失分析的方法。

(2) 供水计量信息传输现状与目标、多信息源的测站感知技术、多路由的信息传输技术、分中心的控制和交换技术,并对水文传输技术进行评述与展望。

(3) 研究河道实时流量监测技术,建立时差法实时流量监测系统、Argonaut-SL 流量实时监测系统和实时流量监测系统等,并进行运行可靠性、稳定性研究。

(4) 研究水工建筑物实时流量监测,进行水工建筑物出流能力计算、水工建筑物出流能力分析。从水准测量、水位观测、水头观测、工情观测、流态判别、单次流量测验等角度去研究测验质量控制的方法,以及淹没堰流、自由孔流、淹没孔流、水电站出流、抽水站出流等出流能力计算和分析的各种方法和原理。

(5) 应用研究。从历史研究和该市实际切入,分析试验小区选择的原则,探索空间和时间尺度的确定,再对监测和成果应用等方面进行延伸研究和展望,分别以高亢区、水网区、沿海垦区为对象,研究供水计量的基本方法和理论,提出开展地市、县级行政区供水计量的思路和方法。还将从技术推广层面,为供水计量关键技术的普遍应用提供经验、教训和借鉴。

作为供水计量的延伸,还有许多未涉及的内容,比较突出的有:

(1) 政府在供水管理中的职能以及宏观调控管理、准市场运作、用水户参与的供用水管理体制及供用水组织管理机构建设;

(2) 水利工程水费与用水量之间的关系与交费政策的制定;

(3) 用水总量控制与定额管理相结合的供用水管理制度建设,用水定额编制与修订,供水计划制订、执行,计划用水和节约用水各环节的政府管理等。

第三章 供水计量水文站网规划与布设

苏北供水计量监测的目的,一是为了优化区域水资源配置,科学地进行江水、淮水(洪泽湖)、沂水(骆马湖)等多水源联合调度,考核苏北6市实际供用水量,并以此制定、调整供用水计划,监督考核供用水计划的执行情况,实行计划供水,计量用水,优化调度,实施目标考核,逐步实现区域用水计量和按方收费。二是为进一步加快苏北地区水权水市场建设步伐,提供权威、准确的水文监测数据和技术支持。三是南水北调东线工程在江苏省江水北调工程基础上改扩建后,通过对供水干线各主要控制断面的流量进行全面监控,实时掌握变化动态,以实现调水北送、各梯级泵站优化出力和按计划送水出省预期目标。

苏北供水计量的站网规划比较复杂,对于供水,要能区分水源进行计量;对于用水,既要对市际水量交换进行计量,还要对各市区域内的用水配置进行计量分析。因此,需要按照统一目标进行水文站网的规划和合理布设,以便做到实时计量和掌握苏北各市供用水情况,并积累资料,为典型年供用水分析、水资源优化配置、水权水市场建设等有关研究提供基本水文数据支撑。

3.1 站网规划

3.1.1 供水计量水文站网的基本属性

水文站网是在一定区域、按一定原则,用适当数量的各类水文测站构成的水文资料收集系统。在我国的水文条例中,水文测站分为基本站和专用站两大类。然后,又可将具有相同观测项目的测站组成站网,例如雨量站网等。习惯上还按设站目的和作用,将水文站分为基本站、实验站、专用站和辅助站,实际上,水文条例中所述的专用站就是后面三种测站的统称。

基本站是为满足综合需要的公共目的,经统一规划而设立,能获取基本水文要素值多年变化情况的水文测站。

专用站是为科学研究、工程建设、工程管理运用、专项技术服务等特定目的而设立的水文测站。为这些特定目的服务的专用站网,系由区域或流域内的各类水文测站包括基本站、实验站、专项监测站和辅助站组成。在对专用站网进行规划时,主要是对所研究或服务区域内已有的各类站点进行适用性选择,以及补充增设部分专用站。

如上所述,供水计量站网的规划需要综合研究来水、用水和水资源配置等多种因素,苏北地区水系发达,与行政区划没有闭合的对应关系,跨流域、跨行政区调水,需要进行省级水资源配置与管理,一方面,水资源分配与调度需要实现对供水对象和过程的实时量化,计划、水权、考核、收费等相关工作内容也需要水量的实时量化。另一方面,通过分析和研究区域水资源状况及其供水需求的时空变化规律,逐步优化区域水资源配置。因此,供水计量站网的基本属性是以水资源管理为服务对象的水文专用站网。

江苏省的经济建设和社会发展比较快,供水计量站网和城市水文(防洪、排涝、调水)站网显得特别重要,故于 2000 年左右决定把这两类站网与基本水文站网、水质监测站网、水土保持监测站网、地下水监测站网并称为江苏水文六套站网,统一进行规划、管理、考核。

供水计量对来水的监测,可以依托水文测验相关规范作业进行,因此其站网规划与布设以及有关观测项目的监测方法,都可以借助于原有的水文站网和有关技术规范、技术标准,但因其显著特点是面向供水对象进行计量作业,在测验精度控制上必须达到专用站网的相应目标要求,对站网规划、站点设置、计量条件和测验方式等也都应有专门的、明确的技术和工作要求。

3.1.2 供水计量站网规划的原则和要点

3.1.2.1 平原水网区水文站网规划特点

根据苏北地区特点,进行供水站网规划时应考虑到以下因素:一是苏北地区属于平原坡地水网区,有多梯级控制,河网密度大,且水系大部分都已被水利工程控制;二是河道水流流向顺逆不定,水量交换频繁;三是受水区域所用水源很复杂,既有江水北调抽引来的长江水、淮河水,又有各流域上游来水、湖库蓄水及本地降水。

3.1.2.2 供水计量站网规划原则

水文站网规划的主要原则是根据需要和可能,着眼于依靠站网的结构,发挥站网的整体功能,提高站网监测成果被应用而产出的社会效益和经济效益。

对于平原水网区的供水站网布设,江苏省经过多年在水文监测经验上的实践摸索,提出以水平衡区为观测对象,以水量平衡原理为基本工具,对进出水平衡区的水量进行测验,研究水平衡要素的变化规律。因此,平原区水文站网的布设应按水量平衡和区域代表性相结合的原则进行。

平原区的水文测验对象应是水平衡区。在进行基本水文站网布设时,水平衡区可分成大区、小区和代表片三级。大区是在统一规划下进行水利治理、水资源统一调度使用的区域;小区是在大区中按土壤、植被和水利条件来划分的区域;代表片是由周界线封闭而成的一个面积较小的水平衡区,其产、汇流特性可被一个或几个小区移用。

平原区供水站网的布设应按水量平衡和区域代表性相结合的原则进行,是水文站网的一个组成部分,其水文测验的对象是供水区域中的水平衡区,水平衡区的分级应结合专用站网规划的目的进行。

3.1.2.3 供水计量站网规划要点

开展省级水资源区域用水总量考核,其基础工作是对各市用水进行计量,因此在进行供水计量站网水平衡区分区时,首先要对输水干河上各市之间的行政区界设立控制断面,然后在行政区界内按照供水水系或灌区进行分片计量,再对各片计量成果按时段累加即为考核的基础用水量。从省级水资源配置、行政管理控制与考核角度,以及探求水文特性的要求出发,苏北供水计量的水平衡区分为输水干线及水源地控制区、市际区域水平衡区和区域代表片三级。

（1）输水干线及水源地控制区。即输水干线以及水源地的水平衡区，是省级水资源配置与考核的重点水平衡区，该水平衡区布设的市际断面有两方面的作用：一是计量，输水干线控制区是市际供水年度用水计划下达和考核的计量断面；二是控制，在水资源调度时一般通过下达断面流量或水位控制指标，以确保计划用水，尤其是京杭运河沿线农用水高峰期，在确保城市供水、航运等基本用水的情况下，必须实行水稻轮插和农作物轮灌、错峰灌溉，必须通过行政手段下达区域调度或节点水位控制的指令，这些管理工作和决策，都需要用计量断面实时监测数据提供技术支持。对于跨2个以上市域的重要支线，也纳入输水干线范围进行统一技术管理。

水源地，在供水工程中即为上游河道汇入的湖泊、水库，以及干支河河道等水体。水源地控制断面，一方面是水源调度的重点控制断面，另一方面可用于计量水量时区分不同水源。该水平衡区的其他断面，一般都是节制闸、干支线河道或大型灌区的渠首控制工程。

（2）市际区域水平衡区。其划分应按照行政区界结合水文分区划定，可以在市域行政区的供用水区域中按支线、灌区、供水区域其他水利条件等划分为多个区域，用于计算每日、每月或整个年度供水时段区域内的实际供用水量，以便于考核。通过逐年资料的积累，分析水资源控制指标与该地区工农业发展、气象水文、气候、节水措施等条件的关系，可为大区域甚至流域层面上实现水资源优化调度提供技术支撑。

（3）区域代表片。由周界线封闭而成的一个面积较小的水平衡区，其产、汇流特性，农作物灌溉参数可被一个或几个小区移用。结合《水文站网规划技术导则》有关规定，区域代表片的选择应符合以下要求：

① 代表片的地形、土壤、植被、水利设施等在该供水区域内要有代表性；

② 代表片应尽量选择一个小型灌区或小型圩区，并有利于进出水量的控制和计量，尽量避免直接连通或内部存有湖荡等大水体，封闭线不要切割大的河（渠）道；

③ 代表片内应已有或设立配套的水位、雨量和水面蒸发站等。

水平衡区的周界线为沿水平衡区的周界形成封闭的包围线。分为输水干线及水源地控制区的控制线、市际区域区界线、区域代表片封闭线三种。不同种类的周界线尽可能综合布设。

供水站网中的"代表片"与水文分区中代表片的要求基本一致，但它应是供用水的市际区域中的水平衡区之一，或是其中某个水平衡区的一部分，是能形成封闭线的区域。通过多年的水文观测、计量与资料积累，可以分析出有代表性的水文参数和农业灌溉等用水指标。

市际区域水平衡区，是"省对市"进行供用水计量的考核对象，其中各水平衡区的时段供用水量之和即为某市时段供用水量。如"市对县"进行考核，则还应在其中划分出县际区域。

输水干线控制区，其最大特点是供用水计量直接为水资源调度的日常水行政管理服务，在其控制线上的市际断面、供水口门或支线口门，是省级水资源调度部门日常调度管理或控制的对象，对计量而言，其控制线的封闭性，可用来检查和分析主要计量站网的水量控制情况和误差情况。输水干线及水源地控制区的控制线一般也是市际区域中各水平衡区的区界线的一部分。

3.1.3 供水计量站网密度设计

3.1.3.1 流量站网密度的控制

1) 流量站网密度的控制指标

供水计量测验为水资源配置与考核服务,对站网整体功能的把握应体现在对水平衡区的进出水量计量控制上,必须达到一定的技术标准。

对于输水干线及水源地控制区、市际区域和代表片,理论上应对沿周界线的所有有条件的进出水口门安装计量或水文测验监测设施,即流量站网密度应由水平衡区的进出水口门数量决定。

但是,由于江苏是水网地区,一方面,输水线路或周界线上进出水口门众多、大小不一,且各口门的管理部门不一,各地重视程度不一且管理水平不一;另一方面,现阶段用水计量考核尚在初级阶段,重点进行省对市对跨市区域,以及市对县对跨县区域的用水总量控制。对于小型区域或用水户的用水管理,先不在这里具体研究。同时,沿线口门的跑冒滴漏、临时架机抽排水等现象也难以避免。

输水干线及水源地控制区、市际区域和代表片沿周界线均为一个水量平衡封闭区。在一个计算时段内,其区域水量平衡方程可统一表示为:

$$W_i - W_o - W_c + W_r \pm \Delta V = \Delta E_1 \tag{3.1}$$

$$\Delta E_2 = \left| \frac{2 \times \Delta E_1}{W_i + W_o + W_c + W_r \pm \Delta V} \right| \tag{3.2}$$

式中:W_i 为各进水口门计量进入水量;

W_o 为各出水口门计量流出水量;

W_c 为计量取用水量;

W_r 为区域中降水产流水量;

ΔV 为区域中水体蓄水变量;

ΔE_1 为水量平衡计算误差;

ΔE_2 为水量平衡计算相对误差。

水量平衡计算误差,受流量计量测验误差、蓄水量测算误差、降水产流计算误差等综合影响,对于输水干线河道,应将河段输水损失作为水量平衡输出项单独计算,否则其也包括在水量平衡计算误差中。

如果要将区域水量平衡计算误差控制在5%~10%以内,W_i、W_o 应能分别控制进出水量的90%~95%以上。在现阶段流量监测站网布设时,对于输水干线和市际区域,一般应控制的进出水量约占全水平衡区进出水量的90%以上;对于水源地周边站网,由于区间入流一般较大,其进出水量可以控制在80%以上。对于代表片,由于其具有考核、分析的典型性,并不是直接在面上全面铺开,应作为重点研究对象处理,其进出水量宜控制在95%以上。

当然,对于未能控制的部分水量,在具体计量计算及对其精度进行分析和对水资源分析计算时,仍应采取水文调查等形式,包括进行河道槽蓄量测算及沿程输水损失变化估算等,以计算出全水平衡区进出水量,并进行误差分析及控制。

2) 流量测验方式控制

流量测验时,应根据计量断面的重要程度和断面水力及边界条件、环境条件等因素确定测验方式。

供水计量的流量站与一般流量站的不同之处,在于用户更关注实时性与准确性。即管理方和被管理方都希望随时了解断面水位或流量的实际指标与控制指标的符合程度,并且对主要控制断面的测验应采用可靠方法实时监测、测量,数据可信度大,而非通过每天依靠人工估算、定时测验给出的数据,而对于测验者而言,也需要通过实时实测以提高对每个监测断面的精度控制。所以,供水计量的流量站按测验方式宜分为实时在线站(实时站)和巡测站两种。

(1) 实时在线站

由于市际断面大多为输水干河上的新设站,没有水工建筑物控制,加之平原地区河道比降小且不稳定,水位流量关系一般都没有建立起来,而这些断面流量又恰恰是多方关注的焦点,所以,对这些站点应采用先进测流技术,按断面条件可分别选用 H-ADCP、超声波时差法、SL-声学多普勒测速仪、走航式 ADCP 等方法实现实时在线测流并实时传输,在网上共享。

对于供水干线、支线上的堰、闸、泵站等水工建筑物控制的断面或周界线上比较大的有控制的口门,一般可率定出较好的水位流量关系,可通过实时监测的上下游水位、闸门开高或功率等参数,实现实时流量在线。

对于代表片区周界线上的小口门,在进出水量控制中起重要作用的,有条件时可专门设计一些量水建筑物。

这些实时在线站对水平衡区的进出水量起控制作用,一条周界线上可在主要河道口门上布设若干个实时在线站,它们的总进出水控制量应占整个水平衡区进出水量较高的比例:对于输水干线及水源地控制区应在 80% 以上,市际区域应在 70% 以上,代表片应在 60% 以上。

在管理方式上,现阶段实时在线站仍应以驻测和委托管理为主。驻测站以已有的水文测站兼职为主,对一些无法实现由水文专业人员驻测的控制断面,进行委托管理,委托站人员可结合计量要点进行培训,合格后聘用,以看管仪器、防止被盗为主,技术管理仍由附近驻测站水文专业人员负责。从发展方向上看,在条件成熟时,实时在线站应推行"无人值守、有人看管"的管理模式。对于暂时没有条件采用先进测流技术实现实时在线的干线、支线以及代表区上的重要控制站、各类驻测站,在供水计量时段可采用走航式 ADCP、流速仪法等加密测次的方法,以实现近似的实时在线计量。

实时在线项目,以水位、流量、水质为主。

(2) 巡测站

对周界线上一些进出水量较小的口门,以巡测为主,即设立巡测站(巡测断面)和由相关各巡测站联系而成的巡测线,由相应的巡测队进行管理。

巡测站可以利用已建的堰、闸、抽水站等,通过率定来简化工作量,也可以借助于辅助站与基本站相关关系来简化测流。

巡测线的设计,应结合输水干线及水源地控制区、市际区域和代表片水平衡区综合考虑,各水平衡区周界线及相应的巡测线应尽可能综合布设。在实际工作中,我们从计量工作组织与计量工作开展的实用性、方便性考虑,先进行巡测基地规划,然后以市际区域内各水平衡区的周界线的走向为主来进行设计,即可全面兼顾输水干线上的巡测站。

3.1.3.2 水位站网布设要求

为实现对调水干线沿线变化情况的监控,需要进行沿程水位监测,以满足水位实时控制及估算河网蓄水变化的要求。应布设一定数量的水位控制站,作为流量站的补充。一般结合水面比降变化来控制选择设站位置。

3.1.3.3 各类站网的协调配套

按照区域水资源分析的要求,对各水平衡区的雨量站、蒸发站和地下水观测井,应按《水文站网规划技术导则》及有关水文规范的规定进行设置,并按实时监测、在线运行要求进行统一规划、分步实施,进行建设或改造。

水质监测是供水工程,也是南水北调工程的一个重要监测项目,在供水干线以及作为饮用水源的供水支线上的实时在线流量监测站,都应配置水质自动监测仪器,实时监测水质参数。对巡测站点,也应按上述要求选择部分重点站,开展水质监测。

3.2 站网布设

3.2.1 供水计量站网布设的实施

3.2.1.1 基本原则

供水计量站网的布设,除了严格按照规划选址定点外,还应参考以下三项原则。

1)站网密度控制

在站网密度控制上,应按照规划控制指标作为最低指标进行布站。

2)分步实施

对于实时在线站的建设不能一步到位时,可分步实施,即根据计量要求、测验及遥测技术发展、实际能达到的现实可行性而逐步发展、逐步优化。

3)测验管理分类

在具体测验管理方面,对无法驻测或委托的、暂不能实时在线的水文站、水位站、水质站等,可按巡测站管理,纳入巡测线。

3.2.1.2 苏北供水计量的实施

2001年实施苏北供水计量监测系统建设时,供水计量站网是在充分利用原有站网的基础上进行布设,重点是水资源配置节点的水位站网、流量站网,同时考虑水质监测的站网布设。对于巡测线,即以站网规划为依据开展布设及巡测管理,并将部分暂未实施实时在线的站点,纳入巡测管理。

南水北调东线工程苏北段主要是利用江苏江水北调的骨干体系(如京杭大运河及其9个梯级泵站枢纽工程等)实施江水北送的,共用输水干线,并以徐洪河、淮沭新河、苏北灌溉总渠等作为供水支线实现二级配置。供水沿线原为防汛防旱、水利工程运行管理服务而设立的水文站网,包括水文站、水位站、降水量站、蒸发站、地下水位站等,站网密度基本上已能满足防汛要求,水文站、水位站主要设置在沿线省管闸坝、抽水站处,一般均为驻测站。通过几次大规模的遥测系统建设,水位、闸位(功率)基本上都实现了遥测,也有部分站采用H-

ADCP或超声波实现了流量实时在线。

从水文水资源监测、配置与分析的角度出发,苏北地区现状雨量、蒸发、地下水观测井等站网布设,已经能够满足水文测验相关规范的要求,故暂未考虑增设雨量、蒸发及地下水观测井站等测站,以后可根据具体情况,进一步完善配套站网布设及优化。

3.2.2 输水干线及水源地站网布设

3.2.2.1 水位站网布设

为实现对调水干线和主要支线沿线变化情况的监控,以及估算槽蓄量、进行沿程水位仿真等需要,江苏省水文水资源勘测局在查勘、分析沿线各级工程水位控制原则及水位沿程变化情况的基础上,确定布设28处水位控制站。

3.2.2.2 流量监测站网布设

1) 实时流量监测站

在进行苏北供水计量流量站网布设设计时,按苏北6市行政区域划分,以水源控制和市际控制为主,在充分利用原有站网的基础上,在供水干线和部分支线上增设部分驻测或委托流量计量站点。对其中主要控制断面、水源控制断面及市际交界断面,逐步建设流量实时在线遥测系统;一般断面从一开始的流速仪船测逐步过渡为走航式ADCP实时测验(即在供水计量时段加密测次)。

2001年实施苏北供水计量监测系统建设时,共布设流量(水量)计量监测站点32处,2003年增加至34处。其中,有14处为原有国家水文站网,20处为新设专用站。

2) 巡测站及巡测线

在供水沿线,特别是支线上小型口门很多,大多为灌区渠首工程,都有闸门控制和管理人员。但由于数量众多,暂不宜设固定站(驻测或委托)或安装遥测设备的,均按巡测站进行管理。

在江苏省水利厅的统一部署下,江苏省水文水资源勘测局在供水计量工作开始之初,组织开展了两大专题行动。一是对输水干线及部分支线开展输水损失测验及分析研究工作,为供水计量、水资源配置指标分配与控制打下基础;二是对输水线路上的沿线口门开展调查,并统一由水文部门完善各口门上下游水位、闸门开度等遥测、观测、计量设施,各市水文局组织队伍对各口门进行率定,建立水位-开高(宽)-流量关系,然后在日常工作中将其纳入各市水文巡测线管理。

在供水沿线各级船闸上,可安装计量设施,也可对船闸进行率定(上下游水位-船闸库容关系及开闸次数)作为计量的基础工作,在日常工作中将其纳入各市水文巡测线管理。

3.2.3 市际供水计量站网布设

以淮安市市际供水计量站网布设为例。

淮安市供水水源主要有从扬州市输水过来的京杭运河,以及洪泽湖和白马湖。出水分别通过废黄河、苏北灌溉总渠、盐河、淮沭新河及京杭运河向盐城、连云港、宿迁市送水。

来水计量断面有5处:江水北调的京杭运河来水由扬(州)淮(安)市际泾河断面计量,白马湖来水由镇湖闸计量,洪泽湖来水由二河闸、高良涧闸、高良涧水电站计量。洪泽湖直供灌区的渠首周桥洞和洪金洞则作为巡测断面。

由淮安市水域供水给其他市的计量断面有 7 处：废黄河官滩站、苏北灌溉总渠苏嘴站、盐河殷渡站、新沂河南偏泓站、淮沭河庄圩站、京杭运河竹络坝站及六塘河钱集闸站,详见图 3-1。

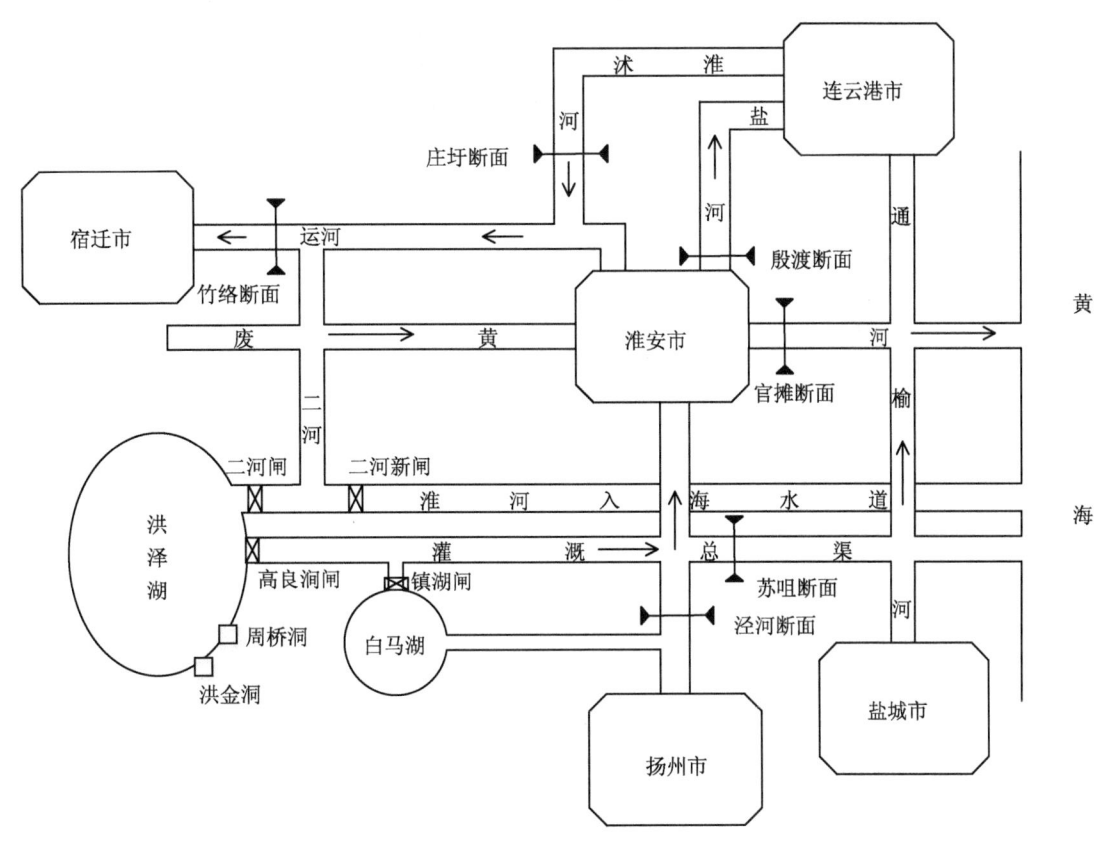

图 3-1　淮安市供水计量监测断面布置示意图

淮沭新河二河段(二河闸以下,淮阴闸以上)总长约 35 km,是苏北供水网络中水系比较复杂的节点,见图 3-2。该段河道是集防洪、排涝、灌溉、航运、发电等多种功能于一身的综合利用河道。二河段进水控制工程有二河闸、高良涧越闸。二河闸为洪泽湖排水口门之一;高良涧越闸为淮阴翻水站、淮阴站抽引江水北调的总控制工程。二河段出水控制工程主要有淮阴闸、盐河闸、盐河水电站、淮涟闸、杨庄闸、活动坝水电站、泗阳闸、泗阳一站、泗阳二站,以及淮阴船闸(一线、复线)、泗阳船闸、淮沭船闸、杨庄船闸,另有华能电厂取水口、淮安自来水厂取水口、蛇家坝洞、顺河洞、三闸洞等众多取水控制口门。淮阴闸是淮沭新河继续北上、"分淮入沂"的控制口门。盐河闸及盐河水电站放水进入盐河。淮涟闸为淮涟灌区的渠首。杨庄闸及活动坝水电站放水进入废黄河。泗阳闸及泗阳一站、二站位于宿迁市泗阳县,是南水北调第四梯级抽水站。

废黄河官滩站是计量由淮安市段进入盐城市水量的市际监测断面,其上游约 100 km 处为杨庄节制闸及活动坝水电站,下游由滨海闸控制入海。

苏北灌溉总渠苏嘴站负责计量由淮安市段进入盐城市的水量。下游由六垛南闸控制入海。

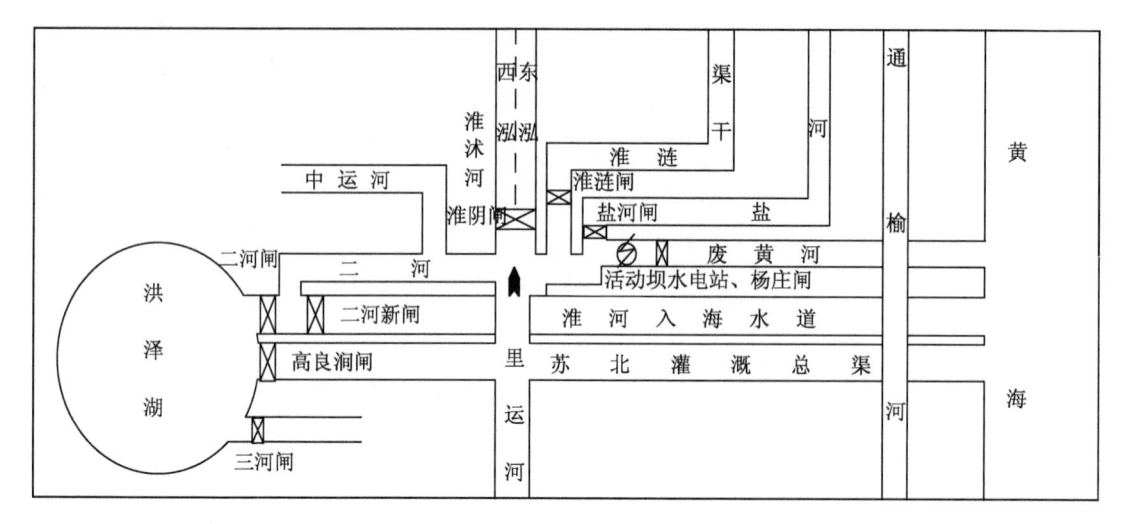

图 3-2　淮沭新河二河段水系分布示意图

盐河殷渡站是计量由淮安市段入连云港市的水量,在断面上游约 24 km 处有朱码闸控制,该闸由电站、节制闸、船闸等建筑物组成,该处水流情况较为复杂,下游与武障河、南六塘河、北六塘河、柴米河、义泽河相交,另受武障河闸、六塘河闸、龙沟闸、义泽河闸等挡潮闸影响,涨潮时开闸通船,所以本断面有时会受潮水影响。

新沂河南偏泓监测断面位于沭阳县沭城镇北的新沂河上,断面上游约 2 km 处有南偏泓节制闸和电站一座,其来水有淮沭新河及骆马湖经新沂河下泄的水量两部分,低水时即新沂河未行洪时,主要是淮沭新河经南偏泓节制闸和水电站放水入南偏泓,向连云港市的叮当河和新沂河下游送水。当骆马湖嶂山闸开闸或上游老沭河来水时,新沂河投入行洪,南偏泓断面不再测流。

淮沭新河庄圩站位于淮安市淮阴区与宿迁市泗阳县交界处,断面位置在淮沭新河东西两泓交汇处上游,分设两个断面控制,两断面相隔约 0.6 km。断面上游约 40 km 处由淮阴闸控制,下游 2 km 处淮沭新河东岸有钱集闸控制入南六塘河水量,淮沭新河过庄圩断面后继续北上,经沭阳闸后与新沂河平交,再由沭新闸控制进入连云港境水量。

京杭运河竹络坝站位于淮阴区与泗阳县交界处,该站的主要作用是计量京杭运河由淮安市进入宿迁市的水量。该站上游与二河段相连,下游有泗阳闸及泗阳一站、泗阳二站控制。

六塘河钱集闸站位于淮沭新河东岸淮阴区徐溜镇,计量淮沭新河入六塘河水量。

3.2.4　区域代表片选择

区域代表片的选择,主要考虑对供水区域的面的代表性,如作物耕作制度、气象条件、下垫面条件等,同时,封闭条件要好,进出水口门宜少。

3.2.4.1　陶舍径流小区代表片概况

江苏省水文水资源勘测局盐城水文局从 1979 年起在盐城市建湖县钟庄乡建东(陶舍)圩区设立径流试验站。2002 年 11 月—2006 年 10 月,为适应水资源管理需要,省水文局安排盐城水文局再次选择该圩区作为区域代表片开展小区供水计量试验研究,为水量平衡计算和供水计量分析服务。

陶舍圩区总面积 1.955 km²,圩内地面高程在 1.1～1.7 m,平均地面高 1.3 m 左右,圩堤顶高 4 m 左右,顶宽 4 m,四周圩堤封闭良好,外圩有红旗、扬中 2 处 4 m 宽的进出水闸,和红旗站、新河站 2 座固定排涝站,圩堤外侧由红旗大沟等 4 条相连的河道环绕;圩内以稻麦轮作为主,兼有少量的棉花和其他旱作物,并有养殖鱼塘等。圩区常住人口 1 150 人。该区地面高程、土壤植被、人口密度、主要作物稻麦田占总耕地面积比例,以及其他种养结构、耕作方式在里下河水网区具有一定的代表性,适宜开展水平衡相关要素及农业、渔业用水定额的试点研究工作。

3.2.4.2 代表片内水文测验要素选择与站网布设

(1) 流量站布设:在进出口门各设立 1 处流量站,封圩期间对翻水站水量进行实测,全面控制代表区的进出水量。

(2) 水位站布设:在区内中心河设简易水位计台 1 座,作为小区水位代表站。圩外河道设水尺 1 组。各抽水站进水池设水尺 1 组,在抽水时观测水位。

(3) 地下水位站布设:在圩区中部三麦、棉花旱作物种植地选具有一定代表性的地区设地下水观测井 2 眼。

(4) 降雨量、蒸发量、旱作物耗水量观测站布设:在圩内区中部空旷地带建 6 m×6 m 观测场一处,场内设标准自记雨量计、E601 蒸发器和土壤蒸发器各 1 台。旱作物耗水量用观测场内长 2 m、宽 2 m、深 2 m 的土壤蒸发器(独立原状土立方体)进行观测,在原状土体上凿一眼地下水位观测井,观测土体内地下水位埋深变化,通过降雨产流后取水、干旱时缺水加水并保持土壤蒸发器内的地下水埋深与大田地下水埋深基本一致,逐日观测取水量或加水量变化值,用以推算立方体内土块的水分蒸发量,从而确定旱作物的耗水量。

(5) 土壤含水率选点:分别选择在棉花田和观测场内旱地各一个固定点用快速测墒仪定点测定土壤含水率。

(6) 稻田水深选点:在圩区内选择较有代表性的中季水稻大田作为稻田水深固定观测点,同时在圩区内选择两块稻田观测整个水稻生长期的灌水量。

(7) 水产养殖观测:选用养殖鱼塘,每日观测鱼塘水位变化、鱼塘抽用水量和排出水量,得出水产养殖单位耗水量。

3.3 站网规划成果

苏北供水计量站网的规划,经历了自上而下指导和自下而上逐级汇总、完善,再进行优化的过程。首先,省水文水资源局指导苏北供水沿线各市水文分局制作区域的站网规划并初步布设完成,接着就开展旬、月、年度计量工作。在此基础上,省局经过汇总、协调,进一步开展了供水计量站网整体规划研究,从水资源配置运行控制角度以及水量平衡计算误差控制角度,分析已布设各类站网的密度、合理性,对如何加密站网,尤其是水文巡测线的规划,认真进行研究,形成了苏北供水计量站网输水干线及水源地控制区、市际区域规划成果,作为下一步完善站网布设、加强计量管理的依据。

然后,再根据供水计量站网规划原则与要求,按照输水干线及水源地控制区、市际区域和代表片三级水平衡区进行水位站、实时在线流量站和巡测站等站网规划时,综合考虑以下因素逐步优化：

(1) 市际和区县行政区界断面控制；
(2) 水平衡区的进出水量控制指标及实时在线进出水量控制指标；
(3) 区分不同水源；
(4) 供水干河与其他供水区域相结合；
(5) 规划站点与已有站点相结合，与原有各类专业站网规划相结合；
(6) 水量监测与水质监测结合；
(7) 代表区的选择及重点控制；
(8) 各水平衡区周界线及相应的巡测线综合布设。

3.3.1 供水干线及水源地站网规划

在苏北供水干线上规划新建或改造水文监测站点共77处，分布在苏北大运河输水干线及与其平行的输水河道上，其中，新建站点29处，改造站点25处，补充完善站点18处，5处站点纳入巡测线。

以淮安—宿迁段干线及水源地站网规划为例。该段干线上的泵站是南水北调东线工程的第二、三、四、五、六级泵站，分为运河线和运西线两条线路，并同时交会于洪泽湖、骆马湖两个水源地，与湖泊上游来的淮水、沂水汇合并进行水量调节，过骆马湖后继续北送。该段对应的考核区域为淮安市和宿迁市，在进行站网规划时，在与已有站点相结合、与原有各类专业站网规划相结合的基础上，既要考虑市际界断面控制，也要考虑区分水源、量质同步等因素，按照上述供水站网控制指标及实时在线站控制指标，规划新建或改造水量（水质）监测站点共55处。其中，新建站点24处，改建站点13处，已建18处站点需补充完善。

对该段干线的水源地控制和干线控制分述如下。

3.3.1.1 水源地规划站网

1) 洪泽湖水源地规划站网

洪泽湖承接上游淮河来水，是苏北供水的淮水水源，又是南水北调东线工程抽引长江水的蓄水、调度水源，更是淮河下游区的重要防洪、灌溉、渔业等综合利用的平原水库。为实现合理配置、优化调度和水质安全，满足进出水、湖泊槽蓄量计算精度，同时满足防汛防旱、水文情报预报、水资源配置、工程管理、水利规划等各方面要求，我们需要对沿湖区的周界线进行了站网规划。

洪泽湖周边的站网分为水文站、水位站、水质站3大类，对主要控制站以实时在线为目标逐步进行建设和改造，部分小口门则纳入巡测线进行管理。

规划水文站主要布设在进、出湖的骨干河道上：三河上的三河闸站、灌溉总渠上的高良涧闸站、二河上的二河闸站等3处闸坝水文站，徐洪河金锁镇站、老濉河泗洪（姚圩）站、濉河泗洪（姚圩）站、怀洪新河双沟站、下草湾引河下草湾站、淮河盱眙站等6处河道水文站，测验项目有水位、流量、泥沙、降水、蒸发、水质等6项内容，详见表3-1。上述流量站网的设立，在正常情况下，基本能控制出入洪泽湖水量的70%以上。

表 3-1 南水北调东线工程淮宿段洪泽湖周边规划站网表

序号	河名	站名	站类	水位	流量	降水	蒸发	泥沙	水质	性质	主要功能	备注
1	三河	三河闸	水文	1	1	1	1	1	1	改建	水源控制	
2	灌溉总渠	高良涧闸	水文	1	1	1			1	改建	水源控制	
3	二河	二河闸	水文	1	1			1		改建	水源控制	
4	徐洪河	金锁镇	水文	1	1	1			1	改建	水源控制	
5	老濉河	泗洪(姚圩)	水文	1	1	1	1	1	1	改建	水源控制	
6	濉河	泗洪(姚圩)	水文	1	1	1			1	改建	水源控制	
7	怀洪新河	双沟	水文	1	1				1	改建	水源控制	
8	下草湾引河	下草湾	水文	1	1					改建	水源控制	
9	淮河	盱眙	水文	1	1	1		1		改建	水源控制	
10	洪泽湖	蒋坝	水位	1					1	改建	槽蓄量计算	
11	洪泽湖	老子山	水位	1		1				改建	槽蓄量计算	
12	洪泽湖	尚嘴	水位	1		1				改建	槽蓄量计算	
13	下草湾引河	新河头	水位	1						改建	槽蓄量计算	
14	老汴河	临淮头	水位	1						改建	槽蓄量计算	
15	洪泽湖	香成庄	水位	1						改建	槽蓄量计算	
16	洪泽湖	洪泽湖区(东北)	水质						1	新建	水源地水质	水质自动
17	洪泽湖	徐洪河口	水质						1	新建	水源地水质	水质自动
18	淮河	四河	水质						1	新建	水源地水质	水质自动

规划水位站主要布设在湖区的周边,有:洪泽湖蒋坝站、老子山站、尚嘴站、香成庄站、下草湾引河新河头站、老汴河临淮头站6处水位站,测验项目有水位、降水、水质3项内容。上述水位站点的设置,基本能满足洪泽湖平均水位和槽蓄量计算的要求。

规划水质自动监测站主要布设在重要水源地[如:洪泽湖湖区(东北)站]、入湖河流集中区(如徐洪河河口站),以及淮河干流省界处(如淮河四河站等3处)。

洪泽湖湖区(东北)站位于洪泽湖东北角,该区域是淮安市城区、洪泽区居民用水的重要水源地,其一侧的高良涧闸担负着向淮安市洪泽区、楚州区及盐城市送水的任务,另一侧的二河闸则承担着向淮安市城区、淮阴区,宿迁市泗阳县、沭阳县以及连云港市输送清水任务,该区水源安全尤为重要,因此规划新建洪泽湖区(东北)水质自动监测站。

洪泽湖徐洪河河口水质自动监测站位于南水北调东线工程湖西线与洪泽湖水源地的交汇处,是洪泽湖靠近成子湖湖区的浅水区,且水量交换缓慢,水体极易受到污染,是南水北调东线工程湖西线调水安全的控制性口门,因此有必要设置徐洪河口水质自动监测站。

四河水质自动监测站是淮河江苏、安徽两省的交界断面,洪泽湖水源的绝大部分来自淮河,四河至洪泽湖距离较短,其间没有较大支流出入,淮河四河断面水质基本可以代表入湖水质和洪泽湖南区的水质情况。

2) 骆马湖水源地规划站网

骆马湖承接上游沂河、运河来水,又是南水北调东线工程抽引江淮水的蓄水、调节水源,是一个具有防洪、灌溉、渔业等综合利用功能的平原水库。为实现合理配置、优化调度和水质安全,满足进出水、湖泊槽蓄量计算精度,同时满足防汛防旱、水文情报预报、水资源配置、工程管理、水利规划等各方面要求,我们需要对沿湖区的周界线进行站网规划。

骆马湖周边的来水控制站主要有京杭运河运河镇站、沂河港上站等,南水北调入湖的来水控制站有皂河抽水站。出水控制站主要有新沂河嶂山闸站、总六塘河杨河滩闸站、中运河皂河闸站等3处闸坝水文站,均为骆马湖出湖流量控制站。入、出湖控制水量90%以上。测验项目有水位、流量、泥沙、降水、水质等5项内容,详见表3-2。

表3-2 南水北调东线工程淮宿段骆马湖周边规划站网表

序号	河名	站名	站类	水位	流量	降水	泥沙	水质	性质	主要功能	备注
1	新沂河	嶂山闸	水文	1	1	1	1	1	改建	水源控制	
2	总六塘河	杨河滩闸	水文	1	1	1	1	1	改建	水源控制	
3	中运河	皂河闸	水文	1	1	1	1	1	改建	水源控制	
4	骆马湖	皂河闸闸上	水质					1	新建	水源控制	水质自动

皂河闸(闸上)位于骆马湖区,且处于南水北调东线工程的调水干线上,故将皂河闸(闸上)设立为水质自动监测站。

3.3.1.2 淮安—宿迁段运河干线规划站网

为保证江水北调工程的合理调度和调水安全,开展骆马湖、运河、灌溉总渠等河道槽蓄量计算,同时满足防汛防旱、水文情报预报、水资源配置、工程管理、水利规划等多方面要求,淮宿段运河线规划的水文站有22处、水质自动监测站有2处。规划为水文站的有:大运河北运西闸站、宿迁闸站等7处闸坝水文站,大运河竹络坝等1处河道水文站(淮安—宿迁市际断面),淮安抽水一站、皂河抽水二站等14处抽水(泵)站水文站,测验项目有水位、流量、泥沙、降水、蒸发、水质等6项内容,详见表3-3。

表3-3 南水北调东线工程淮宿段东线规划站网表

序号	河名	站名	站类	水位	流量	降水	蒸发	水质	性质	主要功能	备注
1	大运河	北运西闸	水文	1	1				改建	东线	
2	白马湖	镇湖闸	水文					1	改建	东线	
3	大运河	淮安大引江闸	水文	1	1				改建	东线	
4	里运河	淮安抽水一站	水文	1	1				新建	东线	

续 表

序号	河名	站名	站类	水位	流量	降水	蒸发	水质	性质	主要功能	备注
5	里运河	淮安抽水二站	水文	1	1				新建	东线	
6	里运河	淮安抽水三站	水文	1	1				新建	东线	
7	里运河	淮安抽水四站	水文	1	1				新建	东线新建	
8	灌溉总渠	淮阴抽水一站	水文	1	1				新建	东线	
9	灌溉总渠	淮阴抽水三站	水文	1	1				新建	东线新建	
10	里运河	淮阴抽水二站	水文	1	1				新建	东线	
11	中运河	竹络坝	水文	1	1			1	改建	东线市际	
12	中运河	泗阳抽水一站	水文	1	1				新建	东线	
13	中运河	泗阳抽水二站	水文	1	1				新建	东线	
14	中运河	泗阳抽水三站	水文	1	1				新建	东线新建	
15	中运河	泗阳闸	水文	1	1	1		1	改建	东线	
16	中运河	刘老涧抽水一站	水文	1	1				新建	东线	
17	中运河	刘老涧抽水二站	水文	1	1				新建	东线新建	
18	中运河	刘老涧闸	水文	1	1	1		1	改建	东线	
19	中运河	刘老涧新闸	水文	1	1				改建	东线	
20	中运河	宿迁闸	水文	1	1	1		1	改建	东线	
21	中运河	皂河抽水一站	水文	1	1				新建	东线	
22	中运河	皂河抽水二站	水文	1	1				新建	东线新建	
23	里运河	运东闸闸上	水质					1	新建	东线	水质自动
24	里运河	淮阴闸闸上	水质					1	新建	东线	水质自动

增设泗阳闸水文站流量监控项目和竹络坝水文站的水质预警断面。因为泗阳闸位于京杭运河调水线的主干线上，且与泗阳抽水一、二、三站并行，对泗阳闸流量实施监控，可有效控制调水水量的去向，为调水工程的管理、调度提供技术数据；竹络坝断面是调水干线的淮安、宿迁交界断面，水质监控尤为重要。

运东闸位于京杭运河输水干线上，里运河（京杭运河淮安—扬州段）、里运河改道段（京杭运河淮安城南段）与苏北灌溉总渠在运东闸闸上平交，该水域南引江水北调、北接沂水南排，与水质较差的里运河淮安市城区段水量交换频繁，同时还担负着向淮安区、盐城市输水任务，处于淮安水利枢纽工程的核心位置，该输水河段的水质好坏将直接影响南水北调东线工程的调水质量，因此运东闸闸上规划增设水质自动监测站。

淮阴闸位于京杭运河输水干线上，是南水北调东线工程东线第三个梯级的控制建筑物，二河与京杭运河、淮沭河、盐河、废黄河等5条河流在淮阴闸闸上交汇，俗称"五岔河口"，是向盐城市、宿迁市、连云港市送水的节点，同时又是淮安市城市用水的主要水源地，水质好坏直接影响淮安市城镇居民饮水安全,因此淮阴闸闸上规划设水质自动监测站。

3.3.1.3 淮(安)—宿(迁)段运西线规划站网

为保证运西线的合理调度、调水安全,开展洪泽湖、金宝航道、三河、徐洪河等河道槽蓄量计算,同时满足防汛防旱、水文情报预报、水资源配置、工程管理、水利规划等要求,湖西线规划有水文站7处、水位站2处。

规划为水文站的有:京杭运河南运西闸站1处闸坝水文站,金宝航道金湖抽水(泵)站、徐洪河泰山洼抽水(泵)站等6处抽水(泵)站水文站,测验项目有水位、流量等2项内容。

规划为水位站的有:宝应湖于沟站、三河金湖站等2处水位站,测验项目有水位、降水、水质等3项内容,详见表3-4。

南运西闸位于京杭运河与金宝航道的交汇处,是京杭运河向运河以西地区输水的重要通道,同时又是淮安、扬州两市的市际交界断面,水质好坏直接影响东、西线路的调水安全,因此在南运西闸水文站规划设立水质预警站。

表 3-4　南水北调东线工程淮宿段西线规划站网表

序号	河名	站名	站类	水位	流量	降水	水质	性质	主要功能	备注
1	大运河	南运西闸	水文	1	1		1	改建	西线	水质预警
2	金宝航道	金湖抽水站	水文	1	1			新建	西线新建	
3	金宝航道	石港抽水站	水文	1	1			改建	区域水资源	
4	三河	蒋坝抽水站	水文	1	1			改建	区域水资源	
5	三河	洪泽抽水站	水文	1	1			新建	西线新建	
6	徐洪河	泗洪泵站	水文	1	1			新建	西线新建	
7	徐洪河	泰山洼抽水站	水文	1	1			新建	西线新建	
8	宝应湖	于沟	水位	1				改建	西线	
9	三河	金湖	水位	1		1	1	改建	西线	

3.3.2 区域站网规划

以淮宿地区为例。

该区域规划水文站18处,水位站7处,降水量站5处。南水北调东线工程淮宿段区域水文站网遥测规划建设,详见表3-5。

表 3-5　南水北调东线工程淮宿区域规划站网表

序号	河名	站名	站类	水位	流量	降水	墒情	水质	性质	主要功能	备注
1	灌溉总渠	苏嘴	水文	1	1			1	改建	市际控制	
2	废黄河	官滩	水文	1	1			1	改建	市际控制	水质预警
3	盐河	殷渡	水文	1	1			1	改建	市际控制	水质预警

续 表

序号	河名	站名	站类	观测项目 水位	观测项目 流量	观测项目 降水	观测项目 墒情	观测项目 水质	性质	主要功能	备注
4	淮沭河	庄圩	水文	1	1			1	改建	市际控制	水质预警
5	新沂河	南偏泓	水文	1	1			1	在建	市际控制	水质预警
6	六塘河	钱集闸	水文	1	1			1	改建	市际控制	水质预警
7	废黄河	杨庄闸	水文	1	1			1	改建	区域水资源	
8	灌溉总渠	运东闸	水文	1	1			1	改建	区域水资源	
9	盐河	盐河闸	水文	1	1			1	改建	区域水资源	
10	盐河	朱码闸	水文	1	1	1		1	改建	供水支线	
11	淮沭河	淮阴闸	水文	1	1	1			改建	区域水资源	
12	柴米河	柴米河	水文	1	1				改建	区域水资源	
13	沭新河	沭新闸	水文	1	1			1	改建	供水支线	
14	淮涟干渠	淮涟闸	水文	1	1				改建	区域水资源	
15	新沂河	沭阳	水文	1	1	1		1	改建	区域水资源	
16	新开河	桐槐树	水文	1	1	1		1	改建	区域水资源	
17	柴米河	柴米地涵	水文	1	1				改建	区域水资源	
18	入江水道	东、西漫水闸	水文	1					改建	西线水资源	
19	淮沭河	沭阳闸	水位	1				1	改建	供水支线	
20	北六塘河	杨口	水位	1				1	改建	东线水资源	
21	南六塘河	二庄	水位	1					改建	东线水资源	
22	淮河	花园嘴	水位	1		1			改建	西线水资源	
23	白马湖	山阳	水位	1					改建	东线水资源	
24	高邮湖	庙沟	水位	1		1			改建	西线水资源	
25	维桥河	龙王山水库	水位	1		1		1	改建	西线水资源	
26	衡河	钦工	降水			1	1		改建	东线水资源	增加墒情
27	废黄河	淮阴	降水			1			改建	水资源计算	
28	六塘河	老张集	降水			1			改建	水资源计算	
29	六塘河	高沟	降水			1			改建	水资源计算	
30	柴米河	穿城	降水			1			改建	水资源计算	

规划为水文站的有：六塘河钱集闸站、淮沭河淮阴闸站等11处闸坝水文站，灌溉总渠苏嘴站、淮沭河庄圩站等7处河道水文站，测验项目有水位、流量、降水、水质等4项内容。

规划为水位站的有：淮沭河沭阳闸站、高邮湖庙沟站等7处水位站，测验项目有水位、降水、水质等3项内容。

规划为降水量站的有:衡河钦工站、柴米河穿城站等5处雨量站,测验项目有降水、墒情等2项内容。其中,钦工站位于渠北地区,是典型的缺水地区,墒情观测尤为重要,故钦工站规划增设墒情观测项目。

灌溉总渠苏嘴站、废黄河官滩站是向盐城市输水的控制断面,是淮安市与盐城市的市际断面;盐河殷渡站是向连云港市输水的控制断面,是淮安市与连云港市的市际断面;淮沭河(东、西偏泓)庄圩站是向宿迁市输水的控制断面,是淮安市与宿迁市的市际断面;新沂河南偏泓站、六塘河钱集闸站是向连云港市输水的控制断面,是宿迁市与连云港市的市际断面;市际输水断面对水质水量控制要求较高,因此上述6站均需设立水量水质预警。

淮沭新河跨过新沂河向连云港市供水,是连云港市城区及东海县的主要供水水源,在宿迁与连云港市交界处现有沭新退水闸、桑墟水电站、蔷薇河北地涵等3个监测断面,作为市际断面,监测北调供水经过上述3个工程进入连云港市的水量。

根据站点布设原则,洪泽湖水源地规划淮河干流的四河、徐洪河入洪泽湖处河口、洪泽湖湖区(东北)等3个水质自动监测点;骆马湖水源地规划中运河(京杭运河淮阴闸—刘山闸段为"中运河")皂河闸上1个水质自动监测站;南水北调东线工程规划运东闸上游及竹络坝2处水质预警站;南水北调东线工程西线规划南运西闸1处水质预警站;南水北调区域站网规划淮阴闸上游1处自动监测站和苏嘴、官滩、庄圩(东西偏泓各1处)等7处水质预警站。

3.3.3 区域巡测站网规划

巡测站网主要是为弥补干线及水源地站网的不足,实现面上水资源计量精度控制而布设的站网。在布设时还要结合管理需求及工作上的方便。

以淮宿地区为例,共有100处计量口门,巡测线880 km。

淮安、宿迁市范围内河湖众多、水网密布,属于平原坡地梯级控制地区、河道渠化程度高,加之南水北调东线工程东、西线分别长达200多km,沿途支流、口门众多。依靠较少的固定监测站点不能准确反映沿途水量、水质实际情况。较为经济实用的方法是,采用定点监测与巡测相结合的方法,在淮安、宿迁范围内分别建设1处巡测基地,负责淮安、宿迁两个区域巡测线的水质水量巡测任务。

3.3.3.1 淮安巡测基地的巡测站网

淮安市境内有20处水量巡测断面、5处水位巡测断面和36处水质巡测断面,共59处口门(存在同一断面既是水位巡测断面,又是水质巡测断面的情况,后文不再说明),巡测线长达430多km,途经金湖、盱眙、洪泽、楚州、淮阴区等县区。淮安市区地处这些巡测站点中部,考虑到巡测的快速特点,规划在淮安市区建立淮安巡测基地,分3条巡测线,分别是:金宝航道及洪泽湖巡测线、苏北灌溉总渠及二河巡测线、里运河及中运河巡测线。

1)金宝航道及洪泽湖巡测线

金宝航道及洪泽湖巡测线包括金宝航道、宝应河、新河及白马湖、入江水道、洪泽湖周边、入湖河道及洪泽湖湖区,该巡测线范围内有3个水文巡测站和13个水质巡测站,共16处口门,全线长达150多km,详见表3-6。

表 3-6　金宝航道及洪泽湖巡测线站网规划表

序号	河名	站名	站类	观测项目	性质	主要功能	备注
1	宝应湖	大汕子闸	水文	水位、流量	改建巡测	排涝、灌溉	
2	洪泽湖	周桥洞	水文	流量	改建巡测	水源控制断面	
3	洪泽湖	洪金洞	水文	流量	改建巡测	水源控制断面	
4	宝应湖	花沟庄	水质	水质	改建巡测	水质控制	
5	入江水道	闵桥	水质	水质	改建巡测	水质控制	
6	白马湖	白马湖区(中)	水质	水质	改建巡测	水质控制	
7	洪泽湖	洪泽湖区(淮安东)	水质	水质	改建巡测	水源地水质	
8	洪泽湖	洪泽湖区(淮安西)	水质	水质	改建巡测	水源地水质	
9	洪泽湖	洪泽湖区(淮安南)	水质	水质	改建巡测	水源地水质	
10	洪泽湖	洪泽湖区(淮安北)	水质	水质	改建巡测	水源地水质	
11	三河	三河闸	水质	水质	改建	水质控制	
12	三河	金湖	水质	水质	改建	水质控制	
13	淮河	盱眙	水质	水质	改建	水质控制	
14	洪泽湖	蒋坝	水质	水质	改建	水质控制	
15	洪泽湖	老子山	水质	水质	改建	水质控制	
16	维桥河	龙王山水库	水质	水质	改建	水质控制	

2) 苏北灌溉总渠及二河巡测线

苏北灌溉总渠及二河巡测线包括苏北灌溉总渠淮安段及二河全长,该巡测线范围内有 10 个水文巡测站、3 个水位巡测站和 7 个水质巡测站,共 19 处口门,全线长 130 多 km,详见表 3-7。

表 3-7　苏北灌溉总渠及二河巡测线站网规划表

序号	河名	站名	站类	观测项目	性质	主要功能	备注
1	灌溉总渠	高良涧水电站	水文	水位、流量	改建巡测	灌溉、发电	
2	灌溉总渠	运西电站节制闸	水文	水位、流量	改建巡测	灌溉、发电	
3	灌溉总渠	新河洞	水文	水位、闸位	改建巡测	干线取水口门	
4	灌溉总渠	永济洞	水文	水位、闸位	改建巡测	干线取水口门	
5	灌溉总渠	张码洞	水文	水位、闸位	改建巡测	干线取水口门	
6	灌溉总渠	薛桥洞	水文	水位、闸位	改建巡测	干线取水口门	
7	灌溉总渠	黄集洞	水文	水位、闸位	改建巡测	干线取水口门	
8	二河	顺河洞	水文	水位、闸位	改建巡测	干线取水口门	
9	二河	三闸洞	水文	水位、闸位	改建巡测	干线取水口门	

续 表

序号	河名	站名	站类	观测项目	性质	主要功能	备注
10	二河	蛇家坝	水文	水位、闸位、水质	改建巡测	干线取水口门	
11	灌溉总渠	盐南洞	水位	水位	改建巡测	干线水位	
12	二河	头堡	水位	水位	改建巡测	干线水位	
13	二河	张福河船闸	水位	水位	改建巡测	船闸用水量	
14	灌溉总渠	运东闸	水质	水质	改建	东线	水质预警
15	灌溉总渠	高良涧闸	水质	水质	改建	水源控制	
16	二河	二河闸	水质	水质	改建	水源控制	
17	新河	林集镇	水质	水质	改建巡测	水质控制	淮安巡测线
18	白马湖	镇湖闸	水质	水质	改建	东线	
19	白马湖	白马湖区(中)	水质	水质	改建巡测	水质控制	淮安巡测线

3) 里运河及中运河巡测线

里运河及中运河巡测线包括里运河淮安城区段、废黄河、盐河、淮沭河及中运河淮安段，该巡测线范围内有7个水文巡测站、2个水位站和16个水质巡测站(平桥洞既观测水位，也观测水质)，共24处口门，全线长150多km，详见表3-8。

表3-8 里运河及中运河巡测线站网规划表

序号	河名	站名	站类	观测项目	性质	主要功能	备注
1	里运河	头闸地涵	水文	水位、闸位	改建巡测	干线取水口门	
2	里运河(老)	耳洞	水文	水位、闸位	改建巡测	干线取水口门	
3	里运河(老)	矶心洞	水文	水位、闸位	改建巡测	干线取水口门	
4	里运河(老)	乌沙洞	水文	水位、闸位	改建巡测	干线取水口门	
5	里运河(老)	板闸洞	水文	水位、闸位	改建巡测	干线取水口门	
6	中运河	渔场小闸	水文	水位、闸位	改建巡测	干线取水口门	
7	中运河	夏家湖进水闸	水文	水位、闸位	改建巡测	干线取水口门	
8	里运河	平桥洞	水位	水位、水质	改建巡测	干线水位	
9	里运河	二堡船闸	水位	水位	改建巡测	干线水位	
10	里运河	淮阴(大)	水质	水质	改建巡测	水质控制	
11	里运河	淮阴复线船闸	水质	水质	改建巡测	水质控制	
12	里运河	板闸桥(大)	水质	水质	改建巡测	水质控制	
13	古运河	板闸桥(里)	水质	水质	改建巡测	水质控制	
14	古运河	淮阴(里)	水质	水质	改建巡测	水质控制	
15	新河	林集镇	水质	水质	改建巡测	水质控制	

续表

序号	河名	站名	站类	观测项目	性质	主要功能	备注
16	废黄河	北京路水厂	水质	水质	改建巡测	水质控制	
17	废黄河	北京路大桥	水质	水质	改建巡测	水质控制	
18	废黄河	团汪	水质	水质	改建巡测	水质控制	
19	盐河	孙庄	水质	水质	改建巡测	水质控制	
20	废黄河	杨庄闸	水质	水质	改建巡测	水质控制	
21	盐河	盐河闸	水质	水质	改建巡测	水质控制	
22	盐河	朱码闸	水质	水质	改建巡测	水质控制	
23	淮沭河	淮阴闸	水质	水质	改建巡测	水质控制	
24	北六塘河	杨口	水质	水质	改建巡测	水质控制	

3.3.3.2 宿迁巡测基地的巡测站网

宿迁市范围内有12个水文巡测站、4个水位巡测站和28个水质巡测站,共41处口门,全线长450余km,途经泗阳、宿豫、泗洪等县区。考虑到巡测的快速特点,规划在宿迁市区建立宿迁巡测基地。分3条巡测线,分别是:洪泽湖巡测线、徐洪河及骆马湖巡测线、中运河巡测线。

1)洪泽湖巡测线

洪泽湖巡测线包括洪泽湖周边、新汴河、怀洪新河及湖区宿迁部分,该巡测线范围内有2处水文巡测站和10处水质巡测站(新汴河瑶沟站既观测流量,又观测水质),巡测线长130多km,详见表3-9。

表3-9 洪泽湖巡测线站网规划表

序号	河名	站名	站类	观测项目	性质方式	主要功能	备注
1	老汴河	临淮头	水文	流量	改建巡测	水源控制	
2	新汴河	瑶沟	水文	流量、水质	新建巡测	水源控制	
3	洪泽湖	溧河洼	水质	水质	改建巡测	水源地水质	
4	洪泽湖	洪泽湖区(宿迁南)	水质	水质	改建巡测	水源地水质	
5	洪泽湖	成河	水质	水质	改建巡测	水源地水质	
6	洪泽湖	高湖	水质	水质	改建巡测	水源地水质	
7	洪泽湖	洪泽湖区(宿迁北)	水质	水质	改建巡测	水源地水质	
8	老汴河	临淮头	水质	水质	改建巡测	水质控制	
9	老濉河	泗洪(姚圩)	水质	水质	改建巡测	水质控制	
10	濉河	泗洪(姚圩)	水质	水质	改建巡测	水质控制	
11	怀洪新河	双沟	水质	水质	改建巡测	水质控制	

2）徐洪河及骆马湖巡测线

徐洪河巡测线包括徐洪河、安东河、民便河、潼河、西沙河及骆马湖等，该巡测线范围内有4处水文巡测站和8处水质巡测站（安东河闸上方和西陈集站既观测流量，又观测水质），巡测线长达120多km，详见表3-10。

表 3-10 徐洪河及骆马湖巡测线站网规划表

序号	河名	站名	站类	观测项目	性质方式	主要功能	备注
1	安东河	安东河闸	水文	流量、水质	新建巡测	水源控制	
2	民便河	西陈集	水文	流量、水质	新建巡测	水源控制	
3	潼河	归仁	水文	流量	新建巡测	西线	
4	西沙河	孟集	水文	流量	新建巡测	西线	
5	徐洪河	金锁镇	水质	水质	新建巡测	水质控制	
6	中运河	皂河闸	水质	水质	改建巡测	水质控制	
7	总六塘河	杨河滩闸	水质	水质	改建巡测	水质控制	
8	新沂河	嶂山闸	水质	水质	改建巡测	水质控制	
9	骆马湖	骆马湖区（南）	水质	水质	改建巡测	水源地水质	
10	骆马湖	骆马湖区（东）	水质	水质	改建巡测	水源地水质	

3）中运河巡测线

中运河及骆马湖巡测线包括中运河宿迁段、淮沭河及新沂河等，该巡测线范围内有6处水文巡测站、4处水位站和10处水质巡测站，巡测线长200多km，详见表3-11。

表 3-11 中运河巡测线站网规划表

序号	河名	站名	站类	观测项目	性质方式	主要功能	备注
1	骆马湖	嶂山电灌站	水文	流量	新建巡测	水源控制	
2	中运河	皂河电灌站	水文	水位、闸位	改建巡测	东线	
3	中运河	船行电灌站	水文	水位、闸位	改建巡测	东线	
4	中运河	杨圩洞	水文	水位、闸位	改建巡测	东线	
5	中运河	程道渠首	水文	水位、闸位	改建巡测	东线	
6	中运河	西门洞	水文	水位、闸位	改建巡测	东线	
7	中运河	支口	水位	水位	改建巡测	东线	
8	中运河	宿迁排污口	水位	水位	改建巡测	东线	
9	中运河	大碾	水位	水位	改建巡测	东线	
10	中运河	滚坝	水位	水位	改建巡测	东线	
11	中运河	泗阳水厂	水质	水质	改建巡测	水质控制	

续 表

序号	河名	站名	站类	观测项目	性质方式	主要功能	备注
12	中运河	宿迁水厂	水质	水质	改建巡测	水质控制	
13	中运河	宿迁闸	水质	水质	改建巡测	水质控制	
14	中运河	刘老涧闸	水质	水质	改建巡测	水质控制	
15	中运河	泗阳闸	水质	水质	改建巡测	水质控制	
16	新沂河	沭阳	水质	水质	改建巡测	水质控制	
17	新开河	桐槐树	水质	水质	改建巡测	水质控制	
18	淮沭河	沭阳闸	水质	水质	改建巡测	水质控制	
19	沭新河	沭新闸	水质	水质	改建巡测	水质控制	
20	北六塘河	周集	水质	水质	改建巡测	水质控制	

第四章 供水信息采集技术

4.1 概述

供水信息采集的主要任务,是及时(或实时)地将供水区内主要控制性站点、输水干线沿程监测点及口门、行政区界及用水户自行引用或调度配置的流量、水量,以及与供水相关的水位、雨量、蒸发量等数据进行准确采集,以满足在线水流仿真、区域水资源配置、优化调度和运行管理的需要。

按上述要求,结合苏北地区水系复杂,渠化程度高,平原坡地梯级控制多,圩区洼地平交节点多,输水河道宽而浅、流速小、复式断面多、往复流多等实际情况,采用哪些技术可以实现供水实时信息采集,特别是水量信息自动采集的难题,这是本章需要研究的重点。

目前在苏北地区虽有 40 处国家水文基本站和众多水位、雨量站,但从测验方式和技术手段上看,其采用的测验方式大多是传统防汛监测模式、传统人工驻站模式,多采用常规方法、常规仪器进行监测,施测周期长,自动化程度低。2001 年先后建设的京杭运河调水监测系统、江苏省国家防汛指挥系统徐州和连云港 2 个市级水情分中心示范区报汛通信系统工程,监测项目仅为水位和雨量,比较单一,勉强满足防汛部分要求,采用的设备、技术已显得落后,从省级供水管理层面来看,信息采集技术水平亟待提高。

首先,可通过提高供水信息采集自动化手段,及时掌握水情。一是及时掌握从长江抽引的水量、沿程水情,洪泽湖、骆马湖等重要水体的上游来水和实时水情,以及苏北供水重要断面的水情动态变化,增强实时调度的科学性;二是使防汛预警应急能力进一步改善,当上游遇到洪水时水利工程能及时开闸泄洪,保证水工建筑物的安全和沿线用水,为防汛防旱、预防旱涝急转、确保工程安全提供决策依据。

其次,可改善水资源管理手段,提高苏北地区供用水管理水平。长期以来,河道、湖库水情及各供水干河流量一直沿用人工观测,河道水情、汛情不能及时传递,技术手段落后,直接影响到防汛安全调度;人工测流不仅效率低,而且受技术、设施、环境条件等因素影响,精度不高,数据少且不连续,给用水调度造成困难。供水计量监测系统变人工计量为自动监测、信息实时传递,达到了计量精度高、时效性强的技术效果,使供水管理工作有了质的飞跃,大大提高工作效率和管理水平。同时,为水费计收提供可靠的依据,避免了不计量而收费带来的争议和难度,可实现配水水量、时间、水价"三公开",使用水公平、公正、透明。

第三,可减轻各级防汛调度、供水管理人员的劳动强度。现场工作量大大减少,内业工作效率则大大提高,通过水情分中心、省中心的计算机,可实时监测江水北调范围内水情动态变化的情况。

第四，可为实现水资源优化配置、合理调度提供科学技术支撑。在水资源日趋紧张、供用水量日益增大的情况下，供水信息采集技术可为苏北区域水资源平衡、合理调度，实现水资源优化配置，提高水资源利用率，提供快速采集、存储、传输、处理、分析等方面的技术依据和保障。

因此，必须对所有供水信息采集项目采用的技术进行深入研究，以期达到实时在线、自动采集、适应工况、稳定可靠的目标。

供水信息采集的项目主要有水位、闸位、流量、降水、蒸发、墒情等。

水位计设备用于水体水位变化监测，其测量形式主要有浮子式、压力式、气泡式、超声波式、激光式和雷达式等。

闸位计设备用于闸门开启高度的监测，其测量形式主要有机械式、光电式和超声波式。

输水、送水河道水量测量的形式主要有水文缆道测流、声学时差法测流、声学多普勒流速剖面仪侧视测流（H-ADCP及SL）、声学多普勒流速剖面仪走航式测流（ADCP）、水工建筑物测流等。由于流量测验受测验河段、断面控制、工程调度、水情变化等客观环境条件限制，不同站点所采用的测验方法不同，不可能采用同一种测流方案解决不同环境条件下的流量测验问题，而必须具体问题具体分析。

降水、蒸发、墒情等信息可利用已有水文站点采集的数据，但需进一步提高信息采集自动化水平。

苏北地区水系复杂、渠化程度高，平原坡地梯级控制多、圩区洼地平交节点多，输水河道宽而浅、流速小、复式断面多、往复流多，供水监测一方面要求保证较高的监测精度，以满足市际供水计量和泵站考核管理的需要，另一方面要实时性强，要做到自动、实时、在线。采用哪些技术可以解决难题，这是本章需要研究的重点和技术关键。

水位监测技术重点是对编码浮子式水位计、压力式水位计、气泡式水位计、超声波水位计，以及雷达式水位计、激光水位计从技术、经济角度进行分析，以期为苏北供水计量监测、在线水流仿真提供科学合理的水位监测方案。浮子式水位计稳定可靠，但必须在建有测井的条件下使用，工程总费用较高，已建有符合要求的测井时，应优先选用浮子式水位计。压力式水位计、气泡式压力水位计的主要器件应选质量和稳定性好的产品，其中气泡压力式水位计的精度优于压力式水位计，压力式水位计的价格低于气泡压力式水位计。这两种水位计的优点是无须建设专用水位测井，安装较为灵活方便，工程费用较省。气介式超声波水位计、雷达式水位计、激光水位计的水位监测原理基本相同，激光水位计精度高，使用条件要求也高；气介式超声波水位计价格低，但温度造成的误差无法消除；雷达式水位计在精度和价格上均具有优势，使用方便。

流量监测技术重点是对水文缆道测流法、声学时差法、走航ADCP法、水平式ADCP法、水工建筑物测流法等方法进行分析和对比，对苏北供水计量流量实时、在线、自动监测方式选择给出了技术方案和路径。

对于一般干线分水涵闸、抽水泵站、沿运取水口门，应进行不同水情、工情组合状态下水位流量现场测验、关系线率定、分析论证，水位流量关系精度达到一类站要求或接近一类站精度要求的二类站点可采用水工建筑物测流方式。

对于不能采用水工建筑物测流的干线涵闸站，可利用历年水文精测法、常测法资料，分析论证不同水位级、流量级单断速关系，相关系数较高者，可采用声学多普勒流速剖面仪侧视测流。

当不能采用声学多普勒流速剖面仪测流方式及水工建筑物测流时,根据现场测验河段及断面情况,可选用声学时差法流速仪测流方式。

苏北供水计量项目根据以上技术思路,逐站地进行分析论证,并结合现场条件,确定采用合适的测验方式。

4.2 水位信息采集技术

水位观测设备可分为人工观测设备和自记水位计两大类。

人工观测设备主要是指各种传统水尺,由人工直接观测水尺读数,加上水尺零点高程即得水位,所有其他水位仪器的校核、比测都以水尺读数为依据。水尺设备简单,但需要人工观读,不能实现连续、自动观测,工作量大。

自记水位计是能自动连续测记水位变化过程的一种水位观测仪器。国内有浮子式、压力式、气泡式、超声波式、雷达式、激光式多种自记水位计等。目前在水文、水资源监测中技术较为成熟和常用的是浮子式水位计。

4.2.1 浮子式水位计

浮子式水位计是目前国际、国内水文监测中使用最多的水位计,其简单可靠,精度高,易于维护,有很多成熟的产品,在可以修建水位测井、河床无较大冲淤变化的地方,都可优先选用这种水位计。国内水文站浮子式水位计的使用比例达90%以上。

浮子式水位计采用模拟记录方式时,在记录纸上模拟划线记录水位变化过程,所记录的数据连续、形象,易于保存,便于分析,能适应水文资料长期积累和防汛防旱、工程建设等多方面水文计算、水文分析的需要。

但是,该水位计采集的数据是模拟量,不能用自动化方法处理,需人工在记录纸上摘录,再录入计算机处理,不能满足供水计量对水位信息采集实时、在线、自动和采用数字方式的要求。

目前在自动化测报系统中大量使用的是浮子式编码水位计,与传统浮子式水位计的不同仅在于其记录方式的不同,传统浮子式水位计采用划线记录的模拟方式将水位记录在纸上,而浮子式编码水位计采用机械或电子编码的方式,将水位由模拟量转换为数字量提供RTU采集,并转发分中心和省中心存储。

4.2.1.1 工作原理

浮子式编码水位计采用的水位编码器按编码方式可分为全量编码器和增量编码器两类。全量编码器直接将实时水位数据转换成一组多位的数据编码,并将该数据编码的水位值输出。增量编码器是将实时水位上升下降的变化转换成不同形式的脉冲,判别脉冲形式进行加减计算,形成变化后的水位值,并将该水位值输出。因为增量编码器在运行中易产生累计误差,一般推荐使用全量编码器。

由于浮子式编码水位计具有数字量输出稳定的特性,其应用前景和发展前途十分广阔,其典型代表是南京水利水文自动化研究所生产的WFH-2型全量编码浮子式水位计,下面以该型水位计为例进行介绍。

水位计由水位传感部分和轴角编码器部分组成(如图 4-1 所示),水位传感器部分以浮子传感水位,测井中变化的水位使浮子上升或下降,浮子借悬索将水位升降的直线运动传送给水位轮,使水位轮产生圆周运动,带动一组机械编码器旋转将水位的模拟量转换为对应多位数字开关量,并行输出供采集。测站 RTU 采集的水位可在线地显示、存贮、处理或转发。

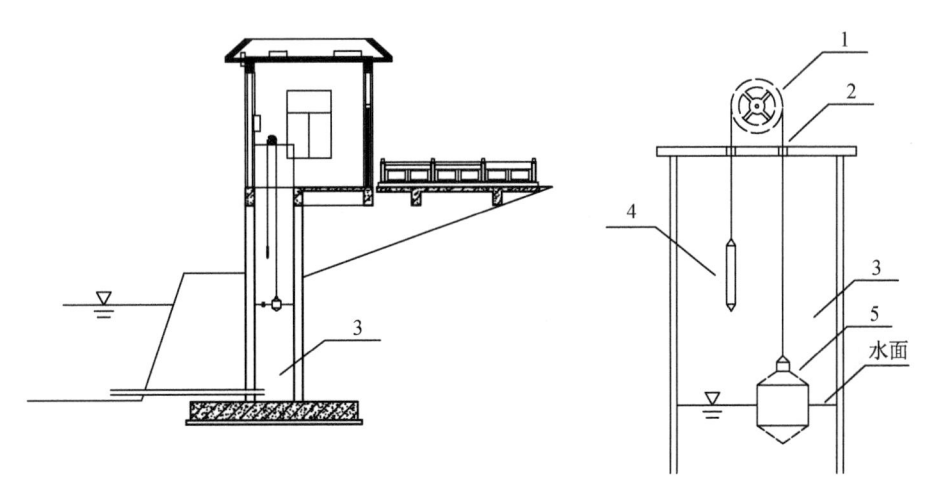

1—水位轮;2—悬索;3—水位测井;4—平衡锤;5—浮子

图 4-1 浮子水位计结构示意图

4.2.1.2 主要技术指标

(1) 测量范围:40 m;
(2) 分辨力:1 cm;
(3) 最大水位变率:100 cm/min;
(4) 准确度:≤±0.2%～0.3%FS。

4.2.1.3 误差分析与控制

供水计量对水位误差控制的要求比传统的水文测验要求更高、更严,这是由于供水期间水位大多处于中低水位,只有减少水位测记误差,才能满足《水位观测标准》(GB/T 50138—2010)相关要求。

浮子式水位计的水位测量误差主要来源于水位感应系统误差、水位传动误差和水位记录系统误差,应采取相应措施控制误差,提高水位测量精度。

(1) 误差分析

根据浮子自记记录水位误差来源,测量误差主要有以下几方面:

① 机械摩阻产生的滞后误差;
② 悬索重量转移改变浮子吃水深度产生的误差;
③ 平衡锤入水改变浮子入水深度引起的误差;
④ 水位轮、悬索直径公差形成的误差;
⑤ 环境温度变化引起水位轮悬索尺寸变化造成的误差;
⑥ 机械传动空程引起的误差;
⑦ 走时机构的时间误差。

(2) 误差控制

① 对由水位变率所引起的测井水位误差,可选取恰当的测井和进水管尺寸予以控制。

② 对由测井内外流体的密度差异所引起的水位误差,可在测井的上、下游面对开进出水孔予以控制。

③ 校核水尺水位的观读不确定度应控制在±1.0 cm 以内。

通过采取上述误差控制措施,水位精度能够满足供水计量的要求。

4.2.1.4 使用养护

使用养护包括设施设备维护和比测等项内容。

(1) 仪器维护

浮子长期浸泡在水中,平时应注意检查其气密性。定期检查悬索与平衡锤、浮子的连接是否牢固,悬索有无相互缠绕情况。定期检查水位轮的固定情况,检查水位轮槽是否洁净。

(2) 自记台与进水管养护

测井及进水管应定期清除泥沙,并应检查进水管的密封性。

(3) 水位比测

自计水位计建成后,应经与校核水尺比测合格后,才能正式使用。

比测时,可将全部水位变幅分为几段,每段比测次数应在30次以上,测次应均匀分布,并应包括水面平稳、变化急剧等各种情况下的比测值。

比测结果应符合下列要求:置信水平95%的综合不确定度不应超过±3 cm。系统误差不应超过±1 cm。时间误差不应超过石英钟精密级的规定。

在设计水位变幅内比测合格后,即可投入使用,原比测资料可作为正式记录资料。

4.2.1.5 数据采集

自记水位计的数据采集,应满足如下要求:

(1) 具有现场存储半年以上水位数据的存储容量,存储的数据可进行现场下载,其格式满足水文资料的整编要求;

(2) 计时误差每月小于 2 min;

(3) 具有人工置数功能,通过人工置数装置可在现场读取数据、设置参数、校准时钟;

(4) 可在定时采集、事件采集等多种数据采集模式下工作;

(5) 现场存储的水位需计至 1 cm,有特殊要求的记至 0.5 cm;

(6) 当采集的水位过程呈锯齿状时,可采用中心线平滑方法进行数据平滑处理。

4.2.1.6 方法评述

WFH—2 浮子式水位计结构简单、性能稳定、工作可靠、价格低廉,适用于小井径的测井,具有可消除波浪影响、记录准确、运行稳定等优点,可用于江河、湖泊、水库、渠道及各种水工建筑物处的水位测量,已在全国水文系统广泛使用多年,我省国家基本水文测站中已普遍使用,可在供水计量水位测站使用。

4.2.2 压力式水位计

压力式水位计在国外水文监测中应用较广,早在20世纪50年代美国地质调查局已开始使用,西德、澳大利亚、捷克等在60年代也开始使用,此时苏联已生产装有穿孔记录装置的压力式水位计。国外压力式水位计的精度已达到了±1 cm。我国于1978年在长江水文监测中首次使用第一台国产压力式水位计。

该类型设备适用于水位自动采集、遥测。它无须单独建造水位测井,特别适合于不能建设测井的地方,如船闸闸室水位自动监测、频繁通航的河道水位监测等,其安装、移动极为方便,且建设费用较低。

4.2.2.1 工作原理

其原理是,用压力传感器精确测量出测点的静水压强值和大气压强,除去大气压强可以推算出该测点对应的水位值。具体地说,就是被测水位在压力传感器处形成相应的水压强,当压力传感器受水压强的作用而感应出相应电压,经传感器内部的变送器放大处理转换成 4~20 mA 电流输出,压力传感器中同时测量出水温并自动补偿,输出的 4~20 mA 水位信号是一个不受水温影响的水位信号。该信号经信号避雷器隔离,由普通双芯屏蔽电缆穿管地埋或架空传到室内信号避雷器端,再从避雷器连线到水位仪器输入端,仪器接收到与水位对应的 4~20 mA 电流信号后,经取样转换电路变成 0.4~2.0 V 电压信号,经 A/D 模数转换成数字量进入单片机中计算处理,即可得到水位值。

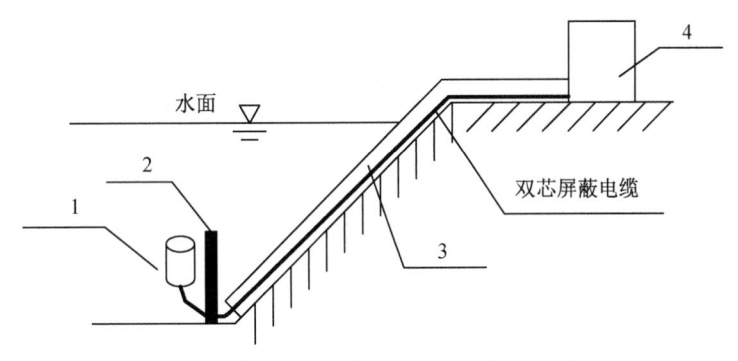

1—压力传感器;2—固定支架;3—护管;4—主机

图 4-2 压力水位计工作原理示意图

如图 4-2 所示,相对于某一个测点而言,测点相对于河口基面的绝对高程,加上本测点实际水深即为水位。测点的静水压力为

$$p = H\gamma \tag{4.1}$$

式中:p 为测点的静水压力,N/m²;

H 为测点水深,即测点至水面距离,m;

γ 为水体容重,N/m³。

推算测点水深为

$$H = p/\gamma \tag{4.2}$$

水位为

$$Z = Z_0 + H \tag{4.3}$$

式中:Z_0 为测点的绝对高程,m;

Z 为测点对应的水位,m。

由于压力水位计不是安装在建造的测井内,为消除波浪对读数精度的影响,该仪器设计采用中段平均滤波法来消除波浪影响,如设定每秒钟采集一个水位值,则可在连续采集 n 个水位后,由软件将其从小到大排列,并将其中中段 $n/2$ 个水位值进行平均计算,从而得到当前水位。实践证明这一方法基本上可消除水的表面波影响,得到具有较高精度的水位值。

4.2.2.2 主要技术指标

(1) 最大水位变幅:10 m 或 20 m;

(2) 精度:2‰变幅±1 cm;

(3) 最小分辨力:1 mm;

(4) 传输距离:小于 2 km。

4.2.2.3 误差分析与控制

影响压力水位计测量精度的因素很多,涉及面较广。大气压力变化,波浪、流速、含沙量的变化,水体密度变化,压力传感器的品质因素等都会影响到压力水位计的测量精度。

(1) 大气压力变化对水位测量的影响

自然界的大气压力是随时间和空间的变化而变化的。大气压力随高度的上升而成指数关系降低。在一般地面上,每上升 8~10 m,大气压力降低 100 Pa 左右。具有大气压自动补偿的压力式水位计将其压力传感器的背压面用连通管接通大气(在使用中必须注意连通管的畅通,不能被杂物或水柱堵塞),这样,压力水位计采用的压力传感器正压面和背压面所感应的大气压力就可互相抵消,即可消除大气压力变化给压力水位计测量精度所带来的影响。压力式水位计也可采用同时测量大气压强,通过软件进行补偿的方式。

(2) 波浪对水位测量的影响

由于波浪的衰减作用,一般认为在三倍平均浪高水深处,静水压力就不会产生波动。但波浪会使浅水处静水压力值产生波动,从而使压力水位计的测量值产生同步波动。因此,在压力水位计安装、使用中要注意尽量减小波浪的影响。

(3) 流速对水位测量的影响

动水头压力若被引入压力水位计压力传感器的感压面,将会引起水位测量值偏大;若水流流线在其压力传感器的感应面处产生脱离现象,则会出现负压,引起水位测量值偏小。因此,选用压力传感器时要注意,其引压通道必须折弯两次或两次以上,引压口面必须尽量平行于水流安装,安装位置要避开较大的流速区。

(4) 含沙量对水位测量的影响

由式(4.2)~式(4.3)可知,实测水位 Z 与静水压力 p 呈线性关系,与水体的容重倒数呈线性关系。也就是说水体容重改变,测点的静水压力值也发生改变,可用下式表达:

$$p = H + 0.000\,62WH\gamma \tag{4.4}$$

式中:p 为含沙量影响时的静水压力,N/m^2;

H 为压力传感器安装水深,m;

W 为含沙量,kg/m^3。

从式(4.4)可以看出:当含沙量为零时,$p=H\gamma$,说明测量值不受含沙量影响;当置深 H 相同时,含沙量 W 越大,p 附加值也就越大,说明含沙量对水位测量值的影响也越大。在实际安装使用中就可以据此来采用相关措施减少含沙量对水位测量精度的影响。

(5) 压力传感器的零点漂移对水位测量的影响

压力传感器的零点漂移是指零点温度漂移和时间漂移之和。零点漂移量将直接转化为水位测量误差叠加到水位上，须认真处理。应选用零点漂移尽可能小的电容式压力传感器；还可采用定期比测、人工修正的方法，以削弱压力传感器零点漂移问题。

(6) 水体含盐度对水位测量的影响

被测水体含盐将引起水体密度变化，从而直接影响水位测量，如长期在含盐度较高的环境中使用，应进行密度修正。

4.2.2.4 使用养护

压力水位计按其输出接口的特点接上遥测终端后得到水位自动采集记录和发送。在运行期间，使用时应注意如下事项：

(1) 通气防水电缆在任何情况下都不能重压，不可接触锋利物体，以防保护层破损；

(2) 岸上信号电缆不能重拉；

(3) 具有自动大气压强补偿的压力水位计要严防通气管进水；

(4) 如温度变化太大，应及时进行比测。

4.2.2.5 设备评述

先进的压力式水位计是一体化结构，可长期在水下工作，输出的是易于处理的模拟量，安装灵活，土建费用少，基于上述特点，可应用于不能建水位测井和不宜建井的供水计量监测中。压力式水位计不适用于含沙量高的水体，不适应于河口等受海水影响水流密度变化大的地点。

4.2.3 超声波水位计

超声波水位计是一种声学技术、电子技术和微处理技术相结合的水位测量仪器，也不需要建测井，观测迅速、方便，适用于供水河道取水口门如灌溉涵闸上下游水位观测。超声波水位计按照传播的介质可分为气介式和液介式两大类，后者以空气为超声波的传导介质，不接触测量水体，下面主要介绍气介式超声波水位计。

4.2.3.1 工作原理

工作原理：当超声波在空气中传播遇到水面后被反射，仪器测量声波往返于传感器到水面之间的时间，根据已知的声波传播速度，计算得到传感器到水面的距离 H，再用传感器安装高程减去距离 H 即得到水位，如图 4-3 所示。

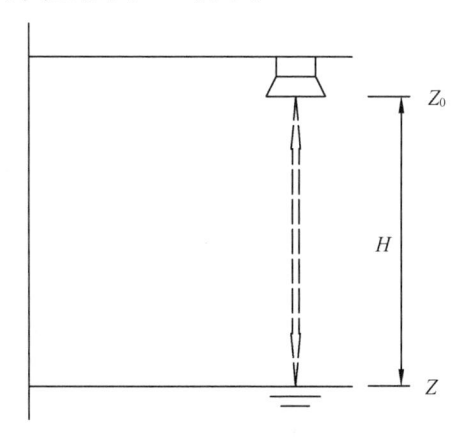

图 4-3 超声波测量水位示意图

公式表示为

$$H = \frac{1}{2}Ct \tag{4.5}$$

$$Z = Z_0 - H \tag{4.6}$$

式中:C 为声波在空气中的传播速度,m/s;

t 为声波往返于传感器和水面之间的时间,s;

H 为声传感器至水面的距离,m;

Z 为水位,m;

Z_0 为声传感器安装高程,m。

声波在空气中的传播速度主要受当时环境温度的影响,声速的经验公式为

$$C = 331.45 + 0.61T \tag{4.7}$$

T 为环境温度,正确的修正声速是保证测量精度的关键。

4.2.3.2 仪器结构与组成

超声波水位计一般由换能器、超声波发射控制部分、数据显示记录部分和电源组成。对于气介式仪器,一般把超声波发射控制部分、数据处理部分和换能器组合在一起形成超声波传感器,而把其余部分组合在一起形成记录仪。

(1) 换能器:一般采用静电式超声换能器(其频率一般在 40～50 kHz),作为水位感应器件,完成声能和电能之间的相互转换,通常发射、接收共用同一换能器。

(2) 超声波发射控制部分:这部分与换能器结合,发射并接收超声波,从而形成一组记录水面到传感器之间距离的发收信号。

(3) 超声波传感器:作为超声波水位计的传感部件,除了具备控制、发射、接收功能外,还应具备声速自动补偿功能、取多次测量平均值功能,以及将处理后的数据传送给二次仪表的功能。

(4) 显示记录仪:可选配显示记录仪用于数据显示、存储和打印终端。

4.2.3.3 主要技术指标

(1) 分辨力:1 cm;

(2) 水位误差:不大于±3 cm;

(3) 时钟误差:不大于 5 min/mon。

4.2.3.4 误差分析与控制

(1) 误差分析

超声波水位计的工作方式是非接触式,运用超声波传播反射原理,测量精度主要取决于对空气介质温度这个影响因素的处理方法,对声波往返传播时间间隔的测量误差也会影响水位测量精度。当安装的传感器到水面距离较长,传感器无法补偿温度梯度变化对声速的影响,会产生无法解决的随机误差,此时应慎用。

(2) 控制措施

除设备研制时采取的提高有关参数精度措施以外,每年汛前、汛后对换能器安装高程应进行二次复测;发现换能器安装高程受外界因素影响可能发生改变时,应及时复测确定。

4.2.3.5 使用养护

（1）超声波水位计受温度影响较大，虽然采取了一定的温度自动修正功能，但其水位误差较大，在使用中还要定期进行水位校测。

（2）经常检查换能器及其他部件安装是否松动，悬臂是否水平。

（3）检查电缆的工作状况和保护状况，检查连接是否可靠。

（4）冬季的冰霜附着会严重影响水位计的正常工作，要注意维护。

4.2.3.6 设备评述

气介式超声波水位计具有非接触测量、设备适用性要求低、有利于实现仪器功能、安装简易等特点，适用于难以架设电缆、气管到水下的场合及不稳定河床等不宜建造水位测井的地方。

4.2.4 气泡式水位计

由于建水位计测井开挖工程量大、资金投入大且碍航，有的地区甚至不宜建测井，所以，迫切需要一种无测井水位观测仪器来代替目前许多水位观测站点人工观测的技术手段。

气泡式水位计正是不需要建测井的水位自动观测仪器，它的最大优点是只要埋设一根通气管即可。这样不仅解决了许多不宜建测井地区的水位自动观测困难，而且还实实在在地替水位观测点省去了一大笔建井经费。

实际上为掌握供水河道沿程水位变化及进行水面线仿真，采用气泡式水位计是一种很好的选择。

气泡式水位计分为恒流式、非恒流式两类。恒流式气泡水位计，由于存在固有的吹气误差、运行不稳定、需配置高压气瓶、使用不方便等缺陷，已被非恒流式所替代，下面就以 WQC-1 型非恒流式气泡式水位计为例进行介绍。

4.2.4.1 工作原理

气泡式水位计与压力水位计的区别在于，压力式水位计的压力传感器经常经受水下恶劣环境的影响和气压补偿困难等问题，数据偏差较大，并且容易损坏。而气泡水位计是将测量位置的水压强传递到放置水上的传感器进行测量，从而避免了这些问题，提高了数据测量的精度。

气泡式水位计在工作过程中通过吹气管向水中吹放气泡，采用压力传递原理，通过气管将气管口处水的压力传递至水位计压力控制单元中的压差式压力传感器上，得到水头净压，经换算得到水位值（参考图 4-2）。其水位公式为

$$Z = Z_0 + P/\gamma \tag{4.8}$$

式中：Z 为出气口对应的水位，m；

Z_0 为出气口的绝对高程，m；

P 为出气口的静水压强，N/m^2；

γ 为被测水体容重，N/m^3。

4.2.4.2 结构组成

WQC-1 型气泡式水位计由压力控制单元、干燥瓶、气泵、储气罐、单向阀、控制盒、通气管、机箱及接插件等组成。

各部件功能分别如下。

(1) 压力控制单元：测压、测温、预置参数的存储，气泵的起动/停止控制，水位数据的计算和处理，与控制盒的通讯。

(2) 干燥瓶：空气过滤及除湿，当空气被吸入后，去除空气内的灰尘杂质及水分，保证进入仪器的空气干燥无尘。

(3) 气泵：将净化的空气以 2.5 kg/cm² 的压强经单向阀压入储气罐，并吹入水下，保证测量读数前气体压力大于水压。

(4) 单向阀：阻止储气罐中的气体倒流入气泵中，以免造成气压的损失，同时使储气罐以下的气体通道形成一个密闭的气室。

(5) 储气罐：由于其容积远大于气管中气体的体积，在此起到一个空气阻压器的作用，以减少波浪引起的测量偏差。

(6) 控制盒：参数设置、安装调试运行控制、数据采集及接口转换。

(7) 通气管：通气管主要为气泡式水位计提供一条密闭的压力传递通道。外径 10 mm，内径 3 mm，长度可视现场情况确定，最长不超过 150 m。

4.2.4.3 主要技术指标

(1) 水位变幅：0~30 m；

(2) 分辨力：0.1 cm；

(3) 测量误差：±0.1%（全量程）。

4.2.4.4 误差分析与控制

(1) 气泡式水位计长期运行后，吹气引压系统可能存在漏气现象，直接影响水位监测数值，应定期进行检查，并及时采取消漏措施。

(2) 管口高程的变化多发生于安装运行的初期，由于气管固定需要一定时间才能趋于稳定，安装地点断面变化也会引起管口高程的变化。此种情况的发生在测得的数据记录中可以比较明显地判断出来，它表现为一种系统误差，因此，在偏差或高程中对应地消除此值即可。

4.2.4.5 使用与维护

仪器安装并调试完毕后，便可投入运行。气泡式水位计可以按自报或召测模式运行。自报工作模式为按人工置入的时间间隔自动运行，并将测得的数据刷新到仪器的并口上；召测工作模式一般用于构成自动测报系统的一个水位自动测报站中。

由于气泡式水位计选用的各类器件可靠性很高，日常的维护工作量很小，在使用中应注意以下几点：

(1) 定期检查吹气引压系统阀门、接头、仪表是否漏气；

(2) 干燥剂应视情况或定期更换；

(3) 当气泡式水位计运行于多沙、淤泥、微生物集聚的环境中时，应利用仪器提供的吹洗功能进行定期吹洗，避免管口堵塞；

(4) 定期检查是否存在气管口堵塞、人为破坏现象，并及时予以消除。

4.2.4.6 设备评述

气泡式水位计具有仪器稳定性好，水下部分简单、低功耗、高精度、防雷和抗干扰性好等特点，且无须建井，安装维护方便，可广泛适用于各种地形及气候条件下作为水位传感器使用。但与压力式水位计相比结构较复杂，价格较贵。

4.2.5 其他类型水位计概述

4.2.5.1 雷达水位计
1）工作原理

雷达水位计工作原理与气介式超声波水位计类似,采用发射、接收工作模式,只是不再使用超声波,而是向水面发射电磁波,这些波经水面反射后,再被天线接受,电磁波从发射到接收的时间与到水面的距离成正比。雷达水位计的雷达波不受环境温度的影响,在测量精度和稳定度上均优于超声波水位计。

2）仪器特点

（1）测量范围大,基本没有盲区,测量范围 0～35 m。

（2）采用非接触式测量,不受水体的密度、含沙量等因素影响。

（3）无须温度修正,雷达波在空气中的传播速度基本上是恒定的,不受温度、湿度、蒸汽、风、雾等环境变化的影响。由于雷达波的波长远远短于超声波,误差很小,水位测量精度较高,10～20 m 量程误差一般不超过 1 cm。

3）安装与维护

雷达水位计安装与气介式超声波水位计基本相同,安装注意事项也基本相同。换能器应装在最高水位以上,且需垂直安装,保证波束角范围内无任何阻挡,并应考虑防雷问题。

除了按仪器说明书要求进行定期检查维护外,还要保证雷达波发射处不受昆虫、鸟类影响。

4.2.5.2 激光水位计
1）工作原理

激光水位计的工作原理和气介式超声波水位计、雷达水位计完全相同。只不过发射接收的是激光波,工作时安装在水面上方的换能器定时向水面发射激光脉冲,通过接收水面的反射信号,测出激光的传播时间,进而可测得水位。

2）仪器特点

激光水位计的激光光速稳定,光的频率更高,传播的直线性好,水位测量的精度也高。由于激光可以穿透水面,需要水面上有一个反射板供激光反射。反射板要与水面高低变化一致,同时保证激光要打在此反射板平面上。

3）安装维护

仪器安装使用以及维护要求基本上和雷达水位计一样,但要注意此产品对反射水面的要求,特别是设置反射板的要求,应考虑实际工作中能否做到。

激光的直线性、聚焦性很好,在安装时应垂直安装,它可以用在小孔径、大量程的水位测井内。野外使用时要防止干扰光源例如太阳光等的干扰。

4.2.5.3 电子水尺
1）工作原理

如果将普通水尺上的刻度（一般是 1 cm）改为等距离设置的导电触点,一定水位淹到一触点位置,相应电路扫描到接触水的最高触点位置,就可判读出水位。这样的水尺称为电子式水尺。

2）设备特点

电子水尺可采用多水尺接力安装测量,测量水位精度高,不受水位变化范围影响,也基本不受水质、含沙量以及水的流态影响。适用于长坡岸、大量程水位测量和复杂水流处。

3）安装维护

（1）电子水尺尺体安装的方法与一般水尺类似。尺体可固定安装在水尺靠桩或牢固的附着物上。电子水尺尺体是一种仪器，安装时应按说明书要求和程序进行。

（2）信号电缆的安装和其他仪器类似，穿入金属管、埋地安装。

（3）检测仪安装在岸上，安装要求与其他常规仪器相同。

（4）电子水尺在应用过程中，其尺面和触点上会有各种附着物，影响触点与水的接触，需要经常清洗。

4.2.6 水位监测方案比选

综上所述，浮子式水位计稳定可靠，但必须在建有测井的条件下使用，工程总费用较高，已建有符合要求的测井时，应优先选用浮子式水位计。

压力式水位计、气泡式压力水位计的主要器件应选质量和稳定性好的产品，其中气泡压力式水位计的精度优于压力式水位计精度，压力式水位计的价格低于气泡压力式水位计。这两种水位计的优点是无须建设专用水位测井，安装较为灵活方便，工程费用较省。

气介式超声波水位计、雷达式水位计、激光式水位计水位监测原理基本相同，激光水位计精度高，使用条件要求也高；气介式超声波水位计价格低，但温度造成的误差无法消除；雷达式水位计在精度和价格上均具有优势，使用方便。

根据上述分析比较，对于苏北地区供水监测中重要的 22 处干线水位，采用精度较高的气泡式水位计，以保证在线仿真的精确测量要求；对于 31 处灌区取水口门采用施工比较方便的超声波水位计；对于船闸水量监测，可采用布设便捷、不影响船闸运行的压力式水位计；对于现有水文站点，因有水位自计台，可普遍采用浮子式水位计。对于重要水工建筑物可在上下游建设测井，采用浮子式水位计或气泡式水位计，水网地区可采用雷达式水位计进行水位监测。

4.3 流量信息采集技术

目前水文流量测验中常用的方法，主要是缆道法、流速面积法和堰槽法，苏北供水计量流量监测的方法则主要有以下 5 种：

（1）水文缆道测流；

（2）声学时差法测流；

（3）声学多普勒流速剖面仪侧视法测流；

（4）声学多普勒流速剖面仪测流（ADCP）；

（5）水工建筑物测流。

4.3.1 水文缆道测流

缆道测流是根据我国国情、水情独创的一种人工操控的流量测验方式，已发展了 50 多年，在大、中、小河流流量测验中广泛使用，水利行业标准《水文缆道测验规范》(SL 443—2009)对水文缆道设计、建设、比测及应用等方面进行了规范和要求，其技术、设备较为成熟。

根据缆道操作系统的自动化程度,缆道测流有手摇、电动、半自动、全自动之分,特别是全自动缆道测流系统的建成,推动了缆道测流的进一步发展,使缆道测流成为河道流量测量的主要手段之一,测流精度可达到 95%~98%,且无须借用其他条件和辅助设备,能够避免船测的断面定位不准和不安全问题,能够基本满足水文和防汛防旱的一般要求,其不足之处是目前无法实现实时在线自动监测。

此法可应用于需要测次较少的取水口门测量。

4.3.1.1 测流原理

(1) 系统组成。全自动缆道测流系统由水文绞车、测流铅鱼、缆道控制台、缆道测距定位仪、流速仪、水下信号源、通讯模块、计算机系统等部分组成。缆道测流系统结构如图 4-4 所示。

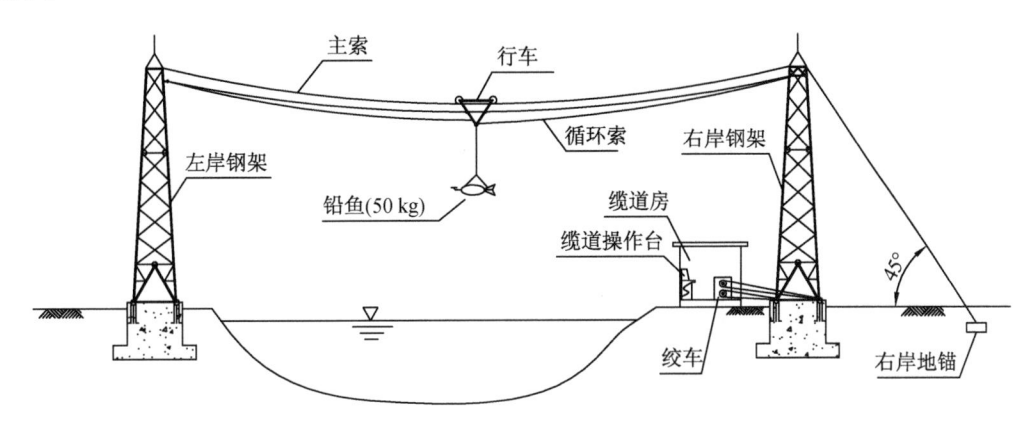

图 4-4 缆道测流系统结构图

(2) 测流原理。

① 流速测验采用流速仪法。测量流速时,由水流的水力推动转子流速仪旋转,内置信号装置产生转数信号,按下面公式计算测点流速:

$$V = K\frac{n}{T} + C \tag{4.9}$$

式中：V 为测流时段内平均流速,m/s;

K 为水力螺距;

C 为流速仪常数;

T 为测流历时,s;

n 为 T 时段内信号数。

测量时,K、C 均为常数,只要测出 T 和 n,即可计算出流速。

② 测流断面面积。施测时,根据河床横断面变化情况,断面上布设若干条测深垂线,实测每条垂线水深后,再计算出部分面积,最后将部分面积累加即可计算出水道过水面积;要完成这一工作,需精确地施测起点距和水深。

③ 断面流量测验。在所测断面中,根据垂线流速分布状态,选择垂线上若干点进行测速,计算垂线平均流速,再计算出两条垂线间的部分平均流速乘以部分面积,得到部分流量,最后将所有部分流量相加,得到断面总流量。其公式为

$$Q = \sum Q_i = \sum S_i V_i \qquad (4.10)$$

式中：Q 为断面流量，m^3/s；

Q_i 为部分流量，m^3/s；

S_i 为部分面积，m^2；

V_i 为部分流速，m/s。

4.3.1.2 主要技术指标

不同厂家研制的全自动缆道测流系统技术指标各不相同。下面以南京水文水利自动化研究所研制的 EKL—3 型全自动水文缆道为例介绍一下主要技术指标：

(1) 绞车控制

供电电源：380 V±10%（或 220 V±10%），50 Hz。

驱动电机：0.5～20 kW。

行车速度：0～1.0 m/s。

(2) 测距范围：起点距−99.9～999.9 m，分辨率 0.1 m；测距误差：≤±1%。

(3) 缆道测深：−99.9～999.9 m，分辨率 0.01 m。

(4) 测速范围：0～7 m/s；测速误差：≤0.1%。

(5) 流速信号接收灵敏度：优于 5 mV。

(6) 测流方式：全自动、半自动、手动。

4.3.1.3 测流误差分析与控制

(1) 流速仪测流的误差来源

① 起点距定位误差；

② 水深测量误差；

③ 流速测点定位误差；

④ 流向偏角导致的误差；

⑤ 入水物体干扰流态导致的误差；

⑥ 流速仪轴线与流线不平行导致的误差；

⑦ 停表或其他计时装置的误差。

(2) 误差的控制方法

平时测验作业时，应根据误差来源采取相应控制措施，减小测流误差。

① 要定期对主要仪器、测具及有关测验设备装置进行检查、率定、送检。

② 减小悬索偏角、缩小仪器偏离垂线下游的偏距。

③ 控制仪器接近测速点的实际位置，流速较大时，在不影响测验安全的前提下，应适当加大铅鱼重量；有条件时，可采用悬索和水体传讯的测流装置，减少整个测流设备的阻水力。

4.3.1.4 安装调试

水文测流缆道的安装调试包括：主索、绞车、循环索、铅鱼、升降索及控制操作台等。

(1) 主索安装方法

① 放线架或放线盘固定到缆道支架与地锚之间的地面上。

② 将绕线盘安装在放线架或放线盘上，拉动绳头经过支架顶部滑轮到河边。

③ 对于钢丝绳直径小于 15 mm 的主索，将绳头固定在船上，开动渡船拉到对岸即可。

④ 对于钢丝绳直径大于 15 mm 的主索,需先将循环索一端过河,用循环索拉主索过河。拉主索的机械可以是拖拉机也可以是汽车,必要时需用大滑轮转向。

⑤ 主索过河后再拉出足够长度,经支架顶部滑轮后固定于地锚上。固定主索的夹头不得少于 5 个。

预留好主索钢丝绳长度后将其截断,绳头固定在卷扬机上拉紧或用手拉葫芦拉紧。主索垂度取缆道跨度的 1/30～1/50 即可,有设计值时按设计要求执行。

(2) 绞车安装方法

① 取 2 根枕木,尺寸为 1.2 m(长)×0.15 m(宽)×0.15 m(高),固定于绞车基础的地脚螺栓上。

② 绞车放在枕木上,用细绳分别按循环索、升降索方向拉向缆道支架下相应的滑轮槽中,如果有墙阻隔需预先打洞。

③ 按走线方向调整好绞车位置,保证绳索与所有过线轮不磨不碰。

④ 用铅笔通过绞车安装孔画出枕木上的安装位置,抬下绞车,枕木打孔。

⑤ 绞车固定在枕木上后,将枕木固定在地脚螺栓上即可。

(3) 循环索安装方法

① 放线架或放线盘固定到缆道支架与缆道房之间的地面上。

② 将绕线盘安装在放线架或放线盘上,拉动绳头通过渡船送到对岸,经过转向滑轮后拉回本岸。

③ 绳头经支架上转向轮进入绞车的循环驱动轮,出线后再经转向轮到平衡锤,出平衡锤后经转向轮到行车的下转向轮,出线后固定在铅鱼上即可。

④ 将绕线盘上的钢丝绳预留好长度后将其截断,绳头直接固定在行车上即可。

以上是开口式循环索的安装方法,现在闭口式安装较少,不再介绍。

(4) 铅鱼的安装方法

① 铅鱼按八字式做好吊绳,八字角度约 120°左右。八字上端需经过一个绝缘子。

② 如果缆道支架高,可在八字吊绳上再做一根绝缘吊线,吊线长取 1 m 左右或更长,再固定一个绝缘子。这样有利于缆道测流信号的传输。循环索就固定于绝缘子上。

(5) 升降索的安装方法

① 升降索有开口式和闭口式之分。

② 开口式适用于卷扬式绞车的缆道安装,钢丝绳一端固定于绞车的轮毂上,另一端通过地面转向轮固定于平衡锤的下端。如果还需要省力,平衡锤上可加 1～2 个转向轮,使升降索在平衡锤与地面转向轮间多走几圈,达到省力的目的。此方式需铅鱼拉动升降索放线。

③ 闭口式适用于轮盘式绞车的缆道安装。一般在缆道支架顶部和地面各安装 2 个滑轮,平衡锤的上部和下部也各安装 2 个滑轮。升降索一端固定于支架顶部后,在支架顶部滑轮和平衡锤的上部滑轮间绕 2 圈经地面转向轮进入绞车的循环驱动轮,出驱动轮后在地面滑轮和平衡锤下部滑轮间绕 2 圈后固定于地面。注意,绳头的固定点必须对支架和大地绝缘。

(6) 控制操作台的安装方法

① 操作台必须接地。操作台引进动力线前必须经过三相四线空气开关,此开关关断时必须同时断开零线。空气开关视绞车电机的大小不同取 30～120 A 不同的规格型号。

② 操作台到绞车电机的电缆需经过钢管护套。

③ 操作台到绞车的信号线（缆）需经过钢管护套，并尽量远离电机电缆。信号线（缆）在缆道不工作时应该与操作台断开，可采用手动开关，继电器自动断开更好。

④ 连接好操作台到绞车两边的水平和升降信号线，连接好操作台到绞车体的测速信号线。

⑤ 在大地的阴湿处打下一根L50 cm×5 cm的镀锌角钢或在水里扔下不少于$0.1 m^2$的铁板，作为信号接地体。连接导线后为地线。连接好操作台到地线的测速信号线。

⑥ 安装好水下信号器的水面极板，连接好河底信号线、流速仪信号线，将天线连接到铅鱼以上的绝缘子上部的循环索上。

⑦ 调试步骤：用万用表测量循环索与主索的绝缘电阻应大于$3 kΩ$，否则检查修复短路点。打开仪表电源，用一根导线将铅鱼体连接到钢架上，短接水面两个极板，仪器应能收到水面信号；铅鱼升降，仪器应有准确指示；上抬河底托板，仪器应能收到河底信号；短接水面两个极板和旋转流速仪，仪器应能收到流速信号；铅鱼水平运动，仪器应有准确指示。

(7) 运行调试

① 启动操作台，按下水平或升降按钮后，旋转交流变频器调速旋钮，铅鱼应该缓缓加速运行。转换运行方向，应该经过停车按钮，否则应该无反应。

② 铅鱼应该运行平稳，停车后没有滑动现象。

③ 铅鱼应该可以运行到河底和最高洪水位以上。

④ 铅鱼在全断面运行过程中，循环索不能碰触到主索，全断面测速信号传输正常。

⑤ 缆道应该开关灵活，运行平稳，没有任何噪声和杂声。

4.3.1.5　使用维护

(1) 测速垂线布设

① 测速垂线的布设要均匀分布，并能控制断面地形和流速沿河宽分布的主要转折点，无大割大补。主槽垂线应比河滩密。

② 不同水位级，断面形状或流速横向分布有较明显变化时，可按高、中、低水位级分别布设测速垂线。

③ 测速垂线的位置应相对固定，发生下列情况时，应随时调整或补充测速垂线：当水位涨落或河岸冲淤，使靠岸边的垂线离岸边太远或太近时；断面上出现死水、回流，需确定死水、回流边界或回流量时；河底地形或测点流速沿河宽分布有较明显的变化时。

④ 使用缆道测流的测站，启用前应对测深测宽的仪器、工具及缆索尺寸标志进行率定，并应按规定进行检查。

⑤ 测速垂线数目要根据站类、高水、中水、低水确定。主流摆动剧烈或河床不稳定及漫滩严重的测站，宜选取测速垂线较多的方案。

潮水河的测速垂直线数目，可适当少于清水河流，施测时宜为7～9条；特别宽阔或狭窄的河道可酌情增减，但不得少于3条。当高潮与低潮水位的水面宽以及水深相差悬殊时，应在每个潮流期内根据潮水位涨落变化情况，调整测速垂线数目及岸边测速垂线的位置。

(2) 流速测量

① 流速测点的分布

一条垂线上相邻两测点的最小间距不宜小于流速仪旋桨或旋杯的直径。

测水面流速时，流速仪转子旋转部分不能露出水面。

测河底时,应将流速仪下放至 0.9 水深以下,并应使仪器旋转部分的边缘离开河底。

② 流速测点的定位

流速仪可采用悬杆悬吊或悬索悬吊。采用悬索悬吊测速时,应使流速仪平行于测点上当时的流向;当多数垂线的水深或流速较小时,可采用悬杆悬吊测速,并应使仪器装在悬杆上能在水平面的一定范围内自由转动。

③ 垂线流速测点位置

在测量流速时,可根据水深选择测点位置,方法如下。

一点法:0.6 或 0.5 水深;

二点法:0.2、0.8 水深;

三点法:0.2、0.6、0.8 水深;

五点法:0.0、0.2、0.6、0.8、1.0 水深;

六点法:0.0、0.2、0.4、0.6、0.8、1.0 水深;

十一点法:0.0、0.1、0.2、0.3、0.4、0.5、0.6、0.7、0.8、0.9、1.0 水深。

④ 测速历时

测站单个流速测点上的测速历时,要根据有关水文测验规范选用的测流方案确定。潮流站单个测点上的测速历时应为 60~100 s。当流速变率较大或垂线上测点较多时,可采用 30~60 s。

(3) 铅鱼测深

① 在缆道上使用铅鱼测深,需在铅鱼上安装水面和河底信号器。

悬吊铅鱼的钢丝索尺寸,应根据水深、流速的大小,铅鱼重量及过河、起重设备的荷重能力确定。采用不同重量的铅鱼测深时,悬索尺寸宜作相应的更换。

② 每次测深之前,应仔细检查悬索(起重索)、铅鱼悬吊、导线、信号器等是否正常。当发现问题时,应及时排除。

测深时应读记悬索偏角,并对水深测量结果进行偏角改正。

③ 水深比测。水深的测读方法宜采用直接读数法、游尺读数法、计数器计数法等。当采用计数器测读水深时,应进行测深计数器的率定、测深改正数的率定、水深比测等工作。水深比测的允许误差:当河底比较平整或水深大于 3 m 时,相对随机不确定度不得超过 2%;河底不平整或水深小于 3 m 时,相对随机不确定度不得超过 4%,相对系统误差应控制在 ±1%范围内;水深小于 1 m 时,绝对误差不得超过 0.05 m。不同水深的比测垂线数,不应少于 30 条,并应均匀分布。当比测结果超过上述限差范围时,应查明原因,予以校正。当采用多种铅鱼测深时,应分别进行率定。

(4) 流速仪比测与检定

① 常用流速仪在使用时,应定期与备用流速仪进行比测。其比测次数,可根据流速仪的性能、使用时间的长短、使用期间流速和含沙量的大小情况而定。流速仪实际使用50~80 h 时,应比测一次。

② 比测宜在水情平稳的时期和流速脉动较小、流向一致的地点进行。

③ 常用与备用流速仪应在同一测点深度上同时测速,并可采用特制的"U"形比测架,两端分别安装常用和备用流速仪,两仪器间的净距应不少于 0.5 m。在比测过程中,须变换比测仪器的位置。

④ 比测点不宜靠近河底、岸边或水流紊动强度较大的地点。

⑤ 不宜将旋桨式流速仪与旋杯式流速仪进行比测。

⑥ 每次比测应包括流速较大和较小且分配均匀的30个以上测点,当比测结果偏差不超过3%,比测条件差的不超过5%,且系统偏差能控制在±1%范围内时,常用流速仪可继续使用。超过上述偏差应停止使用,并查明原因,分析其对已测资料的影响。

⑦ 仪器检定:仪器使用1~2年后必须重新检定;超过检定日期2~3年以上的流速仪,虽未使用,亦应重新送检;在一年内使用满300 h,必须送检;当发现流速仪运转不正常,应停止使用并送检;在使用中,如果发生较大的超范围使用和使用后发现仪器有影响测速准确度的问题时,也应进行一次重新检定。

(5) 缆道比测

缆道投产前应进行起点距、水深率定比测,不宜少于30点,并均匀分布在全断面。

流量比测率定的随机不确定度应不超过5%,系统误差应控制在1%范围内。

起点距垂线定位误差不大于河宽的0.5%或绝对误差不超过1.0 m,累计误差不大于水面宽的1%。

水深累计频率为75%的误差不大于3%,系统误差不大于1%。

4.3.1.6 适用条件

根据《河流流量测验规范》(GB 50179—1993)规定,流速仪法的测流成果可作为率定或校核其他测流方法的标准。通常使用流速仪法对水工建筑物测流、走航式ADCP测流、H-ADCP测流等进行比测,评定其测流的准确性。

(1) 断面内大多数测点的流速在流速仪的测速范围以内,特殊情况超出适用范围时,应在资料中说明;当流速超出仪器测速范围30%时,应在使用后将仪器封存,重新送厂检定。

(2) 垂线水深应满足流速仪一点法测速的必要水深。

(3) 在一次测流的起讫时间内,水位涨落差不大于平均水深的10%;水深较小、涨落急剧的河流,水位涨落差不大于平均水深的20%。

(4) 流经测流断面的漂浮物不致频繁影响流速仪正常运转。

(5) 在缆道正式使用之前,需进行比测率定;流量比测率定的随机不确定度不超过5%,系统误差应控制在±1%范围内。

综上所述,全自动缆道测流系统具有技术先进、自动化程度高、运行可靠、操作简便等特点,可广泛适用于水文缆道站的新建与改造工程。在供水监测范围内可采用该方法对重要水工建筑物流量进行率定与校测。

4.3.1.7 典型设计

(1) 典型测站及其断面情况

测站简述:运河水文站位于邳州市境内中运河东岸、东陇海铁路桥北约110 m,距中运河入骆马湖河口约20 km,1950年7月由淮河水利工程局设立,流域面积6 524 km²。测验项目有水位、流量、泥沙、水质、水温、冰情、墒情、降水、蒸发、气温、风力风向等,是该地区测验项目最全的站,是中运河洪水入骆马湖的总控制站、大河重要控制站、国家重点水文站、省级以上报讯站。

半个多世纪以来,运河水文站为骆马湖上游地区降雨-产汇流规律探求、防汛抗旱、江水北调、水资源开发利用、水环境保护、水利工程规划设计等积累了大量的水文资料,发挥了重要作用。

运河水文站也是徐州、宿迁两市市际控制断面,监测通过中运河进入徐州市境内的水量。

运河水文站所在河段河床情况:测验河段顺直长度 3 500 m,其上游(以供水方向计,此处即为宿迁向徐州方向)约 3 000 m,下游约 500 m。主槽宽度 180 m,右滩面宽 280 m,左滩面宽 500 m。水位在 23.5 m 时漫滩,滩地间有深塘、串沟,生长杂草、芦苇、农作物,断面下游 110 m 处建有陇海线铁路桥一座。滩面地表以下至高程 21.5 m 为重粉质沙壤土(易液化),高程 18～21.5 m 为重粉质壤土,高程 16～18 m 为砂礓土,往下有较厚的黄砂。河床基本稳定。

水文特征值:实测历史最高水位 26.42 m(1975 年),实测最大流量 3 790 m³/s(1974 年)。

(2) 缆道设计

① 缆道房形式、设计标准、依据

缆道房形式:缆道房位置地面高程 24 m,室内地面高程 27 m。缆道房建筑形式是架空式钢筋混凝土框架砖混结构。

设计标准、依据:运河水文站设施按大河重要控制站设计。测洪、防洪标准按 50 年一遇设计,与 2008 年中运河堤防加固工程相一致。缆道房设计面积 30 m²。由于本缆道只测验主河槽水位 23.6 m 以下的流量(23.6 m 以上上滩洪水位用全河宽大缆道测流),能够满足测验要求。

② 缆道形式

缆道形式:开口式。

支架形式:单杆钢支架。

支架高度:14 m。

跨度:200 m。

空载垂度:按 1/70 设计,加载垂度 1/40。

循环索直径:φ4 mm,通过计算选型。

主索直径:φ12 mm,通过计算选型。

铅鱼:150 kg。

防雷措施:主索线路上方 1.5 m 处架设一根截面积为 35 mm² 的避雷针,两端支架处接地,接地电阻≤10 Ω。

设计标准:按 50 年一遇设计。

设计依据:

《水文测验铅鱼》(SL 06—1989)

《水文缆道测验规范》(SD 121—1984)

《河流流量测验规范》(GB 50179—1993)

③ 绞车选定标准及依据

绞车选择 HY300 型电动缆道绞车,根据铅鱼重量和跨度选型。

④ 测流缆道操作台设备

采用 HS-2000-Ⅱ型半自动缆道控制台,因为行船河道不能用全自动控制台;河底及流速信号是有线传输信号,即流速仪信号线连接到循环索,循环索在缆道房内连接控制台内的信号发生器。

⑤ 供电线路负荷设计标准及依据

三相供电线路,按 10 kW 功率设计,线型是铜芯绝缘线,导线截面积 4 mm²。根据电机及其他电器用电功率设计。

(3) 附图(图 4-5、图 4-6)

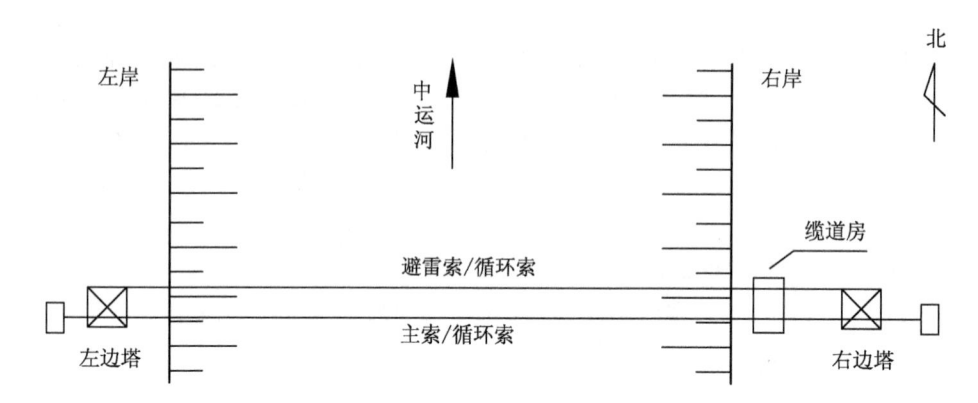

图 4-5 测流缆道平面布置示意图

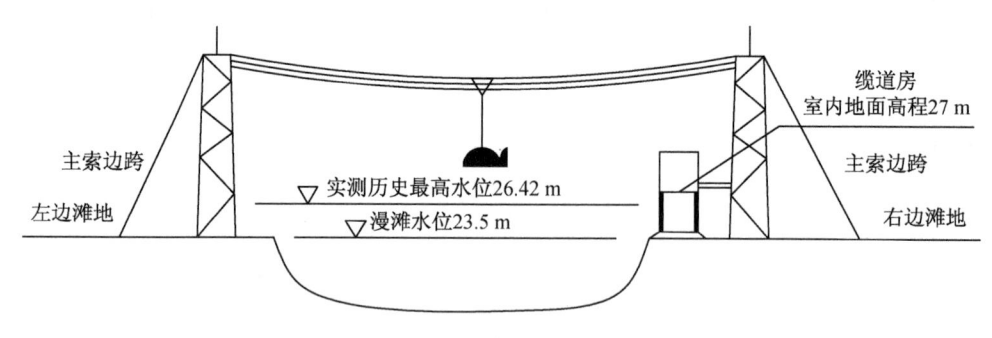

图 4-6 测流缆道立面布置示意图

4.3.1.8 方法评述

水文缆道测流具有测验速度较快,安全可靠,适用水深、流速范围广,便于实现测验自动化,测验人员少,测验精度高等优点,全自动缆道测流系统可以自动完成整个测流过程,并完成全部数据计算,自动编制并输出流计表。

虽然水文缆道测流做不到实时在线,但可作为其他流量测验方法率定和比测的标准。

4.3.2 声学时差法测流

目前一些发达国家如日本、英国、美国、法国、俄罗斯、德国、加拿大、瑞士、荷兰等国已有声学时差法测流定型产品广泛应用于河道流速流量测量。声学时差法能方便地解决测流断面不同水层的平均流速测量问题。20 世纪 90 年代以来,美国、德国等发达国家利用计算机技术将声学时差法测流、超声波或压力水位计和预置河床大断面等技术集成于一体,构建了实时在线的河道流量测量系统,其工艺装备技术指标能满足水文、水资源对流量监测的要求。

为解决苏北供水计量及水资源水量自动监测难题,我省于 2002 年从德国引进时差法流量计,在对其消化吸收的基础上,将之应用于京杭运河市际供水断面水量实时监测。

该方法适用于断面较稳定,有一定水深的河流。需要注意的是,该断面的流量数据需借用断面并用流速仪等标准测流设备标定流量计算模型后,才能正常启用。

4.3.2.1 结构组成

测流装置主要由传感器和控制终端组成。仪器控制部分自动、定时工作,将测得的数据存储在仪器中。仪器备有通信接口,可以读出存储的测量数据,也可以将测得的数据通过不同的通信方式传输出去,还可以接受指令定时召测、遥测。

4.3.2.2 工作原理

设置单层或多层超声波换能器斜交布置在河两岸,超声波换能器由二次仪表控制,从河道的一岸顺流发射超声波,另一岸接收,然后再反向进行工作,根据顺、逆流传输测到的时间差计算出相应水层的平均流速。其中一个换能器向上发射超声波,超声波遇到水面时反射,由同一换能器接收回波,根据时间差测出水深(也可选用压力水位计测量水深)。如果是规则断面则可通过积分计算出流量,若为不规则断面则必须根据数据建立数学模型,或通过人为标定流量系数计算流量。

设超声波在静水中以恒定的速度 C 传播。在有流速 V 的河流中,顺流传播时,传播速度就应是 $C+V$;逆流传播时,传播速度应是 $C-V$。

实际应用时,在河道两岸安装一对超声换能器,两岸间要有电缆相连,如图 4-7 所示,超声波信号从 A 换能器发射,由 B 换能器接收,所需传播时间为 T_1,则有下式:

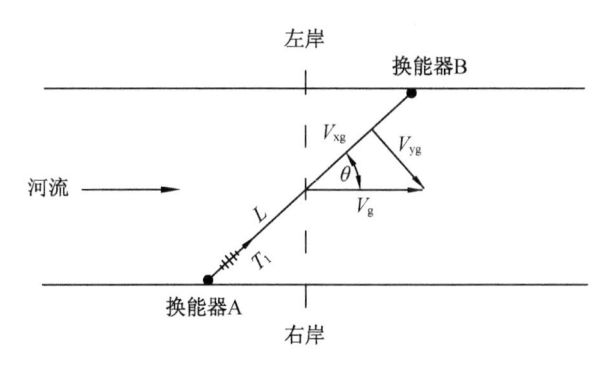

图 4-7 时差法测流原理图

$$T_1 = \frac{L}{(C - V\cos\theta)} \quad (4.11)$$

式中:L 为 A、B 两换能器之间的距离,m;

C 为超声波在水中传播的速度,m/s;

V 为河道水流平均流速,m/s;

θ 为声波路径与水流流向之间的夹角。

声波信号从 B 换能器发射,由 A 换能器接收,所需传播时间为 T_2,则有下式:

$$T_2 = \frac{L}{(C + V\cos\theta)} \quad (4.12)$$

由式(4.11)、式(4.12)可得:

$$V = \frac{L}{2\cos\theta}\left(\frac{1}{T_1} - \frac{1}{T_2}\right) \quad (4.13)$$

超声波换能器安装固定后,L 和 θ 是常数,只需测量顺水发收时间 T_1 和逆水发收时间

T_2,就可以求得流速平均值。

4.3.2.3 主要技术指标
(1) 测量系统:单路径系统、交叉路径系统、多路径系统;
(2) 路径长度:1~1 000 m;
(3) 流速范围:-10~+10 m/s;
(4) 准确度:小于实测流速的±2%。

4.3.2.4 测流精度及误差控制
流量测验误差主要包括:
(1) 水位测量误差;
(2) 流速脉动引起的测量误差;
(3) 实测流速与断面平均流速的关系误差;
(4) 借用断面面积与断面实际面积之间的误差;
(5) 仪器检定误差。

误差控制:
(1) 采用走航式 ADCP 或流速仪精测不同水位级、流量级断面平均流速,与时差法测得的层流速建立确定相应关系,减小关系曲线的随机不确定度。
(2) 根据测验河段断面稳定程度,及时复测、加测水道断面,以便及时采用,减小采用借用断面面积造成的误差。

4.3.2.5 安装调试
(1) 安装仪器的测验河段应比较顺直,流向稳定,测验河段内应封闭,不能有水量分出或进入。
(2) 安装探头的河岸要求比较陡直稳定,不易淤积,流速不能过于紊乱,以免影响超声波的发射、传输和接收。
(3) 两岸换能器应相互对准,误差不能大于 3°~5°,水流平均流向和超声波传播方向的夹角应尽量控制在 45°左右。
(4) 安装方式根据现场情况,可采用倾斜式、直立式平台安装。无论采取何种方式安装,均要考虑换能器保护问题。
(5) 换能器安装高程确定。根据系统工作方式、测验河段历年最高水位、最低水位、平均水位,以及是否通航等分析确定设备安装高程。
(6) 供电信号线布设。由于换能器是安装在河的两岸,二次仪表只能放在某一岸,根据现场情况,可采用架空、河底铺设、顶管穿越河床方式。采用架空方式时,应考虑防雷措施;对于非通航河段,可采用河底铺设方式;通航河流采用架空方式或顶管穿越方式。当采用河底铺设方式时,应考虑采取保护措施,以避免被船带锚航行刮断。
(7) 打开主机控制终端,进入监测控制系统,在主机端预置单断速关系、水位面积关系节点、测量时间等测量参数,待有水位、流量数据显示,说明调试成功。

4.3.2.6 使用维护
(1) 使用条件
该类仪器自动化程度很高,并具有自动测量功能。仪器安装后,可实现"无人值守、有人看管"。由于该仪器测量速度快,因此可以进行连续多次重复测量,然后进行平均,以消除偶然误差。这种测量方法可以测出流速的方向,能很方便地判别出是顺流还是逆流,还能测出很低流速,既适用于清水河,也适用于受潮水影响的河流。该方法用于流量测量时,需用常规流速仪法或 ADCP 施测全断面以进行比测验证。

超声波时差法最大的特点是实现了实时在线连续测量,缺点是在断面宽浅和含沙量较高的条件下无法使用,仅适用于中低流速和低含沙量的水中。另外,超声波时差法测流时易受行船影响,过河电缆易被船锚拉拽破坏,致使测流停顿和精度降低。

因为不同的仪器使用频率不同,因而存在一定的盲区,在盲区范围内无法取得测量数据。换能器入水深度和距河底高度要在 0.2～0.5 m 以上。

(2) 比测率定

① 仪器安装调试后,应根据不同水位级、不同流量级、不同时期并行比测,比测次数应不少于 30 次。

② 可采用多线、多点、长历时流速仪精测法或走航式 ADCP 进行同步施测。

③ 分析建立层流速与断面平均流速关系曲线,并按规定进行符号检验、适线检验、偏离数值检验,检验精度符合要求后方可采用。

④ 设备投入使用后,每年应同步对流量系统进行校测,并进行学生 t 检验,若检验通过,可继续使用,否则应重新测定,以确保系统测流精度。

⑤ 超声波在水中的传播速度受水温影响较大,虽然时差法已消除了水中声速的影响,但这是建立在声速相同前提下的,如果测验河段的水温不一致,声速就不一致,就会形成较大的测速误差。在高温季节的浅水中测量时,尤其要注意这个问题。

(3) 断面测量

在时差法测流中,过水面积是影响流量的一个重要因素。测流断面处河床稳定的测站,水位与面积关系点偏离关系曲线应控制在±3%范围内,并可在每年汛前或汛后施测一次大断面。河床不稳定的测站,应在每年汛前、汛后各施测一次大断面,并在每次较大洪水后及时校测过水断面部分。

大断面和水道断面的起点距应以高水位时的断面桩作为起算零点,两岸始末断面桩之间总距离的往返测量不符值,不应超过 1/500。

有条件时也可用走航式 ADCP 进行往返测量,以取得断面资料。

(4) 工程应用

该仪器多层、全断面覆盖是一大特点,技术成熟,适合规则的测验河段及断面。

在苏北地区水资源配置监控调度系统工程中,为了实现京杭运河等供水干线沿线市际断面流量实时监测,设计中采用声学时差法流量计进行断面流量测量,主要功能是定时自动测量断面流量和水位等,对水位测量数据进行消浪处理,实时响应省中心和分中心的召测命令。

4.3.2.7 典型设计

(1) 测站及断面情况

为实现运河水文站流量实时监测,在苏北供水项目中规划设计了声学时差法测流系统,以水文缆道对自动测流系统进行比测。

(2) 测流平台设计

工程总体布置:左、右侧平台位(建)于该段运河中泓两侧河岸线上,两平台直线距离为 275.91 m,沿水流方向的距离为 196 m。主机设置在右岸大堤运河水文站水位台内。左岸换能器的信号线由于中泓行船等因素,需要架空布设,右岸换能器信号线则采用地下埋设。

平台结构形式:平台由沉井、基础、标志柱、航标灯等组成。

平台设计应考虑如下因素:①便于仪器的安装、运行、安全保护和维修;②中运河行洪期,水位上涨时流速加大,顺流船只难以掌握航行方向,船只易冲击平台,因此平台结构应牢固;③施工期中运河水位较高(23.00 m),不能采用围堰,否则不仅投资大,而且对航运影响大,工程难以实施;④土质差,沙层较厚。

设计以沉井(筒式、钢筋混凝土)作为换能器安装、防护的结构物,一是节省了施工围堰,二是能给换能器一个安装、工作的空间,三是可保护换能器,防止船只冲撞或其他因素干扰。

左岸沉井外径3.50 m,右岸沉井外径5.0 m,壁厚0.25 m,井壁高度为5 m(高程18.50～23.50 m)。沉井底部18.50～19.0 m分别为碎石黄沙垫层、素混凝土垫层、钢筋混凝土底板,厚度分别为0.20 m、0.10 m、0.20 m;顶部为钢筋混凝土顶板,厚度为0.12 m(高程23.38～23.50 m)。内部空间安装换能器,安装高程为21.50 m。

沉井壁在换能器测流方向上留两个1.4 m×1.0 m的洞,洞中心高程分别为19.50 m、21.50 m,上洞作为目前换能器测流用,若单层测流水位流量关系线不够密切,可在高程19.50 m的位置上再安装一层换能器,以达到提高测流精度的目的。

标志柱、航标灯基础采用钢筋混凝土灌注桩结构,直径1.2 m,桩长9.0 m(高程10.0～19.0 m)。标志柱为钢筋混凝土实心圆柱,直径1.2 m,高8 m(高程19.0～27.0 m),沉井完工后将灌注桩继续立模往上浇筑至设计高度(27 m),并将底板与灌注桩浇筑连接,以增加沉井的整体性。标志柱上安装运河镇流量监测站站牌及航标灯。在行洪期水位上涨至整个滩面时,标志柱、站名牌、航标灯是水面上的明显标志,给航行的船只醒目警示,防止船只冲撞。

沉井外附近土方开挖到高程18.80 m。右岸边坡坡度为1:5;左岸高程23.00 m以上边坡坡度为1:2,23.00 m以下边坡坡度为1:4。

(3) 设计依据

测流最低水位设计依据为防汛防旱、南水北调和内河航运的有关调度原则、规划和标准,京杭运河中运河骆马湖以上段为二级航道,设计最低通航水位为20.50 m,在旱季有短期低于20.50 m的情况。为提高测流保证率,将测流仪器安装最低高程设计固定到19.50 m。

测流最高水位设计依据:中运河水位高于23.50 m就要漫出中泓,上到滩面(青坎),中泓测得的流量就不能代表整条河(复式)的断面流量,但是,供水监测不需要对23.50 m以上洪水实施测验,因此,设计测流最高水位定为23.50 m。

换能器安装设计依据:测流设备为德国SEBA公司的AF82000/28超声波流量测验系统,按照生产厂家常规安装方法设计。

测流信息接收及传输方式设计:原设备主机有流量显示装置,但是没有无线远传装置。为了传输数据,需要架设线路接到站房RTU,以GPRS或CDMA(备用信道)信道再传输到上级水情数据中心(徐州水文分中心)。

测流平台防雷:在平台上用扁钢焊接结构主钢筋,主钢筋通到建筑最高处连接避雷针。

信号线路防雷:地埋信号线路不需要防雷,架空信号线路上方1.5 m处架设一根截面积为35 mm^{2}的避雷线,两端及中间支撑处(铁塔)接地,接地电阻≤10 Ω。

供电方式:220 V市电。

(4) 附图

平面布置示意如图4-8所示。

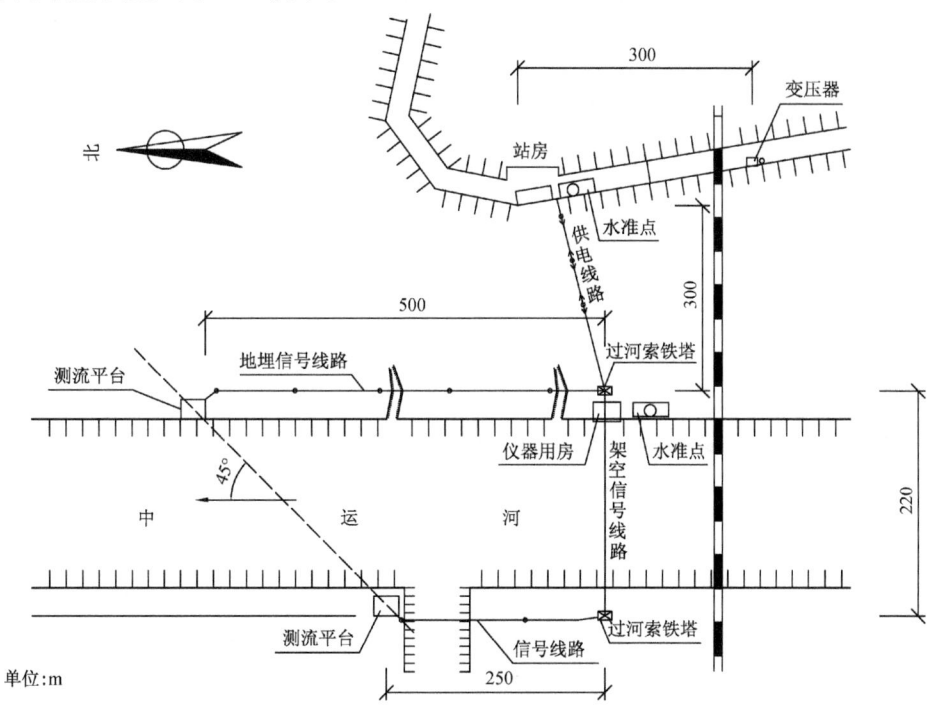

图4-8 时差法测流平台布置示意图

立面布置示意如图4-9所示。

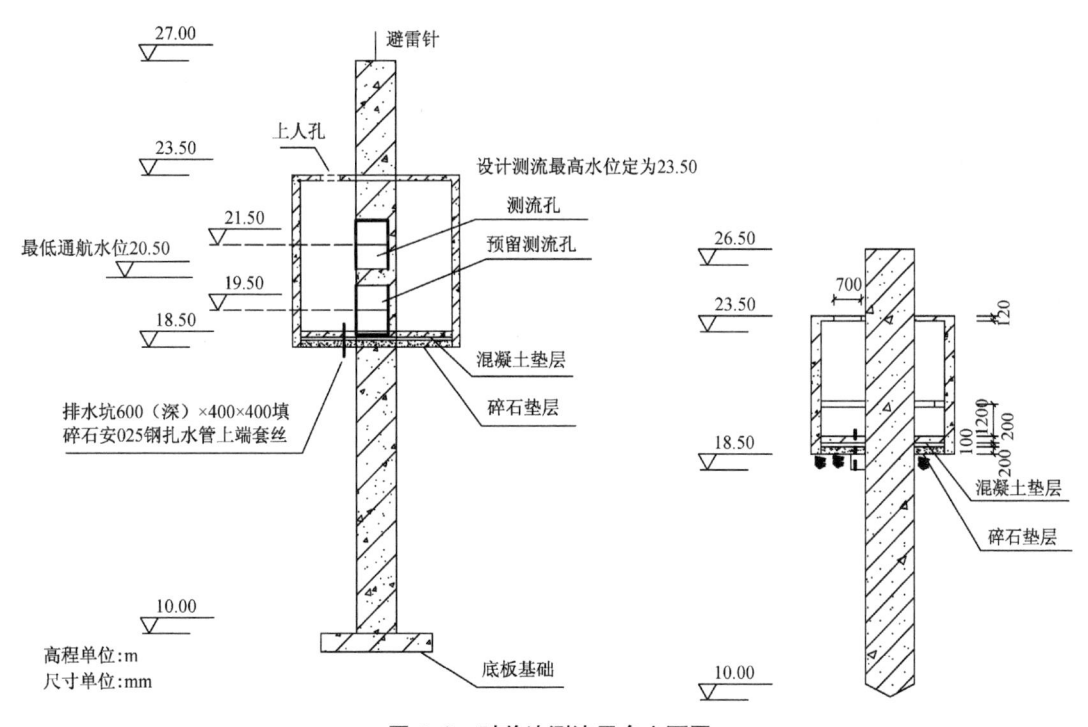

图4-9 时差法测流平台立面图

(5) 注意问题

高程控制：安装前应先对土建工程安装位置的高程进行校核，如有误差，可利用安装支架进行调整。

方向控制：时差法仪器是成对使用，必须在安装之前进行基线确定，每个仪器的安装方向应协调。

平面控制：在一对仪器中间（包括考虑仪器的平面扩散角）不应有固定障碍物，尽可能地让仪器"视野"开阔。

立面控制：在安装前对水下地形进行测量，清除立面障碍。

接线：由于仪器长期处在水下，接线应注意防水性能。

4.3.2.8 方法评述

该方法具有实现全断面流量自动监测、不破坏天然水流结构、测速范围大、测流精度高、不需要过河设备、操作安全、劳动强度小等优点，在实际工程实践中还需注意测验河段及站址的选择应满足仪器的基本要求，在水位变化急剧、含沙量大、水中漂浮物和气泡很多的情况下，会带来很大测流误差。该方法可应用于水闸、泵站及行政区间水量自动监测。

4.3.3 声学多普勒流速剖面仪侧视法测流

美国水文仪器公司的系列产品自1998年问世以来，仅在美国就已有200多个站点在使用，它具有安装容易、操作简便，不易受生物附着影响，且价格较低等优点，但不适宜在含沙量较大的河床应用。江苏是国内引进该设备较早、较多的省份，主要是利用水利部948项目引进美国RDI公司生产的H-ADCP和SonTek公司生产的Argonaut-SL测流设备。下面主要分析研究H-ADCP侧视法测流。

4.3.3.1 结构组成

主机：采用RDI公司的WHH3型H-ADCP作为测量流速主机。主机由三个超声波探头组成，两束沿水平方向发射，利用多普勒原理测量本层水流某一段上各点的二维流速，另一束向上发射用来测量水深。

计算机：计算机需配有Windows2000操作系统、数据库和ADCP系统软件。ADCP系统软件可用来进行系统的设定、数据采集和存储，能将实时测到的水位、流速和经过计算的断面平均流速、断面面积、断面流量按一定格式显示、存储、打印。

水位计：利用压力水位计，配接485接口模块把水位数据传送至计算机内。

4.3.3.2 工作原理

当频率为f_0的振源与观察者之间相对运动时，观察者接收到来自该振源的辐射波频率将是f_1。这种由于观测者和振源之间的相对运动而产生的接收信号相对于振源频率的频移现象被称为多普勒效应。测量出此频移就能测出物体的运动速度。其工作原理是：在测量时，由测量仪器发出超声波，再接收被测物体的反射波，测出频移，计算出速度。如图4-10所示。

I代表振源，A为被测物体，J为接收器。I、J是固定的，A以速度v运动。I发射的频率为f_0的辐射波经A反射后被J接收，J接收到的频率为f_1。则多普勒频移f_d为

$$f_d = f_1 - f_0 = f_0 \frac{v}{C}(\cos\theta_1 + \cos\theta_2) \tag{4.14}$$

式中：C为辐射波的传播速度，m/s；

θ_1、θ_2分别为v和I_1A、I_2A连线的夹角。

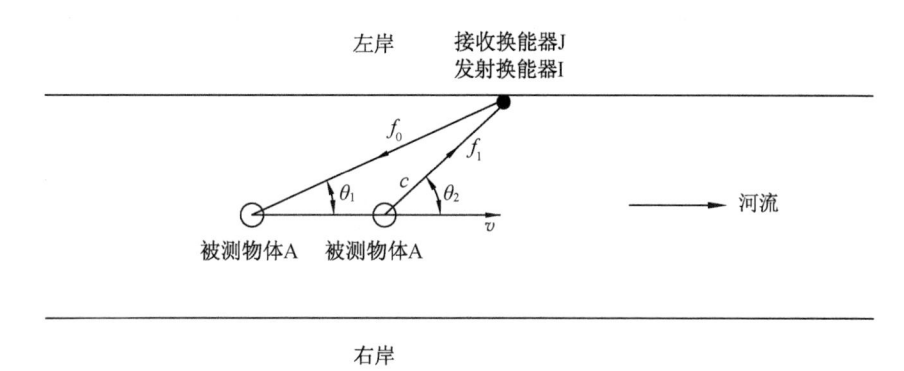

图 4-10 多普勒工作原理示意图

仪器安装固定后，C、θ_1、θ_2、f_0 均为常数，于是可得

$$v = Kf_d \tag{4.15}$$

由此可知，流速 v 与 f_d 呈线性关系。在实际使用中，往往将水中的悬浮物作为反射体，测得其运动速度就是水流速度。

由计算机通过 RS232 或 485 通信接口采集当前水位值和启动 H-ADCP 进行水平方向的流速测量，测量结果通过电缆或光纤传送至计算机中，计算机根据率定的回归曲线或方程来计算断面的平均流速，从而算出流量；然后将采集到的水位、流速数据和计算出的流量数据通过 RTU 传送。

4.3.3.3 主要技术指标

Channel Master 型水平声学多普勒流速剖面仪是 RDI 公司新一代 ADCP 产品。它结构紧凑、标准配置高、功能强、适用范围广。Channel Master 型 H-ADCP 设备主要特点和主要技术指标如下。

(1) 采用 RDI 公司宽带专利技术。

(2) 高精度、高空间和时间分辨率。可以使用较小的单元，在较短的采样时间步长内获得精确的流速数据。

(3) 对于很难测验的低流速和非恒定流也能获得高质量测验数据。

(4) 标准配置 1~128 个可选单元、0.1~10 m 可选单元长度、1~300 m 剖面范围(取决于系统频率)，可以得到更多的流速数据，具有很大的灵活性。

(5) 标准配置超声波水位计和压力式水位计。

(6) 标准配置倾斜计。倾斜计对于调整 H-ADCP 安装支架和监测安装支架的倾斜变化从而保证测验数据质量起到重要的作用。

4.3.3.4 指标流速法的建立

H-ADCP 仪器可测验所在水层处水平线上各个单元的流速(即流速分布)，还配备了一个垂向声束，用于测验水位。

当采用 H-ADCP 进行在线流量监测时，将实时采集水平线上的流速分布数据和水位数据。

指标流速法最早由美国地质调查局(USGS)提出和应用。指标流速法的基本原理是建立断面平均流速与指标流速(即某一实测流速)之间的相关关系。指标流速实际上是河流断面上某处的局部流速，断面平均流速则可以认为是河流断面上的总体流速。因此，指标流速法的本质是由局部流速来推算总体流速。

在实际应用中,有三种局部流速可以用来作为指标流速:(1)某一点处的流速;(2)某一垂线处的深度平均流速;(3)某一水层处某一水平线段内的线平均流速。单点流速可以采用单点流速仪测出。垂线平均流速可以采用坐底式 ADCP 测出。水平线平均流速可以采用 H-ADCP 或时差式超声波流速仪测出。需要指出的是,第三种指标流速只要求某一水层处某一水平线段内的线平均流速,并不要求整个河宽范围内的水平线平均流速。经验表明,即使几百米甚至上千米宽的河流,仍然可以采用几十米宽范围内的水平线平均流速作为指标流速。

流量计算的基本公式为

$$Q = AV \tag{4.16}$$

式中:V 为断面平均流速,m/s;A 为断面过水面积,m^2。过水断面面积由断面几何形状和水位确定。对于某一断面,过水断面面积仅为水位的函数,即

$$A = f(H) \tag{4.17}$$

式中:H 为水位,m。过水断面面积与水位的关系通常采用表格或经验曲线来表示。假定断面平均流速是指标流速和水位的函数,则流速回归方程的一般形式为

$$V = f(V_I, H) \tag{4.18}$$

式中:V_I 为指标流速;f 为流速回归函数。

在许多情况下,断面平均流速仅为指标流速的函数,即

$$V = f(V_I) \tag{4.19}$$

必须指出,指标流速法是一种率定方法。建立率定关系(即流速回归函数或方程)需要两个步骤:第一步是现场流量测验和指标流速采样。在现场采用 H-ADCP 进行指标流速采样的同时,需用人工船测或走航 ADCP 测验流量和断面面积,从而得到断面平均流速数据。现场同步采样需要在不同的流量或水位情况下进行。这样就得到一组断面平均流速与指标流速以及水位的数据。第二步是回归分析。首先选择合适的回归方程,表 4-1 列出了几种常用的流速回归方程。然后通过对数据进行回归分析(如采用最小二乘法)确定回归系数。值得指出的是,回归方程的选择不是唯一的。通常可以采用几种方程进行回归分析,然后对回归分析结果进行综合评价后确定最佳回归方程。

表 4-1 几种常用的流速回归方程

回归方程名称	函数关系
一元线性	$V = b_1 + b_2 V_I$
一元二次	$V = b_1 + b_2 V_I + b_3 V_I^2$
幂函数	$V = b_1 V_I^{b_2}$
复合线性	$V = b_1 + b_2 V_I \quad V_i \leqslant V_c$ $V = b_3 + b_4 V_I \quad V_i \geqslant V_c$
二元线性	$V = b_1 + (b_2 + b_3 H) V_I$

注:表中 b_1、b_2、b_3、b_4 为回归系数。

4.3.3.5 测流误差分析与控制

H-ADCP 是一种将探头固定安装在水面下某一水深处使用的仪器,使探头上的两个声学传感器位于同一平面上,两个超声波传感器成一定角度向对岸发射,当超声波遇到水中的气泡杂质等时,频率发生变化,可根据频移计算出本层水流某一段上各点的二维流速;另一束超声波向上发射,遇到水面反射回来,根据时间差可测得水深。根据预先建立的数学模型得到断面平均流速,再根据河道的实际过流面积计算出流量值。如果断面是规则的,则断面利用流速面积法积分得到流量,精度可达 2%~5% 以内;如果是不规则断面,则主要取决于建立数学模型的精度或率定的精度。

流量测验误差主要包括:

(1) 水位测量误差;
(2) 流速脉动引起的流速测量误差;
(3) 实测流速与断面平均流速的关系误差;
(4) 借用断面面积与断面实际面积之间的误差;
(5) 横向流速实测区间的代表性误差;
(6) 仪器检定误差。

4.3.3.6 安装调试

在固定式多普勒测流仪投入使用的过程中,需要注意的技术环节有很多,其中仪器的安装最为关键,对于任何一种测流系统而言,获取一个长久稳定的流量资料系列往往是重中之重。固定式多普勒测流仪的安装位置一旦确定下来,应尽量保持不变,也就是固定地对同一个流层进行监测,以保证其流量系列具有较好的一致性,其安装位置应通过勘测、试验优化确定。有的情况下,该设备自带的水位测量精度达不到规范要求,需要按照标准同步测量水位,以满足水文、水资源对流量监测的要求。

安装地点的选择,包括测验河段选择、断面选择和安装高程确定。

(1) 测验河段选择

① 测验河段应选在河槽的底坡,断面形状、糙率等因素比较稳定和易受河槽沿程阻力作用形成河槽控制的河段。河段内无巨大阻水物,无巨大旋涡、乱流等现象。

② 当断面控制和河槽控制发生在某河段的不同地址时,应选择断面控制的河段作为测验河段。在几处具有相同控制特性的河段上,应选择水深较大的窄深河段作为测验河段。

③ 测验河段宜顺直、稳定、水流集中,无分流岔流、斜流、回流、死水等现象。顺直河段长度应大于洪水时主河槽宽度的 3 倍。测验河段应避开有较大支流汇入或湖泊、水库等大水体产生的变动回水的影响。

④ 在平原区河流上,要求河段顺直匀整,全河段应有大体一致的河宽、水深和比降,单式河槽河床上宜无水草丛生的情况。

⑤ 在潮汐河流上,宜选择河面较窄、通视条件好、横断面较单一、受风浪影响较小的河段。

⑥ 水库、湖泊出口站或堰闸站的测验河段应选在建筑物的下游,避开水流大的波动和异常紊动影响。当在下游测验有困难,而建筑物上游又有较长的顺直河段时,可将测验河段选在建筑物上游。

(2) 断面选择

① 断面处水流平顺、两岸水面无横比降,等高线走向大致平顺,无旋涡、回流、死水等发

生,地形条件便于观测及安装设备。

② 断面应垂直于流向,可设在测验河段中央且与测流断面重合或者接近。

当基本水尺断面与测流断面不能重合时,两断面上的水位应有稳定的关系。

③ 基本水尺断面一经设置,不得轻易变动断面位置。当遇到不可预见的特殊情况,必须迁移断面位置时,应进行新旧断面水位比测,比测的水位级应达到平均年水位变幅的75%左右。

④ 测流断面应垂直于断面平均流向,偏角不得超过10°。

⑤ 在水库、堰闸等水利工程的下游布设测流断面,应避开水流异常紊动影响。

(3) 安装高程确定

安装高程方面,要根据具体情况而定,基本原则是:

① 使其大致位于历年平均水深的60%处;

② 处于历史最枯水位以下一定距离;

③ 同时要考虑超声波发射角度、旁瓣干扰影响;

④ 使其高于河底的淤积层,避免主机遭受掩埋。

此外,在安装过程中应注意使两个声学传感器位于同一水平面上,同时要注意主机底面必须水平,才能使其中心轴线与测流断面平行,以保证声束为水平发射。

实际上,天然河道断面的情况非常复杂,固定式测流仪的初始安装位置并不容易确定,往往要事先进行大量的调查和分析工作。这时候就需要由水文监测站点提供一系列必需的基础资料,以提出真正适合测流断面的观测方案。这些基础资料主要有:

① 仪器安装断面的大断面图;

② 该站的历史最高水位和最低水位;

③ 该站的最大流速和最大流量;

④ 该站是潮水河道、平原水网区,还是山溪性河流;

⑤ 河道的通航,尤其是仪器安装所在岸边的通航情况。

(4) 安装形式选用

对于断面宽度较小的河流或渠道,仪器主机安装在河岸或渠壁的基座上;对于断面宽度较大的河流或渠道,主机可以安装在河岸或渠壁上,也可以安装在桥墩或其他建筑物侧壁上,或专门建造测验平台以供设备安装。

4.3.3.7 使用维护

(1) 流量相关关系率定

① 相关关系的建立应以仪器实测流速和实测断面流速为依据。

② 断面平均流速可采用流速仪精测法或走航式声学多普勒流速仪测量。

③ 应收集不同水位级、不同流量级及不同工况下的测验资料,以分析确定不同情况下的相关关系。

④ 各水流条件关系率定的样本数应大于30个。

⑤ 定线精度指标应符合《水文资料整编规范》(SL 247—1999)要求。

(2) 流量测验总体要求

① 横向测速频次可根据水情变化情况、推流的需要确定。

② 应适当安排水道断面的测量次数,以减少借用断面带来的误差。

③ 根据试验资料确定的相关关系应进行校测,校测次数应不少于 10 次。当校测点明显偏离原率定相关关系时,应及时加密校测测次,以满足重新率定相关关系。校测结果应采用 t 检验进行检验。当原相关关系与校测样本有显著性差异时,应重新进行试验并率定相关关系。

（3）工程应用。该仪器采用最新的声学多普勒技术,采用一体化结构,将换能器和电子部件集中在一个密封容器内,工作时全部浸入水下,通过防水电缆传输信息。具有结构简单、安装方便（所有设备集中在河流一边）、可靠性高、价格低廉等优点,在美国已大量采用,可作为独立的流量计进行流量在线实时监测。

在苏北地区水资源配置监控调度系统工程中,一些重要节点控制处采用该项技术及设备,见表 4-2。

表 4-2　H-ADCP 流量站一览表

站名	监测内容	备注
二河闸出入湖断面	水位、流量	原方案为测流缆道法
竹络坝市际断面	水位、流量	原方案为时差法
泾河市际断面	水位、流量	原方案为时差法

4.3.3.8　典型设计

（1）测站及断面情况简述

① 泾河水文站简介

泾河水文站于 2001 年 1 月设立,位于京杭大运河里运河段扬州、淮安两市分界处。该站隶属于江苏省水文水资源勘测局扬州分局邵伯水文水资源监测中心;该站主要观测里运河泾河站水位和流量,承担着向江苏省及扬州市防汛防旱指挥部报送水情信息的任务。

在苏北水资源配置监控系统工程中,泾河水文站被列为扬州—淮安市际断面流量监测站点,并于 2003 年建成生产办公设施 260 m^2,2006 年建成全钢结构测流平台,安装了 H-ADCP 流量自动监测系统,2008 年完成流量率定分析并成功实现了水位、流量的实时监测。该站对扬州、淮安市里运河沿线的防汛抗旱、水资源管理发挥着权威的计量监测作用。

② 测验河段基本情况

历史上,京杭运河里运河段（淮安—扬州段）东西堤在明末已初具规模;清代曾浚深河床,培修堤防;民国时期亦疏浚浅段,续修部分西堤。但是运河以西是洪泽湖泄洪、滞洪区,运河东堤各坝在遭遇淮河大洪水时必须开启泄洪入里下河地区,因此,保漕运与泄洪并重,使得运河堤防拆、堵、建、修数百年不停。新中国成立初期,里运河与高邮湖、宝应湖、白马湖仍直接沟通相连,1953 年三河闸建成以后,洪泽湖洪水得到了有效控制,时至 1958 年,真正实现了"河（里运河）湖（高、宝、白三湖）分开",里运河堤防不再承担破堤分洪任务。

如今的里运河,既是南（江）水北调东线的供（输）水主要干线,又是淮河洪水入江的辅助通道;同时,里运河为二级航道,是一条"黄金水道"。

在泾河水文站 H-ADCP 测流断面的上、下游数千米范围内,现状河道基本顺直。泾河测流断面处的河道,为人工开挖的规则梯形断面,河床土质以细颗粒黏土为主,断面冲淤年度变化率很小,河床稳定,河宽 180 m,正常水位时水面宽约 130 m。

③ 泾河站水文特征值

2001—2011年泾河站多年平均水位为6.62 m,最高水位为8.09 m(2003年7月14日),最低水位为5.23 m(2001年8月31日)。

由于泾河站设站至今仅11年,水文资料系列较短,其水位特征值的代表性较差,而下游15 km处的宝应站设立于1912年,两站相距不远,水位较为接近,故在泾河站无资料的情况下可以引用宝应站的水位资料。

宝应站水位特征值:多年平均水位为6.71 m;年平均水位,最高值为8.08 m,最低值为5.51 m;供水期,最高水位为8.05 m(2000年6月26日),最低水位为4.61 m(1994年11月10日);历年最高水位为9.79 m(1954年8月26日)。

这里需要说明的是,由于1954年淮河流域发生了特大洪水,且里运河与高邮湖、邵伯湖、宝应湖、白马湖相通,而江都水利枢纽以及淮河入江水道的现代格局尚未建成,故淮河洪水泛滥成灾,淮河下游地区一片汪洋,导致宝应站发生特高历史洪水位。因此,在现状工情下,里运河宝应站是不可能再出现如此高水位的。由此可见,宝应站的历年最高水位(9.79 m)已失去其代表性。

泾河站实测最大流量:江水北上为282 m^3/s(2001年7月17日),淮水南下为322 m^3/s(2011年6月17日)。

(2) 泾河站H-ADCP测流平台设计

① 通信设计

H-ADCP测流平台位于本站西南角,测量控制电脑位于办公楼二楼,两者之间距离较远,因此H-ADCP采用RS485串行通信连接方式,在电脑端采用RS485转RS232进行串口通信。交流供电具有可靠接地,通信电缆采用镀锌钢管预埋敷设方式。

② 电源设计

H-ADCP供电与通信为同一根电缆,供电电源为12 VDC,配备直流充电器1台;为了保证测量正常进行,采用1台山特C1K(S)不间断电源进行电脑供电,后备电源容量为松下12 V、100AH蓄电池3只,可支持8 h无市电测量。

③ 土建设计

由于京杭运河为高等级航道,因此采用开挖引水槽的方法进行测流平台建设。引水槽为喇叭状,主体部分位于该站钢围栏之内,加之外侧为边滩,可有效避免船只冲撞,确保测流平台安全。

引水槽口面向运河,南、东、北侧为钢板桩结构,钢板桩外侧为混凝土结构,测流槽底板为混凝土底板,主要技术数据如下:
- 测流槽底板高程:3.8 m。
- 仪器安装高程:高于4.3 m。
- 测流槽开角:±20°。

测流平台为全开放式2层结构,层间设置钢楼梯,四周设置安全护栏,外形尺寸为3.00 m×2.00 m。

主要设计依据为该河段通航保证水位、宝应站历史最低水位。

④ 探头升降装置

H-ADCP采用竖直轨道升降机构,升降机械为小型电动葫芦,使用钢丝绳进行连接,将部分通信电缆使用塑料扎带捆扎在钢丝绳上,使得电缆不因水流晃动而产生过度磨损;使用质量较好的塑料绳连接 H-ADCP 安装背板,将另一端牢固系在轨道横档上,进行仪器的额外保护。

⑤ 供电负荷设计

由于整个测流系统功耗约为 250 W,加上 1 台小功率空调及照明设备,总功耗约为 1.5 kW,远小于该站进户容量(20 A 三相,13 kW),因此除了需要使用不间断电源进行测量供电保证外,无须进行专门设计。

⑥ 相应设计标准、依据

- 钢板桩及测流平台采用《钢结构设计规范》(GB 50017—2003)。
- 防雷设计采用《建筑物防雷设计规范》(GB 50057—1994)。
- 供电方式设计采用《低压配电设计规范》(GB 50054—1995)。
- 探头升降装置为自行设计,达到方便、安全要求即可。
- 测流信息接收取决于仪器及电脑的通信接口,由于通信距离大于 10 m 时,只能采用 RS485 串口通信形式,与终端的连接方式为 RS232 串口,因此需要 RS485 转 RS232 接口,在与 RTU 直接连接时,同样要遵循上述要求。

(3) 平面布置图

泾河站 H-ADCP 测流平台平面布置如图 4-11 所示,断面如图 4-12 所示。

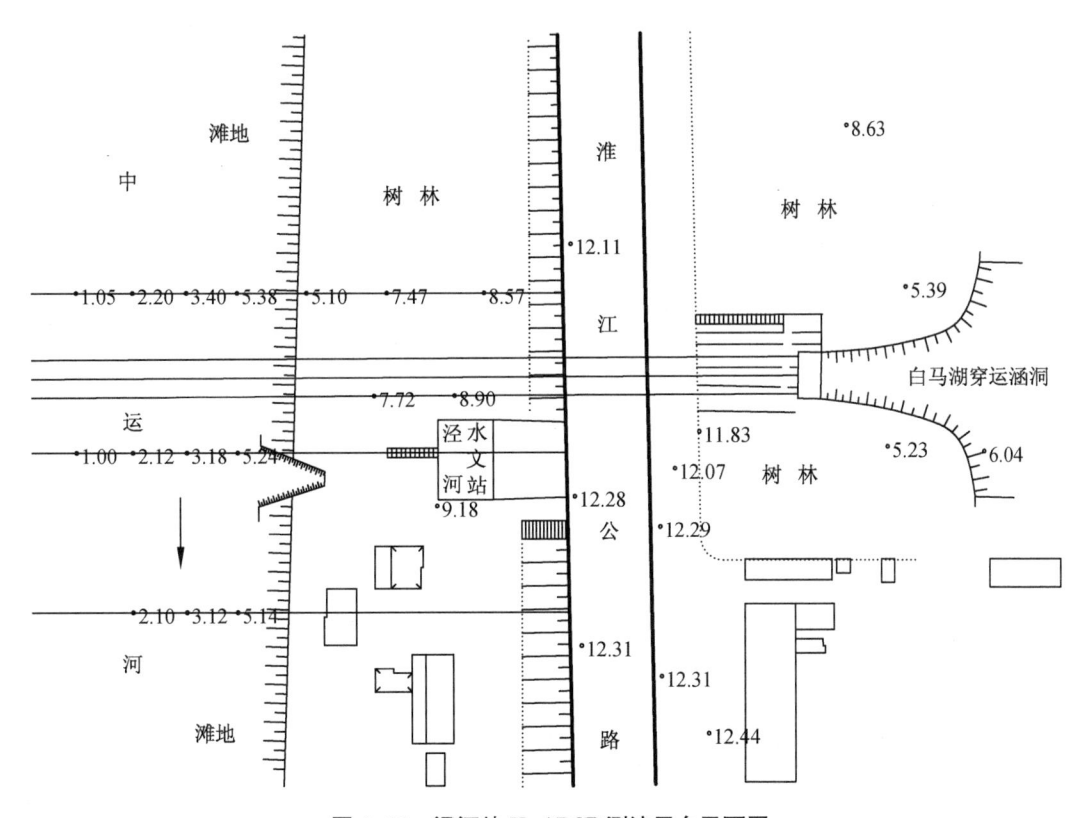

图 4-11　泾河站 H-ADCP 测流平台平面图

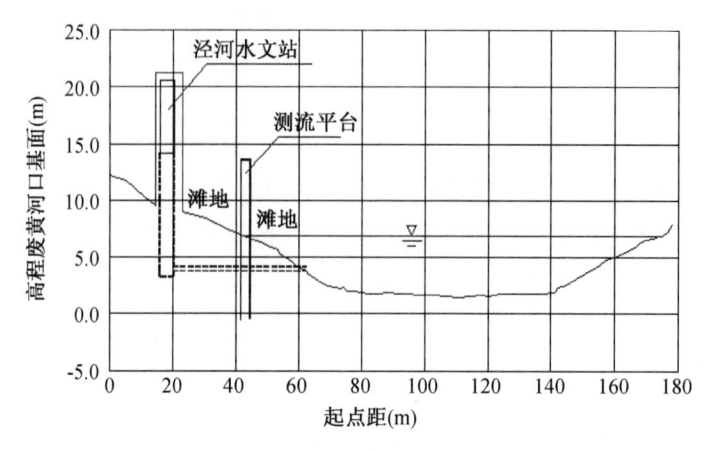

图 4-12 泾河站 H-ADCP 测流平台断面图

(4) 运行情况

自 2006 年 10 月底安装 H-ADCP 后(建成后见图 4-13),泾河站就开始进行 H-ADCP 与传统船测法同步测验,2008 年 5 月初扬州分局组织有关技术人员进行数据分析。从 2007 年 1 月 1 日始,到 2008 年 6 月 30 日结束,共取得同步测验资料 629 组,此后使用流速仪法同步测验至 2008 年 12 月 31 日,又取得同步测验数据 276 组。2009 年 1 月 1 日以后,该站 H-ADCP 正式投产,使用走航式 ADCP 船测法进行校测,2010 年取得同步测验资料 30 组,2011 年取得同步测验资料 21 组,同步测验数据已达 956 组。经过分析的同步测验数据总数达 670 组,比测精度较高,系统运行稳定、可靠,可正常应用于扬州—淮安的市际断面供水自动监测。

(5) 方法评述

该方法具有实现流量长期自动监测、技术先进、不需要过河设备、操作安全、劳动强度小、对通航影响小、土建投资较时差法小等优点,在实际工程运行中应特别注意测验河段、测验断面水深及安装高程应满足仪器的基本要求,在水位变化急剧、含沙量大的情况下,会带来较大测流误差。该方法可应用于中小河流、渠道、水闸、泵站及行政区间水量自动监测。

4.3.4 声学多普勒流速剖面仪走航法测流

4.3.4.1 概述

声学多普勒流速剖面仪 ADCP 进行河流流量测验是自 20 世纪 80 年代初开始发展和应用的新的流量测验方法。当装备有 ADCP 的测船从测流断面一侧航行至另一侧时,能同时测出河床的断面形状、水深、流速和流量,它的效率比传统流量测验提高了十几倍。

走航式 ADCP 方法和传统流速仪法都是将测流断面分成若干子断面,在每个子断面内测量垂线上一点或多点流速并测量水深,从而得到子断面内的平均流速和流量,再将各个子断面的流量叠加得到整个断面的流量。然而,与传统流速仪法相比,ADCP 方法有如下不同。

(1) 传统流速仪法是静态方法。流速仪是固定不动的,用以测定流动的水流经过仪器时的点流速。走航式 ADCP 方法则是在随测船运动过程中进行断面流速测验。

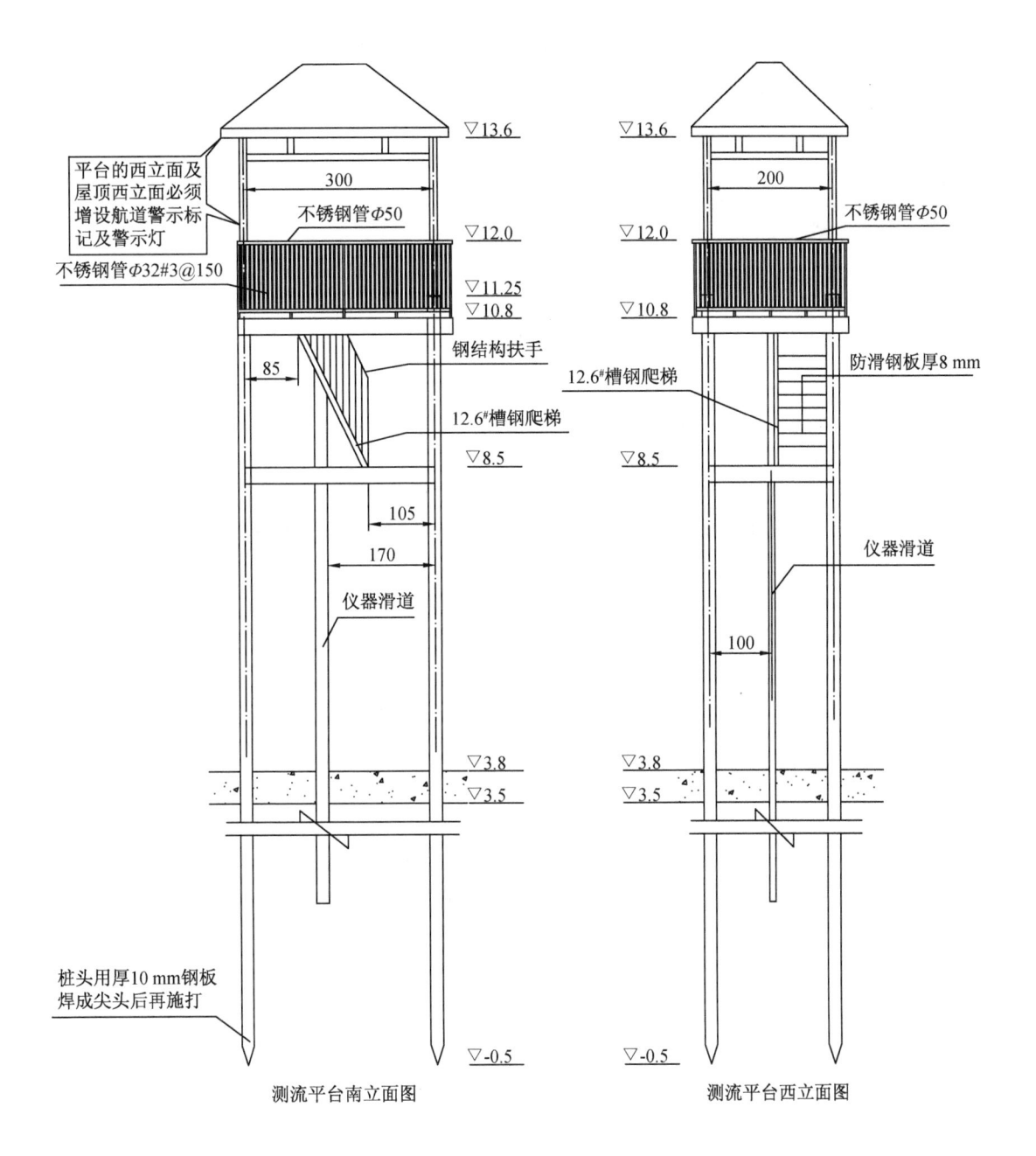

说明：
1. 本图高程以m为单位（废黄河零点），钢结构尺寸以mm为单位，其余尺寸以cm为单位。
2. 栏杆钢管为不锈钢材料钢管。
3. 除不锈钢管外，其他钢结构在安装焊接完成后应予除锈打毛喷锌。
4. 应业主要求，原设计中的一层平台由真高8.0 m抬高至真高8.5 m，二层平台由真高10.0 m抬高至10.8 m，有关构件长度应作相应变更。
5. 应业主要求，真高10.8 m平台在南、北、东三个方向各向外挑50 cm，增设有关挑梁，平台钢板及栏杆扶手等均应作相应增加变更。
6. 应业主要求，真高13.6 m处增设屋顶，由业主和施工单位自行确定。
7. 平台的西立柱及屋顶西立面必须增设航道警示标志及警示灯。

图 4-13 H-ADCP 测流平台结构示意图

(2) 由于采样费时,应用传统流速仪法时通常不可能将子断面划分得很细,垂线流速测量点也不可能很多。而应用 ADCP 法时,由于其采样速率很高,将子断面划分得很细,所以子断面成了微断面,垂线上的流速测点也很多,可以说是连续测量的。

(3) 传统流速仪法要求测流断面垂直于河岸。ADCP 方法不要求测流断面垂直于河岸,其流速测量的是矢量值,测船航行的轨迹可以是斜线或曲线。

为了计算流量,ADCP 在走航中测量如下数据:
- 相对流速(由"水跟踪"测出);
- 船速(由"底跟踪"测出,或由 GPS 算出);
- 水深(由河底回波强度测出,类似于回声测深仪);
- 测船航行轨迹(由船速和计时数据算出,或由 GPS 测出)。

必须指出,在进行断面流量测验过程中,ADCP 实际测量的区域为断面的中部区域。这个区域称为 ADCP 实测区。而在以下四个边缘区域内,ADCP 不能提供测量数据或有效测量数据。

第一个区域是靠近水面(表层),其厚度大约为 ADCP 换能器入水深度、ADCP 盲区及单元尺寸一半之和。

第二个区域靠近河底(底层),称为"旁瓣"区(即河底对声束的干扰区)。其厚度取决于 ADCP 声束角(即换能器与 ADCP 轴线的夹角)。例如,对于声束角为 20°的 ADCP,相应的"旁瓣"区厚度大约为水深的 6%。

第三和第四个区域为靠近两侧河岸的浅水区域,因其水深较浅,测量船不能靠近或者 ADCP 不能保证在垂线上至少有一个或两个有效测量单元。

这四个区域统称为非实测区。其流速和流量需通过实测区数据外延来估算。

4.3.4.2 结构组成与原理

系统由主机、换能器、罗盘、倾斜计、河底跟踪、电源和软件等组成。该流量计的主机和换能器装在一防水容器内,工作时全部浸入水中,通过防水电缆与便携式计算机相连,流量计的操作控制在便携式计算机上进行。全套系统由蓄电池供电,也可以用交流电供电。

ADCP 换能器一般由 3 个或 4 个发射头构成,它们可以向水下发射在空间互成一定角度的 3 束或 4 束超声波,这些超声波在由水面射向河底的穿行过程中不断地经水中的固体颗粒、气泡和河底反射回来。根据这些返回信号的频率可以测出流量计和各水层以及河底的相对位移速度,其中流量计与河底的相对速度即是船速,扣除船速便可以求得各层水流对河底的流速。根据河底返回速度分量结合测得的船行方位便可求取水流的真实方向。根据河底返回信号的时间可测出水深。流量计由河这岸向对岸穿行测量一次,便可测出经过各点的水深以及流速的大小和方向,将流速矢量对河床水流断面进行积分,便得到了河床流量。因为采用的是矢量积分,所以所测流量的大小与流量计渡河路径无关。

ADCP 每个换能器既是发射器又是接收器。换能器发射的声波能量尽可能集中于较窄的范围内,称为声束(类似于探照灯发射的光束)。换能器发射某一固定频率的声波,然后聆听被水体中颗粒物散射回来的声波。假定颗粒物的运动速度与水体流速相同,当颗粒物的运动方向是接近换能器时,换能器聆听到的回波频率比发射波频率高;当颗粒物的运动方向是背离换能器时,换能器聆听到的回波频率比发射波频率低。声学多普勒频移,即发射声波频率与回波频率之差由下式确定:

$$F_d = 2F \frac{V}{C} \tag{4.20}$$

式中:F_d 为声学多普勒频移;

F 为发射波频率,Hz;

V 为颗粒物沿声束方向的移动速度(即沿声束方向的水流速度),m/s;

C 为声波在水中的传播速度,m/s。

式(4.20)中的系数 2 是因为 ADCP 既发射声波又接收回波,因此多普勒频移加倍。

ADCP 每个换能器轴线即为一个声束坐标。每个换能器测量的流速是水流沿其声束坐标方向的速度。任意 3 个换能器轴线即组成一组相互独立的空间声束坐标系。另外,ADCP 自身定义有直角坐标系(局部坐标系):X-Y-Z。Z 方向与 ADCP 轴线方向一致。ADCP 首先测出沿每一声束坐标的流速分量,然后利用声束坐标与 X-Y-Z 坐标之间的转换关系(取决于声束角)将声束坐标系下的流速转换为 X-Y-Z 坐标系下的三维流速,再利用罗盘和倾斜计提供的方向和倾斜数据将 X-Y-Z 坐标系下的流速转换为地球坐标系下的流速。

假定水体中颗粒物的运动速度与水体流速相同,ADCP 通过跟踪颗粒物的运动(即"水跟踪")所测量的速度是水流相对于 ADCP(也即 ADCP 安装平台)的速度。当 ADCP 安装在固定平台上,"水跟踪"测量的流速即为水流的绝对速度。当 ADCP 安装在船上(移动平台),在"水跟踪"测量的相对速度中扣除船速(平台的移动速度)后即得到水流的绝对速度。

4.3.4.3 ADCP 主要技术指标

各种频率 ADCP 测流设备技术指标见表 4-3。

表 4-3 ADCP 声学多普勒流速剖面仪主要技术指标

模式	指标	1 200 kHz	600 kHz	300 kHz
标准工作模式	盲区(m)	0	0.25	1.0
	最小单元长度(m)	0.25	0.5	1.0
	最小剖面深度(m)	0.8	1.8	3.5
	最大剖面深度(m)	20	75	180
	流速量程(m/s)	±3.0(默认) ±20.0(最大)	±3.0(默认) ±20.0(最大)	±5.0(默认) ±20.0(最大)
浅水工作模式	盲区(m)	0	0.25	—
	最小单元长度(m)	0.01	0.1	—
	最小剖面深度(m)	0.3	0.7	—
	最大剖面深度(m)	4.0	8.0	—
	流速量程(m/s)	±1.0	±1.0	—

4.3.4.4 流量计算方法

(1) 实测流量基本计算公式

ADCP 基于如下公式计算流量:

$$Q = \iint_S u \cdot \xi \mathrm{d}s \tag{4.21}$$

式中：Q 为流量，m^3/s；

S 为沿测船航迹断面面积，m^2；

u 为测船航迹断面某微元处流速矢量；

ξ 为测船航迹上的单位法线矢量；

ds 为测船航迹断面上微元面积，m^2。

如前所述，ADCP 在进行流量测验时沿航迹的断面划分成许多微断面，则式(4.21)可以写为

$$Q = \sum_{i=1}^{m}\left[\int_0^{H_i} f_i \cdot dz\right]\Delta t = \sum_{i=1}^{m}[(V \times V_b) \cdot k]_i \cdot H_i \Delta t = \sum_{i=1}^{m}[V_x V_{by} - V_y V_{bx}]_i \cdot H_i \Delta t \tag{4.22}$$

式中：m 为微断面总数；

H 为微断面处水深，m；

Δt 为呼集合(相应于微断面)时间平均步长；

V_{bx} 和 V_{by} 分别为 x 和 y 方向的测船速度分量；

V 为微断面深度平均流速矢量；

d_z 为垂向微元长度，m。

由下式计算：

$$V = \frac{1}{H}\int_0^H u \cdot dz \tag{4.23}$$

$$H = D_{DACP} + d \tag{4.24}$$

式中：D_{DACP} 为 ADCP 入水深度，m；d 为 ADCP 实测水深，m。

(2) 表层和底层流量

ADCP 可以借助于幂函数流速剖面或常数流速剖面的假定来推算表层流速流量或底层流速流量。幂函数流速剖面应用比较普遍，常数流速剖面应用较少。

(3) 岸边流量

对于岸边非实测区域，可以利用经验方法估算流速和流量。岸边区域平均流速的计算公式为

$$V_a = \alpha V_m \tag{4.25}$$

式中：V_a 为岸边区域平均流速，m/s；

V_m 为起点微断面(或终点微断面)内的深度平均流速，m/s；

α 为岸边流速系数。

4.3.4.5 误差分析及控制

(1) 误差分析

ADCP 测流误差通常是由不合适的横渡速度或测船不稳定移动引起的。这些随机误差常常导致流量测验的不精确。降低横渡速度和消除测船的不稳定移动能降低随机误差，主要误差来源有以下几方面：

① 船速测量误差；

② 仪器安装偏角产生的误差；
③ 流速脉动引起的流速测量误差；
④ 水位、水深、水边距离测量误差；
⑤ 采用流速分布经验公式进行盲区流速插补产生的误差；
⑥ 仪器入水深度测量误差；
⑦ 水位涨落率大时，相对的测流历时较长所引起的流量误差；
⑧ 仪器检定误差。

(2) 控制措施

① 测量中每条垂线上的流速测量点距可以设置到 1 m 以下，测速垂线的间距可以随意设定，因此，可以测得很长、很精确的流速分布。

② 使用超声波存在盲区，盲区大小与所采用的超声波频率有关，一般在 0.2~0.5 m。这就要求测量探头距水面要有一定深度，但也不能测到接近河底盲区以内的流速。使用 ADCP 测速时，要用水力学模型根据测得的垂线流速推算出水面河底盲区内的流速。由于测船不可能紧靠岸边开始测量，也不可能一直测到岸边，所以岸边一小块区域的流量也只能用内插等方法来计算。尽管如此，流量测验精度还是能控制在±5%左右。

③ 为了测速准确，需要测量水温来修正声速。有时还要测量盐度，同样用来修正声速。测量时，测船速度是影响流量测验误差的重要因素。船速越低，测流误差越小。船速一般控制在 1 m/s 左右。河面越宽，流速越大，流量测验误差就越小。

流量施测时，不必严格要求测船行驶在断面直线上，船迹是直线还是 S 形，都不会影响流量测量精度。

4.3.4.6 安装调试

(1) 安装支架设计

ADCP 通常安装在船一侧的支架上。设计加工安装支架时应考虑以下几方面：

① 以结构简单、操作方便、升降转动灵活、安全可靠为原则；应具有一定的灵活性，容易升降或翘离水面。

② 应根据所使用仪器的结构特点专门设计、定制安装支架，或直接使用仪器生产商提供的配套支架。

③ 应采用防锈、防腐蚀能力强，重量轻，强度大的非磁性材料制作。

④ 结构应牢固可靠，不因水流冲击或测船航行等原因而倾斜。

⑤ 宜配置仪器探头保护装置。

(2) 仪器安装

仪器可安装在船头，船的一侧，并应符合下列规定。

① 声学多普勒流速剖面仪安装位置离船舷的距离，木质测船宜大于 0.5 m，铁质测船宜大于 1.0 m。

② 仪器探头的入水深度，应根据测船航行速度、水流速度、水面波浪大小、测船吃水深度、船底形状等因素综合考虑，使探头在整个测验过程中始终不会露出水面。入水后，应保证船体不会妨碍信号的发射和接收。

③ 垂直方向上，应保证仪器纵轴垂直，呈自然悬垂状态；水平方向上，应使仪器探头上的方向标识箭头与船体纵轴线平行。

④ 在仪器安装过程中，应防止碰撞仪器的探头表面。仪器应安装牢固。支架要有足够的刚性，在水流的冲击下不会发生振动或弯曲。安装支架位置应尽可能远离磁性物体，以避免外界磁场对 ADCP 内置磁罗盘的影响。

4.3.4.7 流量测验

（1）声学多普勒流速剖面仪安装完成后，应对所有电缆、电路的连接进行检查，测前应对声学多普勒流速仪进行自检，并记录自检结果。宜与流速仪法比较，声学多普勒流速剖面仪施测两个测回流量，其算术平均值作为声学多普勒流速剖面仪测得的一次流量，将该流量与流速仪常测法测得的流量相比较，结果偏差在±5%以内时，仪器可以使用，若超过上述偏差，应分析查明原因。

（2）声学多普勒流速剖面仪宜安装在非铁磁性物质的测船上进行测验。对于铁磁物质测船，应安装外部罗经。

（3）在正式测验前应进行一次"动底"检测。做法是将测船保持在一固定位置上至少10 min，用底跟踪测验船速和位移。如果没有"动底"，由底跟踪测出的船速应为零，测船的位移近于零。如果有"动底"，由底跟踪测出的船速则不为零。测流断面有底沙运动时，应采用 GPS 测量船速。在底跟踪可能失效时，应调整参数进行试测，测不到最大水深时，应配置测深仪测深。

（4）测验前应对使用的外部罗经或内部罗经进行校验。

（5）参数设定。在每次测验前，用户需要根据现场条件和 ADCP 性能进行参数设定。

① 深度单元尺寸应不小于设备允许的下限，深度单元数不超过设备允许的上限，同时深度单元尺寸与深度单元数的乘积不应小于所测断面的最大水深。

② 每个数据组水跟踪脉冲采样数和底跟踪脉冲采样数可根据断面宽度大小、水深大小进行设置。

③ 应根据断面形状、水深大小选择合适的工作模式。

④ 盲区的设置应不小于厂商推荐的最小盲区。

⑤ 换能器入水深度应根据实际测量值设置。

⑥ 对水体含盐度较高的断面，应设置修正声速的盐度值。

⑦ 配置文件应与原始数据文件储存在计算机的同一个文件夹内。

⑧ 在施测前通常需确定测验起点和终点位置。其确定准则是：起点和终点处的水深应保证垂线上至少有两个有效单元。起点和终点应做明显标记，以保证每次断面流量测验的起点或终点是相同的。应采用电子测距仪器、测绳或其他能够精确测验距离的仪器测验起点和终点的离岸距离。

（6）为了保证流量测验精度，测船应按预定断面航行，船首不应有大幅摆动。测验中测船平均速度应小于等于水流平均速度。同时河流断面面积也是影响 ADCP 流量测验的重要参数之一。

（7）为了减小流量测验的不确定性，对于流量在短时间内变化不大的河流，至少进行四次断面流量测验，来回各两次。取四次测验平均值作为流量实测值。如果四次测验值中任一个与平均值之差大于 5%，首先应分析造成误差大的原因。如果可以找到原因，该次测验成果可以去掉，再补测一次；如果找不到原因，应再进行另外四次测验，然后取八次测验结果的平均值。采用上述方法进行处理，如果最大偏差仍然大于 5%，应采用其他仪器或方法重新测验。

(8) 对于流量在短时间内变化较大的河流,可采用一次测验的流量值。

(9) 潮汐河段上、下盲区的插补模型应根据测验断面典型时刻流速沿垂线分布特征,确定合理的插补模型。

(10) 对于河口区宽阔断面,同一断面宜采用多台仪器分多个子断面同步测验的方案。

(11) 岸边流量的计算,应正确选用岸边流速系数。水深均匀地变浅至零的斜坡岸边,流速系数取用 0.67~0.75;光滑陡岸边,流速系数取用 0.9;不平整陡岸边,流速系数取用 0.8;死水与流水交界边,流速系数取用 0.6。

(12) 断面流量应包括直接测出的部分流量、岸边流量及上下盲区流量。

(13) 在测验结束后应对测验情况及结果进行评价。应按软件"回放"模式对每组原始数据进行审查,保证数据的完整性、正确性及参数设置的合理性;应计算实测区域占整个断面的百分率,记录诸如湍流、涡流和仪器与铁磁物体的靠近程度等可能影响测量结果的现场因素,以此评价流量测量的质量。

4.3.4.8 走航式 ADCP 法评述

声学多普勒流速剖面仪是一种移动式流速仪,测流速度快,机动性强,使用方便,它比传统的河流流量测验方法效率提高了十几倍,能得到更完整、更多的流速流向、水深、断面数据,在苏北地区水资源配置监控调度系统工程中主要用于巡测和率定测流设备,用于精确测定水工建筑物测流站点水位流量关系曲线,以及对声学时差法流速仪测流站点、声学多普勒流速剖面仪测流站点进行系统同步比测。

4.3.5 水工建筑物测流

水工建筑物具有固定的水流边界条件,对水流起控制作用,水力因素与流量之间有比较稳定的关系,这就为利用水力因素推求流量提供了有利条件。水工建筑物测流,就是利用在河、渠、湖、库等水体上已建的水工建筑物,通过实测水头、水位差等水力因素及闸门开度或电功率读数,经率定分析确定流量系数或效率后完成过闸流量推求的一种测流方法。

4.3.5.1 结构组成

利用水工建筑物进行断面流量测量,需要首先测量上下游水位和闸门的开启高度,然后通过水位、闸位、流量关系曲线求出对应的过水流量。该技术的关键是,水位、闸位的测量精度要求较高,流量关系曲线需要定期进行率定,这样才能保证涵闸流量的测量精度。

(1) 水工建筑物测流系统结构

水工建筑物测流站主要由上下游水位计、闸位计、RTU、通信接口、电源系统、无线超短波电台、避雷器、天馈线和通信设施等组成(如图 4-14 所示)。

(2) 水工建筑物测流站主要功能

① 定时自动测量上下游水位和闸位,并保存;

② 对水位测量数据进行消浪处理;

③ 具有闸门开度变化和水位超限自报功能;

④ 实时响应省中心和分中心的召测命令;

⑤ 实时接收返传的流量数据并显示。

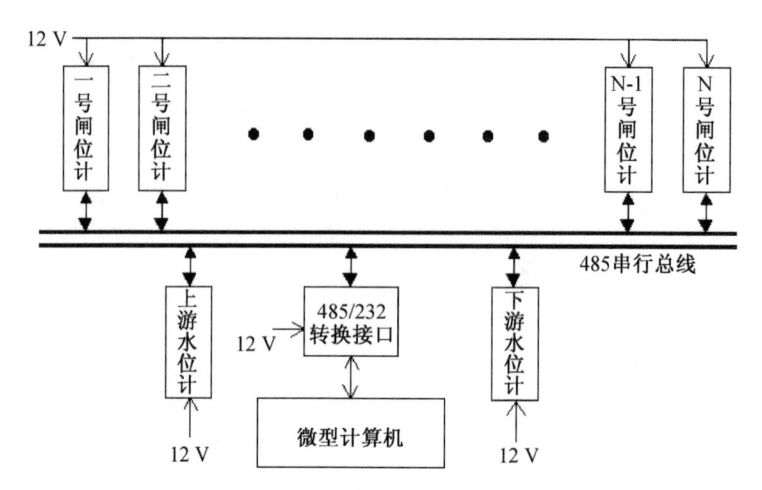

图 4-14 水工建筑物测流系统结构图

4.3.5.2 测流原理

水工建筑物运行时,当闸门或胸墙接触水面,对过闸水流起到约束作用时为孔流,闸门或胸墙不接触水面时为堰流。

1) 自由堰流

(1) 通用流量计算公式

$$Q = K\varepsilon'Cnb\sqrt{2g}H^{\frac{3}{2}} \tag{4.26}$$

式中:Q 为流量,m^3/s;
K 为进口流态系数,在低堰进口段流向不正时用;
ε' 为侧收缩系数;
C 为堰流流量系数;
n 为过水孔数;
b 为单孔宽度,m;
g 为重力加速度;
H 为总水头,m。

(2) 现场率定流量计算公式

$$Q = C_0 nb\sqrt{2g}H^{\frac{3}{2}} \tag{4.27}$$

式中:$C_0 = K\varepsilon C$,为含侧收缩系数和进口流态系数的流量系数。

2) 淹没堰流

(1) 通用公式

$$Q = \sigma K\varepsilon'Cnb\sqrt{2g}H^{\frac{3}{2}} \tag{4.28}$$

式中:σ 为淹没系数。

(2) 现场率定流量公式

$$Q = \sigma C_0 nb\sqrt{2g}H^{\frac{3}{2}} \tag{4.29}$$

$$Q = C_1 nbh_l \sqrt{2g\Delta Z} \tag{4.30}$$

式中：C_1 为淹没堰流流量系数；

ΔZ 为上、下游水位差，m；

h_l 为下游水头，m。

对于平原河道上的单孔堰闸或多孔全部出流的堰闸，由于经常处于大淹没度堰流运行，当下游河床稳定时可采用下面的公式进行流量系数现场率定：

$$Q = C_L a_L \sqrt{2g\Delta Z_L} \tag{4.31}$$

式中：ΔZ_L 为堰上游水位与堰下游水位差，m；

C_L 为用堰下游河道断面分析的流量系数；

a_L 为堰下游河道过水断面面积，m^2；

3）自由孔流

（1）通用公式

$$Q = \mu nbe \sqrt{2gH} \tag{4.32}$$

式中：μ 为自由孔流流量系数；

n 为闸孔数；

e 为闸门开启高度，m。

（2）率定公式

$$Q = M_1 Be \sqrt{h_u} \text{ 或 } Q = M_1 Be \sqrt{h_u - h_c} \tag{4.33}$$

式中：M_1 为自由孔流流量系数；

h_u 为闸上游水头，m；

h_c 为收缩断面处水深，m。

4）淹没孔流

（1）通用公式

$$Q = \mu_1 nbe \sqrt{2g\Delta Z} \tag{4.34}$$

式中：μ_1 为淹没孔流流量系数。

（2）率定公式

$$Q = M_2 Be \sqrt{\Delta Z} \text{ 或 } Q = \sigma M_1 Be \sqrt{h_u} \tag{4.35}$$

式中：M_2 为淹没孔流流量系数，σ 为淹没系数，可以由 $\Delta Z/h \sim e/h \sim \sigma$ 图查算。

5）有压、半有压自由管流

有压、半有压自由管流流量计算通用公式及现场率定公式为：

$$Q = \mu a \sqrt{2g(H' - \eta D)} \tag{4.36}$$

式中：μ 为有压、半有压自由管流流量系数；

a 为洞管过水断面面积，m^2；

H' 为从洞出口处底板高程起算的上游总水头,m;

D 为出口洞高或洞直径,m;

η 为比势能修正系数,根据洞出口渠道情况采用下列数值:

出口为与洞口等宽的矩形平底槽时,$\eta=1.0$;

出口为跌坎水流顺直无侧限约束,直接流入大气中时,$\eta=0.5$;

出口为平底并有扩散翼墙时,$\eta=0.85$;

出口为陡坡并有扩散翼墙时,$\eta=0.50\sim0.85$;

6) 有压、半有压淹没管流

$$Q = \mu_1 a \sqrt{2g\Delta Z} \tag{4.37}$$

式中:μ_1 为有压、半有压淹没管流流量系数;

ΔZ 为涵洞上下游水位差,m。

7) 无压管流

$$Q = \sigma\mu b \sqrt{2g} H^{\frac{3}{2}} \tag{4.38}$$

式中:σ 为淹没系数;μ 为自由管流系数。

8) 水电站出流

水电站是依据能量转换原理进行设计和建造的。水电站的水轮机一般可分为反击式和冲击式两大类。影响水电站发电功率大小的主要因素是工作水头 H 或实测水头 h 和流量 Q,而利用水头、电功率与流量三者之间的关系推算水电站过水流量的测验称为水电站测流。

水电站流量计算公式为

$$Q = N_s / 9.8\eta h \tag{4.39}$$

式中:Q 为各机组总流量,m³/s;

N_s 为各机组总电功率,kW;

η 为机组平均效率,包括水轮机、发电机、变压器、传动装置等综合效率以及水头损失等,水轮机的效率可参照运转特性曲线。

h 为实测水头,m;对于反击式水轮机,h 为电站上、下游水位差。如从水轮机前压力表观测压力 P 换算水头时,则用有效水头 $H(H=10P+\Delta h$,其中,P 为水轮机压力表读数,m;Δh 为压力表中心到站下水位的高差)。

9) 抽水站出流

电力抽水站在电能转换为机械能的过程中,影响抽水站效率大小的主要因素是水泵的净扬程 h 和用电功率 N_s,因此可以利用扬程、耗用电功率与流量三者之间的关系推算电力抽水站水泵的出流能力。

抽水站流量通用计算公式依据不同扬程情况采用不同的公式。

① 高、中扬程的抽水站,水泵出流能力计算公式为

$$Q = \eta' N_s / 9.8h \tag{4.40}$$

② 低扬程($h=0\sim6$ m)抽水站水泵出流能力计算公式为

$$Q = \eta_k N e^{-\varepsilon h} \tag{4.41}$$

上述各式中：

η' 为合并效率，是有效电功率与耗用电功率的比值，包括电动机、水泵、传动系统及水管摩阻等方面的综合效率。

N_s、N 为机组总电功率、单机功率，kW。

h 为抽水净扬程（抽水站上下游水位差），m；当出水管口中心高于水面时，则以出水管中心高程与抽水池水位差计算净扬程。

η_k 为抽水效能系数。

ε 为抽水效能随扬程增加而递减的系数。

e 为自然对数底。

4.3.5.3 误差分析与控制

水工建筑物流量测验的误差来源总体上来说有建筑物尺寸的测量误差，闸门开启高度观测误差，电功率查读误差，水位、水头、水位差、扬程观测误差，流量系数误差，效率误差等。在测验工作中要把观测误差控制在尽可能小的限度内。

（1）建筑物尺寸测量误差包括过水断面宽度、洞管直径、堰顶高程等项的测量误差。当第一次测量时，应测量多次，把误差减小到允许范围内。

（2）闸门开启高度观测误差，包括开高读数误差、标尺刻画误差、闸底零点高程测量误差、弧形闸门开启弧线换算为垂直开高的误差。闸门小开度时，观测相对误差很大，严重影响流量计算精度，必须注意。

（3）测量水位的误差。主要有水尺零点高程测量误差，水尺刻画误差和读数误差。自动采集的上下游水位计应该设置在具有代表性水位的位置，防止处在水位不稳定区，造成水位监测不准。

（4）流量系数的影响因素较多，误差来源复杂。

① 现场率定流量系数的误差来源有：用流速仪测流的测验误差、水头观测误差、堰闸宽度测量误差、闸门开高观测误差等，水电站、电力抽水站还有电功率读数误差等。

流速仪测量的单次流量随机误差，应按照现行河流流量测验规范进行估算，当应用现场率定的流量系数关系线查算流量系数时，其误差应小于单次实测的流量系数的误差，宜采用流量系数定线误差分析流量误差。

② 采用模型试验的流量系数和经验流量系数的误差，主要取决于所用流量系数是否符合原体建筑物的实际情况，可根据应用现场率定流量系数成果与模型流量系数和经验流量系数进行比较评定。

4.3.5.4 适用条件

用于测流的标准型式水工建筑物，其边界条件和水力条件应满足下列要求：

（1）堰闸、无压洞、涵等过水建筑物能对水流产生垂直和平面的约束控制作用，形成水面明显的局部降落，产生一定的水头或水头差；遇有淹没出流时建筑物上下游的水头差不应经常小于 0.05 m，淹没度不应经常大于 0.98。

（2）堰闸、无压洞、涵等过水建筑物的上下游进出口和底部均不能有明显影响流量系数稳定性的冲淤变化和障碍阻塞。

（3）位于河渠上的堰闸进水段应有造成缓流条件的顺直河槽，河槽的顺直段长度不宜小于过水断面总宽的 3 倍；淹没出流的堰闸下游顺直河段长度不宜小于过水断面总宽的 2 倍。

4.3.5.5 断面布设与测验

测验断面布设包括堰涵闸站工程上、下游基本水位观测断面和测流断面的勘察、选定和布设。

（1）基本水位观测断面布设

涵闸站工程基本水位观测断面布设一般应满足下列要求。

① 上游基本水位观测断面布设在堰闸进口渐变段的上游，其距离应根据表 4-4 确定。

表 4-4 堰闸上游基本水尺断面距堰闸距离一览表

堰闸总宽(m)	上游水尺断面与堰闸进口渐变段上游端距离(m)	备注
<50	3~5 倍最大水头数	当堰闸进口无渐变段时，水尺断面距离应从堰口或闸门处算起。
50~100	5~8 倍最大水头数	
>100	8~12 倍最大水头数	

② 堰闸下游基本水位观测断面应设在堰闸下游水流平稳处，距消能设备末端的距离，一般不小于消能设备距堰闸距离的 3 倍；有淹没出流的堰闸应在闸后淹没水跃区附近设立堰闸闸下辅助水尺，观测闸下水头 h_z。

③ 当测流断面设在堰闸下游时，可将下游基本水位观测断面与测流断面重合设立。当测流断面距基本水位观测断面较远时（两处水位差大于 1 cm），则专门设立测流断面水尺。

④ 涵洞水位观测断面布设应满足下列要求：洞上游基本水位观测断面布设在进水口附近水位平稳处；有淹没出流的涵洞，应在洞口附近水流平稳便于观测处，设立下游辅助水尺，水位自动监测位置应靠近水尺。

⑤ 水电站、抽水站上（下）游水尺断面应设立于建筑物进（出）水口附近水流平稳便于观测处。

（2）测流断面布设

流速仪测流断面布设一般应满足下列要求。

① 流速仪测流断面布设在建筑物下游河（渠）道整齐、顺直，且水流平稳的河（渠）道上，距消能设备末端的距离，一般都不小于消能设备距建筑物距离的 5 倍。

② 当在建筑物下游无法选择适宜的测流断面时，则在建筑物上游的适宜位置，设立测流断面，选择的顺直河段长度一般不小于过水断面总宽的 3 倍。

③ 有孔流出现的堰闸，流速仪测流断面与闸之间的距离应远一些，以避开闸门阻水对断面流速分布的影响。

④ 当闸门经常处于小开度运行，闸前水深较大，流速很小，流速仪难以测定时，则不宜将测流断面设在闸上游。

⑤ 流速仪测流断面离开建筑物不宜很远，以避免区间分流或汇入，以及河槽调节水量的影响。

（3）观测设备的安装

观测闸门开启高度的设备应按下列要求安装。

① 每孔闸门的上边都应装置便于直接观读闸门开启高度的标尺。闸门开启高度观测标尺的零点应从闸门关闭时的上边缘开始向上刻画在闸墩壁上便于观测处，标尺应刻画至厘米，闸门上边缘应装有指针与标尺刻画相切对准读数，以保证观测精度。

用钢丝绳悬吊的闸门，当用钢丝绳收放长度观测闸门高度时，应注意钢丝绳在开闸和关闸中由于受力不同而有伸缩，特别是在关闸时，由于钢丝绳的松弛造成开启高度的观测误差要进行改正。

② 弧形闸门的开启高度，应换算为闸门的垂直开度。

③ 用闸门开高指示器或自记仪器观测闸门开启高度时，要求指示器和自记仪能读到 0.01 m，并经常校正零点位置以保证观测精度。

④ 水库输水洞、隧洞、涵洞设置的闸门多数在洞内，难以直接观测闸门的开启高度，可用柔性好的细钢丝绳系在闸门上，同时用适宜重量的悬锤将细钢丝绳吊在闸门启闭机房内的定滑轮上，另在悬锤的一旁设置观测闸门开启高度的标尺，标尺应刻画至厘米。当闸门启动时，悬锤下降的距离即为闸门的开启高度。

用丝杠启闭的平板闸门，可在丝杠一侧竖立垂直标尺，在丝杠适宜部位设立固定指针，以观测闸门开启高度。

（4）高程、断面、建筑物尺度测量

① 堰顶、闸、洞底高程和水电站、电力抽水站出水管口中心高程采用四等水准接测；高程测定以后可根据情况每隔 5～10 年复测一次，当有变动的迹象时应随时复测，检验原用高程，高程测量记至 0.001 m，取用至 0.01 m。

② 水工建筑物上下游基本水尺大断面的测量次数要求：冲淤变化较大的河流，每年测量一次；河槽稳定的河流其水位与面积关系点偏离曲线不超过 ±2% 时，每隔 3～5 年测量一次；闸前后无冲淤变化以及无进水段的堰闸、隧洞、涵闸、水电站、电力抽水站等均可不进行大断面测量。

③ 流速仪测流大断面和水道断面的测量次数，按现行河流流量测验规范规定执行。

④ 建筑物过水断面宽度应用钢尺往返精确测量，并分别测记其最高水头变幅内上、中、下三个部位的数值，取其平均数，测量误差要求控制在 1/500 以内，一次测定以后，只在有变动迹象时再行复测。

（5）水位、水头、闸位、流态观测及流量测验

① 使用水尺和自记水位计时的水位观测要求，按使用水尺和自记水位计时的水位观测要求，按国家标准《水位观测标准》规定执行。另根据水工建筑物水位观测的特点，当采用人工观测水尺时，在每次闸门开启和关闭过程中，包括开始开闸和开闸终止、开始关闸和关闸终止及变动前后过程中一般应每 0.5～1 h 加测水位一次，待闸门变动终止水位基本稳定后，再观测水位一次，以后转入正常水位观测；淹没出流时建筑物上下游基本水尺和闸下辅助水尺，必须同步观测。

② 实测水头计算。用建筑物上游基本水尺观测水位减堰顶闸底高程求得上游水头，下游实测水头用建筑物下游水尺观测水位减堰顶闸底高程求得。

③ 闸门开高观测。每次开闸、关闸及闸门有变动时，应随时测记闸门的开启高度、开启

孔数、开启时间及闸孔自左至右的编号,当各闸孔闸门开启高度不一致时,应分别记载其开启高度及闸孔编号。当闸门提出水面后,不记开启高度数时,仅记"提出水面"字样。

④ 流态观测。流态观测以目测为主。当遇到不易识别的流态,以及缺乏流态观测记录时,可辅以有关水力因素的观测资料进行分析计算以确定流态,流态观测应与水位观测同时进行并作记载。

⑤ 流量测验。流量测验按照国家标准《河道流量测验规范》、水利行业标准《声学多普勒流量测验规范》要求执行。

4.3.5.6　方法评述与工程应用

水工建筑物(涵闸)流量测量,实质上是通过测量闸门的开度和上下游水位等参数,利用水工建筑物的流量关系计算过闸流量。

从上面分析研究中不难看出,水工建筑物测流具有投资少、收效快、操作安全以及与工程管理相结合等优点。同时也要看到水工建筑物测流是通过多种非流量数据的综合关系推算出来的,其数据的任何误差都会造成流量的误差。

水工建筑物测流能达到实时监测的需要,在目前不失为一种既实际又可行的方法,凡是有条件的水工建筑物,都应该充分利用。在苏北供水项目中各种闸门和取水涵洞基本采用这种方法进行流量实时监测。

在苏北地区水资源配置监控调度系统工程中新建水工建筑物流量站28个,改扩建10个,见表4-5,水工建筑物(涵闸)流量测量型遥测站主要采用无线通信方式传输数据。

表 4-5　水工建筑物测流站点一览表

站名	监测内容	备注
竹络坝进水闸、夏家湖进水闸、永济洞、永济北洞、张码洞、盐南洞、薛桥洞、黄集洞、兴文洞、耳洞、矾心洞、夹河洞、板桥洞、四堡洞、三闸洞、头堡洞、渔场小闸、联泗引排洞、顾圩洞、阚口洞、西门洞、泾河洞、皂河电灌站引水闸、程道渠首、高庄涵洞、三八户涵洞、瓦庄涵洞、小坊涵洞	上下游水位、闸门开度等	新建站
头闸地涵、周桥洞、昭关闸、车逻洞、洪金洞、乌沙洞、蛇家坝洞、新河洞、顺河洞、丰收洞		改扩建站

4.3.6　流量监测方式选择

4.3.6.1　流量测验方法综述

水文缆道测流法。水文缆道将水文测验仪器运送到测验断面内任一指定起点距和垂线测点,测定各测点流速,计算垂线平均流速,进而计算部分流量和全断面流量。缆道测验具有测验速度快、测验精度高、安全可靠等特点。目前,普遍用它作为检验其他方法测验精度的基本方法。

声学时差法。声学时差法是通过测量全断面的一个或几个水层的平均流速流向,利用这些水层的平均流速和断面平均流速建立关系,求出断面平均流速;配有水位计测量水位,以求出断面面积,计算流量。目前国际上时差法仪器较成熟可靠,精度较高,因而该方法较为常用。时差法可实现无人值守、自动监测,可提供连续的流量数据和过程,适用于双向流。

走航式 ADCP 法。走航式 ADCP 是一种利用声学多普勒原理测验水流速度的仪器，它具有测速、测深、定位功能。通过声学多普勒频移，可计算出水流的速度，同时根据回波可计算出水深，当装备有走航式 ADCP 的测船从测流断面一侧航行至另一侧时，即可测出河流流量。它具有速度快、机动性强的特点，比传统流量测验效率高出十几倍，被认为是河流流量测验技术的一次革命。

水平式 ADCP 法（也称为 H-ADCP）。它是根据超声波换能器在水中向垂直于流向的水平方向发射固定频率的超声波，然后分时接收回波信号，解算多普勒频移来计算水平方向一定距离内 128 个单元的流速，与此同时用走航式 ADCP 或流速仪测出过水断面平均流速，建立层流速与断面平均流速关系，可得到断面平均流速，配有水位计测量水位，以求出断面面积，计算流量。该方法可实现无人值守、自动监测，可提供连续的流量数据和过程，适用于双向流。

水工建筑物测流法。河流上建设的各种形式的水工建筑物，如堰闸、涵洞、水电站和抽水站等，不但是控制与调节江、河、湖、库水量的建筑物，也可用作水文测验的测流建筑物。只要合理选择有关水力学公式和系数，通过观测水位就可计算出流量。该方法具有投资少、易于实现流量自动监测的特点。

4.3.6.2 测流方法的比较分析

流速面积法是测流的基本原理，也是测流的基本方法。

流速仪法是较早运用这一原理进行测流的方法，也是目前最常用的方法。在河床形态稳定的天然河流或人工开挖河流上，测流比较准确，因此一般用其测验成果来检验和衡量其他方法的准确性。水文缆道测流就属于这类方法目前普遍应用的典型。

走航式 ADCP 法测流也是运用流速面积法原理，它能在人工操纵的船上自动测得流速分布和断面面积，与流速仪法一样，都需要人工介入，而不能得到实时流量数据，不能作为真正意义上的流量自动测量装置。但可与流速仪法组合，作为水文测验率定方法。

声学时差法流速仪测流也是采用流速面积法，它只适用于断面较稳定、含沙量较小、有一定水深的断面，同时还须借用断面面积等参数和用流速仪等标准测流设备标定流量系数后，才能正常启用。该方法安装难度及投资与上述两种方法相比均较大。

利用水工建筑物进行流量监测与上述方法原理相同，但方法简单，成本低，容易实现，精度基本能满足特定应用要求。采用水工建筑物进行水量在线监测，有一定的使用限制条件。如，上、下游水位信息采集位置是否满足规范要求，与现场率定成果是否一致；闸位信息采集是否受到人为因素的影响等，都直接关系到在线监测数据的真实性和可靠性。

H-ADCP 测流同样是基于流速面积法原理，它是利用部分断面面积及上一层或数层的层流速测验数据去推求流量的方法，只要测验河段、控制断面水流稳定、代表性较好，层流速通常与断面平均流速具有较好关系，且安装较时差法简单，一次性投资也较低。

从供水计量和水资源监测角度来看，要求流量监测实现实时、自动、在线，真正能做到实时自动测量流量的有声学时差法流速仪测流、声学多普勒流速剖面仪侧视测流和水工建筑物测流三种方法。国外河道流量也是采用这些测流方法，但国内使用这些方法时间不长，要做到长期自动监测实时流量还需要进一步实践和提高。

4.3.6.3 流量测验方式选择

水资源监测有别于常规洪水监测，一方面要求保证较高的监测精度，以满足市际供水计量和泵站考核管理的需要,另一方面要求有较强的实时性,要做到自动、实时、在线。

对于一般干线分水涵闸、抽水泵站、沿运取水口门,应进行不同水情、工情组合状态下水位流量现场测验、关系线率定、分析论证,水位流量关系精度达到一类站要求或接近一类精度要求的二类站点可采用水工建筑物测流方式。

对于不能采用水工建筑物测流的干线涵闸站,可利用历年水文精测法、常测法资料,分析论证不同水位级、流量级单断速关系。相关系数较高者,可采用声学多普勒流速剖面仪侧视测流。

当不能采用声学多普勒流速剖面仪测流方式及水工建筑物测流时,根据现场测验河段及断面情况,可选用声学时差法流速仪测流方式。

苏北供水计量项目中,根据以上技术思路,逐站地进行分析论证,并结合现场条件,确定采用合适的测验方式,见表4-6。

表4-6 苏北地区水资源监测站网测验方式一览表

类型	测验方式	代表站点	适用条件	主要作用
市界断面	时差法测流	运河站等	测验河段顺直,无水量进出交换,含沙量较小,有一定水深的断面	市际用水计量
梯级泵站	H-ADCP测流	淮安一站等	测验河段顺直,断面流速分布均匀,水深满足设备安装要求	调水泵站提水计量
干线分水闸	水工建筑物测流	运东闸等	建筑物上下游的水头差不应经常小于0.05 m,淹没度不应经常大于0.98;弗汝德数小于1,呈缓流	沿干线主要分水闸分水计量
水电站	水工建筑物测流	运东水电站等	率定效率系数曲线精度满足相关规范要求	沿干线水电站泄水计量
取水口门	水工建筑物测流	车逻洞等	率定流量效率系数曲线精度满足相关规范要求	灌区引水涵洞用水计量

4.4 降水量信息采集技术

降水量观测是水资源信息采集要素之一,也是供水计量的监测内容。防汛防旱指挥部门根据监测的苏北区域降水量空间及时间分布、大小,分析研判降雨径流、土壤失墒情况,决策调度江水北调工程分级开、关、运行,调度供水流量,以满足生产、生态、生活用水需求。

早期降水量观测使用的虹吸式雨量计和翻斗式雨量计的记录方式均为模拟曲线记录,这种记录曲线不能直接进入计算机处理,给雨量应用带来许多困难。到20世纪90年代,新研制的翻斗式雨量计采用遥测及固态存储技术,提高了自动化程度,被广泛使用,其中尤以水利部南京水利水文自动化研究所研制的JDZ系列雨量计使用最为普遍。

4.4.1 工作原理

用标准器口采集自然界降雨量,把它汇集后,流入翻斗计量组件,按预先设计的感量进行称重、计量,将以深度毫米计的降雨量转换为以重量克(或容积毫升)计的单元水量,并用开关信息量方式实时输出,供数据采集终端利用。翻斗计量组件是一个机械式双稳态称重机构,若左边翻斗计量后翻转,把水量排出器外,同时由于翻斗重心发生变化,右边翻斗随即转入计量,按此方式不断地循环计量、输出信号。

4.4.2 使用维护

正确的维护和定期保养是确保仪器测量精度的重要前提。为此,应注意下面的日常维护要求。

(1) 注意保护仪器:防止碰撞,特别是器口不得变形;保持器身稳定,器口水平。每年可用游标卡尺和水平尺检测。无人驻守的雨量站,应对仪器采取特殊的安全防护措施。

(2) 仪器使用过程中,需根据当地实际情况定期清淤(泥沙、尘土、树叶、昆虫及其他异物),检查和疏通水道,擦拭承雨器环口及内表面,保证出水畅通。

(3) 翻斗部件的盛水斗室如有泥沙,应用清水清洗干净,手指切勿触摸斗室内壁,以防油污影响翻斗的计量精度。

4.4.3 方法评述

翻斗式雨量计具有结构简单、便于使用,性能稳定、满足规范要求,信号输出简单、适合计算机处理,价格低廉,易于维护等特点,是雨量自动监测的首选仪器。

目前,我省水文系统独立的雨量站237处,把水文站、水位站的雨量观测项目加上,合计439处,雨量站密度为234 km^2/站,达到《水文站网规划技术导则》对面雨量站的密度要求(平原水网区的大区、小区面雨量站可以采用250 km^2/站)。苏北供水区域降水量信息可采用已有站点监测降水量信息。

4.5 蒸发量信息采集技术

目前,蒸发量观测基本上采用人工观测,使用的设备有20 cm蒸发皿、80 cm套盆、E601蒸发器等。使用自动蒸发设备很少,主要是市场需求不高、设备研制技术难度大、价格较高,下面主要介绍补水式自动观测蒸发装置。

4.5.1 工作原理

补水式自动观测蒸发器结构分为两大主要部分:蒸发桶和补水器,其中补水器有一个进水口和一个出水口,分别与储水池和蒸发桶相连。

蒸发桶内安装有液面定位测针,将其针尖调整并固定在基准液面上。

补水器内设有定量补水机构和控制盒,定量补水机构由一只电磁阀、量水筒和探针组成。

当蒸发桶内液面因蒸发而离开液面定位针后,在控制电路作用下,电磁阀通电,进水口打开,给量水筒注水,一旦注水量达到相当于0.5 mm蒸发量的定量水体而至探头位置时,控制电路就使电磁阀失电,关闭进水口,同时打开出水口,使量水筒内的定量水体通过管路流入蒸发桶,使其液面上升,回到基准液面上。在电磁阀接通电源的同时,控制盒端发出一个开关信号。重复上述过程,每输出一个开关信号,即代表蒸发了0.5 mm的水量。通过有线或无线方式对开关信号进行计数,就可实现水面蒸发量的自动观测。

当降雨使蒸发桶内液面上升至溢流液面位置时,溢流液面位于基准液面以上 0.5 mm,降雨量可通过溢流管产生溢流排出桶外。用旁测的雨量值补偿蒸发误差。

4.5.2 使用与维护

(1) 补水箱应安置在蒸发桶北侧,两者相距 30 cm 左右;补水桶内的出水管与蒸发桶内测针桶进水管相连通;储水桶内应保持一定水量。

(2) 先将测针桶固定在蒸发桶内壁上,装上测针,从补水箱内引出的白线接水体,黄线连接测针,在溢流结束、水面稳定后调整固定测针。

(3) 量水筒安装在电磁阀上端。

(4) 电磁阀进水口和储水桶排水孔连接前必须将管内空气排空。

(5) 测针在使用一段时间后,应卸洗加油,重新对零。

(6) 蒸发桶内应定期换水,保持清洁。

4.5.3 方法评述

补水式自动观测蒸发器是一种水面蒸发量全自动测量装置。它在 E601B 型玻璃钢蒸发器基础上,增设了液面定位测针、储水池和自动补水器,实现了自动补水、自动溢流、自动发讯控制,蒸发信号通过有线或无线远距离传输,达到了自动化遥测目的,且测站集成度较高,也是蒸发观测实现自动监测的首选仪器类型之一。

我省目前共有蒸发站 36 处,其中仅有 1 处系单独设立,其余在现有水文站、水位站和雨量站中设立蒸发观测项目。站点分布基本均匀,站网密度为 2 850 km²/站,基本达到《水文站网规划技术导则》对蒸发站的密度的下限要求(一般 2 500~5 000 km²/站,平原水网区为水量平衡研究的需要,可采用 1 500 km²/站)。苏北供水区域蒸发量信息可采用已有站点监测的蒸发量信息。

4.6 墒情信息采集技术

墒情与农业供水密不可分。根据土壤墒情监测信息,及时调整供水路线方案,启动抗旱应急机制,才能满足农业生产用水需要。

江苏省苏北地区处于南北气候过渡带,降雨时空分布不均,干旱缺水时有发生,区域特别是江水北调干线、供水河道沿线土壤墒情监测显得尤为重要。

墒情仪器为测量土壤水分的仪器。由于测量的物理量不同,墒情仪器可分为两类:一类是测量土壤含水量;另一类是测量土壤水的水势值。土壤含水量测量仪器常用的方法有传统的烘干法,近代的中子法及介电法等。

烘干法是国际公认的标准方法。测量时取出土样,称出重量,烘干土样后再称出干土重量,由此得出土壤含水量。烘干法需取出土样,无法做到连续的原位测量。

中子法测量过程不用取样,不扰动土壤,不受土壤水分物理状态的影响,快速、准确。中子水分仪的原理是把内置中子源和慢中子探测器的探头放入预先埋入土壤的测管中,中子源放射的中子与土壤水中的氢原子相撞时,其运动方向被改变,同时失去一部分能量变成慢中子,土壤中水分越多氢原子越多,产生的慢中子就越多,用探测器测出慢中子并根据标定的关系可得到土壤含水量。该仪器在矿质土壤中使用可得到较准确结果。但中子法测量使用放射性材料,使用和保存都存在危险和困难,故使用不多。

基于介电法测量土壤水分测定仪的原理有时域反射法(Time Domain Reflectometry,TDR)、频域反射法(Frequency Domain Reflectometry,FDR)。TDR 土壤水分测定仪的基本原理是根据电磁波在不同介电常数的介质中传播时,其行进速度会有所改变的物理现象,测得土壤中气-固-液混合物的介电常数,再将该介电常数的值转换为土壤体积含水量,它基本与土壤类型没有关系。FDR 土壤水分测定仪的基本原理是随着土壤中水分子数目增多,土壤电容随之增大,土壤电容的变化可以通过电容传感器的电偶感应来表现。

TDR 土壤水分测定仪可以对土壤样品快速、连续、准确地测量,一般可不标定,操作简便,可做成手持式在生产中由工作人员即时测量,也可以通过导线远距离监测。TDR 土壤水分测定仪最大的缺点是电路复杂导致设备昂贵。

FDR 土壤水分测定仪比 TDR 土壤水分测定仪相比,具有结构简单、省电、电缆长度限制少、可连续原点测定和无辐射等优点,在水分测定方法方面表现出更独特的优势,但是测量结果受土质的影响比较大,需要对其介电常数进行标定。FDR 土壤水分测定仪的探头可与传统的数据采集器相连,从而实现连续自动监测,因此采用 FDR 土壤水分测定仪更适用于实际生产的需要。

FDR 土壤水分测定仪在稳定度、准确性、灵敏度方面,以及总体性能上均优于 TDR 土壤水分测定仪。

时域反射仪是利用电磁波在土壤中的传导特性来测定土壤含水率的仪器,具有快速、便捷和能连续观测土壤含水量的优点。

下面重点介绍时域反射仪。

4.6.1 工作原理

时域反射仪由传感器和测量仪两部分组成。传感器包括同轴电缆、PVC 塑料管和传感部件。

其工作原理是:测定电磁波在土壤中传播一定距离所需时间,求出土壤的介电常数;再根据土壤含水量与土壤介电常数关系推求出土壤含水量。预置关系曲线,仪器可直接显示土壤含水量。

4.6.2 使用与维护

(1) 安装时用土钻在测量点按测量的垂直深度要求打一直径 2 cm 的安装孔,将传感器插入即可。可采取垂直、水平、倾斜方式安装,安装时须保证两根电极平行,否则会有较大测量误差。

(2) 时域反射仪正式使用前应与性能稳定的其他仪器进行同期对比观测或同取土烘干法进行对比观测,当有系统误差时应予以校正。

(3) 时域反射仪观测土壤含水量时,可采用在土壤中埋设探针的置入法或直接插入法来观测土壤含水量。

置入法定点观测土壤含水量投资较大,探针和电缆的价格很贵。墒情观测站可在代表性和实验性地块采用置入法观测,而在巡测点采用直接插入法来观测土壤含水量。

置入法水平安置探针时,可在观测剖面旁挖坑,探针可在挖出的剖面按测点深度水平插入原状土壤中,探针的插入位置距开挖剖面应有一定的距离,安装完毕后土坑应按原状土的情况填实。

置入法垂向安置探针时,应在被测地块按观测的不同深度钻孔,孔径应与 TDR 探针导管的外径相同或比之略小,地表导管周围土壤应填实以保证导管与周围土壤密切接触,防止地表和土壤中各层间的水分沿导管与土壤间的缝隙流动。

垂向埋入 TDR 探针时,两组探针间距不应小于 30 cm,以防止钻孔对土壤结构的破坏对不同深度测点的观测值产生影响。

(4) 直接插入或定点监测和巡测土壤含水量时,采用挖坑插入或打孔插入观测的方法打孔时,孔径应大于探针导管的外径。

直接插入法观测时要避开上次的测坑和土壤结构被破坏的地块,TDR 探针插入土壤时应使探针与土壤密切接触,避开孔隙、裂缝、石块和其他非均质异物。

对置入法的土壤水分测点,应保持其相对的稳定性,不要随意改变观测位置,以保持其观测资料的连续性和一致性。

(5) 在观测时应注意 TDR 仪设置的功能及适应的土壤。特别是腐殖质土壤和非腐殖质土壤应根据仪器上的功能设置来选择开关按钮。

当 TDR 观测功能有土壤含水量、土壤温度、土壤电导率时应同时记录三个要素的观测值,以便于分析不同温度、不同电导率对土壤含水量监测的影响。

对已考虑电导率和温度影响的 TDR 仪可直接使用仪器观测土壤含水量,对未考虑两要素影响的仪器,在高电导率土壤或高温且温度变化剧烈期应考虑上述两要素对土壤含水量观测的影响,并经实验分析得出修正方法。

(6) 每次观测后应用干布擦拭探针,揩干净泥土和水分,再进行下一次观测。

(7) 为避免插入方法引起的观测误差,可在同一深度进行重复观测,重复观测时应避开上一次的针孔,取两次接近的读数的均值作为该点的土壤含水量。

4.6.3 方法评述

时域反射仪具有快速、便捷和能连续观测土壤含水量的优点,仪器结构简单、便于使用,信号输出简单、适合计算机处理,是墒情监测的常用仪器之一。

第五章 供水计量信息传输技术

5.1 供水计量信息传输现状与目标

5.1.1 水利信息传输技术发展历程

水利专用通信系统的建设起源于河南"75·8"大洪水。当时邮电公网基础设施简陋、通信手段单一和覆盖范围局限，并且水利工程管理单位远离城市，缺乏专用通信设施的有效补充，水情、工情信息采集传输手段和调度指挥决策的通信手段落后等，这一系列原因造成了洪水泛滥、人身伤亡、财产损失的严重后果。

为了汲取河南"75·8"大洪水的惨重教训，水利部于1975年12月和1977年1月分别在河南郑州和湖北荆州召开了"全国防汛和水库安全会议"和"防汛通信工作会议"，迅速作出了"加强防汛通信建设"的重要决定，提出了"在充分利用邮电公网通信设施的基础上，加强防汛专用通信系统的建设"的指导方针。

根据会议精神，自1976年始，在电子工业部门和各级政府的大力支持下，在各级水利部门积极努力下，全国范围内掀起了防汛专用通信系统建设的热潮。在短短的几年中，各流域机构和大部分省、市先后组建了不同规模以短波通信为主体的无线应急通信网络，并逐步形成覆盖水利部（国家防总）至流域机构和省、市、县多层次的水利专用通信体系，有效地改善了防汛通信条件，在一定程度上提高了防汛应急通信的能力，为此后的防汛专用通信系统和水利信息化的建设与发展奠定了良好的基础。

水利专用通信系统建设和发展主要经历了初期网络建设、中期更新改造、后期完善发展等三个阶段。

江苏水利通信建设始于20世纪70年代中期，主要以短波、超短波和模拟微波通信为基础，完成了部分重点防洪河段、湖库和重要行滞洪区应急通信网络的建设，其基本业务仅限于莫尔斯电文收发、水情信息拍报和一般勤务联络。

通过与电力部门的合作，水利部建立了国家防总至重点流域机构间的模拟微波通信传输电路，实现了上述部门之间语音调度通信、程控交换网络互联和模拟低速数据传输。

20世纪90年代初期至中期，江苏省水利厅重点对已建网络进行全面技术改造和设备更新，并进一步扩大水利专网覆盖范围，通过应用超短波、数字微波、同步卫星、数字程控和集群移动通信等技术，逐步实现超短波数字拨号、跨区移动漫游和窄带高速数字通信，扩展了语音、数据和图像等业务功能，为程控交换、计算机等网络和集群移动通信基站汇接互联提供了专用传输链路，形成了水利专网基本规模。

20世纪90年代末至21世纪初期,江苏水利在系统更新改造阶段的基础上,进一步应用光纤、无线扩频和计算机网络等技术,加强本地接入环网的建设,完善各级防汛通信网络基础设施,拓展视讯多媒体通信和监测监视监控等新业务,实现了宽带高速综合数字业务通信,具备了多网间的互联互通,增强了防汛应急通信能力,建构了防汛远程联网调度指挥和异地会商决策等业务通信平台。

水利专用通信系统(包括水文水资源、工程管理信息化系统)的建设为强化供水工程效益、优化配水调度方案、平衡供水需求矛盾、加强水资源管理创造了基础条件,提供了现代化通信手段,满足了水工情信息采集、防汛调度指挥、工程运行管理等业务的需要,适应了水利信息化建设和发展,并在历年的防汛抗旱、抢险救灾工作中发挥了一定作用,取得了显著的社会效益和经济效益。

5.1.2 水文(防汛)测报信息传输技术的发展

20世纪七八十年代,水利、水文部门普遍采用手摇电话、电报、邮递和程控电话等方式传送水利信息。重要水情信息一般以5位电报码方式通过电信部门拍报。当时,省防汛抗旱指挥部办公室收齐全省主要水情信息,就需要整整一个上午的时间。

1981—1983年,江苏省水利厅建成长江、滁河、秦淮河南京区段防汛水情无线测报通信网,进行小范围的防汛水情自动测报试验研究。

1984年江苏省水利厅开通X2454防汛水情无线测报通信系统,采用高山无人值守远程遥控中继方式,构成南京经冶山中继后至江都、总渠、淮沭新河、三河闸等厅属水利工程管理处,扬州、淮阴市水利局,兴化、宝应、晓桥等水文站的多功能通信网,开办了话传业务,并进行数传、传真、电传和静态图像等业务的研究试验工作。

1991年,江苏发生了大范围洪涝灾害。当时水利系统仍普遍采用农村手摇电话进行人工语音报汛,通话质量非常差,尤其是在大水期间,受风雨雷电影响,通话声音很不清楚,杂音大,对防汛信息的准确上报造成了很大影响。

自1994年汛期开始,江苏省水利厅逐步改革水情信息传输办法,向水利部、淮委、沂沭泗局提供水情信息不再人工拍发电报,开始利用邮电部门公众数据网络转发我省报汛站的水情信息。

1995年江苏全省水利系统采用邮电部门公众数据网传输水情的方式进行报汛。1995年3月27日,根据全国防汛自动化要求,江苏省水利厅决定从1995年汛期起,由省水文总站负责利用计算机网络传输水情。这样,江苏在全国率先采用邮电部门公众分组交换网X.25技术,实现了在地市水文分中心与省中心之间的水文数据自动传输。

水利部主持的国家防汛指挥系统工程于1992年开始分析和认证,1995年提出了《国家防汛指挥系统工程项目建议书》,1998年9月编报了《国家防汛指挥系统工程可行性研究报告》。1998年之后,国家逐渐加大对防汛信息化的投入,2000年到2003年在全国建设了23个水情信息采集示范区,其中江苏有徐州、连云港2个水情分中心的信息采集系统示范区;2005年6月开工建设国家防汛指挥系统一期工程,主要包括信息采集系统、通信系统、计算机网络系统、决策支持系统、天气雷达应用系统等。

2000年初,江苏省水利厅参照国家防汛指挥系统建设标准要求,针对全省水利防汛及各项业务应用的实际需求,以SDH通信线路为依托,按照省、市、县三级网络架构,建设了江苏水利信息网络,实现了省、市、县水利部门计算机网络的互联互通,实现了全省水利部门之间的信息资源共享、内部语音联网、视频业务交互,为全省水利信息化构建了高质量的传输平台,在防汛抗旱、水资源管理、行政办公等方面发挥了很好的作用。

随着国家防汛指挥系统工程建设的推进,水利测报技术发生了重大变化,开始从无线语音报汛方式逐步转为自动信息采集、实时报汛方式。报汛项目中的雨量和水位基本实现自动采集,其他报汛项目仍处在试验阶段,尚未大规模进行自动测报。

5.1.3 苏北供水信息传输现状

"十五"时期是我国水利信息化从全面启动到初步形成规模的五年。为适应水利现代化的新要求,推进全国水利信息化建设科学有序地进行,2001年11月,水利部印发《全国水利信息化规划纲要》,2003年4月,编制完成了《全国水利信息化规划("金水工程"规划)》,2006年,编制完成了《全国水利信息化发展"十一五"规划》。2000年以来,江苏省水利信息化经历10多年的发展,重点在防汛防旱、水情自动测报、水利信息网络、水利工程监控、水利数据库、电子政务、水资源管理等方面进行了建设。

2001年,江苏省水文水资源勘测局在苏北供水区域水文、水资源现状监测能力的基础上,通过优化调整水文站网、补充水文(水位)站供水监测功能,按照相关规划设置供水监测专用站点。

2001年9月,江苏省水利厅着手建立江苏省苏北地区供水信息系统;至2006年10月,系统基本建成,2009年1月至2010年7月对系统进行了修正设计,2011年6月工程完成,同年9月通过竣工验收。

苏北地区供水信息系统实现了江水北调供水干河沿线进出水量信息的采集、传输、处理和监控,为进行江、淮、沂水之间和行政区划之间的蓄、提、引、灌、排等水量分配的实时调度,实现区域水资源的优化配置和高效利用,进一步提升该区域水资源管理水平和供用水效率,提供了强有力的技术支撑。

5.1.3.1 苏北供水信息系统的基础

苏北供水信息系统建设之前,已建的系统主要有:江苏省京杭运河水情监测调度系统(以下简称苏北运河系统)和江苏省国家防汛指挥系统徐州、连云港等2个水情分中心示范区报汛通信系统(以下简称徐连示范区系统)。

苏北运河系统于1998年3月开工,2001年1月建成投入使用。江苏省水利厅利用世界银行农业贷款灌溉项目资金,建设了苏北运河遥测系统,实现了对沿运河闸门、泵站和相关水文站点的降水、水位、闸位等水文要素的自动监测,为沿运河农业灌溉用水调度控制和防汛抗旱提供了基础信息支撑。该系统建有8个中继站、7处水情分中心和62个遥测站。测站每分钟采集一次水位、闸位、雨量等项目,并通过230M无线超短波专网上传到分中心,再通过水利广域网将遥测数据上传到省中心。测站终端单元(RTU)为澳大利亚Action Control公司的产品,可以通过T型逻辑编程,对测站各传感器数据进行控制与采集,所采集的水文数据可现地存储,同时通过无线方式传送至水情分中心。

苏北运河系统为充分利用频率资源,进行了优化组网,共建立了江都水利枢纽、泰州引江河、三河闸、苏北灌溉总渠、骆运等厅属水利工程管理处,以及南运西闸、泗阳、沭阳等闸管所的8个中继站,铁塔平均高度75 m以上,基本覆盖扬州、淮安、宿迁三个市区的所有水文站点。中继站主要设备为 RTU、电台,为存储再生式中继方式。在江苏省水文局扬州、淮安 2 个水文分局以及江都、三河闸、总渠、淮沭新河、骆运 5 个厅属水利工程管理处计 7 个水情分中心分别配备了服务器、工作站等设备,配备了 Sybase 数据库软件。遥测数据库结构为自定义表结构。开发了基于 Citect 组态软件的数据采集与监视控制系统(Supervisory Control And Data Acquisition,SCADA)、遥测数据处理入库软件、数据传输软件。

国家防汛抗旱指挥系统一期工程是水利部"金水"工程的龙头项目,徐连示范区系统就是在这样的背景下开始建设的,其目的就是试点先行,在水文采集、传输和防汛应用技术方面积累经验,为全国推广应用做好铺垫。徐连示范区系统于 2000 年 6 月开工,2001 年 9 月完工,建有 32 处遥测站,2 处水情分中心,3 处中继站(大洞山、邳州、锦屏峰)。系统采集项目有水位、闸位、雨量。测站结构、RTU 设备与苏北运河系统基本相同。根据国家防汛指挥系统要求,在徐州、连云港等 2 个水情分中心配备了 2 台服务器、3 台工作站、UPS 等相关设备,配备了 Sybase 数据库软件。遥测数据库采用江苏国家防汛指挥系统《水情数据库描述》标准构建。根据工程要求,开发了基于 InTouch 组态软件的 SCADA 系统、遥测数据处理软件、入库软件、数据传输软件、WEB 查询应用软件。

5.1.3.2 苏北供水信息系统建设情况

苏北供水信息系统是在苏北运河系统和徐连示范区系统及现有水文站网等已有相关资源的基础上,构建的一个将苏北水资源、防汛、工情、水文信息集于一体的信息采集、传输和应用平台,以实现江水北调供水干河沿线进出水量信息的采集、传输、处理和监控。

系统共建设市际(界)断面 5 处、干线分水闸 20 处、水电站 4 处、取水口门 31 处、船闸 3 处、干线水位 22 处,集成苏北运河系统、徐连示范区系统站点 64 处,采集处理分中心 8 处。

系统内测站传感器主要为雨量计、水位计、闸位计、功率计、流量计等,测站终端设备 (Remote Terminal Unit,RTU)为澳大利亚的工业控制设备 Action Controls Series II,主信道采用 GPRS,备用信道为 230M 无线超短波,徐州和连云港 2 个水情分中心 SCADA 软件为 InTouch,其余 6 个分中心 SCADA 软件为 Citect,各分中心均采用 Sybase 数据库。

5.1.3.3 通信网络状况

20 世纪 90 年代,测站与分中心的通信技术主要采用电话、卫星、无线超短波等通信信道。当时电话线路信号传输质量差、卫星地面接收设备昂贵且有雨衰现象,江苏又为平原水网区,综合上述因素,苏北运河系统、徐连示范区系统均采用 230M 无线超短波(RADIO)作为主信道,电话(PSTN)作为备份信道。

超短波(Ultra-short Wave)亦称甚高频(VHF)波、米波(波长范围为 1~10 m),频率范围在 30 MHz 至 300 MHz 的无线电波,其主要特点有:

(1)超短波通信利用视距传播方式,比短波传播方式稳定性高,受季节和昼夜变化的影响小;

(2)天线可用尺寸较小、结构简单、增益较高的定向天线,可用功率较小的发射机;

(3)频率较高,频带较宽,能用于多路通信;

(4)调制方式通常用调频制,可以得到较高的信噪比,通信质量比短波好。

但由于城市建设用地、管理单位搬迁等原因,不少通信铁塔已被拆除,再加上非法无线电用户干扰等因素,部分地区 230MHz 无线通信网络无法运行。超短波通信天线位置较高,还带来了不少雷击问题,致使相关通信设备、采集设备损害严重。另外通信铁塔、天馈线的维护成本也相对较高。

随着通信技术发展,1998年中国移动、中国联通开始大范围拓展短信业务。2002年中国移动、中国联通分别推出GPRS、CDMA商用网络服务。一方面,公网覆盖面广、性能稳定可靠、费用不断下降;另一方面,无线专网维护成本不断加大、无线干扰不断发生。因此,苏北供水信息系统综合采用了以GPRS(CDMA)为主信道、以RADIO为备用信道的技术方案。

苏北供水信息系统采集站点有149个,分布在苏北运河400多km沿线两侧约3300多km^{2}的范围内,涉及徐州、淮安(含宿迁)、扬州3个水文分局,江都、三河闸、总渠、淮沭河、骆运5个水利工程管理处,徐州、宿迁、淮安、扬州4个市水利局。上述3个水文局、5个管理处计8个分中心均为采集处理分中心,4个市水利局为查询分中心。采集处理分中心通过主信道GPRS、备用信道RADIO与测站通信。分中心之间通过水利广域网通信。

由于通信技术的快速发展,我省21世纪初开始租用电信部门21条2M光纤电路,建设江苏水利信息骨干网,实现了我省各水情分中心之间、分中心与省中心之间可以通过宽带网络互联互通,从而保证水情信息的快速交换。

5.1.3.4 采集处理分中心状况

苏北供水信息系统8个采集处理分中心均配置了数据库服务器、应用服务器和工作站。随着国家防汛指挥系统的全面实施,对水情数据库表结构、水情编码标准均进行了升级。分中心工作站通过Citect工业控制软件对Master RTU进行数据通信,可以发送指令获取测站信息,同时将获取的测站信息形成本地文件,并处理入遥测数据库。分中心数据传输软件可对遥测库的数据进行传输并交换到目标单位。

5.1.4 供水信息传输目标与要求

5.1.4.1 传输目标

供水信息传输目标是将苏北水资源信息采集系统中各类测站传感器信号、数据(水位、闸位、闸门启闭、流速、开机功率等)以及各设备状态等信息完整、准确、及时、可靠地传送至各水情分中心和省中心;同时将省中心和分中心指令及时下达到各测站的RTU,实现省中心对测站数据召测,以提供水资源控制、配置等所需求的各项基础数据。

5.1.4.2 传输路径

供水信息传输主要包括三个步骤:测站至RTU、RTU至分中心、分中心至省中心。

(1) 传感器信息通过RS485、RS422、RS232等接口协议与测站RTU通信。

(2) 测站RTU通过公网(GPRS、CDMA等)或无线超短波专网(RADIO)将数据传送至分中心Master RTU。分中心工作站将Master RTU数据接收,并处理入库。

(3) 分中心之间、分中心与省中心之间通过水利广域网进行数据交换。

5.1.4.3 传输技术要求

由于苏北供水信息系统主要采集测站水位、闸位、雨量、流速等数据以及下达相关召测指令等,而不传输图像、声音等信息,故对系统带宽要求不高。

为了确保信息传输质量,对系统的整体传输要求如下。

(1) 工作方式:自报和召测混合方式。测站每5 min自报数据,同时随时响应省中心的召测和指令。

(2) 采样间隔:水位、流速每5 min采集一次信息。雨量采用开关量进行实时计数。

(3) 双向通信：一方面测站 RTU 信息能上传至分中心，另一方面省中心、分中心指令能下行至各测站 RTU。

(4) 传输速率：超短波遥测数据传输速率不低于 1 200bps；GPRS、CDMA 传输速率宜为 9 600~57 600bps；单站数据采集时间应小于 7 s。省中心和分中心测报系统完成一次所属（或所辖）全部遥测站的水情数据收集时间不超过 20 min。

(5) 误码率：超短波无线信道$\leqslant 1\times 10^{-4}$，GPRS$\leqslant 1\times 10^{-5}$，CDMA$\leqslant 1\times 10^{-6}$。

(6) 畅通率：对于每个监控遥测站，与中心站的数据传输平均畅通率应达 97% 以上；对于中心站发出的设置控制处理作业月完成率应达到 97% 以上；系统通过网络向上传输数据的畅通率应达到 99.9% 以上。

(7) 通信接口：测站终端信号有输入和输出，输入信号用于采集和监测，输出信号用于监控。模拟量应采用 4~20 mA，0~5 V；开关量和脉冲量应采用无源开关或有源脉冲。

(8) 通信规约：串行口通信协议应采用 RS485、RS422、RS232、MODBUS、SDI-12 等协议；网络应采用 TCP/IP 协议。

5.2 多信息源的测站感知技术

传统水文对水文各要素的观测主要采用自记仪器或人工测量方式，降水、水位等过程数据通过自记仪器详细自动地记录在纸上，而蒸发、流量、泥沙等实况数据大多数通过人工测量，测量频次很少。上述测量的数据通过 5 位码电报方式，发送到市水情分中心、省中心。对于调度指挥决策者来说，这些数据无论是空间上的站点数量，还是时间上的测量频次都是远远不够的。传统报汛数据的种类、完整性、时效性、准确性等都不能很好地满足防汛抗旱需要，更不能满足严格的水资源管理要求。

随着传感器技术、自动化技术、通信技术、计算机技术的发展，水文测量、通信方面的新仪器新设备不断涌现。当前水文测站感知技术，则是通过测站智能终端设备连接和控制各类水文传感器，获取各传感器的测量数据，使测验方式由人工向自动化发生重大变革。测站终端设备可以每 5 min 采集一次测站雨量、水位、流速等数据。水文报汛数据的频次和质量大大提高，同时，也使"无人值守水文站"的管理目标在技术上得以实现。

5.2.1 主要传感器的选择

苏北水资源信息系统主要目标就是要获取各关键控制断面和重要节点的水位、水量信息，以达到对苏北水资源的优化配置。围绕上述目的，必须因地制宜，根据各断面、节点的重要性和应用目的，采用不同传感器，实现对苏北供水沿线、取水口门的水位、流量的实时监测与控制。

1) 水位计

(1) 干线水位监测的目的是获取沿线各段水位实时变化情况，即各口门用水情况，技术上要求实现对输水干线京杭运河苏北段水面线的实时在线仿真。由于干线水位精度要求很高，因此选用气泡式水位计。

(2) 船闸水位监测的目的是获取船只过闸时放入下级河道的水量。由于船闸周边安装环境条件限制，又考虑到船闸运行水位变化简单易计，因此采用体积较小、便于安装和监测的压力式水位计。

（3）报汛水位监测的目的是既服务于防汛抗旱，又满足供水调度的需要。由于测站都有水文测井，水位代表性好，因此一般采用浮子式水位计。

（4）取水口门水位监测的目的是获取取水口门取水次数、过程和水量信息，主要通过取水涵洞上下游水位和闸位开高，通过率定的堰闸水位流量关系来推算流量。由于取水涵洞上下游无水文自记测井，且涵闸上下游水位落差较大，故一般选取精度较高的超声波水位计。

2）雨量计

雨量监测的主要目的是既服务于防汛防旱和水文预报，又满足供水计划编制、执行的需要。通常用于遥测的雨量传感器有翻斗式雨量计、容栅式雨量计、称重式雨量计、超声波雨量计等。容栅式雨量计精度较高，但价格高、用电要求高，故障维护较为困难。翻斗式雨量传感器比较成熟可靠、维护简单，符合相关规范要求，是进行雨量观测的主要传感器。本系统选用0.2 mm精度的翻斗式雨量计。

3）流量计

流速监测的目的是实时在线监测重要供水断面的流量。苏北供水信息系统工程引进了德国SEBA公司的时差法流量计、美国SonTek水文仪器公司的Argonaut-SL流量计、美国RDI公司生产的H-ADCP测流设备。时差法流量计测量精度高，但不适用于通航河道。Argonaut-SL、H-ADCP流量计可在单侧河道安装，不碍航，但需要防止行船撞击。上述仪器，根据供水河道特点和仪器特性，综合选用。

4）功率计

监测泵站开机功率是用于监测、计算抽水站流量。可通过上下游水位、开机台数和开机功率来推算抽水站流量。功率计主要用来测量电压、电流、电功率、功率因数，通信端口支持RS-232、RS-485接口。

5.2.2 供水信息感知技术

为了满足苏北地区水资源严格管理、防汛防旱等需要，供水监测系统各测站应获取降水、水位、流量等信息。而这些信息必须借助各类传感器才能感知。

传感器是一种检测装置，能感受到被测量的信息，并能将检测感受到的信息，按一定规律变换成电信号或其他所需形式的信息输出，以满足信息的传输、处理、存储、显示、记录和控制等要求。假设测站智能终端是人的大脑，那么各类传感器就是人的手、皮肤、耳朵和眼睛等感官，而信号电缆就是传导神经。

苏北供水信息系统中，各类传感器输出的信号种类主要为开关量（翻斗雨量计、机械编码水位计——格雷码）、电流量（超声波水位计、压力水位计）和数据（如气泡水位计、SL流速仪等设备已经将感知信号处理为水位、流速等数据）等，见表5-1。

表5-1 传感器信号类型及相关代表设备

序号	传感器信号种类	主要传感器
1	开关量（脉冲量）	翻斗雨量计、机械编码水位计——格雷码
2	电流量	超声波、压力水位计
3	数据	气泡水位计、SL流速仪、时差法流速仪、H-ADCP流速仪

注：机械编码水位计在本项目实施过程中，通过专用模块，将格雷码转换成485信号。

5.2.2.1 雨量感知技术

本系统主要采用翻斗式雨量计,其原理是计量每 5 min(或 1 min 等,采样间隔时间可设置)雨量翻斗的翻动次数,以获得每 5 min 降水量,由此计算出小时降水量和日降水量。具体方式是:当有降雨时,三角斗式翻斗发生翻动,翻斗侧壁上磁钢吸合干式舌簧管发生通断信号,每一个脉冲信号代表 0.2 mm(或 0.5 mm)降水。雨量计输出脉冲信号(开关量),并通过信号线传送到 RTU 接口端,RTU 通过对翻斗开关信号进行计数,算得时段内的累计降雨量。雨量计开关接点容量:直流电压 $V \leqslant 12$ V,电流 $I \leqslant 120$ mA。

5.2.2.2 水位感知技术

本系统中采用的水位传感器主要有浮子式水位计、压力式水位计、超声波水位计、气泡式水位计等。

1) 浮子式水位计

仪器以浮子感测水位变化,当水位上升时,浮子产生向上浮力,使平衡锤拉动悬索带动水位轮作顺时针方向旋转,水位编码器的显示读数增加;反之,水位编码器的显示器读数减小。仪器的水位轮与编码器为同轴连接,水位轮每转一圈,编码器也转一圈,输出对应的 32 组数字编码(二进制循环码,又称格雷码)。

2) 压力式水位计

常用的固态压阻式压力传感器的原理是在硅基片上扩散成电阻条,形成一组电阻,组成惠斯登电桥。当硅应变体受到静水压力作用后,其中两个对应的应变电阻变大,而另两个对应的应变电阻变小,使惠斯登电桥失去平衡,输出一个对应于静水压力大小的电压信号,经放大、调整和电压/电流转换,最后输出一个对应于静水压力大小的 4~20 mA 的电流信号。电流信号与 RTU 模拟输入端口连接。水深与电流信号成一个线性公式,RTU 读取电流值,并通过公式计算出水位。

3) 超声波水位计

超声波水位计通过超声换能器,将电脉冲信号转换成声脉冲波,定向朝水面发射;此声波束到达水面后被反射回来,其中部分超声能量被换能器接收又将其转换成微弱的电信号。根据仪器测量声波往返于传感器与水面的时间和声波速度,可计算传感器到水面的垂直距离 H,从而可进一步算出河道水位。一般供电电源:24 V 直流电或 220 V 交流电。输出:4~20 mA。

4) 气泡式水位计

气泡式水位计主要部件由空气过滤头、气泵、单向阀、储气罐、压力传感器、连接气管、微处理器主板等组成。当定时时间(如每隔每 5 min 采集一次数据)到达时,微处理器启动测量,气泵将空气经单向阀压入储气罐中,储气罐中的气体分两路分别向压力控制单元中的压力传感器和通入水下的通气管中输送,当气泵停止吹气时,单向阀闭合,水下通气管口被气体封住。根据压力传递原理可知,在通气管道内的气体达到动态平衡时,水下通气管口的压力和压力控制单元的压力传感器所承受的压力相等,用此压力值减去大气压力值,即可得到水头的净压值,从而可以算出水位值。数据格式支持 BCD 码、格雷码、二进制码等。接口支持 RS-485、RS-232、标准并口、SDI-12 等。工作电压范围为 10~16 V。

5.2.2.3 流量感知技术

1) 超声波时差法流量计

超声波时差法流量计是利用一对超声波换能器相向交替(或同时)收发超声波,通过测出超声波脉冲在水(介质)中的顺流和逆流传播时间差来间接测量流体的流速,再通过流速与总过流断面流量关系来计算流量的一种间接测量方法。设备接口支持 RS232 和十进制代码。模拟量输入输出:0/4~20 mA,0~5/10 V。

2) 声学多普勒流速仪

声学多普勒流速剖面仪是根据声波频率在声源移向观察者时变高,而在声源远离观察者时变低的多普勒频移原理测量水体流速的。工作电压范围为 9~16 V 直流电,输出支持 RS422、RS-232 协议。

实际使用过程中,超声波时差法测流设备、H-ADCP 测流设备和 SL 流速仪等都采用 RS-232 输出 ASCII 码数据。RTU 通过解析上述仪器数据格式后,获得时间、流速信息,并通过 RTU 上传至分中心。

5.2.3 终端设备及其对信息的获取

5.2.3.1 测站结构

测站遥测系统主要由以下部分组成:测站远程终端单元(Remote Terminal Unit,RTU)、电台及天馈线(或 GPRS 等通信设备)、各类传感器(雨量、水位、闸位、流速等传感器)、信号线等部分组成一个有机的整体,见图 5-1。

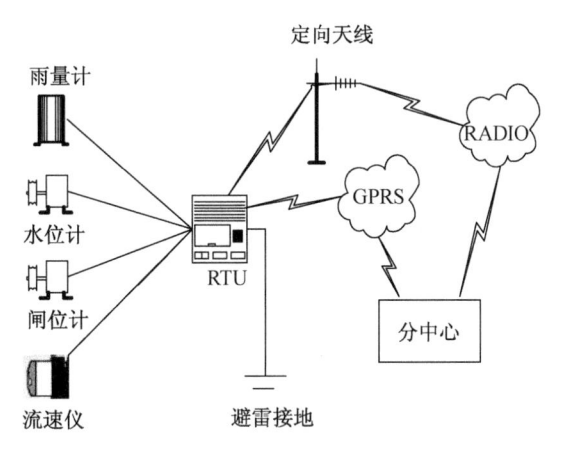

图 5-1 测站结构图

5.2.3.2 测站终端设备 RTU 的结构

通常 RTU 由电源模块、处理模块、通信模块、输入输出模块及底板等主要部件构成。本系统采用澳大利亚 Kingfisher 公司的 ActionControl RTU,主要模块有 PC-1(处理模块)、MC-x(通信模块)、IO-x(输入输出模块)等。RTU 采用 T 型时序逻辑编程,编程工具软件为 Toolbox,见图 5-2。

5.2.3.3 RTU 的关键功能

(1) 人工置数功能,在传感设备发生故障时可以人工置入水情数据进行报汛。

(2) 对于测站非智能设备如雨量计(开关量)、超声波水位计(电流量)等,RTU 可以实时算出雨量值(日雨量为昨日 8 点至今日 8 点之间的实时累计值)、水位值,并存储。

(3) 测站每个要素采集量都附加时间标签存储。

(4) 具有存储转发功能(测站兼中继功能)。

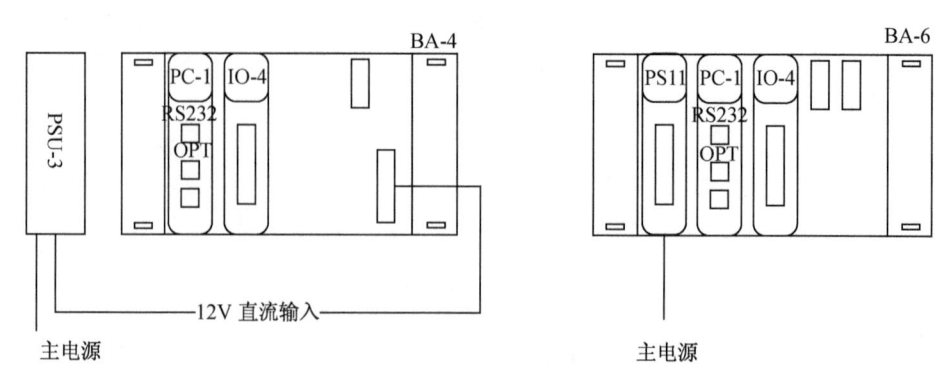

图 5-2 典型 RTU 底板图

（5）具有校时功能。

（6）对水位、潮位等应能进行消浪处理（消浪时间、采样次数等参数可设置）。

（7）能响应分中心约定的召测指令。

（8）报汛站对分中心下达的指令均给予确认，报汛站参数配置发生变动后，应立即发送分中心，以保证报汛站运行参数与分中心控制参数一致。

（9）在整点时刻采集传感器状态及电源状态（RTU 不存储状态信息），并将状态以规定格式报文发送至分中心。

（10）具有无线超短波信道和 GPRS 信道互为切换的功能。

5.2.3.4　RTU 与传感器的连接

1) RS-232/422/485 信号线规范

RS-232、RS-422 与 RS-485 最初都是由电子工业协会（EIA）制订并发布的。RS-232 在 1962 年发布，命名为 EIA-232-E，作为工业标准，以保证不同厂家产品之间的兼容。RS-422 是由 RS-232 发展而来，是为了弥补 RS-232 之不足而提出的。为改进 RS-232 通信距离短、速率低的缺点，RS-422 定义了一种平衡通信接口，将传输速率提高到 10 Mbps，传输距离延长到 4 000 英尺（约 1 219 m，速率低于 100 kbps 时），并允许在一条平衡总线上连接最多 10 个接收器。RS-422 是一种单机发送、多机接收的单向、平衡传输规范，被命名为 TIA/EIA-422-A 标准。为扩展应用范围，EIA 又于 1983 年在 RS-422 基础上制定了 RS-485 标准，增加了多点、双向通信能力，即允许多个发送器连接到同一条总线上，同时增加了发送器的驱动能力和冲突保护特性，扩展了总线共模范围，后命名为 TIA/EIA-485-A 标准。由于 EIA 提出的建议标准都是以"RS"作为前缀，所以在通信工业领域，仍然习惯将上述标准以 RS 作前缀称谓。

RS-232、RS-422 与 RS-485 标准只对接口的电气特性做出规定，而不涉及接插件、电缆或协议，在此基础上用户可以建立自己的高层通信协议。但由于 PC 上的串行数据通信是通过 UART 芯片（较老版本的 PC 采用 I8250 芯片或 Z8530 芯片）来处理的，其通信协议也规定了串行数据单元的格式（8-N-1 格式）：1 位逻辑 0 的起始位，6/7/8 位数据位，1 位可选择的奇（ODD）/偶（EVEN）校验位，1/2 位逻辑 1 的停止位。基于 PC 的 RS-232、RS-422 与 RS-485 标准均采用同样的通信协议，其通信特性见表 5-2。

表 5-2　RS-232、RS-422、RS-485 通信特性

标准		RS-232	RS-422	RS-485
工作方式		单端	差分	差分
节点数		1 收 1 发	1 发 10 收	1 发 32 收
最大传输电缆长度		约 15 m	1 219 m	1 219 m
最大传输速率		20 Kbps	10 Mbps	10 Mbps
最大驱动输出电压		$-25\sim+25$ V	$-0.25\sim+6$ V	$-7\sim+12$ V
发送器输出信号电平(负载最小值)	负载	$\pm(5\sim15)$ V	±2.0 V	±1.5 V
发送器输出信号电平(空载最大值)	空载	±25 V	±6 V	±6 V
发送器负载阻抗		$3\,000\sim7\,000$ Ω	100 Ω	54 Ω
摆率(最大值)		30 V/μs	N/A	N/A
接收器输入电压范围		$-15\sim+15$ V	$-10\sim+10$ V	$-7\sim+12$ V
接收器输入门限		±3 V	±200 mV	±200 mV
接收器输入电阻		$3\,000\sim7\,000$ Ω	4 000 Ω(最小)	$\geq 12\,000$ Ω
发送器共模电压		——	$-3\sim+3$ V	$-1\sim+3$ V
接收器共模电压		——	$-7\sim+7$ V	$-7\sim+12$ V

2) RS-485 标准

电子工业协会(EIA)于 1983 年制订并发布 RS-485 标准，并经信讯工业协会(TIA)修订后命名为 TIA/EIA-485-A，习惯地称之为 RS-485 标准。

RS-485 标准是为弥补 RS-232 通信距离短、速率低等缺点而产生的。RS-485 标准只规定了平衡发送器和接收器的电气特性，而没有规定接插件、传输电缆和应用层通信协议。

RS-485 标准与 RS-232 不一样，数据信号采用差分传输方式(Differential Driver Mode)，也称作平衡传输，它使用一对双绞线，将其中一线定义为 A，另一线定义为 B，如图 5-3 所示。

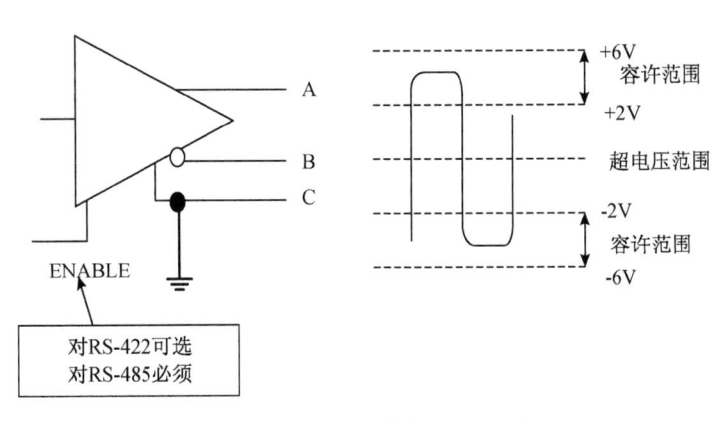

图 5-3　RS-485 发送器的示意图

通常情况下,发送器 A、B 之间的正电平在+2～+6 V,是一个逻辑状态;负电平在-2～-6 V,是另一个逻辑状态。另外还有一个信号地 C。

在 RS-485 器件中,一般还有一个"使能"控制信号。"使能"信号用于控制发送器与传输线的切断与连接,当"使能"端起作用时,发送器处于高阻状态,称作"第三态",它是有别于逻辑"1"与"0"的第三种状态。

对于接收器,也作出与发送器相对的规定,收、发端通过平衡双绞线将 A-A 与 B-B 对应相连。当在接收端 A-B 之间有大于+200 mV 的电平时,输出为正逻辑电平;小于-200 mV 时,输出为负逻辑电平。在接收器的接收平衡线上,电平范围通常为 200 mV～6 V,见图 5-4。

定义逻辑 1(正逻辑电平)为 B>A 的状态,逻辑 0(负逻辑电平)为 A>B 的状态,A、B 之间的压差不小于 200 mV。

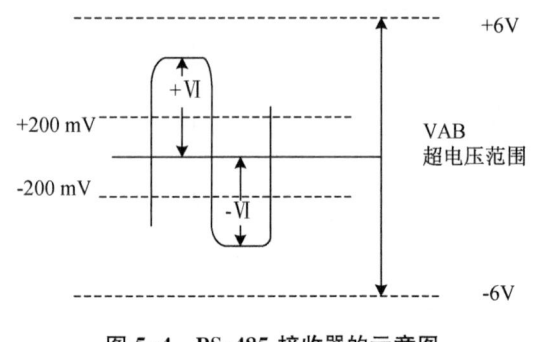

图 5-4　RS-485 接收器的示意图

TIA/EIA-485 串行通信标准的性能见表 5-3。

表 5-3　TIA/EIA-485 通信方式的性能

规格	TIA/EIA-485	规格	TIA/EIA-485
传输模式	平衡	最小差动输出	±1.5 V
电缆长度@90 kbps	4 000 ft(1 200 m)	接收器敏感度	±0.2 V
电缆长度@10 Mbps	50 ft(15 m)	发送器负载(Ω)	60 Ω
数据传输速度	10 Mbps	最大发送器数量	32 单位负载
最大差动输出	±6 V	最大接收器数量	32 单位负载

RS-485 标准的最大传输距离约为 1 219 m,最大传输速率为 10 Mbps。

通常,RS-485 网络采用平衡双绞线作为传输媒体。平衡双绞线的长度与传输速率成反比,只有在 20 kbps 速率以下,才可能使用规定最长的电缆长度。只有在很短的距离下才能获得最高速率传输。一般来说,15 m 长双绞线最大传输速率仅为 1 Mbps。

但是,并不是所有的 RS-485 收发器都能够支持高达 10 Mbps 的通信速率。如果采用光电隔离方式,则通信速率一般还会受到光电隔离器件响应速度的限制。

RS-485 网络采用直线拓扑结构,需要安装 2 个终端匹配电阻,其阻值要求等于传输电缆的特性阻抗(一般取值为 120 Ω)。在短距离或低波特率波数据传输时可不需终端匹配电阻,即一般在 300 m 以下,19 200bps 不需终端匹配电阻。终端匹配电阻安装在 RS-485 传输网络的两个端点,并联连接在 A-B 引脚之间。

RS-485 标准通常被作为一种相对经济,具有相当高噪声抑制、相对高的传输速率,传输距离远、宽共模范围的通信平台。同时,RS-485 电路具有控制方便、成本低廉等优点。

在过去的 20 年时间里,建议性标准 RS-485 作为一种多点差分数据传输的电气规范,被应用在许多不同的领域,作为数据传输链路。目前,在我国应用的现场网络中,RS-485

半双工异步通信总线也是被各个研发机构广泛使用的数据通信总线。但是基于在RS-485总线上任一时刻只能存在一个主机的特点,它往往应用在集中控制枢纽与分散控制单元之间。

3) 信号线铺设

485信号电缆一般采用外套钢管以地埋方式铺设。在跨河、跨路时,可采用架空铺设。架空铺设时极易导致雷击,为避免雷击,架空屏蔽线一定要接地。另外,可采用将RS-485信号转光缆信号传输,至端口前,通过光电设备转换为RS-485信号;或者采用将RS-485信号转无线信号传输,至RTU接口之前,再将无线信号转换成RS-485信号。这样,可以降低被雷击的概率。

5.2.3.5 RTU接口

系统中各传感输出信号种类较多,有开关量、电流量,也有处理过的数据量。而RTU也有radio口、RS-485口、RS-232口等。对距离1 500 m以内的站点,一般通过RS-485接口协议连接,并根据信号类型接在RTU不同的输入端上。典型的IO-3模块端口接线见图5-5。

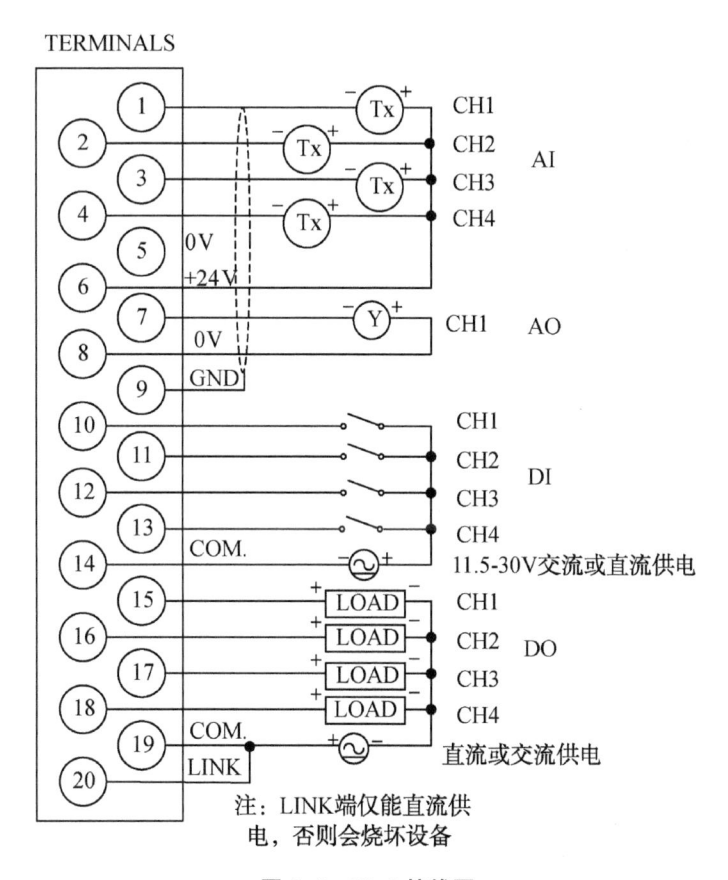

图5-5 IO-3接线图

这些模块既有输入模块又有输出模块,接口模块用它们的8个内部寄存器来存储模拟信号和数字信号,第1个用来存储数字信号,2-7号寄存器用来存储模拟通道信号量,寄存器及通道号分配见表5-4。

表 5-4　Action RTU 输入输出模块端子与相应寄存器对应表

模块号	内部寄存器	数据地址 (ss = slot 1 to 64)	数据范围	描述
IO-2	1	♯DIss. 1 to 8 ♯DOss. 9 to 16	N/A	8 个数字输入通道 8 个数字输出通道
	2 to 8	N/A	N/A	未用
IO-3	1	♯DIss. 1 to 4 ♯DOss. 9 to 12	N/A	4 个数字输入通道 4 个数字输出通道
	2	♯AIss. 2	0-32760	第 1 个模拟输入通道
	3	♯AIss. 3	0-32760	第 2 个模拟输入通道
	4	♯AIss. 4	0-32760	第 3 个模拟输入通道
	5	♯AIss. 5	0-32760	第 4 个模拟输入通道
	6	♯AIss. 6	0-32760	模拟输出通道 1
	7~8	N/A	N/A	
IO-4	1	♯DIss. 1 to 8 ♯DOss. 9 to 10	N/A	8 个数字输出通道 2 个数字输出通道
	2	♯AIss. 2	0-32760	第 1 个模拟输入通道
	3	♯AIss. 3	0-32760	第 2 个模拟输入通道
	4 to 8	N/A	N/A	未用

RTU 通过组态软件,对上述寄存器变量进行控制,获取相关传感器数据。

5.2.3.6　传感器数据的获取

苏北供水信息系统采用了多种传感器,包括雨量计、浮子水位计、气泡式水位计、压力式水位计、超声波水位计、电功率传感器、时差法测流设备、H-ADCP 测流设备、SL 流速仪等。这些传感器的输出信号各不相同,如雨量计采用脉冲信号输出,浮子水位计、气泡式水位计和电功率传感器都采用 RS-485 输出,压力式水位计和超声波水位计都采用模拟电流输出,时差法测流设备、H-ADCP 测流设备和 SL 流速仪都采用 RS-232 输出 ASCII 码数据。

与传感器相对应的 RTU 接口主要有:开关量接口、模拟量接口、RS-485 接口、RS-232 接口等。

1) 脉冲信号的传感器数据获取

雨量计使用脉冲信号输出,以 0.2 mm 分辨力的翻斗雨量计为例,降雨时,每下 0.2 mm 的雨,雨量计翻 1 次斗,翻斗时,会输出一次脉冲信号,RTU 在检测到该脉冲信号后,对雨量的计数加 0.2,作为累计降雨量,结合 RTU 时钟,即可计算出时段雨量与日雨量。

2) 通过 RS-485 读取数据

浮子水位计、气泡式水位计和电功率传感器都通过 RS-485 信号线传输数据,以浮子水位计为例,RTU 定时发出 RS-485 取数指令:(指令为二进制方式,这里以十六进制进行描述)

01	03	00 00	00 01	84
目标地址	功能码	起始地址	取数数量	检验码

水位计接收到 RTU 发出的取数指令后,执行相应指令并发送数据回 RTU:

01	03	027b	5e
源地址	功能码	数据	校验码

RTU 在收到水位计发回的数据后,将其中的十六进制数据"027b"作为水位值存储,换算成水位值为 6.35 m(换算方法:$2\times16^2+7\times16^1+11\times16^0=635$)。

3) 模拟电流量的传感器数据获取

压力式水位计和超声波水位计都采用模拟电流输出,以 7 m 量程的超声波水位计为例,用 0~20 mA 电流表示其 0~7 m 的测量范围,电流与水位测量范围是线性关系。在 RTU 里,用十进制数字 0~32760 线性表示采集到的 0~20 mA 的模拟电流,故 RTU 里的 0~32760 与水位计的 0~7 m 的测量范围也是线性的,可得:

$$h = k + e \times 32760/7 \tag{5.1}$$

其中,h 为水位;k 为超声波水位计高程;e 为 RTU 采集的模拟电流数值。

在 RTU 里采用这样的方式计算即可得到水位数值。

4) 通过 RS-232 输出 ASCII 码

时差法测流设备、H-ADCP 测流设备和 SL 流速仪都采用 RS-232 输出 ASCII 码方式,以 H-ADCP 为例,H-ADCP 定时从 RS-232 通信口送出数据(ASCII 码格式):

PRDIQ,+0,+0.00,+6.02,+179,+0.46,+389

　　　　　　水位　流量　流速　断面面积

RTU 在收到如上 ASCII 码数据后,将水位、流量、流速等数据拣出,一方面存储在 RTU 内,另一方面当 5 min 自报时间到达时,通过 GPRS 信道上传到分中心。

5.2.4　防雷和接地

因测站设备都是弱电设备,其设备接口非常容易因遭受雷电强电脉冲而损毁。整个信息采集系统的设备损毁,大部分是雷击导致的。所以,做好避雷措施对保护遥测设备是非常重要的。

(1) 对各测站建设避雷接地网,将遥测设备进行接地。避雷接地网接地电阻值应不大于 4 Ω,设备接地电阻不大于 10 Ω。避雷接地要求设一组闭合的接地网,接地极及接地网须可靠地焊接。避雷接地网与设备接地体之间的间距必须大于 5 m。

(2) 铁塔或桅杆必须安装防雷避雷针,铁塔上的天馈线和其他设施都必须在其 45°保护角范围内。避雷针的防雷接地除就近与房屋的避雷带或避雷网焊接外,还应采用专用接地引下线(用 4 mm×40 mm 全镀锌扁钢)与塔基接地网焊接。

(3) 室内所有设备的金属外壳须与设备接地体可靠连接。

(4) 当室外线架空长度超过 9 m 时,其悬挂的钢绞线须增加接地引下线。

(5) 天馈线系统须安装同轴避雷器,长距离架空的信号传输线应加线路避雷器。

(6) 交流电源输入端需安装电源避雷器。交流 220 V 电源输入、防雷器及防雷插座的接地电阻≤4 Ω,防雷器接地线铜芯截面积不小于 16 mm^2。

(7) 太阳能直流电源的输入,根据系统的相应电压选择相应防雷器。额定负载电流 20 A。防雷器接地电阻≤4 Ω,防雷器接地线铜芯截面积不小于 6 mm²。

(8) RS-485 采集传输信号输入、采集设备直流电源的输出,根据系统的相应电压选择相应防雷器。额定负载电流 1 A。防雷器接地电阻≤4 Ω,防雷器接地线铜芯截面积不小于 6 mm²。

(9) 高频天馈信号线的输入,防雷器接地电阻≤4 Ω,防雷器接地线铜芯截面积不小于 10 mm²。

各种防雷地网施工参考图,见图 5-6。

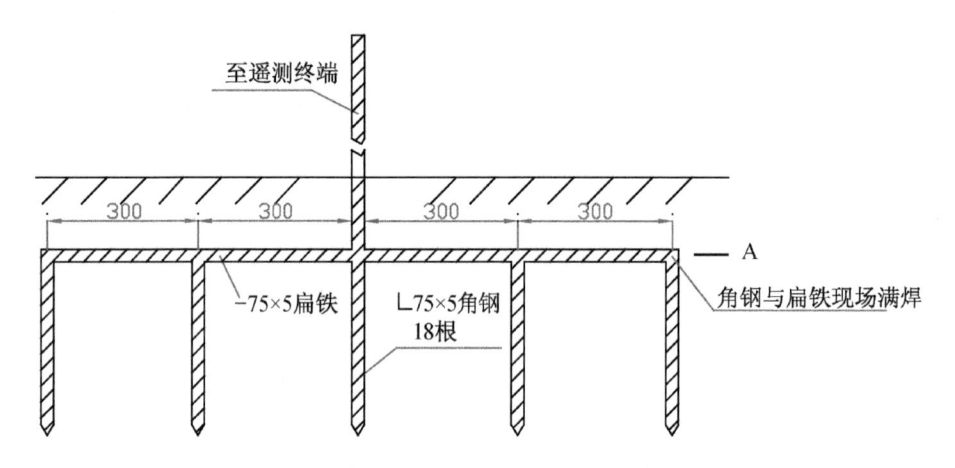

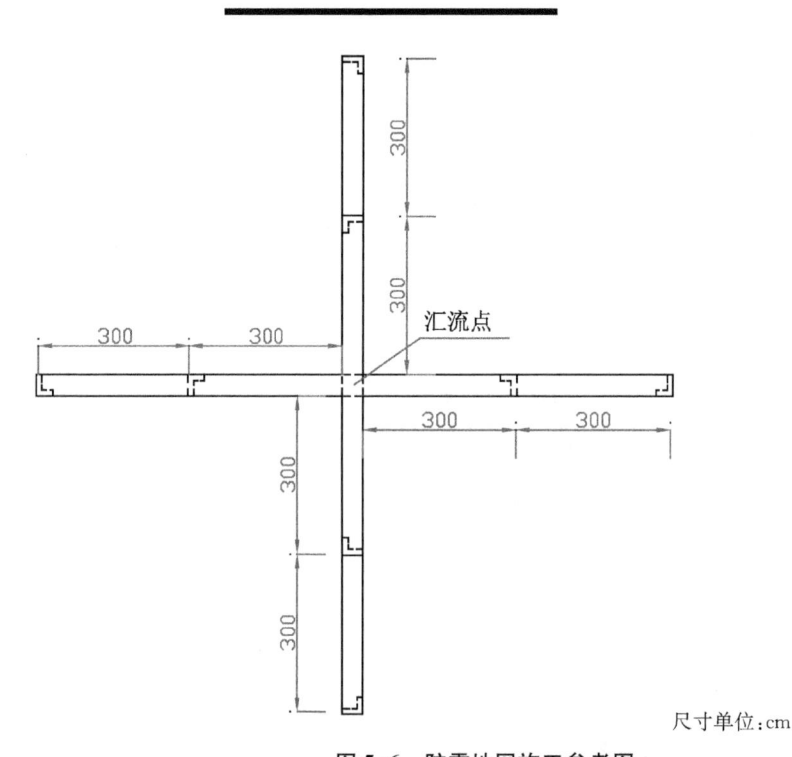

图 5-6 防雷地网施工参考图

5.2.5 系统的可靠性设计

5.2.5.1 测站工作方式
采用自报工作方式,设备无须 24 h 带电值守,避免设备长期处于开机工作状态,减少设备发生雷击、强电干扰和老化故障。

5.2.5.2 系统供电
测站采用太阳能供电,遥测设备是弱电设备,这样可以避免市电电压不稳以及雷击导入的脉冲电流影响。

5.2.5.3 防雷措施
(1) 接地网系统。在防雷措施上采取设备避雷接地网(≤4 Ω)、天馈线避雷接地网(≤10 Ω),各自单独接地,同时增加 485 信号线避雷。

(2) 线缆防雷器。需在天馈线、485 信号线上安装防雷器,防止传感器接口和 RTU 485 接口遭受雷击。RTU 正常情况下工作较为稳定,最薄弱的环节就是与传感器的接口模块遭受雷击。可采用光电隔离技术,避免接口模块遭受雷击。

(3) 测井浮子缆绳绝缘。防止水面雷反射到水位计上。

5.2.5.4 通信信道
因 230MHz 超短波通信受干扰时效果较差,且非常容易引起雷击,尤其是中继站故障或受干扰时,影响站点范围大,故本次采用公网(GPRS)为主信道,超短波为备用信道。以后逐步淘汰超短波相关设备。

5.2.5.5 接线和连接
(1) 各种焊接、压接、插接都必须按与其工作内容相符合的工艺操作,焊接点外观应光滑平整。所有插接接口的插接槽、插接头和压接接口必须镀金或镀银。

(2) 端与端连接导线须使用连续的整根导线,在不得不使用不连续的多根导线连接时,导线之间的连接应满足相应的工艺和规范要求。

(3) 所有室外敷设的导线必须具有一定强度的保护层和良好的防水性能,可采用电缆沟槽、金属套管、塑料套管等保护措施,架空明线须采用钢绞线悬吊。

(4) 传感器至 RTU 的信号电缆一般采用地下埋设,地埋深度≥80 cm。可按实际情况设置一个维修窨井,该井须具有防水、导渗和沉沙设施。

(5) 跨越公路的电缆可采用直径不小于 8 mm 的钢绞线空中架设或地下埋设方式,空中架设不低于 4.5 m,并在架设电缆下挂有标示其高度的标牌。

5.2.5.6 信号线
测站传感设备基本上都是通过 485 信号线连接的。485 信号线,相当于人的传导神经,是数据传输的重要介质。信号线最好采用地埋方式,避免引雷;同时,做好标识,防止人为破坏。另外,485 信号线距离尽量短,不要超过 1 600 m,以防止信号衰减。

江苏堰闸很多,且上下游水位相距较远。可以适当采用无线 485 通信,以减少信号衰减或雷击影响。

5.2.5.7 Master RTU
中继站及 Master RTU 是系统的核心。如果遭受停电、干扰,均会导致大片信息无法传输,所以,平常应做好电源保障、备品备件和日常管护工作。

5.3 多路由的信息传输技术

5.3.1 各种信道传输技术对比

通信方式分为有线和无线两种。

对全省众多分散偏僻的水文站点,大规模铺设有线通信方式是不现实的。而经济有效的方式就是无线方式。20世纪80年代以来,短短30多年间,移动通信技术发展迅猛,经历了四代更迭。

第一代移动通信技术(First Generation,1G),制定于20世纪80年代,以模拟技术为基础的蜂窝无线电话系统,只能传输语音流量,并受到网络容量的限制。AMPS为1G网络的典型代表。

第二代手机通信技术(2rd Generation,2G),以数字语音传输技术为核心。2G技术基本上可分为两种,一种是基于TDMA而发展的,以GSM为代表,另一种则是CDMA规格。2G速率为9.6 kbps~32 kbps。

第三代移动通信技术(3rd-generation,3G),是指支持高速数据传输的蜂窝移动通信技术,3G移动通信系统主要是以CDMA为核心技术。3G服务能够同时传送声音及数据信息,速率一般在几百kbps以上,最高可达2 Mbps。目前3G存在四种标准:CDMA2000、WCDMA、TD-SCDMA、WiMAX。它能够处理图像、音乐、视频流等多种媒体形式,提供包括网页浏览、电话会议、电子商务等多种信息服务。

第四代移动通信技术(4G),是集3G与WLAN于一体、能够传输高质量视频图像并且图像传输质量与高清晰度电视不相上下的技术产品。4G系统能够以100 Mbps的速度下载,比拨号上网快2 000倍,上传的速度也能达到20 Mbps,并能够满足几乎所有用户对于无线服务的要求。4G主要是以正交频分复用(OFDM)为技术核心,正常速率可达10 Mbps~20 Mbps,最高可达到100 Mbps。

近年来,用于水文信息采集的常用信道有如下几种。

(1) 程控电话交换网(PSTN)

通过程控电话交换网PSTN(Public Switching Telephone Network)传输遥测数据,数据速率为9 600 bps~28.8 kbps。

优点:设备简单、组网灵活、成本低、维护方便等。

缺点:系统运行需通话费用,运行成本较高。

1995—2005年期间,PSTN曾经作为遥测备份信道普遍使用。国家防汛指挥系统徐州、连云港示范区信息采集系统就将PSTN作为备份信道使用。由于当时电话通信费用高,以及后期GSM、GPRS、CDMA等通信技术的发展,电话信道逐渐被淘汰。

(2) 超短波组网

超短波组网是通过无线电通道测试和设计,自行建设系统专用的超短波通信网,将遥测数据通过电台发送到分中心。

其优点有:

① 无线管理部门早就批复全省水利通信频率,而且免交频率占用费;

② 江苏省对水利通信建设陆续进行了投资,现有的铁塔通信高度基本覆盖苏北大部分地区;

③ 超短波网是"自建专网",因而自主性好、使用方便,无须通话费,运行维护费用较低,是水文遥测最传统的组网方式,技术也最成熟。

其缺点是:

① 铁塔建设需投入较大资金;

② 频率有可能会受到非法用户的干扰;

③ 铁塔会增加遥测设备雷击概率;

④ 由于电台使用,系统功耗相对较大。

我省 20 世纪 90 年代初开始大规模使用无线超短波作为水利信息采集的主信道。徐连示范区信息采集系统、苏北运河遥测系统、江海堤遥测系统等遥测系统普遍采用超短波通信方式。由于铁塔维护成本较高,有天馈线引雷问题,且易受非法频率干扰等因素影响,随着 GPRS、CDMA 新通信技术的高速发展,2010 年之后,江苏无线超短波信道的使用逐渐被淘汰。

(3) 卫星通信组网

卫星通信组网是利用人造地球卫星作为中继站来转发或反射无线电信号,在两个或多个地面站之间进行通信。

其优点是:通信距离远、覆盖范围广;通信容量大;不受大气层扰动的影响,通信可靠。传输距离远、覆盖范围广,在其覆盖范围内,许多地面站共用一颗卫星,实现多址通信。由于建站速度快,即装即用,特别适用于交通不便、GSM 通信不发达的偏远地区。

其缺点是:① 设备昂贵,通信费用高;② 有"雨衰"现象,导致大雨期间通信可靠性下降。但随着我国自主研发北斗卫星系统的进一步发展,其在未来市场中将很有竞争力。

1990 年之后,随着国家防汛指挥系统建设的推进,我国山丘区开始应用卫星作为信息采集的重要通信信道。由于公众通信覆盖范围不断扩大,卫星信道在江苏省遥测中的使用也逐步萎缩。

(4) GPRS/CDMA 组网

GPRS 是通用分组无线服务技术(General Packet Radio Service)的简称。GPRS 可以说是 GSM 的延续。GPRS 和以往连续占用频道传输的方式不同,是以封包(Packet)式来传输,因此使用者所负担的费用是以其传输资料单位计算,并非以整个频道计,理论上较为便宜。GPRS 的传输速率可提升至 56 kbps~114 kbps。

CDMA (Code Division Multiple Access)又称码分多址,是在无线通信中使用的技术,CDMA 允许所有使用者同时使用全部频带(1.228 8 Mhz),且把其他使用者发出的讯号视为杂讯,完全不存在讯号碰撞(Collision)问题。CDMA 中所提供语音编码技术,通话品质比目前 GSM 好,且可降低用户对话时的周围环境噪音,使通话更清晰。就安全性能而言,CDMA 不但有良好的认证体制,更因其传输特性,用码来区分用户,防止被盗听的能力大大增强。宽带码分多址(Wideband CDMA)传输技术,是 IMT-2000 的重要基础技术,将是第三代数字无线通信系统标准之一。

利用通信部门的 GPRS/CDMA 技术进行组网,其优点是:

① 由于是租用公网,所以建设、维护、通信费用低;

② 安装调试简单,建设工作量小、周期短;

③ 公网基站多,覆盖范围广;

④ 数据传输速率高。GPRS 网络实际应用数据传输速率在 40 kbps～80 kbps,而目前一般的超短波数传电台传送速率多为 2.4 kbps 或更低;

⑤ 实时在线。

其缺点是:水情分中心需要铺设专线和交付通信资费。

从 2000 年起,江苏水利系统逐步开始启用 GPRS/CDMA 作为信息采集的主信道,一直使用至今。

(5) 微波通信组网

微波通信(Microwave Communication),是使用波长在 0.1 mm 至 1 m 之间的电磁波——微波进行的通信。

微波通信的优点是:稳定可靠、干扰少。

其缺点是:由于微波是视距传播,因而要设置足够的微波中继站,中继站建设费用高,每个站需几十万元以上。

自 1990 年起,江苏陆续开始建设微波通信系统,主要用于遥测数据分中心和分中心之间网络数据的传输。由于公众通信技术的发展,微波维护的成本较高,自 2000 年起,微波通信信道逐步淡出水利通信的应用领域。

(6) 光纤通信组网

光纤通信是利用光波来携带信息、采用光纤信道传输的一种方式。

其优点是:① 传输频带宽,通信容量大;② 传输距离远,信号稳定;③ 作为一种有线传输,其传输线是非金属线,不会感应雷击,具有很好的防雷电、抗干扰、防磁、防化学腐蚀能力。

其缺点是:需要铺设、架设和维护光纤线路,投资成本较大。

随着光纤成本的下降,自 2005 年起,我省骆运水利工程管理处率先使用光纤进行测站通信组网,避免了雷击影响,测站系统更加可靠稳定。

5.3.2 双通信信道的使用

为了保证供水信息实时在线,系统拟采用 GPRS(CDMA)为主信道、无线超短波为备份信道的方式,理由如下。

(1) 通过一主一备两套通信方式,确保系统传输可靠稳定。

(2) GPRS(CDMA)具有实时在线、覆盖范围广、通信费用低、无须使用单位维护等优点。GPRS(CDMA)作为主信道,是 2003 年以后江苏遥测通信的最佳方式。

(3) 当时选用无线超短波为备份信道,主要基于以下考虑:① 江苏现有大量的铁塔资源可以充分利用,所建的中继站基本覆盖苏北运河沿线供水区域;② 省无线电管理部门早就对全省水利遥测频率进行了批复,且频率资源免费使用;③ 江苏省使用超短波组网多年,性能稳定可靠。所以采用超短波作为备用信道是节约可取的方式。

5.3.3 测站通信组网

为了满足供水信息实时在线计量以及水情信息 20 min 内到达水情分中心的防汛测报

要求，必须采用先进的数据通信技术，建设以分中心为数据汇集点，各测报点为采集点的星形混合数据报汛通信网。

系统采用 GPRS 为主信道，无线超短波为备用信道，组成星形混合数据报汛通信网。各站雨水情信息通过 GPRS 信道发送至所属分中心；GPRS 信道故障时，系统可以自动切换到无线超短波信道上传输数据。测站水情信息也可以通过 RTU 人工置数，发送至水情分中心。同时，也为其他防汛抗旱信息的传输提供入网接口。

为了保证各测点的采样数据及时、可靠、准确地传送至省中心，以供调度和决策之需，各测站数据应通过 GPRS(CDMA)信道或超短波无线方式就近落地各分中心，预处理入库后，再通过水利广域网传送至相关部门及省中心。

为了保证每一条超短波通信线路的畅通，在系统实施前需对各条通信线路进行专门通信电路设计，主要包括中继站位置、各站点铁塔高度、电台发射功率、天线增益情况及各条线路增益余量的确定和设计，最终保证数据的可靠稳定传输。

由于系统信息采集站点多，实施时需选择和协调好各部分的通信频率，以防止发生严重的同频干扰情况。

系统组网以分中心为主要单元结构，分中心以上采用网络通信。以徐州分中心为例，无线超短波通信信道组网见图 5-7、图 5-8。

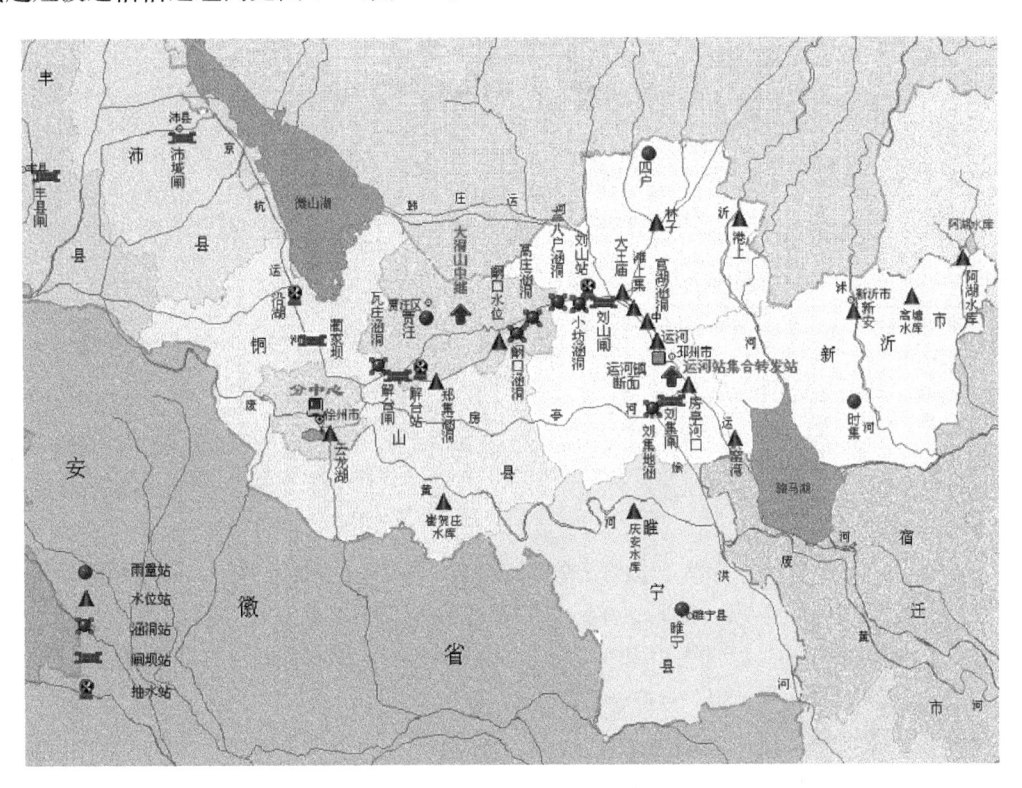

图 5-7 徐州分中心站点分布图

由于徐州分中心测站站点东西跨越范围达 170 多 km，基本涵盖了沿运河供水口门、主要涵闸和主要水文站点。系统采用了 2 级无线超短波中继，大洞山中继为一级中继，运河集合转发站为二级中继。测站信息通过中继站与分中心 Master RTU 进行数据传输。

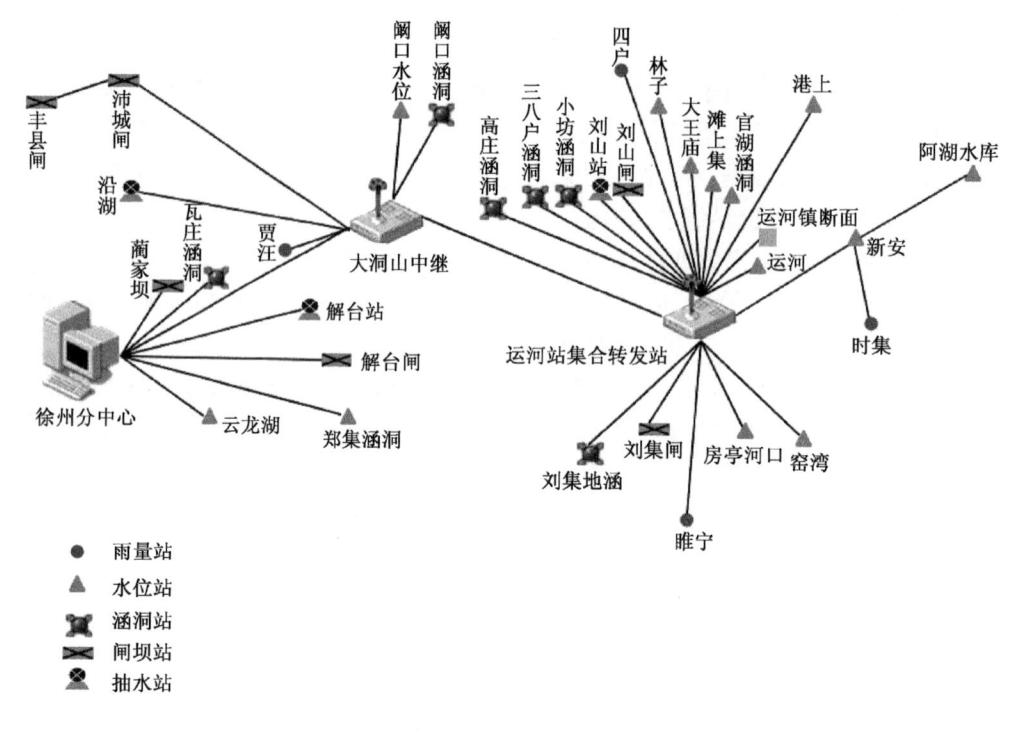

图 5-8　徐州分中心超短波通信链路图

5.3.4　测站与分中心通信

通常一个遥测网内有若干个 RTU，它们通过通信网（GSM，RADIO，Ethernet）互联。通信网络中，通常设置成 Master RTU 与测站 RTU（OutStation RTU）通信，Master RTU 的主要功能是从测站 RTU 接收和发送报文，见图 5-9。

1）信道透明

分中心与测站数据交换主要是通过 Master RTU 和 OutStation RTU 通信的。传输通道包括物理层（RADIO、GPRS、CDMA）及相关数据传输底层工业协议，相对于上层软件应用来说是透明的。

2）数据存放

每个 RTU 有三个地方存放数据，即硬件寄存器 Hardware Registers、本地寄存器 Local Registers、网络寄存器 Network Registers。当数据从 RTU A 发送至 RTU B 时，A 的数据存放在 B 的网络寄存器中，B 的网络寄存器是 A 的硬件寄存器、本地寄存器的拷贝。

3）上位机对 Master RTU 的控制

分中心上位机通过组态软件 Citect 获取 Master RTU 相关数据，并通过 Master RTU 对测站 RTU 进行各种指令控制。

4）串行通信

RTU 的通信网络中，使用串行通信方式。即 RTU 接受一系列 1 和 0 的数据，同时进行 16 位循环冗余编码（CRC）。CRC 判别报文是否有错，如有错则重发至正确接收为止，或停止重发并取消本次报文。

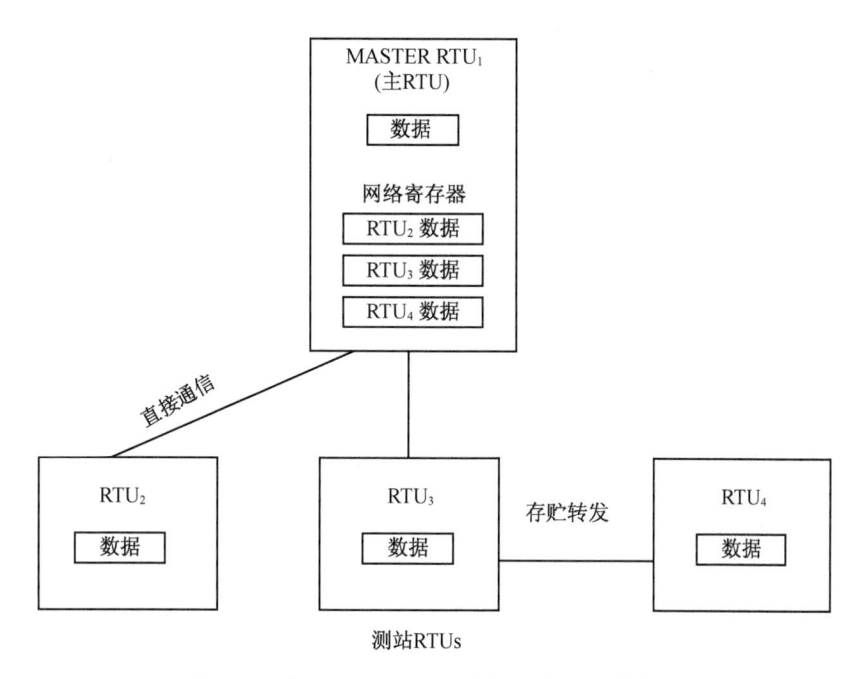

图 5-9 在 Master RTU 中储存测站 RTU 的数据

5.4 分中心的控制和交换技术

5.4.1 分中心功能

5.4.1.1 分中心分类

根据分中心功能总体要求,本系统 12 个分中心分为数据接收处理分中心、数据处理分中心、数据查询分中心三种类型。

(1) 数据接收处理分中心(简称 A 型分中心)

数据接收处理分中心指这类分中心可以直接接收其所辖测站的数据,并进行数据落地、入库等处理,主要包括江都管理处、三河闸管理处、总渠管理处、淮沭新河管理处、骆运管理处、徐州水文局等 6 个分中心。分中心能直接通过 Master RTU 对所属遥测站实现召测和进行数据传输,数据落地后进行写库操作;能实时响应省中心和相应分中心的召测命令,对遥测站进行实时召测,并将数据传送至发出召测命令的省中心或分中心。

(2) 数据处理分中心(简称 B 型分中心)

数据处理分中心本身没有 Master RTU,而从其他分中心获得数据并进行入库处理。扬州水文分局、淮安水文分局等 2 个分中心属于这类分中心,通过网络连接到江都管理处、三河闸管理处、总渠管理处、淮沭新河管理处、骆运管理处、徐州水文局等 6 个 A 型分中心,实现对其所属遥测站进行召测及数据获取,并对数据进行写库操作。

(3) 数据查询分中心(简称 C 型分中心)

数据查询分中心不负责测站数据的接收和处理,而通过查询软件查询其相关的站点信息。徐州水利局、宿迁水利局、淮安水利局、扬州水利局等 4 个分中心,通过网络查询本地区所辖遥测站数据或召测所属的遥测站数据,不进行写库操作。

5.4.1.2 分中心基本功能

(1) 能实时监测所属或所辖各遥测站的水情、工情要素信息和设备运行情况。

(2) 数据采集传输采用轮巡召测应答为主,自报为辅的工作方式。召测应答应能随机召测或定时召测。自报为当遥测站的水位变幅超越某一数值(可任意设定)或闸门启闭动作和电站开停机时实时自报。

(3) 具有数据接收、数据处理、数据统计和数据图表化功能。

(4) 具有系统遥测站、中继站管理和参数越限报警功能。

(5) 具有 WEB 查询功能。

(6) 分中心的软件具有通过网络实时取得已建闸站实时监控系统的相关监测数据的功能。

(7) 具有局域网和远程网功能。

5.4.1.3 数据接收处理分中心功能

各数据接收处理分中心功能要求如下:

(1) 具有分中心基本功能,能定时或随机召测和接收下属遥测站采集的各种数据,把接收的数据写入实时数据库内,同时按所管辖的范围通过网络把采集的数据传输到对应的分中心及省中心;

(2) 实时响应省中心和其他有关分中心的召测命令,对遥测站进行实时召测,并把数据传送到发出召测命令的省中心或分中心;

(3) 接收数据后进行数据预处理,包括数据帧格式检查,解码、纠检错,合理性判别;

(4) 接收数据并进行数据预处理后,首先将数据传送至省中心实时库,同时将数据分发给所属分中心,对所属遥测站的数据进行推流计算并写入雨水情数据库,将数据传送至省中心雨水情数据库;

(5) 实时推算流量,并将所推算的流量回送至相应遥测站点;

(6) 仅处理本分中心所属遥测站的数据,对其他遥测站数据分发给所属分中心;

(7) 接收来自遥测站的数据(包括隶属于其他分中心的遥测站数据),要求在分中心存有备份;

(8) 显示、打印遥测站原始报文,水情、雨情日报表,各种曲线、图形(水位过程线、雨量等值线等);

(9) 具有中继站控制功能,控制中继站设备主备信道切换;

(10) 完成一次所辖遥测站数据采集并传输至省中心、各分中心的时间不超过 10 min;

(11) 可对有报汛任务的遥测站自动编写水情电报并入水情电报库。

数据接收处理分中心结构见图 5-10。

数据接收处理分中心有 6 个(江都管理处、总渠管理处、淮沭新河管理处、三河闸管理处、骆运管理处、徐州水文局)。需对 6 个分中心根据具体情况进行必需的 SCADA 软件升级、组态工作。SCADA 软件的重新配置须充分考虑原有的监测软件资源。

数据接收处理分中心具有对本分中心 Master RTU 控制的所有遥测站实现时钟同步的功能。

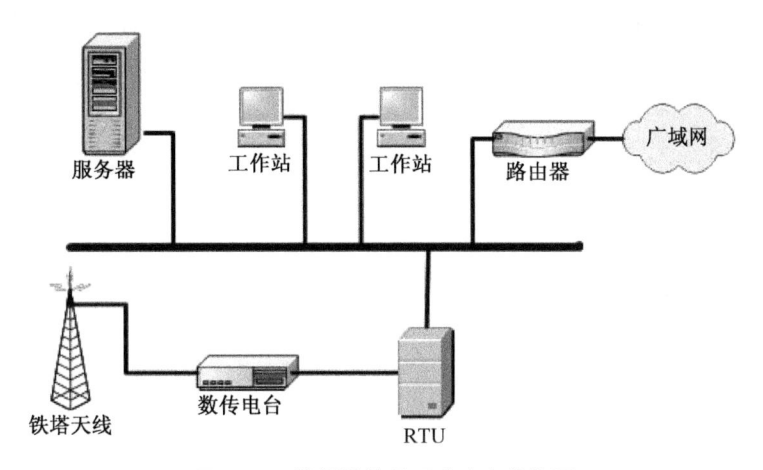

图 5-10　数据接收处理分中心结构图

5.4.1.4　数据处理分中心

各数据处理分中心只处理本分中心所属的遥测站的数据。功能要求如下：

(1) 具有分中心基本功能,能通过数据处理分中心定时或随机召测和接收所属遥测站采集的各种数据,把接收的数据写入实时数据库内,并写入雨水情数据库,同时向省中心传送数据；

(2) 实时推算流量,并将所推算的流量回送至相应遥测站点；

(3) 仅处理本分中心所属的遥测站的数据；

(4) 显示、打印遥测站原始报文,水情、雨情日报表,各种曲线、图形(水位过程线、雨量等值线等)；

(5) 完成一次所属遥测站数据采集并传输至省中心时间不超过 10 min；

(6) 可对有报汛任务的遥测站自动编写水情电报并入水情电报库。

数据处理分中心结构,见图 5-11。

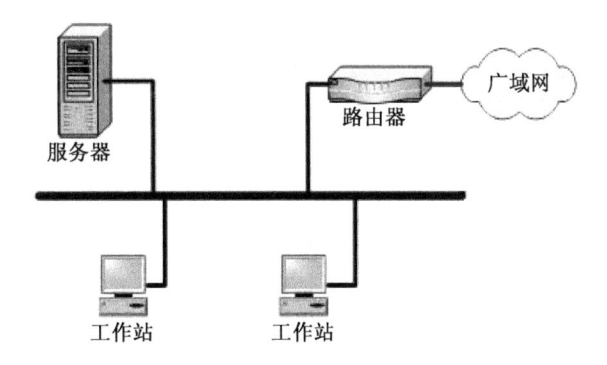

图 5-11　数据处理分中心结构图

数据处理分中心有 2 个(扬州水文局、淮安水文局)。

5.4.1.5　数据查询分中心

数据查询分中心只查询本分中心所辖的遥测站的数据。其功能要求如下：

(1) 数据查询分中心使用网络从相关分中心查询所辖的遥测站的数据；

(2) 能实现实时召测所属遥测站的数据的功能；

(3) 显示、打印遥测站原始报文,水情、雨情日报表,各种曲线、图形(水位过程线、雨量等值线等)。

数据查询分中心结构图与数据处理分中心相同。

数据查询分中心有 4 个(扬州水利局、淮安水利局、宿迁水利局、徐州水利局)。

5.4.2 分中心拓扑结构

水情分中心系统拓扑结构见图 5-12。

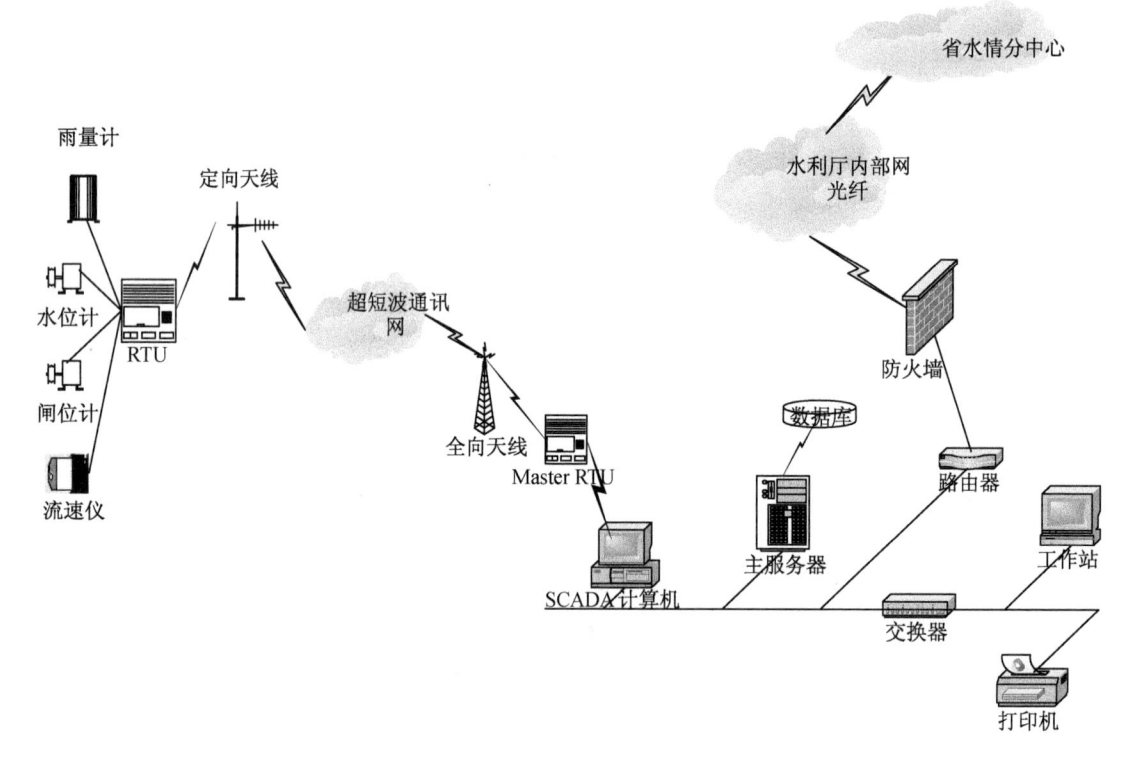

图 5-12 分中心拓扑图

主服务器(数据库服务器)用于存放测站发过来的数据报文及经过解译的水情数据、测站配置参数数据、RTU 状态数据及各子系统运行所需的设置数据,并为 Web 方式的水情数据实时查询服务提供支撑。

SCADA 计算机主要通过 Citect 软件对 Master RTU 进行组态,实时取得所辖各测站 RTU 的数据,并在分中心处理后落地。

工作站主要用于运行数据接收处理程序、传输程序、流量计算程序、查询软件等。

5.4.3 系统数据流程

系统总体数据流程见图 5-13,水情信息自下而上,由测站通过各种通信方式(超短波、GPRS、CDMA、GSM 等)传至市水情分中心,由市水情分中心软件接收并存入数据库,通过网络转发至省中心;省中心汇集后按报汛任务书及《水情信息编码标准》(SL 330—2005)要求分检,再通过网络发至中央、流域、省、市等相关机构。

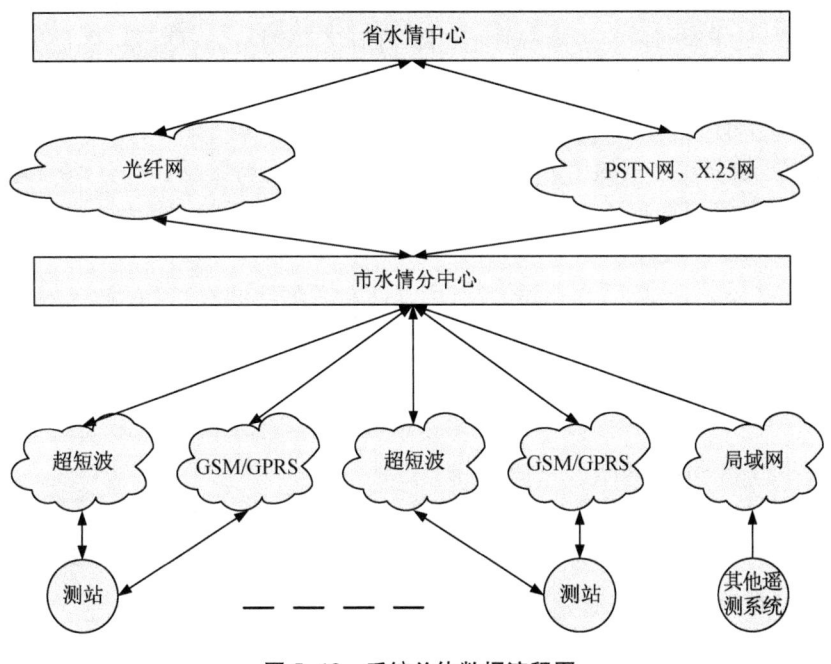

图 5-13　系统总体数据流程图

5.4.4　分中心对测站数据交换及控制

5.4.4.1　Master RTU 软件控制

Master RTU 的软件分为两部分：RTU 配置和梯形逻辑。RTU 配置的主要功能是对 RTU 做一些初始化的工作，如对 RTU 的内存（RAM）进行分配，定义 RTU 的站地址（Site Address），设置与其他 RTU 的通信方式等；RTU 所实现的大部分功能都由梯形逻辑所控制。

内存分配：Master RTU 的内存（RAM）除去系统占用的部分空间外，其余的空间需分为三部分做不同的用处，第一部分存储梯形逻辑（Compiled Logic），第二部分存储召测所得的测站数据（Network Reg Blocks），第三部分存储从测站取得的 Log 数据（Event Logs）。

时钟同步：Master RTU 在每天的 6 时 30 分开始对其所属的全部测站逐个做时钟同步，使用 Clock Synchronization 指令通过 RTU 配置设定好的通信方式，使各测站的 RTU 时钟与 Master RTU 时钟完全相同，以确保系统的正常运行，该过程在 10 min 之内完成。

定时轮巡各测站：Master RTU 在每个整点过后的 1 min 内开始逐个召测其所属的测站，使用 Rx-Data 指令通过 RTU 配置设定好的通信方式，收集各测站所采集的水情数据、时间标签和测站的状态参数，收集回的数据存储于 Master RTU 的 RAM（Network Reg Blocks）中，同时记录与各遥测站的通信情况。此过程在 10 min 之内完成。

在定时巡测结束后，Master RTU 开始逐个提取各测站的 Log 数据，使用 Rx Event Logs 指令通过 RTU 配置设定好的通信方式，各测站的 Log 数据存储于测站 RTU 的 RAM（Event Logs）中，Master RTU 把测站的 Log 数据取回存在 Master RTU 的 RAM（Event

Logs)中。

在每天 8 时的定时召测完成后,Master RTU 计算各测站的日雨量,在每次定时召测结束后,计算各测站的时段雨量。

从 SCADA 软件传来随时召测指令时,Master RTU 立即根据指令要求召测对应的测站,通过 RTU 配置设定好的通信方式收集测站所采集的水情数据、时间标签和测站的状态参数,收集回的数据存储于 Master RTU 的 RAM(Network Reg Blocks)中,同时记录与测站的通信情况。

可以通过 Master RTU 对集合转发站、中继站和遥测站的 RTU 进行远程组态,控制集合转发站、中继站和遥测站的工作方式和工作状态。

Master RTU 在接到从 SCADA 软件传来的由流量计算软件计算出的流量数据后,会立即通过 RTU 配置设定好的通信方式将流量数据返送对应测站,同时记录返送情况。

5.4.4.2 分中心 SCADA 软件

分中心 SACDA 系统是基于 Citect 工控软件开发的。SCADA 通过计算机的串行口与 Master RTU 通信,通过网络与部分测站 RTU 和其他分中心 SCADA 软件通信。

SCADA 软件会在界面上显示数据,显示的数据包括各测站所采集的水情数据及其时间标签,各测站的状态参数等,这些数据大部分通过计算机的串行口取自 Master RTU 的 RAM(Network Register Blocks),另外有一部分数据通过网络直接从测站 RTU 取得。在测站水情数据超限、系统异常等情况发生时,SCADA 软件会做不同形式的报警,如颜色报警、闪烁报警等。

随时召测:从 SCADA 软件的界面上可以随时使用"手动召测"按钮,SCADA 软件立即将"随时召测"指令传往 Master RTU。其他分中心发来的召测指令同样由 SCADA 软件传往 Master RTU,由 Master RTU 执行。

数据处理:定时自动召测所得数据、随机召测所得数据和测站自报数据由 SCADA 软件从 Master RTU 中取出显示,而且要将这些数据送到数据预处理模块中处理并写入本地实时数据(LOG)库;对于从测站取得的 Log 数据,首先由 SCADA 软件把数据从 Master RTU 中取出并在本地计算机硬盘上存为"*.ci"文件,"*.ci"文件由数据预处理模块处理并写入本地实时数据(LOG)库。

SCADA 软件通过集成流量计算软件在接收到数据的第一时间根据需要计算流量,之后由数据预处理模块把流量数据写入本地实时数据(LOG)库,同时将流量数据送往 Master RTU,由 Master RTU 转发给对应测站。

能及时从水利工程管理处工情分中心或闸站监控系统数据库中取得相关数据,同时也能接收闸站监控系统主动送来的数据,并由数据预处理模块把数据写入本地实时数据(LOG)库中。

具备图示化的人机界面,能按数据归属、类型显示 LOG 数据图表,如可显示水位过程线、雨量柱状图和流量过程线等。

写入数据库的所有数据中,本分中心所辖测站的数据经由网络传输软件传往省中心,非本分中心所辖测站的数据经由数据传输软件传往对应分中心。分中心数据处理流程见图 5-14。

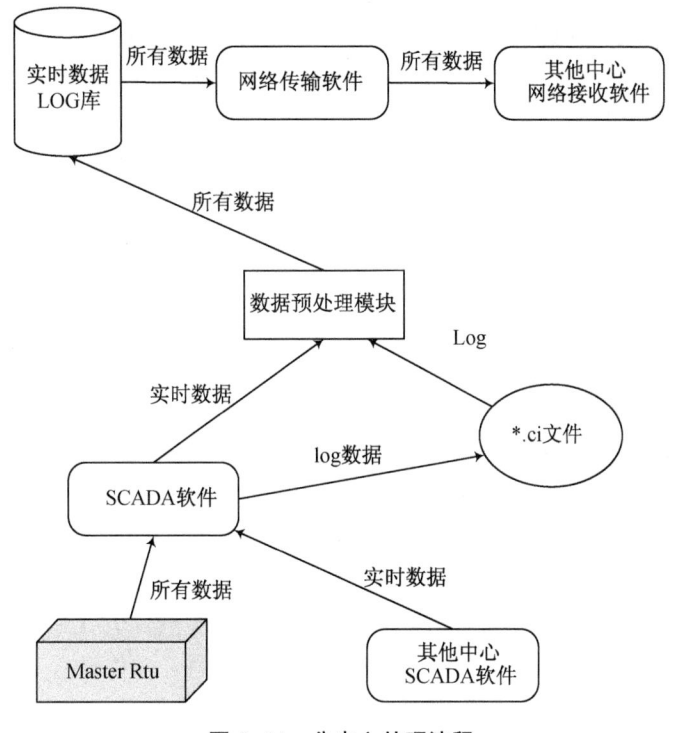

图 5-14　分中心处理流程

5.4.5　数据预处理

5.4.5.1　主要功能

从 SCADA 或网络上传来的数据都是由数据预处理软件首先进行处理、判别,并写进数据库,所以该软件在整个系统中起着非常重要的作用。数据预处理软件按功能可划分为以下几个部分。

(1) 数据检查判别

主要是针对 A 型分中心新采集的数据进行格式检查,解码、纠检错,合理性判别等预处理,并将预处理之后的原始观测数据和测站工作状态数据存入本地实时 LOG 库;同时判断原始观测数据和测站工作状态数据的所属范围,若是本分中心所辖范围的测站,则给数据增加附加信息(如标识 LOG 库的 DB1、标识水位的 Z 等)后调用网络数据发送软件将数据串发往省中心,若非本分中心所辖范围的测站,则给数据增加附加信息(如标识 LOG 库的 DB1、标识水位的 Z 等)后调用网络数据发送软件将数据串发往相应分中心。

(2) 数据源分析处理

主要是根据 B 型分中心和省中心的网络数据接收软件接收到数据的附加信息确定数据的类型和来源,从而将不同的数据分别写入不同的数据库:将原始观测数据和测站工作状态数据存入实时 LOG 库,将报汛数据和水情电文存入雨水情库。

(3) 数据分检

系统采集的信息一方面为供水实时计量提供服务,另一方面也为防汛防旱提供服务。所以信息流程应兼顾防汛业务需求。

当把原始观测数据和测站工作状态数据存入实时 LOG 库时,可启用该模块根据该分中心所辖测站的拍报任务对数据进行分检,将分检出的报汛数据写入雨水情库,若需将报汛数据生成水情电文,则由水情电文生成模块负责按《水文情报预报拍报规范》将数据编制成水情电报码,并存入雨水情库的原始报文表。这里对编报时段、是否装有闸位计、雨量的起报标准、暴雨加报的起报标准等都可进行动态定义,并为人工校正及设定相关参数提供图形化的人机界面。

(4) 数据补充入库

所有要入库的数据因网络中断等原因入库不成功时,都会保存为数据文件,由数据补充入库模块负责读取这些文件中的数据进行补充入库操作。

以上所述的 4 个部分可根据省中心和各分中心的不同需要进行不同的配置和拆分:A 型分中心需要配置数据检查判别、报汛数据分检及水情电文生成和数据补充入库 3 个部分,B 型分中心需要配置数据源分析处理、报汛数据分检及水情电文生成和数据补充入库 3 个部分,而省中心雨水情库的数据是从 A 型和 B 型分中心的雨水情库传来的,所以它不需要报汛数据分检及水情电文生成,只需数据源分析处理和数据补充入库 2 个部分。

5.4.5.2 技术实现

该软件采用 SCADA 系统支持的 COM/DCOM 标准的组件方式进行设计与实现,以便于集成至 SCADA 系统中。考虑到系统的安全性和用户的可操作性以及系统的效率,本模块采用 C/S 方式来实现。

数据预处理流程见图 5-15。

数据预处理流程图说明:

(1) 该模块是以 DLL 的方式嵌入在 SCADA 软件和网络数据接收软件中的,所以它将由 SCADA 或网络数据接收软件启动执行;

(2) 数据检查判别子模块中进行的格式检查,解码、纠检错,合理性判别等预处理还要根据每个测站的不同情况进行更详细的了解和确定;

(3) 附加信息主要用于确定数据的数据库类别以及数据本身的类别,如 DB1 代表实时 LOG 数据库、DB2 代表雨水情库、ZZ 代表水位、DD 代表闸位等;

(4) 实时 LOG 数据库和雨水情库的表结构均采用水利部相关规范。

5.4.6 分中心之间的数据交换

网络实时数据发送软件的主要功能是负责将 A 型分中心和 B 型分中心实时 LOG 库存储的原始观测数据、测站状态数据和雨水情库存储的报汛数据、水情报文传输到 B 型分中心和省中心。

网络实时数据接收软件的主要功能是用于省中心和 B 型分中心接收 A 型分中心和 B 型分中心从网络传来的实时数据。

接收软件和发送软件之间采用 TCP/IP 协议中提供的软插座(Socket)和有连接的方式进行实时数据的交换。在进行数据交换过程中,只有当每次交换的所有数据被正确接收后,发送软件删除发送的临时文件,接收方保留接收到的数据,否则部分完成的数据传输都将被发送方保留和接收方删除,从而保证数据传输的正确性和完整性。

网络实时数据发送软件启动运行后,采用定时的工作方式将准备好的数据依次发送给

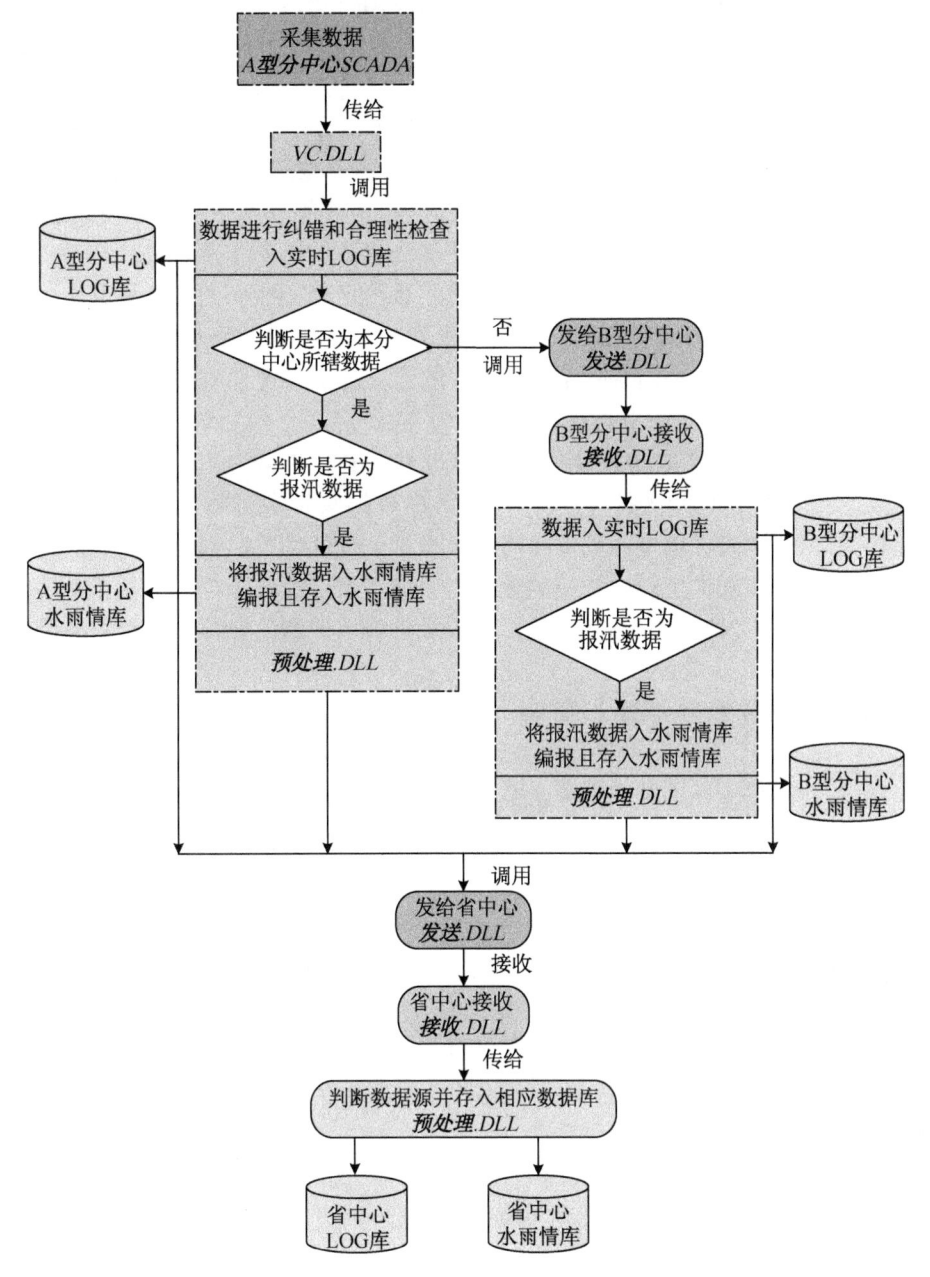

图 5-15 数据预处理流程图

接收计算机,传输功能可以动态定义,并且对不同传输目标及不同数据可定义不同优先级。在进行信息的交换过程中,发送方要将本机的 IP 地址放在数据包中,以便接收方检查信息的合法性。接收方将根据本身记录的节点 IP 地址和数据包中的 IP 地址进行比较分析。接收软件将根据数据包中的 IP 地址,决定数据被临时存放在何处。

一般情况下,网络实时数据接收软件都处于等待状态,等待发送方的通信连接呼叫。

各分中心和省中心数据传输和接收的流程如下。

(1) A 型分中心只有网络实时数据发送软件,该软件由数据预处理软件启动,将数据预处理软件传来的数据串根据预先的设置,发往 B 型分中心或省中心。其中,实时 LOG 库中的原始数据和工作状态数据要发往省中心和该站所辖的 B 型分中心;雨水情库中的报汛数据和相应报文只发往省中心的雨水情库。

（2）B 型分中心的网络实时数据接收软件收到 A 型分中心的通信连接呼叫后,网络实时数据接收软件确认收到对方的请求,并准备接收发送方按照协议发送的数据包。当接收完毕后,网络实时数据接收软件将启动数据预处理软件,并将收到的数据串传给数据预处理软件,由预处理软件负责入相应的数据库。为了保证接收数据的正确性和完整性,如果接收过程中发生异常情况,网络实时数据接收软件将不保留已经接收到的部分信息。

（3）B 型分中心的网络实时数据发送软件和 A 型分中心的网络实时数据发送软件工作机制类似,只是实时 LOG 库中的原始数据和工作状态数据只发往省中心;雨水情库中的报汛数据和相应报文也只发往省中心。

（4）省中心只有网络实时数据接收软件,该软件收到非查询分中心的通信连接呼叫后,网络实时数据接收软件确认收到对方的请求,并准备接收发送方按照协议发送的数据包。当接收完毕后,网络实时数据接收软件将启动数据预处理软件,并将收到的数据串传给数据预处理软件,由预处理软件负责入相应的数据库。为了保证接收数据的正确性和完整性,如果接收过程中发生异常情况,网络实时数据接收软件将不保留已经接收到的部分信息。

5.5 对供水传输技术的评述与展望

近年来,现代信息化技术不断推进水利事业的发展。而日新月异的传感技术、智能终端技术和通信技术更加快推进了水文信息采集传输系统的现代化建设。

5.5.1 传感技术

传感技术同计算机技术与通信技术一起被称为信息技术的三大支柱。如果把计算机看成处理和识别信息的"大脑",把通信系统看成传递信息的"神经系统",那么传感器就是"感官系统"。传感技术是关于从自然信源获取信息,并对之进行处理（变换）和识别的一门多学科交叉的现代科学与工程技术,它涉及传感器（又称换能器）、信息处理和识别过程的设计、开发、制造、测试、应用及评价改进等活动。

应用于供水计量的主要传感器类型有水位传感器、流速流量传感器、闸位传感器、泵站传感器、雨量传感器、蒸发量传感器、风力风向传感器、土壤含水率传感器等。目前来说,雨量传感器、水位传感器相对成熟,但大部分流量传感器存在安装条件高、价格昂贵、维护不便等多方面问题,制约了其大规模在供水计量、水资源管理和防汛防旱上的使用,因此,可以进一步研究间接测量方法,如通过测量水位、闸位等因素,通过水文水力学方法计算出流量。

当前传感器技术的发展整体呈现高精度、微型化、集成化、数字化等特点,声表面波传感器技术、微加工技术等发展,同时还将朝着加速开发新型材料、高可靠性、宽温度范围、微功耗及无源化的方向发展。传感器未来技术发展方向如下:

（1）MEMS(Micro-Electro-Mechanical Systems,即微机电系统)工艺和新一代固态传感器微结构制造工艺:深反应离子刻蚀（DRIE）工艺或 IGP 工艺。封装工艺:如常温键合倒装焊接、无应力微薄结构封装、多芯片组装工艺。

微传感器是采用微电子和微机械加工技术制造出来的新型传感器。与传统的传感器相比,它具有体积小、重量轻、成本低、功耗低、可靠性高、适于批量化生产、易于集成和实现智能化的特点。同时,在微米量级的特征尺寸使得它可以完成某些传统机械传感器所不能实现的功能。

(2) 集成工艺和多变量复合传感器微结构集成制造工艺;工业控制用多变量复合传感器。

(3) 智能化技术与智能传感器信号有线或无线探测、变换处理、逻辑判断、功能计算、双向通讯、自诊断等智能化技术;智能多变量传感器,智能电量传感器和各种智能传感器、变送器。

(4) 网络化技术和网络化传感器,使传感器具有工业化标准接口和协议功能。

随着传感技术的发展,将有更多性能可靠、稳定,价格便宜,功耗小的智能传感器,可以实现大范围大规模地对降水、蒸发、水位、流速等水文自然物理量进行高精度、持续性感知,以满足供水实时计量、严格的水资源管理和防汛防旱的要求。

5.5.2 智能终端技术

江苏省目前投入水利生产应用的 RTU 有水利部南京水利水文自动化研究所、国家电网南瑞集团、澳大利亚 Kingfisher 等公司的产品。各公司智能终端产品实现机理、软件技术、产品性能和价格等相差较大。总的来说,都能满足供水计量的采集工作,但都存在价格贵、功耗大、易受雷击影响等问题。

随着计算机技术、芯片技术、通信技术的发展,应用于水文的智能终端接口更加规范,与各种水文传感器连接方式多样,信号传输更加稳定。智能终端处理能力更强,可以进行大规模数据存储、处理,如对单站水位数值异常、涨速过快报警、超历史阈值报警等,甚至可以和邻近智能终端互联,对上下游水位合理性比较、邻近站点雨量合理性检查等,实现水文资料在站处理。此外,也更有可能实现根据各终端之间的状态,实时选择最佳传输路由。但问题的关键是这些设备的价格和功耗必须大幅下降,才能使现代智能设备在水文中得以大规模使用。

5.5.3 通信技术

江苏水利系统测站与分中心的通信主要采用 GPRS/CDMA 信道。其本质上也是无线通信,相比于超短波技术,可以免去铁塔养护、频率干扰、雷击等困扰,但实际生产使用过程中,仍然存在数据丢包现象,影响数据的完整性,这可以通过数据重传等技术进行弥补。

目前,我国正在使用第四代移动通信(4G)技术,并推广第五代移动通信(5G)技术。4G 的传输速率可达 10 Mbps,5G 可达 15Gbps。5G 网络具有速率极高(eMBB)、容量极大(mMTC)和时延极低(URLLC)三个特征。可以想象,5G 将为用户提供光纤般的接入速率,"零"时延使用体验,千亿设备的连接能力、超高流量密度、超高连接数密度和超高移动性等多场景的一致服务,实现"信息随心至,万物触手及"的愿景。

届时,利用先进的通信技术,除了可以快速稳定可靠地传输常规降蒸、水位、流速、墒情、水质数据外,还可以实现大规模水文环境监视、河段监视、堤防监视、无人机现场实时监视、快速部署移动应急测量等目标。

5.5.4 物联网技术

物联网是新一代信息技术的重要组成部分。顾名思义,"物联网就是物物相连的互联网"。这有两层意思:第一,物联网的核心和基础仍然是互联网,是在互联网基础上延伸和扩展的网络;第二,其用户端延伸和扩展到了任何物品,是物品之间进行信息交换和通信。因此,物联网的定义是通过射频识别(RFID)、红外感应器、全球定位系统、激光扫描器等信息传感设备,按约定的协议,把任何物品与互联网相连接,进行信息交换和通信,以实现对物品的智能化识别、定位、跟踪、监控和管理的一种网络。

和供水计量采用的传统采集技术相比,物联网有以下特点。

第一,它是各种感知技术的广泛应用。物联网上部署了海量的多种类型传感器,每个传感器都是一个信息源,不同类别的传感器所捕获的信息内容和信息格式不同。传感器获得的数据具有实时性,按一定的频率周期性地采集环境信息,不断更新数据。随着传感器性能提优和价格大幅下降,可以部署大量水文传感器进行供水、水资源、防汛等全方位的测量,摆脱以单点来估算整体的局面,使测量更加接近真实。

第二,它是一种建立在互联网上的泛在网络。可以通过各种有线和无线网络与互联网融合,将海量监测信息实时正确地传递出去。

第三,物联网不仅仅提供了各类水文传感器的连接,其本身也具有智能处理的能力,能够对物体实施智能控制。物联网将传感器和智能处理相结合,利用云计算、模式识别等各种智能技术,扩充其应用领域。从传感器获得的海量信息中分析、加工和处理出有意义的数据,以满足供水计量、防汛抗旱和严格的水资源管理需求。

第六章 供水计量信息处理技术

6.1 概述

江苏地处长江和淮河下游,全省总面积 10.26 万 km²,其中,平原洼地占 68.8%。全省水网密布,河湖众多,水系复杂。为满足各项工农业生产、生活需要而建设的堰、闸、涵、站等水工建筑物星罗棋布、错综复杂。自 20 世纪 90 年代起,江苏省水利厅开始大规模水文信息化建设,先后在全省建设了水情分中心 17 处,建成了太湖、大运河、沿海、沂沭泗等四片区的水文遥测系统,这些系统已基本覆盖了江苏省所有省级以上报汛站及整编水文站。系统利用遥测系统采集的水文信息进行各站点流量、水量的分析计算,为苏北地区的流量实时监测与计量提供便捷的技术支持。

供水计量信息处理是指利用计算机技术对已采集的水位、流量、闸门开度、电功率及降水量等供水计量信息进行综合分析处理,形成满足现有行业规范要求的成果数据。

江苏省已建的苏北供水监测计量站网,已经实现了监测站点(断面)监测数据的实时采集,但所采集的水文要素仅为水文、潮位及雨量等不连续的单个水文要素数值。要做好水量监测,准确计算区域水资源总量,减少水资源损耗,提高水资源利用效率,就必须对已建站点所采集的监测数据运用科学的计算方法,进行水资源量的分析计算,使水资源供求量化而得到高效利用,达到对水资源的优化配置,促进经济社会协调发展。

目前,我国对水文测验数据的处理技术基本是对人工观测数据的计算整编,随着水文遥测及固态存储等新技术的推广应用,现有的水文数据整编软件的数据处理功能也在逐步扩充,但仍存在以下问题:堰闸站遥测水位资料不能直接参加资料整编,水位、降水量及流量资料无过程线显示,无法完成遥测设备故障缺测期间的数据补全改正及供水数据的合理性检查,闸门启闭信息不能直接获取,新的水文监测设备(主要是时差法测流系统、SL 测流系统、H-ADCP 测流系统等)采集数据不能自动处理。因此,需要对供水监测信息的处理技术进行专门研究。

6.2 需求分析

系统所具备的功能应以系统中各供水采集信息现状为基础,解决各类监测站监测信息的计算处理问题。

6.2.1 功能需求

系统通过对供水监测测验信息,包括遥测、固态存储及人工观测数据的分析处理,完成流量、水量等监测成果的计算及数据库转储等工作。

根据供水资料分析处理的要求,信息处理系统至少应满足并实现以下要求:

(1) 系统可靠、技术先进、便于维护;

(2) 基于已建设的数据库系统研发,保留原有的信息采集数据,在数据处理完成后生成新的应用信息库;

(3) 信息采集数据过程线显示,方便数据检查、修改;

(4) 具有较优的可扩展性,为系统规模的扩大提供系统接入接口;

(5) 计算成果满足相关规范要求。

6.2.2 性能需求

(1) 精度:输入数据、输出成果及计算过程中的数据均应满足相关规范要求。

(2) 灵活性:系统应对外界条件的变化有较强的适应能力。由于本系统是一个小规模的系统工程,故要求系统的结构具有较好的灵活性和可塑性。这样,在外界软硬件环境变化的情况下,系统能够修改、补充和扩大功能。

6.3 系统总体设计

6.3.1 系统目标

系统设计在满足操作方便、使用灵活的设计要求时,应实现如下目标:

(1) 实现水文遥测、固态存储等自动采集信息的数据库接口及系统集成设计,实现基于数据库技术的数据管理功能;

(2) 遥测数据的过程线显示、综合合理性检查,数据故障或错误期间采集信息的计算机处理;

(3) 各类供水监测站断面流量的计算机自动分析计算,计算成果采用数据库管理;

(4) 各类供水监测站水文资料的计算机整编。

6.3.2 系统组成

供水计量信息处理系统分别由数据导入与处理、水流沙计算、引排水量计算、降水蒸发潮位计算及实测表处理等模块组成。

(1) 数据导入与处理模块

完成遥测数据的导入及水位数据预处理,生成准确完整的水位系列资料。

(2) 水流沙计算模块

完成各类水文、水位遥测站的水位、流量及含沙量资料的分析计算,输出满足规范要求的各种成果表文件及数据库转储文件。

(3) 引排水量计算模块

完成沿江、沿海感潮闸坝站流量、水量资料的分析计算,输出满足规范要求的成果表文件及数据库转储文件。

(4) 降蒸潮位模块

完成降水量、蒸发量、潮水位、逐日最高最低水位等数据的分析计算,输出满足规范要求的成果表文件及数据库转储文件。

(5) 实测表模块

完成各类遥测站实测资料数据文件处理,输出满足规范要求的成果表文件及数据库转储文件。

6.3.3 运行环境

(1) 硬件设备,本系统所要求的硬设备的最小配置:

① CPU:Pentium 166 以上。

② 内存容量:32M。

(2) 支持软件,运行本软件所需要的支持软件:

① 操作系统:Windows 2000、Windows XP、Win7、Win8、Win10。

② Microsoft Excel。

③ Sybase11.5。

6.3.4 技术方案

1) 模块化设计

程序的模块化设计是为了降低程序复杂度,使程序设计、调试和维护等操作简单化。本系统采用模块化设计,由遥测及固态存储数据导入导出与处理,水流沙、降水量、实测表综合处理等模块组成。

2) 数据检查处理

由于供水信息采集的数据量大,遥测或固态存储数据一旦发生故障,数据改正、补全加工的工作量就很大。针对供水信息采集数据可能发生错误的情况,用户可以根据系统提供的水位数据过程线,分别采用以下方法进行自动处理。

(1) 人工输入法。可根据人工观测值直接输入,或利用鼠标在过程线上点击的方法输入。

(2) 直线插补法。缺测期间水位变化平缓,或变化虽大,但呈一致的上涨或下落趋势,系统按直线插补法自动处理。

(3) 水位相关法插补。缺测期间水位变化较大,且本站与邻站的水位之间有较好的相关关系,用户给定相关站码及时间段后,系统按相关法进行自动插补处理。

(4) 水位常数法。缺测期间的水位变化为一常数时,用户给定改正常数后,系统进行自动改正。

若降水量观测资料发生中断或不正常现象时,应通过分析对照,参照邻站资料进行插补修正。

3) 数据整编

在实现对计量数据的自检、修正处理后,可根据各测站供水计量的要求,分别进行水位、流量的计算(包括本站小水电合成、多站或多断面合成计算),含沙量、降水量、潮水位等分析计算,并输出各种整编成果表等。

成果质量满足《水文资料整编规范》(SL 247—2012)要求。

4) 设计流程

系统通过对水文遥测、固态存储及人工观测等数据进行检查处理,生成通用整编模块数据格式文件,通过计算机处理后,生成满足水文资料整编规范的各种成果表文件及数据库转储文件,系统设计流程见图 6-1。

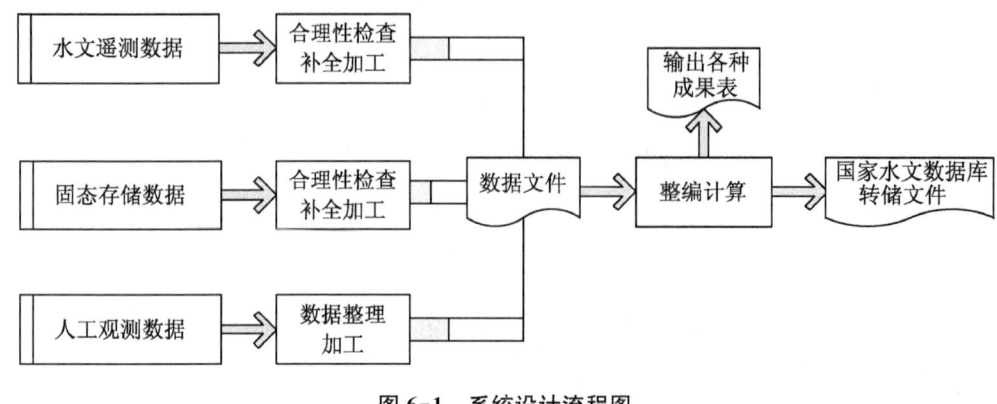

图 6-1 系统设计流程图

6.4 模块设计及运用

6.4.1 系统的安装

运行安装文件 Setup.exe,选择系统文件的安装路径后,点击"开始安装"完成系统的安装。

6.4.2 数据导入与处理模块

数据导入、水位数据处理模块主要完成遥测及固态存储数据的预处理,包括数据的合理性检查,绘制水位过程线,对缺测或故障数据进行补全、改正,生成准确完整的系列资料。

6.4.2.1 程序功能

首先,将遥测数据、固态存储数据、人工校核数据、闸门启闭信息及人工补测等数据导入应用整编库,为遥测整编提供数据源,实现了水位信息的过程线管理;再对水位信息中不正确、不准确,以及缺测的数据进行补全、修正处理,对风浪或船闸放水等引起的水位变化进行消浪平滑处理,对数据进行精简处理,最后输出整编模块数据格式文件。

6.4.2.2 数据处理流程

对导入后的水文遥测及固态存储的水位数据进行预处理及补全、改正,然后生成通用格式数据文件,数据处理流程见图 6-2。

6.4.2.3 数据的导入

1) 服务器端配置

首先要在计算机上安装 Sybase 11.5 服务器端软件,创建数据库设备及数据库。

(1) 安装 Sybase 客户端

在 Dsedit 功能 Server 栏添加服务名:zhengbian,小写。双击服务名,在右侧双击 Server Address,添加 TCP,并要 ping 成功。

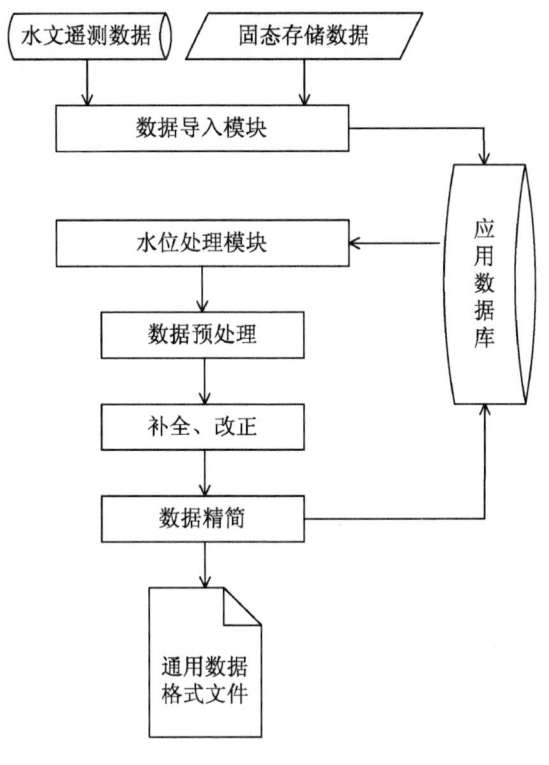

图 6-2　数据处理流程图

（2）配置 ODBC 数据源（配置 Sybase 数据源）

在控制面板—管理工具—数据源（ODBC）中，选择系统 DNS，添加 Sybase System 11 驱动，数据源名称（Data Source Name）：zhengbian，服务名（Server Name）：zhengbian，数据库名（Database Name）：遥测使用数据库名，区分大小写。

2）创建测站基础信息

本部分是系统运行的最基本信息支撑，如数据库初次创建必须添加完善，否则系统不能运行。

（1）添加遥测站基础信息

在"数据库维护—遥测站基础信息维护"菜单中，点击"查看既有站"按钮，此时用户根据需要可添加，如已完成基础信息的配置则跳过本步骤，见图 6-3。

如需批量导入遥测站基础信息数据，可按窗体右侧中部">"按钮，点击右侧"打开基础信息 xls 文件"，执行"信息入库"功能可将已编辑好的 XLS（工作表名为 sheet1）文件中的遥测站基础信息批量导入，见图 6-4。

xls 文件格式：每行第 1、3、7、10 列信息必填，其余的选项可不填写。

（2）添加测报项目信息

在"数据库维护—遥测站测报项目"菜单中，完成信息录入或信息的批量导入，见图 6-5，操作方法同上。

xls 文件格式：第一列 5 位报汛站码、第二列报汛站类，一个站执行一次添加，添加时如不是雨量站，要选择遥测雨量观测项目"有"或"无"，系统默认是"无"。

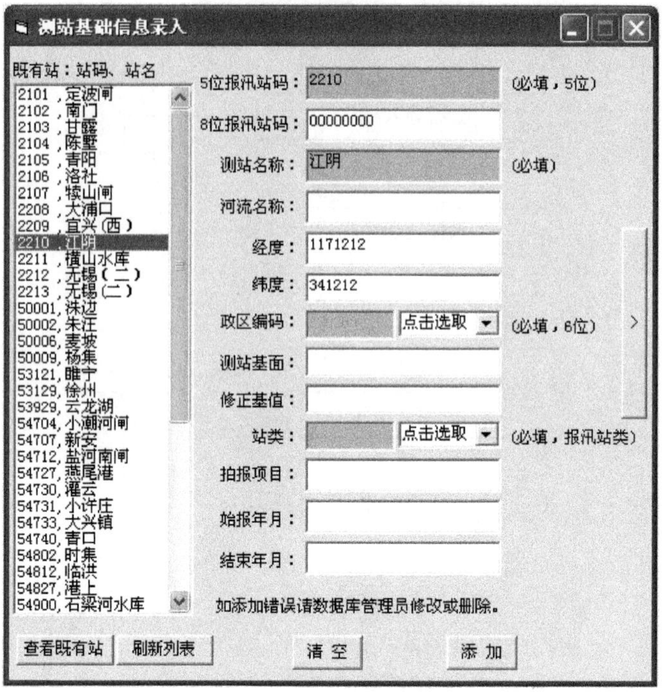

图 6-3 测站基础信息维护

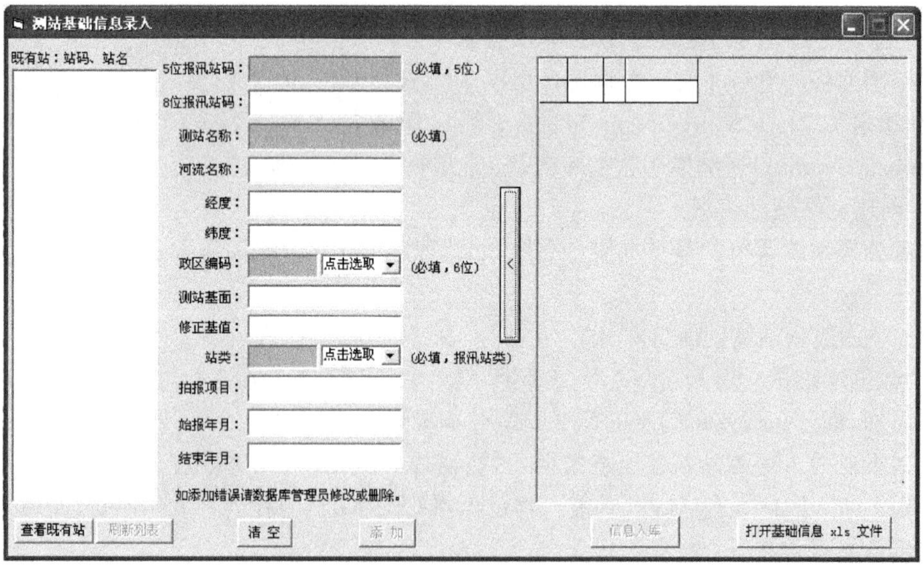

图 6-4 基础信息的批量导入

(3) 添加维护 5、8 站码

在"数据库维护—5、8 位站码对照表维护"菜单中完成站码的单站或批量录入,见图 6-6,操作方法同上,其中,5 位站码为报汛站码,8 位站码为整编站码。

XLS 文件格式:第一列站名、第二列 5 位报汛站码、第三列 8 位整编站码。

图 6-5　测报项目信息维护

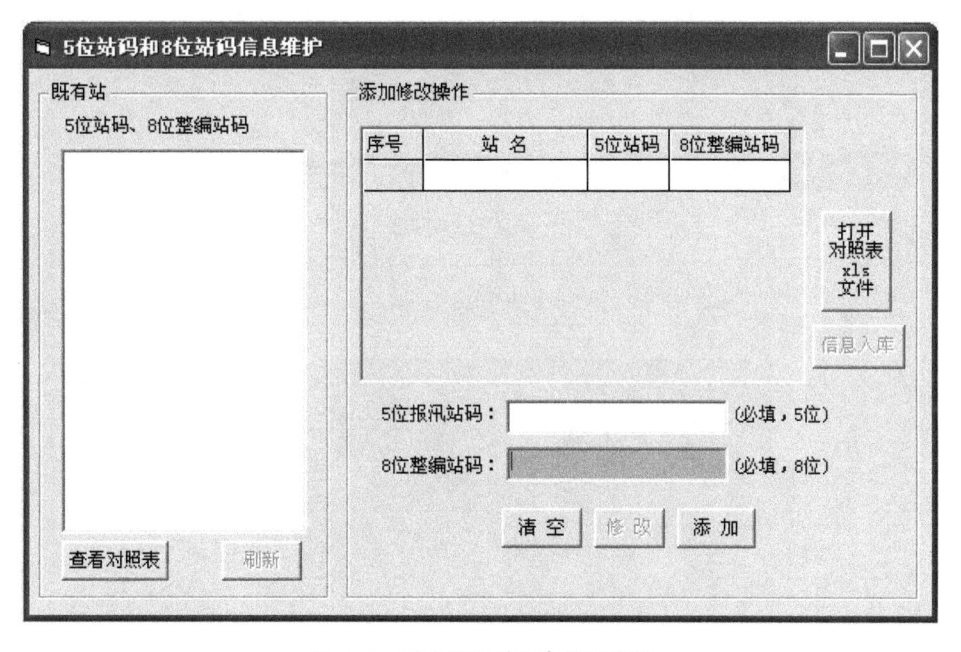

图 6-6　测站编码对照表信息维护

（4）测站基面差值维护

在"数据库维护—基面差值维护"菜单中，根据界面逐站添加基面差值，即自动采集数据与水位整编基面的差值，见图 6-7。

3）录入人工观测资料

选择"人工观测资料录入——一般格式录入"菜单进行操作，录入完毕后点击"录入数据导入数据库"写入数据库，见图 6-8。

145

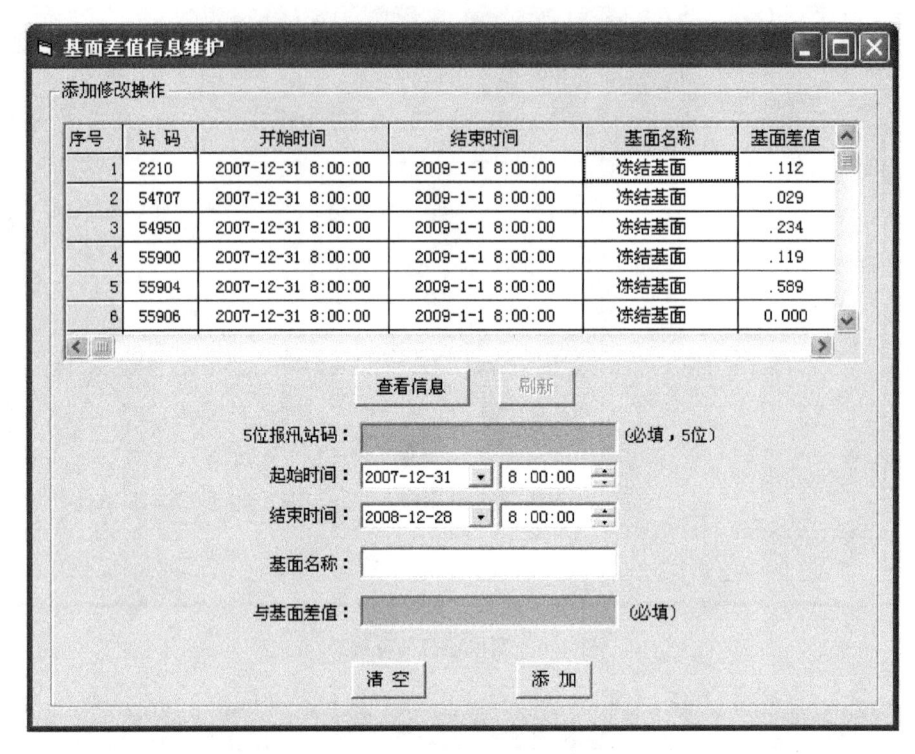

图6-7 基面差值信息维护

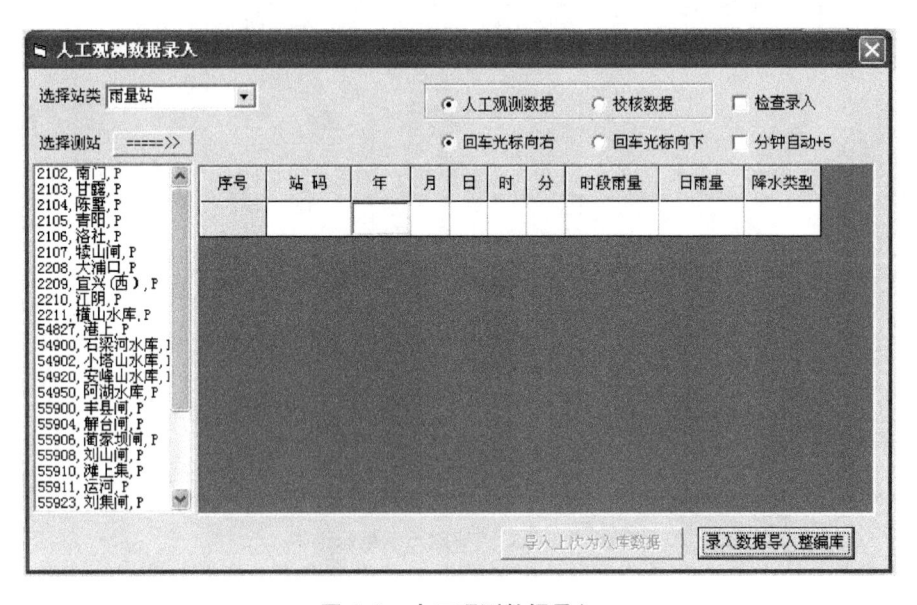

图6-8 人工观测数据录入

如果录入错误,勾选"检查录入"选项,重新录入,根据提示修改,没有提示则说明和上次录入相同。

4) 导入遥测数据

(1) 自选站数据导入。根据"自动采集数据整合—遥测库数据导入—自选站导入数据"

的菜单,完成不同的测站、不同时间的遥测数据导入。

(2) RTU 下载数据的导入。根据"自动采集数据整合—遥测库数据导入—遥测站 DBF 数据格式导入"菜单,完成 RTU 中尚未写入数据库中的数据导入。

5) 导入固态存储数据

根据"自动采集数据整合—雨量固态存储数据导入"的菜单,导入文件后缀为 txt 格式的雨量固态存储数据。

6) 导入累计雨量

根据"自动采集数据整合——累计雨量 xls 文件数据导入"菜单,导入完成文件格式为 xls 表格数据的累计雨量。

6.4.2.4 数据的处理

对已导入的水位数据进行显示、合理化修改、补充,使之达到水位数据整编的要求。

1) 测站选择

运行本模块,在下图界面中选择测站类型、测站名称、测站编码、水位位置等,见图 6-9。

(1) 当测站名称栏为空时,表明网络不通畅或不能正确操作数据库,可按"连接…",再与数据库进行联系。

(2) 当测站编码栏为空时,表明数据库中无 5 位码和 8 位码对应数据。

图 6-9 测站的选择

2) 水位处理

完成遥测水位的过程线显示、缺测水位插补及错误数据的改正等,运行界面见图 6-10。

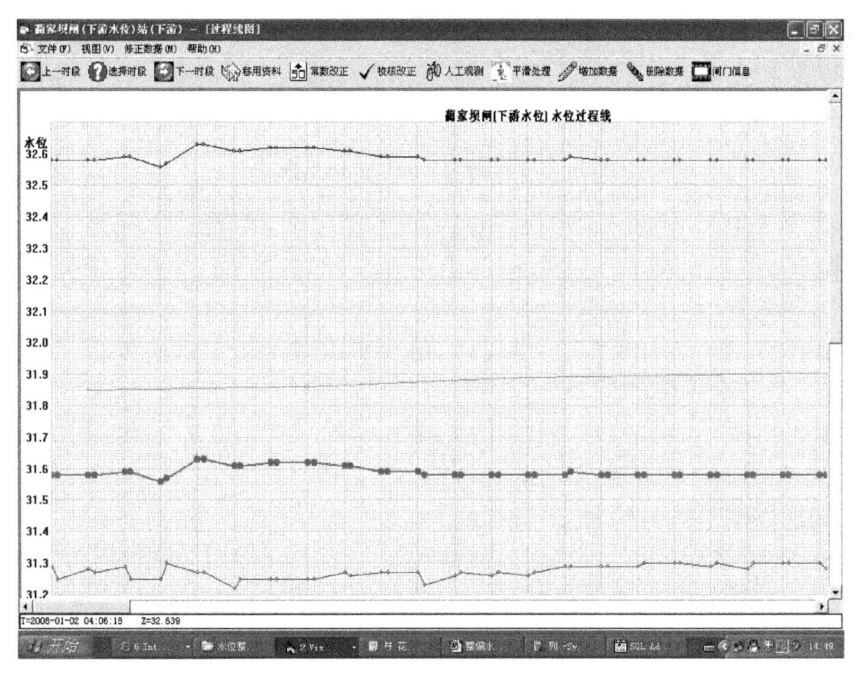

图 6-10 水位过程线的图形显示

图 6-10 中,自下而上第一条线表示整编水位过程线,第三条线表示遥测水位过程线,第二条线表示人工录入的水位过程线,第四条线表示相邻水位站水位过程线(包括相应的上下游水位)。

(1) 显示水位过程线

进入水位处理功能界面时,系统自动默认显示计算机所在年份 1 月 1 日 7 时到 2 日 9 时的水位过程线(包括整编、遥测水位过程线和人工观测点)。可按"上一时段""下一时段"显示前一天或后一天的水位。当需自己设定显示时段时,按"选择时段",输入"起始时间"和显示天数(最多 31 天)来显示某段时间内的水位过程线。

当需要上下游水位来进行对比时,选择菜单:视图→显示邻近站,显示所选站水位过程线(自下而上第四条线)。

(2) 缺测资料插补

在查看整编水位过程线时,当某段时间内没有数据,可对该时段内的缺测数据进行补充处理,具体有以下几种方法。

① 相关关系插补

通过菜单,选择"修正数据"→"缺测补充"→"相关关系插补",出现图 6-11 界面。

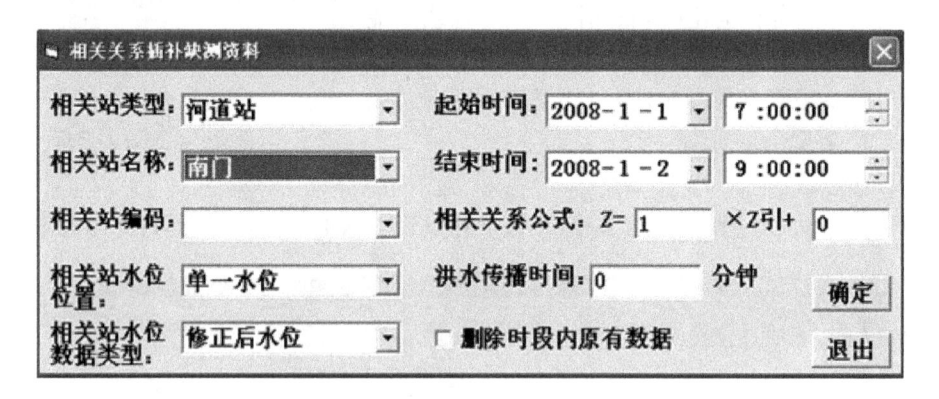

图 6-11 缺测资料的相关关系插补

选择相关站类型、名称、编码、水位位置、水位数据类型、起始时间、结束时间、相关关系公式(直线相关)、洪水传播时间,把相关站相应时段内的水位资料按相关关系导入本站,作为缺测处的水位资料。

a. 当整体相关关系不是直线时,可对不同时间段的水位进行相关分析,并近似认为其具有线性相关,再对缺测段的水位进行插补。

b. 洪水传播时间。当采用相关分析的测站在本站上游时,洪水传播时间填正值;反之,洪水传播时间填负值;不考虑洪水传播时间时,洪水传播时间填 0。

② 参照上下游水位过程插补

在菜单中选择"修正数据"→"手工修改数据"→"增加或修改",根据相关站相应时段,手工绘制缺测段水位过程线。

(3) 错误数据改正

① 常数法。当某一时间段水位有相对滑动或汛前汛后水尺变动较大时,要对在此期间的水位进行加常数改正。

在菜单选择"修正数据"→"常数改正",见图 6-12。

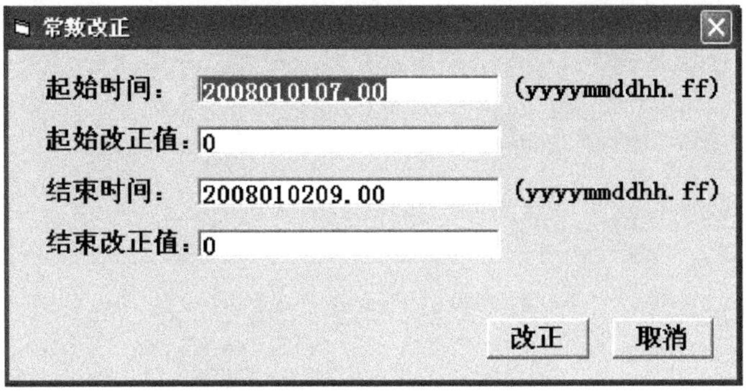

图 6-12　错误数据的常数改正

在图 6-12 中输入需改正水位的起始时间、起始改正值、结束时间、结束改正值,对所选时段进行常数改正。

② 校核水位法。当遥测水位与人工校核水位差值超过规范规定的范围时,根据人工观测的校核水位对相应时段内的遥测水位数据进行校核改正。

在菜单中选择"修正数据"→"校核改正",见图 6-13。

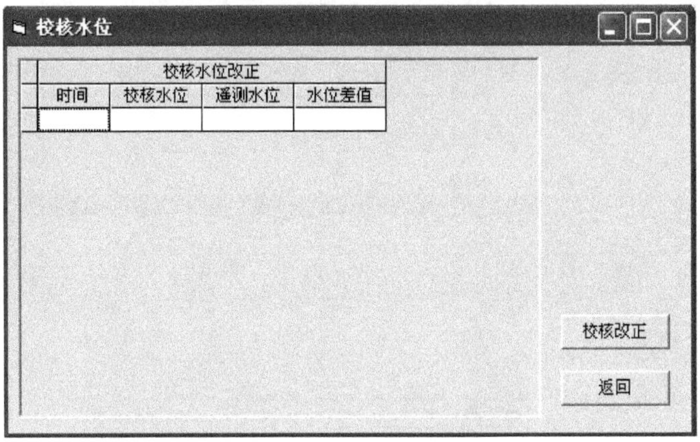

图 6-13　根据人工校核水位改正

图 6-13 中列出校核水位、遥测水位及两者水位差值。当某一水位差值超过规定范围需要改正时,选择"校核改正"进行数据改正。本功能将对此项记录和上一次记录对两记录时段内所有水位进行校核改正,所选项水位差值为 0 时,表示校核改正结束。

③ 滤波法。由于受船闸或风浪影响,自动采集的数据呈锯齿状分布,用此功能可对遥测水位进行滤波修正。

在菜单中选择"修正数据"→"平滑处理",见图 6-14。

输入需进行平滑处理的起始时间、结束时间、平滑时间,以平滑时间内所有水位数据的平均值作为平滑时间内中心点的水位数据。

(4) 闸门信息处理

此功能可检查闸门开始启闭和结束启闭时是否有水位,删除开始启到结束启和开始闭

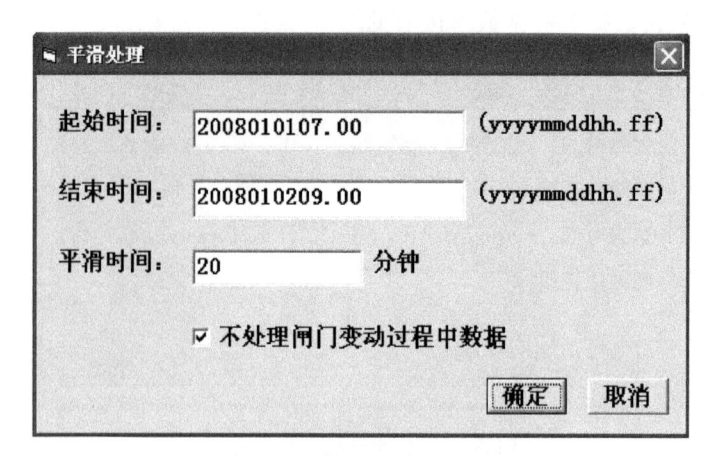

图 6-14 数据的平滑处理

到结束闭之间的水位。

3）输出结果

遥测数据库中的水位数据，经模块处理后，可输出水流沙计算模块所需的数据文件格式，见图 6-15。

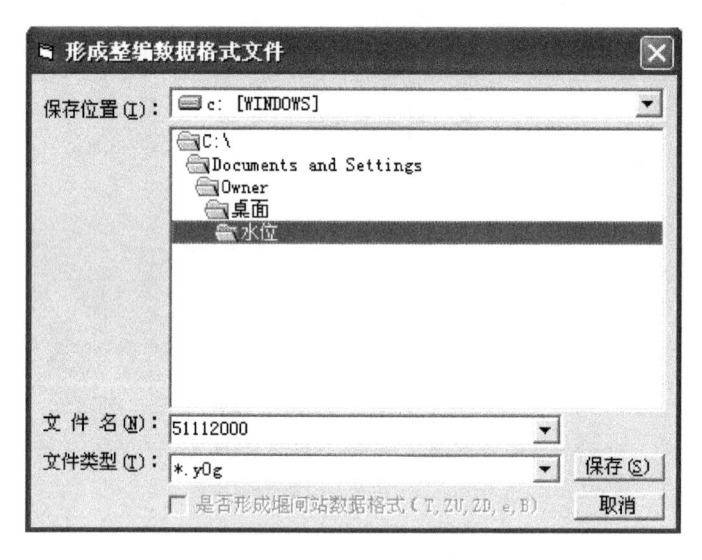

图 6-15 成果文件的输出

当本站有上下游水位，且作为堰闸站处理时，在图 6-15 中"是否形成堰闸站数据格式（T,ZU,ZD,e,B）"前选择"√"。

4）查询日志

显示对所选测站水位数据库进行的操作，包括操作人员、操作时间、操作内容等资料。

6.4.3 水流沙计算模块

水流沙模块主要完成各类河道站、水库站、堰闸站、水电站、抽水站和涵管站等各类遥测站的水位、流量资料的处理，及采用时差法测流系统、SL 测流系统、H-ADCP 测流系统对固态存储采集的信息进行处理,按照规范要求完成资料整编和数据库转储业务,输出满足规范要求的各种成果表文件及数据库转储文件。

6.4.3.1 程序功能

实现水文遥测、固态存储及人工观测等水文测验数据的处理、整编及数据库转储等业务工作,适用于各类水文、水位站(常年站或汛期站)。系统在完成测验数据自检后,分别实现对水位、流量及泥沙资料的计算(包括本站小水电合成、多站或多断面合成计算),输出各种整编成果表及成果文件的数据库转储。

6.4.3.2 适用范围

(1) 站类:河道站、水库站、堰闸站、水电站、抽水站、涵管等各种常年或汛期观测站。

(2) 堰闸类型:宽顶堰闸、实用堰闸、薄壁堰闸、跌水壁闸、涵管。

(3) 出流流态:自由堰流、淹没堰流、自由孔流、淹没孔流等。

(4) 流向:顺流、逆流。

(5) 特殊水情:河(渠、库、湖)干涸、连底冻、缺测、停测。

6.4.3.3 计算方法

1) 瞬时流量的计算

水库站、堰闸站、水电站、抽水站、涵管站的流量资料计算一般采用流量系数(包括淹没系数)法、效率系数法、逐步图解法、堰闸过水平均流速法等。

河道站的资料整编一般采用单一曲线法、临时曲线法、连时序法、连实测流量过程线法(全年或部分连实测)、单断速法、改正水位法、切割水位法、改正系数法等。

(1) 流量系数法、效率系数法:由一元三点插值法计算系数值,然后利用流量计算公式计算流量。

(2) 公式法(逐步图解法):根据流量公式直接计算流量。

(3) 水位流量关系线法(含连时序法):用一元三点插值法计算流量。

(4) 连实测流量过程线法:用直线插值法计算流量。

(5) 改正水位法、切割水位法:首先对水位进行改正或切割计算,再用改正或切割后的水位采用相应方法推流。

(6) 改正系数法(过程线):用直线插值法计算改正系数值,再对已推算的流量进行改正计算。

(7) 单断速法:用单断速关系计算断面平均流速,根据面积曲线计算过水断面面积:流量=断面平均流速×过水断面面积。

2) 泥沙资料的计算

泥沙整编采用近似法、单断沙关系直线法、单断沙关系折线法、单断沙关系曲线法。

(1) 单断沙关系为直线或折线时,先求出单断沙关系斜率系数,然后推算断沙。

(2) 单断沙关系为曲线时,采用一元三点插值法直接由单沙插补得断沙。

(3) 用近似法整编时,直接将单沙看作断沙。

3) 日平均值的计算

(1) 日平均水位、流量:采用面积包围法计算。

(2) 日平均输沙率:瞬时输沙率用面积包围法计算(即流量加权法中的第一种方法)。

(3) 日平均含沙量:当一日内不全是顺流或逆流、或日平均流量为零时,按含沙量过程用面积包围法计算；当日平均流量不为零时，用日平均输沙率除以日平均流量。

6.4.3.4 模块设计流程图

水流沙模块设计流程见图 6-16。

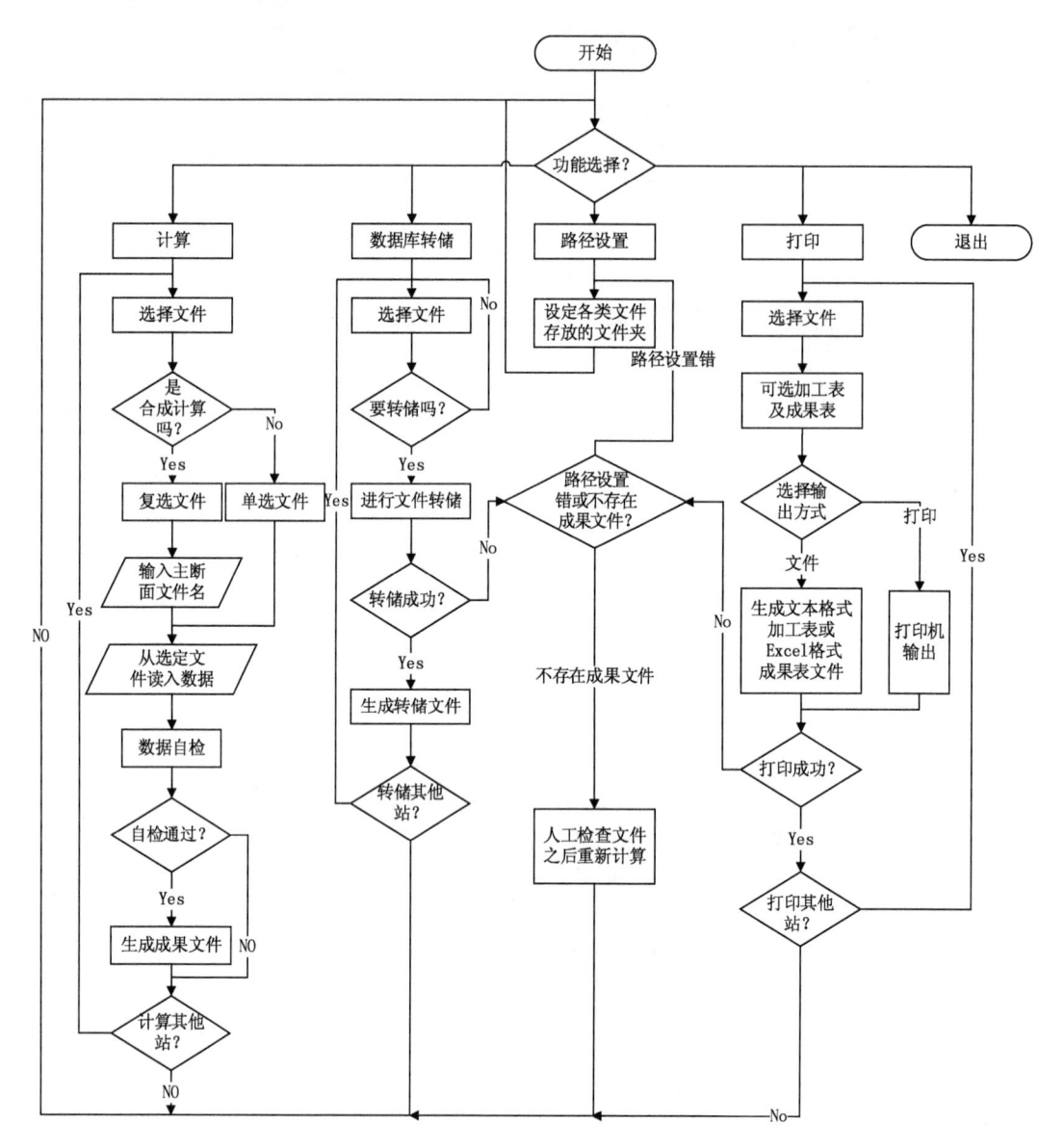

图 6-16 水流沙模块设计流程图

6.4.3.5 运行操作

1) 运行程序

运行程序菜单"江苏省水文测验信息计算机管理系统"文件夹中的快捷方式"江苏省水文测验信息计算机管理系统"，进入系统主界面，点击"水流沙"按钮运行本程序。

2) 路径设置

路径设置方便了用户对文件的管理，程序首次使用必须进行路径设置，以后如无变化可不再设置。

用户可选择"设置"菜单→"路径设置"或点击工具栏 图标进行路径设置。路径设置分为"数据文件""河站名文件""成果文件""数据库文件"4 项,其中,运行过程中所生成的中间文件也放在成果文件区中。在路径设置界面中,用户可点击"浏览"按钮来选择对应项目的路径;也可以在文本框内输入对应项目的路径,但应输入绝对路径。

3) 水流沙计算

水流沙计算实现了水流沙数据自检、排队、计算、合成及各种成果表生成等,形成中间成果文件,供选择打印成果表及数据库转储时使用。

用户可选择"计算"菜单→"水流沙计算"或点击工具栏 图标进行水流沙计算。

(1) 单站计算

选择计算类型为"单站计算",然后选择测站的数据文件名,点击"计算"按钮开始计算。

(2) 合成站计算

选择计算类型为"合成站计算",点击"浏览"按钮选择主断面的数据文件名,或在文本框内输入主断面的数据文件名(只能为 8 位测站编码+文件名后缀),然后点击"复选框"选择其他合成断面的数据文件名,选择的合成断面的数据文件名不能包含主断面文件名。点击"计算"按钮开始计算。

计算时,系统对用户数据文件中加工格式错误、表(六)、表(七)、表(八)等表中的时间错误等采用屏幕提示的方法。当所列错误不至于使计算发生不可预料的结果时,按任一键可让计算机继续运行,并将错误提示信息记录在 DataErr.log 文件中,可选择"工具"菜单→"错误日志"进行查看。

当所计算的测站有小水电时,程序自动检测数据文件区中小水电数据文件进行推流计算,并将其成果合成到主断面。

4) 打印

本程序的打印功能按 A4 纸类型进行设计,并按不同站类区分打印内容。能自动排版输出时间、上游水位、下游水位、开高、开宽、流态编号、流量、泥沙等要素供用户检查校对用。

用户可选择"计算"菜单→"打印"或点击工具栏 图标进行数据文件及成果文件的打印。

(1) 选择要打印的数据文件名。

(2) 打印数据文件:在多选框中选择要打印的数据文件表名称,文本框中提示的"开始打印时间"与"终止打印时间"为输出表(六)的起止时间。所输入的时间为月日时分组合形式,与加工表中所用格式相同。如不加人工控制,则表(六)会全部打印。

(3) 打印成果文件:在多选框中选择要打印的成果文件表名称。

(4) 打印是否暂停:控制由打印机输出成果时每页打印完成后是否暂停,如用户使用单页纸打印时,可使用"暂停",以方便换纸。

(5) 成果输出:如选择"文件",则在成果路径中生成相应的成果表文件,原始数据文件的成果文件名称为"测站编码+t_d",文件格式为文本文件,可采用"记事本"等软件打开;如选择"打印机",则直接由打印机输出成果。

5) 数据库转储

用户可选择"计算"菜单→"数据库转储"或点击工具栏 图标进行数据库转储。

当选择测站编码,点击"转储"按钮后,系统自动将该站所有成果文件转储为数据库格式文件,并存放在指定的文件夹。

对于合成站,只转储合成成果,如需转储各分断面成果,必须先进行单站计算。

6) 取消

用户点击每一个子界面的"取消"按钮,均返回"水流沙数据处理"主界面。

7) 退出

用户可选择"计算"菜单→"退出"或点击工具栏 图标,程序运行结束。

6.4.3.6 文件名约定

河站名文件为"SWZM.DAT",数据文件名为测站编码".y?G",其中"?"为0,1,2,3中任一个字符;小水电文件名为测站编码".XSD";水库站蓄水量文件名为测站编码".W"。

6.4.3.7 河站名文件

1) 文件结构

河站名文件由14项数据构成,作为一条记录键入;每两个数据之间均以","分隔;与上行相同的部分数据也应全部键入,不得省略。

2) 项目内容

河站名文件中共包括14项内容,其排列顺序见表6-1。

表6-1 河站名文件项目顺序表

顺序号	1	2	3	4	5	6	7
项目	测站编码	河名	站名	基面名称	基面改正数	保证率	集水面积
顺序号	8	9	10	11	12	13	14
项目	径流量单位	洪量单位	泥沙单位	输沙量单位	蓄水量单位	测站基面名称	断面干枯名称

3) 文件录入

(1) 测站编码:按已公布的测站编码录入。如为一站多断面时,各断面均应有与之相应的断面编码,且是唯一的。

(2) 河名:录入河名,河名应包括"江""河""湖"等文字。

(3) 站名:录入站名,包括站名后需注明的某些特征,如"(闸上游)""(输水洞)"等,最后一个"站"字不需录入,由软件统一处理。

(4) 基面名称:录入绝对基面名称,如"黄海""吴淞""废黄河口"等。

(5) 基面改正数:有基面改正数的按实际数值录入,基面改正数未定时键入字符"1.E9"。

(6) 保证率:录入内容见表6-2。

表 6-2 保证率内容表

站类	整编要求	保证率标志字符
水库站	水库站各断面水位表均不排保证率水位	0
堰闸站	闸上、闸下水位表均不排保证率水位	0
	闸上排保证率水位,闸下不排	1
	闸上不排保证率水位,闸下排	2
	闸上、闸下水位表均排保证率水位	3

(7) 集水面积:有集水面积的站,按实际数值录入(水库站录入主断面内),集水面积未量取(无法量取)或有变动未确定时均按无集水面积处理,录入字符"0.0"。某些断面不用集水面积时(如电站、渠道站等)也按无集水面积处理。

(8) 泥沙单位:录入内容见表 6-3 含沙量、输沙率单位表。

表 6-3 含沙量、输沙率单位表

整编要求	泥沙单位标志字符
含沙量(g/m^3) 输沙率(kg/s)	0
含沙量(kg/m^3) 输沙率(kg/s)	1
含沙量(kg/m^3) 输沙率(t/s)	2

(9) 径流量单位、洪量单位、输沙量单位、蓄水量单位:录入内容见表 6-4。

表 6-4 径流量、洪量、输沙量、蓄水量单位表

项目 \ 单位	无该项目	m^3	$10^4 m^3$	$10^8 m^3$	t	$10^4 t$	$10^8 t$
径流量		1	4	8			
洪量	0	1	4	8			
输沙量	0				1	4	8
蓄水量	0	1	4	8			

① 径流量、洪量、蓄水量单位为立方米(m^3)时录入 1,为万立方米($10^4 m^3$)时录入 4,为亿立方米($10^8 m^3$)时键入 8。

② 输沙量单位为吨(t)时录入 1,为万吨($10^4 t$)时录入 4,为亿吨($10^8 t$)时录入 8。

③ 某站无该项目资料(无整编要求)的,其单位一律键入 0。

④ 洪量单位录入 0,表示该站资料不进行洪量统计,但制表时的表框内应有单位名称,为统一表式,本软件规定,不进行洪量统计时表框内用统一的单位:万立方米($10^4 m^3$),各部

门亦可自行规定一个单位。

（10）测站基面名称：水文遥测站所用的基面名称，如"85基准""废黄河口""吴淞"等，应录入相应的汉字。

（11）断面干枯名称标志：当断面干枯无水时，录入断面水位干枯名称的第一个汉字，如"河""渠""湖""库"等。

6.4.3.8 水流沙数据的编制

水库、堰闸站（含水电站、抽水站、涵管）及河道站的水位、流量、泥沙原始测验资料应用本模块整编时，需按如下要求进行数据加工、录入。加工表式共有10项，录入时按加工表（一）、表（二）……表（十）次序进行，不得颠倒，录入的表与表之间统一用不少于一个 * 号间隔。加工表中某些项目或数据为空白时，录入时可任其空白，接录下一个项目或数据；无某加工表时可跳过该表接录下一个加工表内容。

1）表（一）的编制

（1）加工方法

① 年份（NF）：填资料观测年份，一律填写公元年份的全称，如2004。

② 站号（ZH）：填由汇编单位统一编排的站次。

③ 测站类（闸）型标志（ZA）：按测站（断面）所属的类（闸）型填入相应的编号，见表6-5。

表6-5 测站类型表

测站类（闸）型	编号	测站类（闸）型	编号
河道站（渠道站）	0	薄壁堰	4
平底闸	1	抽水站	5
宽顶堰闸	2	水电站	6
实用堰闸	3	水位站	7

对于水库站、堰闸站各断面流量资料，如全年采用河道站定线方法推流时，应按河道站处理，编号填0，否则应填该站所属闸型的编号。

对于全年采用单断速关系推流的站，编号统一填—1。

④ 测流断面位置标志（DM）：填测流断面所在的位置标志，有两组水位时，闸上测流填1，闸下测流填—1，全年仅一组水位或无观测水位时均填1。

⑤ 闸下水位观测标志（LX）：闸上、闸下（或闸上游、闸下游）均观测水位时填1，闸上、闸下仅有一组观测水位的填0，闸上、闸下均无观测水位的填—1。

⑥ 坝、闸水位关系标志（LBZ）：水库站主断面采用坝上水位作为闸上水位时填1，否则填0。当等于1时，坝上水位可不再加工和录入。

⑦ 流态判别方法标志（LT）：用水力学公式法判别流态的，如采用书本上的经验系数，即孔、堰流的分界点 e/H_u 的值，当平底闸、宽顶堰闸为0.67，实用堰为0.75，自由式、淹没式的分界点 H_t/H_u 值为0.80时填记1；用实测资料进行分析后的经验系数填记2；用人工输入流态的填记3。

河道站用关系线推流的一般填3，水库站、堰闸站各断面流量资料凡全年采用河道站推流方法整编的均填3。

⑧ 水位精度标志(KSW)：整编输出的水位其小数位记至1 cm时填0，记至0.1 cm时填1，记至0.5 cm时填5。如部分推流时间精度要求达到0.1 cm或0.5 cm时，需将该期间内的推流水位和结点水位记至0.1 cm或0.5 cm。

⑨ 推沙时段数(ISDS)：不施测沙的站填0，全年用近似法整编沙量的填-1，否则填实际推沙的时段数。

⑩ 水库(堰闸洪水)水文要素摘录段数(ZHQ)：水库站在主断面填记摘录时段数。全年除各月1、11、21日8时及月最高、最低水位必摘外(由程序控制)，凡水位转折点(含平水期)需进行摘录的均作为一个摘录段数；堰闸站有合成时，在主断面填水流摘录段数，否则填水流或水流沙摘录段数；摘录段数和每段起始时间均按规范要求选取，不作摘录表时填0。

除端点外，在摘录期间不得出现河干、连底冻、缺测等情况，如有此情况应分为两段摘录。

⑪ 洪水含沙量摘录段数(ZS)：填含沙量单独摘录时段数，全年无泥沙观测要求或不单摘时填0。

⑫ 打印摘录表空行标志(L15)：打印摘录表如一场洪水空一行的填1，打印五行空一行的填5，全部不空行时填0。

⑬ 打印各项整编表标志：根据各站整编项目要求填制。如果需要某项成果表，则在相应位置填入对应的断面编码，以确定制表时的表头河站名。不需要整编某项成果表或无该项目时，在相应位置键入0，各信息所代表的内容如下：

IU 闸上水位　　　　　　IL 闸下水位
IQ 流量　　　　　　　　IR 输沙率
IK 坝上水位　　　　　　IW 来蓄水量

⑭ 打印流量表表类标志(LQB)：只打印单站或合成综合流量表，填1。

⑮ 合成方式标志(IHS)：统一采用瞬时合成，填1。

⑯ 调查水量信息标志(MQW)：断面以上无引进、引出水量或有但未进行调查时填0；全年只调查一个总数时填1；全年各月有调查数字时填2。

⑰ 水位常数(HC)：根据各站所有实测水位的年变幅，确定一个适当的整米数填入，不设立水位常数时填0.0。

(2) 表(一)的录入

依序号1,2,3…,21,22录入各变量(标志)值，各变量之间可用逗号、空格、TAB键等分隔(以下各加工表数据录入同此)。

每行录入变量个数自定，但该表录入完后应另起一行录入不少于一个"＊"号。

2) 表(二)的编制

表(二)用来控制水文要素摘录表的摘录内容及时段。分水库水文要素摘录表、堰闸洪水水文要素摘录表及洪水含沙量摘录表3种。

(1)加工方法

表中要素摘录的起、止时间组数，应与加工表(一)中的9,10项数字一致。

① 水库水文要素摘录表

a. 各摘录段的起始时间(KQY)：时间以月、日、时分的组合形式填记，月、日、时分均各占二位，不足两位的以零补足，月份首位、分钟数末位为零时，零可省略，时分之间用小数点隔开。

  b. 各摘录段的终止时间(JQY)：填制方法同上。

  c. 摘录时段内流量输出信息标志(LZQ)：不摘录流量时填 0，否则填 1。

 ② 堰闸洪水水文要素摘录表

  分水位单摘、水位流量及水流沙摘录 3 种，依赖数据文件内容自动区分。

  各摘录段的起始时间(KQY)、各摘录段的终止时间(JQY)：同水库水文要素摘录表。

 ③ 洪水含沙量摘录表

  含沙量需单独进行摘录时填制本栏，否则可任其空白。

  含沙量各摘录时段的起时(KSY)、含沙量各摘录时段的止时(JSY)：填制方法同堰闸洪水水文要素摘录表。

（2）表（二）的录入

  可依加工表上摘录起止时间的先后录入，每行只录入一组数据，即录入一个摘录时段的起时及相应的止时，水库站还应录入流量摘录点信息标志。第二摘录时段则另起一行，余类推。

  表（二）录入完毕后应另起一行键入不少于一个"＊"号。

3）表（三）的编制

（1）加工方法

 ① 各分界点：当流态判别方法标志 LT 为 2（即采用人工分析经验系数法判别流态）时，填制本栏。

  应根据实测资料分析将各流态分界点值逐一填制，使用书本上的经验系数(LT=1)或输入流态法(LT=3)时，不填本栏，可任其空白。

  a. XE：顺流时孔流与堰流的分界点(e/h_u)。

  b. XF：逆流时孔流与堰流的分界点(e/h_u)。

  c. XA：顺流时自由堰流与淹没堰流的分界点(h_l/h_u)

  d. XB：逆流时自由堰流与淹没堰流的分界点(h_l/h_u)

  e. XC：顺流时自由孔流与淹没孔流的分界点($\Delta Z/h_u$)

  f. XD：逆流时自由孔流与淹没孔流的分界点($\Delta Z/h_u$)

  当 LT=2 时，各分界点应全部填制，某些站分界点不全时可按下列要求填制。

  XE：闸门提出水面时才作为堰流，填 0.0；只有孔流、无堰流时填 1.0；只有堰流、无孔流时填 0.0。

  XA：只有淹没堰流、无自由堰流时填 0.0；只有自由堰流、无淹没堰流时填 1.0。

  XC：只有淹没孔流、无自由孔流时填 1.0；只有自由孔流、无淹没孔流时填 0.0。

 ② 使用公式（整编方法）、相关因素等编号的填制方法如下。

  a. 曲线序号：以自然数 1，2，3…编制，每使用一个公式或一种推流方法时填写一个序号。

  b. 使用公式（整编方法）编号(BH)：资料整编时采用何种公式或整编方法应填记对应的公式或方法编号，常用的公式及编号见表 6-6。

  除堰闸、电站、抽水站、涵管等常用方法外，其他整编方法均应按其使用时间先后次序填制，其中如有改正方法，规定应填列在最前面。

  c. 相关因素编号(EM)：各种推流曲线或方法所用的相关因素编号。

用堰闸方法推流的,填与使用公式中的流量系数建立关系的相关因素编号;
用河道站要素-流量关系曲线推流时,填与流量建立关系的相关因素编号;
有改正水位或切割水位时,填所需改正或切割的水位的相应编号;
用其他方法推流时,相关因素栏 EM 一般填 0。
各种编号所代表的相关因素见表 6-6。

表 6-6　相关因素编号表

编号(EM)	相关因素
1	ΔZ(闸上下游水位差)
2	h_u(闸上水头)
3	e/h_u(闸门开高与闸上水头之比)
4	$\Delta Z/h_u$(闸上下游水位差与闸上水头之比)
5	$\Delta Z/e$(闸上下游水位差与闸门开高之比)
6	$e \times \Delta Z$(闸门开高与闸上下游水位差相乘)
7	$h_u \times \Delta Z$(闸上水头与闸上下游水位差相乘)
8	$e/\Delta Z$(闸门开高与闸上下游水位差之比)
9	h_l/h_u(闸下水头与闸上水头之比)
10	e(闸门开高)
11	Z_u(闸上水位)
12	Z_l(闸下水位)
13	N(单机功率)
14	W(电功度数)
15	N_s(总功率)
16	h_l(闸下水头)
17	t(时间)
18	B(闸门开启宽度或开机台数)
19	Z_u-e(闸上水位与闸门开高之差)
20	V_d(单速)
21	$e/(h_u-e/2)$
22	$(h_l-h_c'')/(h_u-h_c'')$
23	N/N_s(实际发电功率与额定总功率之比)
...	

对于编号 14,是当效率系数与单机功率(或总功率)建立关系线,而推流用一日电功度数时才使用。当效率系数线与一日单机电度数(或总电度数)建立关系时,应写编号 13 或写编号 15。

d. LJ 流态(或曲线)编号：当用堰闸整编方法推流时，应按表 6-7 的规定填制编号。

表 6-7 流态(或曲线)编号表

编号(LJ)	流 态	编号(LJ)	流 态
1	顺自由堰流	6	逆自由堰流
2	顺淹没堰流	7	逆淹没堰流
3	顺自由孔流	8	逆自由孔流
4	顺淹没孔流	9	逆淹没孔流
5	顺半淹没孔流	10	逆半淹没孔流

水电站、抽水站推流或河道站采用要素-流量关系曲线法、连实测流量过程线法或采用堰闸过水平均流速法推流的，一律采用曲线编号填制，曲线编号从 11 开始，一般以使用时间先后编填序号，有多条关系线可依次编为 11,12,13 等，重复使用的曲线不再重新编号，仍应采用原编号。

采用其他整编方法时，流态(曲线)编号栏一般填记 0，用改正方法的，应对应填入改正的曲线编号。

e. 水力因素参数编号(SS)

当使用公式、相关因素、流态编号均相同，而由于某水力因素参数(以下称参数)的影响而出现多条系数(关系)线时，应填记该参数的对应编号，参数编号应与 EM 编号一致。

使用时在流态(曲线)编号 LJ 之右填入相应参数编号。参数单一(即无参数)时可任其空白。

f. 水力因素参数值(ST)

水力因素参数编号(SS)小于等于水力因素参数数值(ST)，即某一流态有多条系数线时，必须按参数从小到大分别依次填制，其间不得插填其他流态的系数线，无水力因素参数时参数值亦空白。

本表第二栏中 BH、BM、LJ 为必填项目，SS、ST 则应根据实际计算方法来确定是否填制，填制方法综合示例见表 6-8。

表 6-8 表(三)编制综合示例表

分类	公式(整编方法)编号(BH)		相关因素编号(EM)	流态(曲线)编号(LJ)
1	堰闸公式编号	人工录入流态	使用的相关因素编号	流态编号
		书本经验系数法	使用的相关因素编号	流态编号
		分析经验系数法	使用的相关因素编号	流态编号
	水电站、抽水站公式编号		使用的相关因素编号	曲线编号
	逐步图解法公式编号		0	流态编号

续　表

分类	公式(整编方法)编号(BH)	相关因素编号(EM)	流态(曲线)编号(LJ)
2	要素-流量关系曲线法(30)	与流量建立关系的要素编号	曲线编号
	连实测流量过程线法(31)	0	
3	改正系数法(关系线)(0)	相关因素编号	欲改正的流态(曲线)
	改正系数法(过程线)(32)	0	
	切割水位法(33)	相应的水位编号	0
	改正水位法(34)		0
4	堰闸过水平均流速法(20)	使用的相关因素编号	曲线编号
	要素-过水面积(41)		0

（2）录入方法

① 各分界点的录入：一行录入 6 个分界点的数值，然后另起一行录入不少于一个"＊"号。

② 各类编号的录入：依序在每行录入 BH、EM、LJ、SS、ST 对应的编号。

如加工表上 SS、ST 栏无数据时，可任其空白。当本项内容全部录入完毕，应另起一行录入不少于一个"＊"号。

4）表（四）的编制

（1）填制方法

整编曲线序号，应与加工表（三）中整编曲线序号的次序一致，本序号不录入计算机，仅作为与表（三）的整编曲线序号对照检查使用。

本表填制和录入的项目从表式看仅为两项，但实际内容相当丰富，除了将相关因素—系数线填入外，另外还包括水位-流量关系线、连实测流量过程线、改正系数线、改正水位、切割水位、要素-堰闸过水平均流速线、要素-过水面积线等内容。

① XJ：自变量结点（相关因素、水位或时间等）

a. 系数线（包括流量系数线和效率系数线、堰闸过水平均流速线、过水面积关系线），填相关因素的结点值。

b. 逐步图解法：填公式的 K、α、β、γ 值（如用 $Q=KBh_u^\alpha$ 公式时，只填 K、α 值），次序不得颠倒。

c. 水位-流量、水位-蓄水量关系线：填关系线相应结点水位值。

如有水位常数即 $HC>0.0$ 时，则应减水位常数后填入；与上一个结点水位的整米数相同时，其相同的整米数和小数点可省略不填，用其他要素（如水位差等）和流量建立关系线的，填入该要素结点值。

d. 连实测流量过程线、改正水位过程线、切割水位过程线、改正系数过程线等：均填入相应的各次结点时间。

② YJ：应变量结点

YJ（流量系数、流量、流量改正系数或水位改正值、闸孔平均流速、过水面积等）应与 XJ 一一对应填入。

采用逐步图解法推流时，K、α、β 等对应的应变量结点全填0。

填制 XJ、YJ 的要求综合说明见表6-9。表中提到的要素指闸上水位、闸下水位、闸上下水位差、闸上水头、闸下水头、闸门开高等。

表6-9 流量曲线编制综合说明表

序号	整编方法	XJ（自变量结点）	YJ（应变量结点）
1	堰闸推流	结点相关因素	结点流量系数或收缩系数
2	水电（抽水）站推流	结点功率或电功度数或水头	结点效率系数
3	逐步图解法推流	按 K、α、β、γ 次序排列	全部填0
4	要素-流量曲线法推流	结点要素	结点要素
5	连实测流量过程线法	时间	流量
6	改正系数法计算流量	时间（或相关因素）	系数改正值
7	切割水位法	时间	切割后水位
8	改正水位法	时间	水位改正值
9	堰闸过水平均流速法	结点要素	结点流速
10	过水面积关系线	结点要素	结点面积

（2）注意事项

加工表（四）时还应注意以下几点。

a. 表（三）和表（四）的线与线或公式之间要一一对应。

b. 对于序号1,2,4,9,10项整编方法，由于程序采用一元三点插值法计算应变量值，故其自变量结点 XJ 须由低值向高值依次选取，结点应包括最小值和最大值，以满足推流需要。

c. 一元三点插值法要求每条曲线应取不少于3个结点，结点的多寡须根据具体线型而定，原则上是各结点连成线后应与原曲线（过程线）基本吻合。

d. 采用连实测流量过程线法、改正系数法、改正水位法、切割水位法整编时，其 XJ 对应的内容全为时间数据。本程序规定，第一个时间数据必须冠以月、日，即以月、日、时分的组合形式填记，以后凡是两相邻时间的时距大于24 h的，则后一个时间数据必须冠以月、日，否则可省略月、日，仅记时分。

e. 采用连实测流量过程线法、改正系数法、改正水位法、切割水位法整编时，其流量或改正值结点应按曲线过程选点摘取，并按时间先后依次填入。经分析检查如时间对应的最大（小）流量（含连时序法）或改正值无实测水位时，应在加工表（六）中予以插补，各转折点也应考虑插补，以避免成果出现较大误差。

f. 重复使用的曲线，不再重复填制结点。

g. 每条曲线的结点全都选取后，应在下一行标上不少于一个"＊"号，以表示该曲线内容编制完成。

(3) 录入方法

① 依整编曲线序号的顺序录入本项内容；

② 每行录入一个结点的 XJ,YJ；

③ 在每一条曲线录入完毕后应另起一行录入不少于一个"*"号。

5) 表(五)的编制

无泥沙观测项目或全年用近似法整编泥沙时，不填制本表。

(1) 填制方法

① 推求含沙量(以下简称推沙)结束时间和线号

a. 人工整编曲线编号：填人工点绘的单断沙关系线线号，依序填列，重复使用的仍填原线号。

b. 推沙起止时间：填该单断沙关系曲线连续使用的起始和结束时间。

以上数据不录入计算机，但作为后二项内容填记的依据。

c. 推沙结束时间(STD)：填记该单断沙关系曲线使用的时间，时间以月、日、时分组合形式填入，组合方法见加工表(二)的说明，年末有沙时推沙结束的时间记为"123124.0"。

d. 推沙线号(ISHX)：一般应与人工整编曲线的编号相应，依序填列，但重复使用的曲线不再重新编号，仍填记该线原有的编号；某段推沙用近似法整编时，不论所处时间先后，一律编为 0 号。

推沙方法分为 4 种，分别为单断沙关系直线法、单断沙关系折线法、单断沙关系曲线法和近似法。

② 单断沙关系结点

a. 曲线编号：参照第一栏整编曲线编号依序填入，但重复使用的单断沙关系曲线，不再列入。本项内容只填记，不录入计算机。

b. SXJ：填单断沙关系线的结点单沙。

c. SYJ：填单断沙关系的结点断沙。

(2) 注意事项

数据加工时，需注意以下几点：

a. 结点数目：单断沙关系直线法，关系线结点个数只能取 2 点(原点和最上一点)；单断沙关系折线法，关系线结点个数只能取 3 点(原点、转折点和最上一点)；单断沙关系曲线法，关系线结点个数应大于 4 点(原点，然后按曲率大小选点，最后为最上一点)。

b. 结点选取方法，应先低沙后高沙依次填列。

c. 用近似法整编时，不填本项内容。

d. 每条单断沙关系线结点全部填制后应在下一行填制不少于一个"*"号。

(3) 录入方法

① 推沙结束时间和线号的录入：依本项内容的序号录入 STD 和 ISHX,每个序号录入一行，直至全部录入完后应另起一行录入不少于一个"*"号。

② 单断沙关系结点的录入：同加工表(四)的录入。

6) 表(六)的编制

该表共有两种表式，当有水位资料时采用加工表(六)[①]的表式；全年无水位资料，采用连实测流量过程线法推流时可取用加工表(六)[②]的表式。

(1) 加工表(六)[①]的编制

本表有 7 项内容,分别为时间 T、闸上水位 ZU、闸下水位 ZL、开高 EE、开宽 BB、流态(或整编曲线)编号 LB 及闸底高程 ZDG。

对于除时间外的其他各水文要素,如右一项有变化时,其左边一项或数项内容不论是否与上一行相同,均应全部填列,不得省略,但其右边一项或数项与上一行相同时仍可省略,任其空白。

① 时间(T):按原始观测记载本上的时间系列填制。

常年站年初 0:00 时,年末 24:00 时无实测资料时应予插补,年初 0:00 时可记 0.0,亦可带月日,记为 10100.0,但观测不全的站其开始观测之日一般应插补带有月日的 0:00 时,结束之日应插补该日 24:00 时,以使该日有完整的资料。

有河干(渠干)、连底冻、缺测时应填记实际河干(渠干)、连底冻、缺测时开始时间和结束时间。

前后相邻两次时间如月日相同时,可省略其相同部分;前后两次观测时间(时距)大于 24 h 时,后一个时间必须冠以月、日。月、日、时、分各占二位,时分以小数点分开,分钟数以分钟计(月份前 0 和分钟数尾 0 可省略,但日期和小时数的前 0 不得省略)。

数据中,如时间为 24:00 小时记为 0.0 时,但最后一个时间应记 24.0。

采用一日电功度数推流的水电站,如全天开机,时间一律填 0.00;一天中部分时间开机的,填实际开机小时数。例如:某日 8:30~17:12 开机,则时间填 8.42。

为便于检查和修改数据,建议每页加工表第一行的月、日和跨月第一个时间数据的月份在数据加工和录入时均不要省略。

② 闸上水位(ZU):按实际观测值填制,并应与时间数据一一对应。

年初 0:00 时,年末 24:00 时无实测值时应平移插补或根据前后水位内插;整米数与厘米数间用小数点隔开;前后相邻两行水位整米数相同时可省略,只填厘米数部分(含尾零);HC(水位常数)＞0.0 时,水位应减 HC 后填入。

遇有连底冻时填记 −6(信息量,下同),遇有河干(渠干、库干等)时填记 −8,遇有停测时填记 −9,遇有缺测时填记 −10。

③ 闸下水位(ZL):同闸上水位的填制要求。

如某站仅有闸上水位无闸下(闸下游)水位(即 LX=0),闸下水位项全部为空;如有两组水位,关闸期间闸下水位不观测或为自由出流不观测闸下水位时,则不观测期间的闸下水位应填记 −9,按停测处理,打印时为空白。

④ 闸门开高(EE):按实际高度填记,开高以米记,米数与厘米数以小数点隔开。

如多孔出流且开高不同时填记平均开高(实际开启孔数加权),闸门提出水面时一律填记 99,闸门全关填 0;如是电站、抽水站资料,则本栏填总功率或一日电功度数。

⑤ 闸门开启宽度(BB):按实际开宽填记,各孔宽不论是否相同,均按各单孔宽累加后填入。

开宽以米记,有厘米数时,整数与厘米数用小数点分开,闸门全关时填 0;如是电站、抽水站资料,本栏填电机开启台数。

⑥ 流态(或曲线)编号(LB):凡用人工输入流态(即 LT=3 时)进行整编的资料,应将人

工观测的流态按表 6-10 对应的编号填入。

表 6-10　人工观测的流态编号表

流态	自由堰流	淹没堰流	自由孔流	淹没孔流	半淹没孔流
编号	1	2	3	4	5

采用水力学公式或经验系数法判别流态(即 LT=1 或 LT=2)的站,本项填 0。

如用要素-流量关系曲线法、连实测流量过程线法推流的,或采用要素-堰闸过水平均流速法先求出平均流速后推流的,或为电站、抽水站,其编号应从 11 开始填制,即应与加工表(三)中的 LJ 编号一致。

闸门全关无漏水流量时填 0。

⑦ 闸底高程(ZDG):填本站实测闸底高程(以米计)数字,整数和厘米数以小数点分开,当闸底高程与堰顶高程不同时,填堰顶高程。

如一个多孔堰闸有多个闸底高程,由于开启孔数及位置的不同而采用平均(孔数加权)闸底高程计算流量系数时,应在平均闸底高程变动时填入;否则,仅有一个固定闸底高程的,只需在第一行填记,以后均可省略不填。

本加工表的数据全部加工完毕后,应在下一行标上不少于一个 * 号。

⑧ 关于次年 1 月 1 日 8 时及其相应闸上水位的填制

部分整编表需刊入次年 1 月 1 日 8 时水位,则本加工表有以下整编要求时应加填其数据(放在"*"号的前面):

a. 水库站主断面如其闸上水位即为坝上水位(LBZ=1),由于两者相同,闸上水位录入后坝上水位可直接取用,以避免重复进行坝上水位的加工和录入。由于坝上水位需用去年 1 月 1 日 8 时的水位,故此时的闸上水位应在原加工表(六)的数据的最后,增加填入次年 1 月 1 日 8 时的时间和其相应的闸上水位。

b. 堰闸站如需整编刊印来水量(蓄水变量)月年统计表的,由于该表需用次年 1 月 1 日 8 时的资料,因此应在原加工表(六)数据的最后增加填入次年 1 月 1 日 8 时的时间及其相应的闸上水位。

c. 除上述两种情况需加填次年 1 月 1 日 8 时的时间及其相应的闸上水位外,其他情况则一律不得填入,最后一个时间仍为 12 月 31 日 24 时。

⑨ 关于连实测流量过程线法数据简便加工方法的介绍

前面介绍的连实测流量过程线法,其加工方法是在表(三)中先确定公式(整编方法)编号 BH=31,相关因素 EM=0,曲线编号 LJ 等,对应地在表(四)中填制结点时间(XJ)和结点流量(YJ)。为简化加工方法,避免将重复的时间数据进行重复加工和录入,充分利用加工表(六)中已有的时间数据 T,对于有较长时间使用连实测流量过程线法推流的更为适宜和方便。

a. 在加工表(六)中利用加工表(六)的时间系列,在闸门开高栏填流量过程线上对应时间的流量,同时,在闸门开宽栏填-1.0(只要在第一个流量后填入,按省略规则以下可不再输入)。

b. 闸上、闸下水位按原方法填制,对应的流态(曲线)编号 LB、闸底高程 ZDG 可任其空白。

(2) 加工表(六)②的填制

全年无水位观测或不整编水位且流量采用连实测流量过程线法整编时,可用本方法进行加工。

采用本加工表加工资料[加工表(一)中 LX=-1]时,除时间 T、开高 E、开宽 B 按上述表(六)中的第 9 种情况要求填制外,其余要素(闸上水位 ZU、闸下水位 ZL、流态编号 LB、闸底高程 ZDG)均可省略。

(3) 表(六)的录入

依时间先后录入,每行录入一组数据。

数据齐全时表(六)①有 T、ZU、ZL、EE、BB、LB、ZDG 共 7 个数据;表(六)②的第一行为 3 个数据 T、Q、-1,根据省略规则,右边内容相同的部分可省略。

本加工表的数据全部加工完毕后,应在下一行标上不少于一个"*"号。

7) 表(七)的加工

(1) 表(七)的编制

① 施测单沙时间(TS):按施测单沙时间结合单沙过程线填制。

年初、年末有沙的站应插补年初 0 时及年末(12 月 31 日)24 时的沙量,插补方法按规范执行。

单沙过程一般从 0 值(沙量为 0.0,下同)开始至 0 值结束,有一个全过程,但有时会遇到这样的特殊情况,即上次过程以 0 值结束,本次过程单沙不是从 0 值开始,则应在本次过程实测第一个单沙时间之前 1 min 插补一个时间,其单沙值取-10.0。

第一个单沙时间必须冠以月、日,即月、日、时分组合时间的形式填记,前后相邻二次单沙施测时间的时距如大于 24 h,后一个时间应冠上月、日,否则可省略其月、日部分,仅记时分,时分之间用小数点分开。

② 施测单沙值(S):施测单沙值应与施测单沙时间一一对应,将实测数值(含插补)填入,含沙量取用单位应与河站名文件相一致。

(2) 数据的录入

依时间先后从上至下录入,每行录入一个 TS 及其相应的 S 数据。

全部录入完毕,应在下一行标上不少于一个"*"号。

8) 表(八)的加工

(1) 表(八)的编制

水库站主断面有闸上水位,且闸上水位为坝上水位时可不再填制本表,否则应填制本加工表。

① 坝上水位观测时间(MTSK):同加工表(六)①时间 T 的填制要求。

② 坝上水位(BSH):按实际观测值填制,填制要求同加工表(六)①坝上水位 ZU。

(2) 数据的录入

依时间先后录入,每行录入一个 MTSK 及其相应的 BSH 数据。

全部录入完毕,应在下一行标上不少于一个"*"号。

9) 表(九)的加工

(1) 表(九)的编制

① 整编来水量月年统计表

水库站、堰闸站凡有引进、引出水量调查数字[加工表(一)中 MQW>1]时,在主断面填制本表。

A. 各月有引进水量资料。

a. 月引进水量(QH)：该月引进、引出水量(月代数和)，引进为负，引出为正，代数和为负值时加负号。

b. 年引进水量(QEW)：空白。

B. 全年未分月调查引进、引出水量，但有年调查资料。

a. 月引进水量(QH)：空白。

b. 年引进水量(QEW)：年总的引进、引出水量(年代数和)，代数和为负值时加负号。

② 整编来水量(蓄水变量)月年统计表

堰闸站整编来水量月年统计表或蓄水变量月年统计表编制，在相应月份内填入各月1日8时坝上水位对应的蓄水量。

（2）数据的录入

① 引进水量

依月份顺序录入各月引进水量QH(12)或一个年引进水量QEW。

另起一行录入不少于一个"＊"号。

② 堰闸站蓄水量

依月份顺序录入各月1日8时闸上水位对应的蓄水量XW(13)。

另起一行录入不少于一个"＊"号。

10) 表(十)的加工

（1）表(十)的编制

闸上水位表、闸下水位表、流量表、输沙率表、含沙量表、合成流量表、合成输沙率表、坝上水位表、水库水文要素摘录表、来水量(蓄水变量)月年统计表等有附注内容时应采用相应表类信息编制。

（2）数据的录入

① 按闸上水位表、闸下水位表、流量表、输沙率表、含沙量表、合成流量表、合成输沙率表、坝上水位表、水库水文要素摘录表、来水量(蓄水变量)月年统计表的顺序，录入有附注的行；没有某整编表或没有附注不做任何录入。

② 录入时先键入表类信息＄X：(X为0～9中的一个序号)，占三个字符，接下键入附注说明内容。附注说明最多可列三行，每行以50个中文字(100个西文字符)为限，标点符号按实际占用的字符计。

③ 如附注说明为一行以上，为符合文字排版习惯，第一行应空出二个中文位置后输入48个中文字(96个西文字符)。

④ 附注中第二、三行一律不键入表类信息，并空一格后键入汉字。

⑤ 每一行字符中间不得键入空格字符。

⑥ 另起一行录入不少于一个"＊"号。

6.4.4 引排水量计算模块

6.4.4.1 模块功能

适用于沿江、沿海感潮闸坝站流量、水量资料整编。用户对所搜集到的观测资料，经过数据整理与加工后，建立文本格式数据文件，按一潮推流法、闸坝推流法及相应的各种改正方法,推求出流量或水量过程,然后进行合成计算。

(1) 引排水量:一潮推流法,包括曲线法及逐步图解法、公式法等。

(2) 引排水量:闸坝推流法,包括孔堰流流量系数法、逐步图解法、堰闸过水平均流速法、单断速关系法等。

(3) 其他水量:同上述一潮推流法及闸坝推流法。

6.4.4.2 计算方法

主要是采用一潮推流法、闸坝推流法(包括孔堰流流量系数法、逐步图解法、堰闸过水平均流速法、单断速关系法等)推求引排水量或其他水量。

(1) 一潮推流法(曲线)、流量系数法:先用一元三点插值法推算系数值,再代入相应公式计算一潮最大流量及引(排)水量。

(2) 逐步图解法及公式法:根据实测资料分析的流量计算公式,推算流量及水量。

(3) 改正系数法:先用直线插值法或一元三点插值法计算改正系数,再对已推流量、水量进行改正计算。

6.4.4.3 运行操作

1) 数据文件名

数据文件名采用测站编码(8位)+后缀(3位)进行命名,引排水量相关文件名后缀的取用见表 6-11。

表 6-11 文件名后缀表

项 目	定线推流方法	原始数据文件	推流文件	整编成果文件	表格文件
引排水量	一潮推流法	W0G	WKM	WKD	WKL
	闸坝推流法	Y2G	YKM		
其他水量	一潮推流法	X0G	XKM		
	闸坝推流法	X2G	XKM		
逐日平均流量				QAD	QAL

2) 模块运用

(1) 第一次运行本程序时,应先进行路径设置。

(2) 计算时,应先分别计算出 WKM,YKM,XKM 文件,然后才能选择"生成各种成果表及向数据库转储",程序将自动检测上述文件并合成制表及转储数据库。

(3) 打印校核数据文件 W0G,X0G,应采用分别计算的方法。

如校核数据文件 W0G,可采用不计算出 YKM、XKM 的方法打印出 WKL 文件。校核数据文件 X0G,可将 X0G 文件先改名成任一其他未用站码的 W0G 文件,采用上述方法。

(4) 计算 Y2G,X2G 数据文件时,用户只要选择其中之一,将自动检测计算另一文件。如需打印校核 Y2G,X2G 数据文件,可用"水流沙计算程序"选择控制输出。

(5) 计算时,程序将自动检测用户数据加工错误,并提示要不要立即修改,如立即修改,程序将自动在文本编辑框中打开相应文件并将光标定位在出错行。但对于时间错误,由于递推原因,错误也可能发生在其前行。

6.4.4.4 数据文件编制

1) 表(一)的编制

(1) 年份(NF):填观测资料年份,一律填写公元年份的全称。

(2) 制表信息(ZB):输出引排水量表填0,输出日平均流量表填1,两表皆输出填2。

(3) 流向信息(LX):引水为负、排水为正填1,引水为正、排水为负填-1。

(4) 闸底高程(ZDG):填实型数。

2) 表(二)的编制

(1) 整编公式(或整编方法)编号(BH):BH=0,改正系数法;BH=1～39,一潮平均流量或最大流量公式法;BH=40～99,一潮水量公式法;BH>100,一潮水量或最大流量或平均流量曲线法,具体填法由各站定线方法决定,详见表6-12。

表 6-12 整编公式(整编方法)表

BH	公 式
1	$Q_p = A[(Z_1+E) B\Delta ZC] D$
2	$Q_p = A[(Z_2+1)B\Delta ZC]E$
3	$Q_p = AZ B\Delta ZD$
4	$Q_p = A(Z_3-Z_2)B\Delta ZC$
5	$Q_p = A[ZB(Z_3-z_2)C]D$
6	$Q_p = AZ_1 B\Delta Z C Z_3$
7	$Q_p = AZ_2 B\Delta Z C + D$
8	$Q_p = A(Z_1+D)B\Delta ZC + E$
9	$Q_m = A Q_p B + C$
10	$Q_p = A([(Z_1+Z_3)/2]B[(Z_1+Z_3)/2-z_2]CD$
11	$Q_p = A(((Z_1+Z_3)/2)B\Delta ZC) D$
12	$Q_p = AZ_1 b(Z_3-Z_2)C(\Delta Z Z_2) D$
13	$Q_p = A((Z_3-Z_2)\Delta Z)BZ_1 C$
14	$Q_p = A((Z_3-Z_2)BZ_1 C) D$
15	$Q_p = A(\Delta Z BC(Z_1-Z_3+D))E$
⋮	⋮
20	$Q_p = A Z_1 B(1-C/T)$
21	$Q_p = A((Z_2+D)B\Delta ZC) E$
⋮	⋮
40	$W = AZ_1 B\Delta ZC TD$
41	$W = AZ_1 B\Delta ZC TDZ3$

续 表

BH	公 式
42	$W=AZ_2 B\Delta ZCTD$
43	$W=A(HB\Delta ZCTD) E$
44	$W=A(Z_2-ZDG)B\Delta ZCTD$
45	$W=A(HB\Delta ZCT D)-E$
46	$W=A(Z_1B\Delta ZC+D) TE$
47	$W=(AH-B) T$
⋮	⋮
100	$*\sim Q_p(Q_m)$
101	$*\sim W$
0	$*\sim K$

表中：

Z_1—开闸稳定水位；ΔZ—波高；Z—平均水位；W—潮水量；Z_2—高低水位；T—历时；Q_m—最大流量；Z_3—开闸后一小时水位；H—平均水头；Q_p—平均流量；A,B,C,D,E均为定线参数。

(2) 相关因素编号(EM)：填与流量(或水量)建立关系的相关因素所对应的编号，公式法整编时填0，见表6-13。

表6-13 相关因素编号表

编号	相关因素	编号	相关因素
1	T	13	$\Delta Z Z_2^{2.5}$
2	ΔZ	14	$1/e\Delta Z Z_2$
3	Z_2	15	T_k
4	Z_1	16	T_g
5	$\Delta Z/Z_2$	17	$Z_1 Z$
6	$\Delta Z/\Delta Z_1$	18	$Z_1^{2.5}\Delta Z$
7	Q_p	19	$Z_2\Delta Z^{0.5}$
8	$T\Delta Z$	20	$\Delta Z/\Delta t$
9	$TH^{1.5}\Delta Z^{0.5}$	21	$T^{0.95}H^{0.35}\Delta Z^{0.4}$
10	ΔZH	⋮	⋮
11	$\Delta Z^3 Z_2$		
12	$\Delta Z Z_2^2$		

表中：

T—历时；Z_1—开闸稳定水位；ΔZ—波高；Z—平均水位；Z_2—高低水位；e—闸门开启高度；Z_3—开闸后1 h水位；H—平均水头；Q_p—平均流量；T_k—开闸开始时间；T_g—开闸结束时间。

(3) 推流类型编号(LJJ):孔、堰流采用一潮推流法时的编号,LJJ 的编制见表 6-14。

表 6-14 推流类型编号表

流态	引水		排水	
	编号	线号	编号	线号
堰流	1	Q 线	4	Q 线
	2	W 线	5	W 线
	3	QM 线	6	QM 线
孔流	10+LJJ		10+LJJ	

(4) 水力因素编号(SS):当 BH、EM、LJJ 均相同,而由于某水力因素参数的影响而出现多条关系线时,应填记该参数的对应编号,参数编号与 EM 编号相同,无参数时,则该项不填,编制方法同表 6-8。

(5) 水力因素参数值(ST):填记水力因素 SS 小于等于的数值,填记时必须按参数值从小到大分别填制,其间不得插入其他公式(或曲线),编制方法同表 6-8。

3) 表(三)的编制

本表为曲线节点表,共有两项内容即自变量 XJ、因变量 YJ 需填制,XJ,YJ 都是实型数。

(1) 公式法输入方法

XJ:按系数→指数→常数顺序填制,即按 A,B,C,D,E 的顺序,如无某参数,则任填一数据,不能省略。

YJ:对应填 0。

(2) 曲线法输入方法

XJ:从小到大选点。

YJ:XJ 对应的值。

结点的多少须根据具体线型而定,但不应少于 3 个结点,原则上是各结点连成线后应与原曲线基本吻合。

(3) 每一根曲线输完以后,应另起一行输入不少于一个"＊"号。

4) 表(四)的编制

本表为基本资料摘录表,考虑到我省感潮闸坝站推流的需要,共有 7 项,有 3 项是可选项,分述如下。

(1) 开闸起时(TB):采用"月日时.分"组合形式按一年开闸先后次序填写,月、日、时、分各占二位。第一次开闸要冠以月日,第二次以后若月日与上行相同时,可省略。

(2) 开闸止时(TE):填法同 TB。

(3) 开闸稳定水位(ZK):按实型数填记。

(4) 高低水位(ZGD):填一次开闸过程中的最高(低)水位。

(5) 待用参数(SC_1):填记推流时需用的水力因素值,当 LBB=−1,此栏填一潮水量。

(6) 待用参数(SC_2):填记推流时需用的水力因素值,当 LBB=−1,此栏填一潮最大流量。

(7) 推流曲线及最大流量出现日组合信息(LBB),填法为

LBB＝整数部分　＋　小数部分
　　　（推流线号）　　（最大流量出现日）

当推流采用指定线号推流时,整数部分需填写对应的推流公式编号;由计算机自动判别推流类型时,整数部分填记 0,亦可不填。

小数部分:当遇有最大流量出现日不是开闸日时,需填记最大流量出现日,否则可不填。

6.4.4.5　数据的录入

数据录入应按照电算加工表的顺序进行。在一条记录内录入的各要素值之间可用逗号",",空格或 TAB 键等分隔符隔开。

1) 表(一)的录入

在一个记录内依序号录入各要素值。

2) 表(二)的录入

(1) 依序在每行录入 BH,EM,LJJ,SS,ST 对应的编号。

(2) 如加工表上无 SS,ST,则可任其空白。

(3) 当加工表(二)录入完毕后,应另起一行录入不少于一个"＊"号。

3) 加工表(三)的录入

(1) 依整编曲线序号的顺序录入本项内容。

(2) 对于每条整编曲线序号均应按本序号中的顺序依次录入自变量结点 XJ 和其对应的应变量结点 YJ,每个顺序号录一行。

(3) 在每一条整编曲线序号录入完毕后,应另起一行从第一列起录入不少于一个"＊"号。

(4) 当一条整编曲线录入完毕后(含"＊"),应接录下一条整编曲线的 XJ 和 YJ,直至全部录入完毕。

4) 表(四)的录入

(1) 依时间先后从上至下录入,每行录入一组数据;

(2) 全部内容录入完毕后,应另起一行从第一列起录入不少于一个"＊"号。

6.4.5　降蒸潮位计算模块设计

降蒸潮位模块完成降水量、潮水位的资料整编,输出满足规范要求的各种成果表文件及数据库转储文件。

6.4.5.1　程序功能

对遥测数据、固态存储数据或是人工录入的降水量、潮水位、逐日最高最低水位数据进行分析处理,生成符合规范要求的各种 Excel 格式的成果表。

6.4.5.2　数据处理

对水文遥测及固态存储的降水量数据进行预处理及补全、改正后,生成整编格式数据文件,数据处理流程见图 6-17。

6.4.5.3　模块设计流程图

降蒸潮位模块设计流程见图 6-18。

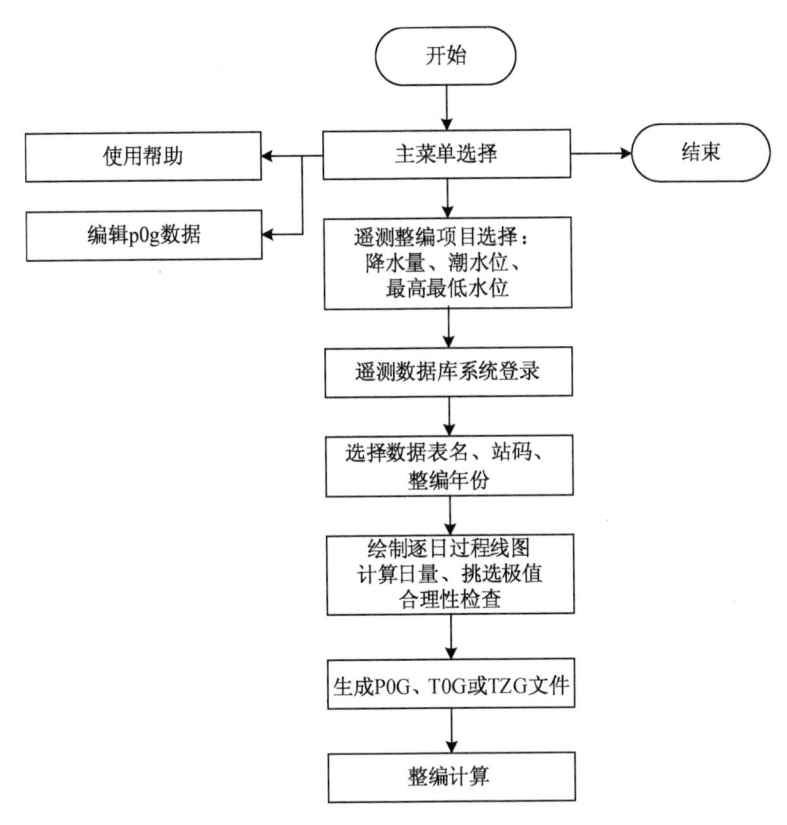

```
                        ┌──────┐
                        │ 开始 │
                        └──┬───┘
                           ↓
┌──────────┐          ┌──────────┐         ┌──────┐
│ 使用帮助 │←─────────│主菜单选择│────────→│ 结束 │
└──────────┘          └────┬─────┘         └──────┘
                           ↓
┌──────────────┐     ┌──────────────────┐
│编辑p0g数据   │←────│遥测整编项目选择：│
└──────────────┘     │降水量、潮水位、  │
                     │最高最低水位      │
                     └────────┬─────────┘
                              ↓
                     ┌──────────────────┐
                     │遥测数据库系统登录│
                     └────────┬─────────┘
                              ↓
                     ┌──────────────────┐
                     │选择数据表名、站码│
                     │、整编年份        │
                     └────────┬─────────┘
                              ↓
                     ┌──────────────────┐
                     │绘制逐日过程线图  │
                     │计算日量、挑选极值│
                     │合理性检查        │
                     └────────┬─────────┘
                              ↓
                     ┌──────────────────────┐
                     │生成P0G、T0G或TZG文件 │
                     └────────┬─────────────┘
                              ↓
                     ┌──────────────────┐
                     │   整编计算       │
                     └──────────────────┘
```

图 6-17　降蒸潮位模块数据处理流程图

6.4.5.4　操作说明

(1) 从"文件"或"编辑"菜单下可进入"打开站名文件"菜单项，可以添加新的站名信息。

(2) 为了在整编时能显示表格较多的范围，进行整编计算前程序会自动将显示分辨率调整为 1 024×768。

(3) 工具栏中的"切换最前"按钮用于切换整编程序窗口的最前属性，当窗口具有最前属性时该按钮呈灰色，这时整编程序窗口始终浮现于最顶层，不会被其他程序覆盖，便于核对 EXCEL 成果表与程序中打开的原始数据。

(4) 程序首次使用时需设置路径，可将 5 个项目分为两大类进行路径设置，即降蒸路径（p0g,eag）和水位路径（t0g,tzg,i0g）；程序默认将 p0g，eag 数据文件放在同一目录下，t0g，tzg，i0g 数据放在同一目录下，降蒸成果表和潮位水温成果表文件另放在不同目录下，降蒸转储文件、水位转储文件另放于不同目录；这 6 个目录您可以任意设置，但必须保证有足够的磁盘空间。

路径设置时可通过"浏览"按钮选择路径，这时会弹出一个"选择路径"对话框，在该对话框中可以通过鼠标右击弹出的快捷菜单来创建目录，打开目录并点击"保存"按钮即可完成路径的选择。

(5) 在 DOS 程序中选择多站进行整编或打印是用通配符实现的：

选择多站整编或打印整编成果表时会弹出一个"打开文件"对话框，在对话框的"文件类型"栏可选择不同项目的成果表如 *.PAL, *.TAL；请注意该对话框右下角的 3 根灰

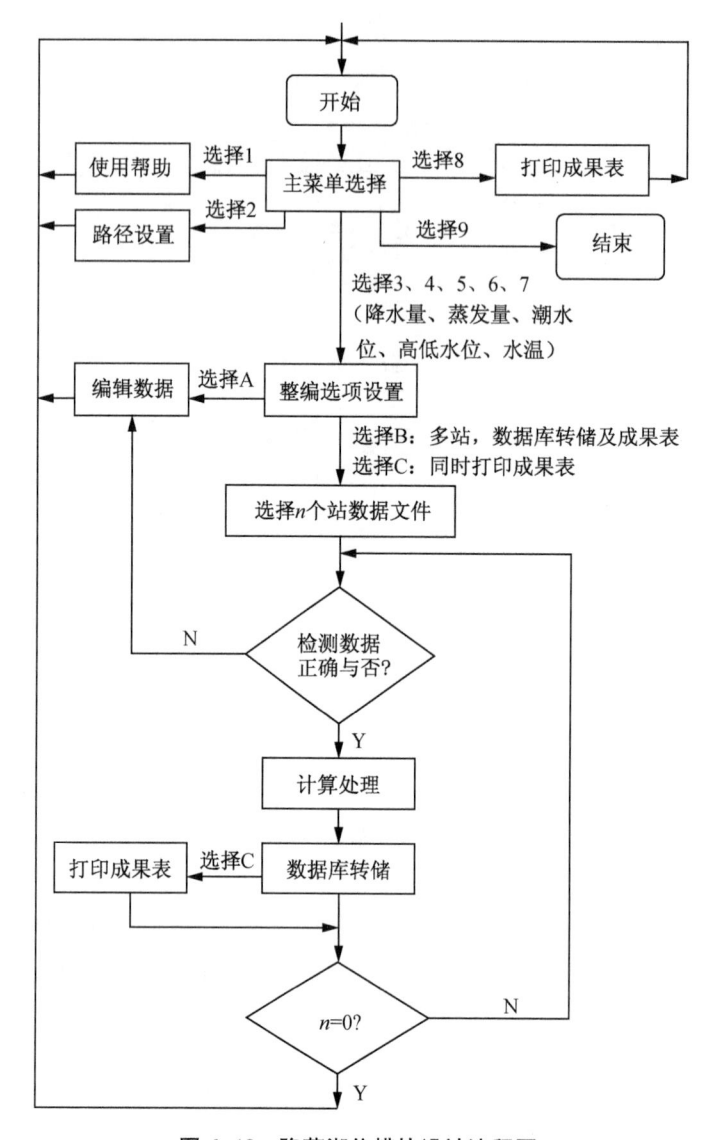

图 6-18　降蒸潮位模块设计流程图

色斜线,您将鼠标移至此处再左击并拖动即可调整对话框的尺寸,然后可用 Ctrl 或 Shift 键配合鼠标点击或框定你想要的多个文件,再点击对话框中的"打开"按钮即可选择多个文件。

(6) 降水量、蒸发量、潮水位、高低水位等项目的数据文件,统一限定行长为 120 个字符。

(7) 各表的附注说明文字统一限定为 300 个字符。

(8) 原始数据中的分隔符可使用逗号、空格、TAB 制表符等,连续多个分隔字符视为一个处理。

(9) 为便于查找和定位原始数据,允许在每行的末尾用双斜杠"//"开始注释,如注释月份等信息,这种注释内容不作为数据读取,也不添加到成果表的附注栏。

(10) 打印时程序调用系统的默认打印机,打印前务必确认默认打印机已接通电源、装好打印纸,从"控制面板"→"打印机"可重新设置默认打印机,建议使用激光打印机批量打印成果表。

6.4.5.5 数据编制

1) 降水量

数据文件名为:测站编码.P0G,数据由控制数据、正文数据、起讫时间数据、附注说明数据等 4 部分组成。

(1) 控制数据

控制数据至多为 16 个,其中站号(ZH,第 2 个),及总行数(ZS,倒数第 2 个)可省略,详细说明见表 6-15。

表 6-15 降水量数据控制信息表

序号	名称	含义及取值范围
1	NF	年份,1990—2010
2	ZH	可输 8 位数字组成的站码,也可省略不填,建议用 0 代替
3	ZL	站类,1=常年站,2=汛期站
4	FF	自记资料整编方法,填 0
5	ZJ	自记资料分段数,若全年人工观测填 0
6	BQ	无资料的段数
7	SQ	是否观测初终霜
8	ZD	摘录段数
9	DZ	汛期观测段制
10	QZ	摘录表按起讫时间输出为 1,否则为 21-2</TD
11	HB	作摘录表合并时不得跨越的段制
12	B_{12}	作表 1 填 1,作表 2 填 2,二表均不作填 0
13	KD	人工观测资料段数
14	YQ	仪器形式:1="20 cm 雨量器",2="20 cm 自记雨量计",3="25.2 cm 自记雨量计",4="翻斗式雨量器"
15	ZS	总行数,可省略不填,建议用 0 代替
16	NFZ	0=无附注,1=逐日表有附注,2=摘录表有附注,3=逐日表和摘录表都有附注

(2) 正文数据

① 正文数据每行至多可输入一个时间和一个对应降水量数据,时间和降水量均采用实数类型,中间可用逗号、空格或制表符分隔。

② 时间数据采用 YYRRSS.FF 格式输入,范围在 10108.00~130108.00 之间,且日期不能超出当月最后一天,时不超过 24,分不超过 59,如 23008.00(2 月 30 日)、63108.00(6 月 31 日)均属于不合理的时间数据。

③ 降水量数据由降水量与降水物符号及整编符号组合而成,如"23.5．*"表示雨量 23.5 mm,降水物为雨夹雪。

a. 降水量数据中的各种符号

降水物既可用符号表示,也可用数字放在小数点后第 2 位表示,但不能既用数字又用符号,如遇这种情形程序让符号优先,例如:降水量"12.33A"就认为是雹 12.3 mm,小数点后的雨夹雪标记就不起作用。

雪——*

雨夹雪——.*

雹——A

插补——@

改正——+

可疑——?

缺测——-

合并——!

不全——)

b. 为便于查看数据,可用//在行末添加注释

例如:

30308,3.1.*

2508,2.2   //3 月结束

40508,8.9

40608,3.73

......

2908,3.5

3008,5.1   //4 月结束

c. 为挑选时段最大降水量,降水量数据的 5 min 滑动摘录应尽量密,以免极值挑选不全面。

(3) 起讫时间数据

起讫时间控制数据应紧接在正文数据之后(也可用 1 行＊＊＊＊隔开),其行数应与首行控制信息中的 ZJ,KD,BQ,SQ,ZD 保持一致,如 ZJ=2,则应有 2 行自记记录起讫时间数据,下面依次详细介绍 5 种起讫时间控制数据。

① 当 ZJ>0 时,应输入相应的自记记录起讫时间数据,共 ZJ 行,每行 2 个 YYRRSS.FF 格式的时间数据,如 ZJ=2 时的数据格式为:

50408.00,80220.00

80608.00,92608.00

② 当 KD>0 时,应输入相应的人工观测起讫时间数据,共 KD 行,每行 3 个数据,前 2 个是起讫时间,第 3 个是对应的人工观测段制,如 KD=3 时的数据格式为:

11808.00,52308.00,1

60402.00,100102.00,4

100208.00,130108.00,1

③ 当 BQ>0 时,应输入相应的无资料起讫时间数据,共 BQ 行,每行为 2 个 YYRR 格式的无资料起讫时间数据,例如 BQ=2 时的数据格式为:

101,430
1101,1231

④ 当 SQ>0 时,应输入相应的初终霜日期,其格式依次为:今春终霜月、日,今冬初霜月、日,4 个数据在一行输入,如 SQ=1 时的数据格式为:

4　16　10　30　　//表示今春终霜 4 月 16 日,今冬初霜 10 月 30 日

⑤ 当 ZD>0 时,应输入相应的编制摘录表分段摘录起讫时间数据,共 ZD 行,其格式与 ZJ 自记记录起讫时间数据完全相同。

根据规范规定,"5 月 1 日 8 时前,或 10 月 1 日 8 时后,连续的降水量(自记记录间歇≤2 h,人工观测间歇≤12 h)且日雨量≥20 mm 时应加摘;非汛期,当出现各时段最大降水量表(1)、表(2)的某一指标值,或日降水量≥50 mm 应将有关前后各时段的降水量加摘"。碰到这种情形,要相应调整编制摘录表的起讫时间数据,程序中如检测到符合上述条件但未加到摘录起讫时间中的,会用对话框提示,并将提示内容写入 PPL 表的附注栏。

(4) 附注说明数据

如有 NFZ>0,则可紧接在起讫时间控制数据之后输入附注说明,在每行开头用 $ 标记,逐日表或摘录表的附注各占 6 行,不足的要用 $ 补齐 6 行。

如 NFZ=3,则应有 $ 附注行共 12 行,每表的附注说明文字不应超过 300 个字符(150 个汉字)。

2) 蒸发量

数据文件名:测站编码.EAG,数据由控制数据、正文数据及附注说明数据等 3 部分组成。

(1) 控制数据

首行应有 7 个控制数据,详细说明见表 6-16。

表 6-16　蒸发量数据控制信息表

序号	名称	含义及取值范围
1	NF	年份,1990—2010
2	ZH	可输 8 位数字组成的站码,也可用 0 代替
3	YQ	仪器形式:1="E601 型蒸发器",2="80 cm 套盆式蒸发器"
4	YR_1	资料起始月日,如 501(五月一日)
5	YR_2	资料结束月日,如 1231(十二月三十一日)
6	XS	数据录入方式,填 1
7	NFZ	0=无附注,1=有附注

(2) 正文数据

依次输入全年逐日蒸发量,数据统一扩大 10 倍以整数形式输入,如 5.3 mm 则输入"53";若当天有观测或整编符号,则符号直接加在对应数据后,有以下几种符号:

融冰观测——B

结冰分裂——FB

结冰——VB 或!B

若连续结冰,可在此符号后加上结冰的天数,如 7 天连续结冰则输入"VB7"

合并——! 或 V

可疑——?

改正——+

插补——@

结冰插补——+B

每行至多可输入 16 个蒸发量数据(半个月),数据之间可用逗号、空格、TAB 制表符分隔。

(3) 附注说明数据

当首行给出的控制数据 NFZ=1 时,可紧接在正文数据之后输入附注说明数据,至多 3 行,每行行首用 $ 标志,附注说明文字不应超过 300 个字符(150 个汉字)。

3) 潮位

数据文件名:测站编码.T0G,数据由控制数据、正文数据及附注说明数据等 3 部分组成。

(1) 控制信息

首行共有 4 个控制数据,详细说明见表 6-17。

表 6-17 潮位数据控制信息表

序号	名称	含义及取值范围
1	NF	年份,1990—2010
2	Z_2	是否统计历时信息,0="不计算历时",1="计算历时"
3	YR1	资料起始观测月,如五月一日开始观测则填 5
4	Z_4	潮位资料信息,0="全潮",1="全年无低潮"

(2) 正文数据

① 每行一组潮位及时间数据,均以整数形式输入。如某站某次潮位 5.41 m,潮时 12:10,则输入"541,1210",同一行两个数据之间用逗号、空格或制表符分隔。

② 全年潮位资料必须以低潮至低潮,年初(或年末)如是高潮的,应将上年末(或次年初)的低潮数据录入。

③ 潮洪混杂时摘录的水位(整编表中不列"高、低"字样),应在水位数据后加输"*"号;整编符号随对应潮位数据后键入,格式如下:

缺测(无法观测)——在低潮河干时,为保证整个时间序列,还需录入一个相应的潮时

插补——@

改正—— +

受闸门启闭影响—— .

(3) 附注说明数据

如有附注说明数据,应紧接正文数据后一行输入,至多可输 3 行,每行行首用 $ 标志,附注说明文字不应超过 300 个字符(150 个汉字)。

4) 逐日最高最低(潮)水位

数据文件名:测站编码.TZG,数据由控制数据、正文数据及附注说明数据等 3 部分组成。

(1) 控制信息数据

首行应有站号、年份 2 个控制数据,不可省略。

(2) 正文数据

水(潮)位统一扩大 10 倍以整数形式输入,每行对应一高一低两个水位;整编符号随对应水位数据后键入。

(3) 附注说明数据

如有附注说明数据,应紧接正文数据后一行输入,至多可输 3 行,每行行首用 ＄ 标志,附注说明文字不应超过 300 个字符(150 个汉字)。

6.4.6 实测表处理模块设计

实测表模块是将各类实测资料数据处理为符合规范规定的成果表及相应的数据库转储文件。

6.4.6.1 程序功能

对各类实测资料数据文件进行整编,输出实测大断面成果表、实测流量成果表、堰闸流量率定成果表、水电(抽水)站流量率定成果表、堰闸实测潮量成果统计表、实测悬移质输沙率成果表等成果文件及数据库格式文件。

6.4.6.2 程序结构

采用 VB6 语言模块化设计,共有 5 个模块,分别为公用模块、表格计算输出模块、路径设置模块、打印模块、帮助模块。

6.4.6.3 模块设计流程图

实测表模块设计流程见图 6-19。

6.4.6.4 操作说明

(1) 进入主界面单击"实测表"进入。

(2) 单击"路径设置"按钮,弹出路径设置窗口,进行各类文件存放路径设置,可以直接输入,也可以点"选择"按钮进行路径设置。

(3) 单击"成果计算"按钮,进行成果表计算及数据库转储。

在文件名列表中单击需要计算的原始文件名,每单击一次,在右侧需要计算的站点列表中增加一个相应的文件名,如需取消某站的计算,则单击右侧需要计算的站点列表中相应的文件名,即可取消,依此重复多次。

单击"开始计算",可以同时完成任意多站成果表计算及数据库转储,按"返回",返回上一界面。

(4) 单击"成果表打印"按钮,弹出成果表打印窗口,打印输出成果表。

单击"浏览"按钮,选择需要打印的文件名,按"打印"按钮可以发送到打印机,按"取消"按钮则取消打印。

(5) 单击"退出",返回主程序界面。

6.4.6.5 数据文件编制

1) 文件名约定

原始数据文件名由 8 位测站编码加指定扩展名组成,详见表 6-18。

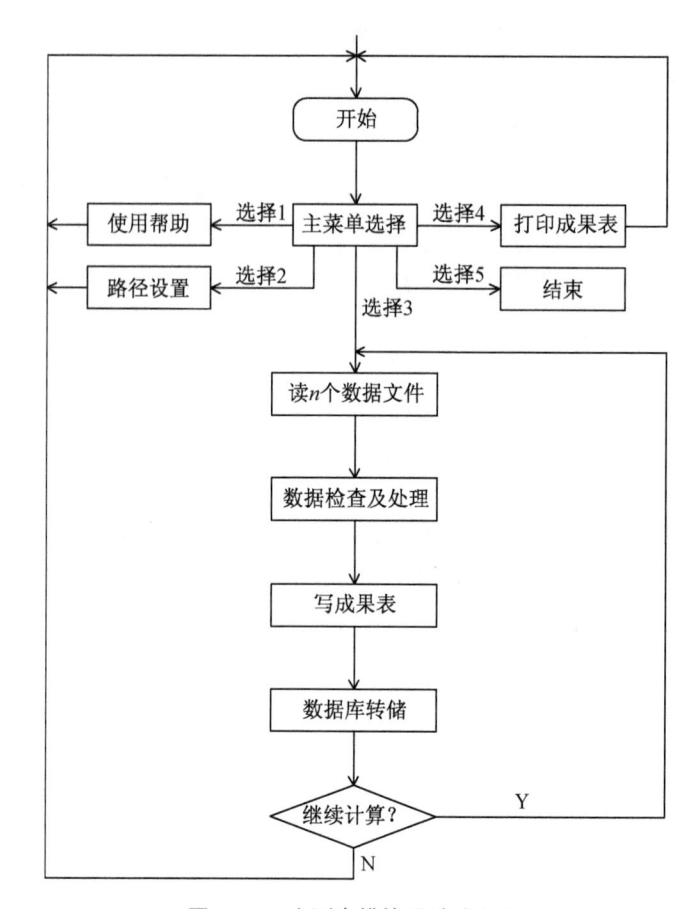

图 6-19 实测表模块设计流程图

表 6-18 数据文件扩展名表

序号	表　名	扩展名
1	实测大断面成果表	QVG
2	实测流量成果表	QUG
3	堰闸流量率定成果表	QCG
4	水电(抽水)站流量率定成果表	QIG
5	堰闸实测潮量成果统计表	WFG
6	实测悬移质输沙率成果表	CJG

2) 数据文件结构

数据文件一般由说明数据、正文数据、附注数据 3 部分组成。各部分用一行"＊＊＊＊"作为结束标志。

3) 数据格式说明

(1) 一行纪录中各项数据之间均用","分隔,最后一项的","省略。某项缺失或无数据时不空格,仍用逗号与其他分隔。

(2) 附注数据(指文字,如表格右侧的附注栏说明部分)实际字符数超过表格宽度时,可续下一行记录中的同一项。

(3) 时间项加工,月、日为1项,成为组合月、日。如8月3日为803;时分亦作为1项,成为组合时分,用"."分隔,如9时53分,为9.53。

(4) 月、日项数据与上行记录中相同,可以缺省,文字项数据与上行记录中相同时,可用双引号""""代替,水位整米数与上行记录中同一项相同,可以省略,实型数据可简略输入,如0.30可以输入为.3。

(5) 表头项目名称系规范通表设计,如需改变,只可在附注说明,不可在正文数据最初几行中按某表的数据格式输入说明行。

(6) 所有对整表说明的文字写在表底部附注中,对某一测次的说明写在该测次的附注栏内。

4) 数据加工方法

(1) 实测流量成果表

① 说明数据

共两项,分别为年份、附注。其中,附注是指成果表底总的附注说明,有则记1,无则记0。

② 正文数据

每1测次17项作为一行记录(即实测流量成果表中从左到右共17栏),若1测次有2行,则作2次论,即作2行记录,第2行记录中可能只有几项,其余项作缺项处理。附注项宽度为8个汉字。

③ 附注数据

只可列1行,成果表内可以自动换行。

(2) 实测大断面成果表

① 说明数据

共3项,分别为年份、开始岸边标志及附注标志。其中,开始岸边标志按左岸记L(或l)、右岸记R(r)格式记录,附注是指成果表底总的附注说明,有则记1,无则记0。

② 正文数据

a. 施测月日、断面位置及名称、测时水位3项作为一行记录。此行数据必须位于每一测次的第一行。

b. 起点距、河底高程两项作为一行记录。若全年施测多次,则正文部分应按时间顺序逐次完整地输入,最后一次结尾处加结束标志。如某次岸边标志与上次的不同,则可在测时水位后加上标志L或R。

c. 附注数据

只列1行,成果表内可以自动换行(不能使用逗号分隔,只能用"."代替)。

(3) 堰闸流量率定成果表

a. 说明数据:共7项,分别为年份、堰闸名称、闸门型式及堰顶型式、孔数、每孔宽、闸底及闸顶高程、附注标志。

b. 正文数据

每1个测次共24项数据,前19项作为一行记录,后5项作为一行记录,即每个测次24项分二行输入。

水位、水头及水位差栏的小数位以实际输入位数为准(一般记至0.01 m,必要时记至0.005 m)。

单引号""不可用,因与数据库字段分隔符相同,只能用反撇代替,如 h_u' 只能用 $h_u{'}$ 代替。

第 24 项为附注栏,每行只能输 8 个汉字,一般要分行输入。不能使用逗号分隔,可用"."代替。

c. 附注数据:只可列 1 行,成果表内可以自动换行。

(4) 水电(抽水)站流量率定成果表

① 说明数据:共 5 项,分别为年份、发电机(抽水机)台数、叶轮中心高程、每台额定功率及附注标志。

② 正文数据:每行 16 项作为一行记录,第 16 项附注可输 8 个汉字。

③ 附注数据:只可列 1 行,成果表内可以自动换行。

(5) 堰闸实测潮量成果统计表

① 说明数据:共 7 项,分别为年份、堰闸名称、闸门型式、孔数、每孔宽、闸底高程及附注标志。

② 正文数据:每行 17 项作为一记录,第 17 项附注可输 10 个汉字。

③ 附注数据:只可列 1 行,成果表内可以自动换行。

(6) 实测悬移质输沙率成果表

① 说明数据:共 2 项,分别为年份及附注标志。

② 正文数据:每行 12 项作为一行记录,测验方法均可输入 12 个汉字,超过者分行输入,第 12 项附注可输入 3 个汉字。

③ 附注数据:只可列 1 行,成果表内可以自动换行。

6.5 结语

江苏省利用计算机技术进行水文资料整编工作以来,先后在 20 世纪 80 年代中期的 VAX 小型机、90 年代中后期的微机 DOS 操作系统上开发了单项水文资料整编软件。随着计算机技术的飞速发展及水文测验新技术和新方法的应用,原水文资料整编软件已不能适应水文资料收集、处理、存储、管理、服务等工作的需要。为适应新时期水文信息化、现代化建设的要求,江苏省水文水资源勘测局于 2003 年组织研发《水文测验信息计算机管理系统》,2004 年完成系统的研发并投入运用。

随着江苏省苏北地区供水监测站网的建设及不断完善,软件研发小组于 2003 年完成了苏北供水监测遥测系统《实时流量计算软件》的研制。根据苏北供水监测计量的要求,在《水文测验信息计算机管理系统》的基础上,2009 年《供水计量信息处理系统》研制完成。本系统与国内外同类技术相比,在满足一般水文测站水文测验信息处理、资料整编及数据库转储工作的基础上,根据江苏省的特殊需求,较好地解决了各类水工建筑物在各种水情、工情组合条件下,出流流态异常复杂及小水头、小水位差、小开启、高淹没度出流等特殊情况下的流量计算。新仪器、新设备及新技术应用后,对时差法测流系统、SL 测流系统、H-ADCP 测流系统、走航式 ADCP 及固态存储器等数据的处理应用,系统的适用性强,可在全国范围内推广使用。

第七章 河道实时流量监测技术

7.1 测流技术简介

7.1.1 常规测流技术

在水文学中流量是单位时间内流过河流(渠道、管道)某一过水断面的水体体积,是反映河流等水体水资源状况或水量变化的基本资料,是河流最重要的水文要素之一。

流量具有时空变化的特点,年际变化较大,流量测验较为复杂,方法和种类繁多,对不同的断面应采取适宜的且能保证一定精度的方法进行流量测验。根据河流特性和流量测验的原理,测流方法一般可分为流速面积法、水力学法、化学法和直接法。

7.1.2 供水测流计量面临的问题

经过长期的应用与实践,流速仪法和水力学诸法已经形成了各自比较成熟的技术评定标准和技术规范,在国内应用广泛,并与国际标准相衔接,在防汛防旱、水资源的开发、利用、节约和保护中做出了重要贡献,在水文测验中发挥了极其重要的作用。

随着我国经济建设的不断发展,水多、水少、水脏、水浑问题日益突出,水的问题已经严重影响和制约人民生产、生活和经济建设。为此,国务院制定了《关于实行最严格水资源管理制度的意见》,明确提出建立用水总量控制、用水效率控制和水功能区限制纳污"三项制度",相应地划定用水总量、用水效率等"三条红线"目标,推动经济社会发展与水资源承载能力相适应。要评价"三条红线"的目标是否实现,最基础的工作是要有更全、更准、更快、更新的水资源信息支撑。

现在的通用测流技术中,无论是流速仪法,还是水力学法,都难以完全满足"全、准、快、新"的要求,特别是"快"的要求,目前尚实现不了水资源量的实时监测和变化过程掌控。因此,必须探索研究现代化的测流技术、方法和手段,实现供排水水量在线监测和实时控制。

7.1.3 适应供水计量的测流技术

实现水文测流技术手段的现代化,是推动水文事业发展的动力,是水文服务于经济社会发展的重要体现,是实现跨流域调水、区域供水合理配置、科学配置和"三条红线"目标控制的重要技术措施。必须用先进装备武装测流设施,建成运行有效、管理规范且与经济社会发展相适应的水文、水资源信息服务体系,实现供水信息采集、传输、存储、处理与服务的全面现代化。

江苏省自2000年开展苏北水资源配置监控调度系统建设以来,由于水资源配置管理和用水户计量用水超用加价的市场化管理模式的需要,解决大断面、低流速、长历时、小流量、无明显峰谷变化的供水过程的实时流量在线监测问题变得十分迫切。为此,在水流监测技术手段上,江苏结合自身供水计量实际情况,探索引进了国际先进的 Argonaut-SL 声学多普勒流量计、时差法超声波流量计等声学多普勒流量计测流系统设备,根据设备性能和使用特点,研制了声学多普勒流量计实时在线监测流量系统,实现了集供水信息采集、处理、传输、存储及服务于一体的现代化自动测流系统。

在苏北水资源配置监控调度信息采集系统建设过程中,江苏省水文水资源勘测局根据 45 处水工建筑物出流能力现场率定成果,经分析研究,率定出了不同类别工程的出流能力、规律,利用计算机技术,通过采集水工建筑物上下游水位、堰闸开启高度和开启孔数、水电站开机台数和开机功率等工程信息,实现了水工程水力学法测流的实时在线。

7.2 现代测流技术典型应用

7.2.1 运河站时差法测流系统的设计与应用

1) 测站情况

运河水文站位于江苏省邳州市运河镇前索家村中运河左岸、东陇海铁路桥北侧 100 m 处河堤上,距中运河入骆马湖河口约 20 km。该站是中运河洪水入骆马湖的控制站,也是南水北调东线工程水资源出骆马湖的控制站。该段河道顺直,常水位为 23.0 m,设计最低通航水位为 20.50 m,河槽为复式断面,滩面高程为 23.0~24.0 m,河道大断面见图 7-1,主河槽断面见图 7-2。

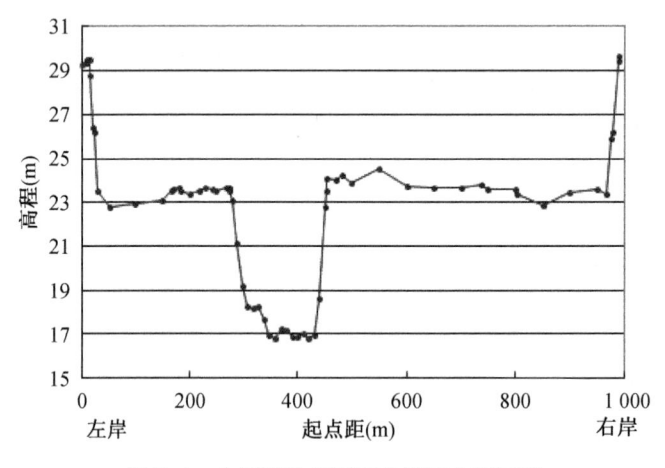

图 7-1 中运河徐州运河站测流大断面图

2) 系统设计

运河站所在河段为二级航道,航运繁忙,水位变幅受人为控制,没有明显的季节性变化。因河道来往船只众多,人工流量测验(流速仪法缆道测流)存在诸多困难。为解决在大量过往船只通行时运河断面流速流向、高水位小流量、安全测验等问题,江苏省水文水资源勘测局在运河市际断面引进了德国产时差法超声波流量计,并设计、建设实时流量监测系统。

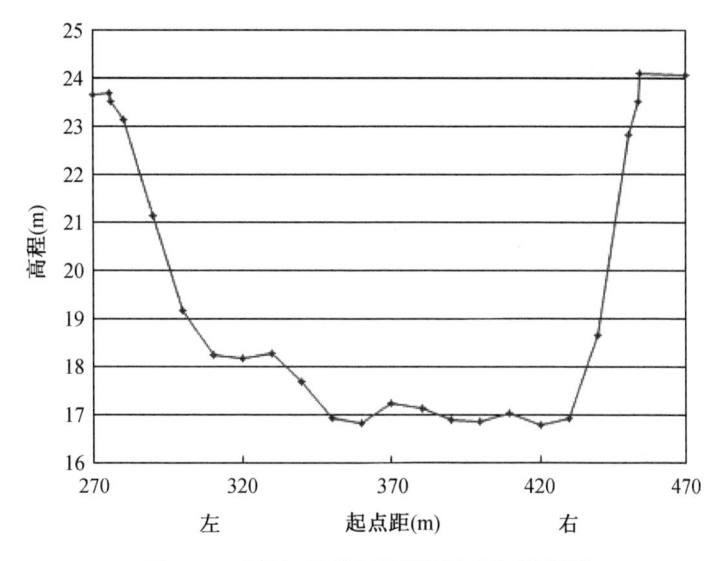

图 7-2　中运河徐州运河站测流主河槽断面

(1) 测流设计要求

① 水位变幅范围:根据供水期 23.0 m 左右和通航最低水位 20.5 m 的要求,设计测流水位 20.0~23.6 m,水位变幅 3.6 m;

② 各种情况下的运行安全:能抵御洪水冲击,避免船只冲撞和不受泥沙淤积等影响。

(2) 工程布置要求

运河水位台站房是主机房,顺、逆换能器分别安装在测流平台内,测流平台布置在缆道测流断面上游两岸河口以外,换能器连线与水流向夹角 θ 呈 45°,见图 4-7。左岸信号线采用地埋铺设连接到站房主机,右岸信号线采取架空方式避绕航道到站房主机。工程平面布置见图 4-8。

(3) 测流平台设计

测流平台为钢筋混凝土结构,由基础、沉井、标志柱和航标灯组成。

基础:钢筋混凝土灌注桩结构,直径 1.2 m,底部标高 10.0 m,桩长 9.0 m。

沉井:结构为钢筋混凝土空心圆柱体,右岸沉井外径 3.50 m,左岸沉井外径 5.0 m,壁厚 0.25 m,井壁高程 18.50~23.50 m。沉井内部空间安装换能器,目前一组换能器安装高程为 21.50 m,并预置两个 1.4 m×1.0 m 的窗口,窗口中心高程分别为 19.50 m 和 21.50 m。测流平台立面见图 4-9。

标志柱、航标灯:标志柱为钢筋混凝土实心圆柱,标志柱高于历史最高水位,标志柱上安装站名牌和航灯,警示过往船只,以防其冲撞测流平台。

(4) 设备主要技术参数

设备组成:时差法仪器由主机、信号线路、换能器(一对)3 个部分组成。

① 配备 386SL 处理器的计算机:CPU 主频 25MHz、硬盘容量 2M、内存容量 4M、彩色监视器分辨率 800×600、键盘、并行端口、3.5 英寸软驱;

② 数字量输入输出:RS232 和十进制代码;

③ 模拟量输入输出:0/4~20 mA,0~5/10 V;

④ 有线电缆传输:1 200 m;

⑤ 声道长度:1～1 000 m;
⑥ 测流间隔:2～60 min;
⑦ 流速范围:0～±10 m/s;
⑧ 测流精度:<2.0%;
⑨ 温度:0～50℃,湿度:0%～90%(不凝露);
⑩ 电源:230/110 V,50/60 Hz;
⑪ 功率:35 W;
⑫ 重量:16 kg。

3) 运行比测

(1) 运行情况

时差法超声波流量计经过设计、施工、安装调试,于 2005 年 7 月 6 日试运行成功,仪器每 5 min 自动采集一次数据信息,信息通过遥测系统进入江苏水情信息中心数据库。该仪器在过往船只通行时,由于水流紊乱和船体的阻挡,流量测验值偏大;没有船只通行时流量测验值无异常。由于测流频次高测次多,仪器运行安全稳定,技术效果很好。仪器运行情况见图 7-3。

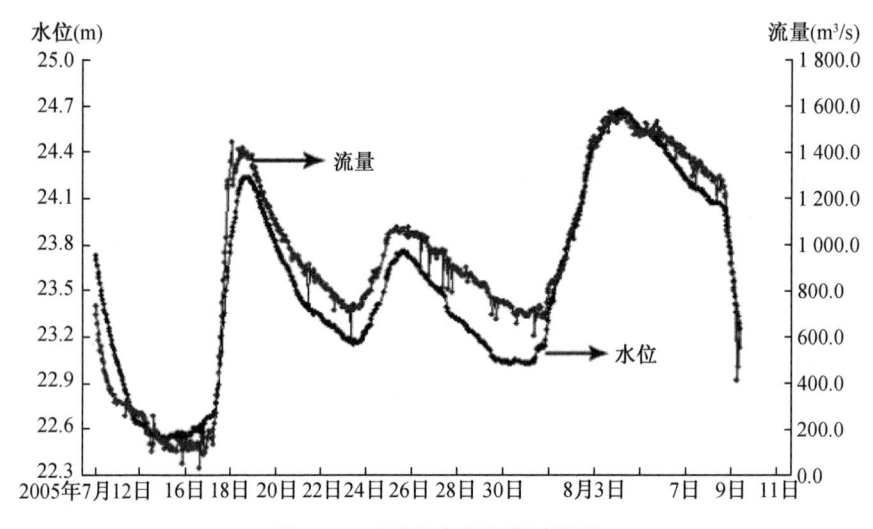

图 7-3 时差法水位流量过程线

(2) 比测测验

时差法超声波流量计测流(简称时差法)系统建成后便开始与流速仪测流比测,汛期每日两次,洪水期间流速仪加密测流,截止到 2008 年 10 月 21 日,共收集包含高、中、低水流量资料 192 测次。

4) 应用分析

(1) 关系曲线构建

该河段为复式河床,根据断面特性,水位高于 23.68 m 时,洪水漫滩行洪,水位低于 23.68 m 时,洪水不出槽,因此分漫滩和不漫滩两种情况分析。经直线相关分析得出不同水位情况下的缆道流量(y)与时差法流量(x)的回归方程,并通过符号检验、适线检验和偏离数值检验。

① 水位 $H \leqslant 23.68$ m 时,洪水不漫滩,曲线方程见式(7.1),相关关系见图 7-4。

$$y = 1.045\,9\,x - 10.923 \tag{7.1}$$

② 水位 $H>23.68$ m 时洪水漫滩,曲线方程见式(7.2),相关关系见图 7-5。

$$y = 1.2021x - 108.8 \tag{7.2}$$

图 7-4　流速仪法与时差法流量关系图($H \leqslant 23.68$ m)

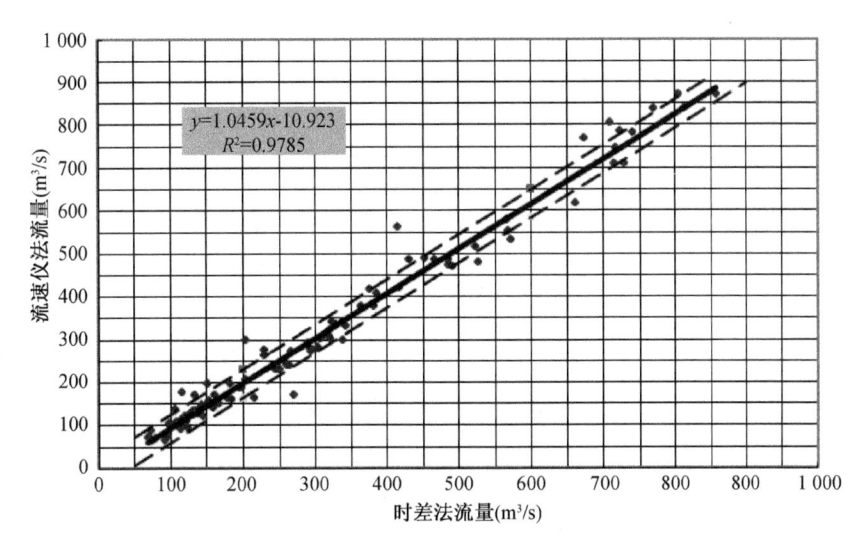

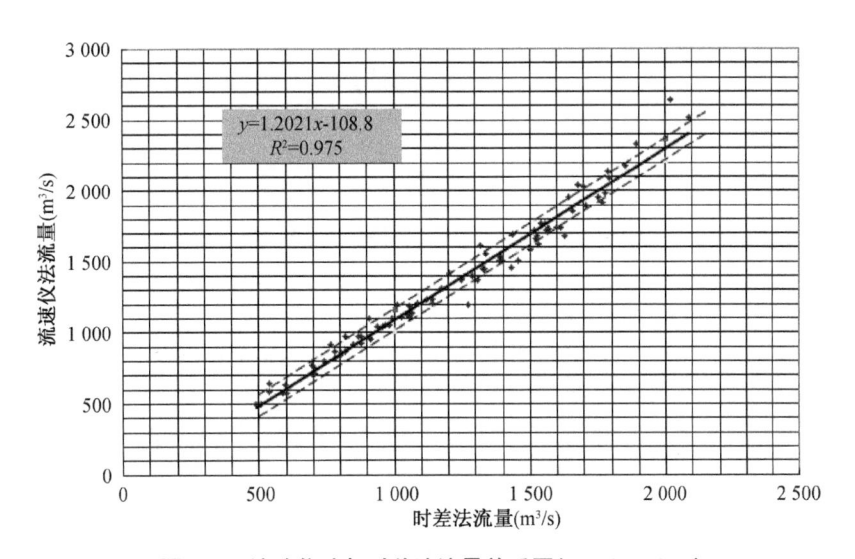

图 7-5　流速仪法与时差法流量关系图($H>23.68$ m)

(2) 关系曲线检验

① 当水位 $H \leqslant 23.68$ m 时

回归曲线方程式(7.1)的均方误差:$\Delta = \pm 32.1$ m³/s,作两条虚线,可以发现有 83 个点子在两条虚线之内,合格率为 79.8%。

a. 符号检验

测点偏离曲线的负号个数 $k=46$(正号个数为 58),测点总数 $n=104$,统计量 $u = \dfrac{|k-0.5n|-0.5}{0.5\sqrt{n}} = 1.08$,显著性水平 a 取用 0.25,查编印规范表得相应临界值 $u_{1-a/2} =$

$1.15, u < u_{1-a/2}$,定线合理。

b. 适线检验

由参数计算统计可知,符号变换次数 $k = 51$,测点总数 $n = 104$,统计量 $u = \dfrac{0.5(n-1) - k - 0.5}{0.5\sqrt{n-1}} = 0$,显著性水平 a 取用 0.10,查编印规范表得相应临界值 $u_{1-a} = 1.28, u < u_{1-a}$,定线合理。

c. 偏离数值检验

由参数计算表可知 $S = 11.9$,则 $S_{\bar{P}} = \dfrac{S}{\sqrt{n}} = 1.17, t = \dfrac{\bar{P}}{S_{\bar{P}}} = 0.50$,显著性水平 a 采用 0.20,查编印规范表得 $t_{1-a/2} = 1.28$。$|t| < t_{1-a/2}$,定线合理。

d. 标准差计算

$$S_e = \left(\frac{1}{n-2} \sum \frac{(Q_i - Q_{ci})^2}{Q_{ci}}\right)^{1/2} = \left(\frac{1}{n-2} \sum P_i^2\right)^{1/2} = 11.9\% \quad (7.3)$$

根据相关曲线检验参数计算,系统误差为 0.59,随机不确定度为 23.8%,低水时由于航船的影响,随机不确定度偏大,系统误差达到一类水文站要求,符合水文资料整编规范。

② 当水位 H>23.68 m 时

回归曲线方程式(7.2)的均方误差:$\Delta = \pm 77.5 \text{ m}^3/\text{s}$,作两条虚线,可以发现有 70 个点子在两条虚线之内,合格率为 79.5%。同样,经符号检验、适线检验和偏离数值检验,检验结果均表明定线合理,符合水文资料整编规范。

标准差:

$$S_e = \left(\frac{1}{n-2} \sum \frac{(Q_i - Q_{ci})^2}{Q_{ci}}\right)^{1/2} = \left(\frac{1}{n-2} \sum P_i^2\right)^{1/2} = 4.87\% \quad (7.4)$$

(3) 误差来源

① 测量误差:顺逆换能器逆距离即声道长度 L 测量误差、测流断面面积测量误差。

② 仪器误差:仪器本身测量误差。

③ 浊度误差:水体中夹带气泡、泥沙等其他物质时导致信号衰减或失真引起的误差。

④ 脉动流误差:脉动流会引起该仪器测验值偏大。

⑤ 船只引起的误差:由于该段河道为二级航道,过往船只众多,船只引起的涡流导致水流紊乱,使得水流线方向与测量断面不垂直而引起 θ 角误差。

⑥ 温度、压力变化引起的误差:温度和压力都会对声速产生影响,温度的变化还会导致流速分布发生变化。

对上述误差来源,在超声波流量计的施工、安装中采取适当的控制措施,便可很好地消减部分误差,提高流量计的测流精度。

5) 典型应用分析

时差法超声波流量计实时流量测验系统,可自动监测水位、流速,并根据预先测定的断面实现流量的自动计算、存储、传输和处理。该系统是在航运繁忙、复式河道等复杂条件下实现的,通过应用分析,可得出如下结论。

(1) 时差法超声波流量测验系统具有性能稳定、精度可靠、测流频次高等特点,是测流、计算、储存、传输高度自动化的测流设备。该仪器的成功安装和应用,说明时差法超声波流量计引进是成功的,系统设计、调试、运行是成功的,用于明渠测流、供水监测是可行的。

(2) 该系统的建立,解决了运河水文站长期以来流量测验时间长、频次低、劳动强度大、测流与通航矛盾大、测流过程不安全等问题,为苏北供水计量和洪水监测提供了可靠的技术手段和翔实的监测资料。

(3) 运河站时差法超声波流量计在安装设计上设置了高低两对换能器安装位置,本次应用中换能器安装在上方位置,高水位时流量监测精度较低水位时高。实际应用中还可根据需要调节换能器安装高度和数量,以进一步提高实时流量监测精度。

(4) 对流量数据需进行滤波分析,剔除船只等因素造成的异常测验值。

(5) 时差法超声波流量计应在顺直、断面规则、河床冲淤变化不大、水流稳定和含沙量少等河段上设计安装,实际安装中需考虑断面情况、工程布置和结构设计,既应因地制宜又必须符合施工和运行条件。

(6) 该仪器测流频次高,测流时间间隔(2~60 min)可根据需要设置,可实时自动监测水位和矢量流速,实现正负流量实时在线监测和自动存储、传输,满足供水计量需求。运河水文站在国内最早引进使用了该仪器,并实现成功应用,率先达到了国内领先水平。

7.2.2 Argonaut-SL 流量实时监测系统典型应用

1) 系统设计

(1) 断面选择

灌溉总渠苏嘴流量站是淮安、盐城两市交界供水计量的控制站。总渠苏嘴段河道顺直、河床规整,为单式河床。出于安全性及管理方便的考虑,测验控制断面设在苏嘴胜利桥上游 210 m 处,测验河段如图 7-6 所示。

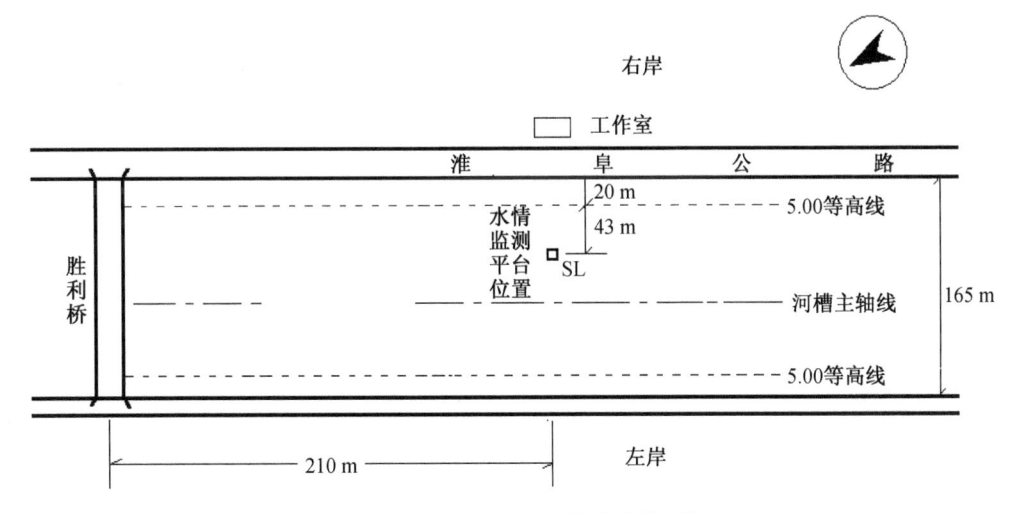

图 7-6 Argonaut-SL 系统安装位置图

(2) 仪器安装

针对本系统的特点,主要从以下几方面进行具体设计:

Argonaut-SL 探头安装位置是否科学合理,决定了系统测验精度的高低,具体包括以下两方面。

① 水平向安装位置

仪器安装位置离岸远，则水深大，造价高，碍航，施工困难；离岸近，则应考虑其测点位置的相对合理性及局部地形影响。针对断面较宽（水面宽 160 m），水位较低时岸边有漫滩的情况，结合 2000—2001 年共计 72 次实测流量成果垂线流速分布分析，距离左岸断面桩 60~100 m 处部分流速的代表性较好。因此，根据断面的形状，我们将仪器安装在距左岸 102 m 处。

② 垂直向安装位置

由于苏嘴流量站为 2000 年新设的苏北供水监测站点，之前没有水文资料，通过对其上下游总渠运东闸水文站、阜宁腰闸水文站最近 10 年的水文资料以及 2000 年苏嘴设站以来的资料对比分析可知，苏嘴站的水位变幅为 3.70~6.80 m，实际供水期水位一般在 4.80~6.00 m。参照天然河流中流速沿垂线呈对数分布的特点，仪器正常入水深度应接近该断面平均水深的 0.6 处，首次仪器安装高程为 2.97 m。安装位置见图 7-7。

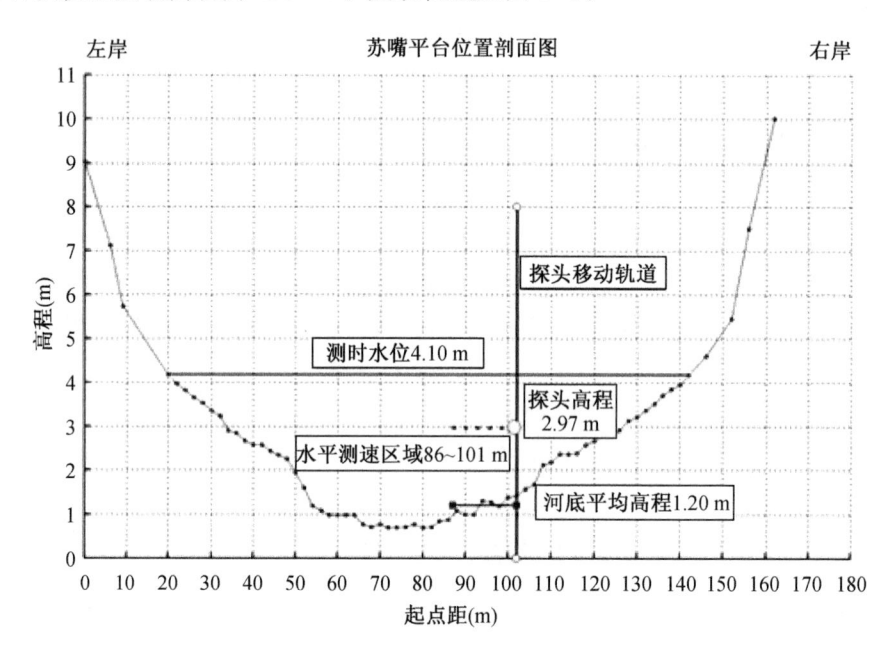

图 7-7　SL 仪器安装位置剖面图

（3）测验平台

灌溉总渠为淮盐地区重要的供水、通航河道，从稳定性、安全性角度考虑，必须对 SL 流速仪设计可靠的防撞保护设施。经过实地考察，考虑仪器正常工作后的维护和保养，拟建设钢架测验平台一座，其优点是：

稳固可靠，能承受一定的碰撞力；

目标位置醒目，可提请过往船只注意和避让；

便于仪器及其他附属设备的安装；

日常维护方便。

测验平台构造如图 7-8 所示。

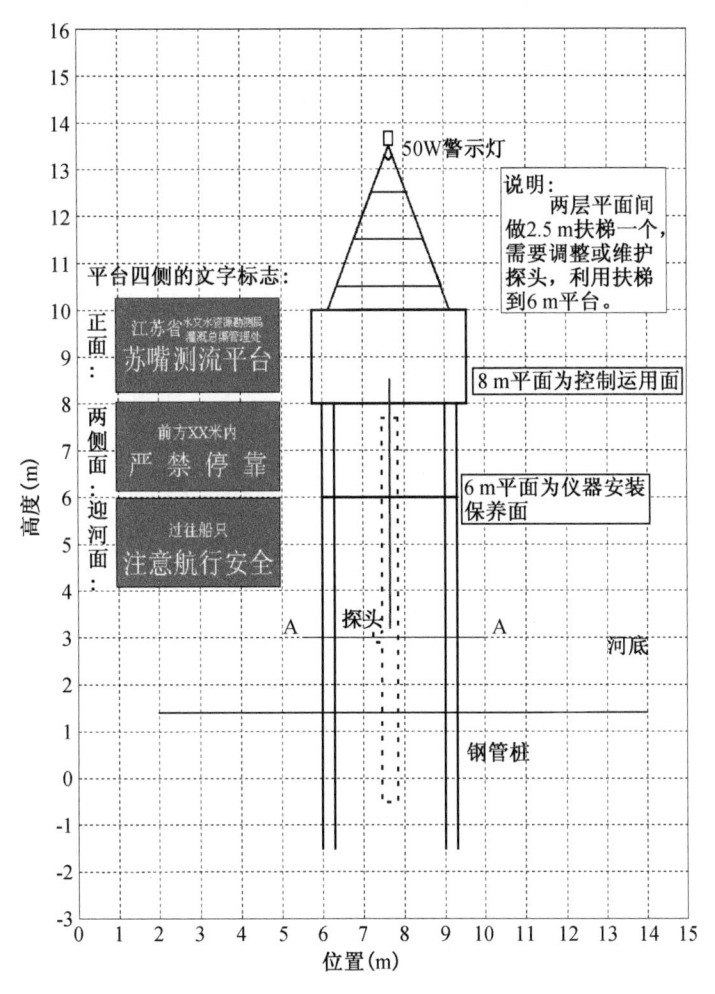

图 7-8　SL 测验平台构造示意图

（4）通信传输方式

远程控制设计："Argonaut-SL"仪器与计算机连接后，可实现现场流量监测。但仍需人员值守，数据传输仍需人工操作，不能满足自动化管理运行的要求。从经济实用角度出发，本方案采用电信通道作主要传输线路，其控制原理见图 7-9。

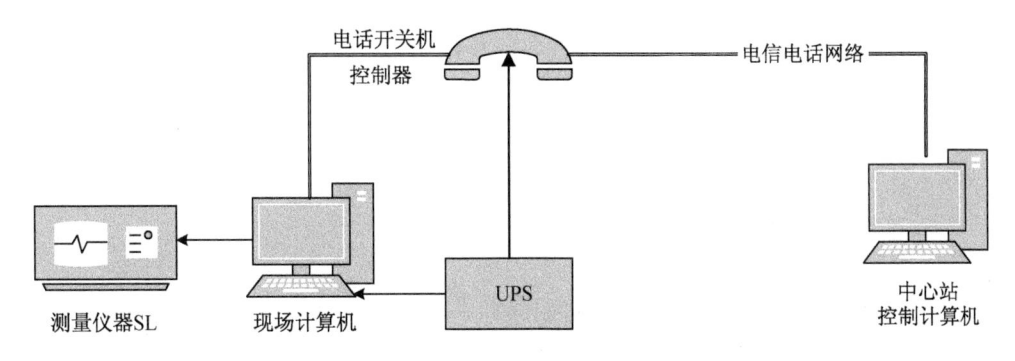

图 7-9　远程控制示意图

苏嘴站配备UPS电源,保障现场计算机正常运行,实现数据及时采集、传输;研制开发了电话开关计算机装置,实现了实时远程开关机操作。其工作原理如图7-10所示。

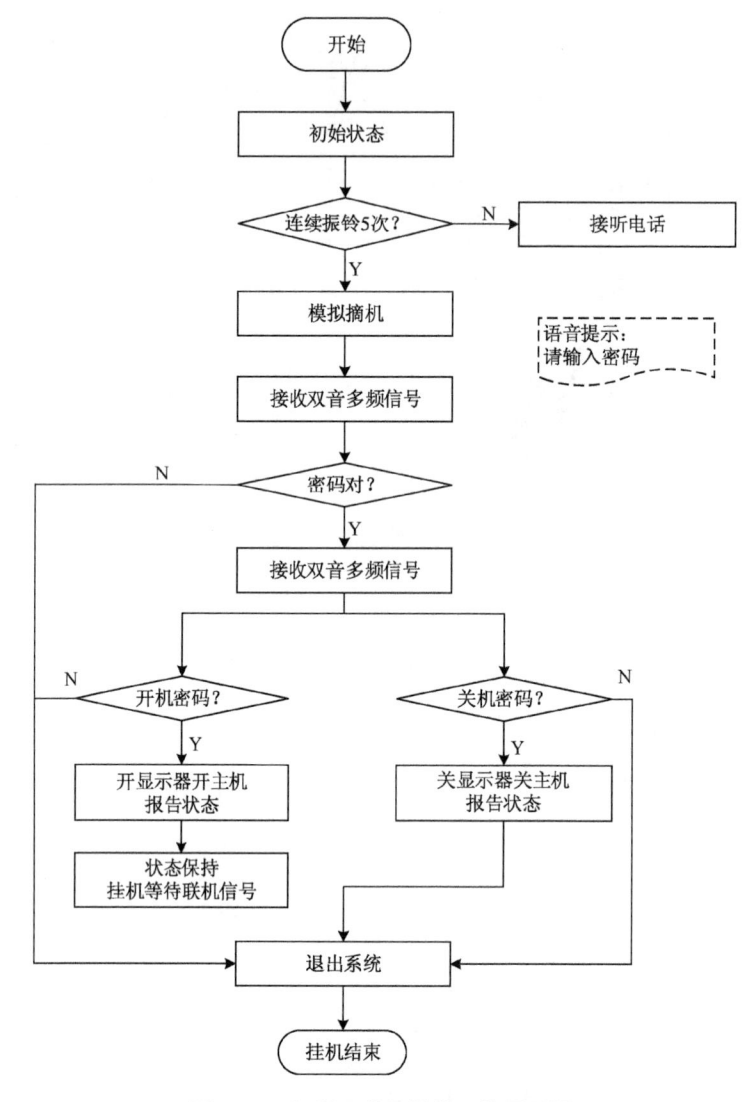

图 7-10　远程开关机操作工作原理图

计算机联网:现场计算机与中心站计算机连接使用Symantec pcAnywhere软件,该软件具有操作简便、性能稳定可靠的优点。

根据苏北供水计量监测的需要,本系统通过ViewArgonaut软件设置数据采集时间间隔为30 min;采用计算机异地远程控制现场数据采集、存储、处理、显示,并实现有线传输;接入光纤线路,可实现数据、图像高速传输。

(5) 系统安装与调试

系统的仪器部分——SL流量计为国内首次引进试用,安装调试由SonTek SL产品代理——南京福瑞新实业有限公司按技术规范要求完成;基础设施建设及供电、远程控制计算机联网安装、调试由项目研究单位实施。系统接线见图7-11。

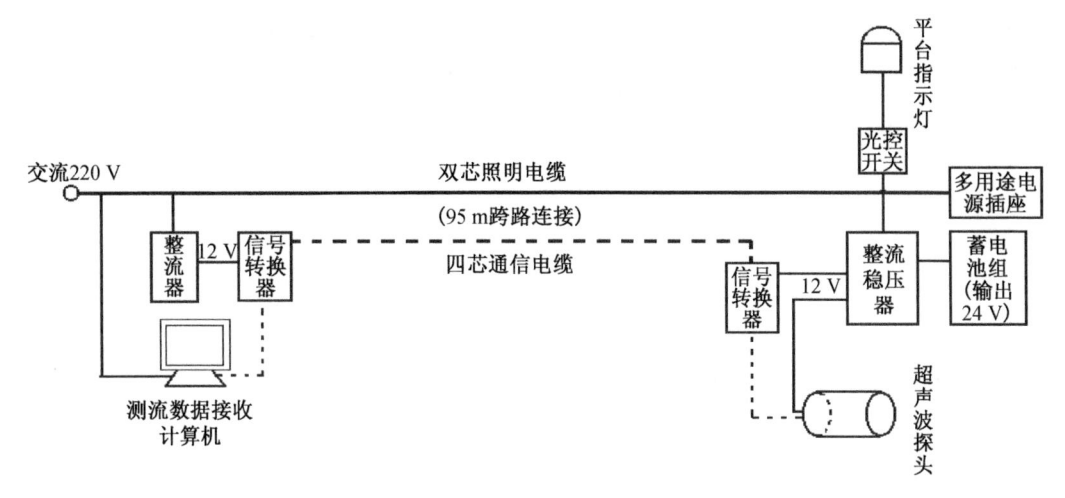

图 7-11　SL 安装接线图

2）比测试验

为验证系统性能及测验精度,需要在系统安装、调试基础上,对系统进行同步比测及试验研究。

（1）组织实施

省水文水资源勘测局、省灌溉总渠管理处联合开展了系统的同步比测试验,挑选精通水文业务、能独立从事水文测验工作的一批技术人员成立了比测试验小组,分工负责 SL 比测试验各方面各阶段的技术过程。

（2）测验方法

① 水准点设置:为方便使用,在苏北灌溉总渠苏嘴胜利桥西侧新设水准点"苏嘴 BM_1",引据国家水准点,按三等水准要求进行接测,取废黄河口基面（冻结基面）,测得"苏嘴 BM_1"高程为 10.796 m。在 SL 断面设水尺"P_1""P_2",其零高分别取用为 4.49 m 和 3.60 m。

② 水位观测:每次流量测验前后人工观测水位各一次,读数精度记至 0.01 m。

③ 大断面测量:包括胜利桥和 SL 流速仪两处断面（胜利桥断面为比测断面）,水下部分断面水深测量采用测深锤测深,每 1 m 布设一根测深垂线,每条垂线实测水深 2 次,取平均值,由测时水位推算河底高程;岸上部分的高程采用四等水准测量,往返高差不符值均控制在 $\pm 20\sqrt{K}$ mm（K 为往返测量路线长度的平均千米数）范围内;起点距采用钢卷尺直接量距法。

④ 流量测验:普通流速仪法测量在胜利桥断面进行,采用多点多线法测验方案,按一类站的标准控制测验精度;SL 系统设定探头高程 3.00 m,测速区河底平均高程 1.20 m,采样断面间距 84~99 m,采样历时 180 s,采样间隔 600 s。比测计算时 SL 流速仪流速取每次桥测法时段的平均值。

（3）测验时间

系统测流的比测试验分两阶段进行,2001 年 11 月—2002 年 1 月完成第一阶段比测工作,2002 年 5 月完成第二阶段比测工作。

（4）比测资料

第一阶段,由于比测试验时间属枯季非农业灌溉用水期,该地区用水量较少,又因下游地区施工影响,无法调节高水位大流量水情,因此仅施测了 22 次常测法流量;为了验证高水位大流量状态下的系统测流性能,5 月 24—26 日,又通过上下游工程的控制运用,调节加大了断面的水位流量,共施测 11 次流量。比测试验期间主要的水情条件为:

水位 4.39～6.03 m;

流量 11.8～185 m³/s;

断面平均流速 0.042～0.43 m/s。

试验获得的主要资料如下:

苏嘴胜利桥实测大断面成果表;

苏嘴 SL、流速仪断面成果表;

苏嘴站实测流量成果表。

3) 成果分析

(1) SL 测验断面水位面积相关分析

根据 SL 大断面实测成果,计算不同级水位对应的大断面面积,经分析,关系式为:

$$A = -1.2929Z^3 + 26.468Z^2 - 32.549Z + 22.797 \tag{7.5}$$

式中:Z 为水位,m;

A 为面积,m²;

经计算相关系数 R=0.999 9,说明该断面水位面积关系较好。

(2) 流速过程线拟合分析

绘制 SL 测验的平均流速(V_{SL})与实测断面平均流速(V_C)流速过程线,见图 7-12。从过程线看,V_{SL}、V_C 具有相同的变化规律,趋势完全一致,流速过程稳定,没有系统偏离,说明 SL 所测点据真实、可靠。

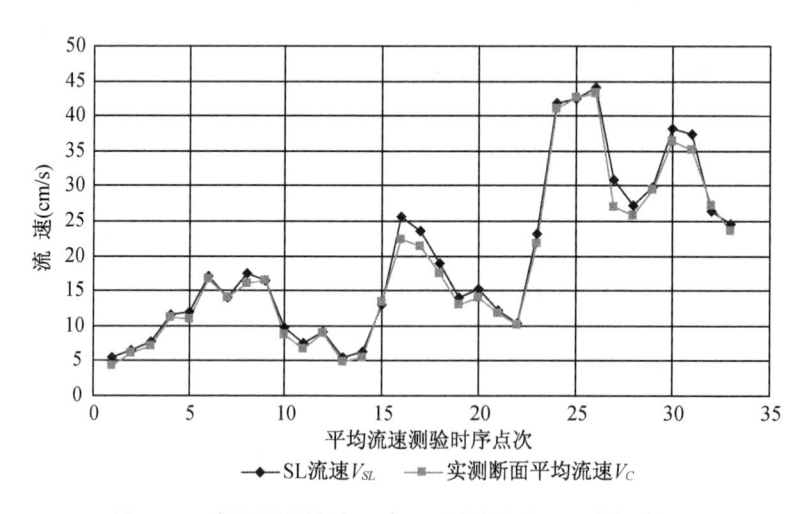

图 7-12 断面平均流速 V_C 与 SL 测验流速 V_{SL} 时序对比图

(3) 率定分析

根据同步比测成果,绘制 SL 测验的平均流速与实测断面平均流速 V_{SL}-V_C 关系曲线,见图 7-13。经分析,关系式为:

$$V_C = 0.9249 V_{SL} - 0.3652 \tag{7.6}$$

相关系数 $R^2=0.993$

从相关系数不难看出断面平均流速与 SL 所测流速有较好关系。

利用式(7.5)、式(7.6)计算断面流量 $Q_{计}$，与实测流量 Q 比较，并严格按《水文资料整编规范》要求进行精度分析、标准差计算及符号检验、适线检验和偏离数值检验。

结果表明：率定线通过三种检验，定线合理；在全部 33 测次中，有 48% 的测次误差在 ±3% 以内，有 70% 的测次误差在 ±5% 以内，有 91% 的测次误差在 ±8% 以内，达到《河流流量测验规范》国家一类水文站的精度要求。

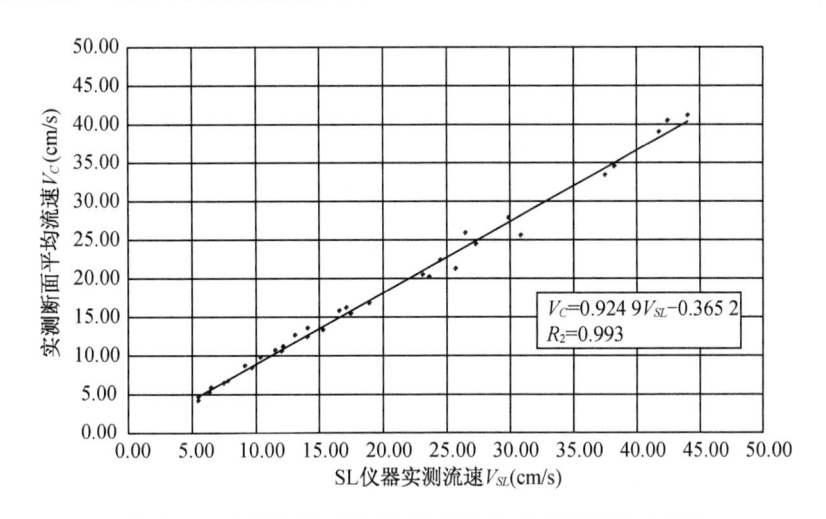

图 7-13　苏嘴站实测断面平均流速与 SL 测速相关关系线

4）典型应用分析

（1）测验精度较高。

本次比测试验结果表明：由 SL 施测流量，平均相对误差为 0.1%，标准差为 5.0%，达到国家一类水文站的精度要求，可完全满足苏北供水市际计量监测的要求。

（2）探头位置决定测流精度。

SL 测流探头安装点所处水平及垂直的位置，是直接影响 SL 获取断面平均流速是否具有代表性的关键影响因素，实际上决定了 SL 测流成果精度。

（3）系统功能强大。

SL 不仅能自动测验并记录断面的水位、流速、流向、流量、水温等资料，同时仪器本身具有自动温度补偿设计，能够克服声波受温度影响而产生的测验误差，保证了测验的精度。

（4）实现了水位、流量的实时监测。

SL 系统可以根据用户的需要自行设定测验模式，获取测验断面的实时水位、流量过程，实现水位流量的在线监测，有效地提高水量监测统计分析成果的精度，为水资源的科学调度运用提供了可靠依据。

（5）SL 的应用显著地降低了野外作业的劳动强度，极大地提高了工作效率。

（6）供水工程及中小型河道断面较小、水情变化较缓、含沙量较少，SL 可广泛地应用于供水工程及中小型河道水资源监测和洪水监测中。

7.3 实时流量监测系统研究

7.3.1 概述

苏北水资源信息采集系统完成了供水监测水位、闸位、降水量及超声波流量计等信息的自动采集及传输,根据目前供水站点监测采集项目的建设情况统计,水位、闸位、降水量等供水监测项目已全部完成,流量站的流量自动监测仅完成了苏北各市市际流量的监测计量,监测设备基本采用 SL 声学多普勒流量计或时差法超声波流量计,绝大部分流量站的流量实时监测技术需进行分析研究。

在对各类水工建筑物出流规律进行大量试验、分析的基础上,根据苏北供水各水利工程出流规律的研究成果,结合现场水工建筑物水位、闸位(功率计)或超声波流量计等自动采集的信息,我们开发了流量计算软件,完成了对供水监测断面流量的实时计算,实现了水工建筑物出流流量的自动在线监测,通过网络传输、资源共享,较好地满足了供水计量、水资源配置及南水北调东线调水计量管理的需要。

7.3.2 系统设计

7.3.2.1 系统组成

实时流量监测系统由流量计算软件(FluxCalc.DLL)和流量监测基本信息配置软件(FluxSetP.EXE)两部分组成。

1) 流量计算软件(FluxCalc.DLL)

FluxCalc.DLL 采用动态链接库形式设计,提供给供水监测信息组态软件(SCADA 软件)调用。软件根据 SCADA 软件提供的接口参数(主要是上游水位、下游水位、闸门开启高度、抽水机组功率或水电机组功率等),以及各测站流量计算的相关控制参数,实现断面实时流量的自动分析计算。

2) 流量监测基本信息配置软件(FluxSetP.EXE)

FluxSetP.EXE 通过对流量计算软件所需的水文测站基本信息进行配置,录入测站基本信息数据库,实现流量监测信息的录入、修改、管理和维护,供流量计算软件(FluxCalc.DLL)计算测站流量时调用。

7.3.2.2 运行环境

1) 硬设备,运行本软件所要求的硬设备的最小配置如下:
(1) CPU:Pentium 166 以上。
(2) 内存容量:32M。

2) 支持软件,本软件所需要的支持软件:
(1) 操作系统:Windows NT4.0、Windows 2000、Windows XP;Windows 7。
(2) 数据库管理系统:Sybase 11.5。
(3) 数据库:水情实时数据库(LOG)。

7.3.2.3 处理流程

在 SCADA 软件完成对各类遥测站点采集的水位、闸位(水电站、抽水站的功率等)、超声波流量计等数据的合理性分析后,调用流量计算模块(FluxCalc.DLL),结合各遥测站点的流量监测基本信息数据,计算出遥测站点的瞬时流量,写入实时(LOG)数据库和水雨情数据库,系统处理流程见图 7-14。

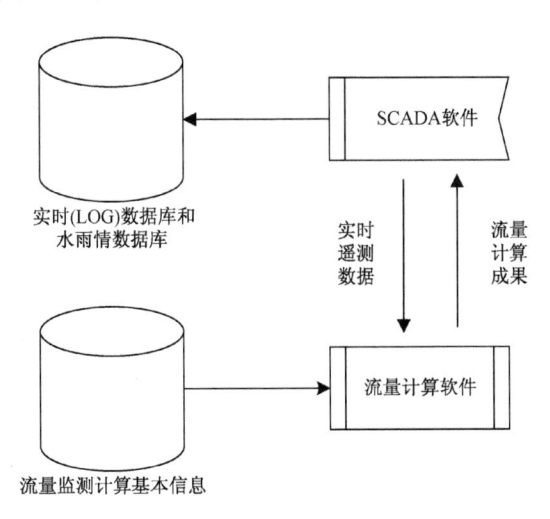

图 7-14 系统处理流程图

7.3.2.4 输入、输出数据

1) 输入数据及数据格式

(1) 报汛站码:测站的报汛码,为五位的字符串。

(2) 时间:所处理的遥测数据的当前时间,为字符串类型,格式为"YYYY-MM-DD HH:NN:SS"。

(3) 上游水位:测站上游的遥测水位,用水位的字符串表示。

(4) 下游水位:测站下游的遥测水位,用水位的字符串表示。

(5) 闸位信息:节制闸的闸门开启高度,为 1—255 的 byte 数组,每个 byte 元素依次存储以下格式中的单字符:

nGLLL♯♯?? **……♯♯?? **++……♯♯??。

其中:G 为节制闸标识符;

n 为闸门的分组数;

L 代表每组闸门对应的闸门开启高度的数据个数;

"♯♯?? **……"代表一组数据,长度不定,需由对应的 L 来确定,几个 L 描述分别对应 G 组的几个闸门开启高度数据。

如:有 1 组 3 个闸门开启高度分别为 1.0 m、1.0 m、1.0 m,可以描述为:01'G'03 0 100 0 100 0 100。

(6) 电功率信息:水电站的机组发电功率或是抽水站的机组功率,为 1—255 的 byte 数组,每个 byte 元素依次存储以下格式中的单字符:

nNLLL♯♯?? **……♯♯?? **++……♯♯??。

其中:N 为水电站或抽水站标识符;

n 为水电站或抽水站的分组数;

L 代表每组水电站或抽水站对应的单机功率的数据个数;

"♯♯??　＊＊……"代表一组数据,长度不定,需由对应的 L 来确定,几个 L 描述分别对应 N 组的几个单机功率数据。

如:上例中,如同一断面中还有 3 台发电机组,发电功率分别为 300 kW、600 kW、600 kW,可以描述为:02'N'0 102 0 300 0 600 0 600。

(7) 超声波单位流速:超声波流量计所采集的断面单位流速,为 1—255 的 byte 数组,每个 byte 元素依次存储以下格式中的单字符:

nVLLL♯♯??　＊＊……♯♯??　＊＊＋＋……♯♯??。

其中:V 为超声波流量计标识符;

n 为超声波流量计的分组数;

L 代表每组超声波流量计对应的字符串长度;

"♯♯??　＊＊……"代表一组数据,长度不定,需由对应的 L 来确定,几个 L 描述分别对应 V 组的数据长度。

如:有 3 组超声波流量计测速数据,分别为 9.8 cm/s、99.88 cm/s、999.888 cm/s,可以描述为:03'V'090 909'00 009.800 000 99.880 009 99.888'或 03'V'030 507'9.899.889 99.888'。

2) 输出数据及数据格式

(1) 函数的返回值:流量计算的错误信息,字符串类型,流量计算错误信息,0 为计算正常,其他值为信息表对应的错误信息。

(2) 计算流量:断面(测站)的流量计算成果,为 1—255 的 byte 数组,每个 byte 元素依次存储以下格式中的单字符:

nQLLL♯♯??　＊＊……♯♯??　＊＊＋＋……♯♯??。

其中:nQLLL♯♯??　＊＊……分别与上述不同的输入数据项相匹配。

7.3.2.5　错误处理

当软件运行正常时,返回数值为正确的流量计算成果,错误号为 0;当发生遥测系统带来的计算数据不合理时,返回错误号,错误号分类见表 7-1。

表 7-1　软件运行错误信息分类表

错误号	错误信息	备注
0	正常	
1	流量计算参数小于测站信息中的最小值	警告且返回成果
2	流量计算参数大于测站信息中的最大值	警告且返回成果
4	测站信息中未考虑的相关因素数值	错误,无计算成果
8	测站信息中未考虑的推流曲线编号	错误,无计算成果
16	逐步图解法推流测站信息中没有对应公式	错误,无计算成果
32	计算水位高于大断面左右岸高程	错误,无计算成果
100	接口字符串参数缺 G、N、V 信息	错误,无计算成果

续 表

错误号	错误信息	备注
101	数据库中没有该测站的基本信息	错误,无计算成果
102	数据库中没有该测站流态判别的经验系数值	错误,无计算成果
103	数据库中没有该测站的当前流态的推流曲线	错误,无计算成果
104	数据库中没有该测站推流曲线的结点系数值	错误,无计算成果
105	闸位信息表中的数据未找到或与接口参数数值不一致	错误,无计算成果
106	数据库中没有该测站的大断面信息	错误,无计算成果
107	数据库中没有该测站的大断面内容	错误,无计算成果
200	该站为水位站,不计算断面流量	错误,无计算成果
201	数据库合成断面表中的断面个数与接口参数数值不一致	错误,无计算成果
202	数据库中没有流量计算要使用的公式编号	错误,无计算成果
203	闸位信息表中每个传感器对应孔数与接口参数数值不一致	错误,无计算成果
204	数据库功率表中数据未找到或与接口参数数值不一致	错误,无计算成果
205	功率表中每个传感器对应孔数与接口参数数值不一致	错误,无计算成果
255	运行时的其他未知错误	错误,无计算成果

7.3.3 测站控制信息表结构设计

根据上述研究分析成果,不同的水工建筑物出流规律不同,同一工程不同流态下,选用的流量计算公式、相关因素不同。为实现各类水工建筑物出流流量的计算,需将各工程的断面流量计算方法、参数等基本控制数据录入数据库,因此系统需对实时水雨情数据库进行扩充设计。

系统设计增加的数据库表结构如下。

1) 用户信息表,表标识:ST_USERINFO

字段名	标识符	类型及长度	有无空值	单位	主键	索引序号
报汛站码	STCDT	char(5)	无		Y	1
邮政编码	SOU	char(6)	无		Y	2
单位名称	UNITNAME	char(30)				
用户名	DBUSER	char(15)	无		Y	3
口令	DBPASSWORD	char(15)				

各字段描述如下。
(1) 报汛站码:遥测站点的水文报汛站码。
(2) 邮政编码:遥测站点所处地的邮政编码。
(3) 单位名称:站点所属单位的全称。
(4) 用户名:系统授权登录的用户名。

(5) 口令:系统授权登录的用户名口令。

2) 闸门传感器对应信息表,表标识:ST_S_GATE

字段名	标识符	类型及长度	有无空值	单位	主键	索引序号
报汛站码	STCDT	char(5)	无		Y	
传感器号	SENSOR	char(8)	无		Y	1
传感器对应孔数	GCOUNT	numeric(2,0)	无	孔		
孔宽	GWIDTH	numeric(5,2)	无	米		
闸底板高程	GALTITUDE	numeric(7,3)		米		

各字段描述如下。

(1) 报汛站码:遥测站点的水文报汛站码。
(2) 传感器号:测站闸位传感器按1,2,3,…的安装顺序依次编号。
(3) 传感器对应孔数:各传感器相对应的闸门孔数。
(4) 孔宽:闸孔宽度。
(5) 闸底板高程:水工建筑物的闸底板高程。

3) 流量计算大断面信息表,表标识:ST_LSTAG

字段名	标识符	类型及长度	有无空值	单位	主键	索引序号
报汛站码	STCDT	char(5)	无		Y	2
年月日	YMD	Datetime	无		Y	1
断面名称及位置	DMWM	char(30)				
测时水位	MZ	numeric(7,3)	无	米		
开始岸边标志	BSIGN	char(1)	无			
附注	DMNOTE	char(255)				

各字段描述如下。

(1) 报汛站码:遥测站点的水文报汛站码。
(2) 年月日:大断面的施测时间。
(3) 断面名称及位置:测流断面的名称及相对位置。
(4) 测时水位:施测大断面时的河道水位。
(5) 开始岸边标志:填写"左岸"或"右岸"。

4) 大断面数据表,表标识:ST_LSDATA

字段名	标识符	类型及长度	有无空值	单位	主键	索引序号
报汛站码	STCDT	char(5)	无		Y	2
年月日	YMD	Datetime	无		Y	1
垂线号	SERIAL	numeric(3,0)	无		Y	3
起点距	QDJ	numeric(6,2)	无	米		
河底高程	HDGC	numeric(7,3)	无	米		

各字段描述如下。
(1) 报汛站码:遥测站点的水文报汛站码。
(2) 年月日:大断面的施测时间。
(3) 垂线号:测验垂线在大断面上的整数编号。
(4) 起点距:各垂线与作为起点的断面桩间的水平距离。
(5) 河底高程:各垂线的河底高程。

5) 测站类型表,表标识:ST_TYP

字段名	标识符	类型及长度	有无空值	单位	主键	索引序号
报汛站码	STCDT	char(5)	无		Y	2
年份	NF	char(4)	无		Y	1
测站(闸)类型	ZA	numeric(2,0)	无			
测流断面位置	DM	smallint	无			
闸上下水位观测	LX	smallint	无			
流态判别方法	LT	numeric(1,0)	无			

各字段描述如下。
(1) 报汛站码:遥测站点的水文报汛站码。
(2) 年份:流量计算对应的年份。
(3) 测站(闸)类型:遥测站水工建筑物所属的闸站类型。
(4) 测流断面位置:测流断面处在水工建筑物的相对位置,分为闸上游断面测流或闸下游断面测流。
(5) 闸上下水位观测:闸上、下游水位观测标志。
(6) 流态判别方法:水工建筑物出流流态的判别方法,分为水力学法、经验系数法等。

6) 流态判别参数表,表标识:ST_FPPM

字段名	标识符	类型及长度	有无空值	单位	主键	索引序号
报汛站码	STCDT	char(5)	无		Y	2
年份	NF	char(4)	无		Y	1
顺流孔流与堰流的分界点(e/h_u)	XE	numeric(4,3)	无			
逆流孔流与堰流的分界点(e/h_u)	XF	numeric(4,3)				
顺流自由堰流与淹没堰流的分界点(h_l/h_u)	XA	numeric(4,3)	无			
逆流自由堰流与淹没堰流的分界点(h_l/h_u)	XB	numeric(4,3)				
顺流自由孔流与淹没孔流的分界点($\Delta Z/h_u$)	XC	numeric(4,3)				
逆流自由孔流与淹没孔流的分界点($\Delta Z/h_u$)	XD	numeric(4,3)				

当流态分界点值为实测资料分析时,填制本表,各字段描述如下。

(1) 报汛站码:遥测站点的水文报汛站码。

(2) 年份:流态类别参数率定的年份。

(3) 顺流孔流与堰流的分界点(e/h_u):顺流孔流与堰流的分界点闸门开启高度 e 与闸上游水头 h_u 的比值。

(4) 逆流孔流与堰流的分界点(e/h_u):逆流孔流与堰流的分界点闸门开启高度 e 与闸上游水头 h_u 的比值。

(5) 顺流自由堰流与淹没堰流的分界点(h_l/h_u):顺流自由堰流与淹没堰流的分界点闸下游水头 h_L 与闸上游水头 h_u 的比值。

(6) 逆流自由堰流与淹没堰流的分界点(h_l/h_u):逆流自由堰流与淹没堰流的分界点闸下游水头 h_L 与闸上游水头 h_u 的比值。

(7) 顺流自由孔流与淹没孔流的分界点($\Delta Z/h_u$):顺流自由孔流与淹没孔流的分界点闸上下游水位差 ΔZ 与闸上游水头 h_u 的比值。

(8) 逆流自由孔流与淹没孔流的分界点($\Delta Z/h_u$):逆流自由孔流与淹没孔流的分界点闸上下游水位差 ΔZ 与闸上游水头 h_u 的比值。

7) 流量计算公式表,表标识:ST_RIVF

字段名	标识符	类型及长度	有无空值	单位	主键	索引序号
报汛站码	STCDT	char(5)	无		Y	2
年份	NF	char(4)	无		Y	1
公式序号	XH	numeric(2,0)	无		Y	3
使用公式编号	BH	numeric(3,0)	无			
相关因素编号	EM	numeric(2,0)	无			
流态或曲线编号	LJ	smallint	无			
水力因素参数编号	SS	numeric(2,0)				
水力因素参数值	ST	numeric(9,3)				

各字段描述如下。

(1) 报汛站码:遥测站点的水文报汛站码。

(2) 年份:推流公式率定的年份。

(3) 公式序号:以自然数 1,2,3,…编制,每使用一个公式或一种推流方法时填写一个序号。

(4) 使用公式编号:流量计算采用的对应公式或方法编号。

(5) 相关因素编号:推流曲线或方法所用的相关因素编号。

(6) 流态或曲线编号:出流流态的编号或曲线编号。

8) 相关因素数值表,表标识:ST_RIVFVAL

字段名	标识符	类型及长度	有无空值	单位	主键	索引序号
报汛站码	STCDT	char(5)	无		Y	2
年份	NF	char(4)	无		Y	1
公式序号	XH	numeric(2,0)	无		Y	3
结点号	SERIAL	numeric(3,0)	无		Y	4
结点号对应自变量	XJ	numeric(9,3)	无			
结点号对应因变量	YJ	numeric(9,3)	无			

各字段描述如下。

(1) 报汛站码：遥测站点的水文报汛站码。
(2) 年份：推流公式率定的年份。
(3) 公式序号：与"流量计算公式表"中相应的公式序号。
(4) 结点号：以自然数 1,2,3,… 依次编制。
(5) 结点号对应自变量：相关因素的结点值。
(6) 结点号对应因变量：流量系数、闸孔平均流速、过水面积等，与自变量一一对应，采用逐步图解法推流时，应变量结点全部为 0。

9) 传感器对应电站信息表，表标识：ST_S_STATION

字段名	标识符	类型及长度	有无空值	单位	主键	索引序号
报汛站码	STCDT	char(5)	无			
传感器号	SENSOR	char(8)	无		Y	1
传感器对应机组台数	NCOUNT	numeric(2,0)	无	台		
单机额定功率	NNS	numeric(4,0)	无			

各字段描述如下：

(1) 报汛站码：遥测站点的水文报汛站码。
(2) 传感器号：测站功率传感器按 1,2,3,… 的安装顺序依次编号。
(3) 传感器对应机组台数：各传感器对应的机组台数。
(4) 单机额定功率：抽水（发电）机组的单机额定功率。

10) 流量合成站码表，标识：ST_SYNTHESIZE()

字段名	标识符	类型及长度	有无空值	单位	主键	索引序号
报汛站码(主断面的)	STCDT	char(5)	无			
合成序号	SER	smallint	无			
报汛站码(合成的)	STCDT_SYN	char(5)	无		Y	1
简要说明	NOTE	char(30)				

各字段描述如下：

(1) 报汛站码（主断面的）：多个测站（断面）流量合成时的主断面报汛站码。

(2) 合成序号：按1,2,3,…的顺序依次编号。

(3) 报汛站码（合成的）：流量合成主断面编码对应的报汛站码。

7.3.4 流量计算软件的设计

7.3.4.1 软件描述

根据 SCADA 软件提供的接口参数，包括：上游水位、下游水位、闸门开启高度（抽水机组功率或水电机组功率）等，调用流量计算软件 FluxCalc.DLL，在流量计算结束后按约定格式返回流量数值，计算结果由 SCADA 软件写入实时水雨数据库。

软件可以处理的遥测站点的类型共有5类，分别为堰闸站（包括：平底闸、宽顶堰闸、实用堰闸、薄壁堰闸）、水电站、抽水站、涵洞（管）及采用超声波流量计在线测流及采用比降面积法测流的河道站。

7.3.4.2 软件功能

(1) 对接口参数（水文遥测数据）进行分析，区分出断面类型并对遥测数据进行处理，能直接参加流量计算。

(2) 对分析后的水文遥测的接口参数[包括：上、下游水位、闸位传感器信息（水电站、抽水站的传感器信息）或时差法超声波流量的信息]，结合流量监测基本信息，计算出断面流量，对需要进行合成的断面进行合成断面流量的计算。

7.3.4.3 计算方法

利用水工建筑物测流的站点，在 SCADA 软件完成遥测数据采集后，调用流量计算软件 FluxCalc.DLL 计算流量，流量计算时，软件根据采集的实时信息，读取测站流量计算基本信息，经出流流态自动判别后，采用相应的流量计算公式计算流量，常用的流量计算方法如下。

1) 堰闸站、涵洞（管）站

(1) 选用率定的水位流量关系曲线，查算流量系数。

(2) 根据流量计算公式，计算出断面的瞬时流量。

2) 水电站、抽水站

(1) 读取水文测站测验基本信息"机组传感器信息"表，分析计算该站的机组平均功率 N_s、机组开启台数 n、机组的额定功率 N。

(2) 选用率定的流量关系曲线，查算流量系数。

(3) 根据流量计算公式，计算出断面的瞬时流量 Q。

3) 超声波流量计站

(1) 根据率定的单断速关系，计算断面平均流速 V。

(2) 根据断面水位、实测大断面成果，计算过水断面面积 A。

(3) 计算断面的瞬时流量 $Q=V\times A$。

4) 比降面积法

(1) 读取水文测站测验基本信息"比降面积参数"表，分析计算该站的比降 i。

(2) 根据相关因素,查算糙率系数 n。

(3) 代入相应公式,计算断面瞬时流量 Q。

7.3.4.4 流态的自动判别

SCADA 软件在进行监测断面流量计算时,可实现水工建筑物出流流态的自动判别,无须人工干预。

对于堰闸站、涵洞(管)站,该软件可以按水力学系数或经验系数自动判别堰闸、涵洞(管)的出流流态。

可以判别的堰闸出流流态包括:自由孔流、淹没孔流、自由堰流、淹没堰流、半淹没孔流,涵洞(管)出流流态包括:有压管流、半有压管流、有压淹没管流、无压自由出流、无压淹没出流等。

1) 堰闸站的流态判别

(1) 不观测闸下水位(即无闸下水位)时,可分以下两种情况:

若 $\dfrac{e}{h_u} \leqslant Y_e$,则为自由式孔流;

若 $\dfrac{e}{h_u} > Y_e$,则为自由堰流。

(2) 有闸下水位时,可分以下情况判别。

① 当 $e > h_u$(闸门提出水面)时,

若 $\dfrac{h_l}{h_u} \leqslant Y_a$,则为自由式孔流;

若 $\dfrac{h_l}{h_u} > Y_a$,则为淹没堰流。

② 当 $h_l \geqslant e$ 时,

若 $\dfrac{\Delta Z}{h_u} \geqslant Y_c$,则为自由式孔流

若 $\dfrac{\Delta Z}{h_u} < Y_c$,则为淹没式孔流

③ 当 $\dfrac{e}{h_u} < Y_e$ 时,

对于平底、宽顶堰:若 $h_l < e$,则为自由式孔流

对于实用、薄壁堰:若 $h_l < 0$,则为自由式孔流
    若 $h_l > 0$,则为半淹没孔流

④ 当 $\dfrac{e}{h_u} \geqslant Y_e$ 时,

若 $\dfrac{h_l}{h_u} \leqslant Y_a$,则为自由堰流

若 $\dfrac{h_l}{h_u} > Y_a$,则为淹没堰流

上述公式中:

e 为闸门平均开启高度,h_u 为闸上游水头,h_l 为闸下游水头,ΔZ 为闸上、下游水位差,Y_e

为孔、堰流分界点，Y_a 为自由堰流与淹没堰流的分界点，Y_c 为自由孔流、淹没孔流分界点。

上述公式中，凡平底闸、宽顶堰用 e/h_u 值 0.67 或实用堰用 0.75 作为孔堰分界值，用 h_1/h_u 值为 0.8 作为堰流自由式和淹没式出流分界的临界值时，可用水力学法判断流态；否则应根据实测资料分析各种流态分界的临界值，作为经验系数法判别流态。

2）涵洞（管）流态判别

对于涵洞（管）的出流流态，当有闸门控制时，判别方法如下。

（1）有压管流：洞内水流在闸门背后收缩区以外，充满全断面。

（2）半有压管流：洞内水流只有部分管段充满全断面（多为长管洞）。

（3）孔流：洞内进水已受闸门或洞口控制，但洞内水深小于管径，管内仍有自由水面。

（4）无压流：进口水流水面低于洞顶或闸门下缘。

7.3.4.5 相关问题处理

在实际工作中，当闸门复位时，因受钢丝绳松紧的影响，会发生闸门虽然关死但闸位计传感器有小开启高度的现象。因此，在软件设计时，规定当闸门开启高度小于等于某一阈值时（例如 0.06 m，由用户根据实际情况确定），作 0 处理。

7.3.5 设计流程图

实时流量监测系统设计流程见图 7-15。

7.3.6 流量监测基本信息配置系统的设计

7.3.6.1 软件描述

该软件可实现对水文遥测站点流量监测基本信息进行录入、修改、管理和维护。流量监测基本信息包括：测站类型，流态判别方法，率定的历年流量关系曲线、水位糙率曲线，传感器信息（含闸位传感器、水电站功率传感器、抽水站功率传感器等），历年实测大断面资料，本站流量合成站码表等。

7.3.6.2 功能

（1）用户权限登录。

（2）录入流量监测基本信息。

（3）配置本地系统，对数据库内的流量监测基本信息进行管理维护。

7.3.6.3 主要模块及功能介绍

1）主控模块

主控模块是本系统主要功能的汇集，是进入相应子功能模块的入口，设有增删、维护等子模块。主控模块流程见图 7-16。

2）增删模块

此模块可以进行增加、删除和修改操作。其中，增加模块只有在增加流量监测基本信息以后，才可以对相关信息项进行增加。增删模块流程见图 7-17。

3）维护模块

利用此模块可以对系统中的 3 个代码表进行增加、删除等操作。

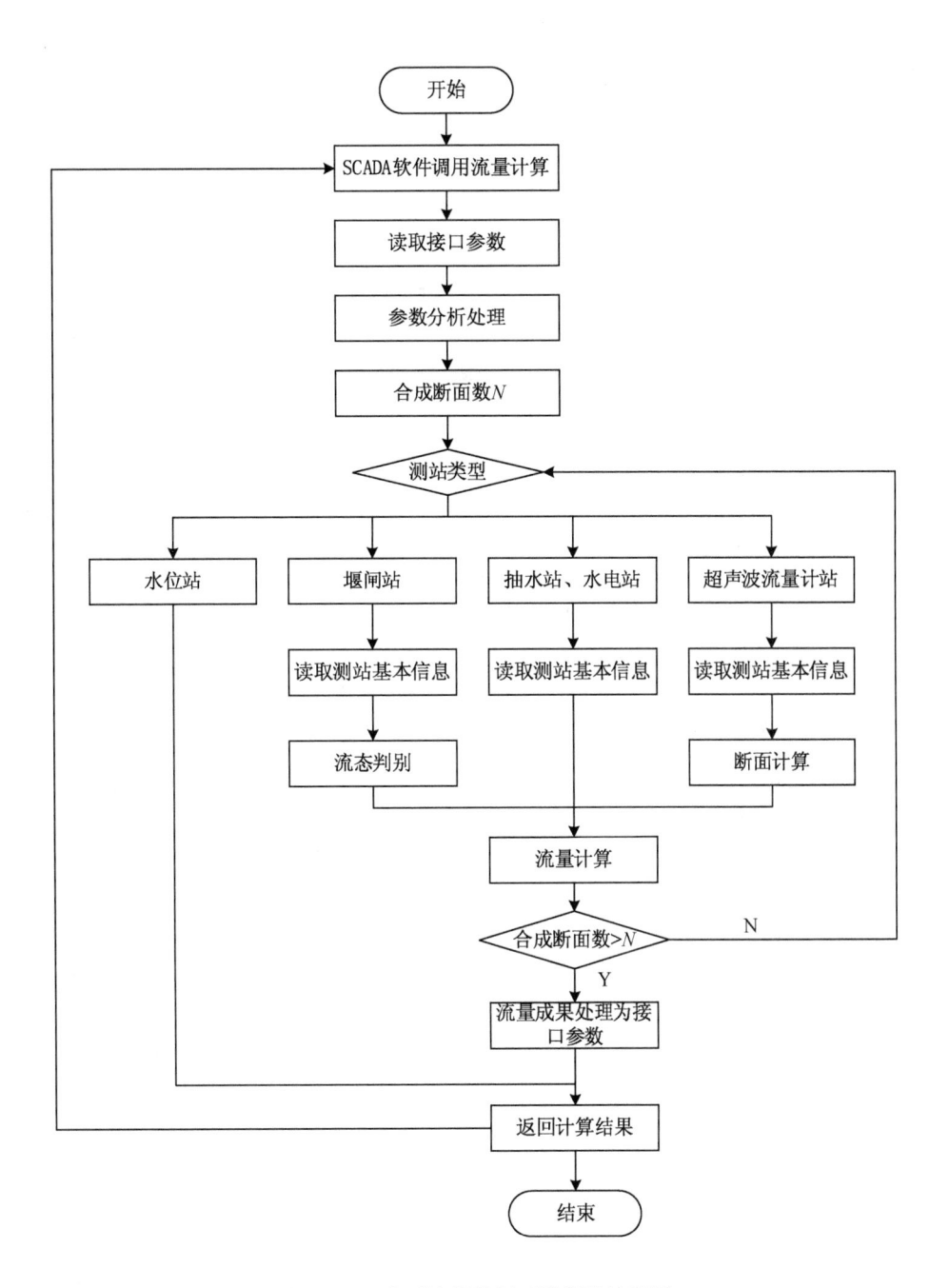

图 7-15　实时流量监测系统设计流程图

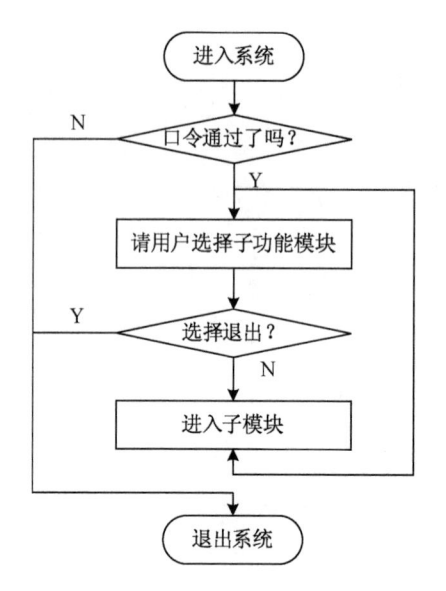

图 7-16 主控模块流程图

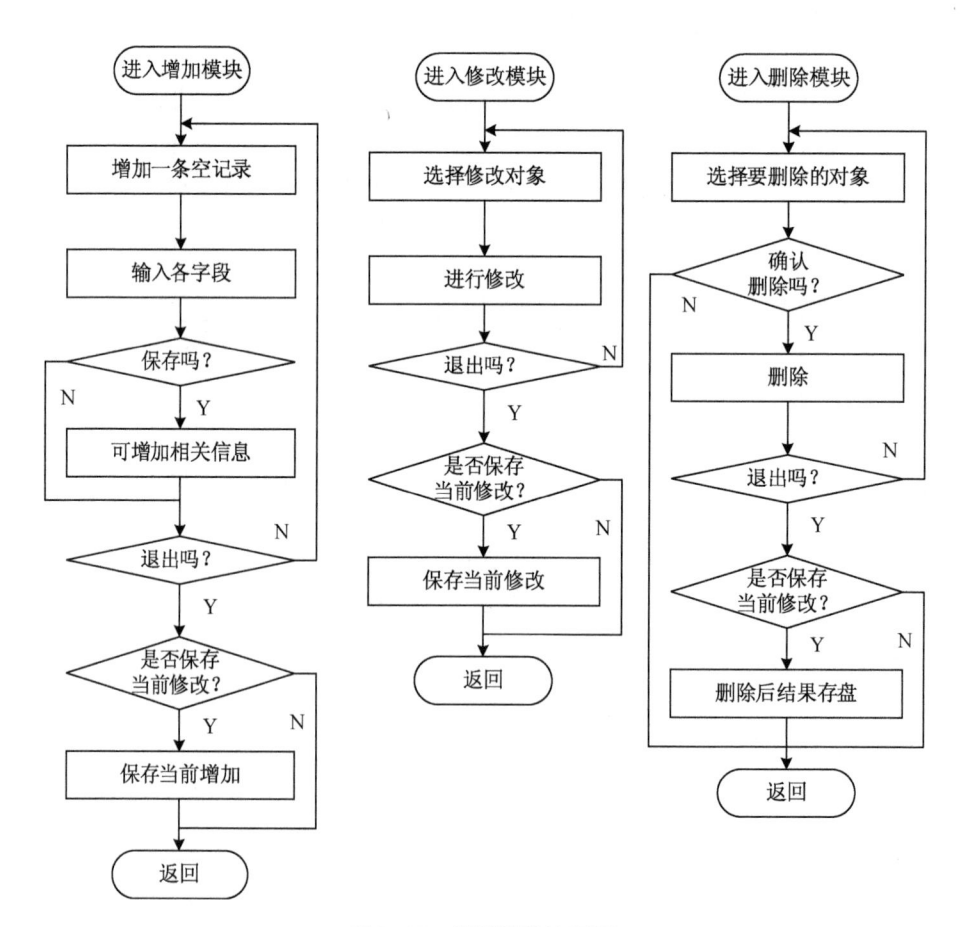

图 7-17 增删模块流程图

7.3.7 系统的安装

该系统安装包括 3 个部分:流量计算模块 FluxCalc.DLL 的安装、水文测站测验基本信息配置系统 FluxSetP.exe 的安装、ODBC 接口的配置。

7.3.7.1 流量计算模块 FluxCalc.DLL 的安装、ODBC 接口的配置

流量计算模块 FluxCalc.DLL 的安装、数据库参数表、ODBC 接口的配置,在系统安装时统一完成。

7.3.7.2 水文测站测验基本信息配置系统的安装

安装程序 FluxSetP_Setup.exe 启动安装界面如图 7-18 所示。

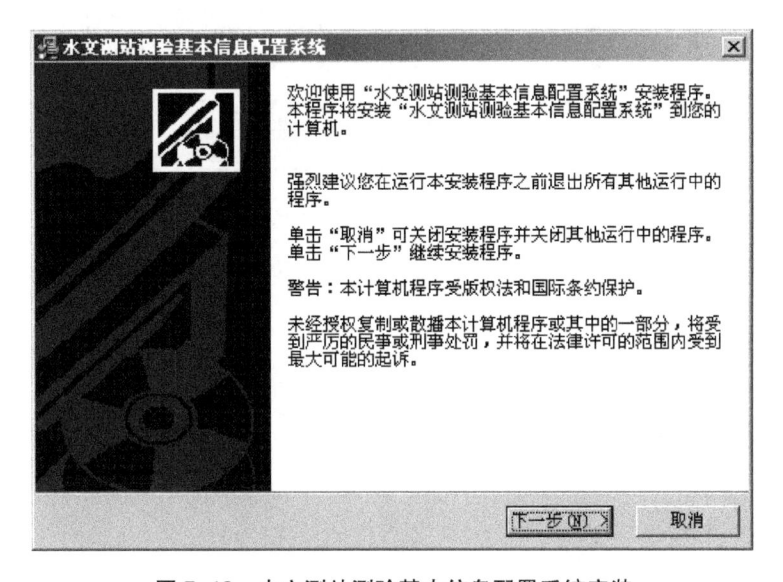

图 7-18　水文测站测验基本信息配置系统安装

点击"下一步",进入如图 7-19 界面。

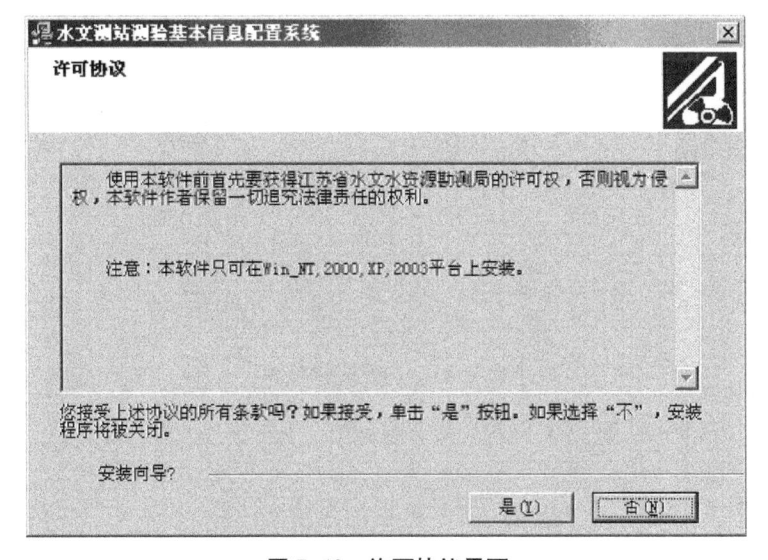

图 7-19　许可协议界面

仔细阅读注意事项,然后选择"是",进入如图7-20界面。

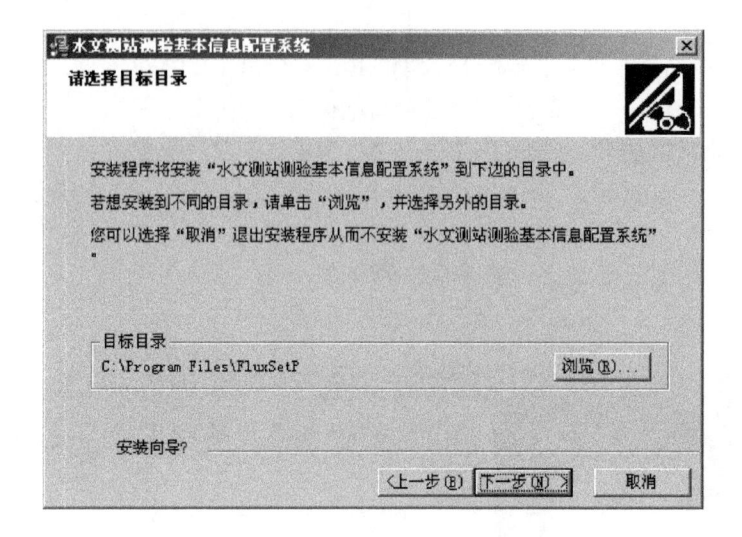

图 7-20　目标目录选择界面

在目标文件夹中选择好安装路径,然后逐次单击"下一步"即可完成安装。

7.3.8　系统的运用

7.3.8.1　水文测站测验基本信息配置系统的运用

1) 常用命令按钮

(1) 增加、删除:对当前正在操作的信息配置系统的界面(子界面)进行添加、删除操作。

(2) 保存:保存编辑的数据。

(3) 返回:返回系统主界面。

2) 系统登录

(1) 在"开始"菜单中点击"水文测站测验基本信息配置"快捷方式,弹出用户登录界面,见图7-21。

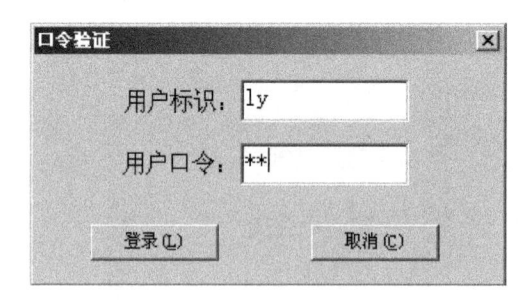

图 7-21　用户登录界面

(2) 输入"用户标识"及"用户口令"后点击"登录",进入信息配置系统。

3) 本地配置

在"维护"菜单中选择"本地配置"可对本地配置信息进行查看,不能进行修改、保存,见图7-22。

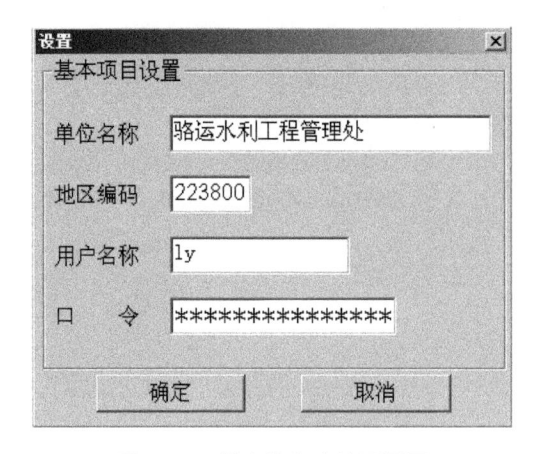

图 7-22　基本信息本地配置图

4) 报汛站码表

在"维护"菜单中选择"报汛站码表"可对报汛站码列表进行配置，见图 7-23。

图 7-23　报汛站码录入

第一次运行信息配置系统，必须首先录入报汛站码表，对本地需要录入基本信息的水文测站必须选择该表中的"选"框。选择"只显示选定项"时，列表中只显示"选"框中选定的报汛站码列表。

5) 合成流量站表

在"维护"菜单中选择"合成流量站码表"可对需要进行流量合成的水文测站进行流量合成，见图 7-24。

合成流量站码表中需合成的流量站的主断面编码(即测站的报汛站码)的序号必须为 1，其他各分断面如无报汛站码，则应输入省水文局给定的编码，"对应站码"由省水文局统一分配。

6) 测站测验基本信息

测站测验基本信息的录入只能在系统的主界面中完成，编辑测站的其他信息时，可双击主界面中"测站名称"行，进入子界面后进行录入或修改，见图 7-25。

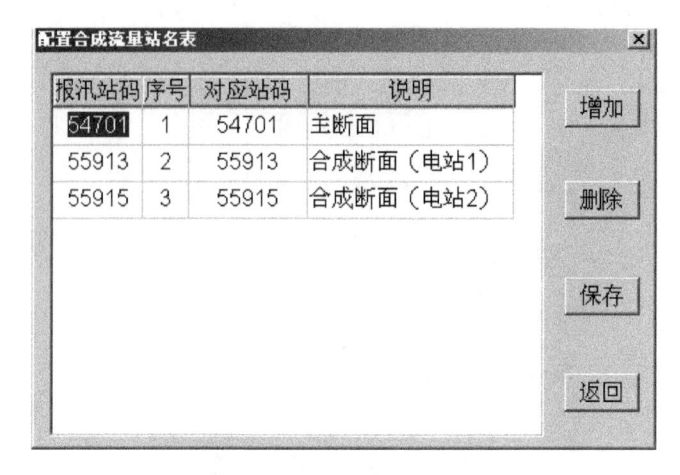

图 7-24　合成流量站码录入

图 7-25　测站基本信息编辑

在子界面中,测站的基本信息只能阅读,不能修改。点击相应的标签命令按钮则进入相应项目的录入或编辑子界面。

(1) 测站名称:水文遥测站点测站(断面)的名称。

点击报汛站名的空白处,在弹出的下拉菜单中选择需要编辑的测站名称。

如第一次运行信息配置系统,则必须首先配置报汛站码表。

(2) 年份:测站信息或流量计算控制信息的开始使用年份,如 2002。

(3) 测站(闸)类型:测站(断面)所属的类型,采用单断速关系(超声波流量计)推流的站,测站类型选择为河道站。

点击后在下拉菜单中选择测站所属的类型。采用单断速关系(超声波流量计)推流的站,测站类型选择为河道站。

(4) 测流断面位置:测流断面所在的位置标志。

采用单断速关系(超声波流量计)推流的站,测流断面位置应选择"闸上游"。

点击后在下拉菜单中选择测流断面所在的位置标志。

(5) 闸上下水位观测:测站现有的水位观测项目。

点击后在下拉菜单中选择测站现有的水位观测项目。

(6) 流态判别方法

采用书本上经验系数判别流态的流态判别方法为"水力学系数法";用实测资料进行分析后采用经验系数判别流态的流态判别方法为"经验系数法"。

点击后在下拉菜单中选择测站的流态判别方法。

7) 推流曲线

在任一子窗体中,点击标签"推流曲线"即可实现对该测站推流曲线的录入或修改,见图7-26。

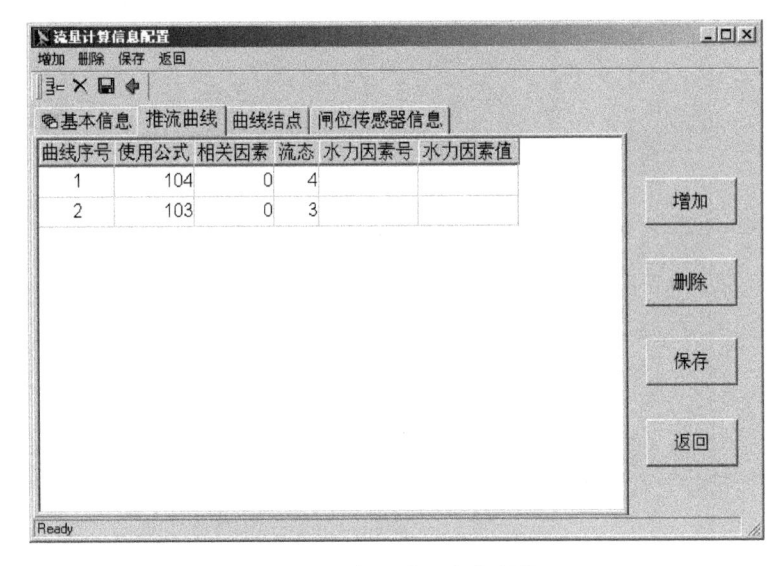

图 7-26　推流曲线数据编辑

(1) 曲线序号:推流公式对应的序号。

每一个公式对应一个序号,点击"添加"则在表末自动添加一个记录,点击"删除"则删除正在编辑的当前行。

(2) 使用公式:推流使用公式的编号,见表7-2。

表 7-2　推流曲线公式编号表

编号(BH)	公式	出流情况
0	相关因素-淹没(改正)关系线	淹没出流
1	$Q=M_1 Be\sqrt{H_u-H_c}$	自由孔流
2	$Q=M_1 Be\sqrt{H_u}$	自由孔流
3	$Q=C_1 BH_u^{3/2}$	自由堰流

续　表

编号(BH)	公式	出流情况
4	$Q=M_2Be\sqrt{\Delta Z}$	淹没孔流
5	$Q=C_2BH_u^{3/2}$	淹没堰流
6	$Q=\sigma C_1BH_u^{3/2}$	淹没堰流
7	$Q=\sigma M_1Be\sqrt{H_u}$	半淹没堰流
8	$Q=\mu a\sqrt{\Delta Z}$	淹没管流
9	$Q=\sigma a\sqrt{H_u}$	自由管流
10	...	...
11	$Q=\eta N_s/(9.8\Delta Z)$	电力抽水站
12	...	...
13	$Q=\eta N_s^{0.75}/(9.8\Delta Z)$	电力抽水站
14	$Q=\eta N_s/(9.8H)$	电力抽水站
15	$Q=N_s/(9.8\eta\Delta Z)$	水力发电站
16	$Q=N_s/(9.8\eta H)$	水力发电站
⋮	⋮	⋮
22	要素-过水面积曲线法	超声波流量计
⋮	⋮	⋮
101	$Q=KBH_u^a$	
102	$Q=KB\Delta Z^a H\beta^u$	
103	$Q=KBe^a H_u^\beta$	
104	$Q=KBe^a \Delta Z^\beta$	
105	$Q=KB\Delta Z^a Z_u^\beta$	
106	$Q=KB\Delta Z^a H\beta^L$	
107	$Q=KN_s/e^{a\Delta Z}$	e 为自然对数的底
108	$Q=KN_s/e^{(N^a\Delta Z)}$	e 为自然对数的底
109	$Q=KN_s/e^{(N^a H_u)}$	e 为自然对数的底
110	$Q=KN_s e^{|N^a H_u|}$	e 为自然对数的底
⋮	⋮	⋮
121		
122	$Q=KB e^\beta \Delta Z^\gamma$	
123		
124	$Q=KBe^a \Delta Z^\beta+\gamma B$	闸门有漏水

续 表

编号(BH)	公式	出流情况
125	$Q=KB\Delta Z^{\alpha}Z_L^{\beta}$	
⋮	⋮	⋮
>200	$K=f(u)$ $\alpha=1-1.5e/H_u$ $\beta=1.5-\alpha$ （公式形式仍同逐步图解法）	
⋮	⋮	⋮

（3）相关因素：各种推流曲线或方法所用的相关因素编号。

用堰闸方法推流的，填与使用公式中的流量系数建立关系的相关因素的编号；采用超声波流量计的测站相关因素栏填 20；

水电站、抽水站采用效率系数与单机功率（或总功率）建立关系线的，相关因素栏填 13 或 15；用其他方法推流时，相关因素栏填 0，各种编号所代表的相关因素见表 6-6。

（4）流态：流量推求公式对应的流态编号。

河道站（超声波流量计流量断面）流态编号填－1，水电站、抽水站填 15，堰闸站填写流量推求公式对应的流态编号。

（5）水力因素号：水力因素参数的对应编号。

推求流量时，当使用公式、相关因素、流态编号均相同，而由于某水力因素参数（以下称参数）的影响而出现多条系数（关）线时，应填记该参数的对应编号，参数编号仍采用相关因素表，即和相关因素编号一致，无参数时可任其空白。

（6）水力因素值：水力因素参数小于等于的数值。

即某一流态有多条系数线时，必须按参数从小到大的顺序分别依次填制，其间不得插填其他流态的系数线。

无水力因素参数时参数值亦空白。

8) 曲线结点

填写对应的推流曲线的相关因素及流量系数的数值。首先在"推流曲线"窗口中选择编辑的曲线，然后点击"曲线结点"窗口，或双击"推流曲线"窗口中所要编辑的曲线，即可实现对该推流曲线的相关因素及流量系数数值的录入或编辑，见图 7-27。

（1）曲线序号：曲线结点值对应的推流曲线的序号。

（2）结点号：1，2，3 等自然数，由计算机自动添加。

（3）自变量：相关因素的结点数值。

系数线：包括流量系数线、效率系数线、单断速关系线等，填相关因素的结点值。

逐步图解法：填公式的 K、α、β、γ 值，如用 $Q=KBH_u^\alpha$ 公式时，只填 k、α 值，次序不得颠倒。

（4）应变量：与自变量对应的流量系数的数值。

其数值与自变量一一对应填入，用逐步图解法推流时，K、α、β 等自变量对应的应变量的

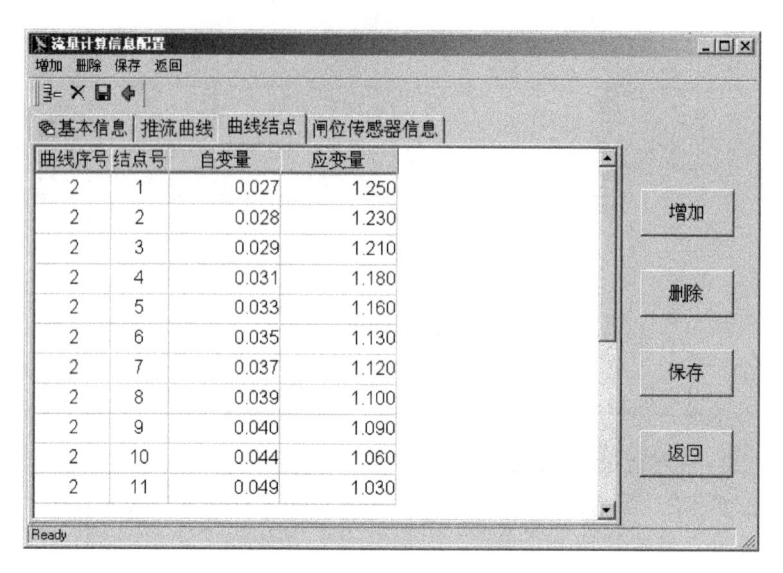

图 7-27 推流曲线结点数值编辑

值全部填 0。

9) 闸位传感器信息

填写闸位传感器控制的闸门孔数及闸门信息。在任一子窗体中,点击标签"闸位传感器信息"即可实现对该项目的录入或修改,见图 7-28。

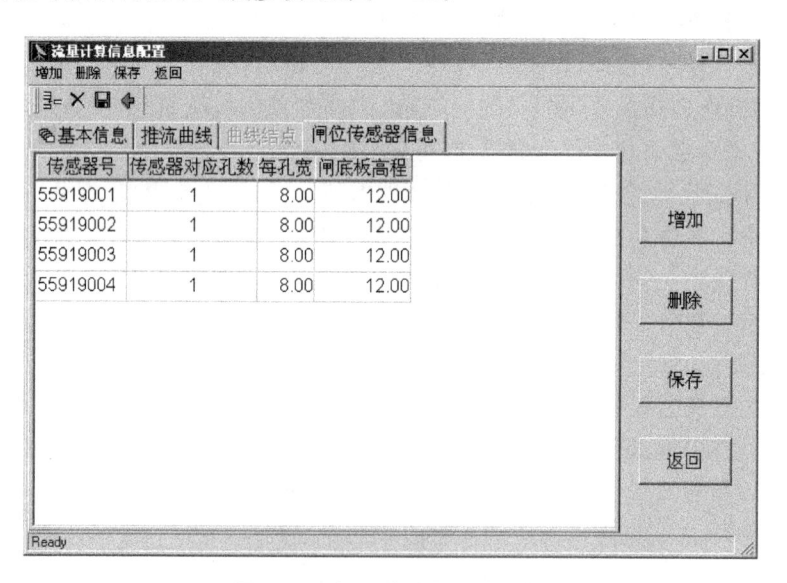

图 7-28 闸位传感器信息编辑

(1) 传感器号

填写闸位传感器的编号(8 位码),无传感器编号时可用测站的报汛站码加 001,002,…依次编号来编制。

(2) 传感器对应孔数

填写每个闸位传感器对应的闸门孔数。

(3) 每孔宽

填写每孔闸门的宽度。

(4) 闸底板高程

填写对应的闸底板高程。

10) 断面信息

填写超声波流量计测流断面的大断面信息。在任一子窗体中,点击标签"断面信息"即可实现对该项目的录入或修改,见图 7-29。

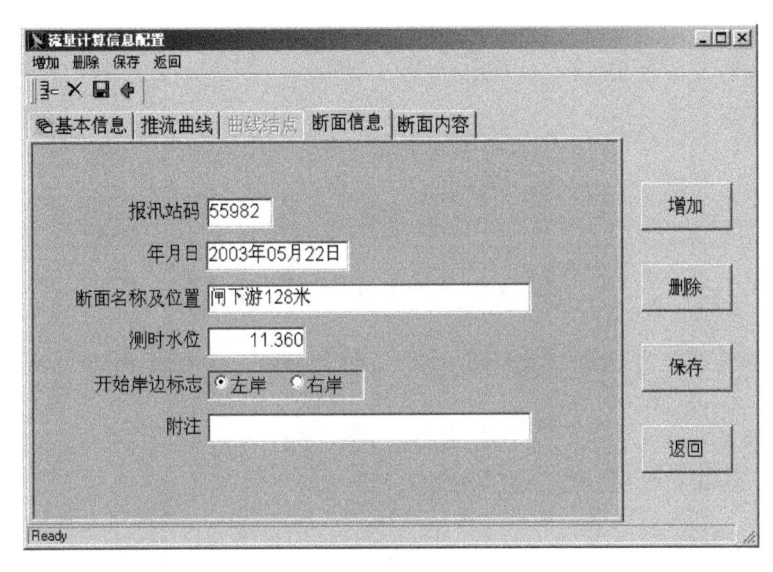

图 7-29 测流断面信息编辑

图 7-29 中"报汛站码"填写测站(断面)的报汛站码,施测时间填写测流断面成果的施测时间或断面成果的启用时间,格式为年月日。其余各项的填写按《水文资料整编规范》(SL247—1999)规定填写。

11) 断面内容

填写测流断面的大断面成果。在任一子窗体中,点击标签"断面内容"即可实现对该项目的录入或修改,见图 7-30。

施测时间及垂线号由计算机自动添加,填写的大断面成果应按照起点距从小到大的顺序录入。

12) 机组传感器信息

填写水电站发电机组或抽水站抽水机组的功率计传感器的信息。在任一子窗体中,点击标签"机组传感器信息"即可实现对该项目的录入或修改,见图 7-31。

"传感器号""传感器对应机组数"参照"闸位传感器信息"表填制,"每台电机额定功率"填写机组的额定功率。

13) 流态分界点

当采用人工分析经验系数法判别流态时填制本栏。填制时应根据实测资料分析后将各流态分界点值逐一填制。

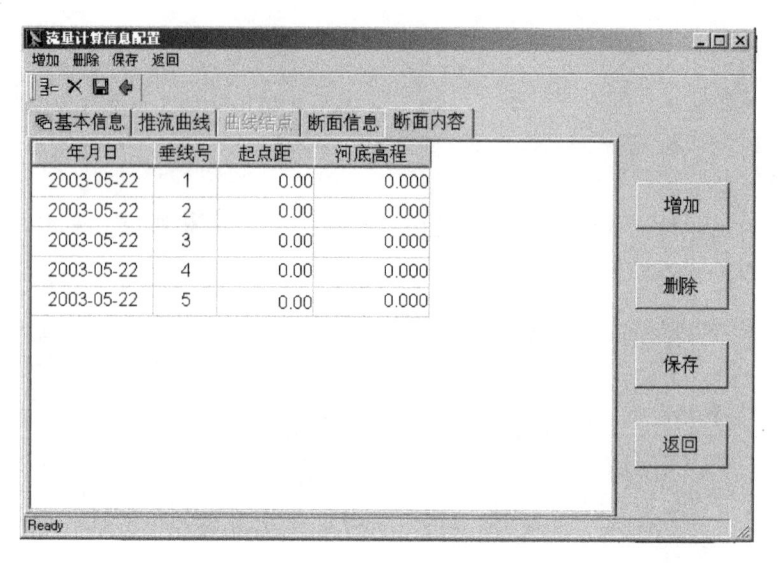

图 7-30 大断面结点数据编辑

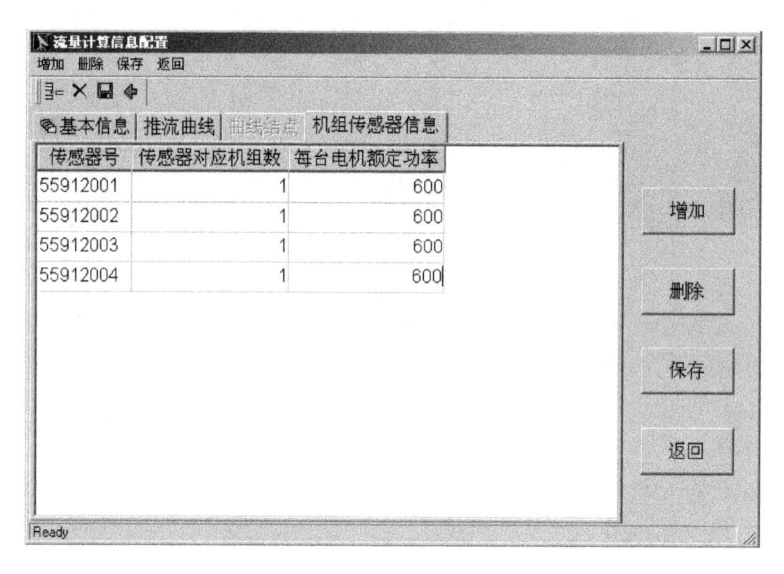

图 7-31 机组传感器信息编辑

7.3.8.2 流量计算模块的运用

在上述操作完成后,即可由水情预处理软件调用 FluxCalc.DLL 完成实时流量计算及断面流量的合成计算。

第八章 水工建筑物测流技术

8.1 概述

水工建筑物具有固定的边界条件,对水流起控制作用,水力因素与流量一般都有比较稳定的关系。水工建筑物测流,就是通过测量有关水力要素,利用水力学公式计算过水断面流量的一种方法。

用于测流的堰闸、无压洞、涵等标准型水工建筑物,其边界和水力条件需符合下列要求。

一是水工建筑物能对水流产生垂直或(和)平面的约束控制作用,水面形成明显的局部降落,产生一定的水头或水头差。遇有淹没出流时,建筑物上下游的水头差不能经常小于 0.05 m。淹没度(闸下游与闸上游水头比 h_t/H)不能经常大于 0.98。

二是水工建筑物的上下游进出口和底部均不能有明显影响流量系数稳定性的冲淤变化和障碍阻塞。

三是位于河渠上的堰闸进水段,需有形成缓流条件的顺直河槽。河槽的顺直段长度不宜小于过水断面宽度的 3 倍,目的在于使进水段能形成缓流条件和正常的流速分布,以保持正常的水位(水头)流量关系和提高测验精度。水工建筑物测流时,进水段缓流,通过建筑物泄流时转变为急流,使建筑物对水流产生有效控制,以形成稳定的水位(水头)流量关系。有淹没出流的堰闸,下游顺直河段长度不宜小于过水断面宽度的 2 倍,以免产生偏流,造成两岸水面不平,影响下游水位观测精度。

如果进水段顺直长度不够,水流在行进段内产生跌水、涡流、斜流、急流等现象,则建筑物将失去对水流的有效控制作用,而难以形成稳定的水位(水头)流量关系,这样的建筑物不宜作为水工建筑物测流。因此,有一个符合条件的进水段是保证流量测验精度的一项重要指标。如果建筑物进口前为开阔水体,则缓流条件较为理想,可以不再考虑顺直段问题。

随着水文巡测技术的发展、严格水资源管理对水资源监测要求的提高和监测任务的日益增加,仅采用传统的流速仪流速面积法进行流量测验已经不能满足需要,迫切需要探索研究水工建筑物测流这一更节省、更高效、更快捷、更容易实现实时监测的流量测验方法,以满足水资源的严格管理、科学开发利用、精准防汛防旱调度、水利工程建设与管理以及水利化后水文效应变化研究等的需要。

但是,江苏主要为平原水网区,水系复杂,小水头、小落差情况普遍,众多工程的设计、施工条件不能完全符合标准型水工建筑物测流要求。为此,我们立足工程实际,比照标准型水工建筑物测流需要,以开展苏北供水工作为契机,以苏北地区京杭大运河沿线堰涵闸站工程为研究对象,编制测验方案,拟订质量控制措施,现场率定平原水网区各类水工建筑物的水位流量关系;收集了45处工程289站年计1 924次实测流量资料,基本包含了工程实际控制运用时的各种工情、水情组合;通过测验与率定,充实了平原水网区堰涵闸站工程过流量计算方法,较好地验证了水工建筑物过流的一般规律。成果表明,利用水工建筑物测流,不但精度较高,而且可以在无资料情况下进行过流量计算和类比估算,为江苏平原水网区水利工程的规划、设计、建设,为水利工程防汛防旱科学调度运用,为合理配置水资源、有效实施水资源计量等提供可靠的基础技术支持。

根据这一研究成果,还可以研发流量计算软件,通过采集水工建筑物开启高度(闸位)、水电站或抽水站机组运行功率,工程上、下游水位等水工情信息,实现水工建筑物过流量的实时计算、自动在线监测。借助网络传输、计算机应用技术,还可实现监测信息的资源共享和大数据管理与开发利用,从而更好地满足防汛防旱精准化调度管理、水资源科学配置及南水北调东线工程供水计量管理的需要。

水工建筑物实时流量在线监测技术已在江苏省属大中型涵闸站及苏北地区水资源配置监控调度系统工程中得到广泛应用,发挥了显著效益。

8.2 水工建筑物流量测验

8.2.1 测验方案

影响堰、涵、闸、站等水工建筑物过流的主要因素有上游水头、下游水头、过水面积等水情要素,以及堰闸形状、型式,涵洞结构型式、长度、设计坡度,水电(抽水)站装机台数、机组容量、进出水流道形式与尺寸等工情要素。

确定堰、涵、闸、站等水工建筑物过流的测流方案即从控制其过流的主要影响因素入手,布设水位、流量测验断面,并依据不同的水、工情测验项目,研定相应的测验方法。

8.2.1.1 断面布设

测验断面布设包括堰涵闸站工程上、下游基本水位观测断面和流量测验断面的勘察、选定和布设。

1)水位观测断面勘察、布设

堰闸上游水尺断面设在堰闸进口渐变段的上游,其距离根据表8-1确定。当堰闸上游水流受到弯道、浅滩等影响,可能产生水面横比降时,则在两岸同一断面线上分别设立水尺,以观测水位。

表8-1 堰闸上游水尺断面距堰闸距离

堰闸总宽 B(m)	上游水尺断面与堰闸进口渐变段上游端距离 L(m)(相当最大水头倍数)	备注
<50	(3~5)H_{max}	当堰闸进口无渐变段时,水尺断面距离应从堰口或闸门处算起。
50~100	(5~8)H_{max}	
>100	(8~12)H_{max}	

堰闸下游水尺断面布设。断面位置设在堰闸下游水流平稳处，距消能设施末端的距离，不小于消能设施与堰闸间距离的 3 倍。当测流断面设在堰闸下游时，可将下游水尺断面与测流断面重合设立。

有淹没出流的堰闸，需在闸后淹没水跃区附近设立辅助水尺，用以判别出流流态是自由还是淹没出流。当设置有困难时，可用堰闸下游水尺代替观测。

流速仪测流断面水尺设立。当流速仪测流断面与堰闸上、下游水尺断面相距不远时（两处水位差不大于 1 cm），可用堰闸上、下游水尺代替测流断面水尺；如两断面相距较远，则专门设立测流断面水尺。隧洞、涵洞（管）的洞上游水尺断面设在进水口附近水位平稳、便于观测处。建筑物进水口附近如已设有其他用途且能达到监测要求的水尺的，亦可借用该水尺。有淹没出流的隧洞、涵洞，在出水洞口附近水流平稳、便于观测处，设立下游辅助水尺。

水电站、电力抽水站的站上水尺断面设于建筑物进水口附近水流平稳、便于观测处，站下水尺断面设于建筑物出水口附近水流平稳、便于观测处。当水电站或抽水站设置拦污栅时，于站、栅之间设立辅助水尺，与基本水尺水位进行比对，或在进行流量系数现场率定时作修正参考。

2）测流断面查勘、布设

目前主要采用流速仪或走航式超声波多普勒流速剖面仪（ADCP）等进行流量测验。对于采用 ADCP 等先进测验仪器设备进行流量测验的，断面选择主要以方便走航、工作安全为原则，并尽可能与流速仪测流断面位置保持一致，以便与流速仪测流成果进行对比分析研究。

流速仪测流断面布设在建筑物下游河（渠）道整齐、顺直，且水流平稳的河（渠）段上。距消能设施末端的距离，一般都不小于消能设施末端与建筑物距离的 5 倍。

当在建筑物下游选择不出适宜的测流断面时，则在建筑物上游的适宜位置，设立测流断面，选择的顺直河段长度一般不小于过水断面宽度的 3 倍。

有孔流出现的水闸，流速仪测流断面与闸的距离则远一些，以避开闸门阻水对断面流速分布的影响。

当闸门经常处于小开度运行，闸前水深较大，流速很小，流速仪难以测定时，则不宜将测流断面设在闸的上游。流速仪测流断面离开建筑物不宜很远，以避免区间分流或汇入，以及河槽调节水量的影响。

8.2.1.2 测验方法

不同的测验项目，选用不同的测验方法，以保证测验精度。

1）水准测量

测验断面的基本水准点和校核水准点高程测量，均从国家水准点引测，采用三等水准测量。上下游水尺及辅助水尺零点高程、测流断面岸上部分高程、堰顶或闸（洞）底高程、水电站或抽水站出水管口中心高程等，均从测站基本水准点或校核水准点引测，采用四等水准测量。

一些供水计量专用站点受客观条件的限制，有的与国家引据水准点距离太远，有的附近难以找到国家水准点,其上、下游水尺零点高程难以引接的,则采用测站假定基面确定水尺零点高程。

2) 断面测量

断面的测量包括水下部分的水道断面测量和岸上部分的水准测量。岸上部分高程测至历年最高洪水位以上 0.5~1.0 m,测点布置尽可能控制河床地形的转折变化,高程记至 0.01 m。水下部分水深可采用测深杆、测深锤、铅鱼、超声波测深仪等方法测量,由测时水位推算断面河底高程。起点距可采用钢卷尺或皮卷尺直接量距法、仪器交会法、计数器测距法、地面标志法或建筑物标志法等进行测量。

3) 水位观测

现场流量测验时需要进行水位观测。使用自记水位计记录的站点,按《水位观测标准》要求测记;使用水尺人工观测水位的站点,流量测验前后一段时间内加测水位,直至水位变化基本稳定。测量堰闸淹没出流流量时,同时测记堰闸上、下游水尺水位,设立下游辅助水尺的,一并同时观测、记录。

4) 闸位、开启孔数、流态的观测

闸位观测即对闸门开启高度的观测。由观测人员现场直接观测记载,能直接测定闸门开启高度的,预先实测并定好开度标尺;不能直接测定的,则现场核对闸门全开和全关的幅度,据以确定或校正开度标尺。弧形闸门开启高度要换算为垂直高度。当采用闸位计实时记录闸位时,要定期进行闸位计复核校准,发现异常时要随时复核校准,闸位计测记信息均应为垂直开启高度。测记堰闸开启高度的同时测记闸门开启孔数,以便计算闸门开启总宽度。

堰闸出流流态观测,一般以目测为主,当遇到不易识别的流态时,可根据测记的有关水力因素,辅以计算和分析确定。流态观测要在堰闸出流时与水位观测同时测记。

5) 流量测验

长期以来,流量测验主要采用流速仪法。随着水文现代化测验手段的不断提高,走航式超声波多普勒剖面流速仪(ADCP)得到一定的推广应用。通过比测分析,只要测量精度满足各项规范要求,即可以采用 ADCP 测验率定水位流量关系。在江苏苏北地区水资源配置监控调度系统工程流量测验率定中,一些站点即使用了 ADCP 进行流量测验。

8.2.1.3 基本资料的搜集

基本资料包括水工建筑物的工程基本资料和水文测验基本资料。搜集基本资料的目的是分析单个工程的出流能力,并进行同类工程出流规律的综合分析研究。

堰涵闸站工程基本资料分为水闸、涵管(隧洞)、水电(抽水)站等三大类,搜集内容主要包括工程类别、结构形式、设计主要技术参数,以及工程建成运行以来加固维修改造后,影响过流能力的工程结构、尺寸、主要技术参数的变化等。工程基本资料的收集,既为我们了解掌握每一座涵闸、泵站、水电站的基本工程情况,从而为该工程合理选择水文测验方案、相应的过流能力分析计算公式,建立符合实际的工程出流能力数学模型积累必要的基础资料,同时也为同类工程的过流能力综合分析研究提供重要依据。堰涵闸站工程基本资料搜集内容具体见表 8-2、表 8-3 和表 8-4。

表 8-2　堰闸工程基本情况表

工程位置	_____流域　_____水系　东经：_____　北纬：_____				
	_____省(市、区)_____地区(市)_____县(区)_____乡(镇)_____村				
工程类型		主要用途		竣工日期	
设计单位		施工单位		管理单位	
工程主要技术指标					

堰	型式			闸门落点位置	
	堰高(m)		消能设施	消力池底高程(m)	
	堰顶厚度(m)			消力坎顶高程(m)	
	堰总长(m)			消能设施末端与闸门距离(m)	
闸	堰顶高程(m)		上游水尺	到闸门的距离(m)	
	闸墩长度(m)			断面面积关系式	
	闸墩头型式		下游水尺	到闸门的距离(m)	
	闸墩头长度(墩头至门槽)(m)			断面面积关系式	
	闸顶高程(m)		设计	上游水位(m)	
	闸总长(m)			下游水位(m)	
	闸底高程(m)			流量(m^3/s)	
	闸下游海漫高程(m)			库容($10^8 m^3$)	
	闸孔数			水库洪水位(m)	
	闸孔单宽(m)		行近河槽	宽度(m)	
	闸孔总宽(m)			顺直长度(m)	
	闸孔高(m)			到闸门的距离(m)	
	闸门型式				
	弧形门半径(m)				
	转轴轴心高程(m)				
	闸门底边特征				
附注	(描述工程建成运行以来加固、改造等可能影响工程出流能力的工程结构、尺寸、主要技术参数的变化等基本情况)				

表 8-3　涵管(隧洞)工程基本情况表

工程位置	流域　　　　　水系　东经：　　　　　北纬：　　　　　　　　　　　　　省(市、区)　　　　地区(市)　　　　县(区)　　　　乡(镇)　　　　村				
工程类型		主要用途		竣工日期	
设计单位		施工单位		管理单位	
工程主要技术指标					
管(洞)	结构形式		闸门	闸孔数	
	进水段顺直长度(m)			闸门型式	
	断面形状			闸门底缘型式	
	断面尺寸(m)			弧形门半径(m)	
	进口形状			弧形门转轴高程(m)	
	断面积(m^2)			门槽处断面形状	
	总长度(m)		设计	最大流量(m^3/s)	
	底坡			上游最高水位(m)	
	进口底端高程(m)				
	进口顶端高程(m)				
	出口底端高程				
	出口顶端高程				
拦污栅位置、材料、形式					
附注	(描述工程建成运行以来加固、改造等可能影响工程过流能力的结构、尺寸、主要技术参数变化等基本情况)				

表 8-4　水电(抽水)站工程基本情况表

工程位置	流域　　　　　水系　东经：　　　　　北纬：　　　　　　　　　　　　　省(市、区)　　　　地区(市)　　　　县(区)　　　　乡(镇)　　　　村				
工程类型		主要用途		竣工日期	
设计单位		施工单位		管理单位	
工程主要技术指标					
发电(电动)机	型号		水轮机(水泵)	型号	
	装机台(组)数			台数 额定功率(kW)	
	装机容量(kW)			各级水头限制出力(kW)	
	最高效率			最高效率	

续　表

进水管 (流道)	管长(m)		出水管 (流道)	管长(m)	
	断面形状			断面形状	
	断面面积(m²)			断面面积(m²)	
	管径(高)(m)			管径(高)(m)	
站上水位	最高(m)		站下水位	最高(m)		设计水头	最大(m)	
	最低(m)			最低(m)			最小(m)	
	正常(m)			正常(m)			正常(m)	
附注	(描述工程建成运行以来加固、改造等可能影响工程出流结构、尺寸、主要技术参数的变化等基本情况)							

水工建筑物测流水文测验基本资料的搜集内容主要包括水文测验河段、测验方法、推流方法以及测站发生的历史水情等。通过水文测验基本资料的搜集，我们能比较全面深入地了解工程出流测验的自然地理环境条件、技术装备条件、测验技术方法手段以及测验精度质量控制等情况，有利于在过流能力分析研究中对测验资料去粗取精、去伪存真，使计算分析成果更趋科学合理。水工建筑物测流水文测验基本资料的搜集内容具体见表8-5。

表 8-5　水工建筑物测流水文测验基本情况表

测验断面位置	闸上游水尺距闸距离(m)		水位观测设备	
	闸下游水尺距闸距离(m)		测流设备形式	
	测流断面距闸上(下)距离(m)		闸门开高观测	
	闸下水尺距闸距离(m)		测流方法	
工程所在地自然地理概况				
测验断面位置、适宜程度及变动情况评价				
测验设备运行情况及变动情况评价				
水工建筑物上、下游河段概述				
流域概况、面积、河长				
上游水利工程情况				
下游水利工程情况				
历史水情	水位开始观测日期		流量开始测量日期	
	上游最高水位(m)		日期	
	下游最高水位(m)		日期	
	最大流量(m³/s)		日期	
备注	(描述在表中没有体现出来的但与流量测验有密切关系的情况)			

8.2.2 质量控制

8.2.2.1 水准测量

三等水准测量水准路线长度一般控制在 50 km 以内(含支线、附合路线、环线,以支线为主),单站前后视距差≤2 m,累计前后视距差≤5 m,视距≤75 m,水准尺黑、红面读数差≤2 mm,路线往返闭合差±$12\sqrt{K}$(K 为往返测量或左右路线长度的平均千米数,下同);四等水准测量路线长度都控制在 15 km 以内(含支线、附合路线,以支线为主),路线往返闭合差±$20\sqrt{K}$。高程测记至 0.001 m,取用至 0.01 m。

8.2.2.2 水情观测

水情观测项目主要包括水位、水头和水头差观测。

1) 水位观测

测流时,测时水位于堰涵闸站工程启闭终止水位平稳后观测。有自记水位计的取用自记水位,同时辅以人工观测水位进行校核。人工观测的,在流量测验前后均观测记录水位一次,以控制水位变幅和变化过程。自记和人工水位均测记至 0.01 m。

2) 水头观测

实测水头(h 或 h_u)为堰闸上游水尺水位与堰顶或闸底高程差;下游实测水头(h_l)为堰闸下游水尺水位与堰顶或闸底高程差。

总水头(H)的计算,分两种情形。当基本水尺断面距离建筑物较近时,总水头按照公式(8.1)计算;当基本水尺断面距离建筑物较远,沿程水头损失达到或超过 1 cm 时,应将实测水头加行进流速(行进河槽内某断面的平均流速)水头改正后,再减去沿程损失水头,作为总水头,用公式(8.2)计算。

$$H = h + \frac{\alpha v_0^2}{2g} \tag{8.1}$$

$$H = h + \frac{\alpha v_0^2}{2g} - h_w \tag{8.2}$$

$$h_w = \frac{L \bar{v}^2}{\frac{1}{n^2} R^{1.33}} \tag{8.3}$$

式中:H 为总水头,m;

h 为实测水头,m;

α 为动能修正系数,一般取 1.0;

v_0 为进口段水尺断面处的平均流速,m/s,可以用实测(或推求)流量除以进口段水尺断面过水面积推算;

h_w 为沿程损失水头,m;

L 为堰闸上游水尺至堰闸的距离,m;

n 为河床糙率;

R 为水力半径,m;

$\bar{v}$ 为堰闸上游水尺至堰闸之间河道断面平均流速,m/s。当堰闸上游河道顺直、河槽宽度基本一致时,可以用上游水尺断面处的平均流速;如果河宽差别较大,则采用该河段上下游两个断面平均流速的平均值。

当进行单站现场率定分析时,可用实测水头 h 代替总水头 H。当进行流量系数综合,研究流量系数的变化规律,且进口段的行进流速 $v_0 \geqslant 0.361\sqrt{h}$ 时,则采用总水头 H。

3)水头差(水位差)ΔZ 观测

进行单站分析时,ΔZ 为上游水位与下游水位或上、下游水头之差;当进行多站综合分析时,上游水头包含上游行进流速水头在内。

8.2.2.3 工情观测

工情观测主要包括闸门开启高度和开启孔数(开启总宽)观测。

每次流量测验前要测记各闸孔的编号及相应的垂直开启高度,各闸孔的开启高度不同时,一般情况下调平至同一高度。无法调平时,如各孔流态一致,计算并采用闸孔平均开启高度,如流态不一致,则分别率定不同流态下的水位流量关系。当闸门提出水面后,记为"提出水面"。闸门开启高度测记至 0.01 m。

8.2.2.4 流态判别

堰涵(管)闸过流有堰流、孔流、管流三种。其中,堰流和孔流又分为自由流、淹没流和半淹没流,管流可分为无压流、有压流和半有压流。流态观测以目测为主,当堰闸闸门或胸墙接触水面对过闸水流起约束作用时为孔流,闸门或胸墙不接触水面或虽接触水面但对水流不起约束作用时为堰流。当遇到不易识别的流态,则辅以水力学方法进行判别。当目测流态与水力学判别的流态差别较大时,则根据实测资料分析流态分界点。流态的水力学判别按以下方法控制。

1)堰流和孔流的判别

根据堰闸型式和实测的闸门相对开启高度($\frac{e}{H}$)值来判别:

当 $\frac{e}{H} \leqslant (\frac{e}{H})_c$ 时,为孔流;

当 $\frac{e}{H} > (\frac{e}{H})_c$ 时,为堰流。

其中,e 为闸门开启高度,m;

$(\frac{e}{H})_c$ 为孔、堰流分界的临界值,宽顶堰(平底)闸的 $(\frac{e}{H})_c$ 取 0.65,实用堰闸的 $(\frac{e}{H})_c$ 取 0.75;平板门曲线型实用堰闸亦可由图 8-1 查得 $(\frac{e}{H})_c$;弧形门曲线型实用堰亦可由图 8-2 查得,当闸门底缘落于堰顶时查 a 线,落于堰顶下游时查 b 线。

实际上,从大量的实测资料和模型试验成果来看,孔、堰流变换分界的 $(\frac{e}{H})_c$ 值的大小,与堰闸型式、闸门位置、水头以及孔堰流变换方式(闸门提升孔流变堰流、闸门降落堰流变孔流)等因素有关。如对于不同的水头,临界值 $(\frac{e}{H})_c$ 可采用式(8.4)和式(8.5)计算。

平底(宽顶堰)闸: $\qquad (\frac{e}{H})_c = 0.65 + 0.007h \, (h \leqslant 5.0 \text{ m})$ \hfill (8.4)

实用堰闸: $\qquad (\frac{e}{H})_c = 0.74 + 0.007h \, (h \leqslant 9.0 \text{ m})$ \hfill (8.5)

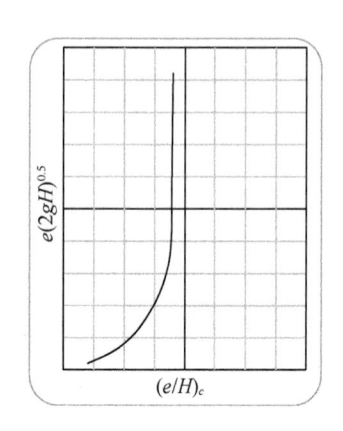

图 8-1　平板门曲线型实用堰孔、堰流临界值 $\left(\dfrac{e}{H}\right)_c$ 查算图

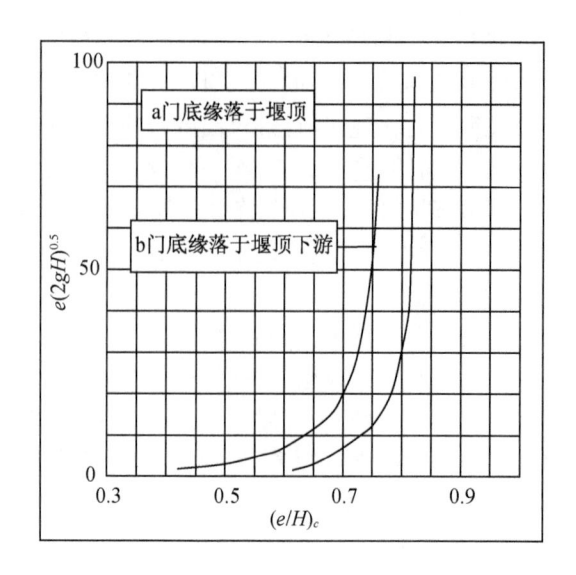

图 8-2　弧型门曲线型实用堰孔、堰流临界值 $\left(\dfrac{e}{H}\right)_c$ 查算图

2) 自由堰流与淹没式堰流的判别

宽顶堰(平底闸)：自由出流时水面呈两次跌落,即堰口到堰顶(或闸进口以下)、堰顶下游(或出闸墩后),下、上游水头比 $\left(\dfrac{h_l}{H}\right)<0.8$。淹没出流时堰下游水位高于堰顶,堰坎或闸墩下游水面无明显跌落,$\left(\dfrac{h_l}{H}\right)>0.8$。

实用堰：分高堰和低堰。当堰高 P(堰顶至堰底高度)与水头 h 之比 $\left(\dfrac{P}{h}\right)\leqslant 1.33$ 时为低堰,反之为高堰。高堰均系自由出流。对于低堰,当堰下水位超过堰顶,水流受到堰下水位的影响使下游收缩断面淹没时,为淹没式堰流。

3) 自由式孔流与淹没式孔流的判别

自由式孔流。宽顶堰闸(平底闸)闸下水位低于闸门底边,闸孔出流不受下游水位影响时为自由式孔流。实用堰闸：堰下水位低于堰顶,不影响闸孔泄流时为自由式孔流。

淹没式孔流。宽顶堰闸(平底闸)闸下出现淹没水跃,水跃前端接触闸门,影响闸孔出流时为淹没式孔流。实用堰闸闸下水位高于堰顶、且淹没孔口,闸下出现淹没水跃,水跃前端接触闸门底边时为淹没式孔流。

对于宽顶堰闸(平底闸),闸下水深 h_z 为闸下水位与闸底板高程的差。

根据阿格罗斯金对一般矩形渠道推导的水跃方程式,如平底闸闸孔出流的流量系数 μ 和闸下游水头 h_l 为已知,可用式(8.6)计算淹没流时的闸下水深 h_z。

$$h_z = \sqrt{h_l^2 - M\left(h - \dfrac{M}{4}\right)} + \dfrac{M}{2} \tag{8.6}$$

$$M = 4\mu^2 e^2 \dfrac{h_l - h_c}{h_l h_c} \tag{8.7}$$

$$\mu = \varphi\varepsilon, \quad \varphi = \frac{1}{\sqrt{\alpha+\zeta}}, h_c = \varepsilon e$$

式中：h_z 为闸下水深，m；μ 为流量系数；h_l 为闸下游水头，m；φ 为流速系数；h_c 为闸下收缩断面水深，m；ζ 为局部阻力系数；h 为闸上游水头，m；α 为动能校正系数；e 为闸门开启高度，m；ε 为垂向收缩系数。

对于平底闸，闸下孔流的垂向收缩系数 ε 与闸门的相对开启高度 e/h_u 有关，可以查阅《水工建筑物与堰槽测流规范》得到；流速系数 φ 的取用因不同闸门类型而不同，粗略计算时，平板门取 0.97～0.98，弧形门取 0.95～0.98。

通过计算，当闸下水深 h_z 大于或等于闸门开启高度 e 时为淹没式孔流，反之为自由式孔流。

对于平底闸和宽顶堰闸，还可以根据图 8-3 进行流态判别。图中分 A、B、C、D、E 五个区，在应用时，根据实测 e/H 和 h_l/H 值，在图上查得纵横坐标值延长线交于所在区，即为所求流态。

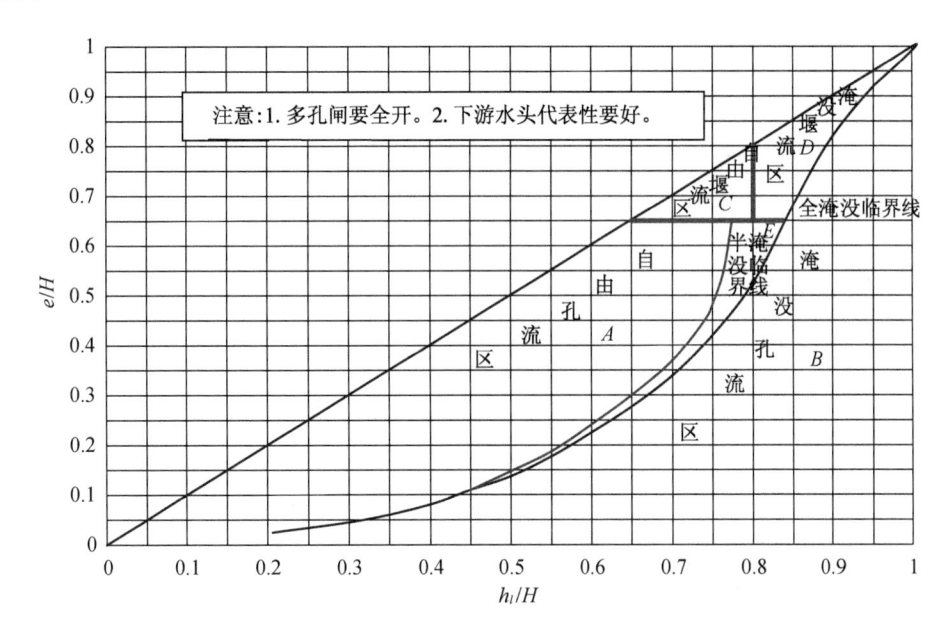

图 8-3 平底平板门闸 $e/H \sim h_l/H$ 关系流态判别图

8.2.2.5 断面测量

测流断面测量包括岸上和水下两个部分。

断面左、右岸桩之间的总距离做两次测量，其不符值≤1/500；采用断面索观读起点距时，断面索每隔 1～10 m 设一个量距标志。布设测深垂线时要控制河床变化的转折点，主槽部分一般较滩地为密，断面测量水下部分的最少测深垂线数目按表 8-6 控制。

表 8-6 水下断面测量的最少测深垂线数目表

水面宽(m)		<5	5	50	100	300	1 000
最少测深垂线数	窄深河道	5	6	10	12	15	15
	宽浅河道			10	15	20	25

水深测量一般都在涵闸站关闭、断面水位平稳时进行。用测深杆测深,当测杆垂直时读数;用测深锤测深则在测深绳垂直的瞬间读数。每条垂线上连测水深两次,取其均值,两次的不符值一般≤1%~3%。岸上部分的高程测点布置尽可能控制河床地形的转折变化。

8.2.2.6 流量测验

1) 单次流量测验

流速仪单次流量测验允许误差应按照《河流流量测验规范》(GB 50179—1993)要求控制,并据此布置测速垂线和测点,控制测速历时。

常测法测速垂线的布置,主槽较河滩密。在地形和流速的急剧转折点处都布有垂线的前提下,垂线尽量均匀布设,断面内任意两条相邻测速垂线的间距一般不超过总水面宽的20%,测速垂线数目遵循表8-7。

表8-7 常测法测速垂线数目表

水面宽(m)		<5	5	50	100	300	1 000
最少测速垂线数	窄深河道	3~5	6	6	7	8	8
	宽浅河道			8	9	11	13

江苏地处平原水网区,河道水深一般不大,垂线流速测点布置一般采用二点法(0.2和0.8水深),当垂线水深小于1.5 m时,采用一点法(0.6水深)。每个测点测速历时一般≥100 s,当流速脉动现象严重时,测速历时适当延长,以尽可能消除流速脉动的影响。

2) 流量测次要求

在进行流量测验率定时,根据堰涵闸站工程开启高度、孔数(台数)、上下游水位和流态的不同组合,均匀布置流量测次。

率定要求。一般地,每条流量系数关系线的率定次数不少于3年30次,且控制水力因素全变幅的75%以上。根据关系线所达到的精度,以后每3~5年检测一次,检测次数以满足关系线t检验测次要求为准。已完成率定的水工建筑物可以进行单站历年水位流量关系综合分析或同类型堰闸的水位流量关系综合分析。

对于已完成水位流量关系率定的水工建筑物,当发生特殊水情或工情发生显著变化时需进行补充率定,实时校测已率定的水位流量关系线。

当建筑物符合下述某一条件,而达不到完成率定的测次要求时,则表示该水工建筑物测流的水位流量关系率定未完成:一是建筑物由于水情或工情(控制运用)等条件的限制,短期内难以测得控制水力因素全变幅75%以上的流量测次时,可以分阶段率定,但流量系数关系线中流量测次应不少于20次,点据均匀分布,且控制相关因素变幅不小于实测变幅的80%;二是当年实测流量不少于10次,且均匀分布,控制当年实际发生水力因素变幅不小于80%。

对于未完成率定的工程,可以利用关系线推求工程当年运行的出流量,但不能进行单站或同类综合。

8.2.3 成果检验

根据《水文资料整编规范》(SL247—1999)要求,需对测验成果进行检验,主要对现场率定分析成果(水位流量关系曲线)进行符号检验、适线检验和偏离数值检验,以评定测验成果的质量。三种检验结果均合理时,认定定线正确,说明测站控制良好,测验方法合理,测验精度满足要求;选择的相关水力因素和水位流量关系的率定方法正确合理。若三种检验(或其中的一、二种检验)结果不合理,则需分析原因,主要从测验、计算、率定方法等方面着手,重点对突出点据进行分析,以修订原定线,并重新进行三种检验,直至检验通过为止。

8.3 水工建筑物流量系数率定与分析

水文资料整编规范中,针对不同堰闸、涵管、隧洞、抽水站、水电站等,都明确了具体的流量计算公式,具体如表8-8所示。

表8-8 堰闸、涵洞、隧洞、抽水站、水电站流量计算公式

公式编号	流量计算公式	相关关系	适用范围 出流状态	适用范围 堰闸、涵管类型
1	$Q = C_0 B h_u^{3/2}$	h_u-C_0	自由堰流	一般堰闸
2	$Q = \sigma C_0 B h_u^{3/2}$	h_l/h_u-σ 或 $\Delta Z/h_u$-σC_0	淹没堰流	一般堰闸
3	$Q = \sigma C_0 B h_l \sqrt{\Delta Z}$	h_l-σC_0	淹没堰流	平底闸 宽顶堰闸
4	$Q = M_1 Be \sqrt{h_u - h_c}$	e/h_u-M_1	自由孔流	平底闸 宽顶堰闸 (平板或弧形门)
5	$Q = M_1 Be \sqrt{h_u}$	e/h_u-M_1	自由孔流	实用堰 平底闸 跌水壁闸
6	$Q = M_2 Be \sqrt{\Delta Z}$	$e/\Delta Z$-M_2	淹没孔流	一般堰闸
7	$Q = \mu_1 a \sqrt{h'_u - h_p}$	e/d-μ_1	有压、半有压自由管流	一般堰闸 长洞
8	$Q = \mu'_1 a \sqrt{h'_u - h_l}$	e/d-μ'_1	有压淹没管流	一般涵洞
9	$Q = \mu_2 b h^{3/2}$	h-μ_2	无压自由出流	一般涵洞
10	$Q = \mu_\sigma b h^{3/2}$	h_l/h-μ_σ	无压淹没流	一般涵洞
11	$Q = \mu_3 a' \sqrt{h}$	e/d-μ_3	自由孔流	进口设置有短管 无压隧洞
12	$Q = N_s/(9.8\eta k)$	N-η		水电站

续 表

公式编号	流量计算公式	相关关系	适用范围 出流状态	适用范围 堰闸、涵管类型
13	$Q=\eta' N_s/(9.8h)$	$N\text{-}\eta'$ 或 $h\text{-}\eta'$		抽水站
14	$q=\eta_k N e^{-\varepsilon h}$（e为自然对数底）	$\ln(q/N)\text{-}h$		抽水站

备注：
q、Q——单机单孔、总流量，m^3/s；
h_u——上游水头，m；
h_l——下游水头，m；
h_c——收缩断面处水深，m；
h——实测水头或涵管进口水头，m；
h'_u——涵管出口中心以上水头，m；
ΔZ——上下游水位差，m；
e——闸门开启高度，m；
B——闸孔开启净宽，m；
b——涵管宽度，m；
d——涵管高度，m；
ε——抽水效能随扬程增加而递减的系数。
a、a'——涵管或其进口孔过水面积，m^2；
σ——淹没系数；
C_0——自由堰流流量系数；
M_1——自由孔流流量系数；
M_2——淹没孔流流量系数；
μ_1、μ_2——无压自由、淹没孔流流量系数；
μ_3——进口设无压隧洞自由孔流流量系数；
N、N_s——单机、总功率，kW；
η——效率系数，%；
η'——装机效率，%；
η_k——抽水效能系数。

本节以江苏苏北地区水资源配置监控调度系统供水计量监测站点为重点，进行了45处水工建筑物测流的水位流量关系率定。这些建筑物中，水电站工程5处，抽水站工程3处，另有杨河滩闸附属小水电站1处，淮安抽水一、二、三站兼有水力发电功能，其他均为涵闸工程。涵闸类型主要有平底平板门闸或弧形门闸、曲线形实用堰平板门或弧形门闸、位于京杭大运河上的穿堤涵洞（均为平底直升式，通过分析计算，均为短管涵洞，可依平底闸类型进行水位流量关系率定）。也有个别涵闸闸门为圆形、半圆形等特殊形式。各类涵闸中，发生堰流流态的6处，均为淹没堰流；发生孔流流态的41处，其中，自由孔流12处，淹没孔流29处。有9处工程发生2种以上出流流态。各类水工建筑物形式及出流流态统计见表8-9。

表8-9 各类水工建筑物形式及出流流态统计表（单位：处）

建筑物类型		闸门形式 平板门	闸门形式 弧形门	闸门形式 特殊门	闸门形式 合计	出流流态 堰流 自由	出流流态 堰流 淹没	出流流态 孔流 自由	出流流态 孔流 淹没
堰闸	实用堰闸	1	1		2		2		1
堰闸	平底闸	13	5	2(半圆)	20		6	7	15
输水涵洞		14		1(圆)	15			3	13
水电站		5							
抽水站		3							
备注		所有涵洞均为平底短管涵洞；特殊门指圆形、半圆形门；杨河滩闸附设小水电1座；有9处工程出现了2种流态；淮安一、二、三站具有抽水、发电双重功能。							

上述研究的 45 处工程地处平原水网区,建筑物所在河道坡降小,一般行进流速较小,其上游水头一般在 5 m 左右,断面流速大部分在 0.5 m/s 以下,部分流速达到 1.0 m/s,很少部分流速超过 1.0 m/s。根据二河闸工程过流流量测验分析,其闸上游水头一般在 5.5 m 以下,断面平均流速一般不大于 0.5 m/s,经计算,水流行进流速水头和沿程损失水头对淹没式堰流流量系数的综合影响仅在 1% 左右。因此,在进行同类工程过流能力综合分析时,未考虑行进流速水头影响。

通过对 45 处堰、涵、闸、站工程水位流量关系率定,发现江苏平原水网区水工建筑物出流有其个性特点和普遍现象,具体分类揭示如下。

8.3.1 淹没式堰流

8.3.1.1 率定成果

在 45 处堰涵闸站中,有 6 处工程发生淹没式堰流流态,除淮阴闸因水头差太小(一般 3 cm 以内)难以率定出淹没式堰流水位流量关系外,其他工程均能优化选配,率定出满足精度要求的水位流量关系线,结果见表 8-10。经分析,实际工程泄流的流量系数现场率定或流量计算时主要优化选用了以下公式:

(1) $$Q = \sigma C_0 B h_u^{3/2} \tag{8.8}$$

(2) $$Q = k_1 \Delta Z^2 + k_2 \Delta Z + k_3 \tag{8.9}$$

式中:k_1, k_2, k_3 为待定常数。

表 8-10 淹没式堰流流量系数率定优化选配情况统计表

工程名称	率定公式	相关水力因素或待定常数值	资料引用说明
芒稻闸	$Q = \sigma C_0 B h_u^{3/2}$	$h_u \Delta Z$-σC_0	1991 年的 20 个测点
三河闸	$Q = k_1 \Delta Z^2 + k_2 \Delta Z + k_3$	$Q = 12\,386 \Delta Z^2 + 3\,999.8 \Delta Z + 3\,954.7$	1995—2002 年的 18 个测点
三河闸	$Q = \sigma C_0 B h_u^{3/2}$	ΔZ-σC_0,$\sigma C_0 = Q/B h_u^{3/2} = 0.262 \ln \Delta Z + 1.111$	1995—2003 年的 47 个测点
淮安大引江闸	$Q = \sigma C_0 B h_u^{3/2}$	ΔZ-σC_0	1990—2001 年的 39 个测点
杨河滩闸	$Q = \sigma C_0 B h_u^{3/2}$	$\Delta Z/h_u$-σC_0	2000 年的 3 个测点(代表性不足,仅作参考)
二河闸	$Q = \sigma C_0 B h_u^{3/2}$	ΔZ-σC_0	2003 年的 91 个测点
淮阴闸	ΔZ 一般在 3 cm 以下,关系点散乱,无明显相关关系。		2003 年的 14 个测点

8.3.1.2 成果分析

根据芒稻闸、三河闸、二河闸、淮阴闸、淮安大引江闸 5 处工程淹没式堰流流量系数现场率定结果分析,当闸上、下游水位差 $\Delta Z \geqslant 0.10$ m 时,可以直接利用闸上、下游水位差与淹没式堰流流量系数建立 ΔZ-σC_0 关系线,其关系线的精度较高。当 $\Delta Z < 0.10$ m 时,直接建立

ΔZ-σC_0 关系线,其精度稍低。

1) 单体工程成果分析

现遴选出流量系数率定和计算方法与水文资料整编规范规定不同的三河闸、二河闸作为个例,逐一分析。

(1) 三河闸

三河闸是新中国成立初期我国自行设计和施工的大型水闸,为洪泽湖重要防洪控制工程,是淮河入江水道的重要控制口门。其于1953年7月建成,为平底弧形门节制闸,共63孔,单孔净宽10.0 m,闸总宽697.75 m,闸底板高程7.50 m。三河闸按洪泽湖水位16 m设计、17 m校核,原设计流量为8 000 m³/s,经过加固后的三河闸设计行洪能力提高到12 000 m³/s。该闸上游引河长960 m,河底宽730 m,河底高程7.5 m;下游引河长500 m,河底宽720 m,河底高程5.0 m。流速仪测流断面位于闸下游1 300 m处,闸上、下游基本水尺断面相距1 520 m。该闸的主要作用是排泄洪水。当大流量泄洪时,闸门全部提出水面,敞开泄洪。

根据该闸1996—2000年计18次淹没式堰流实测流量资料,以闸上、下游水位差为相关水力因素,采用逐步图解法率定水位流量关系,如图8-4所示。该关系线随机不确定度为11.9%,系统误差为0,精度达到二类站标准,且随着相关水力因素水位差的增大,淹没式堰流的流量也逐渐增大,二者呈一元二次曲线关系变化。

补充2003年实测淹没式堰流流量资料计47测次,采用堰闸流量系数法,以闸上、下游水位差与淹没式堰流流量系数建立相关关系,得到 $\sigma C_0 = \dfrac{Q}{Bh_u^{3/2}} = 0.262\ln\Delta Z + 1.111$,如图8-5所示。该关系线系统误差为0.02%,随机不确定度为6%,关系线精度达到一类站标准。从图8-5可见,淹没式堰流流量系数随着水位差的增大而增大,关系线下部变率大,上部变率小但未达到稳定。

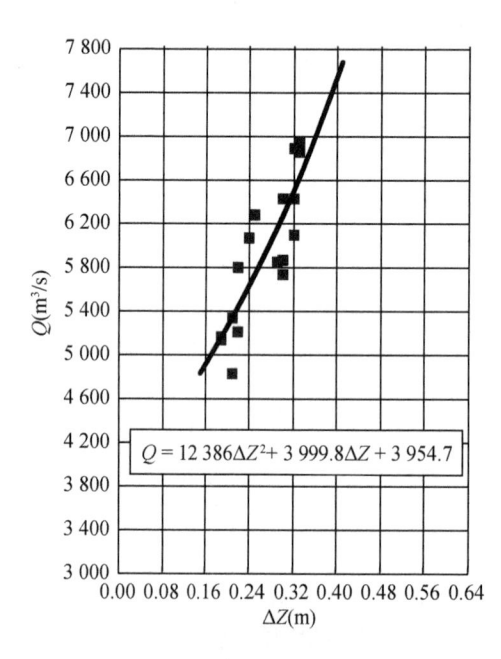

图 8-4 三河闸淹没式堰流流量与水位差关系率定曲线

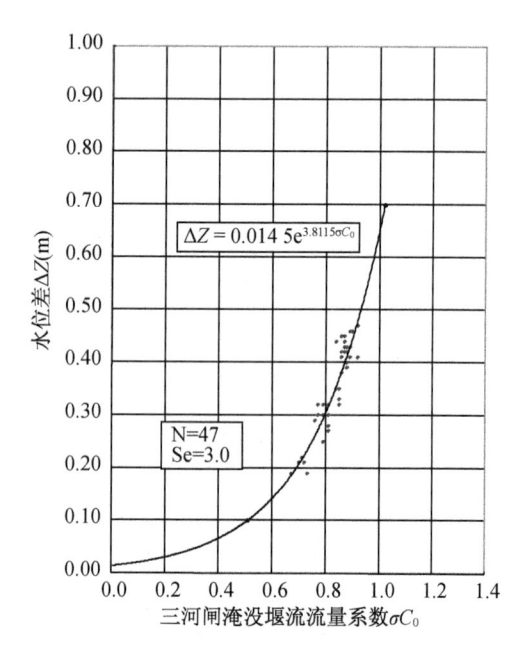

图 8-5 三河闸淹没式堰流流量系数与水位差关系率定曲线

从图 8-4 和图 8-5 可以看出，三河闸工程淹没式堰流 63 孔闸门全部开启情况下，工程泄流量或泄流能力与其上下游水位差的相关关系十分密切、稳定。

(2) 二河闸

二河闸是分淮入沂及淮河入海水道的总口门，又是淮水北调的渠首工程，并兼有引沂济淮的任务。它建成于 1958 年 6 月，为平底弧型门节制闸，共 35 孔，单孔净宽 10.0 m，闸底板高程 8.00 m。该闸分淮入沂设计流量为 3 000 m³/s，校核流量 9 000 m³/s。淮水北调设计流量 750 m³/s。其测流断面位于闸下游 232 m，闸上、下游基本水尺断面相距 719 m。该闸下游约 2 km 处有入海水道二河新闸工程，闸下游 35 km 处有分淮入沂控制口门淮阴闸工程。2003 年 7 月淮河大洪水期间，二河闸下泄的洪水主要通过二河新闸和淮阴闸排泄，并最终入海。

2003 年前，二河闸每年都会出现淹没式堰流流态，泄流量一般在 1 500 m³/s 以下，虽经几代水文人探索研究，想率定出满足精度要求的水位流量关系，但事与愿违，淹没式堰流下，该闸的出流量一直采用流速仪现场实测。

2003 年，淮河大水，二河闸最大泄流量超过设计标准，达 3 250 m³/s。根据二河闸 2003 年淹没式堰流 91 次实测流量资料，采用堰闸流量系数法现场率定水位差与流量系数 ΔZ-σC_0 关系线，如图 8-6 所示，关系线系统误差为 −0.5%，随机不确定度为 15.8%，达到三类，接近二类精度站标准。淹没式堰流流量系数 σC_0 随 ΔZ 的增大而增大。关系线下部变率大，上部变率小并逐渐趋于稳定，当水位差大于 0.12 m 时，流量系数稳定于 0.63，较规范所述的 1.5 偏小近六成。

二河闸下泄水量主要通过其下游 2 km 和 35 km 的淮河入海水道二河新闸和分淮入沂淮阴闸两个控制工程排泄。根据 2003 年二河闸淹没式堰流实测资料分析，当淮阴闸闸门全部开启敞开泄洪而二河新闸不开启时，二河闸上、下游基本水尺断面水位差一般小于 0.12 m。当淮阴闸闸门全部开启敞开泄洪而二河新闸泄量 1 000 m³/s 以上时，二河闸泄洪流量一般在 2 000 m³/s 以上，其闸上、下游水位差一般大于 0.25 m，并基本保持稳定。

二河闸工程淹没式堰流流量系数稳定值明显偏小。究其原因，可能与水利工程的布局（水闸、河道间工程的配套程度，上、下游工程位置布局等）不无关系。2003 年淮河大水，二河闸下泄洪水由淮阴闸排泄经沭阳闸入新沂河后东折入海，其时正遭遇新沂河行洪，淮沂并涨，淮水出路受顶不畅，淮阴闸、沭阳闸全部开启敞开泄洪，泄洪流量也只在 1 200~1 400 m³/s。同时，另一出路由二河新闸下泄洪水，穿京杭大运河立交地下涵洞后继续向东入海，受涵洞过流和潮水顶托影响，二河新闸全部开启敞泄，其最大泄流量也只稳定在 1 800 m³/s 左右。究竟如何，还有待继续收集实测资料作深入分析研究。

2) 同类工程综合

不考虑闸上游行进流速水头、闸门底边形式、消能设施等的影响，选取实测资料系列较长或测次较多、现场率定所采用的水力因素相同、流量系数关系线相对较完整的三河闸、芒稻闸、淮安大引江闸和二河闸 4 处工程进行同类综合。其现场率定的流量系数关系线对照比较如图 8-7 所示。

从图 8-7 可见，4 处工程的淹没式堰流流量系数线形相似，下部变率较大，上部变率较小，二河闸工程水位差大于 0.12 m 时流量系数达到稳定值 0.63，其他也趋向稳定。比较 4 处工程泄流能力，当水位差在 0.16 m 以上时，泄流能力由二河闸、芒稻闸、三河闸到淮安大引江闸依次增大；当水位差在 0.06 m~0.16 m 时，相对而言，二河闸、芒稻闸的泄流能力变化较大；当水位差在 0.06 m 以下时，泄流能力由三河闸、二河闸、芒稻闸到淮安大引江闸依次增大。由于实测点据特别是关系线下部和上部的测点相对偏少,其关系线下部出流变化和上部稳定过流能力,还需要补充实测点据进一步验证。总体而言,从线形走向看,淮安大引江闸的泄流能力最大,其流量系数上部稳定值接近规范所述的1.5左右,其他均小于1.5,二河闸稳定值最小,仅达到0.63。

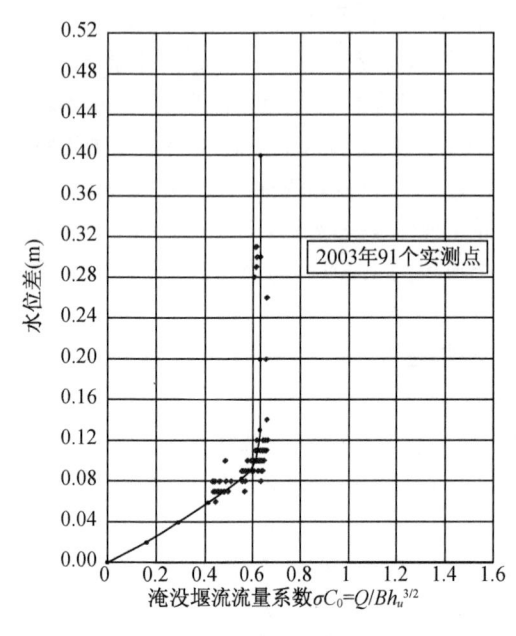

图 8-6 二河闸淹没式堰流流量关系率定曲线

图 8-7 三河闸等4处水闸工程淹没式堰流流量关系率定线对照比较图

将上述4处工程的实测点据点绘到同一图中,并根据点群分布情况绘制淹没式堰流综合泄流能力曲线,如图8-8所示。

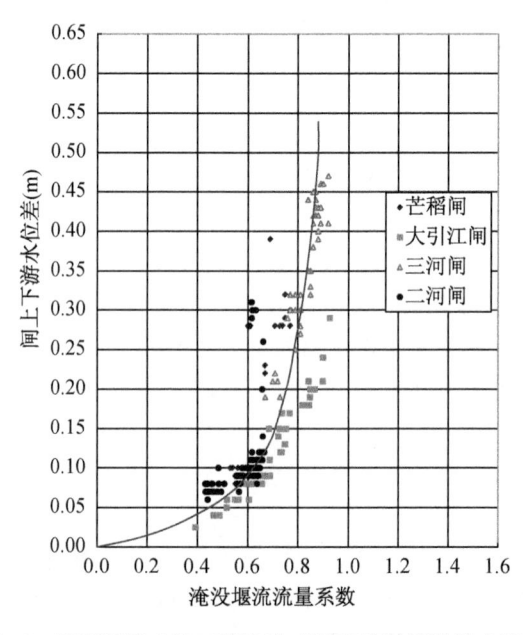

图 8-8 三河闸等4处工程淹没式堰流流量系数综合率定线

经计算分析,三河闸等 4 处工程淹没式堰流综合泄流能力曲线通过了三种检验,系统误差为－2.7％,随机不确定度为 20.8％,精度基本达到三类站的标准(系统误差为 3％、随机不确定度为 20％)。这一计算结果不含二河闸水位差大于 0.25 m 的实测点据,因这些测点所对应的流量主要由其下游淮阴闸和二河新闸的泄洪能力决定,已经不能反映出二河闸工程淹没式堰流的实际自然过流能力。

8.3.2 自由式孔流

8.3.2.1 率定成果

在 45 处堰涵闸中,有 12 处工程发生自由式孔流流态,具体见表 8-11。经过综合分析,实际工程泄流时,现场流量系数率定或流量计算主要优化选用了以下三种形式的流量计算公式:

(1) $$Q = M_1 Be \sqrt{h_u} \tag{8.10}$$

(2) $$Q = M_1 Be \sqrt{h_u - h_c} \tag{8.11}$$

(3) $$Q = kBh_u^\alpha e^\beta \tag{8.12}$$

式中:k、α、β 为待定常数;e 为闸门开启高度,m。

表 8-11 自由式孔流流量系数率定优化选配情况统计表

序号	工程名称	率定公式	相关水力因素或待定常数值	资料引用说明
1	昭关闸	$Q = M_1 Be \sqrt{h_u}$		1990、2001 年 2 年 18 个测点
2	车逻洞	$Q = M_1 Be \sqrt{h_u}$	e/h_u-M_1	1990、1999、2001 年 3 年 29 个测点
3	丰收洞	$Q = M_1 Be \sqrt{h_u}$		1980、2001 年 2 年 31 个测点
4	泾河洞	$Q = M_1 Be \sqrt{h_u}$	e/h_u-M_1	1990、2002 年 2 年 20 个测点
5	高良涧闸	$Q = kBh_u^\alpha e^\beta$	$k = 1.23$、$\alpha = 1$、$\beta = 0.8965$	1996—2002 年 7 年 48 个测点
6	运东闸	$Q = M_1 Be \sqrt{h_u}$	e/h_u-M_1	1981—2002 年 22 年 47 个测点
7	杨庄闸	$Q = M_1 Be \sqrt{h_u}$	e/h_u-M_1,$M_1 = 2.8359$ $(e/h_u)^{-0.0269}$	1984—2002 年 19 年 36 个测点
8	板闸洞	$Q = M_1 Be \sqrt{h_u - h_c}$	e/h_u-M_1	2001 年 15 个测点
9	顺河洞	$Q = M_1 Be \sqrt{h_u - h_c}$	e/h_u-M_1	2001 年 10 个测点
10	三闸洞	$Q = M_1 Be \sqrt{h_u - h_c}$	e/h_u-M_1	2001 年 12 个测点
11	头闸	$Q = M_1 Be \sqrt{h_u - h_c}$	e/h_u-M_1	2001 年 15 个测点
12	瓦庄闸	$Q = M_1 Be \sqrt{h_u}$	e/h_u-M_1	2002 年 10 个测点
备注	运东闸、杨庄闸为实用堰闸,其他均为平底闸或平底输水涵洞。			

8.3.2.2 成果分析

根据高良涧闸等 12 处工程实测流量资料分析,单个工程自由孔流水位流量关系的现场率定可采用堰闸流量系数法或逐步图解法,影响泄流能力的水力因素主要是闸门开启高度和闸上游水头。瓦庄闸、头闸(电站)和三闸洞 3 处工程自由孔流现场率定的流量系数关系线上部达到了稳定,其他均未稳定;运东闸和杨庄闸为实用堰闸,运东闸流量系数关系线上部达到稳定,杨庄闸的则趋于稳定。

选取实测资料系列较长(一般三年以上)、有效测次较多(30 测次以上)且分布合理、控制相关水力因素 80% 以上的高良涧闸、运东闸和杨庄闸等 3 座工程,作为典型工程,对其自由孔流过流能力进行个体分析和同类工程的综合分析。

1) 单体工程成果分析

(1) 高良涧闸

高良涧闸为洪泽湖主要出水口门之一,也是苏北灌溉总渠总控制口门,于 1952 年建成,主要承担防洪、灌溉功能。该闸为平底平板门节制闸,共 16 孔,单孔净宽 4.2 m,闸底板高程 7.5 m,设计流量 800 m³/s。其流速仪测流断面位于闸上游 200 m。根据该闸 1996—2002 年间共 7 年 48 次实测流量资料,采用逐步图解法率定自由孔流流量关系线,如图 8-9 所示。关系线随机不确定度为 7.2%,系统误差为 0.06%,达到一类站精度标准。实测闸门开启高度变动幅度为 0.25~1.90 m,影响出流的水力因素主要是闸上游水头和闸门开启高度。

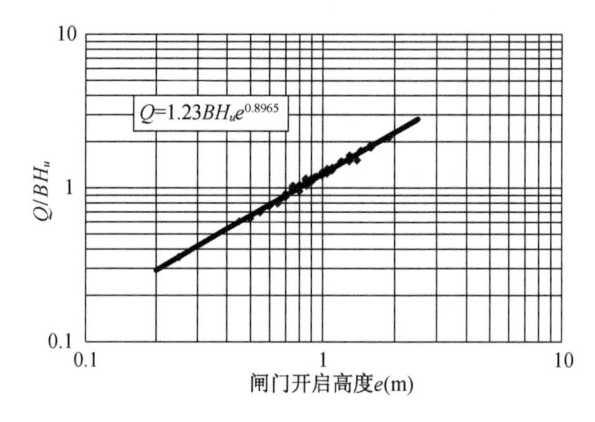

$Q = 1.23 B H_u e^{0.8965}$

图 8-9 高良涧闸逐步图解法自由孔流流量关系率定线

若采用堰闸流量系数法,相关因素取闸门开启高度与闸上游水头比 e/h_u,自由孔流流量系数关系线率定如图 8-10 所示。关系线随机不确定度为 9.4%,系统误差为 0.8%,达到一类精度标准,但比采用逐步图解法率定的自由孔流流量关系线精度偏低,说明不同的率定技术方法对关系线精度有一定的影响。从图 8-10 可以看出,当 $e/h_u > 0.30$ 时,M_1 稳定于 2.75,为规范所述的 2.50~3.0 之间的平均水平,但比规范所说的"$e/h_u > 0.50$ 时流量系数达到稳定"提前了。

(2) 运东闸

运东闸为苏北灌溉总渠第二级控制工程,于 1952 年建成,主要承担排洪、灌溉功能。该闸为实用堰弧形门闸,共 7 孔,单孔净宽 9.2 m,闸门底(堰顶)高程 5.85 m,设计流量 800 m³/s。测流断面位于闸下游 158 m。根据该闸 1981—2002 年间 47 次实测流量资料,采用堰闸流量系数法,相关水力因素采用闸门开启高度与闸上游水头比 e/h_u,与自由孔流流量系数 M_1 建立相关关系,如图 8-11 所示,关系线系统误差为 0.3%,随机不确定度为

8.8%,达到一类站精度标准。该关系线实测 e/h_u 变动幅度为 0.043~0.67,随着 e/h_u 的增大,M_1 逐渐减小,关系线下部变率大,上部变率小且有稳定趋势。根据线形走势,当 $e/h_u >$ 0.7 时流量系数将趋于稳定,稳定值小于 2.2,比规范所述偏小。

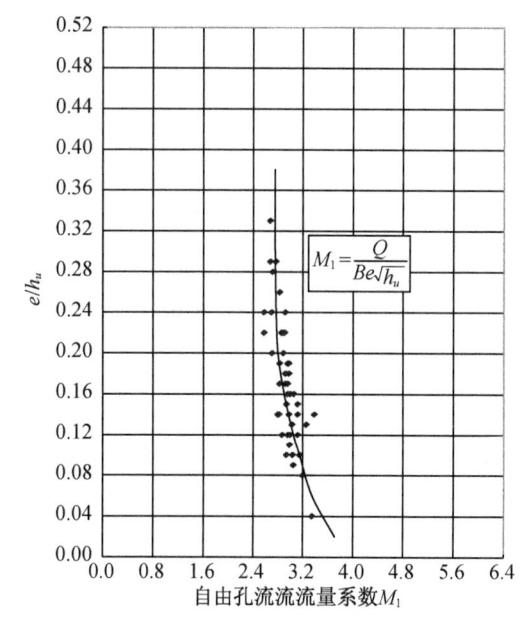

图 8-10　高良涧闸堰闸流量系数法自由
孔流流量关系率定曲线

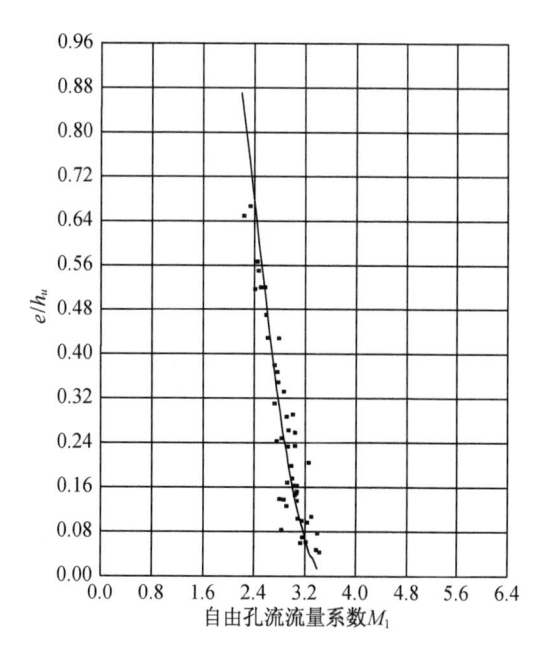

图 8-11　运东闸自由孔流量流量
关系率定曲线

(3) 杨庄闸

杨庄闸于 1936 年由导淮委员会组织建成,为废黄河控制口门,其功能是泄洪、挡水保航(中、里运河航运)和灌溉供水。1937 年抗日战争爆发,该工程上部一部分工程被炸毁,1952 年由苏北水利局杨庄闸工程处修复。该闸为实用堰平板门闸,共 5 孔,单孔净宽 10.0 m,闸门底(堰顶)高程 8.50 m,设计流量 500 m³/s。其流速仪测流断面位于闸上游 140 m,闸上、下游基本水尺断面相距 274 m。根据该闸 1984—2002 年 36 次实测流量资料,采用堰闸流量系数法,相关水力因素采用 e/h_u,与自由孔流流量系数 M_1 建立相关关系,$M_1 = 2.835\ 9(e/h_u)^{-0.026\ 9}$,如图 8-12 所示。关系线随机不确定度为 5.4%,系统误差为 0,达到一类站精度标准。实测 e/h_u 变动幅度在 0.045~0.156,随着 e/h_u 的增大,M_1 逐渐减小,关系线下部变率大,上部变率小并趋向稳定。根据线形走势,流量系数稳定值将在 2.90 左右,接近规范所述的 2.5~3.0 的上限值。

2) 同类工程综合分析

根据对丰收洞等 10 处平底输水涵洞或平底闸工程实测流量资料现场率定成果进行对比分析的结果(见图 8-13),对于平底闸或平底输水涵洞工程,随着相关因素 e/h_u 的增大,流量系数 M_1 逐渐减小。根据线形走势分析,多数工程 M_1 的稳定值小于规范所述的 2.5~3.0 的下限值。由于现场流量测验受水情、工情限制,大多数工程没有率定出稳定的 M_1 值,还需要补充不同水情、工情组合的流量测次,以率定出稳定的 M_1 值,以期进一步分析研究这些工程自由孔流流量系数的特性,并综合比较它们的出流规律。

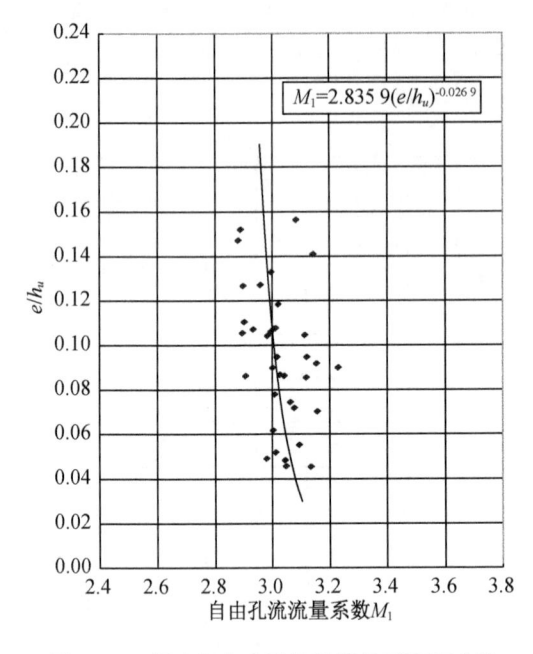

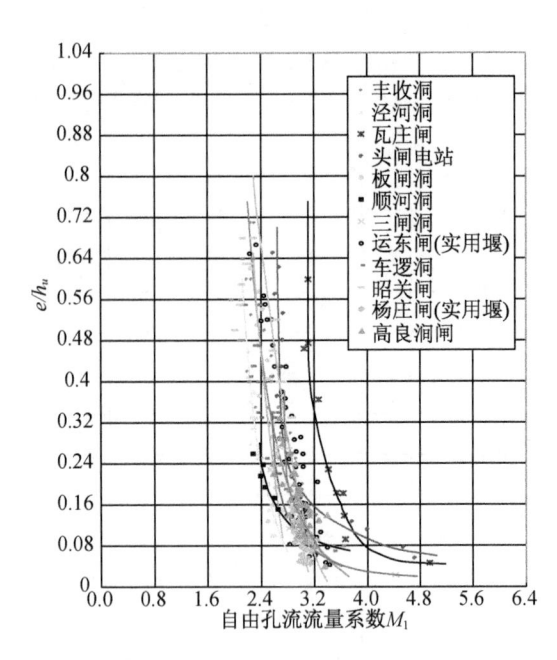

图 8-12　杨庄闸自由孔流流量关系率定曲线　　图 8-13　平底闸自由孔流流量关系率定曲线比较

将运东闸和杨庄闸这两座实用堰闸自由孔流流量系数现场率定关系线绘制到同一图上，对比分析（见图 8-14）。运东闸自由孔流相关因素变动幅度较大，而杨庄闸自由出流实测相关水力因素变幅相对较小，这与两工程的运行工况有关。运东闸设计流量 800 m³/s，实际测得流量从 58.6 m³/s 到 733 m³/s 不等，基本包含了工程设计标准以内不同流量级别的运行工况，实测相关水力因素变动幅度控制区间很大。

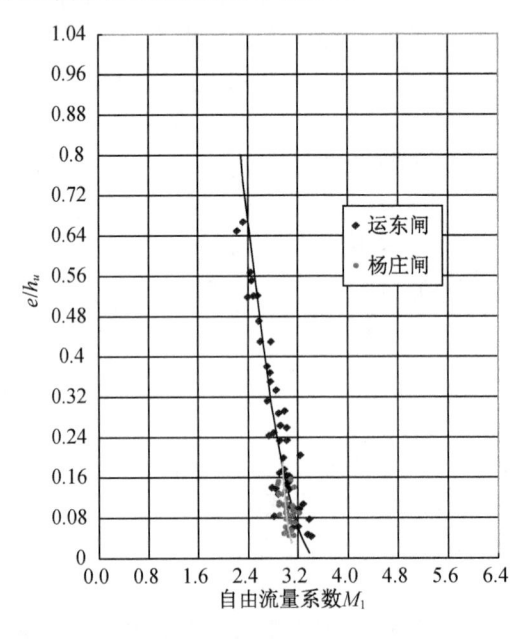

图 8-14　实用堰闸自由孔流流量关系率定曲线比较

杨庄闸设计流量 500 m³/s，实测流量为 38.3～138 m³/s。杨庄闸工程上下游河道沿线建设工况复杂，近 20 年来，工程实际最大泄放流量不足设计标准的 40%，实测最大流量不足设计标准的 30%。与运东闸率定的自由孔流流量系数关系曲线相比，杨庄闸自由孔流流量系数关系曲线位于相关因素变幅的下部。从图 8-14 还可以看出，两工程流量系数率定关系曲线具有相似性和重叠趋势，将运东闸关系线下部稍做调整，即可移用于杨庄闸的流量推算。

8.3.3 淹没式孔流

8.3.3.1 率定成果

在 45 处堰涵闸站中，有 29 处工程发生淹没式孔流流态，具体见表 8-12。经综合分析计算，实际工程泄流时主要优化选用了以下三种形式的流量计算公式，用以计算工程淹没出流流量或进行流量系数现场率定。

(1) $$Q = M_2 Be\sqrt{\Delta Z} \tag{8.13}$$

(2) $$Q = (ke + a)n\Delta Z^{0.39} \tag{8.14}$$

式中：k、a 为待定常数；e 为闸门开启高度，m；n 为闸门开启孔数。

(3) $$Q = kBe^{\alpha}\Delta Z^{\beta} + aB \tag{8.15}$$

式中：k、α、β、a 为待定常数；B 为闸门开启总宽，m。

表 8-12 淹没式孔流流量系数率定优化选配情况统计表

序号	工程名称	采用公式	相关水力因素或待定系数值	资料说明
1	江都东闸	$Q = M_2 Be\sqrt{\Delta Z}$	$e\Delta Z$-M_2	1989、1990 年 2 年 27 个测点
2	芒稻闸	$Q = M_2 Be\sqrt{\Delta Z}$	$e\Delta Z$-M_2	1973—1980 年 8 年 80 个测点
3	昭关闸	$Q = M_2 Be\sqrt{\Delta Z}$	$e/\Delta Z$-M_2	1972、1973、1990 年 3 年 21 个测点
4	泾河洞	$Q = M_2 Be\sqrt{\Delta Z}$	$e/\Delta Z$-M_2	1980、1982、2002 年 3 年 16 个测点
5	三河闸	$Q = M_2 Be\sqrt{\Delta Z}$	$e/\Delta Z$-M_2	1995—2002 年 8 年 21 个测点
		$Q=(ke+a)n\Delta Z^{\alpha}$	$K=36.5034$ $a=1.0565$ $\alpha=0.39$	1990、2002 年 2 年 20 个测点
6	洪金洞	$Q = M_2 Be\sqrt{\Delta Z}$	$e/\Delta Z$-M_2	2002 年 17 个测点
7	周桥洞	$Q = M_2 Be\sqrt{\Delta Z}$	$e/\Delta Z$-M_2	2002 年 12 个测点
8	高良涧闸	$Q = M_2 Be\sqrt{\Delta Z}$	$e/\Delta Z$-M_2	1999 年 9 个测点
9	运东闸	$Q = M_2 Be\sqrt{\Delta Z}$	$e/\Delta Z$-M_2	1973—2002 年 30 年 50 个测点
10	淮安大引江闸	$Q = M_2 Be\sqrt{\Delta Z}$	e-M_2	1990—2002 年 13 年 87 个测点
11	运西电站节制闸	$Q = M_2 Be\sqrt{\Delta Z}$	$e/\Delta Z$-M_2	1986—2001 年 16 年 103 个测点
12	淮阴闸	$Q = M_2 Be\sqrt{\Delta Z}$	$e/\Delta Z$-M_2	1994—2002 年 9 年 45 个测点

续 表

序号	工程名称	采用公式	相关水力因素或待定系数值	资料说明
13	淮涟闸	$Q = M_2 Be\sqrt{\Delta Z}$	$e/\Delta Z - M_2$	2001—2002年2年30个测点
14	盐河闸	$Q = M_2 Be\sqrt{\Delta Z}$	$e/\Delta Z - M_2$	1995—2002年8年35个测点
15	新河洞	$Q = M_2 Be\sqrt{\Delta Z}$	$e/\Delta Z - M_2$	2001年11个测点
16	乌沙洞	$Q = M_2 Be\sqrt{\Delta Z}$	$e/\Delta Z - M_2$	2001年9个测点
17	耳洞	$Q = M_2 Be\sqrt{\Delta Z}$	$e/\Delta Z - M_2$	2001年10个测点
18	西门洞	$Q = M_2 Be\sqrt{\Delta Z}$	$e/\Delta Z - M_2$	2001年6个测点
19	蛇家坝洞	$Q = M_2 Be\sqrt{\Delta Z}$	$e/\Delta Z - M_2$	2002年14个测点
20	夹河洞	$Q = M_2 Be\sqrt{\Delta Z}$	$e/\Delta Z - M_2$	2002年8个测点
21	黄集洞	$Q = M_2 Be\sqrt{\Delta Z}$	$e/\Delta Z - M_2$	2001年10个测点
22	薛桥洞	$Q = M_2 Be\sqrt{\Delta Z}$	$e/\Delta Z - M_2$	2001年8个测点
23	永济洞	$Q = M_2 Be\sqrt{\Delta Z}$	$e/\Delta Z - M_2$	2001年15个测点
24	张码洞	$Q = M_2 Be\sqrt{\Delta Z}$	$e/\Delta Z - M_2$	2001年9个测点
25	头闸洞	$Q = M_2 Be\sqrt{\Delta Z}$	$e/\Delta Z - M_2$	2001年18个测点
26	皂河闸	$Q = kBe^{\alpha}\Delta Z^{\beta} + aB$ (e：闸门开启高度 B：闸门开启总宽)	$Q = 3.39 Be^{1.06}\Delta Z^{0.5} + 0.216B(e \leqslant 0.90\ m)$ $Q = 3.43 Be^{1.18}\Delta Z^{0.5} + 0.216B(e > 0.90\ m)$	1994年22个测点
27	杨河滩闸	$Q = kBe^{\alpha}\Delta Z^{\beta} + aB$	$Q = 2.62 Be^{1.06}\Delta Z^{0.68}$	2001年41个测点
28	小坊涵洞	$Q = M_2 Be\sqrt{\Delta Z}$	$e/\Delta Z - M_2$	2002年17个测点
29	三八户涵洞	$Q = M_2 Be\sqrt{\Delta Z}$	$e/\Delta Z - M_2$	2002年23个测点
备注		运东闸为实用堰闸，其他均为平底闸或平底输水涵洞。		

8.3.3.2 成果分析

在已率定的45处工程中有29处发生淹没式孔流。其中，沿大运河涵闸工程15处，穿洪泽湖大堤涵洞工程2处，其他涵闸工程12处。下文以大、中型涵闸工程为代表，按照不同现场率定方法进行单个工程过流能力分析。根据率定成果，按照工程类别、规模等进行同类工程过流能力的综合比较分析。

1) 单体工程成果分析

（1）三河闸

一般地，三河闸工程的出流流态主要有淹没孔流和淹没堰流两种。其淹没堰流出流能力以及水位流量关系特性已经在前文做了分析研究。本节主要分析三河闸工程淹没孔流的过流能力，探寻其淹没孔流流量关系特性。

根据三河闸 1990 年和 2002 年两年 20 次淹没孔流实测流量资料,采用逐步图解法现场率定其过流能力特性,可以建立如图 8-15 所示的相关水力因素闸门开启高度与工程泄流量相关关系线,出流量 $Q=(36.5034e+1.0565)n\Delta Z^{0.39}$。该关系线随机不确定度为 13.3%,系统误差为 0.8%,达到二类站精度标准。该流量关系图和计算公式表明,影响三河闸工程淹没孔流过流能力的主要水力因素是闸上、下游水位差,闸门开启孔数和开启高度。

采用堰闸流量系数法现场率定三河闸工程淹没孔流流量系数关系曲线见图 8-16。该关系线随机不确定度为 13.8%,系统误差为 -1.2%,精度达到二类站标准。与逐步图解法的关系线精度相近。由图 8-16 可见,随着相关水力因素 $\dfrac{e}{\Delta Z}$(闸门开启高度与闸上下游水位差之比)的增大,淹没孔流流量系数 M_2 也增大;当 $\dfrac{e}{\Delta Z}$ 大于 0.30 时,M_2 达到稳定值 3.8,介于规范所述的 3.0~4.0 之间。

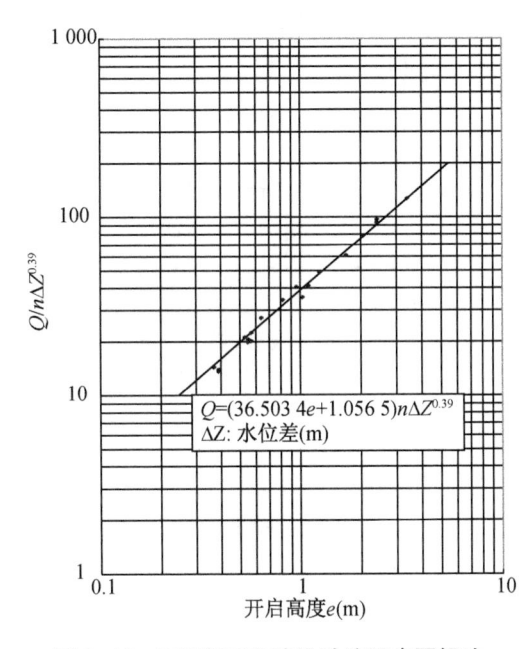

图 8-15 三河闸工程淹没孔流逐步图解法流量率定关系图

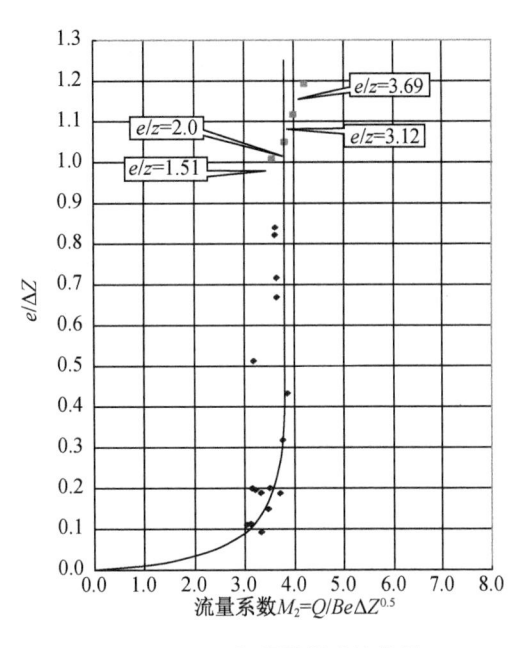

图 8-16 三河闸淹没孔流流量系数关系率定曲线

(2) 淮安大引江闸

淮安大引江闸在正常情况下,闸门启闭运行时 4 孔均匀开启。根据该闸 1990—2002 年间共 87 次实测淹没孔流流量资料,采用堰闸流量系数法,以闸门开启高度为主要相关水力因素,可建立闸门开启高度与淹没孔流流量系数关系线,见图 8-17。该关系线随机不确定度为 8.8%,系统误差为 -0.2%,精度达到一类站标准。由关系线图可以看出,随着相关水力因素 e(闸门开启高度)的增大,流量系数 M_2 逐渐减小;当 e>0.22 m 时,M_2 达到稳定值 3.45,介于规范所述的 3.0~4.0 的平均水平。

(3) 皂河闸

皂河闸为平底弧形门节制闸,共 7 孔,单孔净宽 9.20 m,闸底板高程 15.85 m。测流断面位于闸上 18.2 m。根据该闸 1994 年 22 次实测流量资料,采用逐步图解法现场率定淹没孔流流量系数关系线,见图 8-18。该关系线随机不确定度为 7.8%,系统误差为 −0.4%,精度达到一类站标准。影响出流的水力因素主要是闸上、下游水位差 ΔZ 和闸门开启高度 e。由于该闸存在漏水现象,漏水流量与闸门开启总宽 B 有关,流量关系率定时,经分析计算,以 0.216B 进行计量扣减。

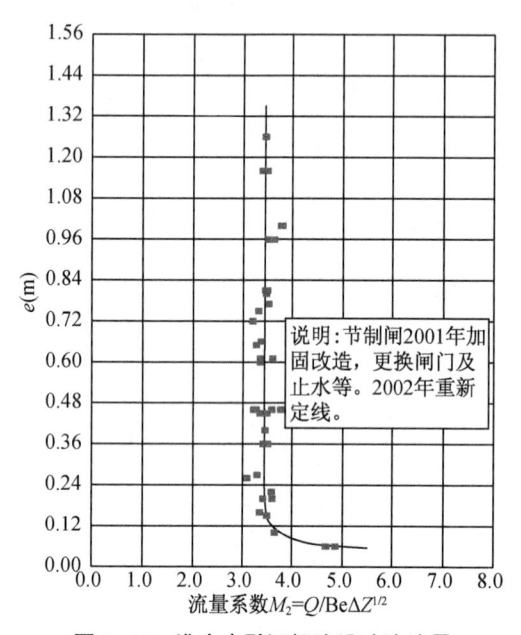

图 8-17 淮安大引江闸淹没孔流流量
关系率定曲线

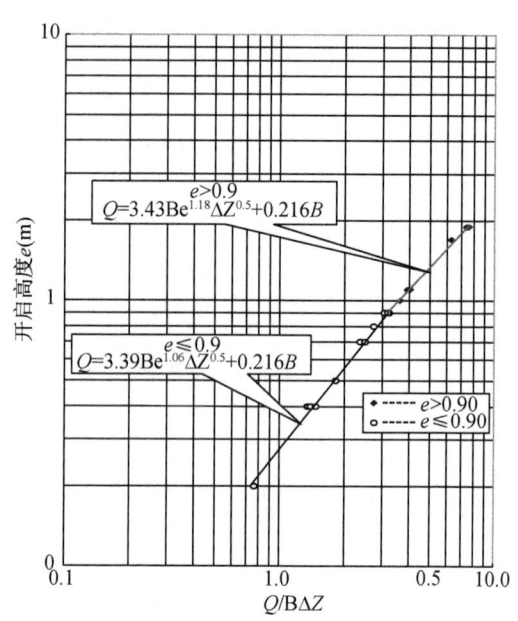

图 8-18 皂河闸淹没孔流流量
关系逐步图解法率定线

2) 同类工程综合分析

根据 29 处平底闸和平底输水涵洞工程淹没孔流实测流量资料,率定相关水力因素与流量系数关系曲线,结果有两种关系线形:一种是随着相关水力因素的增大,流量系数也增大并逐渐趋于稳定;另一种,随着相关水力因素的增大,流量系数逐渐减小并趋于稳定。现根据工程规模和关系线形走向分类综合分析如下。

(1) 沿大运河穿堤涵洞工程综合过流能力分析

为了探寻研究沿大运河穿堤涵洞工程出流能力和规律,将除夹河洞以外的其他 14 处沿大运河穿堤涵洞进行对比分析,如图 8-19 所示。之所以将夹河洞排除在外,是因为夹河洞实测最大流量仅 $0.57 \text{ m}^3/\text{s}$,将该工程过流能力与其他工程进行综合分析,代表性弱,意义不大。从对比图中可见,各工程的过流能力相差较大,淹没孔流流量系数稳定数值介于规范所表述的 3.0~4.0 之间的有 7 处,大于 4.0 的 4 处,小于 3.0 的 3 处,分别占总数的 50%、29% 和 21%。14 处工程中,乌沙洞过流能力最大,其次是昭关闸。乌沙洞实测最大流量 $22 \text{ m}^3/\text{s}$,当实测相关水力因素 $\dfrac{e}{\Delta Z}$ 大于 15.0 时,流量系数为 7.60,但仍没有达到稳定。昭关闸实测最大流量 $31.9 \text{ m}^3/\text{s}$,当相关因素 $\dfrac{e}{\Delta Z}$ 为 10.8 时,流量系数为 5.41,从线形走向看,基本达到稳定数值。其他 12 处工程,当 $\dfrac{e}{\Delta Z} \geqslant 2.0$ 时,流量系数 M_2 基本稳定在 2.5~4.5。

（2）洪金洞、周桥洞过流能力分析

洪金洞和周桥洞是洪泽湖上的穿堤涵洞。洪金洞位于洪泽湖大堤桩号 57 k+210 m 处，为洪金灌区渠首平底引水涵洞，共 3 孔，单孔净宽 3 m，底板高程 8 m，闸门为圆形，洞身形状由上洞首的圆形渐变到下洞首的方形，设计流量 65.8 m³/s，测流断面位于闸下 300 m，实测最大流量 101 m³/s。

周桥洞位于洪泽湖大堤 43 k+170 m 处，为周桥灌区渠首控制工程，共 2 孔，单孔净宽 3 m，平底钢筋砼箱涵工程，底板高程 8 m，设计流量 28 m³/s，流速仪测流断面位于闸下游 500 m，实测最大流量 51.7 m³/s。

将该两涵洞淹没孔流流量系数关系曲线对比分析，如图 8-20 所示。洪金洞的泄流能力明显较周桥洞大。分析原因，可能与两涵洞下游的灌溉渠道工程布局不同有关。

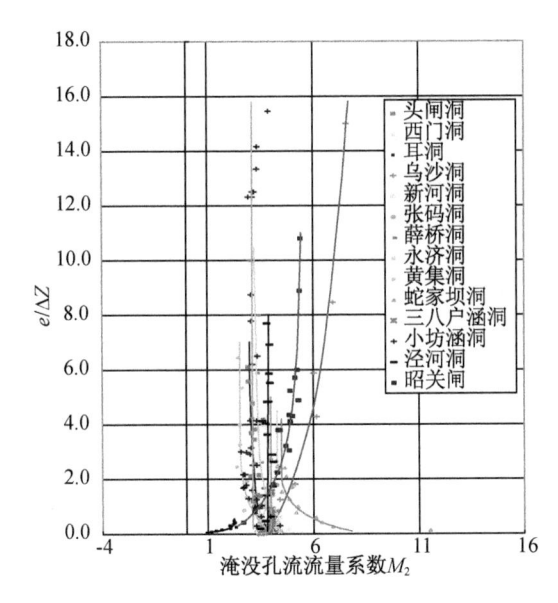

图 8-19 沿大运河穿堤涵洞工程淹没孔流流量系数关系曲线比较图

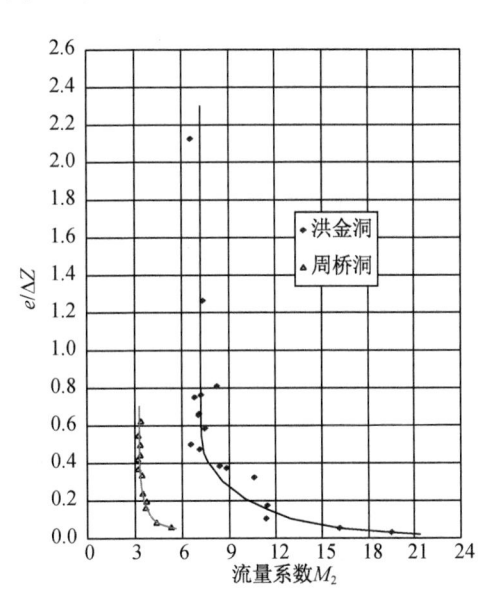

图 8-20 洪金洞和周桥洞淹没孔流出流能力对比图

洪金洞下游约 800 m 处灌溉干渠分为南、北两个支渠，因河道比降较大，支渠上设节制闸控制。灌溉用水季节，洪金灌区基本同时实施灌溉供水，大量的需水和较大的河道比降，以及支渠上节制闸门的敞开，较大地提高了河道过水的顺畅度，从而提高了洪金洞工程的泄流能力。周桥洞下游干渠向下 500 m 处有一小折弯，水流由东偏南转向东流，继续向下游约 4 km 处再次基本以 90°折弯向北，其间河道比降较小无任何节制闸控制。水流两次折弯于较小比降的河道，流速减缓，一定程度上减弱了周桥洞工程的泄流能力。

遗憾的是，2003 年淮河流域大水后，洪金洞拆除重建，周桥洞进行了除险加固，无法对两穿堤涵洞工程的过流能力进行深入分析研究。

（3）区域或流域输水控制工程综合过流能力分析

在 11 座区域或流域输水控制工程平底闸和 1 座实用堰淹没孔流出流分析中，皂河闸和杨河滩闸现场率定水位流量关系采用的是逐步图解法；江都东闸和芒稻闸流量关系曲线虽然采用了堰闸流量系数法率定，但相关水力因素与其他不同，而取用的是闸上、下游水位差和闸门开启高度的乘积。为综合分析需要,选取率定方法均为堰闸流量系数法,相关水力因素均为闸门开启高度 e 和闸上、下游水位差 ΔZ 的比值 $\frac{e}{\Delta Z}$ 的 8 处工程进行淹没孔流流量系数关系综合分析,结果发现,线形下部走向出现两种情况。

一是随着相关因素的增大而增大。综合三河闸、运东闸、运西电站节制闸、高良涧闸和淮涟闸 5 处工程淹没孔流现场率定的流量系数线进行对比分析,如图 8-21 所示。由该图可见,运东闸的过流能力较大,当相关因素 $\frac{e}{\Delta Z}$ 为 6.0 时,流量系数 M_2 为 5.21,但还没有达到稳定数值。其他 4 处工程的淹没孔流流量系数稳定数值均介于规范表述的 3.0~4.0 之间。

二是随着相关水力因素的增大而流量系数减小。对比分析二河闸、盐河闸、淮阴闸 3 处工程淹没孔流流量系数关系曲线率定,如图 8-22 所示。由该图可见,虽然 3 处工程淹没孔流流量系数随着相关因素的增大而减小,但它们的上部均达到稳定,其中二河闸稳定于 3.65,淮阴闸稳定于 3.70,盐河闸稳定于 3.60,稳定数值平均为 3.65。

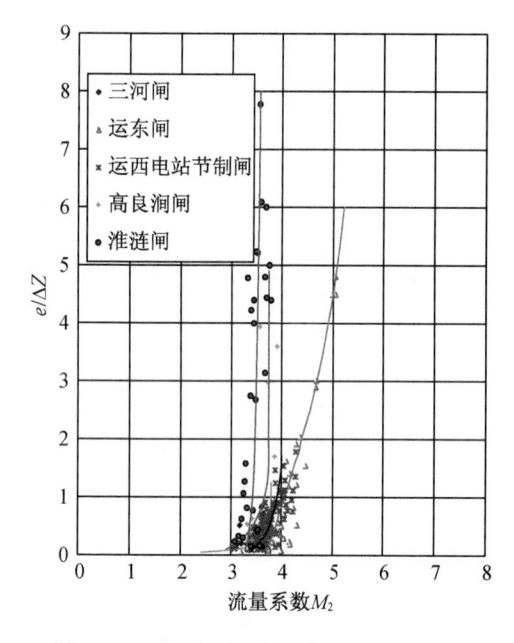

图 8-21 大、中型涵闸工程淹没孔流流量系数关系曲线对比图(一)

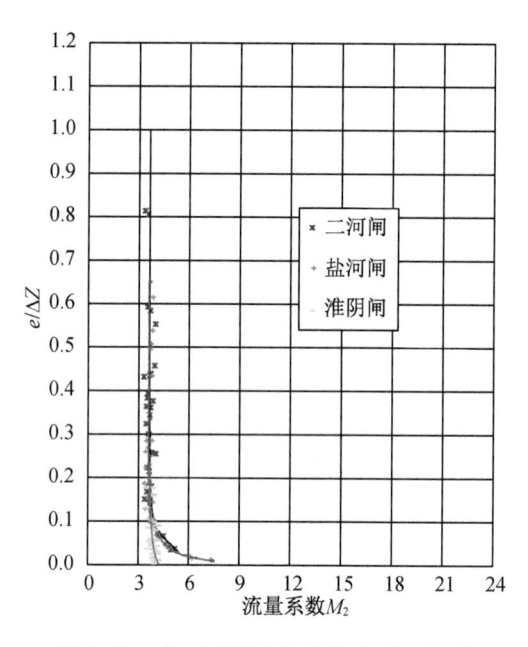

图 8-22 大、中型涵闸工程淹没孔流流量系数关系曲线对比图(二)

从上述 8 处工程淹没孔流流量系数现场率定结果看,不论哪种线形,随着相关水力因素的增大,淹没孔流流量系数 M_2 均趋于稳定,且稳定于规范所述 3.0~4.0 之间的有 7 处,大于 4.0 的仅有 1 处。

8.3.4 水电站

水电站是依据能量转换原理进行设计和建造的。水电站的水轮机一般可分为反击式和冲击式两大类。影响水电站发电功率大小的主要因素是工作水头 H 或实测水头 h 和流量 Q,而利用水头、电功率与流量三者之间的关系推算水电站出水流量的测验称为水电站测流。

根据水电站开机台数的不同,可以采用不同的流量计算公式。

8.3.4.1 率定成果

在45处涵闸站中,有7处工程用于水力发电,具体见表8-13。经综合分析,水电站效率系数现场率定或出流量计算时主要优化选用了以下两种形式的流量计算公式:

(1) $$Q = \frac{N}{9.8\eta h} \tag{8.16}$$

(2) $$Q = kn\,e^{ah} \tag{8.17}$$

上述式中:k、a 为待定常数,n 为开机台数,e 自然对数底,η 为发电机组合并(综合)效率系数。

表8-13 水电站流量计算公式率定选用情况统计表

序号	工程名称	采用公式	相关水力因素或待定系数值	资料说明
1	高良涧水电站	$Q = \dfrac{N}{9.8\eta h}$	$N - \eta$	1987—2002年16年72个测点
2	淮安三站	$Q = kn\,e^{ah}$	$k = 27.55$, $\alpha = 0.0464$	1997—2002年6年33个测点
3	运西水电站	$Q = \dfrac{N}{9.8\eta h}$	$N - \eta$	1988—2001年14年93个测点
4	运东水电站	$Q = \dfrac{N}{9.8\eta h}$	$N - \eta$	2002年16个测点
5	盐河水电站	$Q = \dfrac{N}{9.8\eta h}$	$N - \eta$	1993—2002年10年43个测点
6	杨庄水电站	$Q = \dfrac{N}{9.8\eta h}$	$N - \eta$	1989—2001年13年63个测点
7	杨河滩水电站	$Q = \dfrac{N}{9.8\eta h}$	$N_1/N - \eta$,N_1 为额定功率	2001年141个测点

8.3.4.2 成果分析

对7座水电站进行了效率系数实测率定。率定方法主要是建立单机功率与效率系数关系曲线,个别站点采用逐步图解法或直接用效率百分比与效率系数建立相关关系。

1)单体工程成果分析

(1)高良涧水电站

高良涧水电站为洪泽湖出口的低水头水力发电站,设计水头 h 为3 m,当1.5 m$<h<$4.5 m时,设计单机流量为10 m³/s,安装贯流定桨反击式GD760-WS-160水轮机16台机组,每台机组额定容量200 kW。根据1987—2002年72次实测流量资料,计算单机功率 N 与效率系数 η,建立相关关系曲线,如图8-23所示。该关系线随机不确定度为9.6%,系统误差为0.7%,达到一类站精度标准。由图8-23可见,当单机功率达到200 kW以上时,机

组发电效率系数稳定在 0.49。

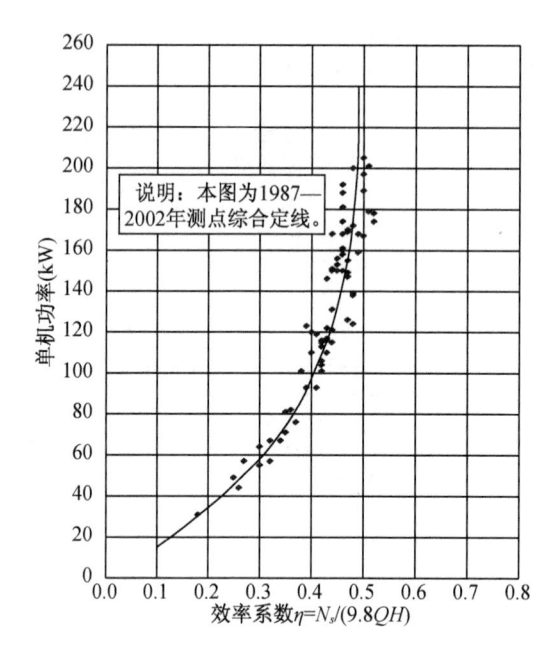

图 8-23 高良涧水电站单机功率与效率系数率定关系曲线

（2）淮安三站

淮安三站位于大运河与灌溉总渠运东闸上游的交汇处，是南水北调东线工程二级提水泵站之一，具有抽水和发电双重功能。设计单机流量为 33 m³/s。安装灯泡贯流式 32—GWN-43 水泵 2 台。发电时，设计水头 h 为 3.5 m，当 1.5 m＜h＜4.5 m 时，每台机组额定容量为 400 kW；抽水时，设计扬程 4.2 m，每台机组装机容量 1 700 kW。

淮安三站处于发电工况时，其出流情况与其他低水头水电站有明显的区别。当实际水头小于设计水头时，其出力远低于额定功率；当实际水头达到设计水头时，其出力即达到额定功率；当实际水头大于设计水头时，其出力也大于额定功率，最大实际出力可达 600 kW/台，超过额定功率的 50%。由实测资料分析，其出流量与单机功率已没有明显的相关关系。

根据淮安三站 1997—2002 年发电状态下现场实测的 33 次流量资料，采用逐步图解法，点绘站上、下游水位差 ΔZ 与单机流量 q 的相关关系，如图 8-24 所示。率定出水位流量关系式为 $Q = 27.55 n e^{0.046\,4\Delta Z}$（其中 n 为开机台数，ΔZ 为站上、下游水位差，e 为自然对数的底）。该关系线随机不确定度为 7.8%，系统误差为 0.03%，精度达到一类站标准。

2）同类工程综合分析

分析 7 座水力发电站，效率系数稳定值一般在 0.49～0.65，相对而言，淮安三站的发电效率较高，一定条件下可以超额定功率发电，效益明显。其他水电站工程发电效率均比较低。选取现场率定方法同为效率系数法的 5 处水电站工程现场率定成果对比分析（见图 8-25）。可见，随着单机功率的增加，效率系数也逐渐增大，曲线下部变率大，上部变率小并趋向稳定。

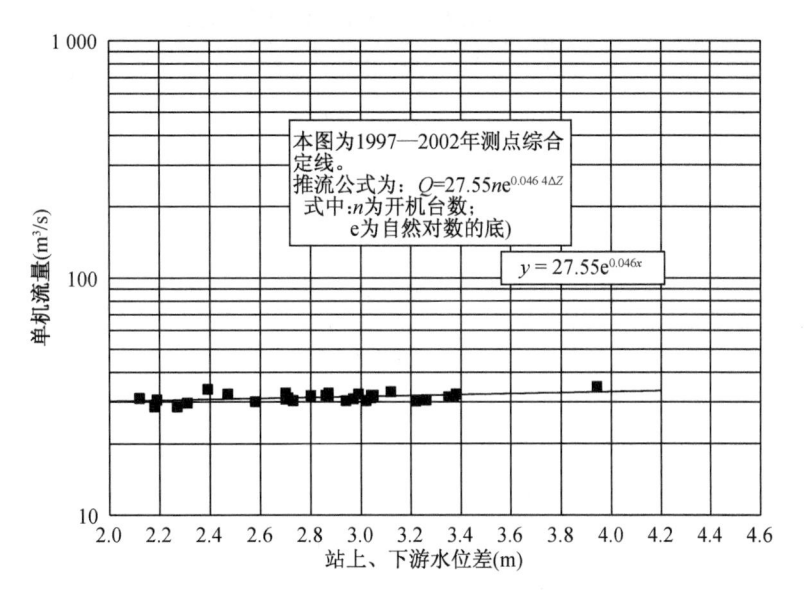

图 8-24　淮安三站发电状态下水位流量关系率定曲线

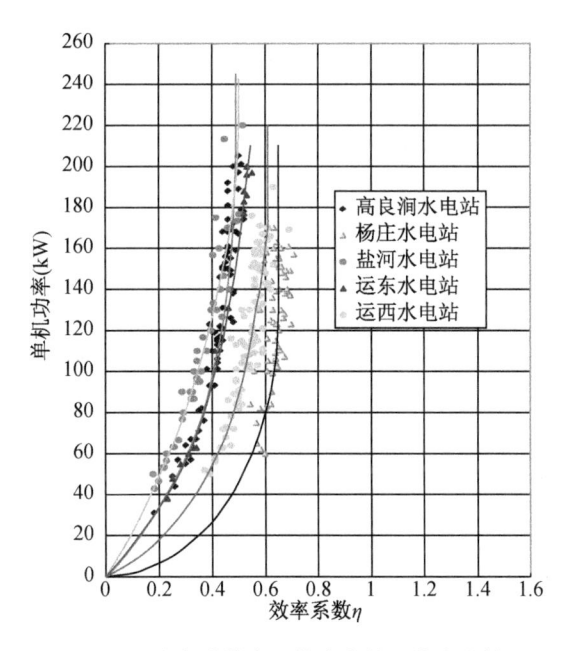

图 8-25　水电站效率系数率定关系曲线比较图

将 5 座小水电站合并效率系数稳定情况进行统计分析,一般地,当实际单机发电功率与其额定功率的百分比达到 0.80 以上时,机组发电效率即能达到稳定。各水电站效率系数稳定数值对比如表 8-14 所示。从表中可以看出,除盐河水电站外,其他 4 处水电站工程,当单机实际发电功率达到额定功率 80% 以上时,其发电效率系数即趋于稳定。而盐河水电站当单机实际发电功率达到额定功率 44% 时,发电效率即达到稳定,说明现状水情、工情条件下,发电机组要想达到额定发电工况,几乎不可能,需要在今后的改造中加强优化机组设计、设备选型等工作。

表 8-14 小水电站合并效率系数稳定情况统计表

工程名称		杨河滩水电站	高良涧水电站	杨庄水电站	盐河水电站	运西水电站
	额定功率(kW)	320/160	200	150	500	200
η稳定时	单机功率(kW)	/	200	130	220	170
	单机与额定功率比(%)	0.80	1	0.87	0.44	0.85
	稳定数值	0.59	0.49	0.65	0.50	0.61

8.3.5 抽水站

电力抽水站是利用安装的电动机和水泵,通过电网输电进行抽水。在电能转换为机械能的过程中,影响抽水站效率大小的主要因素是水泵的净扬程 h 和用电功率 N_s,因此可以利用扬程、耗用电功率与流量三者之间的关系推算电力抽水站水泵的出流能力。

8.3.5.1 率定成果

在堰涵闸站中有3处抽水泵站,具体见表8-15。根据多年实测流量资料进行综合分析,实际进行泵站效率系数现场率定时主要采用了以下三种形式的流量计算公式。

(1) $Q = \dfrac{\eta' N_s}{9.8h} = \dfrac{0.102\eta' N_s}{h}$ （8.18）

(2) $Q = kn\,e^{ah}$ （8.19）

式中: k、a 为待定常数, n 为开机台数, e 为自然对数底。

(3) $Q = \eta_k N_s e^{-\varepsilon h}$ （8.20）

式中: N_s 为机组总功率,kW;其他符号意义同前。

表 8-15 抽水站流量计算公式选用情况统计表

工程名称	采用公式	相关水力因素或待定系数值	资料引用说明
淮安一站	$Q = \eta_k N_s e^{-\varepsilon h}$	$\eta_k = 0.0288, \varepsilon = 0.1512$	2002、2003年2年26个测次
	$Q = \dfrac{\eta' N_s}{9.8h} = \dfrac{0.102\eta' N_s}{h}$	$\eta' = 0.62$	
淮安二站	$Q = \eta_k N_s e^{-\varepsilon h}$	$\eta_k = 0.0215, \varepsilon = 0.092$	2001—2005年3年54个测次
	$Q = \dfrac{\eta' N_s}{9.8h} = \dfrac{0.102\eta' N_s}{h}$		
淮安三站	$Q = kn\,e^{ah}$	$k = 37.08, a = -0.0444$	1997—2002年6年66个测点

8.3.5.2 成果分析

在45处工程中,有3处抽水站,即淮安抽水一站、二站、三站,它们均位于大运河与灌溉总渠交汇处,与正在建设的淮安抽水四站共同构成了国家南水北调东线工程第二级提水泵站。本节根据淮安抽水一、二、三站抽水实测水文资料分析率定工程抽水效能系数。率定方法主要采用指数函数法和效率系数法。

1) 单体工程成果分析

以淮安三站(抽水)为例。淮安三站为抽水、发电双向运行工程。根据该站1997—2002

年66次实测抽水流量资料,经计算分析,其抽水流量与开机台数关系密切,而与站上、下游水位差关系并不明显。当站上、下游水位差分别为2.3 m、3.0 m和4.5 m时,单机抽水流量分别为33.5、32.5、30.4 m³/s,变化较小。采用逐步图解法建立单机流量与站上下游水位差(q-h)对数关系见图8-26,$Q = 37.08ne^{-0.0444\Delta z}$,关系线随机不确定度为7.4%,系统误差为0.10%,精度达到一类站标准。

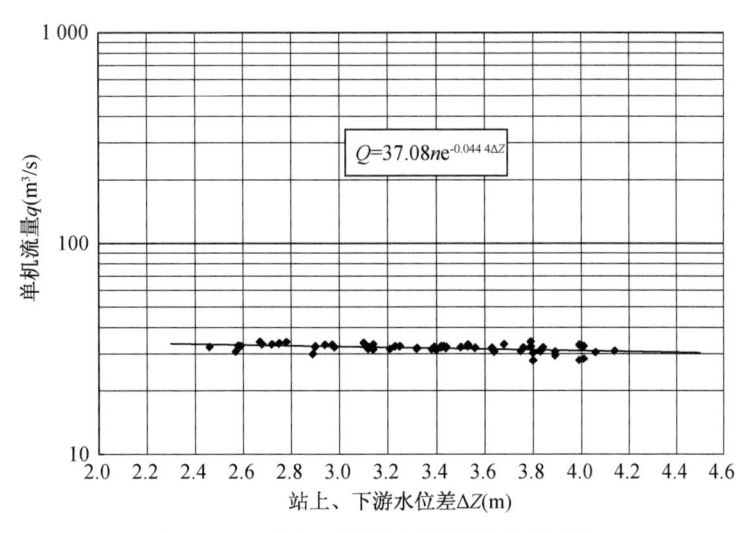

图8-26 淮安三站(抽水)流量率定关系线

对于抽水站,现场率定水位流量关系的方法不是唯一的,可以结合工程情况、水情特性等选择更高精度或更适宜的方法,如采用逐步图解法,使率定成果应用更简单、方便和实用。

2) 同类工程综合分析

根据淮安抽水一、二站抽水效率系数率定结果进行综合分析,建立扬程与抽水效率系数对比关系,见图8-27,$\eta = \dfrac{9.8Qh}{N_s}$。从图中可见,虽然一站、二站关系点呈两组点群分布,但

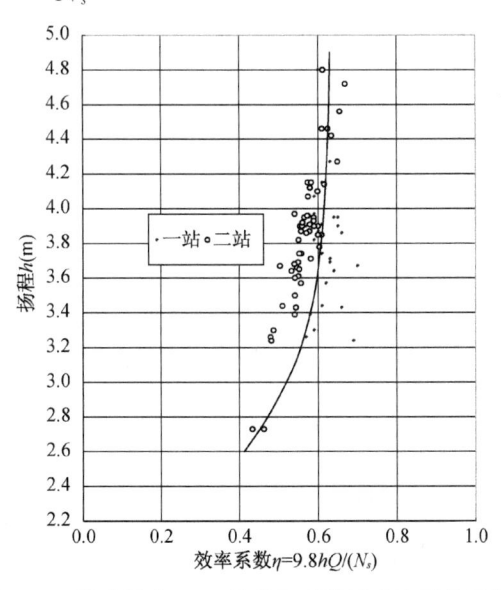

图8-27 淮安抽水一、二站效率系数综合率定关系曲线

仍可建立综合效率系数关系线,该关系线随机不确定度为17.9%,系统误差为−2.2%,精度达到三类站标准。关系线下部变率大,上部变率小并逐渐趋于稳定,抽水效率系数稳定于0.63。在类似地区新建抽水站工程或工况、水情等相似条件下,可以利用该综合率定成果进行抽水流量估算以备应急需要。

限于综合分析样本仅淮安抽水一站、二站2处工程,数量少,代表性尚显不足,非应急需求,仍需通过实测流量资料进行水位流量关系率定,以准确校验工程过流能力。

8.3.6 率定成果精度评定

对水工建筑物过流能力计算成果进行精度评定,确定流量定线精度指标,其目的主要有三:其一,可以量化评定所率定的水位流量关系的精准度;其二,科学地评判工程供排水计量的精准度,使作为供水计量认证的公正方的计量成果具有明确的说服力和公信度;其三,可为水工建筑物单站出流能力历年综合和多站同类综合提供科学依据。流量定线精度指标指关系点分布成一带状,无明显系统偏离,用随机不确定度和系统误差共同反映测量值与率定成果(水位流量关系线)的精确度。随机不确定度主要是评判95%置信水平下测量值相对率定分析成果(水位流量关系线)的精密程度。系统误差主要是衡量因仪器设备、测量方法、计算方法等带来的测量值相对率定成果(水位流量关系线)的准确程度。

随机不确定度为

$$X'_Q = 2S_e \tag{8.21}$$

$$S_e = \left[\frac{1}{n-2}\sum \left(\frac{M_i - M_{ci}}{M_{ci}}\right)^2\right]^{\frac{1}{2}} \tag{8.22}$$

或

$$S_e = \left[\frac{1}{n-2}\sum \left(\frac{Q_i - Q_{ci}}{Q_{ci}}\right)^2\right]^{\frac{1}{2}} \tag{8.23}$$

系统误差为

$$\bar{P} = \frac{1}{n}\sum \frac{M_i - M_{ci}}{M_{ci}} \tag{8.24}$$

式中:M_i 为实测流量系数;Q_i 为实测流量,m³/s;

M_{ci} 为与 M_i 相应的曲线(式)上的流量系数,Q_{ci} 为 Q_i 相应的曲线(式)上的流量,m³/s;

S_e 为实测点标准差;

n 为测点数;

X_Q' 为置信水平95%的随机不确定度。

《水文资料整编规范》中,根据水力因素关系定线精度指标的不同,对堰闸站进行不同精度站类的划分,划分标准见表8-16。

表8-16 堰闸站水力因素关系定线精度指标表(%)

站类	定线方法	定线精度指标	站类		
			一类	二类	三类
堰闸、涵管、隧洞	水力因素与流量或流量系数	随机不确定度	10	14	18
		系统误差	2	2	3

注:水电站、电力抽水站效率系数定线精度参照堰闸站。

经分析研究,在 45 处站点中,高于三类精度站(含三类)标准的有 42 处,其中,满足一类精度站标准的有 26 处,满足二类精度站标准的有 10 处,满足三类精度站标准的有 6 处,低于三类精度站标准的站点仅 3 处。

8.4 应用评价

8.4.1 水工建筑物过流能力率定成果评价

本章分析研究了水工建筑物过流能力与规律,收集了 45 处工程 289 站年计 1 924 次实测流量资料,基本包含了工程实际控制运用时的各种工情、水情组合。通过测验与率定,充实了平原水网区涵闸站工程过流量计算方法,较好地验证了水工建筑物过流的一般规律。成果表明,利用水工建筑物测流,不但精度较高,而且可以在无资料情况下进行过流量计算和类比估算,为江苏平原水网区水利工程的规划、设计、建设,为水利工程防汛防旱科学调度运用,为合理配置水资源、有效实施水资源计量等提供了科学的技术支持。

1) 水工建筑物量水具有较高精度

本章对水工建筑物过流情况进行了个体研究、分类研究及同类型综合研究。在 45 处站点中,高于三类精度站(含三类)标准的占总数 93%,其中,满足一类精度站标准的占 58%,满足二类精度站标准的占 22%,满足三类精度站标准的占 13%,低于三类精度站标准的站点仅 3 处。由此可见,大部分水工建筑物量水具有较高的精度。

对于水位流量关系率定成果满足一、二类精度站标准的,通过采集涵闸站等工程上、下游实时水位和闸位(功率),利用率定的水位流量关系成果,即可实现流量实时在线监测。三类精度站点,可以利用率定的水位流量关系成果进行防汛防旱应急调度。低于三类精度标准的站点,要满足供水计量要求,需建设 H-ADCP 等自动在线测流系统,以提高测流精度,保证计量精准度。

2) 通过对率定技术的研究,充实了平原水网区流量计算方法

依据工程实际,所处边界、水力条件,所用测验设备情况以及水文测验规范要求,本章重点对影响水工建筑物过流能力的主要相关水力因素进行了多形式、多方法的对比分析研究。结果表明,影响水工建筑物过流的主要相关水力因素,不但可以取用《水文资料整编规范》中规定或建议的,还可以根据水工建筑物的边界条件及其运行特点,扩充新的方法和相关因素。如:

(1) 淹没堰流,可以采用 $\Delta Zh_u\text{-}\sigma C_0$、$\Delta Z\text{-}\sigma C_0$、$\Delta Z\text{-}Q$ 等;

(2) 淹没孔流,可以采用 $e\Delta Z\text{-}M_2$、$e\text{-}M_2$ 等;

(3) 短管涵洞淹没孔流,可以直接采用堰闸流量系数法率定工程过流能力,计算过流流量,方法简便;

(4) 抽水站过流,可以采用 $Q = kne^{a\Delta Z}$ 计算过流流量,式中 k、a 为待定常数,n 为开机台数,e 为自然对数底,式中机组功率不再表现为显性因素。

3) 通过分类研究,验证了各类工程不同流态下过流能力变化的一般规律

根据不同类别工程和同类工程不同过流流态下率定的水位流量关系比较分析研究,结果表明。

（1）涵闸工程：淹没堰流，以水位差作为相关因素时，随着相关因素的增大，流量系数也增大，关系线下部变率大，上部变率小并逐渐趋向稳定数值。自由孔流，随着相关因素的增大，流量系数逐渐减小，关系线下部变率大，上部变率小并逐渐趋向稳定数值。淹没孔流，出现正相关和反相关两种线形，线形数比例基本达到1：1。正相关即随着相关因素的增大，流量系数也增大，关系线下部变率大，上部变率小并逐渐趋向稳定数值；反相关即随着相关因素的增大，流量系数减小，关系线下部变率大，上部变率小并逐渐趋向稳定数值，该相关关系与理论相悖，属不合理现象。

出现反相关线型的原因，可能是由于在小流量、断面流速分布不均、流态不稳情况下，流速仪测流无方向感，造成流速仪测得的流速比实际流速偏大，从而使流量系数计算值偏大。一旦采用能够辨别水流方向的超声波走航测速仪，不正常的反向线型即回归合理。在本书第12章节有淮阴闸具体实例分析，从中可窥见一斑。

（2）水电站工程：随着相关因素单机功率的增大，效率系数也逐渐增大，关系线下部变率大，上部变率小并逐渐趋向稳定数值。

（3）抽水站工程：随着相关因素抽水扬程的增大，效率系数也逐渐增大，关系线下部变率大，上部变率小并逐渐趋向稳定数值。

4）通过同类综合研究，发现平原水网区现状水工建筑物稳定过流能力一般偏小

江苏苏北地处平原水网区，具有河道比降小、行进流速低、涵闸站等工程与河道配套程度不同等特点。对45处涵闸、水电和抽水站工程进行分类研究和同类型综合研究，发现平原水网区现状水工建筑物稳定过流能力一般偏小。

（1）涵闸工程稳定过流能力

淹没堰流流态下，流量系数稳定数值一般在0.6~1.2，与规范所述采用标准水工建筑物测流流量系数趋于稳定在1.5左右的数值偏小。

自由孔流流态下，流量系数的稳定数值大部分小于2.5，与规范所述采用标准水工建筑物测流流量系数趋于稳定在2.5~3.0之间的数值偏小。

淹没孔流流态下，规范所述标准水工建筑物测流流量系数趋于稳定在3.0~4.0之间。实际率定了28处水工建筑物，其中14处小型工程中，淹没孔流流量系数M_2稳定数值介于3.0~4.0之间的有7处，大于4.0的有4处，小于3.0的有3处，分别占总数的50%、29%和21%，流量系数稳定数值最大在8以上，最小为2.55；10处大中型工程中，淹没孔流流量系数M_2稳定在3.0~4.0的有8处，大于4.0的有2处。

（2）水电站工程稳定过流能力

根据6处水电站工程率定成果分析，水电站的效率系数稳定数值基本在0.5~0.6。一般地，当单机实际发电功率与其额定功率的百分比达到0.80以上时，机组发电效率将达到稳定。

（3）抽水站工程稳定过流能力

根据淮安抽水一、二站抽水效能系数综合率定分析结果，抽水效能系数稳定于0.63。

8.4.2 水工建筑物过流能力率定成果应用效益分析

在对45处各类水工程进行了个体研究、分类研究及同类型综合研究的基础上，我们研发了实时流量监测系统，研究成果已应用于苏北水资源配置监控调度系统，产生了显著的经济效益和社会效益。

(1) 为水工程的流量监测、水量计量提供了较好的技术支持。在 45 处水工程中,21 处已设立水文站,系国家基本站网,24 处水工程为新设站,属供水专用站网。研究成果表明:24 处新设站点中,有 15 处站点成果精度达到一类精度站控制标准,可直接采用水工建筑物测流方案进行实时流量监测,另外 9 处站点达不到计量精度要求,需选用 H-ADCP 监测方案;21 处国家基本站,原流量监测方式为水文缆道、船测,分析研究成果表明:除 10 处保留原监测方案外,11 处可直接采用水工建筑物进行实时流量监测。

(2) 节省了大量的新建站投资费用。与传统监测方式相比,利用水工建筑物进行流量、水量实时在线监测,现场无须投资建设水文缆道等固定流量测验设施,因而节省了大量的投资费用。根据苏北水资源配置监控调度系统工程实践,建设一处 H-ADCP 超声波自动测流站,基础设施至少需投资 40 万元,设备需投资 23 万元,也就是说一处至少需 63 万元;而建设一处水工建筑物测流站点,只需配置上下游水位设备、闸位设备及 RTU 通信设备,每站投资仅在 10 万元左右。对于满足供水计量精度要求的 15 处新建站采用水工建筑物方案进行流量监测,节省投资近 800 万元。

(3) 节约了运行维护经费。在已建站中,大多采用水文缆道、测船方式进行监测。一般地,每站每年缆道、测船运行维护经费支出至少需 5 万元,加之必不可少的 2 人以上驻站人员经费支出,对满足供水计量精度要求的 11 处已建站采用水工建筑物进行流量监测,每站每年可节省人员经费、运行维护经费近 30 万元。

(4) 提高了水文水资源信息的时效性。一般地,对于 100 m 宽的测流断面,用水文缆道常测法施测过水断面流量,需 1 h 左右,且断面越宽、测速垂线越多,所需测流时间越长。而利用水工建筑物进行流量监测,可实现实时在线,并能实现网络传输与多用户信息共享,大大提高了水资源监测信息的时效性。

(5) 可类比进行同类型堰闸站的综合运用。对于新设站,或进行流量测验较困难的堰闸站,可利用本章同类型综合研究成果解决应急流量监测工作,为工程防汛防旱调度等提供基础信息支持。

(6) 为工程加固改造提供技术依据。利用本章研究成果,可以验证水工程过流能力是否达到设计指标等,从而为工程加固改造等提供技术支持。

(7) 为改革传统测报方式奠定技术基础。对于水位流量关系稳定且精度达到标准要求的工程,利用现代化监测技术手段,实时采集工程闸位、功率、上下游水位等相关水力因素,采用计算机流量监测系统进行实时过流流量计算,借助网络通信技术,实现监测信息、计算成果信息的远距离传输与共享,为改革传统测报方式,有效整合测站人员、技术、装备资源,进一步解放测站劳动力和劳动强度,有效保障安全生产,实现由驻守测站作业向"无人值守、有人看管"转变奠定了重要技术基础,使苏北地区的水资源优化配置、供用水计量、工程运行实时监控和科学调度更加及时、准确、可靠。

8.4.3　水工建筑物过流能力率定成果应用建议

(1) 现场率定的水位流量关系依据的是实时的水情、工情条件,具有一定的流态、水力边界和水力因素限制。不同的水力边界条件决定了水工建筑物过流能力的个体差异,要准确测定水工建筑物的过流能力,必须现场率定水位流量关系。同一工程,当影响过流的边界条件或水情、工情发生变化时,还需要重新率定水位流量关系或校测已经率定的成果。

（2）从供水计量和水资源监测角度分析，利用水工建筑物进行流量监测，方法简单，安全度高，作业成本低，容易实现，且精度能满足应用要求。但是，采用水工建筑物法进行水量在线监测，相对于目前人们的认识程度和管理现状而言，有一定的使用限制条件。如，上、下游水位信息采集位置是否满足规范要求，与水位流量率定成果所采集的上、下游水位位置是否一致；闸位信息采集是否受到人为因素的干扰等。这些都直接关系到在线监测的真实性和可靠性。因此，一方面必须提高认识，加强管理。另一方面，要在重要的水源控制断面和省、市际断面建设先进的 H-ADCP 自动测流系统，配备一定数量的走航 ADCP 进行率定和校测，进一步提高供水计量和水资源监测的精度。

（3）在本章分析研究成果的基础上，还需要补充个体，扩充资料，进一步加强对个体差异的分析研究，多样本地进行分类研究和同类综合研究，才能更准确、全面地揭示平原水网区水工建筑物过流能力的规律性，为工程规划设计建设和实际运行管理等提供重要的技术支持。

第九章 供水干河输水损失测定

9.1 概述

　　实施跨流域调水必然需要有干河长距离输水，也就必然产生输水损失。在计划经济时代不计供水成本，没有人去关注输水损失。随着改革开放和经济社会的快速发展，用水需求不断增加，水资源供需矛盾日趋尖锐，尤其是干旱年份的农业大用水季节，各地争水现象尤为突出。20世纪90年代，在供水高峰期，省水利厅多次被迫采取各种行政措施和强制性措施，省政府发文件，省委、省政府领导视察、督察，省水利厅派出以处级干部带队的几十人的工作组分赴供水干河沿线各主要取水口门，日夜督守闸洞放水，有时甚至需要省委、省政府主要领导干预协调。实行计划用水、计量用水和节约用水已成为水资源管理的重要目标，开展输水损失研究的必要性凸显。

　　供用水水量主要包括农业灌溉及工业、生活、航运、养殖、环保、生态用水等，还有涵闸在关闭状态下的漏水，这些水量都可以直接测定并与用水户结算，而供水干河的自然损耗，即水面蒸发和河堤渗漏却从来没有进行过具体研究，难以直接确定。供水过程中河道的自然损耗水量，称之为输水损失。

　　从通常意义上讲，输水损失就是输水(供水)过程中沿途河道水面的蒸发量和河道渗漏量。影响输水损失量大小的因素包括气温、风力、湿度、河道水面宽、河床土质、河道水位、河道两侧地下水埋深及前期晴雨状况等。这些因素直接影响河道输水过程中的水面蒸发量和河床渗漏量，由于不同河段影响因素不同，并且有的因素会随时间、季节而变化，从而导致输水损失量在不同河段，或同河段不同季节，或同季节不同状况下而有所不同。

　　从供水计量的角度来看，输水损失作为用水成本，需要在沿河各行政区(用水户)内进行合理摊销。因此，合理确定供水河道的输水损失，是核定、督查各地用水量和制定供用水计划的基础，需要通过测验、分析来取得。

　　为实现并进一步优化苏北地区水资源的配置，提高对水资源在时空分布上的调控能力和供水水平，加强区域水资源统一调度和科学管理，达到计划用水、计量用水和节约用水的目的，江苏省水文水资源勘测局会同省防汛防旱指挥部办公室，于2000年1—4月对京杭运河(苏北段)、苏北灌溉总渠、淮沭新河等输水干河进行输水损失测验研究工作，拟为苏北供水计量、考核和管理提供技术支撑。

　　输水损失测验是应用水量平衡原理，把输水河道分成若干个单元河段，对每一个单元河段进行全封闭水量控制测验，通过对河段进出水量的分析和平衡计算，推求河段输水损失量。从测验工作量最省、方案最优考虑,测验河段主要选择在输水上中游市级行政区的河段,而在供水末级市,则选择局部代表性河段。据此,将整个测验河段分为25个单元河段,其中市际河段6个、梯级河段10个、代表性河段9个。

苏北供水干河输水损失测验可以用"跨流域、大范围、长距离、多口门、高难度"来表述。输水测验河段纵跨长江、淮河、沂沭泗三大流域水系,总长555.5 km,涉及扬州、淮安、宿迁、徐州等4市16个县(市、区),10大水利枢纽工程和沿线100多个涵闸、泵站等进出水口门;分为25个测验河段,设立近百处水位、流量断面。水文测验规模史无前例,其关键技术主要体现在跨流域水源调配,大范围人力物力协调配合,多工程统一调度(模拟设计高水位供水实况、为减小槽蓄量误差进行河段水位调度控制等),大数量进出水断面(口门)测验精度控制,按行政区、梯级及不同类型(高堤防、不规则、平交无控制等)河段分段测定损失量。

9.2 供水干河测验河段的确定

9.2.1 供水干河及主要工程

苏北供水以京杭运河苏北段为输水干河,苏北灌溉总渠和淮沭新河为分干河。供水线路自江都抽水站提引江水进高水河至邵伯闸入京杭运河,到淮安市城区,即淮安枢纽后分两线,一线自流入苏北灌溉总渠运东闸下段向淮安、盐城里下河地区供水,一线提水沿京杭运河和苏北灌溉总渠运东闸上段两线进入二河(通洪泽湖),在二河"五岔口"(运河、废黄河、盐河、淮沭河与二河的交汇口)再分两线,一线提水沿京杭运河继续北上宿迁、徐州,一线自流入淮沭新河经宿迁境到达连云港市。

苏北供水干线自江都抽水站至徐州解台闸,河段全长约400 km,沿线与洪泽湖、骆马湖相连。经过3级提水可以将长江水输送到洪泽湖,6级提水可到达骆马湖,8级提水过解台闸,再提1级可达微山湖(其下级湖为苏鲁两省共用)。沿线分布有江都、淮安、淮阴、泗阳、刘老涧、宿迁、皂河、刘山、解台9大水利枢纽工程,其中宿迁枢纽为骆马湖防洪(退守二线)控制工程,其余8个枢纽均为梯级控制工程。梯级枢纽都由多座节制闸、船闸、抽水站等组成。沿线还分布有堤防、驳岸、水文站、取水口、穿堤涵闸等水工建筑物。

苏北供水干线自南向北首经高水河,到邵伯闸入京杭运河;沿京杭运河北上在淮安市区与苏北灌溉总渠、二河平交,与入海水道立交,与洪泽湖由二河经二河闸沟通;在宿迁与骆马湖由皂河闸和皂河抽水站沟通,皂河闸以上运河则与骆马湖汇通;过骆马湖在徐州进不牢河一线经徐州市区至微山湖。

京杭运河是世界上最长、开凿时间最早的一条人工运河,肇始于春秋时期,形成于隋代,发展于唐宋,最终在元代成为沟通海河、黄河、淮河、长江、钱塘江五大水系,纵贯南北的水上交通要道。在两千多年的历史进程中,大运河为中国经济发展、国家统一、社会进步和文化繁荣做出了重要贡献,至今仍在发挥着巨大作用。京杭运河苏北段又称苏北运河。历史上苏北运河分为两段,自扬州入江口至淮安杨庄(与二河交汇处)称里运河,是沟通江淮的最古老的运河,史称邗沟,最早可追溯到春秋后期(公元前486年),吴王夫差为北进中原,便于水师北上,在江淮之间利用当时的湖荡群开辟一条弯弯曲曲的串湖航道。汉代建安五年

(200),广陵太守陈登对该航道进行裁弯取直,将樊梁、白马(今邵伯、高邮、宝应、白马)诸湖间挖河连通,形成南起邗城(今扬州市区南)、北至末口(今淮安市区河下附近)的取直航道,即今天里运河的起源。自杨庄至苏鲁两省交界处称中运河,最初是利用原泗水河(曾经是淮河下游最大的支流),南宋绍熙五年(1194),黄河在河南原阳阳武决口侵泗夺淮,导致原河道淤高,水流湍急,重船逆水北上十分困难,经常翻船。清康熙十九年至四十二年新开皂河接泇河(今韩庄运河),开支河、中河至清河县(今淮安市)杨庄,即今天的中运河。新中国成立前后,苏北运河经过多次大规模治理。1946年苏皖边区政府组织沿运13个县38 000余人,整修从邵伯到邳州298 km长运河两岸堤防,疏通堵塞的河段,使抗战中被毁坏的运河全面改观,基本恢复到抗战前的防水标准。1950—1957年重点围绕骆马湖建库蓄水分洪,对中运河进行了局部治理,加固了刘老涧以下堤防,新建皂河闸、皂河船闸,建成骆马湖水库和宿迁大控制工程等,有效地提高了中运河的洪水防御能力,为以后大规模整治运河创造了有利条件。1958—1988年,是京杭运河全面规划综合治理时期,苏北运河得到了史上最大规模的治理,里运河两头扬州、淮安市区段避开老城区,改道取直,另开新河,中间邵伯至淮安移建西堤,按河底大于70 m标准扩浚;中运河皂河至窑湾裁弯取直,新开9 km河长,其余均利用老河拓宽浚深;新辟邳县大王庙至蔺家坝不牢河航道和微山湖湖西航道;沿线新建挡浪墙、块石护坡及桥梁、船闸、引排水涵闸等。2004—2010年进行了京杭运河苏北段航道升级改造工程,使京杭运河苏北段404.5 km航道全部达到国家二级航道标准,成为国内仅次于长江的高等级航道,可满足2 000吨级船队昼夜双向通航的要求,单向通过能力由5 000万t提高到8 000万t以上。

苏北灌溉总渠是一条大型人工河道,建成于20世纪50年代初。西起洪泽湖高良涧闸,东至盐城市扁担港入海,全长168 km,设计灌溉引水流量500 m³/s,设计排洪流量800 m³/s。苏北灌溉总渠是以灌溉为主,结合行洪、排涝、航运、发电等综合利用的河道,与里运河淮安枢纽至邵伯段一起分水灌溉里下河区、通扬运河区及滨海垦区,灌溉面积172万 hm²。沿程有高良涧闸、运东闸、阜宁腰闸、六垛南闸四级控制,其中运东闸是供水线路上重要的控制工程,位于苏北灌溉总渠与京杭运河交汇口的东侧,和位于苏北灌溉总渠与京杭运河交汇口南侧的运西电站节制闸一起,可实现向东、向南供水或分洪。运东闸以上(西)段为输水干线河道,同时是沟通京杭运河与淮河(经洪泽湖)的三级航道;运东闸以下段是向淮安、盐城里下河地区供水的重要输水河道,可引洪泽湖水,也可通过大引江闸引江都抽水站翻入里运河的江水。苏北灌溉总渠南堤自上而下建有12座引水涵洞,通过灌区渠系自流灌溉。

淮沭新河是淮、沂两大水系跨流域调水的综合利用工程,具有防洪、排涝、供水、航运、水力发电等多重功能,起于洪泽湖二河闸,止于连云港市新浦区,全长173 km,可分三段。上段二河闸至淮阴闸称二河,是淮、沂、江(江水北调)水汇集调节的河段,长31.5 km,与京杭运河、废黄河、盐河交汇于淮安市杨庄,新开辟的淮河入海水道起于二河。沿河右(东)岸入海水道有二河新闸控制,里运河有淮阴船闸,废黄河有杨庄闸和杨庄水电站,盐河有盐河闸、盐河电站和盐河船闸,还有淮阴抽水站(一、三站在二河新闸南侧苏北灌溉总渠,二站在淮阴船闸南侧里运河)等大型泵站工程,与二河闸、淮阴闸等组成二河、淮阴水利枢纽工程,是苏北供水重要的节点河段。同时二河以东是二河灌区,在二河东堤还有三个引水涵洞。中段自淮阴闸至沭阳闸,称淮沭河,是分淮入沂和淮(江)水北调的重要河段,长66.1 km,为东西双泓漫滩行洪式河道,可分泄淮河洪水经新沂河入海,设计分洪流量 3 000 m³/s、供水(双泓过水)流量 440 m³/s。河道沿线与总六塘河平交,与北六塘河、柴米河立交(分别建有六塘河地涵和柴米河地涵),在柴米河地涵缩窄段建有沭阳闸,用以控制入沂水量和挡新沂河洪水,沿河右岸有北六塘河钱集闸、柴米河柴米闸,还有庄圩闸、大涧河闸(在左岸)等引水涵闸。下段自新沂河至连云港市新浦区,称沭新河,是向连云港市供水的主要输水河道,长 73.3 km,可供水 50~100 m³/s,兼排 115 km² 区域涝水。河道沿线与新沂河、新开河平交,与蔷薇河立交,与新沂河、新开河交汇处有新沂河北泓截污导流(清污分流)工程、沭新闸、沭新船闸等,与蔷薇河交汇处有蔷薇河地涵、节制闸、船闸和桑墟电站,沿河右岸有沂北干渠沂北闸、古泊干渠元兴闸等引水工程。淮沭新河是淮(江)水北调的骨干工程,正常情况下引淮(洪泽湖)水,淮水不足时关闭二河闸通过里运河三级抽引江水。

9.2.2 测验河段分段原则

1) 测验河段选择

苏北供水干河可分为两种类型。一是主干河道京杭运河(含江都站至邵伯高水河),是采用提水方式的供水河道;二是分干河道淮沭新河、苏北灌溉总渠,是采用自流方式的供水河道。京杭运河苏北段贯穿扬州、淮安、宿迁、徐州四个省辖市;淮沭新河起于洪泽湖,流经淮安、宿迁、连云港三市,苏北灌溉总渠起于洪泽湖,流经淮安、盐城两市。

供水干河水位高、断面大、河线长、输水时间长、工情复杂,输水损失必须经由水文测验确定。输水损失测验主要是要准确测定供水过程中各市级行政区输水干河的损失量,以便确切制定科学可行、合理可信的省对各市的供水计划。

从测验工作量最省、方案最优考虑,测验河段主要选择在输水上中游市级行政区的河段,而在供水末级市,可只选择局部代表性河段。据此,将扬州市境内自江都抽水站至邵伯高水河、邵伯以北里运河全程作为测验河段,淮安市境内的中运河、里运河、苏北灌溉总渠和淮沭新河全部作为测验河段,宿迁市境内的中运河、淮沭新河全部作为测验河段,徐州市境内则选择中运河运河水文站至刘山闸段、不牢河刘山闸至解台闸段作为测验河段,盐城市、连云港市不做安排,其输水损失量以代表性河段推算。详见图 9-1。

2) 分段原则

(1) 按行政区界分段:在输水干河市际交界处设置断面,要求确定河道所经市的输水损失量。可分为扬州段、淮安段、宿迁段。徐州、连云港、盐城因处于供水干河末端,不涉及其他市水量计量,故不做测验要求,其输水损失量可以代表性河段推算。

(2) 按梯级分段:测验研究输水干河每个梯级的河段输水损失量。京杭运河自江都抽水站至解台闸有 7 个梯级,苏北灌溉总渠自高良涧闸至苏嘴(淮安与盐城市际交界断面)以运东闸为界分为 2 个梯级,淮沭新河自二河闸至蔷薇河地涵(许洪断面)分为 3 个梯级。

(3) 代表性河段:根据沿线河道不同特点进行分段。分为情况较为简单的单一河段和分岔交叉情况较为复杂的河段。如里运河邵伯—泾河,苏北灌溉总渠运东闸下—苏嘴,淮沭河与六塘河、新沂河交汇段等。在对代表性河段的使用上,根据具体情况,也可把梯级河段作为代表性河段使用。

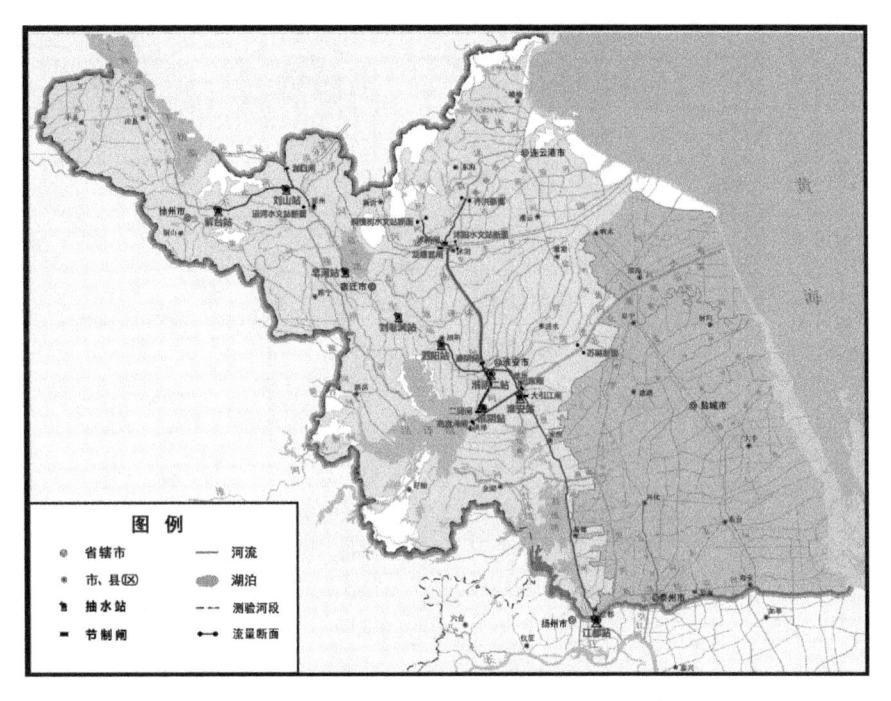

图 9-1　苏北供水干河输水损失测验河段示意图

9.2.3　测验河段确定方案

根据选择的测验河段及分段原则,可将整个测验河段分为 6 个市际河段、10 个梯级河段、9 个代表性河段。具体分段情况见表 9-1。

表 9-1　苏北供水干河输水损失测验河段分段情况表

类别	河名	河段名称	河段长度(km)	备注
市际河段	京杭运河	江都抽水站—泾河	112.6	引江至扬州、淮安界
		泾河—竹络坝	65.2	扬州、淮安界至淮安、宿迁界
		竹络坝—皂河	87.0	淮安、宿迁界至骆马湖
	苏北灌溉总渠	运东闸(大引江闸)—苏嘴	30.0	运东闸至淮安、盐城界
	淮沭新河	淮阴闸—庄圩	39.5	淮阴至淮安、宿迁界
		庄圩—蔷薇河地涵	60.1	淮安、宿迁界至宿迁、连云港界
梯级河段	里运河	江都抽水站—淮安抽水站	128.3	
		淮安抽水站—淮阴船闸	25.0	含古运河、运西总渠段
	中运河	淮阴船闸—泗阳闸	32.5	含二河段
		泗阳闸—刘老涧闸	32.7	
		刘老涧闸—皂河闸	46.3	
		运河水文站—刘山闸	29.1	

续 表

类别	河名	河段名称	河段长度	备注
梯级河段	不牢河	刘山闸—解台闸	41.0	
	淮沭新河	二河闸—淮阴闸	31.5	
		淮阴闸—沭新闸	71.6	
		沭新闸—蔷薇河地涵	28.0	
代表性河段	里运河	邵伯—泾河	99.10	
	二河	二河闸—新闸渡口	27.50	
	中运河	许渡—竹络坝	21.60	
	淮沭河	淮阴闸—徐溜(东泓)	29.00	
		淮阴闸—徐溜(西泓)	29.00	
		徐溜—庄圩	10.50	平交于六塘河
		庄圩—项荡(东泓)	18.10	
		庄圩—项荡(西泓)	18.10	
		项荡(沭阳闸)—沭新闸	14.00	平交于新沂河

9.3 测验组织与技术保证

9.3.1 测验组织

这次供水干河输水损失测验牵涉面广,工作量大,参加人多。输水测验河段总长达555.5 km,涉及扬州、淮安、宿迁、徐州等4市16个县(市、区),10大水利枢纽工程和沿线近百个涵闸工程的统一调度,75个水位(含流量)断面、44个流量断面的同步监测。其规模创江苏省水文测验的历史记录。测验期间还需要交通、海事等部门配合做好船闸水量控制及水上作业人身安全保障等事宜。为此省防汛防旱指挥部办公室和省水文水资源勘测局多次会商,研究部署工作方案,拟定安全生产措施,协调各相关单位的工作配合。专门成立现场协调临时指挥部,由省防办、省水文水资源勘测局、水利工程管理处水文站和各有关市水利局、水文分局技术骨干组成技术工作组,精心组织,周密部署,明确分工,落实责任。省防办负责输水水源调度,协调相关市、县(区)水利部门在测验期间关闭输水河道沿线取水涵闸,省水文水资源勘测局负责输水损失测验工作。省水文水资源勘测局组织了扬州、淮安、连云港、徐州、镇江5个分局和江都、灌溉总渠、淮沭新河、骆运4个水利工程管理处水文站技术人员300多名,出动机动车辆20多部,租赁测船40多艘。组织分工见表9-2。

表 9-2　苏北供水干河输水损失测验组织分工表

责任单位	工作任务	协作单位
省防办	输水水源调度,协调相关市、县配合工作	有关市防办
省水文局	输水损失测验的人员组织、方案制定、质量控制、安全生产	
扬州水文分局	京杭运河江都抽水站—淮安抽水站段输水损失测验	总渠管理处、扬州市水利局
	京杭运河泗阳闸—皂河闸段输水损失测验	骆运管理处、宿迁市水利局
淮安水文分局	京杭运河淮安抽水站—泗阳闸段输水损失测验	淮沭新河管理处、淮安市、宿迁市水利局
徐州水文分局	京杭运河运河水文站—解台闸段输水损失测验	骆运管理处、徐州市水利局
镇江水文分局	苏北灌溉总渠运东闸—苏嘴段输水损失测验	总渠管理处、淮安市水利局
连云港水文分局	淮沭新河淮阴闸—蔷薇河地涵段输水损失测验	淮沭新河管理处、淮安市、宿迁市水利局

9.3.2　技术保证

（1）统一要求：测验时间、测验方法、测次安排、施测方案、人员配置等达到统一要求。由于这次测验河段长、断面多、涉及面广、工作量大，对测验的精度要求高，因此，必须在时间上同步，方法上一致，人员、设备配置到位，技术力量均衡，测次安排合理有序，以减小测验误差。

（2）统一标准：按照水文测验技术规范的相关规定，测验精度、仪器测具检定、率定等执行同一标准。测验精度执行流量测验规范一类精度站标准，统一测验仪器设备、型号及检定标准，以避免系统误差。

（3）流量测验保证每个断面至少有 2 名具有水文测验经验的工程师负责技术把关和质量控制，使测验过程中每个步骤都规范、准确、顺畅，以确保测验质量。

9.4　测验方案

9.4.1　断面布设原则

1）总体控制

根据水量平衡原理，对测验河段进行封闭式控制，在规定的时段内，测验河段模拟输水工况，对该河段的进出水量进行全面控制、精确测验，从而推算出河段输水损失量。

影响输水损失的因素主要有河道湿周、河床土质、河水位与地下水位落差、水面宽度、气温、风速、湿度等。不同河段、不同季节、不同水位下的输水损失是不同的。

输水损失测验时考虑了各种有利、不利的因素，精心设计测验方案。如测验时机选择，每年六、七月份大用水季节是输水损失测定的合适时机，但由于大用水季节所有农用涵闸都在开启状态，出水量控制难度较大，可能产生的误差也较大，因而将测验时机选择在汛前农用水淡季，关闭输水干线沿岸出水口门，可减少测流控制的断面数量，从而减小工作量和测验误差。此外，还可通过对天气的预测，尽可能避开降雨天气，以减少测验项目，提高测验的总体精度;通过工程调度,使测验期间的河水位接近供水的设计正常水位或大用水时期的河水位状况,可使测出的损失量更加接近用水季节的实际状况;控制测验时段起讫时刻的水位,使起讫水位尽可能一致,可以减小槽蓄量的推算误差;通过对蒸发量资料分析,可以将测验期间与大用水季节进行转换,以弥补蒸发量方面因季节不同造成的误差等。

2) 断面布设原则

(1) 河段上下游流量控制断面选择在河道顺直、水流平稳处,兼顾交通、生活方便,以能精准控制进出水量为原则。河段两端有水文站的(如梯级河段),用水文站测流断面。

(2) 河段内进出水口门全部进行控制,设置测流断面,根据情况确定调查、巡测、驻测方案。与测验河段平交的河道设置进出流量驻测断面,测验河段两侧引排水涵闸有漏水情况的设置巡测断面,对从测验河段取水的无法设置测流断面的用水户采取调查的办法确定取水量。

(3) 水位断面以能控制河段水面线变化为原则。河道顺直、断面规则的河段,两头流量控制断面同时观测水位,中间均匀布置2~3个水位断面;河道宽窄不一或有分岔交叉的河段,流量控制断面同时观测水位,在宽窄变化处、交叉口处布置水位断面。

(4) 水面宽测量断面:沿河长每500~1 000 m布设一个,河道顺直、断面规则的均匀布置,弯道、断面宽窄变化段根据需要加密,以能控制河道断面变化,满足河段槽蓄量计算精度为原则。

9.4.2 测验依据及时间安排

1) 测验依据

为保证输水损失测验技术上的统一,主要遵行以下技术标准。这些标准在当时都是最新版本。

(1)《河流流量测验规范》GB 50179—1993
(2)《水位观测标准》GBJ 138—1990
(3)《水文普通测量》SL 58—1993
(4)《水文巡测规范》SL 195—1997
(5)《水文调查规范》SL 196—1997
(6)《降水量观测规范》SL 21—1990
(7)《水面蒸发观测规范》SD 265—1988
(8)《水文资料整编规范》SL 247—1999

2) 测验时间

2000年1月19日8时至21日8时在京杭运河江都至淮安段进行试点测验;稍事总结后,于2000年4月23日6时至26日6时全面展开。

9.4.3 测验方法

1) 水准测量

水文站断面水尺零点高程从测站基本水准点按四等水准精度进行复测;新设断面设置临时水准点并从附近国家水准点或水文站基本水准点按三等水准精度进行引测,再从临时水准点接测水尺零点高程;大断面水准测量按四等水准精度控制。精度控制技术要求见表9-3。

表 9-3　水准测量精度控制技术要求

等级	水准测量前后视距限差(m)	水准测量前后视距不等差(m)	水准点引测往返测高差不符值(mm)	水尺零点高程接测往返测高差不符值(mm)
三等	≤75	≤2	$\pm 12\sqrt{L}$	
四等	≤100	≤3	$\pm 20\sqrt{L}$	$\pm 3\sqrt{n}$

备注：表中 L 为测量线路单程长度，单位 km,；n 为测量单程仪器站数。

水准基面统一采用废黄河口基准。

2）水位观测

采用直立式水尺人工观测和自记水位计人工校核。人工观测水位按 12 段制，即每 2 小时（偶数时）整点观测一次，自记水位每日 8 时、20 时校核 2 次。水位观读（摘记）至 1 cm，时间记录至 1 min。

3）流量测验

河段进出水流量控制断面按流量常测法精度要求进行测验。具有稳定水位流量关系的水文站断面，要进行实时校测以检验原用关系线，并以水位流量关系推算流量；新布设的断面，按方案要求定时同步实测流量，主要断面租船驻测，漏水断面租车巡测。船闸、工业及生活取排水等调查在测验结束后及时进行。

（1）断面测量：起点距拉过河索用皮尺丈量，以测距仪精测断面宽作为校核控制，并进行改正；河底高程以四等水准测量岸上部分，水下部分以实时水位减实打水深测量；测深垂线干河断面 5 m 密度，遇水深变化较大时加密(2.5 m)，巡测断面视断面大小以 1～5 m 密度控制。

（2）测速垂线：按照常测法要求，以能控制断面地形和流速横向分布转折点，并考虑均匀分布。干河一般不少于 7 根，巡测断面不少于 3 根。

（3）流速测量：采用流速仪法船测或桥测。船测流速仪绞车悬臂伸出船边水平距离不小于 1 m。桥测应符合断面控制条件，选择基本无桥墩阻水的桥梁；2 点法（相对水深 0.2、0.8）测取垂线流速，测量测点流速的同时应测量流向偏角（悬索偏向垂线的角度），当流向偏角超过 10°时应作改正，以减小测点位置误差导致的测速误差。测速历时 60～100 s，记至 0.5 s。

（4）流量测次：测验期间，新布设驻测断面白天 6 时～18 时每 2 h 施测一次，晚间 18 时～次日 6 时每 3 h 施测一次，各断面统一整点起测，观测起、讫水位；有稳定水位流量关系的水文站断面每日校测 2～3 次；巡测断面每日 1～2 次。各断面在测流过程中应注意步骤紧凑，尽可能减少一次测流的时间，当遇到某个步骤出现问题导致测流时间过长时应做说明。

4）槽蓄量测量

（1）水面宽测量：在已确定的河段内，根据河道断面宽窄变化，以能控制宽窄变化转折点为原则，变化均匀段按 500～1 000 m 间距控制，用测距仪（或全站仪）施测沿河水面宽。

（2）河长测量：各测验河段及测宽断面间距根据航道（或堤防）里程确定。先找到断面附近的里程碑，用钢（皮）卷尺或测距仪测量里程碑与断面间距，推算出断面的里程。

5）其他水量调查

对测验期间沿线船闸、水厂、企业等取用水户进行用水量调查，以估算航运、生产、生活等用水量。

9.4.4 断面布设

在确定的各测验河段设立进出水流量控制断面,沿河段相对均匀的布设水位断面用以分析河段槽蓄量,并对沿线穿堤涵闸等进出水口门布设流量巡测断面。

沿线梯级枢纽等已有水文站点的,用水文站的水位、流量断面,其余新设断面按照断面布设原则确定。全线共布设流量控制断面 44 处,水位观测断面 54 处,流量巡测断面 140 处。按照任务分解,分为 6 大测验河段。

(1) 京杭运河(里运河)江都抽水站至淮安抽水站段(含江都—邵伯高水河)。河段长 128.3 km,布设流量测验断面 4 处:江都抽水站、邵伯、泾河、淮安抽水站;水位观测断面(不含流量断面,下同)8 处:芒稻闸、露筋、高邮、马棚、南运西闸、宝应、北运西闸、运西电站节制闸;沿线穿堤涵闸出水口门流量巡测断面 63 处。河段情况概化如图 9-2 所示。

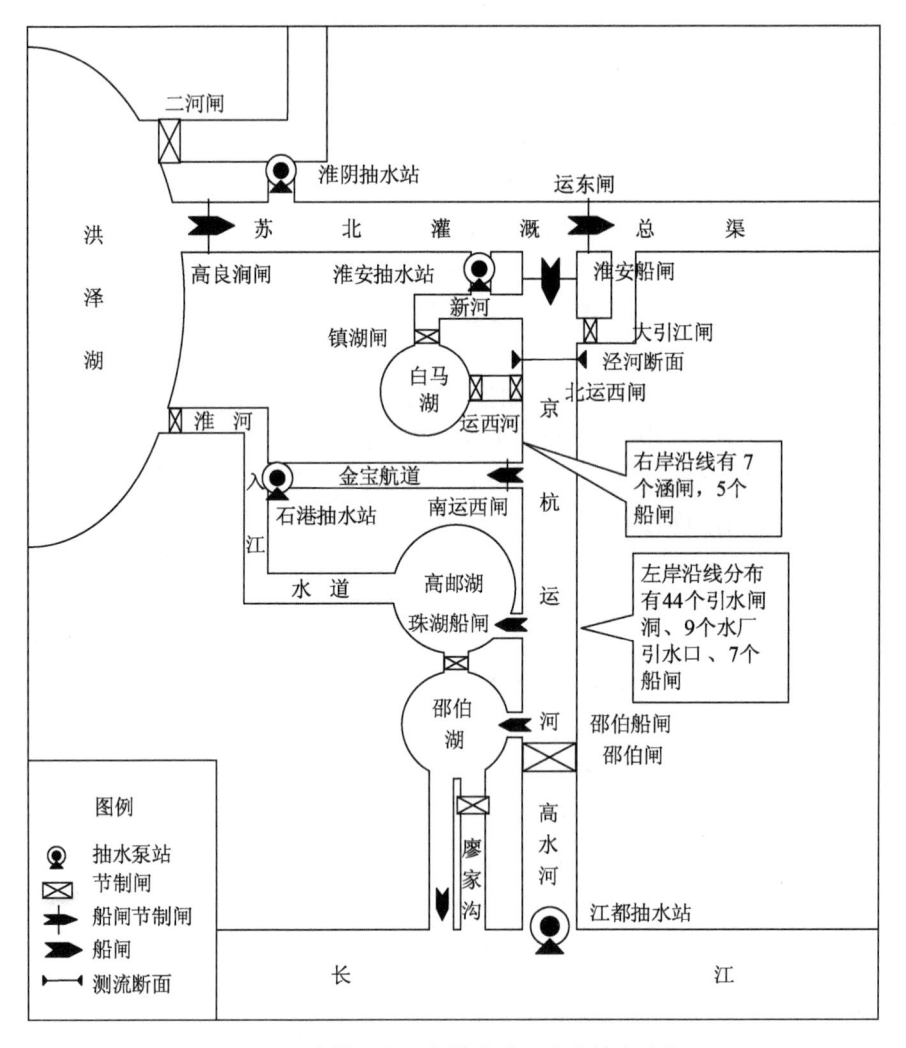

图 9-2 京杭运河江都抽水站至淮安抽水站段

(2) 京杭运河淮安抽水站至泗阳抽水站段(包含淮安抽水站—淮阴船闸、淮阴船闸—泗阳闸两个梯级河段)。河段(含灌溉总渠运东闸以上段、古运河段和二河段)总长 148.5 km,布设流量测验断面 9 处:淮安二站、淮安三站、淮阴一站、二河闸、新闸渡口(二河)、淮阴闸、许渡大桥(中河)、竹络坝(中运河)、泗阳闸(抽水站);水位观测断面 14 处,其中灌溉总渠 4 处(运东闸上、新河洞、孙倪庄、高良涧闸下),里运河 3 处(黄码、板闸、淮钢大桥),古运河 4 处(杨庙、河下、板闸、西安路大桥),二河 3 处(越闸、和平、三闸洞);流量巡测断面 34 处,其中里运河 4 处(头闸地涵、夹河洞、王庄洞、运南洞),古运河 5 处(兴文洞、矾心洞、耳洞、乌沙洞、板闸洞),灌溉总渠 10 处(运东闸、运东水电站、运西电站节制闸、新河洞、永济洞、张码洞、薛桥洞、黄集洞、高良涧闸、高良涧水电站),二河 9 处(二河新闸、顺河洞、三闸洞、蛇家坝洞、杨庄闸、杨庄水电站、盐河闸、盐河水电站、淮涟闸),中运河 6 处(夏家湖进水闸、渔场小闸、竹络坝进水闸、惠民洞、六堡洞、联泗河)。河段情况概化如图 9-3 所示。

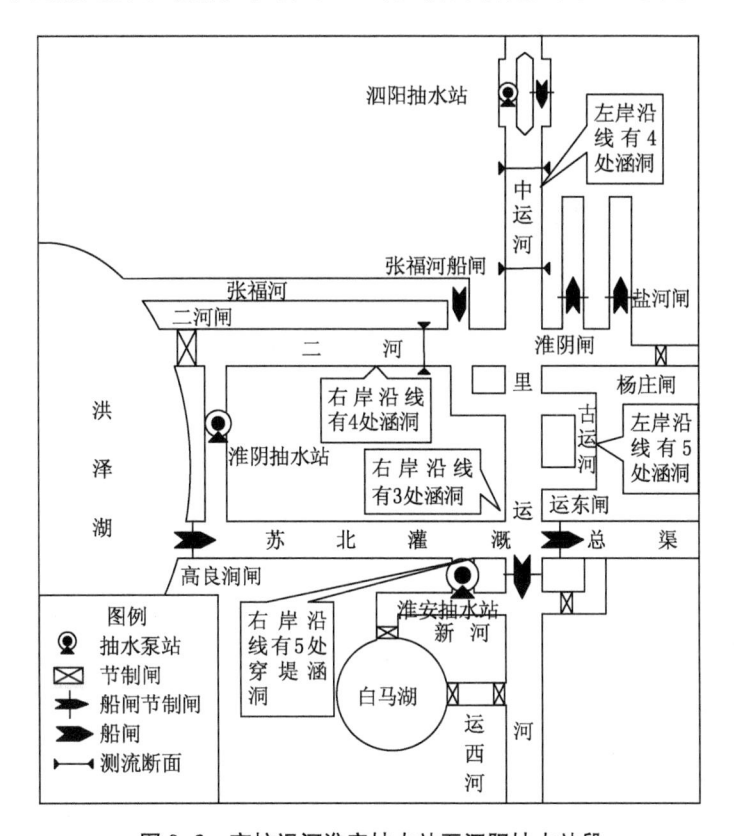

图 9-3 京杭运河淮安抽水站至泗阳抽水站段

(3) 京杭运河(中运河)泗阳抽水站至皂河抽水站段(包含泗阳抽水站—刘老涧抽水站、刘老涧抽水站—皂河抽水站两个梯级河段)。河段长 79 km,布设流量测验断面 5 处:泗阳(闸)一站、泗阳二站、刘老涧站、皂河站(运河)、皂河站(邳洪河)。因皂河抽水站引河在入运河的邳洪河上,皂河站抽水时既有邳洪河南口运河水,也有北口邳洪河水,故设两个断面。水位观测断面 1 处:宿迁闸。流量巡测断面经查勘,沿线出水口门涵闸关闭情况较好,漏水情况不严重,只对有漏水情况的竹络坝渠首闸、西门洞、程道渠首闸、运南渠首北闸、于甸涵洞 5 处进行巡测。河段情况概化如图 9-4 所示。

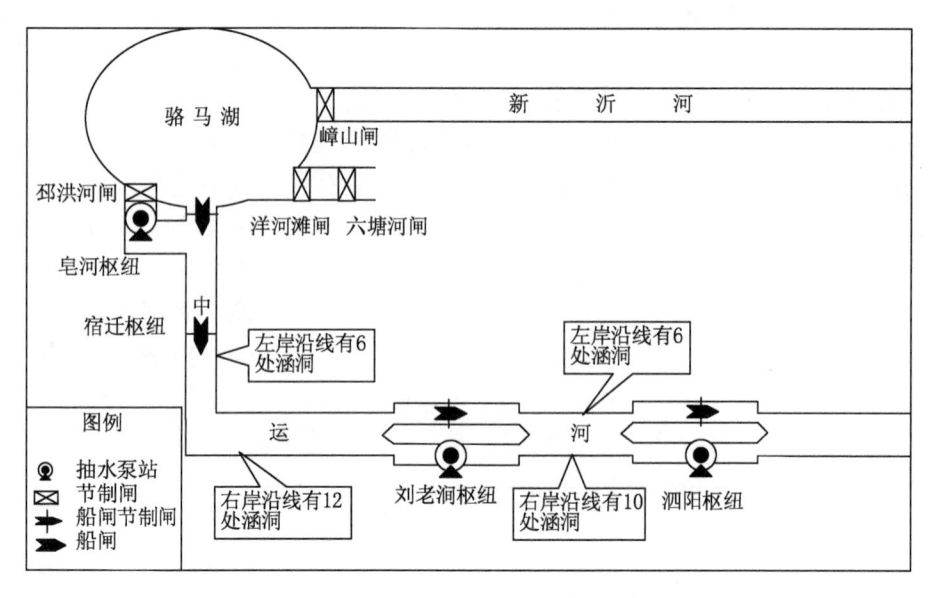

图 9-4 京杭运河泗阳抽水站至皂河抽水站段

（4）京杭运河运河水文站至解台闸段（包含运河水文站—刘山闸、刘山闸—解台闸两个梯级河段）。河段总长 70.1 km，布设流量测验断面 9 处：中运河运河水文站、岔河、刘山南、刘山北、山头、不牢河刘山站、马头河、三八户、解台站；水位观测断面 5 处：滩上集、大王庙、刘山闸下、林子东泓、王庄；流量巡测断面 11 处：中运河山头涵洞、陈庄涵洞、刘山节制闸（漏水）、林子东泓、大王庙涵洞、李庄涵洞、滩上河闸、不牢河十里沟、阚口大闸、高庄涵洞、冯庄涵洞。河段情况概化如图 9-5 所示。

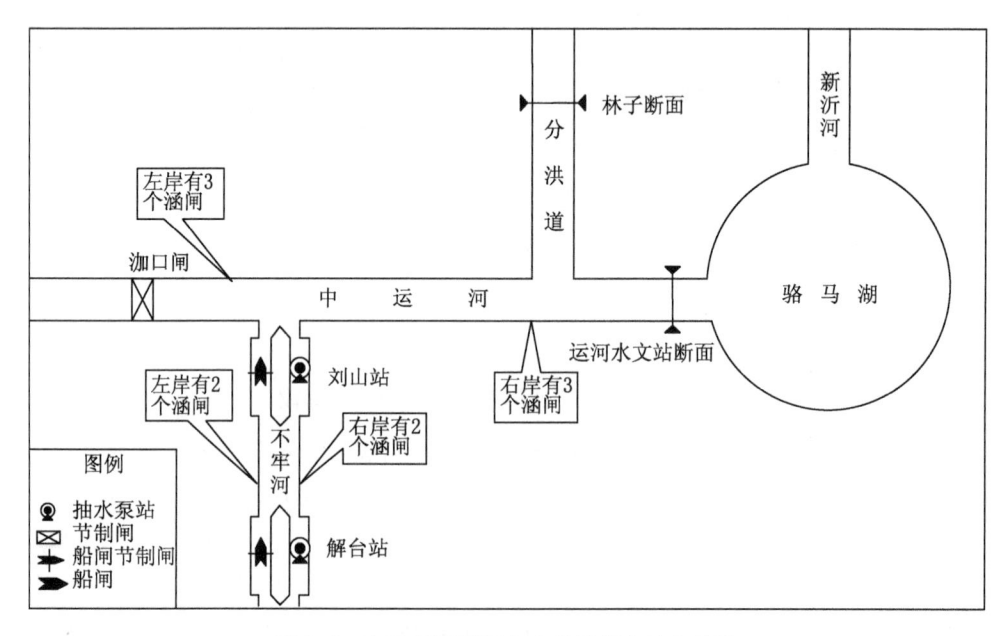

图 9-5 京杭运河运河水文站至解台抽水站段

（5）苏北灌溉总渠运东闸（大引江闸）至苏嘴段。河段长 30.0 km，布设流量测验断面 4

处:淮安大引江闸(闸下)、总渠北闸、高速公路桥、苏嘴;水位观测断面1处:运东闸下;流量巡测断面5处:头闸、市河洞、新市河洞、渔市洞、复兴洞等。河段情况概化如图9-6所示。

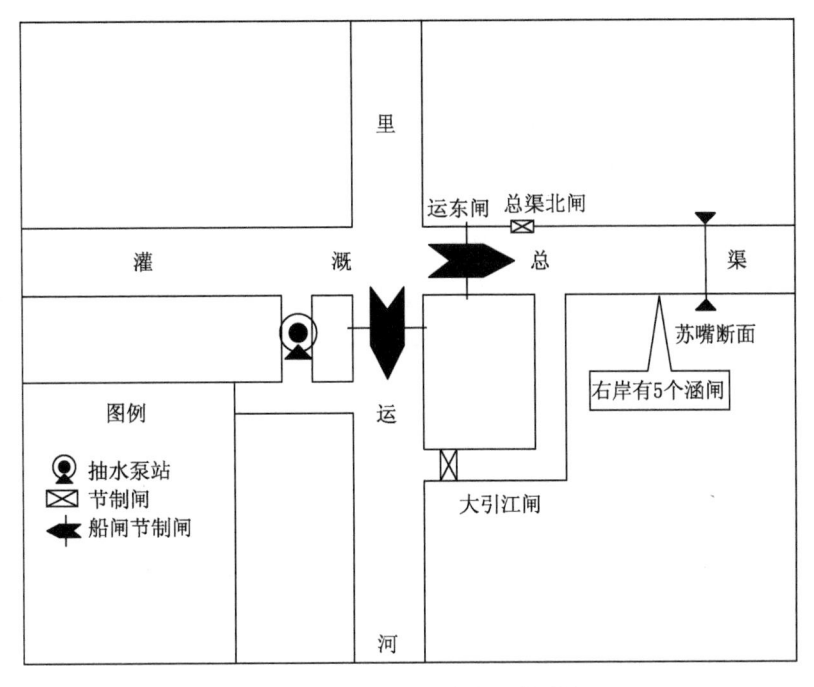

图 9-6　灌溉总渠运东闸至苏嘴段

(6)淮沭新河淮阴闸至许洪(蔷薇河地涵)段(包含淮阴闸—沭新闸、沭新闸—许洪两个梯级河段)。河段长99.6 km,其中淮沭河分东、西泓分别设置控制断面,共布设流量测验断面13处:淮沭河淮阴闸(东、西泓)、徐溜(东、西泓)、庄圩(东、西泓)、项荡(东、西泓)、新沂河南偏泓沭阳水文站、新开河桐槐树水文站、沭新河沭新闸、蔷薇河地涵(许洪)等;水位观测断面除流量断面外,还有新淮、魏圩等共计25处;沿河布设取用水、漏水、回归水等流量巡测断面共22处。河段情况概化如图9-7所示。

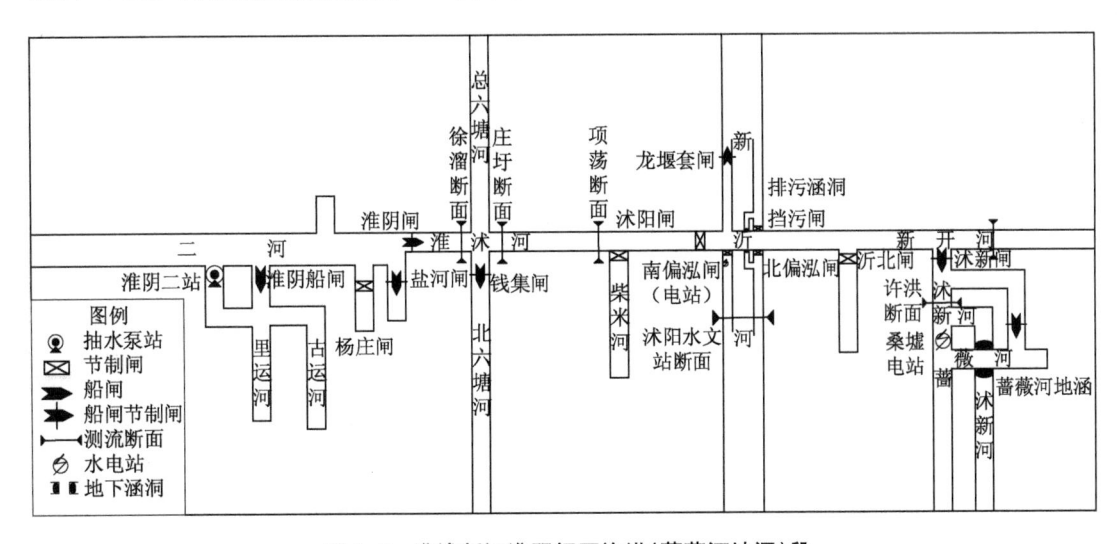

图 9-7　淮沭新河淮阴闸至许洪(蔷薇河地涵)段

9.5 测验成果与评价

供水干河输水损失测验安排在四月下旬,处于汛前、大用水前。测验期间天气晴好,风力不超过3级,水位观测受风浪影响较小;京杭运河受正常来往船只影响,水面起伏度较大。

9.5.1 测验成果的合理性分析检查

1) 水位成果

全线共布设98处(个)水位断面(含44处流量测验断面),其中采用自记的25处,人工观测的73处。各断面资料经过整理校核和合理性分析,资料完整,水位变化过程合理,质量可靠。现选择京杭运河江都—淮安段(逆向输水)和淮沭河淮阴闸—沭阳闸(东泓)段(自流输水)作为代表河段绘制水位过程线(如图9-8和图9-9所示),来进行合理性对照。

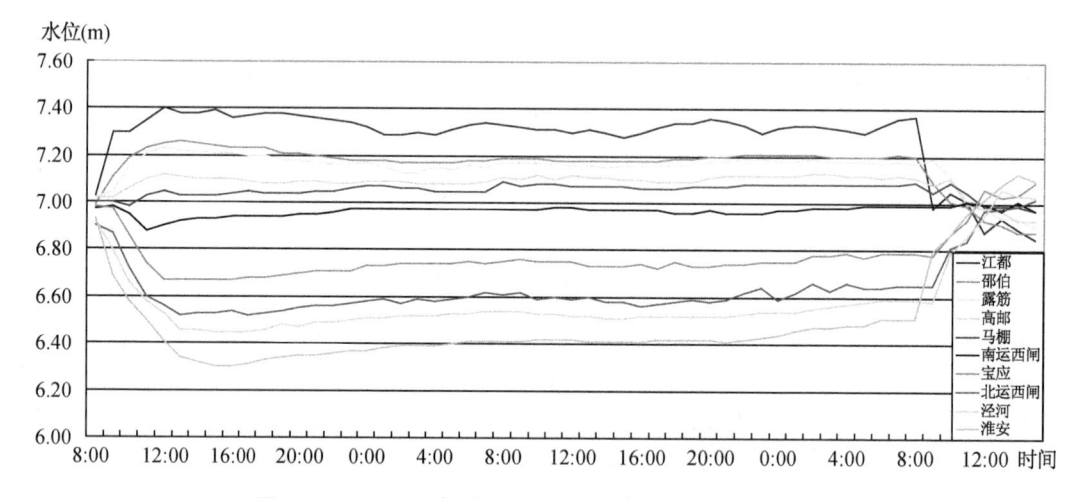

图9-8 里运河江都抽水站—淮安抽水站段水位过程线图

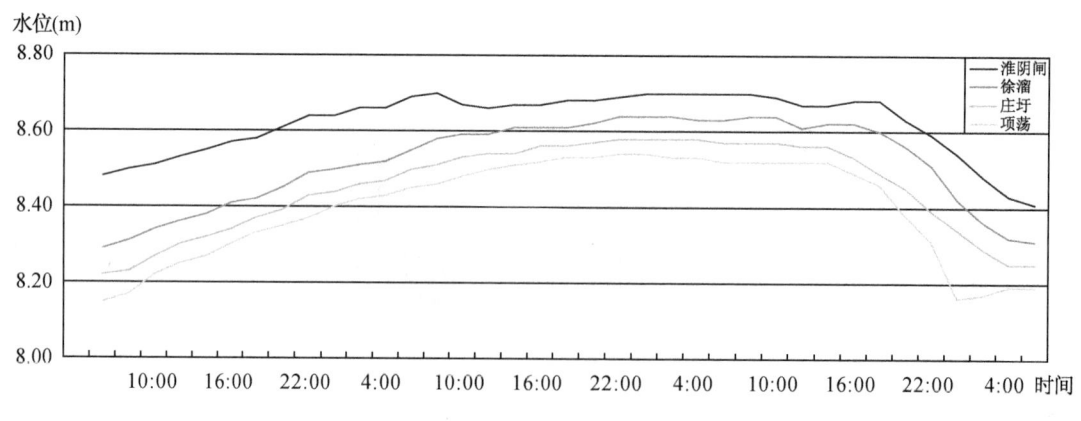

图9-9 淮沭河淮阴闸—沭阳闸段水位过程线图

由图9-8和图9-9可见,输水调度水位控制较为成功。同一河段各断面水位过程线上下游对应性较好,自上而下有明显落差,水位变化较为平缓,运河受航船影响水位过程略有起伏,淮沭河东泓(不通航)水位过程线则较为平滑。从水位过程线可以看出,水位变化过程的一致性、合理性较好,水位测验精度较高。

2) 流量成果

按照确定的测验河段进行进出水量流量断面布设,各断面的测验方法一致、测次同步,资料经过整理校核和合理性分析,质量较高。现仍选择京杭运河江都—淮安段和淮沭新河淮阴闸—沭阳闸段(东泓)作为代表河段绘制流量过程线(见图9-10 和图9-11),进行合理性对照。

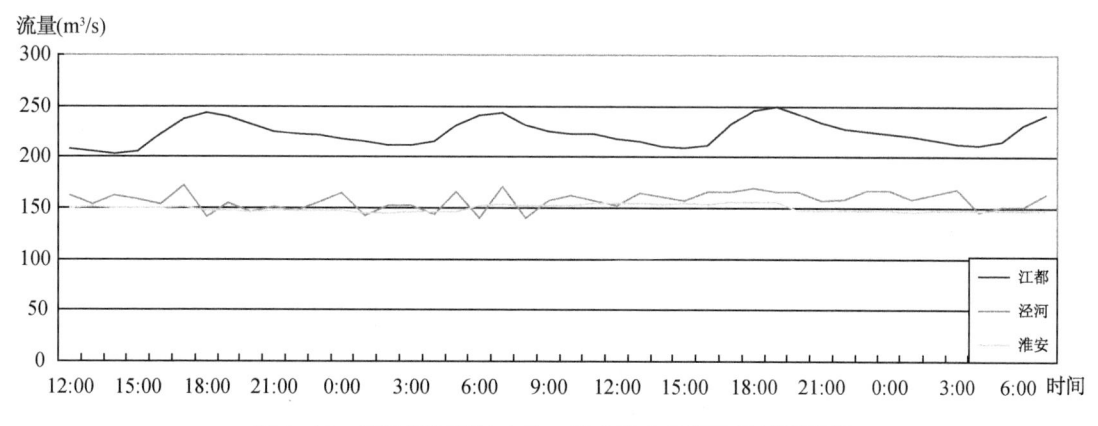

图 9-10 里运河江都抽水站—淮安抽水站段流量过程线图

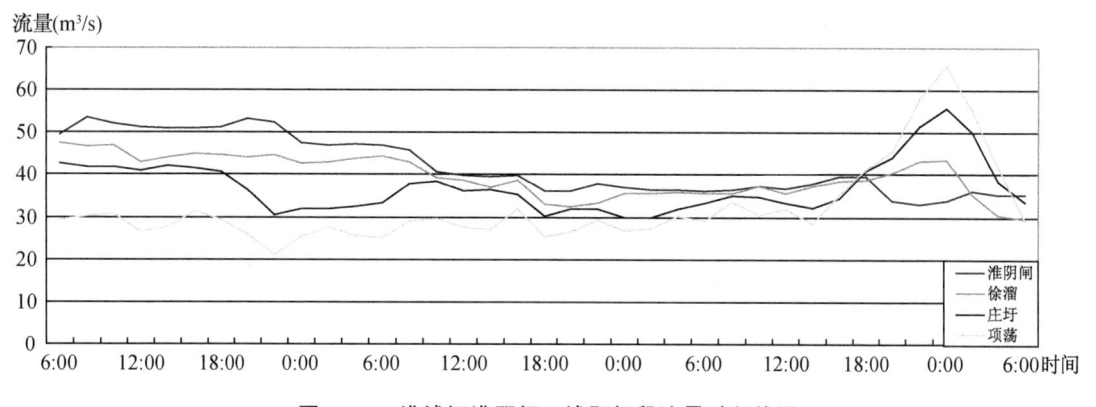

图 9-11 淮沭河淮阴闸—沭阳闸段流量过程线图

从图9-10 和图9-11 中的流量过程线可以看出,流量变化过程是以控制河段水位平稳变化为目标而进行调节的,上下游断面之间的对应性提水河段(里运河江都抽水站—淮安抽水站段)没有自流河段(淮沭河淮阴闸—沭阳闸段)好。图9-10 中,江都断面的流量过程是以控制河道水位来控制的,有三次明显的起伏变化;到泾河断面流量过程就变得较为平缓和稳定,反映输水调度比较成功,水位、流量都达到较为平稳的状态;淮安断面流量为淮安抽水站翻水流量,基本控制在 150 m³/s,与上游泾河断面流量相差很小,这里有船闸放水的因素,淮安船闸平均放水流量约 10 m³/s。图9-11 中流量过程自上而下逐步减小,涨水(水位抬高)时段上下游相差较大,平稳(水位稳定)时段相差较小,落水(为减小计算时段河段槽蓄量计算误差,人为调节降低水位)时段下游流量大于上游流量,显见,这些都是合理的。

3) 水文巡测调查成果

按照水量平衡要求,每一个测验河段都是一个封闭区域。除了布设河段进出控制流量断面以外,河道两侧穿堤涵闸、船闸和取水口等可能产生水量交换的地方需进行巡查和测量。全线实际巡测点共140个,均采用流速仪法施测流量,测次1~3次,个别断面(有变化的)达5次以上;全线共有船闸32座,其中20座上下游都有水位资料并以闸次推算水量,12座测验期间为实测闸次水量;全线共调查城镇生活、工业取用水口30处,调查测验期间各取水口的取水计量记载或用水户用水记录数据。资料均进行了整理校核和合理性分析,质量较高。

4) 槽蓄变量计算

供水干河的河道槽蓄变量是水量平衡计算的重要参数。在输水损失测验中,应主要从两个方面来保证槽蓄量计算的准确性。一是通过工程调度,尽可能使河段水位保持平稳状态,即测验(计算)时段起讫水位一致或相差较小,亦即有效地控制了水深值。测验中多数河段控制较好,如里运河江都抽水站—淮安抽水站段(见图9-8);有的河段,虽然也是渠化河段,但由于水系较为复杂,工程调控难度比较大,起讫水位差超过0.3 m,如运东闸—淮阴船闸段,因有总渠、里运河和古运河三条并联河段,槽蓄容量相对较大,调控周期长,难以达到理想要求。二是加强实测控制,对控制难度大或河宽变化不规则河段加密水位和水面宽断面,对河宽变化不规则河段,沿程间隔500 m测一个水面宽,水面宽特变处加密;相对规则河段(灌溉总渠、淮沭河),沿程间隔1 000 m测一个水面宽;对于极不规则的断面则大幅度减小间隔,测验中水面宽测量间距最小的仅为14 m,运东闸—淮阴船闸段两条运河布设了8个水位断面,有效控制了水位和水面宽的沿程变化,从而保证了槽蓄变量的计算精度。

9.5.2 误差控制和精度分析

1) 误差控制

输水损失测验采用水量平衡原理,要求对每一个河段进出水量进行精准测量,推算出较为准确的损失量。河段进出口门多,测量项目多,产生误差的环节多,必须在测验过程中统一标准,规范操作,严格误差控制,确保各项目测验精度。

(1) 水位观测

该次输水损失测验的水位以人工观测为主,部分自记水位也是以人工观测水位进行校核和更正。由于输水为人工控制调水,水流较为平稳,水位观测误差主要来源于观读误差(视线折光影响)、船行波影响和水尺零点高程接测等三个方面。针对误差来源,在水位观测时按下列要求进行误差控制。

① 水位观测全部安排专业人员按照水位观测标准(GBJ 138—1990)要求观测。

② 水尺尽可能设置在岸边静水区域,避免障碍物阻水、壅水的影响;水尺桩垂直打入河底1 m以上,以保持水尺垂直稳定。

③ 有风浪或船行波时,观读2次以上波峰(最高)谷(最低)值,取平均值作为观测值。

④ 在水尺旁设置临时水准点(固定点),发现水尺桩有变动立即校测高程。临时水准点高程接测按三等水准精度标准进行。

(2) 流量测验

流量测验采用流速仪法,其误差来源主要为过水断面测量误差和流速仪测速误差。断面测量误差包括起点距测量(测宽)误差、水深测量(测深)误差和测深垂线数目不足导致的断面面积误差;测速误差包括起点距定位及垂线测点定位误差、流速仪自身及测船阻水产生的误差等。针对误差来源,流量测验按下列要求进行误差控制。

① 统一对测宽、测深、测速的仪器和测具进行检定、比测。

② 设置两岸断面桩,测距仪施测断面宽,以此对断面各测深垂线起点距进行过河索垂度改正。

③ 取用合适重量的铅鱼,以减小测深、测速悬索的偏角。

④ 测速垂线位置固定于过河索(或桥栏)上,每次测流速时要求实打水深并与计算水深(水位减河底高程)进行比较,用以控制测深误差和判断测速垂线位置是否准确。

⑤ 测速时保持测船纵向顺流和稳定,测点位于船的侧向,绞车悬臂伸出船边不小于 1 m。

⑥ 流速仪装于铅鱼上面,距铅鱼不小于 0.2 m,固定点处要灵活,让流速仪有一定的上下旋动余地,以保持流速仪在水下呈水平状态。

(3) 槽蓄量测量

槽蓄量是由河道断面宽度、河段长度和水位差进行推算,其误差来源主要为测宽断面密度以及测宽、测距误差。针对误差来源,槽蓄量测量按下列要求进行误差控制。

① 尽可能多布设测宽断面。对不规则河段或河道断面宽窄变化较大处河段加密测宽断面,以控制变化转折点为原则。对里程碑间距进行抽样检测。

② 通过工程控制调度,力求减小测验时段起讫水位差。

③ 测宽、测距采用测距仪(全站仪)等精密仪器施测。

2) 精度分析

测验精度是指测量值与真值接近的程度,反映随机误差和系统误差的综合结果。对于水文测验精度可用测验过程中各单项或独立分量观测的不确定度来表示。虽然该次输水损失测验的线路长,断面多,但都是在统一的时间段内进行,测验条件与方法一致,这里只需选择几个具有代表性的断面进行误差、精度分析,即可代表整个测验河段。

(1) 水位观测不确定度估算

该次输水损失测验主要采用直立式水尺人工观测水位,其误差来源主要为水尺零点高程测量和水尺刻画的不定系统误差,以及水尺观读的随机误差。

把这三项误差视为相互独立的误差来分析,并认为水位观测综合不确定度是由水尺零点高程测量系统不确定度、水尺刻画系统不确定度和水尺观读随机不确定度三项合成而得到。可按式(9.1)计算:

$$X_Z = \sqrt{(X'_g)^2 + (X''_z)^2} \tag{9.1}$$

式中:X_Z 为水位观测综合不确定度,%;

X'_g 为随机不确定度,%;

X''_Z 为系统不确定度,%。

① 水位观测随机不确定度为 2 倍的水位观测标准差,由测验期实测水位计算标准差。

$$X'_g = 2S_g \tag{9.2}$$

$$S_g = \sqrt{\frac{\sum_{i=1}^{N}(P_i - \overline{P})^2}{N-1}} \tag{9.3}$$

式中:S_g 为水位观测标准差,m;

P_i 为第 i 次水尺读数,m;

$\overline{P}$ 为 N 次水尺读数的平均值,m;

N 为观测次数。

② 水位观测系统不确定度由水尺零点高程测量的系统不确定度和水尺刻画的系统不确定度组成。可按式(9.4)计算:

$$X''_Z = \sqrt{(X''_l)^2 + (X''_c)^2} \tag{9.4}$$

式中:X''_Z 为水位观测系统不确定度(%);

X''_l 为水尺零点高程系统不确定度(%);

X''_c 为水尺刻画系统不确定度(%)。

其中水尺刻画系统不确定度 X''_c 按水尺长度的 1‰估算(1 m 水尺取 1.0 mm),水尺零点高程的系统不确定度 X''_l 按式(9.5)计算:

$$X''_l = 2S_m\sqrt{L} \tag{9.5}$$

式中:S_m 为水准测量每 1 km 线路往返标准差(三等水准取 6 mm);

L 为往返测量线路的平均长度。

③ 水位观测综合不确定度分析

现选择二河段越闸、新闸渡口,中运河段许渡、竹络坝、泗阳闸断面作为代表断面进行测验精度分析。二河段断面宽,中运河段通航船舶多,这些断面测验难度相对较大,选做代表断面进行测验精度分析,更具代表性。

水位观测随机不确定度计算成果见表 9-4。

表 9-4 水位观测随机不确定度计算成果表

断面名称		越闸	新闸渡口	许渡	竹络坝	泗阳闸
计算参数	N	37	37	31	31	31
	$\sum P_i$	40.24	36.48	29.66	24.12	23.62
	$\overline{P}$(m)	1.09	0.99	0.96	0.78	0.76
	$\sum(P_i - \overline{P})^2$	0.63	0.82	0.65	0.77	0.84
标准差	S_g(cm)	0.13	0.15	0.15	0.16	0.17
随机不确定度	X_g'(cm)	0.27	0.30	0.29	0.32	0.33

水位观测系统不确定度估算成果见表 9-5。

表 9-5 水位观测系统不确定度估算成果表

断面名称		越闸	新闸渡口	许渡	竹络坝	泗阳闸
水准测量标准差	S_m(cm)	0.6	0.6	0.6	0.6	0.6
水准测线路长度	L(km)	1.15	0.5	1.5	3.6	1.2

续表

断面名称		越闸	新闸渡口	许渡	竹络坝	泗阳闸
水尺零高系统确定度	X_l''(cm)	1.29	0.85	1.47	2.28	1.31
水尺刻画系统不确定度	X_c''(cm)	0.1	0.1	0.1	0.1	0.1
水位观测系统不确定度	X_z''(cm)	1.29	0.86	1.47	2.28	1.31

水位观测综合不确定度估算成果见表9-6。

表9-6 水位观测综合不确定度估算成果表

断面名称		越闸	新闸渡口	许渡	竹络坝	泗阳闸
随机不确定度	X_g'(cm)	0.27	0.30	0.29	0.32	0.33
系统不确定度	X_z''(cm)	1.29	0.86	1.47	2.28	1.31
综合不确定度	X_Z(cm)	1.32	0.91	1.50	2.30	1.35

水位观测综合不确定度 X_Z 一般不超过 2 cm，表明观测精度较高。个别断面不确定度数值较大（超过 2 cm），主要是水尺零点高程接测长度较远造成。

（2）流量测验不确定度估算

供水干河输水损失测验的流量测验方案按一类精度站标准控制，测验期间输水规模相当于中、高水位级，各流量控制断面统一采用流速仪二点法施测流量。流速仪法单次流量测验允许误差规定见表9-7。

表9-7 流速仪法单次流量测验允许误差

项目 站类	水位级	宽深比 (B/d)	总随机 不确定度	系统误差 （%）
一类精度 水文站	高	20~130	5	−2~1
	中	25~190	6	
	低	80~320	9	

流量测验误差可分为随机误差和系统误差。其中随机误差应按正态分布，采用置信水平为95%的随机不确定度描述；系统误差，应采用置信水平不低于95%的系统不确定度描述。置信水平是指在实测值附近一定区间内包含真值的概率。不确定度是指测量值与其附近某一区间界之差，被测定的真值能以规定概率处在这个区间之内。

流速仪法流量测验总不确定度由流量测验总随机不确定度和总系统不确定度组成，可按式（9.6）计算：

$$X_Q = \pm\sqrt{(X_Q')^2 + (X_Q'')^2} \cdots \quad (9.6)$$

式中：X_Q 为流量总不确定度，%；

X_Q' 为流量总随机不确定度，%；

X_Q'' 为流量总系统不确定度，%。

流速仪法流量测验，其误差应包括下列内容：

a. 断面测宽误差;
b. 断面测深误差;
c. 流速仪检定误差;
d. 测点有限测速历时导致的流速脉动误差(简称Ⅰ型误差);
e. 测速垂线测点数目不足导致的垂线平均流速误差(简称Ⅱ型误差);
f. 测速垂线数目不足导致的断面平均流速误差(简称Ⅲ型误差)。

断面测宽、测深误差和流速仪检定误差应由随机误差和系统误差组成。Ⅰ型、Ⅱ型、Ⅲ型误差应为随机误差,一般由试验分析求得。流速仪法流量测验各分量不确定度(一类精度站标准)应符合表9-8中的规定。

表9-8　流速仪法流量测验允许误差(一类精度站)

分类项目	随机不确定度(%)			系统不确定度(%)		
	高	中	低	高	中	低
测宽		2			0.5	
测深		2			0.5	
流速仪检定		1			0.5	
Ⅰ型	5	6	7.5			
Ⅱ型	5.0	4.5	3.6			
Ⅲ型	5	6	8			

① 流速仪法流量测验总随机不确定度按下式计算:

$$X'_Q = \pm \left[(X'_m)^2 + \frac{1}{m+1}(X'^2_e + X'^2_p + X'^2_c + X'^2_d + X'^2_b) \right]^{\frac{1}{2}} \quad (9.7)$$

式中:

X'_m 为Ⅲ型随机不确定度,%。根据《河流流量测验规范》(GB50179—1993)附录四(流速仪法测流允许误差及方案选择)附表4.6(Ⅲ型随机误差),由垂线数目、宽深比等参数查表求得。

X'_e 为Ⅰ型随机不确定度,%。根据《河流流量测验规范》附录四附表4.2(Ⅰ型随机误差),由垂线测点数目、宽深比等参数查表求得。

X'_p 为Ⅱ型随机不确定度,%。由垂线测点流速概化参数 $1/n_2 = \Delta\log V_\eta / \Delta\log\eta$(测点流速 V_η、相对水深 η 的对数函数),查《河流流量测验规范》附录四附表4.4中垂线2点法 $1/n_2$ 与11点法 $1/n_{11}$ 关系表,再以对应的 $1/n_{11}$ 参数查附表4.3(Ⅱ型随机误差)。

X'_c 为流速仪率定随机不确定度,%。规范规定不大于1%。

X'_d 为测深随机不确定度,%。以水深、测深方式(悬索、测深杆等)为参数查《河流流量测验规范》附录四附表4.1。

X'_b 为测宽随机不确定度,%。规范规定不大于2%。

m 为断面测速垂线数。

根据计算公式，选择二河段越闸、新闸渡口，中运河段许渡、竹络坝、泗阳闸断面作为代表断面，分析计算流量测验随机不确定度，成果见表 9-9。

表 9-9 流量测验随机不确定度计算成果表

断面名称		越闸	新闸渡口	许渡	竹络坝	泗阳闸
计算参数	宽深比 B/d	45.4~50.4	71.5~74.5	27.9~30.1	23.4~24.3	16.5~17.0
	测速垂线数 m	6	8	9	5	6
	测速历时 S	100	100	100	100	100
	断面平均流速 V	0.45	0.23	0.21	0.27	0.37
	$1/n_2$	0.182	0.187	0.187	0.141	0.141
	$1/n_{11}$	0.163	0.170	0.170	0.110	0.110
Ⅲ型	X_m'	4.7	4.1	3.8	5.0	4.7
Ⅰ型	X_e'	5	5	5	5	5
Ⅱ型	X_p'	2.0	2.4	2.4	0.7	0.7
流速仪率定	X_c'	1.0	1.0	1.0	1.0	1.0
测深	X_d'	2	2	2	2	2
测宽	X_b'	1	1	1	1	1
总随机不确定度	X_Q'	±5.2	±4.6	±4.3	±5.5	±5.2

② 流速仪法流量测验总系统不确定度由流速仪检定误差和断面测宽、测深误差等分量的系统不确定度组成。流量测验总系统不确定度按下式计算：

$$X_Q'' = \pm\sqrt{(X_b'')^2 + (X_d'')^2 + (X_c'')^2} \tag{9.8}$$

式中：X_b'' 为测宽系统不确定度，%。规范规定不大于 0.5%；

X_d'' 为测深系统不确定度，%。规范规定不大于 0.5%；

X_c'' 为流速仪检定系统不确定度，%。规范规定不大于 0.5%。

根据计算公式，选择二河段越闸、新闸渡口，中运河段许渡、竹络坝、泗阳闸断面作为代表断面，分析计算流量测验系统不确定度，成果见表 9-10。

表 9-10 流量测验系统不确定度计算成果表

断面名称		越闸	新闸渡口	许渡	竹络坝	泗阳闸
测宽	X_b''	0.5	0.5	0.5	0.5	0.5
测深	X_d''	0.5	0.5	0.5	0.5	0.5
流速仪检定	X_c''	0.5	0.5	0.5	0.5	0.5
总系统不确定度	X_Q''	±0.87	±0.87	±0.87	±0.87	±0.87

③ 流量测验总不确定度分析

根据流量测验总不确定度计算公式,分析计算流量测验总不确定度,成果见表 9-11。

表 9-11 流量测验总不确定度计算成果表

断面名称		越闸	新闸渡口	许渡	竹络坝	泗阳闸
总随机不确定度	X_Q'	±5.2	±4.6	±4.3	±5.5	±5.2
总系统不确定度	X_Q''	±0.87	±0.87	±0.87	±0.87	±0.87
总不确定度	X_Q	±5.3	±4.7	±4.4	±5.6	±5.3

流速仪法单次流量测验允许误差,一类精度水文站中高水总随机不确定度为5%~6%,系统误差为-2%~1%。各代表断面流量测验总不确定度在5%左右,系统误差在-2%~1%,达到了流速仪法单次流量测验一类精度站标准,测验精度较高。

9.5.3 输水损失计算与分析

1) 输水损失计算

河道的输水损失主要包括河道沿程渗漏量和水面蒸发量,这两项指标在单元河段水量平衡方程中属河段出水量。河段的水量平衡方程以测验时段平均流量来表示:

$$Q_\text{入} = Q_\text{出} \tag{9.9}$$

对输水河段而言,水量平衡方程可细化为:

$$Q_\text{断面入} + Q_\text{排} + Q_\text{降} = Q_\text{断面出} + Q_\text{渗} + Q_\text{蒸} + Q_\text{用} + Q_\text{蓄} + Q_\text{船} + Q_\text{漏} \tag{9.10}$$

河段输水损失量计算:

$$Q_\text{损} = Q_\text{渗} + Q_\text{蒸} = Q_\text{断面入} + Q_\text{排} + Q_\text{降} - Q_\text{断面出} - Q_\text{用} - Q_\text{漏} - Q_\text{船} - Q_\text{蓄} \tag{9.11}$$

式中:$Q_\text{损}$ 为河段输水损失量,m^3/s,为测验时段内平均值,下同;

$Q_\text{渗}$ 为河段渗漏量,m^3/s;

$Q_\text{蒸}$ 为河段水面蒸发量,m^3/s;

$Q_\text{断面入}$ 为河段入口断面流量,m^3/s;

$Q_\text{排}$ 为排涝站等入河流量,m^3/s,测验期间无排入水量;

$Q_\text{降}$ 为降水量,m^3/s,测验期间未降雨;

$Q_\text{断面出}$ 为河段出口断面流量,m^3/s;

$Q_\text{用}$ 为河段内发生的工业、生活等取用水量,m^3/s;

$Q_\text{漏}$ 为河段两岸进出水口门涵闸漏水量,m^3/s,有进有出,出为正,进为负;

$Q_\text{船}$ 为河段船闸通航用水量,m^3/s,有进有出,出为正,进为负;

$Q_\text{蓄}$ 为河段槽蓄变量,m^3/s,槽蓄变化增量为正,减量为负。

根据输水测验取得的各项资料,进行各测验河段进出水量的分析和平衡计算,推求河段输水损失量。计算成果见表 9-12。

表 9-12　苏北供水输水干河输水损失测验成果表

类别	河名	河段名称	河段长度(m)	损失量(m^3/s)	每公里损失[$m^3/(s·km)$]	备注
市际河段	京杭运河	江都抽水站—泾河(扬州)	112.63	24.43	0.217	
		泾河—竹络坝(淮安)	156.16	37.25	0.239	
		竹络坝—皂河(宿迁)	87.02	12.42	0.143	
	苏北灌溉总渠	运东闸—苏嘴(淮安)	30.00	4.20	0.140	
	淮沭新河	淮阴闸—庄圩(淮安)	39.50	7.92	0.201	东西泓平均
		庄圩—蔷薇河地涵(宿迁)	60.10	15.76	0.262	
梯级河段	京杭运河	江都抽水站—淮安抽水站	128.29	25.81	0.201	
		淮安抽水站—淮阴船闸	84.50	18.34	0.217	含古运河、总渠
		淮阴船闸—泗阳闸	64.00	17.53	0.274	含二河段
		泗阳闸—刘老涧闸	32.70	4.63	0.142	
		刘老涧闸—皂河闸	46.32	5.79	0.125	
		运河水文站—刘山闸	29.10	4.39	0.151	
		刘山闸—解台闸	41.00	5.76	0.140	
	淮沭新河	二河闸—淮阴闸	34.40	12.03	0.350	
		淮阴闸—沭新闸	71.60	17.32	0.241	
		沭新闸—蔷薇河地涵(许洪)	28.00	6.36	0.227	
代表性河段	里运河	邵伯—泾河	99.10	23.10	0.233	
	二河	二河闸—新闸渡口	27.50	10.14	0.369	
	中运河	许渡—竹络坝	21.60	3.50	0.162	
	淮沭河	淮阴闸—徐溜(东泓)	29.00	4.10	0.141	
		淮阴闸—徐溜(西泓)	29.00	4.00	0.138	
		徐溜—庄圩	10.50	3.87	0.369	平交于六塘河
		庄圩—项荡(东泓)	18.10	4.00	0.221	
		庄圩—项荡(西泓)	18.10	3.80	0.210	
		项荡(沭阳闸)—沭新闸	14.00	5.50	0.393	平交于新沂河

2) 输水损失分析

河道的输水损失是指输水过程中水量的自然损耗。对一个封闭河段而言,当上游来水量一定,且没有其他来水或降水时,该河段的流量会随河长沿程减小,水位会随时间不断降低。这就是自然损耗,它包括水面蒸发和河道渗漏两个方面。

(1) 水面蒸发

水面蒸发是指水分由水体表面逸入空中的自然现象,是水由液态向气态转化的过程。

水面蒸发量的大小受气温、风力、湿度等气象因素影响,还与水面大小和水质有关。本次输水损失测验分别在1月(试点)和4月进行,苏北地区正常供水期在6、7月份,因此测验期间蒸发量比实际值偏小。据实测水文资料统计,1月份和4月份的平均蒸发量分别为6月份(多年)平均蒸发量的30%和80%。

以里运河邵伯—泾河段为代表河段计算水面蒸发量在河段输水损失中的比重。蒸发量根据河段两端的运东闸和六闸资料统计,水面面积根据实测水面宽资料推算,以6月份多年平均蒸发量计算出河段水面蒸发损失量为0.92 m³/s,只占河段输水损失量的4%。由此可知,蒸发量在河道输水损失中所占比重较小。

(2)河道渗漏

河道渗漏是指河水向河床接触面以下渗流,是地表水补给地下水的途径之一,输水损失主要是这部分水量。河道渗漏量大小受河床土质、水面宽(湿周)、地下水位等因素影响。本次测验河段较长,河床土质差异较大,河道宽窄不一,河道水位与地下水位沿河变化较大,反映在不同河段的渗漏量也相差较大。根据代表河段运河邵伯—泾河段分析,河道渗漏量占到河段损失量的96%,对其他河段而言,这种比例关系会因水面宽、河床土质和水位差(河水位与附近地下水位落差)的不同而有所变化,当水面宽相近,如果河床土质是沙土,同时水位差也较大时,渗漏量比重可能增大,反之就可能减小,但这种变化幅度不大,因为蒸发量的量级较小。

(3)输水损失

选择几个代表河段,根据水位、水面宽、河床土质等情况,分析河段输水损失成果的合理性,见表9-13。

表9-13 代表河段输水损失合理性对照表

河名	河段名称	每公里损失 [m³/(s·km)]	水面宽 (m)	水位 (m)	地面高程 (m)	河床土质
里运河	邵伯—泾河	0.233	229	7.20～6.52	东堤外3.0～4.0,西堤外高邮湖水位5.77	亚黏土
总渠	运东闸—苏嘴	0.140	130	5.32～5.07	南堤外4.0～5.9 北堤外4.6～6.3	黏土、粉质黏土
二河	二河闸—新闸渡口	0.369	784	11.09～10.99	东堤外8.3～11.0 西堤外11.0～15.0	粉质黏土、沙壤土
中运河	许渡—竹络坝	0.162	106	10.96～10.78	南堤外14.0～15.0 北堤外9.7～12.5	粉土、粉质黏土
中运河	刘老涧闸—皂河闸	0.125	180	18.55～18.47	南堤外16.5～26.7 北堤外18.0以上	粉土、粉质黏土
淮沭河	淮阴闸—徐溜(东泓)	0.141	65	8.64～8.42	东堤外10.0～11.0	粉质沙壤土为主
淮沭河	淮阴闸—徐溜(西泓)	0.138	75	8.64～8.56	西堤外10.0～12.0	粉质沙壤土为主
淮沭河	庄圩—项荡(东泓)	0.221	80	8.45～8.42	东堤外7.5～9.6	粉质沙壤土为主
淮沭河	庄圩—项荡(西泓)	0.210	104	8.50～8.46	西堤外9.0～10.5	粉质沙壤土为主
淮沭河	项荡—沭新闸	0.393	新沂河交汇段	8.45～8.36	东堤外6.5～7.0	粉质沙壤土为主

从表中可以看出，损失量与河道水面宽、河床土质及水位差关系密切，在土质条件相近时，损失量与水面宽、水位差成正比，沙质土壤大于黏性土壤。如二河段、里运河邵伯—泾河段损失量较大，不仅因水面宽较大，而且由于河水位高出堤外地面 3～4 m，与地下水位落差较大。淮沭河淮阴闸—徐溜、庄圩—项荡上下两段土质条件相近，下段损失大于上段，与水面宽和水位差有关。上段完全为地下河（河水位低于两侧地面）；下段局部河水位高于地面，说明水位差相对较大，且水面宽也大于上段。项荡—沭新闸为淮沭河与新沂河交汇段，损失量最大，原因是水面面积较大，除新沂河沭阳枢纽以上水面，还有岔流新开河，水面面积难以测定。灌溉总渠运东闸—苏嘴段虽然水面宽和水位差也相对较大，但土质较好，渗透系数较小。根据地下水资源评价及分淮入沂工程设计等有关资料，里运河江都、高邮、宝应段及二河段渗透系数为 $A\times10^{-4}$ 级，淮沭河为 $A\times10^{-3}$ 级，灌溉总渠为 $A\times10^{-6}$ 级。

通过对代表河段输水损失及其影响因素的分析，我们不难看出输水损失测验成果总体上符合测验河段的实际情况，具有较好的合理性和较高的精度。

9.5.4　成果评价

这次输水损失测验虽然线路长，分段多，工作量大，情况复杂，但组织有力，准备充分，部署周密。测验时间、测次同步，测验方法、方案统一，测验精度、标准统一，人员配置、力量均衡，保证了测验工作的顺利开展和测验成果的质量标准。

测验期间，各测验河段都严格按统一制定的测验方案执行，采取多种措施，控制测验误差，努力提高测验精度。各河段水情尽可能模拟输水季节状况，尽管气象条件、地下水位等与大用水季节会有差距，但根据分析，蒸发量在河段输水损失量中所占比重较小，只有 4% 左右，地下水位 4 月份与 6 月份也比较接近。因此，本次测验的输水损失成果代表性较好，不同河段输水损失的量值合理性较好，符合各自河段的实际情况，各河段布设的流量断面较好地控制了河段内水量进出，巡测、调查的水量也比较准确。经过水量平衡计算、合理性检查分析和专家审查，该项测验和研究方法正确，计算准确，分析合理，成果可信。

第十章 南四湖应急生态补水计量监测成果

2002年12月8日至2003年1月21日,共45天时间里,由江都抽水站抽引江水,以京杭运河为输水干线,经8级抽水站抽水,向南四湖应急生态补水11 010万 m³,整个补水过程由江苏省水文水资源勘测局运用苏北供水系统进行计量监测。

10.1 补水缘由

南四湖是我国十大淡水湖之一,是北方最大的淡水湖,位于淮河流域北部,承接苏、鲁、豫、皖四省32个县(市)的来水,流域面积3.17万 km²,其中上级湖2.75万 km²,占该流域的86.8%;下级湖0.42万 km²,占该流域的13.2%。南四湖具有防洪、排涝、灌溉、供水、养殖、通航及旅游等多种功能。

2002年,南四湖地区降水量普遍偏少,1月1日—12月1日,平均降水量为370 mm,比常年偏少4.8成,其中,汛期(6—9月)降水量为225 mm,比常年同期偏少5.6成。2002年,南四湖流域的各河道均没有发生明显的汛情,总来水量只占多年平均总来水量的9.99%,蓄水量年初为7.71亿 m³,汛初为2.47亿 m³,汛末为0.27亿 m³,汛期蓄水量减少了2.2亿 m³。其间,上级湖7月15日水位降至32.00 m,湖中基本干涸,为历史最低水位;下级湖8月25日水位降至29.85 m,相应蓄水量仅约为0.10亿 m³,接近干涸,该水位较历史最低水位仅高0.74 m。旱情为百年一遇,部分地区达到二百年一遇。

特大旱情使南四湖流域地区的工农业生产受到严重损害,32万人饮水发生困难,京杭运河山东济宁段130 km水道全线断航,特别严重的是对湖区生态环境造成了很大威胁。

为缓解旱情,拯救湖内濒临死亡的物种,保护南四湖生物物种的延续性和多样性,避免湖区生态系统遭受毁灭性破坏,根据国务院部署,在国家防总的统一指挥下,水利部淮河水利委员会和江苏、山东两省进行了周密的组织实施,江苏省防汛防旱指挥部《关于做好向南四湖应急补水工作的通知》(苏防电传〔2002〕86号)紧急启用江苏省江水北调工程,从2002年12月8日起,历时45天,以苏北供水干线——大运河线(也是现在的南水北调东线工程输水干线)作为补水路线,通过沿线的江都、淮安、淮阴、泗阳、刘老涧、皂河、刘山和解台等8级抽水泵站,经京杭运河、苏北灌溉总渠、洪泽湖、骆马湖等,向南四湖实施应急生态补水,计划补水量1.1亿 m³,其中入上级湖0.5亿 m³。

10.2 监测任务

苏北供水干线大运河从江都站至南四湖,线路总长达400多 km,在天气寒冷的12月份如此长距离跨省调水,且输水干线上取用水口门众多,情况复杂,时间要求紧,监测任务重,沿线的8级抽水泵站必须同时协调运行,环环相扣,差一环而失全局,这在苏北供水史上尚属首次。如何保证补水计划和任务落到实处?补水沿线的各级泵站能否按计划流量开机运行?沿运各市际断面能否达到计划水位、流量?沿线各取水口门是否按计划用水?能否在规定的时间内向南四湖补入计划水量?为了解答以上疑问,江苏省水文水资源勘测局受省防汛防旱指挥部的委托,承担了这一补水计量监测任务,对补水的全过程进行计量监督,确保应急生态补水按计划实施。

10.3 监测方案

江苏省水文水资源勘测局根据监测任务要求,组织实地踏勘并分析了输水干线河道、控制工程、提水泵站及进水、取水口门情况,在苏北供水监测方案的基础上,根据本次监测任务的具体要求,考虑监测区间冬季气候、水情特点及沿线苏北各市用水需求状况,研究确定了向南四湖应急生态补水计量监测的总体方案。

本次补水计量监测区间河段主要是自大运河江都引江桥水文站(江都抽水站站上)起,至徐州蔺家坝站河段(苏鲁省界江苏侧),断面布设围绕对输水总干线河道所有进出水量及其输水全过程监测控制进行。

江都引江桥水文站至徐州蔺家坝站监测区间河段,全长 400 多 km,沿线有 8 级抽水泵站,包括:江都站、淮安站(淮安抽水一站、二站、三站)、淮阴站、泗阳站、刘老涧站、皂河站、刘山站(刘山南站、刘山北站)和解台翻水站,共 11 座抽水站;可以存在水量交换的水利工程有 11 座,包括:芒稻闸、高邮市河湖调度闸、南运西闸、北运西闸、大引江闸、高良涧闸、二河闸、淮阴闸、杨河滩闸、皂河闸等 10 座节制闸,高良涧水电站等 1 座水电站;抽引江水的总控制断面为江都引江桥水文站;入南四湖控制断面为蔺家坝站。

就应急生态补水的目标和任务而言,对以上共 23 个站点进行监控,即可基本满足对南四湖应急生态补水的计量监测要求。相关断面见表 10-1。

表 10-1　南四湖应急生态补水计量监测基本断面一览表

序号	断面名称	河名	序号	断面名称	河名
1	江都引江桥	抽水站引河	13	二河闸	淮沭新河
2	芒稻闸	芒稻河	14	淮阴闸	淮沭新河
3	河湖调度闸	大运河	15	泗阳站	大运河
4	南运西闸	宝应湖	16	刘老涧站	大运河
5	北运西闸	运西闸引河	17	皂河站	大运河
6	大引江闸	引江斜河	18	皂河闸	大运河
7	淮安一站	淮安一站引河	19	杨河滩闸	总六塘河
8	淮安二站	淮安二站引河	20	刘山南站	大运河
9	淮安三站	淮安三站引河	21	刘山北站	大运河
10	淮阴站	淮阴站引河	22	解台翻水站	大运河
11	高良涧闸	灌溉总渠引河	23	蔺家坝	不牢河
12	高良涧电站	水电站引河			

实际上,2002年12月份的苏北地区,虽然已进入用水量较低的冬季,但苏北各地工农业生产生活用水、河道及区间水量损失等依然存在。从2000年起,省防汛防旱指挥部经测算,向苏北各市下达了年度用水流量定额,要求苏北各市年度用水流量必须控制在定额以内。

苏北地区各市用水主要的供水干线也是向南四湖补水的输水干线,向南四湖补水期间,苏北各市虽然用水量较少,但也需要用水。向南四湖补水的过程,实质也是加大流量进行苏北供水,部分流量调出省外继续向北输送(南水北调)的过程。苏北各市用水、耗水量越少,则各级抽水站的抽水量就越少,调水成本就越低,调水效率也就越高。

因此,在向南四湖生态补水历时45天的时段内,要清楚苏北各市用水流量是否严格控制在定额以内,该关闭的取水口门是否均已关闭,时段内各市用水情况是否因需求变化而产生波动等,仅监测以上23个断面,显然是不够的。

从2000年起,为探究苏北地区供、用水实际需求情况,掌握苏北地区各市全年供用水量交换、供水流量和水位变化的动态过程,分析全年各时段各市用水需求的变化规律,江苏省水文水资源勘测局开始对苏北地区6市用水情况实施供水计量监测。监测站点共34个,见表10-2。

表10-2 苏北供水计量监测站点表

序号	断面名称	河名	序号	断面名称	河名
1	江都引江桥	抽水站引河	18	钱集闸	六塘河
2	芒稻闸	芒稻河	19	周桥洞	周桥灌区总干渠
3	泾河	大运河	20	洪金洞	洪金总干渠
4	河湖调度闸	大运河	21	二河闸	淮沭新河
5	淮阴站	淮阴站引河	22	皂河站	大运河
6	大引江闸	引江斜河	23	皂河闸	大运河
7	南运西闸	宝应湖	24	杨河滩闸	总六塘河
8	北运西闸	运西闸引河	25	桑墟电站	淮沭新河
9	镇湖闸	新河	26	蔷北地涵	淮沭新河
10	六垛南闸	灌溉总渠	27	沭新退水闸	淮沭新河
11	高良涧闸	灌溉总渠引河	28	小王庄	徐洪河
12	高良涧电站	水电站引河	29	马桥	邳洪河
13	苏嘴站	灌溉总渠	30	运河	大运河
14	官滩	废黄河	31	刘山南站	大运河
15	殷渡	盐河	32	刘山北站	大运河
16	竹络坝	大运河	33	北圩站	民便河
17	庄圩	淮沭河	34	滨海闸	中山河

第十章 南四湖应急生态补水计量监测成果

对照表 10-1、表 10-2 可以发现，两表所列监测站点既有重叠，又有不同。南四湖补水监测站点的设置主要以进出输水干线河段的口门及每一级抽水泵站为依据，保证补水过程中各级提水泵站满足相应的抽水流量要求，保证进入南四湖的断面流量符合设计要求，确保在计划时间内完成补水总量。而苏北供水计量监测站点的设置主要以控制苏北各市计划用水流量为依据，保证各市际断面的水量交换过程得到控制，而各市范围内有关工程的取水、泄水情况则不做监测。如：淮安市内，对江水北调的第二梯级站淮安站、向灌溉总渠运东闸下游补水的大引江闸等断面不监测，而对大运河扬州与淮安交界的市际断面"泾河站"、灌溉总渠淮安与盐城交界的市际断面"苏嘴站"进行监测。

可见，向南四湖应急生态补水计量监测站点布设，应该兼顾苏北供水计量要求，实际监测断面布设如下。

从江都引江桥水文站（江都抽水站站上）起，至徐州蔺家坝站（苏鲁省界江苏侧），沿途设立控制断面共 42 处，包括各级抽水站 11 座、水电站 2 处、节制闸 15 处、涵洞 3 处和河道控制断面 11 处，其中蔺家坝、泗阳站、刘老涧站、淮安一站、淮安二站、淮安三站、淮阴闸、淮大引江闸等 8 处为新设专用断面，其他 34 处为原苏北供水监测断面。

监测站点详见表 10-3。

表 10-3 南四湖应急生态补水计量监测站点一览表

序号	站区	河名	站名	断面地点	监测项目	监测方式
1	江都	抽水站引河	引江桥	扬州市江都区江都抽水站	水位、流量	船测
2		芒稻河	芒稻闸	扬州市江都区芒稻闸	水位、流量	水工建筑物
3	扬泰	大运河	泾河	宝应县泾河乡泾河小涵洞	水位、流量	船测
4		大运河	河湖调度闸	高邮市城镇南门河湖调度闸	水位、流量	船测
5	总渠	一站引河	淮安一站	淮安市淮安区三堡乡	水位、流量	船测
6		二站引河	淮安二站	淮安市、淮安区三堡乡	水位、流量	船测
7		三站引河	淮安三站	淮安市淮安区建淮乡	水位、流量	桥测
8		淮阴站引河	淮阴站	淮安市清浦区和平镇	水位、流量	船测
9		引江斜河	大引江闸	淮安市淮安区建淮乡	水位、流量	水工建筑物
10		宝应湖	南运西闸	宝应县氾水镇南运西闸	水位、流量	水工建筑物
11		运西闸引河	北运西闸	淮安市淮安区南闸乡	水位、流量	水工建筑物
12		新河	镇湖闸	淮安市淮安区南闸乡	水位、流量	水工建筑物
13		灌溉总渠	六垛南闸	射阳县临海镇六垛南闸	水位、流量	水工建筑物
14		灌溉总渠引河	高良涧闸	洪泽区高涧镇高良涧闸	水位、流量	水工建筑物
15		水电站引河	高良涧电站	洪泽区高涧镇高良涧水电站	水位、流量	水工建筑物
16		灌溉总渠	苏嘴站	淮安市淮安区苏嘴镇	水位、流量	SL 超声波

续 表

序号	站区	河名	站名	断面地点	监测项目	监测方式
17	淮宿	废黄河	官滩	涟水县佃湖镇官滩村	水位、流量	船测
18		盐河	殷渡	涟水县义兴乡殷渡村	水位、流量	船测
19		大运河	竹络坝	淮安市淮阴区竹络坝	水位、流量	船测
20		淮沭河	庄圩	淮安市淮阴区徐溜镇韩庄村	水位、流量	船测
21		六塘河	钱集闸	淮安市淮阴区徐溜镇涵洞村	水位、流量	船测
22	三河闸	周桥灌区总干渠	周桥洞	洪泽区东双沟镇	水位、流量	水工建筑物
23		洪金总干渠	洪金洞	洪泽区蒋坝镇	水位、流量	水工建筑物
24	淮沭河	淮沭新河	二河闸	洪泽区顺河乡二河闸	水位、流量	水工建筑物
25		淮沭新河	淮阴闸	淮安市淮阴区王营镇	水位、流量	水工建筑物
26	骆运	大运河	泗阳站	泗阳县泗阳农场建华村	水位、流量	船测
27		大运河	刘老涧站	宿迁市宿豫区仰化乡刘老涧村	水位、流量	缆道
28		大运河	皂河站	宿迁市宿豫区皂河镇刘甸树	水位、流量	船测
29		大运河	皂河闸	宿迁市宿豫区皂河镇刘甸村	水位、流量	缆道
30		总六塘河	杨河滩闸	宿迁市宿豫区皂河镇杨河滩村	水位、流量	缆道
31	连云港	淮沭新河	桑墟电站	沭阳县桑墟镇青伊村桑墟电站上游	水位、流量	船测
32		淮沭新河	蔷北地涵	东海县房山镇吴场蔷北地涵下游	水位、流量	船测
33		淮沭新河	沭新退水闸	沭阳县桑墟镇青伊村退水闸上游	水位、流量	船测
34	徐州	徐洪河	小王庄	宿迁市宿豫区龙河镇小王庄村	水位、流量	桥测
35		邳洪河	马桥	宿迁市宿豫区黄墩镇马桥村	水位、流量	船测
36		大运河	运河	邳州市运河镇前索家村	水位、流量	缆道
37		大运河	刘山南站	邳州市宿羊山镇刘山南翻水站	水位、流量	桥测
38		大运河	刘山北站	邳州市宿羊山镇刘山北翻水站	水位、流量	桥测
39		大运河	解台翻水站	徐州市贾汪区大吴镶解台翻水站	水位、流量	桥测
40		不牢河	蔺家坝	徐州市铜山区柳新镇蔺家坝船闸	水位、流量	缆道

续 表

序号	站区	河名	站名	断面地点	监测项目	监测方式
41	盐城	民便河	北坍站	盐城市滨海县五汛镇北坍	水位、流量	水工建筑物
42		中山河	滨海闸	盐城市滨海县凡集乡头罾村	水位、流量	缆道

监测站点见图 10-1。

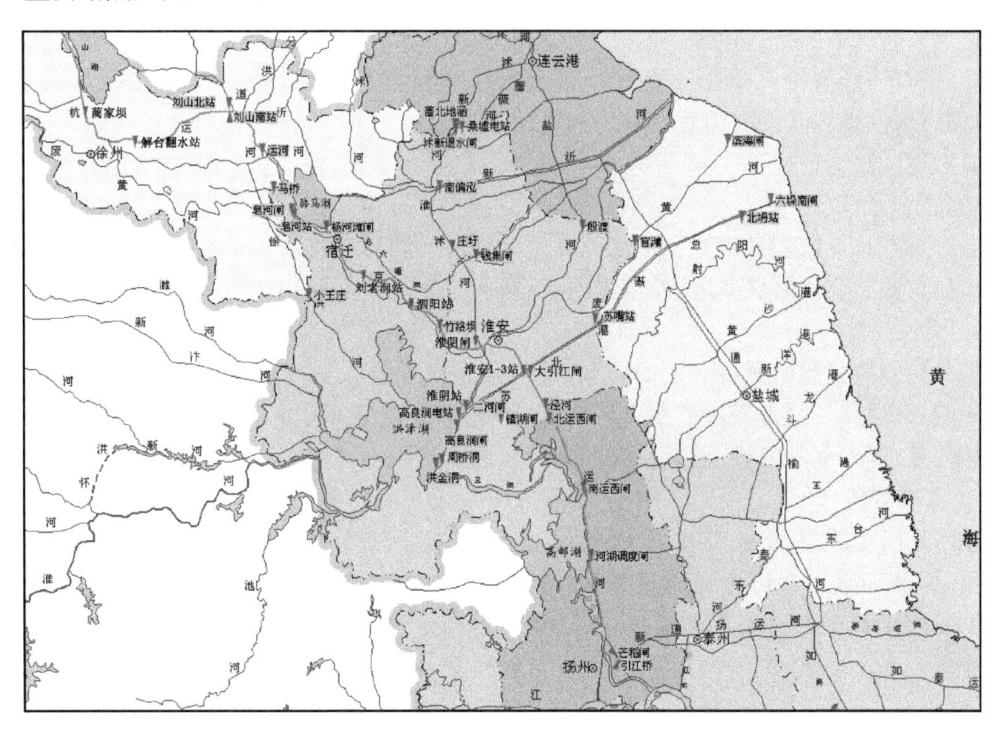

图 10-1 南四湖应急生态补水计量监测站点分布图

按水利部淮河水利委员会要求,在应急生态补水期间,入湖的蔺家坝断面用水文缆道法测流,每日四段制(2 时、8 时、14 时、20 时)分别监测水位流量一次。江都站、淮安一站、淮安二站、淮安三站、淮阴站、泗阳站、刘老涧站、皂河站、刘山南站、刘山北站、解台站等 11 个抽水站,采用实测方式,每日 8 时监测水位、流量一次。其他 30 处监测断面中,具备水工建筑物测流条件的 13 个站点,采用水工建筑物测流方式;不具备水工建筑物测流条件的 17 个断面,采用实测水位、流量方式,每日 8 时监测一次,并据以计算各监测断面的日均水量。监测工作内容包括前期断面查勘与布设、水准测量、大断面测量、现场水文测验、水情传输、监测成果分析与整理等。

10.3.1 断面布设

断面布设包括基本水位观测断面和流速仪测流断面的勘查、选定和布设。本次补水计量监测,原苏北供水 34 处监测断面都依据规范布设,保持原有状况不变;新设的 8 处监测断面包括水位观测断面、流速仪测流断面等,均参照规范要求进行勘查、布设。

10.3.2 计量监测方法

1) 水准测量

各测验断面的基本水准点和校核水准点以及新设补水监测断面的临时校核水准点高程测量,均从国家水准点引测,采用三等水准测量;基本水尺和临时水尺零点高程从相应断面的基本水准点或校核水准点引测,采用四等水准测量;测流大断面水面以上的岸上部分高程也都采用四等水准测量,并统一采用废黄河高程系。

2) 大断面测量

河道大断面的测量包括水下部分的水道断面测量和岸上部分的水准测量。岸上部分测至两侧断面桩,高程记至 0.01 m。水下部分水深采用测深杆、测深锤、回声测深仪等方法测量,由测时水位推算大断面河底高程。起点距采用钢卷尺直接量距,总距离采用激光测距仪或断面索观读法进行控制。

3) 水位观测

国家基本站点采用日记式自记水位,并辅以人工定时校核;新设站点采用人工观读临时水尺水位。涵、闸或抽水(发电)站启闭前后、断面流量测验前后均加测水位。

4) 闸位观测

闸位观测就是闸门开启高度的观测,闸门开高由观测人员现场直接观测记载。能直接测定闸门开启指标的,都经过实测预先定好标尺;不能直接测定的,则现场核对闸门全开和全关的幅度,据以确定或校正标尺;弧形闸门开启高度则换算为垂直高度。

5) 流量测验

各断面针对具体情况,因时因地制宜,选用或配合使用不同的测流方法,主要包括水文缆道、船测和水工建筑物测流等方法。流速仪一般采用普通流速仪,大运河泾河、竹络坝断面使用了声学多普勒剖面流速仪 ADCP,苏北灌溉总渠苏嘴站则采用了 SL 声学多普勒测速仪。各断面实测流量主要采用常测法测流,蔺家坝、解台站两断面均采用精测法测流。

6) 水情传输

各监测断面严格执行"四随"(随测、随算、随校、随报)制度,监测资料每日 8 时由监测断面现场电话报至各市、各省属工程管理处水情分中心,再由各水情分中心通过计算机水情传输网络传至省防指和省水情中心,其中蔺家坝、解台闸、刘山南、刘山北、运河站等断面采用语音报汛系统报汛。

正常苏北供水情况下,各监测断面只在每日 8 时传输 1 次水情,并以 8 时水位、流量作为当日水位、流量进行水量计量。为提高水量统计精度,本次生态补水新设了出省的蔺家坝断面,监测方法采用了"四段制",除每日 8 时监测以外,每日 12 时、14 时、20 时加测、加报断面的水位流量。

10.4 现场测验与质量控制

本次补水计量监测的 42 个站点,分布在苏北 6 市 16 个县(区)、9 个水系,线路总长达

400多km,具有测点多、线路长,监测断面情况复杂,监测时间紧,监测技术要求高以及涉及省、市、县多级多家管理单位等特点。此次补水计量中最不利的因素是天气寒冷,最重要的特点是必须实时监测沿程水位、节点水量,及时发现漏水、跑水情况,由相关单位实现及时监管,以保证各个梯级抽水站水位衔接,运行正常。为保证监测任务的顺利完成,江苏省水文水资源勘测局精心组织,主要加强了以下五个方面的工作。

一是成立机构组织,明确分工。江苏省水文水资源勘测局成立了以省局、分局及省属水利工程管理处水文站有关专家、领导为成员的补水计量监测领导小组,专门负责补水监测的组织、指导和实施,对补水的进度和质量集中、统一控制。将任务切块分解,落实到沿线的扬泰、淮宿、徐州、连云港、盐城5个市水文分局和江都、总渠、淮沭新河、洪泽湖、骆运5个省属水利工程管理处,并对这次补水计量监测任务实施进行明确部署。各市水文分局、各省属水利工程管理处相应成立了以主要负责人为组长,一批业务精、能力强的技术骨干为成员的监测工作组,明确分工,明确责任,确保监测任务的顺利开展和圆满完成。

二是加强指导监督,确保监测质量。对一些现场条件复杂,测验难度大的站点,江苏省水文水资源勘测局多次组织有关专家和经验丰富的同志实地了解情况,帮助制定监测方案,解决实际问题。

三是加强水情调度协调配合,强化水情监测信息传输工作。为确保补水计量监测信息及时、可靠地传至水利部、淮委、沂沭泗管理局、省防汛防旱指挥部办公室等有关单位,江苏省水文水资源勘测局自下而上建立了"测验现场—市水文局(管理处分中心)—省中心"的水情传输网络,增加人员、设备配置,强化值班制度,加强水情报文的检查与校核,为沿线各级工程的运行和水情调度提供可靠依据。同时,还加强了与江苏省防办、地方各级水行政主管部门、各省属水利工程管理处水情调度部门的协调与配合,及时了解其水情调度指令落实情况,随时布置现场监测工作。

四是加大仪器设备和监测经费投入,为监测工作的正常开展提供物质和经济保证。补水监测过程中,沿线共投入专业技术人员150多名,机动车辆8部、水文测船18艘、新设水文缆道1座、流速仪60多架、水准仪42架、ADCP测速仪2架、SL声学多普勒流速仪1台,以及水情语音报汛系统、移动电话、便携式电脑、激光测距仪、测深仪等多项设备。

五是落实安全生产责任制,保障监测安全万无一失。针对本次补水监测期气候条件恶劣(最低气温达-12℃)、野外作业条件差(18处断面为船测)、现场测验时间长、个别断面夜间持续作业等特点,各单位高度重视安全生产工作,有针对性地制定了安全生产制度,并落实专人负责,保证了人身及设施、设备的安全。

现场测验主要包括水准测量、水位观测、闸门开启高度、孔数和抽水(水电)站开机台数、电功率和叶片角度观测、水工建筑物的流态观测与判别、大断面测量、流量测验等,质量控制均按规范执行。

在流量测验时,主要采用常测法,垂线流速测点分布一般采用二点法(0.2、0.8水深),当垂线水深小于1.5 m时,采用一点法(0.6水深)。

蔺家坝、解台两断面为本次监测最后出江苏省的省际断面,直接关系到出省水量监测成果精度,为重要指标控制站,本次监测采用流速仪精测法测流,垂线流速测点分布采用三点法(0.2、0.6、0.8水深)。为尽可能地消除流速脉动带来的测验误差,保证补水入湖流量测验的精度,每个测点测速历时≥60 s,当流速脉动现象严重时,测速历时≥100 s。

用水工建筑物测流的站点,包括芒稻闸、大引江闸、南运西闸、北运西闸、镇湖闸、六垛南闸、高良涧闸、高良涧水电站、周桥洞、洪金洞、二河闸、淮阴闸、北坍站等 13 个站点。其中芒稻闸、大引江闸、南运西闸、北运西闸、高良涧闸、高良涧水电站、二河闸、淮阴闸等 8 个站点分别向补水总线河段补水或取水,补水期间其启闭均由江苏省防汛防旱指挥部办公室统一实时调度;其他 5 个站点为所在市供水控制断面。以上这些站点监测时采用的水位流量相关关系,一般都经过了多年的测验率定与校测,关系线稳定。现场测验时按先审查、后校测、再使用的原则,确保测流精度。

10.5 监测成果与分析

本次补水期从 2002 年 12 月 8 日至 2003 年 1 月 21 日,实际运行 45 天。监测期间,全线 42 个监测断面中:河湖调度闸、南运西闸、北运西闸、镇湖闸、钱集闸、周桥洞、洪金洞、皂河闸、杨河滩闸、薔北地涵、北坍站、滨海闸等 12 处涵闸(站)以及小王庄断面一直处于关闭状态,该 13 处监测断面的流量为 0。江都抽水站 2002 年 12 月 8 日开机(抽水流量为 230 m³/s),12 月 30 日停机后,至补水期结束再未开机,抽水历时 23 天;淮安抽水站 2002 年 12 月 8 日开机(抽水流量为 159 m³/s),12 月 24 日停机,历时 17 天;淮阴抽水站 2002 年 12 月 8 日开机(抽水流量为 127 m³/s),12 月 24 日停机,历时 17 天;泗阳站、刘老涧站、皂河站、刘山站、解台站等全过程开启运行。洪泽湖水源引入补水干线的节制闸——二河闸在补水期间亦全程开启运行;高良涧闸、高良涧水电站在淮安抽水站停机后,于 2002 年 12 月 30 日开启向灌溉总渠淮安段补水。

补水河段各抽水站日抽水流量成果,详见表 10-4。

表 10-4 补水河段各抽水站日抽水流量成果表　　　　流量单位:m³/s

日期			江都站	淮安一站	淮安二站	淮安三站	淮阴站	泗阳站	刘老涧站	皂河站	刘山南站	刘山北站	解台站
年	月	日											
2002	12	8	230	0	127	32.2	127	140	110	110	0	39.7	10.0
2002	12	9	232	0	126	32.0	127	140	110	110	0	44.4	35.0
2002	12	10	245	0	126	32.2	123	140	110	110	0	40.2	35.0
2002	12	11	233	0	110	32.4	122	140	110	108	3.65	43.4	35.0
2002	12	12	197	0	110	0	126	120	110	106	21.0	49.6	35.0
2002	12	13	148	0	116	0	120	120	110	109	14.2	52.4	35.0
2002	12	14	131	0	121	32.9	129	120	110	108	8.41	52.7	35.0
2002	12	15	148	0	118	32.7	133	120	110	115	8.99	48.6	35.0
2002	12	16	185	0	117	0	126	120	110	128	3.39	52.0	35.0
2002	12	17	215	0	120	0	121	120	110	126	0	48.4	35.0
2002	12	18	158	0	105	32.7	115	120	110	109	0	51.6	38.7
2002	12	19	181	0	110	32.8	125	130	110	94.4	0	52.9	38.8

续 表

日期			江都站	淮安一站	淮安二站	淮安三站	淮阴站	泗阳站	刘老涧站	皂河站	刘山南站	刘山北站	解台站
年	月	日											
2002	12	20	181	80.2	115	32.3	125	130	110	94.6	0	48.8	38.8
2002	12	21	183	76.2	0	32.5	120	130	110	96.0	0	48.7	36.6
2002	12	22	187	79.0	0	32.6	125	130	110	97.5	0	49.8	40.3
2002	12	23	186	81.7	0	64.6	123	130	110	98.5	0	53.5	38.9
2002	12	24	109	89.9	0	64.4	128	120	110	94.0	0	44.8	39.7
2002	12	25	39.6	0	0	0	0	111	85.8	107	0	42.5	39.1
2002	12	26	40.5	0	0	0	0	112	98.9	95	0	45.6	37.2
2002	12	27	39.8	0	0	0	0	120	108	106	0	45.8	37.8
2002	12	28	41	0	0	0	0	118	106	102	0	40.6	35.4
2002	12	29	41	0	0	0	0	120	107	110	0	39.4	36.8
2002	12	30	30.7	0	0	0	0	112	106	107	0	35.4	35.3
2002	12	31		0	0	0	0	121	108	105	0	45.4	33.8
2003	1	1		0	0	0	0	117	107	112	0	46.4	37.9
2003	1	2		0	0	0	0	120	107	96.1	0	46.1	37.1
2003	1	3		0	0	0	0	117	107	85	0	57.6	36.5
2003	1	4		0	0	0	0	123	110	93.8	0	50.8	37.8
2003	1	5		0	0	0	0	115	110	105	0	49.0	39.9
2003	1	6		0	0	0	0	119	106	103	0	48.0	37.9
2003	1	7		0	0	0	0	116	106	103	0	41.4	35.7
2003	1	8		0	0	0	0	117	108	97.4	0	43.1	36.1
2003	1	9		0	0	0	0	122	108	98.6	0	50.9	35.6
2003	1	10		0	0	0	0	119	108	98.3	0	42.5	34.3
2003	1	11		0	0	0	0	117	107	97.2	0	41.3	33.5
2003	1	12		0	0	0	0	84.0	106	91.1	0	48.2	35.4
2003	1	13		0	0	0	0	29.7	38.0	32.3	0	45.6	37.4
2003	1	14		0	0	0	0	30.0	17.8	39.3	0	36.4	36.5
2003	1	15		0	0	0	0	103	107	118	0	45.2	37.3
2003	1	16		0	0	0	0	102	106	111	0	41.1	38.5
2003	1	17		0	0	0	0	104	107	111	0	38.0	35.4
2003	1	18		0	0	0	0	105	108	106	0	46.8	35.5
2003	1	19		0	0	0	0	97.6	106	115	0	42.3	36.6

续　表

日期			江都站	淮安一站	淮安二站	淮安三站	淮阴站	泗阳站	刘老涧站	皂河站	刘山南站	刘山北站	解台站
年	月	日											
2003	1	20		0	0	0	0	95.5	106	120	0	49.3	38.0
2003	1	21		0	0	0	0	96.7	106	115	0	41.9	38.0
总抽水量 ($10^4 m^3$)			29 220	3 516	13 140	4 202	18 270	44 350	40 450	39 690	515.3	17 870	14 020

补水河段各涵闸（站）泄水流量成果，详见表 10-5。

表 10-5　补水河段各涵闸（站）泄水流量成果表　　　　流量单位：m^3/s

日期			芒稻闸	大引江闸	高良涧电站	高良涧闸	二河闸	淮阴闸	蔺家坝闸
年	月	日							
2002	12	8	0	25.1	0	0	214	64.2	14.4
2002	12	9	0	26.5	0	0	182	67.0	23.9
2002	12	10	0	27.6	0	0	172	69.4	26.0
2002	12	11	0	20.5	0	0	163	70.7	26.9
2002	12	12	0	24.1	0	0	88.9	37.4	27.3
2002	12	13	0	18.8	0	0	89.7	37.6	29.5
2002	12	14	0	31.2	0	0	63.9	37.4	28.0
2002	12	15	0	29.9	0	0	65.3	37.4	24.9
2002	12	16	0	29.4	0	0	67.2	36.8	24.2
2002	12	17	0	29.9	0	0	67.0	68.6	27.1
2002	12	18	0	30.2	0	0	70.0	66.8	27.2
2002	12	19	0	28.8	0	0	71.4	65.5	28.9
2002	12	20	0	29.3	0	0	131	66.1	32.2
2002	12	21	0	27.1	0	0	124	29.9	35.3
2002	12	22	0	28.3	0	0	120	30.9	35.9
2002	12	23	0	27.7	0	0	116	31.8	33.1
2002	12	24	0	28.9	0	0	121	32.5	30.6
2002	12	25	0	28.9	0	0	252	55.8	30.4
2002	12	26	0	0	0	0	258	55.6	33.3
2002	12	27	0	0	0	0	264	54.9	31.3
2002	12	28	0	0	0	0	288	54.9	30.9

续 表

日期			芒稻闸	大引江闸	高良涧电站	高良涧闸	二河闸	淮阴闸	蔺家坝闸
年	月	日							
2002	12	29	0	23.5	0	0	289	54.6	29.8
2002	12	30	0	23.0	8.31	7.92	290	54.6	26.9
2002	12	31	0	0	50.8	20.0	279	55.3	26.8
2003	1	1	0	0	76.0	20.0	272	55.9	28.8
2003	1	2	0	0	75.0	20.0	265	56.0	25.1
2003	1	3	0	0	82.0	20.0	281	54.4	26.2
2003	1	4	0	0	118	23.4	281	54.4	29.5
2003	1	5	0	0	137	20.0	286	53.6	32.8
2003	1	6	0	0	126	20.0	288	53.6	30.0
2003	1	7	0	0	106	20.0	290	67.8	26.8
2003	1	8	0	0	140	20.0	280	69.4	26.9
2003	1	9	0	0	133	20.0	272	71.2	28.8
2003	1	10	0	0	78.5	20.0	271	71.2	29.0
2003	1	11	0	0	101	20.0	267	72.3	28.0
2003	1	12	0	0	130	20.0	264	72.9	29.3
2003	1	13	0	0	58.0	14.0	260	73.1	30.5
2003	1	14	63.4	0	50.0	10.0	119	70.9	28.9
2003	1	15	89.8	0	43.3	16.7	253	69.3	26.0
2003	1	16	21.4	0	74.3	20.0	257	68.6	22.5
2003	1	17	0	0	59.1	20.0	255	69.2	23.3
2003	1	18	0	0	56.6	20.0	249	69.2	25.5
2003	1	19	0	0	54.7	20.0	254	69.3	27.3
2003	1	20	0	0	53.7	20.0	253	69.3	28.5
2003	1	21	0	0	63.0	20.0	252	69.8	36.1
总泄水量($10^4 m^3$)			1 509	4 654	16 190	3 733	80 490	22 610	11 010

备注：南运西闸、北运西闸、调度河闸、皂河闸全程关闭，流量为0。

其他原苏北供水各监测站点的监测成果在此不再一一列出。

10.5.1 补水沿线主要站点水量统计分析

总长400多km的补水线路，主要的站点包括8级抽水站（江都站、淮安站、淮阴站、泗阳站、刘老涧站、皂河站、刘山站和解台站）和引淮断面二河闸站、补水入湖断面蔺家坝站。根据现场测验成果综合,补水线路主要站点水量统计成果如图 10-2 所示。

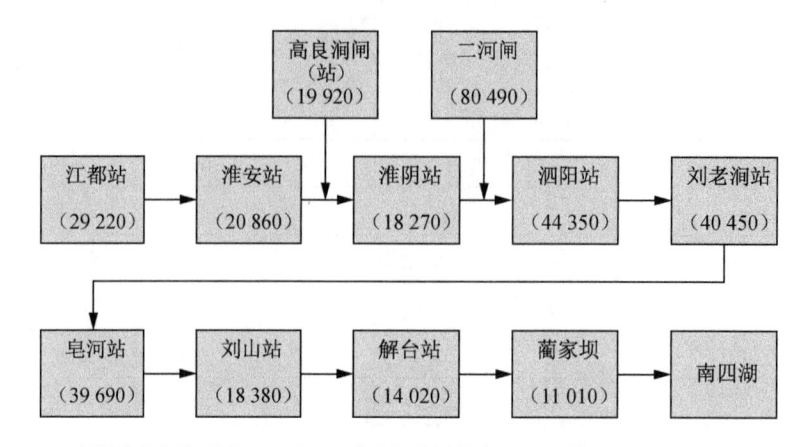

```
                    高良涧闸        二河闸
                    （站）        （80 490）
                   （19 920）
                       │             │
                       ↓             ↓
江都站  →  淮安站  →  淮阴站  →  泗阳站  →  刘老涧站
(29 220)  (20 860)  (18 270)  (44 350)  (40 450)
                                              │
                       ┌──────────────────────┘
                       ↓
皂河站  →  刘山站  →  解台站  →  蔺家坝  →  南四湖
(39 690)  (18 380)  (14 020)  (11 010)
```

注:1. 以上括号内为水量,单位:万 m³。2. 蔺家坝实际补水至 2003 年 1 月 24 日,总补水量 11 540 万 m³。3. 统计时间为:2002 年 12 月 8 日—2003 年 1 月 21 日。

图 10-2　补水沿线主要站点水量统计分析

10.5.2　补水期间江淮水量配置分析

2002 年 12 月 8 日至 2003 年 1 月 21 日共 45 天,合计向南四湖补水 11 010 万 m³。引用水源由两部分组成,一部分是江水,另一部分为淮水(洪泽湖水源)。实际补水期间,所引用的水量里包括了苏北各市用水量、沿途水损失量、槽蓄变量等。

江都抽水站(2002 年 12 月 8 日—12 月 30 日)共抽江水 29 220 万 m³。引入淮水的二河闸(2002 年 12 月 8 日—2003 年 1 月 21 日),共引淮水 80 490 万 m³,其中,至 2002 年 12 月 30 日江都抽水站停机,引淮水量为 30 820 万 m³;2002 年 12 月 31 日—2003 年 1 月 21 日,引淮水量为 49 670 万 m³。2002 年 12 月 24 日淮安抽水站停机后,为保持补水线路的需水量,2002 年 12 月 30 日—2003 年 1 月 21 日,高良涧闸、高良涧水电站开启,向灌溉总渠、大运河淮安段以及大运河扬州段共补水 19 920 万 m³,保证了补水沿线淮安、盐城、扬州 3 市正常的生产和生活用水。

综上所述,补水前期的 2002 年 12 月 8 日—12 月 30 日,引入补水全线的总水量为 60 040 万 m³,引江水量占 48.7%。整个补水期间,引入补水全线的总水量为 129 630 万 m³,引江水量占 22.5%。进入南四湖的补水量仅占总引水量的 8.9%。

由此可见,在跨流域向北调水(苏北供水、南水北调)时,可根据淮水丰枯,综合考虑江水、淮水配置,决定调水沿线的第一梯级站江都抽水站、第二梯级站淮安抽水站、第三梯级站淮阴站是否参与运行,这也反映了江苏江水北调水源配置的灵活性和工程调度的复杂性。

1) 洪泽湖来水量极少,所有取水口门关死,处于保水期:调水水源只能依靠江水,必须同时开启江都站、淮安站、淮阴站,逐级向北送水,保证沿线各地用水。

2) 洪泽湖来水量丰沛,所有取水口门可根据需要取水,处于泄水期:调水水源完全可取之于淮水,应该同时关闭江都站、淮安站和淮阴站,开启二河闸向北送水,开启高良涧闸(高良涧水电站)向苏北灌溉总渠泄水,通过淮安水利枢纽调度向以下的里运河及灌溉总渠运东闸下游送水,供沿线的淮安、扬州、盐城三市有关地区用水。本次向南四湖生态补水,2002

年 12 月 30 日以后的水源配置即为该类型。

3) 洪泽湖有一定来水量,但不能同时满足所有取水口门用水需求,这时,江水、淮水配置情况相对复杂,常见的有以下几种。

(1) 可满足第三梯级淮阴站以上地区用水量,但不能满足第三梯级以下地区的用水量：开启二河闸向北送水；停用淮阴站,开启江都站、淮安站。

(2) 可满足第二梯级淮安站以上地区用水量,但不能满足第二梯级淮安站以下地区的用水量：开启二河闸向北送水,开启高良涧闸(高良闸水电站)向灌溉总渠送水；停用淮阴站、淮安站,开启江都站。

(3) 仅可部分满足第三梯级淮阴站以上地区用水量：开启二河闸北送部分水量,根据各梯级用水量要求,同时开启江都站、淮安站,开启淮阴站部分机组向北送水。此时,第三梯级淮阴站以上的水源,部分为江水,部分为淮水。本次向南四湖调水,在 2002 年 12 月 30 日前的水源配置即为这种类型。

(4) 可部分满足第二梯级淮安站以上地区用水量：开启二河闸向北送水,部分开启高良涧闸向灌溉总渠供水；停用淮阴站,开启江都站,开启淮安站部分抽水站或机组,向淮安抽水站以上地区供水。此时,淮安站以上、淮阴站以下地区的水源,部分为江水,部分为淮水。

(5) 可部分满足第二梯级淮安站以下地区用水量：开启二河闸向北送水,开启高良涧闸(高良涧水电站)向灌溉总渠供水；停用淮阴站、淮安站,开启江都站部分抽水站或机组,向淮安抽水站以下里运河地区供水。此时,淮安站以下的里运河地区的水源,部分为江水,部分为淮水。

实施长距离、跨流域调水时,应综合考虑长江水源、洪泽湖水源(淮水),精确配置,科学调度,实现江、淮水互济互调,可以使洪泽湖以下的三个梯级抽水站(淮阴站、淮安站、江都站)少开启或不开启,从而有效降低调水成本,提高用水效率。

10.5.3 典型河段的水量平衡分析

10.5.3.1 典型河段的选取

江水北调(南水北调东线)输水干线即为本次向南四湖补水的干线河道。选取典型河段的原则是：河段顺直且地理状况清晰,进出水断面易于监测控制,补水期间水量过程变化具有一定代表性等。

江都站是江水北调第一梯级站,是引调江水的源头；淮安站是江水北调的第二梯级站,也是调水咽喉。里运河江都引江桥至淮安抽水站河段是本次补水的首段河道,也是江水配置的关键河道。

不牢河原为地区性排涝河道,结合分泄微山湖洪水。1957 年沂、沭、泗大水,微山湖水位暴涨,蔺家坝束水坝口门冲决,下泄流量失去控制,荆山桥站最大泄量达 842 m³/s,40 万亩农田被淹,煤矿停产,严重威胁徐州市的安全,后经抢堵束水坝,才免于溃决。汛后,江苏省及徐州市决定整治不牢河。1958 年京杭运河整治工程中,为了结合解决徐州地区排涝、工农业用水和航运,将之辟为京杭运河苏北段的一段。从邳县大王庙至蔺家坝长 71.2 km,按排涝、灌溉和航运要求规划,底宽 70 m,增设蔺家坝、解台、刘山 3 个梯级,建节制闸、船闸、抽水站,近期送水 50 m³/s。如遇微山湖大水,在服从排涝的前提下,相机分洪 300~500 m³/s。

不牢河刘山闸—解台闸段为南水北调东线第八级输水河段；解台闸—蔺家坝段是南水

北调工程的第九级输水河段,也是本次补水出江苏的最末段河道。

因此,这里选取里运河江都引江桥—淮安抽水站段、不牢河刘山—解台段、不牢河解台—蔺家坝段等3个典型河段,进一步分析本次监测成果的可靠性、合理性。

10.5.3.2 水量平衡计算公式

补水期间,河道输水损失主要包括渗漏量、河道水面蒸发量等,水量平衡计算公式为

$$W_入 = W_出 + W_损 + W_{渗漏} + \Delta W_{槽蓄} + W_用 \tag{10.1}$$

式中:$W_入$为河道入水量,即抽水站抽入水量、涵闸泄入水量、时段降水量等;

$W_{渗漏}$为涵闸渗漏水量;

$W_损$为河道输水损失水量,即河道渗漏水量、水面蒸发量等;

$W_出$为河道出水量,即抽水站向上一级河道的抽出水量;

$\Delta W_{槽蓄}$为河段河槽蓄水变量;

$W_用$为区间河段的供用水量。

10.5.3.3 输水损失测验成果

2000年3—4月份,为加强苏北供水资源的有效管理和合理配置,由江苏省水文水资源勘测局组织了对苏北供水主要输水河道的输水损失测验。2000年3月份,完成了"里运河江都—淮安段"输水损失测验;2000年4月份完成了"不牢河刘山闸—解台闸段"输水损失测验。选择春季3—4月份主要考虑此时气温相对较低,前期河段正常水位较低,沿线的农业灌溉用水很少,测验时有关取水口门全面关闭,测验时外在影响因素较少,能够保证测验结果具有较高的精度。测验结果显示:

里运河江都—淮安段输水损失为 0.201 $m^3/(s \cdot km)$;

不牢河刘山闸—解台闸段输水损失为 0.13 $m^3/(s \cdot km)$。

另外,2000年苏北供水干河输水损失测验时,实测蒸发量折算成河段输水损失量均为 0.004 $m^3/(km \cdot s)$,占输水损失量的比重很小。

本次补水时间为12月份,大田农业灌溉用水需求量很小,加上沿途各取水口门基本全关闭,取水量很少,抽水运行前水位较低,抽水后高水位运行,这些都与2000年进行输水损失测验时情况基本相似。虽然补水期间所处的季节与2000年输水损失测验在时间上存在一定差异,但河道的渗漏和蒸发损失等总体上差别不大。因此,在计算补水期间河段水量损失时,借用2000年测定的输水损失成果。

10.5.3.4 不牢河刘山闸—解台段

不牢河刘山闸—解台闸段为南水北调东线第八级输水河段,该河段多年平均降水量为796.7 mm,多年平均水面蒸发量为902.0 mm,多年平均气温为14.2℃。左岸为低岭山丘区,地势较高,平原地面高程在29～30 m,土壤为沙壤土。在解台闸至紫庄乡之间是煤矿开采区,煤矿众多。右岸为平原,土壤为沙土,地面高程在26～29 m左右。两岸均种植大蒜、小麦、水稻等农作物。

刘山闸—解台闸河段长约40 km,区间面积为870 km²,设计河道底宽60 m,河底高程20.5～21.0 m,堤顶宽度均在8 m以上,边坡坡度为1:3～1:5,通航最低水位为26.00 m。所以,该河段是一条集通航、灌溉、排涝行洪、引水功能于一体的综合性河道。

此区间内的主要支流有屯头河、房亭河、十里大沟、周庄大沟、刘楼大沟、高庄大沟、阚口

大沟、冯庄大沟、马头河等河流。

1) 水量平衡计算

河道输水损失主要包括渗漏量、河道水面蒸发量,由于补水期正值冬季,没有发生降水,蒸发量很小,可忽略不计。水量平衡按公式(10.1)计算。

$\Delta W_{槽蓄}$(河道槽蓄变量)的计算公式为

$$\Delta W_{槽蓄} = L \times B \times \Delta Z \tag{10.2}$$

式中：L 为河段长度,为 40 km。

B 为河道宽度,借用 2000 年输水损失测验时的水面平均宽度 116.7 m。

ΔZ 为河段水位变幅,为 0.2 m。

因此 $\Delta W_{槽蓄} \approx 93.4$ 万 m³

$W_{损} = 0.13 \times 40 \times 86\,400 \times 45 \approx 2\,022$(万 m³)（$W_{损}$ = 河道输水损失×河道长度×输水时间）

$W_{渗漏} = 18\,385 - 14\,020 - 93.4 - 2\,022 \approx 2\,250$(万 m³)

刘山闸—解台闸河段水量平衡计算结果见表 10-6。

表 10-6　刘山闸—解台闸河段水量平衡计算结果

项目	河段长度(km)	入流水量(万 m³)	出流水量(万 m³)	入出流之差(万 m³)	供、用水量(万 m³)	河道槽蓄变量(万 m³)	输水损失量(万 m³)	涵闸渗漏量(万 m³)
刘山闸—解台闸	40	18 385	14 020	4 365	0	93.4	2 022	2 250

2) 水量平衡分析

应急补水期间,刘山南站翻水 515.3 万 m³,刘山北站翻水 17 870 万 m³,刘山站合计翻水量约为 18 385 万 m³；经解台闸断面出去水量为 14 020 万 m³。河段进出水量差值为 4 365 万 m³。由于刘山、解台两船闸过船开闸放水呈一进一出可以基本抵消,故刘山、解台两断面实际进出水量之差即为 4 365 万 m³。

补水期(2002 年 12 月 8 日—2003 年 1 月 21 日)正值冬季,没有发生降水,蒸发量很小,可忽略不计,在此期间无外来水汇入本河段,也没有平交河道,农作物基本不用水,河段内各取水口门基本关闭(但部分闸门存在漏水现象),所以用水可近似作为 0 处理。

根据进出断面水位变幅计算,补水期间该河段槽蓄变量为 93.4 万 m³；输水损失水量 2 022 万 m³,两者合计为 2 115 万 m³,与实际进出水量相比少了 2 250 万 m³。经分析,这部分损失的水量主要是区间河段内冯庄、阚口、高庄等部分涵闸存在漏水,以及区间内徐州自来水厂生产用水等所致。这部分水量折算成流量为 5.79 m³/s,与江苏省水文水资源勘测局 2000 年输水损失测验中有关涵闸漏水流量的成果数据 5.65 m³/s 相比,误差 2.5%,基本相符。

10.5.3.5　不牢河解台—蔺家坝段

解台闸—蔺家坝段是南水北调工程的第九级输水河道。该区间河段属暖温带半湿润季风气候,具有长江流域和黄河流域的过渡性气候特点,四季分明,冬暖干燥,夏热多雨,冬、夏季风可贯穿全境,主导风向东北偏东。降水时空分布不均,干旱现象时有发生,缺水量较大,多年平均降水量为 796.7 mm,多年平均水面蒸发量为 902.0 mm,多年平均气温为 14.2℃。

解台闸—蔺家坝区间河段全长约 26 km,控制流域面积为 702 km²,河道底宽约 70 m,河底高程为 27.00 m,堤顶高程均在 36 m 以上,堤顶宽 10 m,边坡坡度为 1:3。当蔺家坝闸泄洪流量达 500 m³/s 时,两岸堤防不出险。该河段通航等级为二级,驳船吨位为 2 000 t (双线对航),通航最低水位为 30.50 m。该河段是一条集通航、灌溉、排涝行洪、引水功能于一体的综合性河道。

在此区间内的主要支流有顺堤河、苏北堤河、桃园河、柳新河、丁万河、荆马河、青黄引河以及老不牢河。通过黄庄闸、瓦庄涵洞、浮体闸等口门从该区间内取水用于农业灌溉。沿湖、天齐翻水站则从该区间内翻水向其他地区补水。补水期间,上述取水口门及两个翻水站全部关闭。

1) 水量平衡计算

河道输水损失主要包括渗漏量、河道水面蒸发量,由于补水期间时值冬季,没有发生降水,蒸发损失很小,可以忽略不计,采用水量平衡计算公式

$$W_{入}=W_{出}+\Delta W_{槽蓄}+W_{船闸}+W_{损}+W_{用} \tag{10.3}$$

式中:$W_{船闸}$为解台船闸放水量。

① $\Delta W_{槽蓄}$(河道槽蓄变量)的计算

$\Delta W_{槽蓄}$计算采用公式(10.2)

解台闸—蔺家坝河段长度为 26.0 km,河道宽度为 80 m,河段水位变幅为 0.71 m。

则:$\Delta W_{槽蓄}$=147.7 万 m³

② 解台船闸过船开闸放水量计算

根据解台船闸放水记录的调查,计算出补水期间船闸放水的日平均流量为 4.00 m³/s,则:

$$W_{船闸}=1\ 555\ 万\ m^3$$

③ 河段输水损失水量计算

2000 年进行输水损失测验时,未对解台—蔺家坝段的输水损失进行测定。但该区段河道与刘山—解台段河道同属一条河(不牢河),河床土质、河宽、湿周、植被、地下水埋深等情况相同或近似,基于以上理由,在计算该区段河道输水损失时参考 2000 年刘山—解台段输水损失测验成果 0.13 m³/(s·km),则:

$$W_{损}=1\ 314\ 万\ m^3$$

2) 水量平衡分析

应急补水期间,解台闸站抽引江水 14 020 万 m³,经蔺家坝断面出水量 11 011 万 m³,河段进出水量之差为 3 009 万 m³。补水期间解台船闸因过船开闸放掉的水量就有 1 555 万 m³,故解台—蔺家坝两断面实际进出水量的差值应为 1 454 万 m³。补水期间,降水与蒸发都很小,可忽略不计,在此期间基本无外水汇入本区间河段。根据进出断面水位变幅计算,补水期间该河段槽蓄变量为 147.7 万 m³;河段输水损失为 1 314 万 m³,两者合计为 1 462 万 m³,与实际进出水量仅相差 8 万 m³。

水量平衡计算见表 10-7。

表 10-7　解台闸—蔺家坝河段水量平衡计算结果

项目	河段长度 (km)	入流水量 (万 m³)	出流水量 (万 m³)	入出流之差 (万 m³)	供、用水量 (万 m³)	河道槽蓄变量 (万 m³)	输水损失量 (万 m³)	船闸放水量 (万 m³)
解台闸—蔺家坝闸	26.0	14 020	11 011	3 009	0	147.7	1 314	1 555

以上计算结果表明,进出河段的水量之差与河段的输水损失、槽蓄变量等情况相符。

该河段输水损失分析虽无实测资料,但与参考测验数据的河段同属一条河,河道的土质、河宽、湿周、植被、地下水埋深等情况相同或近似,因此,该河段的水量平衡计算和分析仍然有较高的可信度。

10.5.3.6　里运河江都引江桥—淮安抽水站段

里运河江都—淮安段全长 128.29 km,该河段主要控制着江水和淮水的进出。当上游来水或淮水丰沛时,可通过淮安枢纽泄水南下进入长江;而当淮水不足或遇干旱时,则由江都抽水站抽引江水北上,满足上游地区的用水需求。在本区间段内,沿线两岸分布大小各种涵闸 51 座、船(套)闸 12 座,平均每 2 km 就有 1 座水工建筑物取水或补水,因此本河段水资源配置情况相对复杂。江都—淮安段向南四湖应急生态补水计量监测工作从 2002 年 12 月 8 日开始到 12 月 30 日结束。在应急补水期间,江都抽水站共开机 23 天,抽引江水 29 220 万 m³,通过淮安大引江闸及淮安抽水一、二、三站引出水量为 23 520 万 m³。

1) 补水期区间段降水、蒸发

本区间段内共有邵伯、高邮、宝应、运东 4 个雨量站和邵伯、运东闸 2 个蒸发量观测站。在补水期间,12 月 6—24 日出现了降水,区间内降水情况如下:邵伯站降水日为 9 天,降水量为 44.9 mm;高邮站降水日为 7 天,降水量为 3 mm;宝应站降水日为 5 天,降水量为 17.3 mm;运东闸降水日为 4 天,降水量为 8.0 mm。邵伯站最大日降水量为 13.3 mm(17 日);高邮站最大日降水量为 1 mm(18 日);宝应站最大日降水量为 6.9 mm(17 日);运东闸最大日降水量为 4.0 mm(21 日)。降水的趋势是南大北小。时段内区间面平均雨量为 25.9 mm。

蒸发情况如下:补水期间邵伯、运东 2 个陆面蒸发观测站的蒸发量分别为 16.6 mm 和 22.1 mm,面平均蒸发量为 19.4 mm,按照相关水面蒸发器折算系数,其标准水体蒸发量为 21.7 mm,与上述面雨量相差 4.2 mm,由此产生的径流量约为 11.4 万 m³。

2) 区间内水工程运行、外来水汇入及河道槽蓄变化情况

江都—淮安段水位变幅以 12 月 7 日为初始水位,12 月 30 日为结束时计算水位,其引江桥 12 月 7 日水位为 7.36 m,12 月 30 日水位为 6.89 m;淮安站 12 月 7 日水位为 6.07 m,12 月 30 日水位为 6.90 m。区间内平均水位差为 0.18 m,槽蓄水变量约 489 万 m³。

补水期间,江都抽水站、淮安大引江闸及淮安抽水一、二、三站等泵站机组都开机向北送水。

在此期间,小麦处于生长初期,农业灌溉用水需求量很小,沿途各取水口门全部关闭。区段内的南运西闸、北运西闸和河湖调度闸均未开闸,所以,补水期间除降水外,无外来水汇入本区间段。

3) 水量平衡分析(12 月 8 日—12 月 30 日)

$W_入$:江都抽水站抽引江水与降水产生的径流之和为 29 230 万 m³;

$W_出$:通过淮安大引江闸向下级泄水及淮安站向上一级区间送水共计 23 520 万 m³;

$\Delta W_{槽蓄}$：489 万 m³；

$W_{损}$：采用 2000 年测定的输水损失标准 0.201 m³(s·km)，计算损失量为 5 124 万 m³。

河段槽蓄变量和水量损失共计为 5 613 万 m³，与本区间 5 710 万 m³ 进出水量基本吻合，误差仅为 1.7%。

通过以上分析可以认为，此次补水监测成果较精确地反映了补水期间该河段的实际供用水情况。

10.6 启示

（1）本次向南四湖补水计量监测是在苏北供水计量监测方案、技术基础上实施的，既是对苏北供水计量监测技术和方法的检验，也是苏北供水计量监测的升级版，为南水北调东线工程正式运行的计量监测提供了经验借鉴。

（2）应充分认识进行跨省、跨流域调水精准计量监测的复杂性。从本次监测所涉及的单位、所调用的人员、仪器、设备等来看，要对类似跨省调水的复杂过程进行精确监测，难度较高。

（3）引进和使用先进的测报技术和仪器设备是提高监测效率、降低监测成本、有效应对复杂环境和恶劣气候条件的关键。

（4）提高淮水及沿线相关湖泊水源的配置利用率，控制沿线各地按定额用水、节约用水，是降低长距离、跨流域调水成本的关键。如何有预见性地、科学地配置江水、淮水，实现调水干线上相关泵站及控制工程的互动，兼顾流域地区防汛防旱安全，实现调水成本最低，效益最高，值得深入研究。

第十一章 供水计量试验与研究——以盐城市为例

在盐城开展地级市和县级行政区供水计量研究,有很好的实践基础。20世纪70年代至90年代初里下河水网区开展过分片巡测,21世纪初开展过小区试验,曾经对2 000多条骨干大沟、近万条中沟,密布着超万座水闸、泵站的盐城市,分别不同的片区,有效解决了口门监测与水位流量关系率定问题。这对平原水网区乃至其他地区以行政区为单元开展供水计量研究具有借鉴意义。

11.1 概述

开展市、县供水计量的研究规划和实施,是促进计划用水、节约用水,形成科学合理水价机制,使传统工程水利向资源水利、现代水利、可持续发展水利转变的必然要求;也是逐步建立规范有序的水市场,加快节水型社会建设步伐,以水资源的可持续利用支撑社会国民经济可持续发展的客观要求。苏北地区水资源实现合理配置、计量收费、分级考核的技术基础,对节约和优化配置水资源,促进供水产业和供水管理的良性循环,具有十分重要的意义。

随着经济社会的持续发展、城市化进程的加快和人民生活水平的不断提高,水资源短缺、水环境恶化等问题日益突出,水资源供需矛盾更加尖锐,流域性调水、区域供水、城市用水、灌区用水等呼唤着与之相配套的水量计量技术,水系复杂的平原水网区尤其如此。

从水利角度看,随着工程水利向资源水利转变,合理配置和使用水资源也逐渐提到了前所未有的高度。而资源水利的基本问题是算清水账,准确弄清水资源量,包括地表水资源和地下水资源。要准确掌握一个地区尤其是水系复杂的平原水网区的水资源量,就必须有一套科学系统的水量计量技术方法,以现有水利水文设施为依托,视计量区域的具体情况,选取合理的监测断面,选择合理的计量设备,运用科学的计算方法,最终测算出相应的水资源量,为解决水资源时空分布与需求不匹配问题提供技术支撑。

计量方法可以归纳为以下几类:① 利用水工建筑物量水,即通过量测闸、涵、渡槽、倒虹吸等建筑物进、出水侧的水位,再根据测定的建筑物的流量系数及上下游水位差,推求通过建筑物的流量和累计水量。② 利用流速仪量水,就是通过量测标准渠道断面的水位及断面特征点的流速,推求过水断面面积及过水断面的平均流速,再以此计算渠道过水流量及累积水量。③ 新型量水设备量水,如移动式ADCP、水平式H-ADCP、时差法超声波流量计。

本章以盐城市为例,对区域水量计量这套系统技术逐步开展研究。主要内容包括以下方面。

(1) 区域供水计量监测断面布设。
(2) 区域供水计量技术分析比选。
(3) 区域供水计量信息管理系统。在分析研究通信与网络的基础上,针对性地提出试点区的信息管理系统解决方案,全面实现数据采集的自动化、传输的网络化、处理的标准化、分析的科学化。

(4)区域水量平衡研究。运用水量平衡原理,建立区域水量平衡验算模型,对区域采集的资料进行供需平衡研究,结合实验小区近年的实测资料,计算区域的供水量及水量平衡误差情况,以证明区域供水计量技术在平原水网地区的可行性和推广价值。

由于行政区与行政区交界犬牙交错,沿周界巡测控制水量断面难以布设,要算清上游来水(调水、涝水、回归水)的组成以及本地作物耗水与经济社会用水,须通过开展一定的行政区域与小区实验研究相结合,解决不同时段用水组成、用水与耗水的关系、上游调水与本区的关系,较为复杂。

11.2 市级供水计量研究

11.2.1 试验目的

通过对大市试验区内的产水量、汇流、蒸发、地下水变化,代表小区的农作物用水定额等要素进行观测、试验,研究大区水量平衡计算所需相关参数。

11.2.2 预期

对水量平衡参数进行补充、校正,为地级市供水计量、水量平衡计算建立数学模型,提供相关依据。

11.2.3 技术路线

盐城市境内既有废黄河、苏北灌溉总渠、通榆河等省级以上流域性骨干河道,又有射阳河等区域性跨市河道,还有西潮河、运棉河等市一级河道;既有像废黄河、灌溉总渠这样的高水河床,又有圩区连片的水网区,水系复杂,流向不定。

由于盐城市独特的水系环境,供水计量难度大、范围广,设计采用先进的测验设备。科学的计算方法,按照因地制宜、分区划片、综合考虑、分期实施的技术路线进行。

技术路线包括前期工作、方案编制、方案实施、成果编制四个方面。具体设计见图11-1。

11.2.4 总体方案

以跨市界引、排水河道为主线,充分利用现有各类水文站网(含水量巡测站),对沿线各口门进出水量进行控制或率定测验。进水巡测口门年测验次数不少于30次,出水口门由国家水文站控制。采用一潮推流法或水工建筑物测流的测次(潮次)均不少于20次;采用H-ADCP、时差法超声波在线测量,测次不少于30次。在水文分析的基础上,建立相应的水力因素-流量关系,以计算出各口门目标时段内的进出水量。

对于通榆河、泰东河、丁溪河、三十里河、五十里河、斗龙港、朱沥沟、蟒蛇河、池沟、沙黄河、宝射河、戛粮河、潮河、杨集河、海陵河、灌溉总渠、废黄河等大市交界南、西线进水量骨干河道,水量采用在线实时监测;沿灌河的红卫河、响坎河、南潮河、民生河,沿海的中山河、翻身河、振东河、入海水道、灌溉总渠、里下河的"五大港"等出水量骨干河道,除沿线16个国家

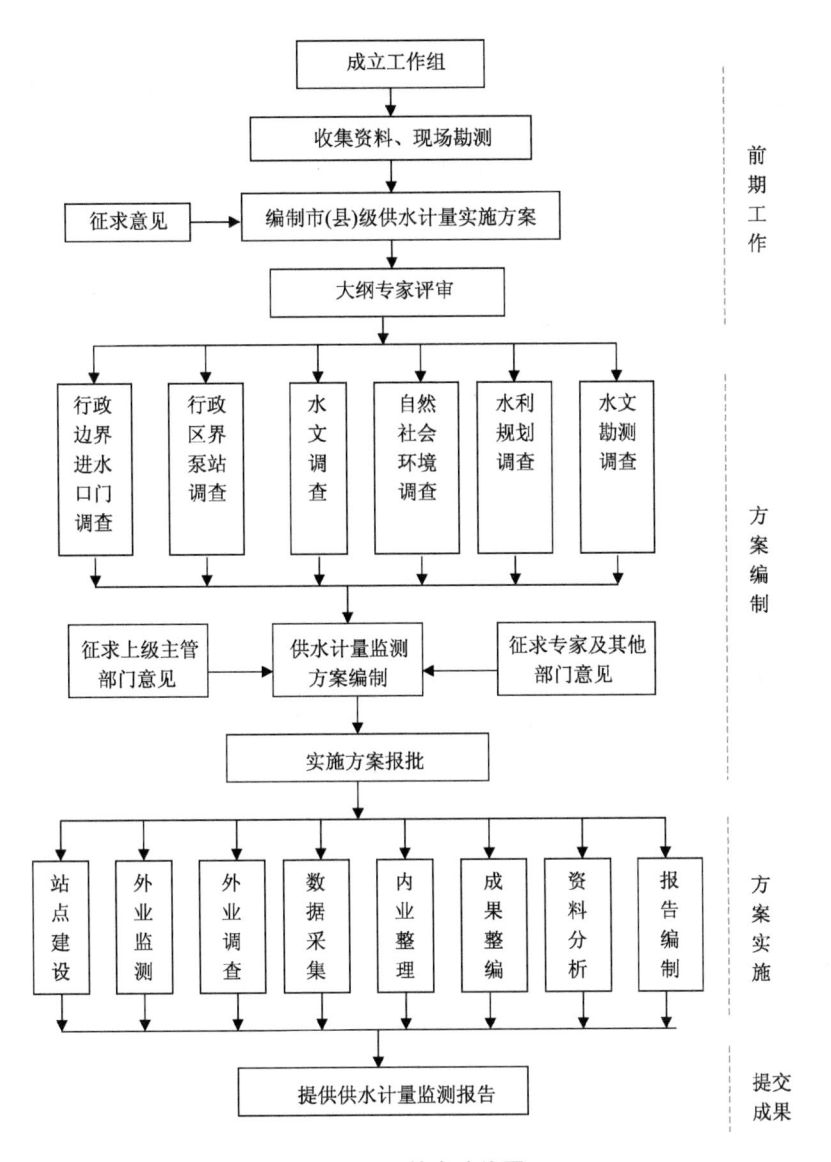

图 11-1　技术路线图

站外,均在县级以上河道设置测流断面,采用遥测水位,单独率定水位流量关系;西线中小口门分段巡测,分组合并建立水位-流量关系;灌溉总渠、废黄河沿线不同河道分水口门,分不同位置采用水工建筑物法、H-ADCP、超声波时差法测量,率定、比测关系,推算水量。

根据盐城市河网特点和区域工程情况,里下河区河网密度,圩区众多,大小走廊、河道数千,调水干线和主要引排水河道在市级和县级行政区进水处大多无节制,其余圩区与圩区之间圩外河道众多,一般在市级、县级行政交界线或行政交界线附近有较大河道相连或相通,沿市、县行政交界四周河道圩区堤身大多建有水闸、泵站用于控制引水排涝。渠北区、沂南区在地级市界无工程直接控制,但沿灌溉总渠、废黄河两岸分水有水闸(洞)控制。沿海一线出水均有大、中、小型涵闸控制。在市级、县级行政区江淮水调水干线,以及行政区界间主要引排水河道,建立水量自动监测站点,在乡镇主要大沟以上河道设立水位、流量断面,用水位推算水量。其他沿线中小口门设立区间代表水位,区间口门水量实施准同步测量,合并定线推算。沿海、沿总渠、废黄河一线涵洞原则上以水量直接控制。沿海一线大型涵闸均设有水文站点，中小型涵闸可通过建立水位遥测和人工观测水尺站点，率定水位-流量关系，控制入海水量。

11.2.4.1　盐城市级

对于盐城市市级行政区进出水量，需要摸清下垫面面积、水资源分区面积组成及行政边界地区取用水情况，区分主要来水水源及外排口门，勾画出实际监测断面位置及巡测口门线路。盐城市市级供水计量巡测控制线见图11-2。

盐城市来水水源分为淮水和长江水，以灌溉总渠为线，以北渠北区、沂南区为淮水江水混合供应区，以南里下河区为长江水供应区。

里下河区进水以地级市为交界，包含沿东台与海安、姜堰南、西南线行政线、兴化与东台交界泰东河线向北，沿大丰串场河，盐都兴盐界河、大纵湖北岸线、沙黄河、建湖大溪河、蔷薇河、戛粮河，阜宁潮河、杨集河、海陵河与市际交界的巡测线路。

灌溉总渠阜宁的苏嘴、废黄河的童营为渠北区西线进水；废黄河涟水与滨海、响水交界的官滩，甸响河、黄响河的响水县界为沂南区西线进水；沂南区沿灌河、沿海以及渠北区、里下河区沿海闸坝为出水控制线。

沿灌溉总渠、废黄河—淤黄河设有分排口门，分里下河区、渠北区、沂南区三区布设水量监测断面与水量要素站点。

沿灌溉总渠、废黄河—淤黄河内部支线分区进出水，考虑到大市内分三片区水量平衡、区内蓄水水量的增减变化，因此沿灌溉总渠、废黄河设立进出口门。灌溉总渠沿线阜宁小中河泵站、滨海民便河北坍泵站、滨海枢纽(通)为3个引水口门。其余总渠沿线的口门均为出水口门。

废黄河—淤黄河南线(渠北区出水)有阜宁周门、单港、北沙3个抽水站，滨海境内大套一站、二站、三站出水，同一区的废黄河—淤黄河南岸有坎响河、张弓干渠、淤黄河进水闸、双龙抽水站、南干渠、通济河等进水至渠北区滨海。

对水量控制线(巡测线)外的插花地、零星地块，如东台溱东、时堰泰东河西岸，五烈镇沿车路河南岸，大丰串场河东兴化合陈，市区盐都兴盐界河南，大纵湖湖西及横字河以南，南周河以西，沙黄河以西，建湖戛粮河以西，阜宁西南马家荡地区，渔滨河西等地块，滨海废黄河北，响水唐响河西零星地。沿海达标海堤以外，新围垦地块。以上地块按用水定额及用水面积计算，从而减少断面设置，便于水文监测。

盐城市供用水线路设定情况：盐城市由五个四级水资源分区组成，即里下河腹部区、斗南区、斗北区、渠北区、沂南区，供用水设定时，将由里下河腹部区、斗南区、斗北区三区归并后的里下河区以及渠北区、沂南区为研究对象，在三区的周界设立进出水控制断面，与外市界的进出水口门(包括出海口门)确定为市级控制，灌溉总渠及废黄河—淤黄河沿线口门作为分区内部供水控制线路。

全市河流进出线路走向和水量监测断面，按照从南到北、从西向东顺序，总体分南线、西线、东线、北线四线。即市级南线(东台)、市级西线(东台)、市级西线(大丰)、市级西线(市区)、市级西线(建湖)、市级西线(阜宁)、市级西线(响水)、市级东线(东台)、市级东线(大丰)、市级东线(市区)、市级东线(射阳)、市级东线(滨海)、市级东线(响水)、市级北线(响水)。与市级相配合的里下河区、渠北区、沂南区供用水进出水口门内部交界线又分为里下河区北线、渠北区北线(同沂南区南线)。

盐城市市级进出水断面见表11-1。

图 11-2 盐城市市级供水计量巡测控制线图

表 11-1　盐城市级进出水断面

分线	行政区	主要进水断面名称	中小口门	分线	行政区	主要出水断面名称	中小口门
南线	东台	丁堡河闸,富安梁一,东风大桥等13处	16处	里下河区东线	东台	方塘河闸,梁垛河南闸,梁垛河闸,川水港闸	8处
西线	东台	溱东大桥,东大河桥,张家舍,博镇等7处	10处		大丰	川东港闸,王港新闸,四卯酉闸,大丰闸,斗龙港闸等8处	12处
西线	大丰	冯家舍(丁),白驹,刘庄镇南,刘庄镇西,孙童庄等8处	26处		市区	新洋港闸,西潮河闸	3处
西线	市区	大冈,东花三庄,西高田,郝荣,北宋庄等10处	81处	渠北区	射阳	射阳河闸,黄沙港闸,利民河闸,运棉河闸,运粮河闸等9处	18处
西线	建湖	黄土沟(沙),黄土沟(黄),大溪河,蔷薇河,收成庄等15处	20处			六垛南闸	
渠北区	阜宁	汤东,马家荡,童沟闸	15处		滨海	海口南闸,海口北闸,南八滩闸,翻身河闸,振东闸等6处	11处
沂南区	阜宁	苏嘴,童营洞,童营翻水站		北线	响水	淡黄河闸,翻身河闸	15处
	响水	官滩,小尖(甸),小尖(唐)		西线	响水	南朝河闸,民生河闸,灌河地涵等	26处
					阜宁	周门,单港,北沙泵站等3处	

市级市内水资源分区进出水断面方案选择表

			阜宁泵站
里下河区北线	阜宁	苏嘴洞,桓河洞,跃进洞,东沙洞等11处	北坍站,滨海枢纽(通)
	滨海	射北洞,王圩洞,十八层洞等8处	
	射阳	五岸东洞,西岸2处	
渠北区北线	滨海	西园进水洞,西玖套闸,张弓进水闸,南干新闸,八滩通济闸等11处	大套一站,滨海(通)(大套二、三站)

1) 里下河区进、出水量控制

(1) 里下河区进水控制断面

① 市级南线(东台),在丁堡河唐洋,通榆河富安梁一,仇湖港、芦花港安丰,南官河、台先河、先进河、沙杨河时堰,丰收河、白米河、姜溱河、周黄河溱东等 13 处市县交界断面设置站点,并设其他 16 处巡测口门,掌握南部从海安、姜堰进水。

② 市级西线(东台),泰东河溱东、泰东河东台、辞郎河、蚌蜒河、梓辛河、窑砣河、五烈河等 7 处代表断面设置站点,和泰东河西岸巡测口门 10 处,掌握从姜堰、兴化进水。

③ 市级西线(大丰),在丁溪河、白涂河草堰,三十里河白驹,七灶河、串场河刘庄,斗龙港孙童庄等 8 处断面设置站点,和沿串场河东岸、兴盐界河北岸巡测口门 26 处,控制从兴化来水。

④ 市级西线(市区),在冈沟河大冈,东涡河郝荣,一字河、红九河尚庄,朱沥沟、蟒蛇河、横字河义丰,迎春河、池沟、横字河楼王等代表断面设置站点 10 处,沿兴盐界河线 55 处小闸,沿大纵湖湖区北岸至沙沟、沿沙黄河东岸线设巡测口门各 13 处,掌握从兴化、宝应进水。

⑤ 市级西线(建湖),在西塘河、宝射河黄土沟,走马河、沿河、鸽子河、太绪沟、蚬河恒济,李夏沟九龙口,南建港沟、北建港沟近阳,戛粮河瓦瓷等代表断面设置站点 10 处,和该线 20 处巡测口门,掌握从宝应、楚州进水。

⑥ 市级西线(阜宁),以潮河公兴、杨集河马家荡、海陵河青沟闸 3 处为代表断面设置站点,另有沿荡线及与楚州行政交界处巡测口门 11 处,掌握从楚州进水。

⑦ 里下河区北线(阜宁、滨海、射阳),以苏北灌溉总渠南堤进水洞为计量监测断面,其中阜宁 11 处、滨海 8 处、射阳 2 处设置监测站点,掌握从总渠进水。

里下河区总进水量为

$$Q_{里进}=Q_{里进1}+Q_{里进2}+Q_{里进3}+Q_{里进4}+Q_{里进5}+Q_{里进6}+Q_{里进7}+Q_{里降} \quad (11.1)$$

式中:$Q_{里进1}$,$Q_{里进2}$,$\cdots$,$Q_{里进7}$ 分别为以上①②……⑦对应的进水量,$Q_{里降}$为里下河区降雨径流量。

(2) 里下河区出水控制断面

① 市区东线(东台),为掌握东台沿海垦区出水,在方塘河闸、梁垛河南闸、梁垛河闸、川水港闸等 4 闸及达标海堤外 8 座小型水闸设立入海水量控制断面。

② 市级东线(大丰),掌握川东港闸、竹港新闸、新王港闸、四卯西闸、大丰闸、兴垦闸、三里闸以及堤外其他 12 座小型水闸入海水量。

③ 市级东线(市区),掌握市区西潮河闸、新洋港闸两个主要出水口门及堤外其他 3 座小型水闸入海水量。

④ 市级东线(射阳),掌握利民河闸、黄沙港闸、运棉河闸、射阳河闸、环洋洞、射阳港闸、运粮河闸、双洋闸、夸套闸及堤外 18 座小型水闸入海水量。

⑤ 里下河区北线(阜宁、滨海),控制灌溉总渠阜宁小中河泵站、滨海枢纽(通)、滨海北坍泵站向北沿线出水。

里下河区总出水量为

$$Q_{里出}=Q_{里出1}+Q_{里出2}+Q_{里出3}+Q_{里出4}+Q_{里出5} \quad (11.2)$$

式中：$Q_{里出1}$，$Q_{里出2}$，…，$Q_{里出5}$分别为以上①②……⑤项对应的出水量。

（3）里下河区插花地用水量

① 市级西线（东台），泰东河西溱东、时堰，车路河南部分村用地用水$Q_{里插1}$。

② 市级西线（大丰），串场河东兴化合陈、串场河西草堰马桥地块用水$Q_{里插2}$。

③ 市级西线（市区），兴盐界河南、大纵湖湖西、沙黄河西地块用水$Q_{里插3}$。

④ 市级西线（建湖），蔷薇河、戛粮河西地块用水$Q_{里插4}$。

⑤ 市级西线（阜宁），潮河、杨集河、海陵河西南部马家荡等地区用水$Q_{里插5}$。

⑥ 相关县沿海达标海堤外新围垦地用水$Q_{里插6}$。

里下河区插花地总用水量为

$$Q_{里插}=Q_{里插1}+Q_{里插2}+Q_{里插3}+Q_{里插4}+Q_{里插5}+Q_{里插6} \tag{11.3}$$

（4）里下河区用水量

里下河区用水量为区内进出水量差值与插花地用水量之和。

$$Q_{里用}=Q_{里进}-Q_{里出}+Q_{里插} \tag{11.4}$$

2）渠北区进、出水量控制

（1）渠北区进水控制断面

① 市级西线（阜宁），从灌溉总渠苏嘴、废黄河童营洞、童营抽水站3处断面设站控制进水。

② 里下河区北线（阜宁、滨海），从灌溉总渠小中河阜宁泵站、滨海枢纽（通）、民便河北坍泵站设站控制断面进水。

③ 渠北区北线（滨海），从废黄河—淤黄河南岸的西坎套闸、张弓干渠进水闸、淤黄河进水闸、双龙抽水站、南干渠闸、通济河节制闸等11处设立监测断面控制进水。

渠北区进水量为

$$Q_{渠进}=Q_{渠进1}+Q_{渠进2}+Q_{渠进3}+Q_{渠降} \tag{11.5}$$

式中，$Q_{渠进1}$，$Q_{渠进2}$，$Q_{渠进3}$分别为以上①②③项对应的进水量。$Q_{渠降}$为渠北区降雨径流量。

（2）渠北区出水控制断面

① 里下河区北线（阜宁、滨海、射阳），沿灌溉总渠南一线出水口门21处，同里下河区北线进水口门。

② 市级西线（阜宁），沿废黄河北沙、周门、单港翻水泵站从渠北区抽涝水入废黄河。

③ 渠北区（滨海），在大套一、二、三站翻水站设出水口门监测至沂南区水量。

④ 市级东线（射阳），在六垛南闸设置监测断面控制入海水量。

⑤ 市级东线（滨海），在沿海海口南闸、海口北闸、南八滩闸、二罾闸、振东闸设监测断面及堤外3个小型水闸设巡测口门控制入海水量。

渠北区总出水量为

$$Q_{渠出}=Q_{渠出1}+Q_{渠出2}+Q_{渠出3}+Q_{渠出4}+Q_{渠出5} \tag{11.6}$$

式中，$Q_{渠出1}$，$Q_{渠出2}$，…，$Q_{渠出5}$分别为以上①②…⑤项对应的进水量。

（3）渠北区插花地用水量

渠北区插花地用水量主要是沿海达标海堤外新围垦地用水。

(4) 渠北区用水量

渠北区用水量为区内进出水量差值与插花地用水量之和。

$$Q_{渠用} = Q_{渠进} - Q_{渠出} + Q_{渠插} \tag{11.7}$$

式中：$Q_{渠插}$为沿海达标海堤外新围垦地用水。

3) 沂南区进、出水量控制

(1) 沂南区进水控制断面

① 市级西线（响水），主要从废黄河官滩、甸响河小尖（甸）及唐响河小尖（唐）等3处控制断面进水。

② 沂南区南线（渠北区北线），掌握从大套一、二、三站翻水站进水。

沂南区总进水量为

$$Q_{沂进} = Q_{沂进1} + Q_{沂进2} + Q_{沂降} \tag{11.8}$$

式中：$Q_{沂进1}$，$Q_{沂进2}$分别为以上①②项对应的进水量。$Q_{沂降}$为渠北区降雨径流量。

(2) 沂南区出水控制断面

① 沂南区南线（滨海），掌握从滨海西坎套闸、张弓干渠闸，淤黄河闸，双龙抽水站，南干闸，通济河节制闸等11座闸站出水。

② 市级东线（滨海），控制滨海淤黄河闸、翻身河闸及沿海其他8座小型水闸出海水量。

③ 市级东线（响水），掌握响水沿海15座水闸出水。

④ 市级北线（响水），沿灌河9座中型涵闸、26座小型涵闸控制北部入灌河水量。

沂南区总出水量为

$$Q_{沂出} = Q_{沂出1} + Q_{沂出2} + Q_{沂出3} + Q_{沂出4} \tag{11.9}$$

式中：$Q_{沂出1}$，$Q_{沂出2}$，$Q_{沂出3}$，$Q_{沂出4}$分别为以上①②③④项对应的进水量。

(3) 沂南区插花地用水量

① 黄响河西部分村用地用水 $Q_{沂插1}$。

② 沿海达标海堤外新围垦地用水 $Q_{沂插2}$。

③ 市级西线（阜宁）废黄河河北北沙部分村用地用水 $Q_{沂插3}$。

④ 市级西线（滨海）废黄河河北大套大关部分地块用水 $Q_{沂插4}$。

沂南区插花地总用水量为

$$Q_{沂插} = Q_{沂插1} + Q_{沂插2} + Q_{沂插3} + Q_{沂插4} \tag{11.10}$$

(4) 沂南区用水量

沂南区用水量为区内进出水量差值与插花地用水量之和。

$$Q_{沂用} = Q_{沂进} - Q_{沂出} + Q_{沂插} \tag{11.11}$$

4) 盐城市级用水量

盐城市级用水量由里下河区、渠北区、沂南区三区组成。

$$Q_{市用} = Q_{里用} + Q_{渠用} + Q_{沂用} \tag{11.12}$$

11.2.4.2 县级

水网区各县（市）级行政区内进出水量，在市级行政区进出水量断面设立的基础上，进一步理清市级与县级行政区是否有公共进出水供用线路,以及主要来水水源和外排水口门。当市级、县级进出水供用线路及监测口门相同时,按市级线路、口门名称标注。区内各县(市、区)进出口门仍按从南到北、从西向东顺序,布设水量监测断面及监测水量要素的站点。

现以东台、盐城市区(亭湖区、盐都区)、响水等 3 个县级区域县际断面布设为例进行叙述。

1) 东台市进、出水量控制

东台市进出水断面布置见表 11-2。

表 11-2 东台市(县级)进出水断面

分线	主要进水断面	中小口门
南线	丁堡河闸、富安梁一、仇湖大桥、东风大桥等 13 个	沿东台、海安、姜堰界 16 个
西线	溱东大桥、时堰大桥、东大河桥、广山、张家舍、博镇、三周等	联合圩桥、友谊圩桥、卫星西桥等 9 个
北线		永合、蟒河、普新1、普新2,中合1、中合2、卞团、辛勤、双坝等

分线	主要出水断面	中小口门
北线	冯家舍(串)、北海大桥(通)、陈家墩(何)	朱灶闸、中心河闸、农场红星闸、建川南闸等 13 座
东线	川水港闸、梁垛河闸、梁垛河南闸、方塘河闸	渔舍涵洞、三仓农场出水闸、蹲门垦区涵洞等 8 座

(1) 进水量控制断面

东台市地处里下河区,通榆河将该区一分为二,西为里下河腹部区,东为斗南区。何垛河又将斗南区分成东台垦区与城东区两部分。东台垦区为独立排区,平常用水靠通榆河东岸的富安、安丰、东台 3 座泵站抽水灌溉。在设立东台市县级南线、西线两线进水断面时,同市级(东台)断面口门。

根据以上分析,东台市的进水控制断面如下。

① 南线:同市级(东台)口门。

② 西线:同市级(东台)口门。

③ 北线:沿东台界丁溪河引用水量,在丁溪河南岸口门社道河、吴九河、方向河、新跃河、红星河、光荣河、新跃河(卞团)、四引河、垛坝河设立引水口门。

以上三线断面监测的进水量分别由 $Q_{东进1}$,$Q_{东进2}$,$Q_{东进3}$ 表示,同时以 $Q_{东降}$ 表示东台市降雨径流量,则东台市总进水量为

$$Q_{东进} = Q_{东进1} + Q_{东进2} + Q_{东进3} + Q_{东降} \tag{11.13}$$

(2) 出水量控制断面

东台市出水路径主要是北部通榆河、串场河、何垛河 3 处以及沿东台与大丰交界老何垛河南岸入大丰水量,其余均排水入海。

出水断面布设如下。

① 为控制北部出水量,在串场河冯家舍、通榆河北海大桥、何垛河陈家墩设立 3 个监测断面。

② 沿海出水口门方塘河闸、梁垛河南闸、梁垛河闸、川水港闸以及沿海渔舍涵洞、方南垦区涵洞、沿海开发区涵洞、三仓农场出水闸、仓东垦区涵洞、梁南垦区涵洞、笆斗垦区涵洞、蹲门垦区涵洞等 8 座小型建筑物掌握东部出海水量。口门同市级东线（东台）出水。

③ 在东台与大丰交界的东台垦区有幸福河、中心河、丰收河、一大沟、工农河、新村河、红星河、红东河、四大沟、红日河、红星中沟、中心干河、海堤河 13 条河，并在河流末端建有水闸控制，因此相应设立断面控制出大丰水量。

以上断面监测的出水量分别用 $Q_{东出1}$，$Q_{东出2}$，$Q_{东出3}$ 表示，则东台市出水量为

$$Q_{东出} = Q_{东出1} + Q_{东出2} + Q_{东出3} \tag{11.14}$$

（3）插花地用水

沿东台行政区四周有插花地若干。即：

① 泰东河西岸溱东、时堰插花地用水量 $Q_{东插1}$；
② 车路河南地区用水量 $Q_{东插2}$；
③ 达标海堤外新围土地用水 $Q_{东插3}$；
④ 老何垛河北岸与排水闸之间地块用水量 $Q_{东插4}$。

$$Q_{东插} = Q_{东插1} + Q_{东插2} + Q_{东插3} + Q_{东插4} \tag{11.15}$$

（4）总用水量

总用水量为区内进出水量之差与控制断面沿线外插花地用水之和。

$$Q_{东用} = Q_{东进} - Q_{东出} + Q_{东插} \tag{11.16}$$

东台市供水计量监测断面分布见图 11-3。

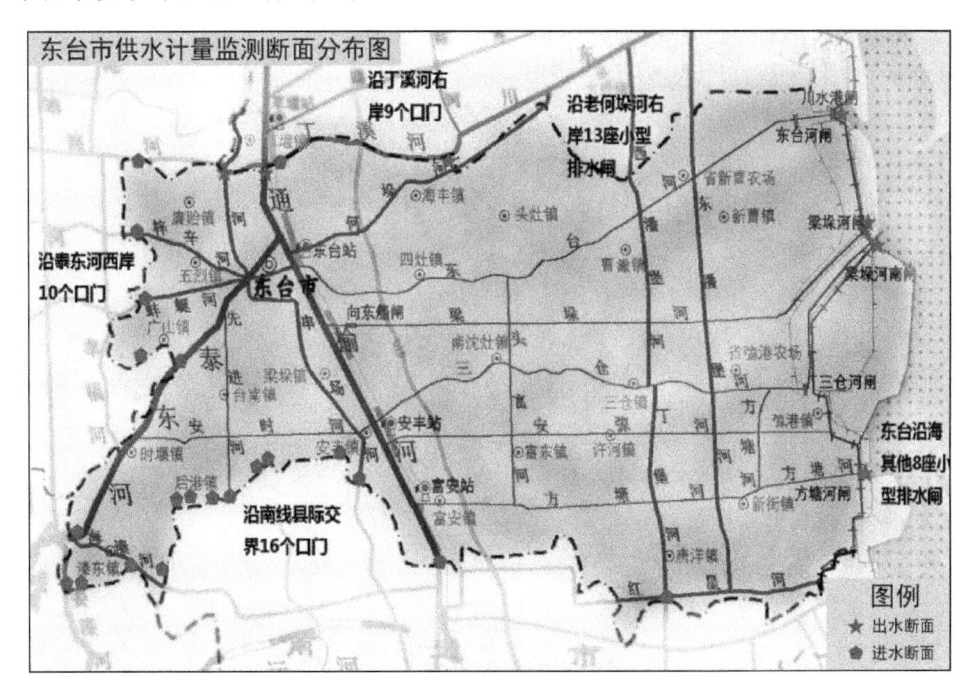

图 11-3　东台市供水计量监测断面分布图

2) 盐城市区进、出水量控制

盐城市区进出水断面布置见表11-3。

表11-3 盐城市区进出水断面表

分线	主要进水断面	中小口门
西线	大冈、东花三庄、西高田、郝荣、胥家庄、北宋庄、杨庄、潭心溪、莘野、北莘野、姚家墩等11个	沿兴盐界河、大纵湖、沙黄河线81个
南线	北李、新陈、韦灶（通）、树袁（串）、金家桥、小公司、坍灶等8个	沿斗龙港、串场河、西潮河线19个

分线	主要出水断面	中小口门
北线	张家舍、大吉、西冈河桥、小新庄（串）、马家洼（通）、潭洋河、盘湾、刘村、新丰河闸、洋尖等10个	沿盐河、南草堰河、潭洋河、新洋港线57个
东线	新洋港闸、西潮河闸	中路港排水洞、鹤场引水洞、二步桥引淡洞

(1) 进水量控制断面

盐城市区属里下河区，通榆河将市区分为里下河腹部区和斗北区，用水主要来源于兴盐界河、大纵湖、串场河、通榆河以及市区盐都西南部荡区。内部河道纵横交错，情况较为复杂。兴盐界河以南、大纵湖西、横字河以南湖西地区、沙黄河以西荡区插花地按用水面积定额计算用水量，北部与建湖交界处盐河的6个圩口闸自然引水量很小，不予考虑。由此，盐城市区的进水断面布设如下。

① 市级西线（市区）冈沟河大冈、上官河郝荣、东涡河东花三庄、红九河西高田、朱沥沟胥家庄、蟒蛇河北宋庄6处主要断面及沿兴盐界河一线55个小口门，掌握从兴盐界河引水。

② 横字河杨庄、迎春河潭溪、池沟莘野、横塘河北莘野4处断面及沿大纵湖北岸13个口门、沿沙黄河东岸13个口门全线监测，掌握西部沙黄河来水。以上①②同市级西线（市区）进水断面。

③ 盐城市区南线（大丰北部）沿斗龙港线左岸通榆河韦灶、串场河韦灶、中心河树袁、步凤河金家桥、仁智小公司、风洋河坍灶6处口门及串场河西大仓河北李、中心河新陈等12个口门出水量，即盐城市区南部进水量。

④ 建湖西盐姚家墩断面掌握从建湖进入市区引用水量。

⑤ 沿西潮河右岸7个口门掌握从大丰进入市区引用水量。

分别用 $Q_{市区进1}$，$Q_{市区进2}$，…，$Q_{市区进5}$ 表示以上断面监测的进水量，用 $Q_{市区降}$ 表示盐城市区降雨径流量，则盐城市区总进水量为

$$Q_{市区进}=Q_{市区进1}+Q_{市区进2}+Q_{市区进3}+Q_{市区进4}+Q_{市区进5}+Q_{市区降} \tag{11.17}$$

(2) 出水量控制断面

盐城市区出水河道主要包括通榆河、串场河、冈沟河（建湖县内称西冈河）、东塘河、潭洋河、新洋港、西潮河。根据以上分析，盐城市区的出水控制断面设置如下。

① 为控制北部出水，在盐建河张家舍、东塘河大吉、西冈河西冈河桥、串场河小新庄、通榆河马家洼5处设立断面，同时在盐河、南草堰河左岸沿线设立27个巡测口门。

② 为监测东部沿海及通榆河东潭洋河、新洋港、西潮河市区与射阳、大丰交界出水，在

潭洋河自然、盘湾、新洋港刘村和西潮河史家墩、南直河齐贤设立监测断面5处,沿潭洋河、新洋港右岸布设30个巡测口门,在新洋港闸、西潮河闸及沿海3个小型涵闸设立巡测断面。其中新洋港闸、西潮河闸两监测断面及沿海3个小型涵闸出水同市级东线(市区)口门。

分别用$Q_{市区出1}$,$Q_{市区出2}$表示以上两线断面监测的出水量,则盐城市区总出水量为

$$Q_{市区出} = Q_{市区出1} + Q_{市区出2} \quad (11.18)$$

(3) 盐城市区插花地用水

市区盐都西南湖区周边和兴盐界河、沙黄河线外插花地及沿海新围垦地按面积用水定额计算用水量。

① 兴盐界河河南大纵湖镇地块用水量$Q_{市区插1}$。
② 大纵湖湖西及横字河南地块用水量$Q_{市区插2}$。
③ 沙黄河以西潭溪地块用水量$Q_{市区插3}$。
④ 沿海海堤外新围垦地用水量$Q_{市区插4}$。

盐城市区插花地用水量为

$$Q_{市区插} = Q_{市区插1} + Q_{市区插2} + Q_{市区插3} + Q_{市区插4} \quad (11.19)$$

(4) 大市区用水量

盐城大市区用水量由于受水系、地域及工程措施等方面条件限制,无法进行具体划分,因此用水量分配建议工业、生活等用水量凭计量按实际计算,农业生产等用水量按种植用水面积定额计算。

(5) 总用水量为区内进出水量差值与插花地及大市区用水量之和。

$$Q_{市区用} = Q_{市区进} - Q_{市区出} + Q_{市区插} + Q_{大市区} \quad (11.20)$$

盐城市区供水计量监测断面分布见图11-4。

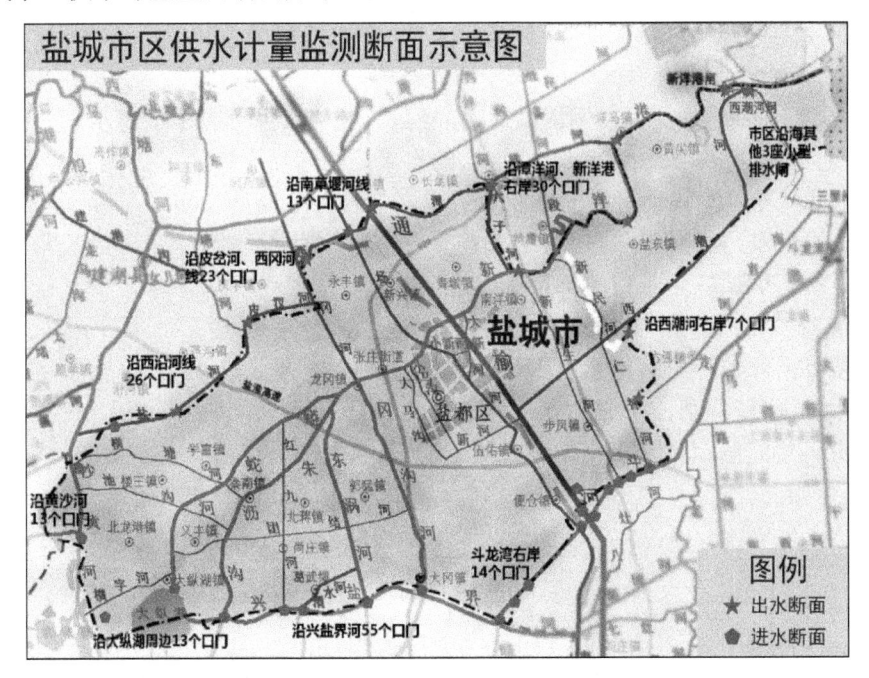

图 11-4 盐城市区供水计量监测断面示意图

3) 响水县进、出水量控制

响水县进出水断面布置见表 11-4。

表 11-4 响水县进出水断面表

分线	主要进水断面	中小口门
西线	官滩、小尖(甸)、小尖(唐)	
南线	大套站、滨海(通)(大套二、三站)	
分线	主要出水断面	中小口门
北线	南潮河闸、民生河闸、红卫河闸、运响河闸、甸响河闸、唐响河闸、海安闸、新建闸、灌河地涵等9个	沿灌河线 26 座闸
东线		沿海线 15 座闸
南线		沿废黄河—中山河线 15 座闸

(1) 进水量控制断面

响水县位于沂南区,来水相对比较单一,主要从废黄河、甸响河、黄响河进水,从大套一站、二站、三站抽水。因此,响水县的进水控制断面设置如下:

① 为掌握西线进水,在涟水、滨海与响水三县交界的废黄河官滩和甸响河、黄响河小尖等 3 个断面控制进水。进水线同市级西线(响水)。

② 在大套一站,大套二、三站滨海(通)设立两控制断面翻水进入废黄河与响水通榆河,进水线同渠北区南线出水。

分别用 $Q_{响进1}$,$Q_{响进2}$ 表示以上两线断面监测的进水量,以 $Q_{响降}$ 表示响水县降雨径流量,则响水县总进水量为

$$Q_{响进} = Q_{响进1} + Q_{响进2} + Q_{响降} \tag{11.21}$$

(2) 出水量控制断面

响水县出水主要包括滨海新闸以及北部灌河一线涵闸,包含数个出海水闸;灌河线涵闸出水,通过灌河最终汇入大海。因此,响水县的出水控制断面设置如下:

① 响水滨海新闸掌握废黄河流域及上游地区来水入海水量;

② 以唐响河闸、甸响河闸、红卫闸、灌河地涵、运响闸、新建闸、海安闸、南潮河闸、民生河闸 9 个中型涵闸和 26 个小型涵闸控制出灌河水量;

③ 沿海 16 个小型涵闸掌握运盐河以东地区入海水量;

④ 沿废黄河—中山河南岸线进滨海水量,以小关洞、西园进水洞、西坎套闸、张弓进水闸、双龙抽水站、淤黄河闸、淤黄河中泓进水闸、南干闸、南干新闸、南干翻水站、新垦洞、部队农场涵洞、五分场涵洞、北干闸、北干翻水站等 15 个断面控制出水。响水南线出水大多同渠北区北线进水口门。

分别用 $Q_{响出1}$,$Q_{响出2}$,$Q_{响出3}$,$Q_{响出4}$ 表示以上断面监测的出水量,则响水县总出水量为

$$Q_{响出} = Q_{响出1} + Q_{响出2} + Q_{响出3} + Q_{响出4} \tag{11.22}$$

(3) 插花地用水

响水插花地由黄响河西 $Q_{响插1}$ 与沿海新围垦用地 $Q_{响插2}$ 以及废黄河、中山河河南用地

$Q_{响插3}$用水组成。

$$Q_{响插} = Q_{响插1} + Q_{响插2} + Q_{响插3} \tag{11.23}$$

(4) 响水县用水总量,为区内进出水量差值与插花地用水量之和。

$$Q_{响用} = Q_{响进} - Q_{响出} + Q_{响插} \tag{11.24}$$

响水县供水计量监测断面见图 11-5。

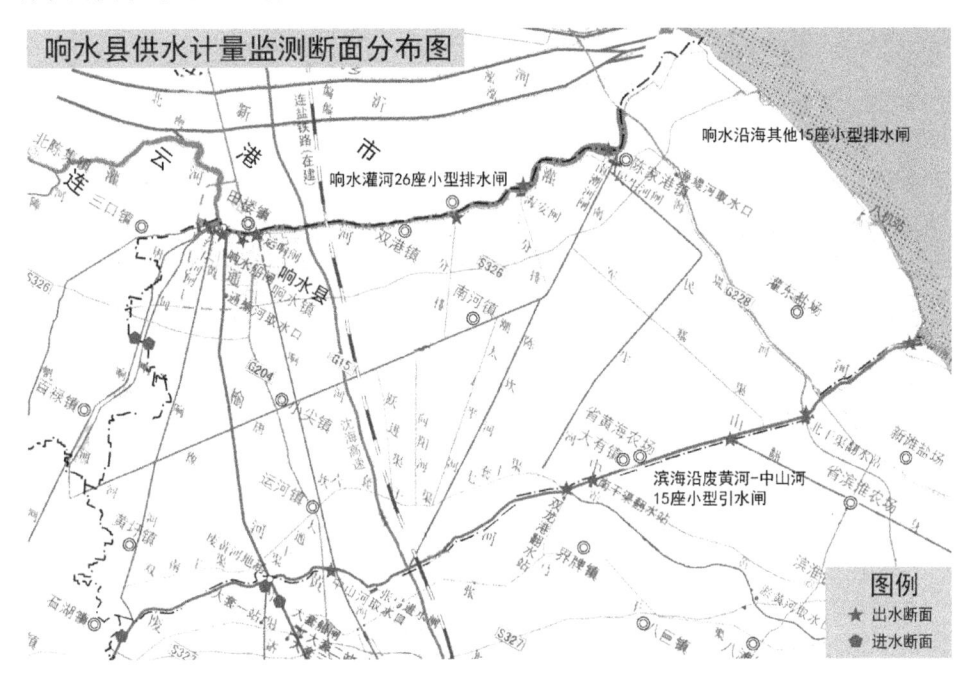

图 11-5　响水县供水计量监测断面分布图

11.2.4.3　供水监测站网布设原则及方法

1) 布设基本原则

盐城市及各县级行政区供水监测站网布设,应符合区域水平衡的原则和区域总量控制的原则,依据部颁 SL 365—2007《水资源水量监测技术导则》开展工作。

(1) 根据区域水平衡以及来水情况,以盐城市里下河区(含里下河腹部区、斗北区、斗南区)、渠北区、沂南区若干个水量平衡区以及县级行政区作为监测对象。

(2) 区域站网布设遵循总量控制,基本控制区域交界进水、出水,区域内产水量、蓄水量;主要调水干线与区域内主要引排河道行政交界处设立站点实测,实测水量站点控制区域内水资源总量的 70% 以上。

(3) 站网不重复原则。充分利用现有国家水文站和专用水文站,将已有站点列入区域进出水总量控制。对区域内其他交界处大沟以上进出水河道设立巡测断面与观测水位设施,中沟以下的河道断面为正常巡测口门。供水监测初期年份,中小口门监测列为详测对象。

对行政区与行政区交界设站困难和分割后较小的地块,根据区域内水文气象特征及下垫面条件进行分区,选择有代表性的分区设站监测(小区试验站),通过水文比拟法或调查定额法推算水量。

2) 实施办法与计量方式

依据河道性质和分布特征,采取分类布控、分块实施、综合计量的实施方法。

(1) 调水干流计量实施分区控制

引长江水进入盐城市的供水干河线有三条:东线为泰东河—通榆河;中线为卤汀河—下官河—黄沙港,及卤汀河—上官河—朱沥沟;西线为三阳河—射阳湖湖荡—夏粮河—射阳河。在市级交界与各县际交会处布设控制断面,采用在线连续监测的方式计量。

废黄河、苏北灌溉总渠等引淮水进入盐城市后,在市级交界进行总量实时监控,沿线向河道两岸配水的,则以各取水建筑物为控制断面,实现自动测报。

里下河水网地区河道交错、水流不定,在控制主要调水干线进出水口门的基础上,增加市、县级交界巡测线县级以上引排河道进出水口门实施计量在线监测,对采用在线测量和水工建筑物作为控制断面、实施自动测报的站,要相应开展流量同步比测,分高、中、低水位施测率定,建立推算比测关系。

(2) 支流控制

大沟级河道设立断面及水位观测设施监测巡测,中沟以上河道选择建设部分水位代表性监测点,采取水文巡测为主要测验方式,准同步测量,建立水位流量关系,应用水文分析计算模型推求、汇总、分析市级及县级行政区供水量。

(3) 部分县级行政区之间的零星插花地,则按农业用水与经济社会用水分别统计。农业以小区试验资料为依据,用用水面积及农作物用水定额综合估算该部分供水量。经济社会用水分行业、单位,区分自备水、公共供水管网水,分别统计汇总。

(4) 全市总的行政区出水量由沿海一线各处挡潮闸(涵)的入海水量控制,充分利用现有站点水文测验资料进行推算,未设置水文站的,可设置站点遥测闸上水位,采用巡测全潮流量,率定水位流量关系,推算一潮水量,以较为准确地得出各县(市、区)出水量。

(5) 全市及县级行政区内的产水、用水、耗水计算,需摸清上游地区进入本区域的来水以及本区域的出水,包括对外调水、降雨径流产生的废弃水,农田灌溉产生的回归水等组成,经过分区监测与小区试验资料结合,推算、汇总、平衡、分析后得出本行政区的产水、用水、耗水等相关数据。

11.2.5 研究条件

20世纪五六十年代,里下河地区灾害频发,遇干旱,水引不进,遇洪涝,水排不出。为探求里下河地区水情变化规律,查找到里下河地区存在问题的症疾,为水利规划提供科学的治理数据,盐城水文局从1970年起,根据平原水网区河网交错、流向不定的特点,采取划片圈巡测线的办法,把里下河水网区划分为盐城、建湖片区,分别进行水文巡测。自1984年开始,为满足水利规划要求和水资源计算的需要,盐城水文局把建湖片列为常年巡测;其间还与扬州水文局合作,开展兴化片出水口门刘白草线、溱潼片东线、宝应向阳河一线20处口门的流量巡测;通过分片监测,较好地掌握了里下河腹部区的盐城片、建湖片、射阳镇片进出水量,以及溱潼片、兴化片东线出水量。整个水网区分片监测工作至1994年全部结束。

为探求里下河沿海垦区的水文规律,满足水利规划、治理与水资源计算与分析需要,1974—1993年在东台沿海垦区设站开展降雨径流及水量垂直交换研究。

自 1973 年起在建湖片钟庄建东(陶舍)圩区设立径流试验站,实行大小区结合,探求水网区降雨径流规律,编制了《平原水网区降雨径流分析》。该分析成果被《江苏水文手册》(1976)和《江苏省水资源调查评价》(2000)所采用。片区所测成果为里下河水网区降雨径流模型参数率定、里下河区水利规划所采纳。

2002 年 11 月—2006 年 10 月,盐城水文部门为适应水资源供水计量研究需要,在建湖钟庄陶舍圩区再次开展小区(1.955 km^2)降雨产汇流试验研究,通过对试验区内的进水量、出水量、降雨、蒸发、稻田水深、地下水位的监测和供用水调查,分析研究实验区水田、旱地、水面产流模型及水资源评价所需相关参数,并进一步对历史试验参数率定和修正。

2003 年 2—8 月,盐城水文部门分别在里下河沿海垦区射阳县、大丰市、东台市开展以县级行政区界为划分单元的水资源监测,推求出三县(市)各自行政区域进出水量变化过程,由此编制的三个县(市)级水资源监测报告成果为水利部《水资源计量监测导则》(SL 365—2007)提供技术依据。

因此选择盐城地级市和县级行政区进行供水计量监测研究,有很好的实践基础,能在乡镇级骨干大沟达两千多条、中沟以上上万条,且水闸、泵站超万座的盐城大市,分别不同的片区,有效解决口门监测与水位流量关系率定,对平原水网区乃至其他地区以行政区为单元开展供水计量具有一定的推动示范作用。

平原水网区水位变差小,水流受水工建筑物控制影响大,水流流向常常往复不定,特别是在非汛期较小河流和五、六月份用水高峰期沿海闸坝长期关闸保水的情况下,靠近沿海侧的末梢河流因河道处于低流速区,超出移动 ADCP 和常规流速仪使用范围,对其监测精度有一定的影响。

因此,开展平原水网区供水计量研究须考虑平原水网区下列特点:

(1) 行政区与行政区交界犬牙交错,控制水量断面难以布设;

(2) 沿周界无固定可供巡测的河流和道路;

(3) 算清上游来水(调水、涝水、回归水)的组成以及本地作物耗水与经济社会用水,须通过开展小区试验研究,解决不同时段用水组成、用水与耗水的关系、上游调水与本区的关系,比较复杂。

11.2.5.1 区域概况

盐城市地处苏北沿海中部,淮河流域尾闾,黄海之滨,地理位置为北纬 32°34′～34°28′,东经 119°27′～120°54′。最大纵距 213 km,最大横距 143 km,海岸线长 582 km,全市总面积 16 972 km^2,总耕地面积 83.71 万 hm^2,水域面积 2 266 km^2。

全市均为平原,地势低平,起伏不大。根据成陆条件差异,分为黄淮、里下河、滨海三个平原。由于地势低平、境外来水少,河道调蓄能力差,水资源较为贫乏;同时由于缺乏严格、准确的用水计量,长期实行按亩收费和传统性收费,水资源的浪费现象普遍存在,用水效率得不到提高。

苏北灌溉总渠以北属黄淮平原,是在淮河三角洲的基础上由黄河泥沙堆积扩大而成,地势从废黄河两岸向东南倾斜。北侧为灌河水系,南侧原为射阳河水系,现经翻身河、三条八滩渠和入海水道北泓等河道排水入海。

苏北灌溉总渠以南、通榆河以西属里下河平原,是江淮平原的一部分,系长江、淮河及黄河泥沙长期堆积而成,地势四周高、中间低,水网密布,沟河纵横,地表水汇入射阳河、黄沙港、新洋港、斗龙港、川东港五大港东流进入黄海。

苏北灌溉总渠以南、通榆河以东属滨海平原，在江淮平原东侧的岸外沙堤形成以后，逐渐淤涨而成。受南北两股海洋潮流的共同影响，成陆地势从东南向西缓缓倾斜，地面较为平坦，其间水系发达，主要河流除五大港横穿其间外，还有运粮河、运棉河、利民河、西潮河、大丰干河、王港、疆界河、东台河、梁垛河、三仓河、方塘河等，大多河流为东西走向，单独排水进入黄海。

11.2.5.2 主要进出水河道

盐城市沿周边主要进水河道，涉及水资源四级分区4个，即斗南区、里下河腹部区、渠北区、沂南区，以及县级行政区七个县(市、区)，调江水干线里下河区三线，淮水两线。斗南区的东台垦区南部与海安县交界，灌溉用水相对独立，丁堡河是区域内唯一与外界有交换水量的河道。里下河腹部区的东台用水主要来源于与海安交界的通榆河、仇湖港、流星港、南官河、先进河、丰收河，与姜堰交界的姜溱河、泰东河，与兴化交界的辞郎河、蚌蜒河、梓辛河、串场河，大丰境内的串场河东丁溪河、白涂河、五十里河、三十里河、七灶河、串场河(刘庄)、兴盐界河大丰与盐城市区接壤的孙同庄斗龙港，市区兴盐界河以北的冈沟河、东涡河、红九河、朱沥沟、蟒蛇河、大纵湖、湖区横字河、沙黄河东的迎春河、池沟、横塘河，建湖境内的与沙黄河接口的西塘河(黄沙港)、大溪河线走马河，蔷薇河—戛粮河线的沿河、鸽子河、太绪沟、蚬河、李夏沟、南建港沟、北建港沟、戛粮河，阜宁境内马家荡北线的潮河、杨集河、海陵河，渠北区灌溉总渠，沂南区的废黄河、响水甸河、唐响河等西线进水河道。

盐城市出水河道涉及沿海6县(区)，主要有：斗南区的东台方塘河、三仓河、梁垛河、川水港、大丰川东港、疆界河、王港、四卯酉河、大丰干河；斗北区的大丰斗龙港、老斗龙港、南直河，市区西潮河、新洋港、射阳利民河、黄沙港、运棉河、射阳河、海堤河、射阳港、运粮河、八丈河、夸套河；渠北区的灌溉总渠、入海水道南、北泓，南八滩渠、中八滩渠、北八滩渠；沂南区的淤黄河、翻身河，响水的中山河，以及沿灌河的民生河、南潮河、响坎河、通榆河等。

盐城市级进出水主要河道见表11-5。

表11-5 盐城市级进出水主要河道一览表

分线		河道名称	备注
进水河道	南线	通榆河、丁堡河、仇湖港、南官河、姜溱河、流星港、先进河、丰收河等	
	西线	苏北灌溉总渠、废黄河、泰东河、串场河、蚌蜒河、斗龙港、蟒蛇河、朱沥沟、戛粮河、沙黄河、宝射河、辞郎河、梓辛河、丁溪河、白涂河、五十里河、三十里河、七灶河、冈沟河、东涡河、红九河、迎春河、池沟、横塘河、大溪河、走马河、沿河、鸽子河、太绪沟、蚬河、李夏沟、南进港沟、北进港沟、潮河、杨集河、海陵河、甸响河、黄响河等	
出水河道	东线	入海水道南泓、入海水道北泓、废黄河—中山河、苏北灌溉总渠、射阳河、新洋港、黄沙港、斗龙港、川东港、方塘河、三仓河、梁垛河、东台河、疆界河、王港、大丰干河、四卯酉河、南直河、西潮河、利民河、运棉河、运粮河、八丈河、三条八滩渠、淤黄河、翻身河等	
	北线	通榆河、民生河、南潮河、响坎河等	

11.2.6　供水计量监测

11.2.6.1　监测断面设置

为了较为准确地控制市级及各县(市、区)的用水量,本方案在分析其主要进出水系的基础上,首先进行了控制断面的比选与优化,力争做到控制范围内的广而全、设置断面上的少而精,并且充分考虑了各已建水工建筑物的作用。例如,沿海均由出海水闸控制出流,苏北灌溉总渠及废黄河沿线的取水都是由各引水工程建筑物控制,在这些水工建筑物上设置测验断面将是最经济合理的布局。

经过优化比选,确定市级 394 个、县级 211 个控制断面,基本做到了省对市级、市对各县(市、区)主要进出水口门的全面控制。

11.2.6.2　水位监测

水位测量方案必须考虑控制各县(市)进出水口门的水工建筑物类型、规模、作用及地理分布特征。若均采用直读水尺,则水位资料采集过程完整性不够,可能导致无法推流;若统一采用遥测式,则投资较大,且相邻站重复投资,意义不大。此外,压力式、超声波式测量水位两种方案对运行管理要求更高,初期投资也很大。

对断面较小、水量交换不大的口门可采用水尺式方案。由于工程特性,各县(市)进出水口门分布不均衡,尤其是里下河地区,水网密布,射阳河、兴盐界河沿线口门相距很近,相邻断面水位变化很小,且相邻水位相关度很大,设立若干个控制断面监测实时水位,而对中间断面采用简易的水尺观读作补充即可。在收集了一定的水位资料以后,可以进行相邻水位相关关系的对比分析,确定相关关系。如果二者存在稳定的相关关系,则可以将补充断面取消;如果二者关系相关度很小,则可以在工程实施过程中完善或加强。

为配合流量巡测工作的开展,所有巡测断面必须获取相对连续的水位资料。考虑到建设数量众多的水位自记台在经济上不太合理,因而对巡测断面作精简分析,只在断面较宽、流量较大的断面遥测,其余断面采用直读水尺方式。以建湖为例,西部荡区河网密布,进出水口门众多,仅收成庄水位站附近就有 6 个断面,最终确定在西射阳大溪河建一处遥测水位站,其余站点采用实测水深测量,所需水位建立上下游相关关系的办法。

废黄河—中山河、苏北灌溉总渠沿线,是全市主要的引淮引江水河道,为达到总体布设要求,在市级交界设立实时流量在线卡口,沿废黄河—中山河、苏北灌溉总渠右岸各口门采用遥测水位计测报水位方案;从江都、高港枢纽引江水北上至泰东河—通榆河、沙黄河—黄沙港(朱沥沟—新洋港)、蔷薇河—夏粮河—射阳河沿线,随着三条调水干线的全面疏浚开通,即将成为全市主要的引江水渠道,在沿里下河区三条调水干线的市级、县级行政交界以及通榆河北延盐城境内反映沿程变化节点附近,且河道断面较为规整处,设立流量在线监测站点,采用固定式多普勒超声波测流系统,实施水位自动测报方案。盐城市供水站网一览表见附表 11-1 至附表 11-3,盐城市供水干线见图 11-6。

对沿海各中小水闸,采用遥测水位或人工观测水尺方案,由闸管所管理人员代管,平时定期校核水位或观测开闸水位等要素,自动采集的数据直接至供水信息中心,可以做到经济上的较省;对骨干河道挡潮闸,一般已设立水文站或水位站,则实施遥测水位数据至水文分局信息中心。

鉴于盐城地区的地域特征,相邻的进出水断面的水位落差不大,没有必要对所有的进出

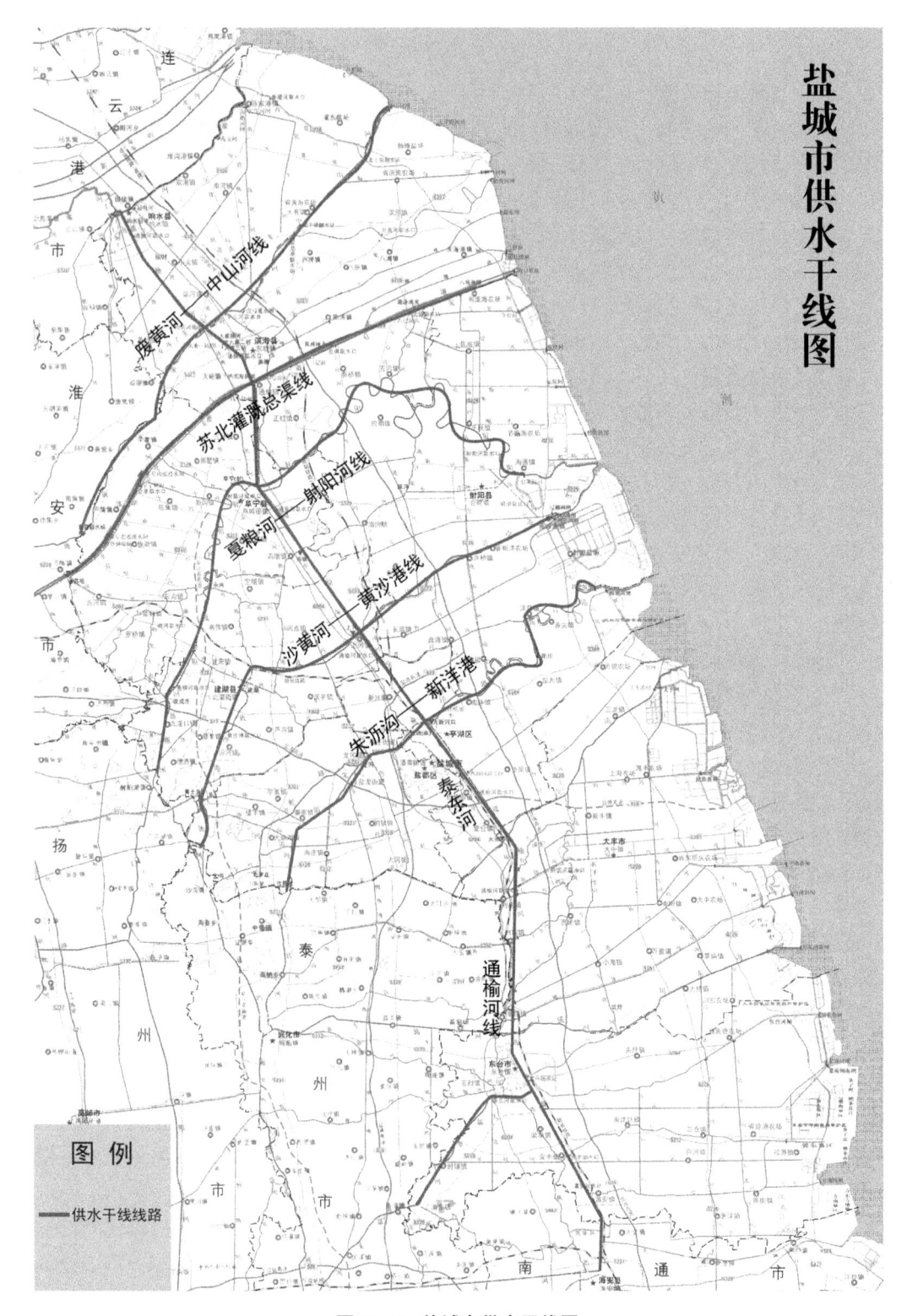

图 11-6　盐城市供水干线图

水口门均设观测设施,因此可以借助在线流量站、遥测水位站,实行相邻断面联合监测推流。在现有市级监测断面中,新增水文站12处(表11-6),水位站16处(表11-7),规划水位站20处(表11-8)。新增市级断面中,沿海独立水尺断面93处、Z-Q法34处、泵站测流7处;新增县级断面中,18处用Z-Q法水工建筑物推流;利用现有水文站、水位站资料的断面19个,借用相邻站水位施测流量的市级断面142个、县级断面96个(见表11-9、表11-10)。

表11-6 盐城站区2013年新增水文站站网情况统计表

序号	站名	水系	河名	测站地点	水位-人工观测	水位-遥测	流量-在线测量	流量-桥测	降水量-遥测设施
1	川水港闸	串场河	川水港	东台市川水港闸		√	√		√
2	东台(通)	串场河	通榆河	东台市东台镇		√	√		
3	草堰	串场河	丁溪河	大丰市草堰镇		√	√		√
4	大团(通北)	串场河	通榆河	大丰市大团(通北)		√	√		
5	西潮河节制闸	串场河	西潮河	亭湖区西潮河节制闸		√	√		√
6	阜宁(通)	射阳河	通榆河	阜宁县经济开发区		√	√		
7	阜宁(射下)	射阳河	射阳河	阜宁县经济开发区		√	√		
8	东沟	射阳河	衡河	阜宁县东沟镇		√	√		√
9	苏嘴	灌溉总渠	灌溉总渠	阜宁县苏嘴		√	√		
10	官滩	入海水道	废黄河	滨海县大套官滩	√		√		
11	滨海(通)	灌溉总渠	通榆河	滨海县大套		√	√		
12	建湖	里下河	黄沙港	建湖经济开发区		√	√		√

表11-7 盐城站区2013年新增水位站站网情况统计表

序号	站名	水系	河名	测站地点	水位-遥测设施	降水量-遥测设施
1	三仓河闸	串场河	三仓河	东台沿海经济区	√	
2	郭猛	里下河	东涡河	盐城市盐都区	√	√
3	尚庄	里下河	红九河	盐城市盐都区	√	
4	东洪桥	里下河	西冈河	盐城市盐都区	√	
5	新丰河桥	串场河	新丰河	盐城市亭湖区	√	
6	近湖	里下河	东塘河	建湖县近湖镇	√	
7	院道港	射阳河	东塘河	建湖县	√	√
8	朝阳	射阳河	余深河	阜宁县沟墩镇	√	√

续　表

序号	站　名	水　系	河　名	测站地点	水　位	降水量
					遥测设施	
9	裴桥	射阳河	潮河	阜宁县	√	
10	刘嘴	射阳河	杨集河	阜宁县	√	√
11	青沟闸	射阳河	海陵河	阜宁县	√	√
12	阜余	射阳河	串通河	射阳县阜余	√	√
13	七套	入海水道	废黄河	响水县七套镇	√	
14	小蟒牛	灌河	海堤河	响水县陈家港	√	
15	民生河闸	灌河	民生河	响水县陈家港	√	
16	南潮河闸	灌河	南潮河	响水县陈家港	√	

表 11-8　盐城站区 2013 年供水计量规划新增水位雨量站站网情况统计表

序号	站　名	水　系	河　名	测站地点	水　位	降水量
					遥测设施	
1	进东桥	里下河	安时河	时堰镇进东	√	
2	高窑	里下河	老梁垛河	梁垛镇高窑	√	
3	海道桥	串场河	串场河	东台镇海道桥	√	
4	方塘河桥	串场河	方塘河	许河方塘河桥	√	√
5	六灶	串场河	东台河	东台市六灶	√	√
6	小海	串场河	王港河	大丰市小海镇	√	
7	西团	串场河	老斗龙港	大丰市西团镇	√	
8	刘庄	串场河	通榆河	大丰水厂取水口	√	
9	丰富	串场河	南直河	大丰市丰富	√	
10	东南	串场河	西潮河	亭湖区盐东	√	√
11	便仓	里下河	顶港河	亭湖区便仓	√	√
12	北龙港	里下河	中心河	盐都北龙港	√	
13	马荡	射阳河	收成河	阜宁马荡社区	√	√
14	硕集	射阳河	射阳河	阜宁县硕集	√	√
15	兴桥	射阳河	黄沙港	射阳县兴桥	√	√
16	临海	射阳河		射阳县临海	√	√
17	南河	入海水道	唐豫河	响水县南河	√	
18	大东庄	入海水道		响水县黄圩		√
19	大套站	入海水道	引江济黄河	滨海县大套		√
20	滨淮	入海水道		滨海县滨淮	√	

表 11-9　盐城市级供水计量水位监测断面汇总表

| 行政分区
（水资源分区） | 进水线 | 水位监测断面 ||||| 出水线 | 水位监测断面 ||||| 备注 |
||| 在线驻测
（骨干口门） | 水尺式 || 遥测式 | 借用
邻站 || 在线驻测
（骨干口门） | 水尺式 || 遥测式 | 借用
邻站 ||
			测流	推流					测流	推流			
东台	南线	6	3		2	18	东线	1		8	3		
	西线	4	2		4	7							
市区	西线	5	12		5	69	东线			3	2		
响水	西线	1					东线			15			
							北线			26	8		
大丰	西线	7	4		1	22	东线	1		12	8		
建湖	西线	4	11		4	16	西线						
阜宁	西线	3	5		1	10	东线			18	3		
射阳							东线	2		18	10		
滨海	西线	1			1					11	6		
小计		31	37		18	142		5		93	40		224

（里下河区—灌溉总渠南线）

阜宁					11						1		
射阳					2								
滨海					8			1			1		
小计					21			1			2		24

（渠北区—废黄河—淤黄河南线）

滨海					11			1			1		
小计					11			1			1		13
合计		31	37		50			7		93	43		261

注：遥测式水位断面中含 Z-Q 法 34 处，泵站测流 7 处。

表 11-10　盐城市县级供水计量新增水位监测断面汇总表

行政分区（水资源分区）	进水线	水位监测断面					出水线	水位监测断面					备注
		在线驻测	水尺式			借用邻站		在线驻测	水尺式			借用邻站	
			测流	推流	遥测式					测流	推流	遥测式			
东台	北线		1	5	2	6	北线	2		1	14		本表中"推流水尺"为规划遥测站点，其水位差法推算流量之用。"遥测式"栏中有18处用于Z-Q法推流。
市区	西线	1		3			东线			1	2		
响水	南线	2	2	1	5	10	北线	5	14	2	4	43	
							南线				5		
大丰	西线			3	(2)		北线	(2)		1	(5)	(14)	
	南线	(2)		1	(14)	11							
建湖	西线	2	3	1	1	(21)	东线	(1)	2	1	(3)	(6)	
	南线	(3)	(6)	1	(2)	(5)	北线	2	2	1	1	5	
阜宁	南线	(2)	(2)	6	(1)		东线	4	2+(2)	2	1+(3)	4+(4)	
							南线	(2)	(3)		(1)	(11)	
射阳	西线	1+(3)		2		(23)	北线		4	1	7	17	
	南线	(2)	(8)	1	(2)	(4)							
滨海	西线	(2)	(2)		(1)	(16)							
	南线		(4)		(7)								
	北线				(5)								
合计		6	6	23	8	27		13	24	9	34	69	

注：表中括弧数据为相邻区公用断面，统计时不参与合计。

在里下河区为考虑推求水量需要,在面上巡测口门上下游的适当河道规划新增16个水位观测断面。在沂南区增加面上代表水位1个。

盐城全市现有国家水文站26个、水位站16个,通过苏北供水监测、中小河流水文设施以及其他工程带水文项目建设,盐城境内新增水文站12个、水位站(含雨量项目)16个,合计测站总数90个。其中,能观测水位的测站总数为70个。

盐城市级进水断面水位监测方案见附表11-4,出水断面水位监测方案见附表11-5,盐城市级(市内水资源分区)进出水断面水位监测方案见附表11-6。

盐城市级供水计量水位监测断面汇总见表11-9、盐城市县级供水计量新增水位监测断面汇总见表11-10。

11.2.6.3 流量监测

1) 监测方法评价

从计量范畴来讲,流量计一般多用于管道测流,水工程上通常用于泵站抽水计量;河道上用得最多的则是各种流量测验方法,这些测流方法主要分流速面积法、水位流量法两类,另外还有一些不常采用的方法,如溶液法、水力学计算法等,见图11-7所示。

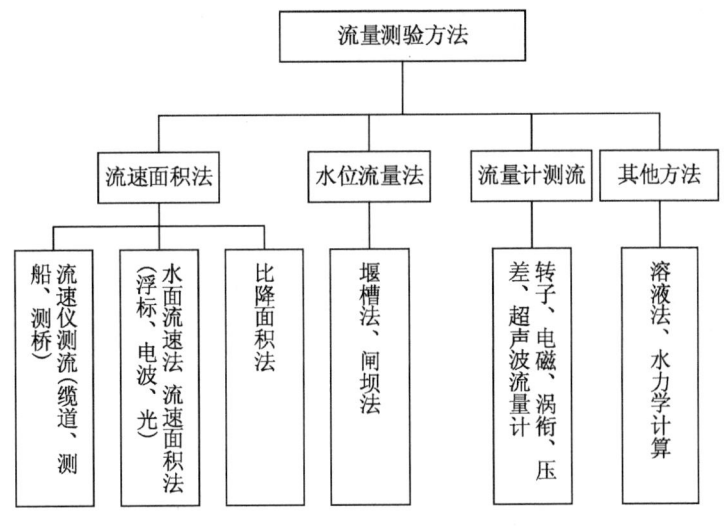

图11-7 流量测验方法分类

流量测验方法分为:流速面积法(流速仪测流(缆道、测船、测桥)、水面流速法(浮标、电波、光)流速面积法、比降面积法)、水位流量法(堰槽法、闸坝法)、流量计测流(转子、电磁、涡街、差、超声波流量计、压)、其他方法(溶液法、水力学计算)。

从数据采集方式看,流量测验可分为固定测站、巡测和水文调查三大类,其中水文调查是为特定目的而进行的数据收集过程;固定测站需要建设专用的测站用房,需要相对稳定的测验队伍,测站设施必须齐全。目前推广应用的测验方式大多是巡测方式。巡测是解决测站无人值守问题的重要手段,它通过定期或不定期地派人到各测验断面测取水位、流量数据,用以建立水位流量关系曲线,再依据水位流量关系曲线的类型及其影响因素进行资料整编,根据实测的瞬时水位推求瞬时流量。实行巡测后的最大特点是测次减少、允许跑峰,但要求单次测量要精确。巡测还有利于把原先分散的人员、物资集中起来,统一调度。

根据上述测流方法特点,结合盐城市区域特征,分别采用以下实施方案,并进行分析比较。

(1) 水位流量法测流

该方法依据水工建筑物的实测过闸流量与相应水力参数之间建立的水位流量关系推算流量。对一般水工建筑物，可以根据闸上下游水位、闸门开启情况等参数，把数据代入流量公式，即可算出过闸流量。对于抽水泵站，通过测得的泵站上、下游水位差，查读水泵装置性能曲线得出流量。上、下游水位差可通过水尺等水位观测设备观读算出。

(2) 直读流量计法测流

直读式流量计有转子式流量计、电磁流量计、涡街流量计、超声波流量计、压差流量计等多种类型，大多数是管道流量计。它们的原理各不相同。

直读式流量计能够对管道流量作精确的在线测量，现场计量由于价格昂贵，难以广泛使用。

超声波流量计价格昂贵，安装使用条件也要求较严格，只适用于大型水利水电工程。

(3) 流速仪法巡测

流速仪测流按一定原则确定测速垂线和垂线的测速点数目，通过各点的测速历时及流速仪旋转次数计算出断面的平均流速，乘以断面面积即得断面流量。

水文巡测是携带流速仪等设备沿河流或测区周边进行水量资料往返采集的手段。流速仪巡回测流按交通工具和过河设备的不同而分为巡测车(桥)、船测流两种方式。桥测是在没有固定缆道和测船的情况下，以巡测车作为交通工具，以河面桥梁作为过河设备进行测流的一种方式。对河网密布、测站又多的地区，则可采用测船，既当交通工具，又当测流的过河设备进行测流。

流速仪测流精度较高，常作为评价其他测验方法精度的依据。在选择测验方法时，应优先考虑流速仪测流法。巡测是世界各国水文测验方式的发展趋势。对众多的测验断面开展巡测就必须尽可能地减少单站测流次数，因此，单次测流的精度必须提高。但总体上来说，巡测获得的流量资料是不连续的，对于水量较大和量值变化较大的测验断面，就需要实测连续的水位资料以推求连续的流量。

(4) 流速仪法固定测站测流

该方案过河设备采用水文缆道或过河索配合测船方式。水文缆道易于实现自动化，是多数固定测站广泛采用的方法。

相对于巡测而言，固定测站存在着投资较大，设备与设施的利用率不高，需要一支稳定的测站工作队伍等问题。

(5) 走航式多普勒流量计巡测

走航式多普勒流速剖面仪利用声学多普勒原理，采用矢量合成的方法测出每根垂线上各点的流速。仪器一般安装在船侧，沿水流垂直方向横渡河道，即测出整个断面上的流速分布，且不需要按特定的航行路线测流，可以绕开测流线路上的障碍物。在河口很宽的断面上使用时，省时省力，效果也好。其测流速度较快，精度受仪器航速、水温、含盐度影响，河底和岸边存在测量盲区。

(6) 超声波流量计法在线测流

目前常用的超声波流量计有时差法超声波流量计和侧视式超声波流量计两种。

时差法超声波流量计利用声波在顺水和逆水中传播速度上的差异来计算水流流速。对水深较大的河段，应分层布设，每层设一对超声波换能器，一般要求层高在 2.5 m 以内。为克服电缆过河的问题，可以采用双机时差法。只需增加一倍的换能器和一个副测量装置。

侧视式超声波流量计在河流或渠道中一侧布设（在最低水位以下），它通过向固定水层发射超声波，依据多普勒频移原理测定该水层平均流速，用回归法建立实测流速与河流或明渠断面平均流速之间的经验关系，即在进行测验的同时，用其他传统的方法测出流量和断面面积，做回归分析。此外还有固定在河底的声学多普勒超声波测流系统，测流原理与侧视式是一样的。

上述超声波流量计可实现连续自动测量流量。仪器测量速度极快，可以进行连续多次重复测量，然后进行平均，以消除偶然因素的影响。盐城靠近沿海处于流域下游尾闾，且河道流速一般较小，沿海闸坝出水流速正常在 1 m/s 上下，水中含沙量较低，县级以上河流水深大多在 2～4 m，较为符合侧视式超声波流量计使用条件。对于横断面流量施测，可以采用声学多普勒剖面流速仪来快速比测。目前在盐城的射阳河闸、黄沙港闸，通榆河的东台、阜宁等地多处使用，且流速比测关系较好。

时差法主要应用于输水管道；用于明渠时，有时需要建设巴歇尔水槽等水工建筑物，受此影响，测量明渠宽度受到限制。国内早期实际应用的最大宽度为 50 m，现应用范围已扩大至百米以上，在盐城苏嘴断面使用 SL 超声波仪已达 10 年之久，且流量关系稳定；侧视式应用范围较广，具有安装容易、操作简便、不易受生物附着影响、精度高、价格低、维护方便等优点。该方案是实现流量自动测报的有效方法。

2）流量测量方案

（1）总体分析

总体来看，水位流量法只适用于已建水工建筑物的断面，可用于引水涵洞、引水闸及抽水泵站。直读式流量计是一种专用于管道测流的先进测流方法，比较适合于抽水泵站。但该方法存在着需用量多、价格高、安装使用条件难以满足的问题。流速仪固定测流法在国家重点水文站应用较多，其测验所需投资较大，工作人员相对固定。

从供水计量实际情况考虑，宜采用流速仪法、声学多普勒剖面流速仪巡测。如果经济条件允许，声学多普勒剖面流速仪法巡测是一种方便快速的测流方式，但该仪器主要依赖于进口，一台仪器的价格在 30 万元左右。盐城河道宽度大到一二百米，小到一二十米，分布上相互交错，限制了该方法的使用。根据以上分析，建议区分河道大小，县管以上河道使用声学多普勒剖面流速仪巡测，其他大多数断面采用流速仪法巡测。

明渠超声波流量计法在线测流，只能进行有限次数的单次测流，全年的各时期流量可以通过资料整编的手段用实测水位推求流量，再根据测得的流量进行用水量推算，作为供水计量的依据，测验成果直接与经济效益相联系。因此考虑对流量较大的重要河道采用在线连续测流，明渠超声波流量计法就能实现上述要求。从目前的使用经验来看，时差法固定式超声波流量计主要应用于有水工建筑物的场合，对测验条件要求较为苛刻。多普勒法固定式超声波流量计可以突破上述限制，在国内外成功的实际应用也已达数百例。因此对于骨干河流,可以考虑该方案,实现流量的在线连续测量。

大型泵站宜采用水位流量法方案。该法在泵站进出水渠道中,选择合适的位置,修建一个测量水位的测井,利用测得的水位来计算通过渠道的流量。因为水位的测量比较简单,可由浮子式或压力式水位计来实现。其水位与流量关系(Z-Q)的标定通过水泵装置模型试验确定。目前,可用于泵站流量在线监测的大口径电磁流量计虽然价格昂贵(直径1.6 m的电磁流量计约10万元一台),且对安装使用条件也要求较严格(如4声路超声波流量计要求等径直管段长度大于七倍管径),但也有使用。

各种测流方案的比较见表11-11。

表11-11 各种测流方案比较表

方案名称		适用范围	优 点	缺 点
水位流量法		涵洞、闸坝、泵站等水工建筑物	测验方式简单,只需测量上下游水位、闸门开度等;易于实现自动测报	率定工作量大,必须有已建水工建筑物
直读式流量计		管道,适于泵站测流	测流迅速、测流精度高	数量多、价格高、安装使用条件难以满足
流速仪测流	巡测	适用于大多数测流场合	测流精度稳定,使用历史较长	操作较难,测流时间长,单次需1 h以上
	固定站	国家重点水文站、专用测站	业界认可度较高	投资巨大,需要多名固定工作人员
ADCP法巡测测流		适于大宽度的江河测流	测流迅速、精度可靠	价格高、存在上下盲区,宽度较小的河流测量误差较大
明渠超声波流量计法在线测流		流量较大、意义重大的河道	能实现在线连续测流,精度较高,操作简单	价格高,使用前需率定

(2) 测量方案拟定

① 国家站点方案

盐城市沿海入海大中河流主要排水河道设有国家水文(位)站,所有水位全部实现遥测,部分流量站点采用在线驻测法,大多数站点仍采用缆道、测桥施测,其方案为流速仪固定测流法。

② 江、淮水出水口方案

淮水通过苏北灌溉总渠、废黄河将洪泽湖水送至盐城。江水通过自流经泰东河的进水口盐靖公路溱东大桥夏家舍、黄沙港的进水口黄土沟、蔷薇河的进水口恒济,以及灌溉总渠的进水口苏嘴、废黄河的进水口官滩断面等重要口门进入盐城。江水、淮水供水干线的市级、县级交界以及沿线25处供水节点,均采用固定式多普勒超声波测流系统(在线驻测法)。

③ 废黄河—中山河、苏北灌溉总渠沿线取水口方案

废黄河—中山河、苏北灌溉总渠沿岸各引水洞以及东台垦区老何垛河沿线各出水闸等

水工建筑物,可在采集上下游水位、闸门开启高度等水力学技术参数的基础上,采用水位流量法(Z-Q法)测流。同时利用水文自动测报系统,实施废黄河—中山河、苏北灌溉总渠沿岸各取水口门自动测报。

④ 泵站出流方案

大型泵站的流量在线监测方法有:电磁流量计法、超声波流量计法、水位流量法、差压式流量计法。目前,水位流量法使用较为普遍,电磁流量计、超声波流量计也常使用。

⑤ 其他巡测断面方案

为了尽可能准确地控制市级及各县(市、区)的进出水,所有出入县域的较大型河流共设605个巡测断面,平均每个县(市、区)的进出水断面约60个。考虑到固定测站的基本建设投资、维护量均比较大,而且不利于工作人员的后勤保障,所需工作人员较多,故尽可能采取巡测方式测流。

每个断面全年测流次数不应低于30次,且应分布于丰、平、枯水季节。巡测次数的多少依赖于水位流量关系的形式,可以由专业的水文工作人员根据各断面实测资料加以分析后确定。

巡测采用巡测车和巡测船。巡测车适用于道路畅通且附近有桥的断面,而巡测船对于河网密布、各测站间没有快捷的通道可行的场合,如里下河地区,则既可以当交通工具又可以作过河设备。为了使巡测工作顺利开展,同时兼顾同一巡测线间测流断面实测流量间的相互关系,将市、县巡测断面划分成几条巡测线。根据水利部《平原地区水文站网布设试行办法》关于水文巡测线的选定原则,结合各巡测断面的分布特征,可以将全市所有巡测断面划分成六条巡测线。沿海各出海水闸及灌河南岸出水闸的巡测断面构成第一条巡测线,该线长度最长,交通方便,宜采用巡测车巡测方式。第二条巡测线为射阳河沿线,主要是射阳河中段及下段地区控制断面。该区域交通不便,河道曲折多弯,宜采用巡测船方式。第三条巡测线是兴盐界河、西盐河、潭洋河、新洋港沿线,主要负责市区南部及北部各进水断面的流量测验。由于各断面间距不大,且都是沿兴盐界河布设的,可以采用巡测船方式巡测。第四条巡测线为西部沿湖荡区,主要负责射阳河上段至沙黄河沿线荡区的二十几个测流断面。该区域交通不便,只能采用巡测船方式。第五条是东南巡测线,负责东台南部西部进水断面及与大丰交界的丁溪河、老何垛河沿线各巡测断面。各断面间没有直线河道相连,宜采用车船结合式。第六条巡测线是沿串场河一线,包括内部少量进出水控制断面,这些断面距204国道较近,宜采取巡测车巡测方式。上述县级供水计量巡测线路示意图见图11-8。

3) 供水河道监测方案

盐城市外来水源一般从西部、南部入境,会同当地降雨径流入河被社会经济用水消耗后,向下游传递,最终从东部、北部入海。供用水情况复杂,河道水量交换频繁。为此,经调查分析和论证比较,分别提出市、县级进出水主要控制断面流量监测方案,市级394个进出水流量断面中39个主要采用在线驻测法,其余采用流速仪法。水位主要采用人工观测、遥测或借用相邻站水位,其中,遥测106处。县级211个进出水流量断面中19个主要采用在线驻测法。水位主要采用人工观测、遥测或借用相邻站水位,见附表11-4至附表11-6,市级供水计量河道流量监测口门汇总见表11-12,县级供水计量河道新增流量监测口门汇总见表11-13。

图 11-8　盐城市县级供水计量巡测线路示意图

表 11-12 盐城市级供水河道计量流量监测口门汇总表

行政分区	进水方向	流量监测断面（进水线）					出水方向	流量监测断面（出水线）					总口门数
^	^	在线驻测（骨干口门）	借用水文站点	常规巡测 大口门	常规巡测 中小口门	Z-Q法	泵站测流	^	在线驻测（骨干口门）	借用水文站点	常规巡测 大口门	常规巡测 中小口门	Z-Q法	泵站测流	^
东台	南线	6		6	16			东线	1	2	1	8			56
市区	西线	4		2	10			东线	1	2		3			96
响水	西线	5		5	81			东线				15			53
^	西线	1		1				北线	1		8	26			
大丰	西线	7		1	20			东线	1	4	3	12			48
建湖	西线	4		10	20										34
阜宁	西线	3			15	2	1	西线						3	24
射阳	西线							东线	2	3	5	18			28
滨海	西线	1						东线	1	1	5	11			18
小计		31		25	162	2	1	小计	6	12	22	93		3	357
里下河区															
阜宁						11								1	
射阳						2									
滨海						8								1	
小计						21			1					2	24
渠北区北线															
滨海						11			1					1	13
合计		31		25	162	34	1		8	12	22	93		6	394

表 11-13 盐城市县级供水河道计量新增流量监测口门汇总表

行政分区(水资源分区)	进水线	监测断面 在线驻测(骨干口门)	监测断面 常规巡测 大口门	监测断面 常规巡测 中小口门	Z-Q法	出水线	监测断面 在线驻测(骨干口门)	监测断面 常规巡测 大口门	监测断面 常规巡测 中小口门	Z-Q法	备注
东台	北线		9			北线	2			14	25
市区	西线	1				东线		2			
响水	南线	2	6	19		北线	5	5	57	5	97
大丰	西线	(2)	(2)			南线					5
	南线				(14)	北线	(2)	(6)	(19)		
建湖	西线	2	1	14		南线	(1)	(9)			27
	南线	(3)	(2)	(27)		东线		(3)	(8)		
阜宁	南线	(2)	(1)	(7)		北线	2	1	7		11
						东线	4	1+(3)	6+(6)		
射阳	西线	1+(3)	3	14		南线	(2)	(1)	(14)		46
	南线	(2)	(3)	(30)		北线		8	20		
滨海	西线	(2)	(1)	(6)							
	南线		(8)	(20)	(5)						
	北线										
合计		6	19	47			13	17	90	19	211

注:表中括弧数据为相邻区公用口门,统计时不参与合计。

11.2.6.4 降蒸和水质监测

盐城市现有雨量站 20 个,通过苏北供水监测、中小河流水文设施以及其他工程带水文项目建设,能观测降水量的测站 63 个,能观测蒸发量的测站 9 个。盐城站区 2013 年水文站、水位站新增雨量项目、规划新增雨量站网情况见表 11-6 至表 11-8。

(1) 降水量

区域内合理密度的雨量站点是准确计算面上径流量的重要前提。根据水利部《水文站网规划技术导则》(SL 34—1992)以及《平原地区水文站网试行办法》基本雨量站的布设要求,控制面上降水量分布时一般可按 250 km² 左右设一站,并做到分布大致均匀。为了尽可能利用已有雨量站资料,首先对盐城市雨量分布站网的分布特征进行统计分析,为探求降水量与径流之间的转化规律,需在现有基本雨量站基础上增设一定量的辅助雨量站点。

站网密度按江苏平原区暴雨分析和里下河试点区雨量站密度分析,可采用以下经验公式求取(雨量站数为基本、辅助雨量站总数)

$$n = mF^{1/3} \tag{11.25}$$

式中:n 为雨量站数;F 为测区面积,km²;m 值采用 1.0。

各县(市)辖区面积(达标海堤内)及理论站点数见表 11-14。

表 11-14 盐城市各县(市)施测雨量站点数统计表

	东台	大丰	盐城市区	建湖	阜宁	射阳	滨海	响水	总计
雨量站点数	8	11	9	8	7	9	6	5	63
辖区面积(km²)	2 684	2 610	2 021	1 157	1 439	2 443	1 861	1 343	15 558
基本雨量站	11	11	8	5	6	10	8	6	65
理论设站数	14	14	13	10	11	13	12	11	98

通过以上分析,结合已有雨量观测站点的分布情况,对部分站点密度不够的地区再增加以下雨量站点:东台市头灶站、方塘河桥站,盐城市区北龙港站、东南站、便仓站,阜宁马荡站、硕集站,射阳兴桥站、临海站,滨海大套站、滨淮站,响水大东庄站。

所有 12 个新增雨量站全部采用自动测报系统。

(2) 蒸发量

根据平原地区基本水面蒸发站的布设要求,当平原地区面上水面蒸发量变化不大时,一般可按 1 500 km² 左右设一站,蒸发站视需要可同时进行土壤蒸发、稻田蒸发的观测。根据统计资料,全市现有观测蒸发量的测站共计 9 个,它们分别是:东台(泰)水文站、梁垛河闸水文站(内设)、大丰闸水文站、建湖黄土沟水文站、射阳河闸水文站、阜宁(射)水文站、盐城水位站、翻身河闸水位站、响水口水位站。从地区分布来看,上述测站分布较为均匀。按照规范要求,全市应设置 10 个左右水面蒸发站。考虑到水面蒸发站所需布设场地较大、管理维护较困难,可借用已有水文蒸发测站资料计算水面蒸发量。实施过程中,还应进行更为深入的水量平衡分析,根据分析结果确定是否增加蒸发站数量。

(3) 水质

2006 年设立盐城市水资源监测中心,开展了全市地表水和地下水的水质监测工作,同时,在市界断面布设测点,并按水质监测有关规范要求进行检测。

水质站点的布设,主要是为了掌握市界和主要河道的水质状况,分析确定供水量利用及保障程序。因此,在选定的骨干河道监测断面时应尽可能增加水质监测项目。对部分按面积分摊用水量而未设监测断面以及水质变化较大、污染较为严重的中小型河道也要增设水质监测项目。

水质分析水样可由市水资源监测中心的工作人员采集或由专业的巡测人员在测流时同步采集。采集后应注意水样保存方法,在规定的时效内分析处理。水质分析实验室应及时提交分析报告,并输入供水信息管理系统,由系统对全市用水水质做出评价。

11.2.7 主要成果

通过研究,盐城水文局主要获得下列可复制利用的成果:
(1) 盐城市周界监测水量布设方案;
(2) 水量监测和计量方法;
(3) 降雨和蒸发量监测方案。

11.3 县级供水计量研究——以建湖县为例

20世纪70年代至90年代初,里下河水网区的建湖片区(含建湖县大部,阜宁县施庄、陈良及阜城镇部分)开展了水文巡测,编制了10多份勘测报告,形成了平原水网区降雨径流分析成果(里下河建湖片)。

11.3.1 建湖县供水计量实践

11.3.1.1 试验目的

通过对试验区内的产汇流、蒸发、地下水位变化、农作物用水定额等要素进行观测、试验,研究水量平衡计算所需相关参数,对原水量平衡计算的相关参数进行补充、校正,为里下河地区乃至各县(市)供水计量、水量平衡计算建立数学模型,提供相关依据。

11.3.1.2 技术方案

1) 技术路线

建湖县境内既有黄沙港、串场河、通榆河等流域性骨干河道,又有西塘河、东塘河等区域性河道,县内圩区连片、河网密布、水系复杂,河流流向不定。由于水网区独特的水利环境,供水计量难度大、范围广,因此在设计中采用先进的测验设备、检测手段和科学的计算方法的同时,按照"因地制宜,分类设计,长期规划,分别实施"的技术路线进行,努力做到科学先进、经济可行。

本项目技术路线参见图11-1。

2) 实施要求

按照盐城市市到县的供水计量要求,以跨县界引、排水河道为主线,充分利用现有各类水文站网和水量巡测方法,对沿线各口门进出水量进行控制或率定测验。各巡测口门年测验次数不少于30次,在水文分析的基础上,建立相应的水力因素与流量关系,以计算出各口门规定时段内的进出水量。

通榆河、沙黄河—黄沙港、蔷薇河—射阳河是建湖县进、出水量骨干河道,其进出水量采用在线实时监测;其他县级以上河道设置测流断面,率定水位流量关系;中小口门分段巡测,合并建立水量关系。

11.3.1.3 试验方法

选择建湖县钟庄境内一圩区,对该圩区内的降雨量、蒸发量、渗漏量、抽用水量、排水量、地下水位变化、各类农作物的需水量进行观测试验、分析、研究,计算出相关参数,并与过去的试验资料进行比较、修正,得出所需的相关参数。各进、出水监测断面年巡测次数为30次以上,其他各项参数的测定依据有关规范执行。

11.3.1.4 试验区选择

20世纪70年代初在建湖县钟庄乡选择了一个圩区进行平原水网区降雨、产流、汇流、蒸发、河槽调蓄、地下水位变化等观测、试验、研究,已初步掌握水量平衡计算所需的相关参数。90年代前,盐城水文局为掌握里下河水情特性,曾对里下河地区进行多年巡测。并将建湖列为重点片,进行常年巡测,进行水量平衡计算,整理出成果。因此,从各方面分析,选择建湖县作为试点。

1) 试验区概况

(1) 自然概况

建湖县位于盐城市西部,东经119°33′～120°05′、北纬33°16′～33°41′之间,西接射阳湖荡区,四周与阜宁、射阳、楚州、宝应、盐都、亭湖等县(市、区)接壤,全县总面积1 157 km²,耕地面积6.47万hm²,95%以上面积属于里下河低洼圩区,有15个乡镇,总人口79.7万人。

建湖县为里下河腹部地区三大洼地之一,平均地面高程1.7 m(废黄河口基面,下同),低洼区高程不足1 m;土质以黏土为主,串场河两岸有少量沙壤土;农作物主要以稻、麦为主,经济作物主要以棉花、豆类、油菜为主。随着近几年农业结构调整,水产养殖有所扩大,据2002年统计,全县养殖面积达1.25万hm²。2002年全县国民生产总值63.4亿元。

该县境内河网密布,黄沙港、通榆河、串场河、东塘河、西冈河、西塘河等大中型引、排水河道从不同方向贯穿全县,引、排水条件较好。县内以这些区域骨干引、排水河道为主线,分隔形成各个独立圩区,汛期外河水位达1.2 m左右时,各圩区封闭,以圩内动力外排。

(2) 供用水情况

建湖是典型的农业县,根据2001—2003年的统计资料(表11-15),全县水利工程水费主要来源于农业及水产用水,水费占比94%以上,但近年来比例逐年下降,工业、城镇用水水费则明显增加,由2001年的0.97%、2.6%,两年就上升至2.3%、3.4%。

表11-15 建湖县水利工程水费构成表　　　　　　　　　　　　　　　　　单位:%

年份	农业及水产用水	工业用水	城镇用水
2001	96.4	0.97	2.6
2002	95.9	1.5	2.6
2003	94.4	2.3	3.4

由于工业及城镇居民生活用水已基本实现计划用水和计量用水、计量收费,而农业及水产用水计量则完全处于空白状态。因此,本次供水计量试点的重点放在县域的农业和水产用水,以及域内各行各业的供水总额上。

(3) 进、出水情况

建湖县地处里下河腹部水网区，河渠密度较大，区内河沟相连，流向不定，水文形势复杂，主要进、出水河道如下。

境内进水主要由两部分组成：西部湖荡地区和南部盐都、亭湖两区进水。通榆河、串场河、西冈河、东塘河、沿建河、向阳河、引江河为南部主要进水河道；西部湖荡地区进水河流较多，主要是射阳河、黄沙港源头河道，包括沙黄河、西盐河、宝射河、大溪河、蔷薇河、鸽子河、太须沟、蚬河、收成河、李夏沟、后堡河、南建港沟、北建港沟、十字河、高作河、创业河等。

境内出水河道分别与射阳、阜宁县和亭湖区接壤。东部有潭洋河、黄沙港、廖家沟、中竖河等主要河道，北部有通榆河、串场河、渔深河等主要河道，西部有夏粮河、西塘河等主要河道，南部由西盐河自西向东流入亭湖境内。

2) 巡测线路和断面布置

在调查、分析研究的基础上，为充分运用该区域的历史监测资料，根据建湖行政区域周边布设的巡测线路和计量控制断面，对建湖片原布设的站点和巡测线路做了部分调整。调整后的进出水控制断面分布见图 11-9。

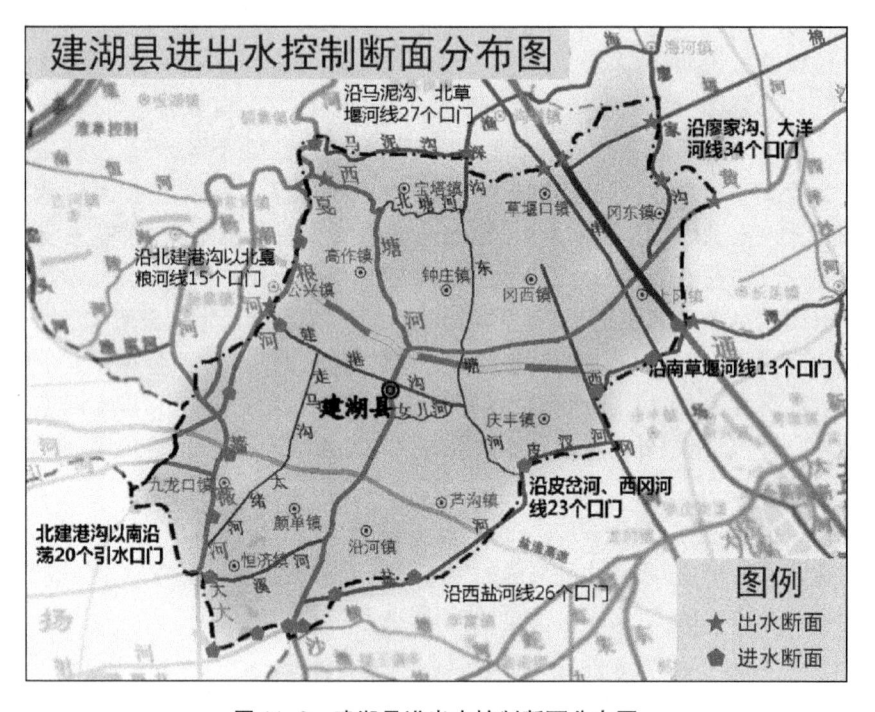

图 11-9 建湖县进出水控制断面分布图

11.3.2 水量控制

1) 流量站网布设

根据盐城市水资源综合规划和供水计量工程可行性研究，充分利用现有水利工程和水文测站，以主要引水河道为主线，以控制县界进、出水断面为手段，采用以水文巡测为主的测验方式，辅以水文分析计算，从而监测全县进、出水量，进行科学的监测和分析计量。

县际之间的插花地和巡测线以外的耕地，由于水量交换频繁、水量较少和交通不便等因素,应用"水平衡试验小区"试验研究出的用水定额和用水面积推算用水量。用水面积按县、乡有关统计资料进行测算。

经调查计算,拟在县域水量控制技术方案中设立蔷薇河—射阳河、西盐河—南草堰河、马泥沟—北草堰河、大洋河—廖家沟等 4 条进、出水河道为巡测主控线,可控制 1 050 km² 范围,占建湖县总面积的 92%。全县共布置进、出水控制线 4 条、口门 188 个,分述如下。

进水主控制线分南线和西线:南线沿西盐河、皮岔河、西冈河、南草埝河分别布设各进、出水控制口门;西线沿蔷薇河、戛粮河分别布设各进、出水控制口门。

出水主控制线分东线和北线:东线沿大洋河—堆塘河—廖家沟布设出水控制口门;北线沿北草堰河、渔深河、马泥沟分别布设出水控制口门。

进、出水主控制线外属于建湖县的耕地用水量,按"试验小区"用水定额和用水面积计算。

2) 进水控制断面布设方案

(1) 南线进水以串场河小新庄、通榆河马家洼、西冈河西冈沟河桥、盐建河张家舍、东塘河大吉等 5 处较大断面和沿南主控制线约 62 个小口门、圩口闸,掌握建湖县从市区盐都、亭湖进水(引江水量)。

(2) 西线进水以沙黄河、宝射河黄土沟、粮棉河小黄土沟、走马河恒济、大溪河西射阳、沿河沿南、蔷薇河苗庄、鸽子河苗庄、太绪河花垛、蚬河沙庄、李夏沟收成庄、后堡河后堡、南建港沟新阳、北建港沟瓦瓷、十字河李舍、高作河邱家庄、创业河张庄和沿西主控制线的 34 个小口门、圩口闸,掌握从宝应、楚州回归水和西部荡区进水量。

3) 出水控制断面布设方案

(1) 以戛粮河官渡口、西塘河永兴 2 处断面掌握西部出水。

(2) 以渔深河陈桥、串场河草堰、通榆河草堰 3 处断面和沿北主控制线 27 处小口门、圩口闸掌握北部出水量。

(3) 以潭洋河马家洼、廖家沟冈东、黄沙港胜利桥、西盐河姚家墩和沿大洋河—堆塘河—廖家沟东主控制线约 34 处口门、圩口闸掌握东部出水量。

进、出水控制断面布设方案见表 11-16、图 11-10 和附表 11-7 至 11-8。

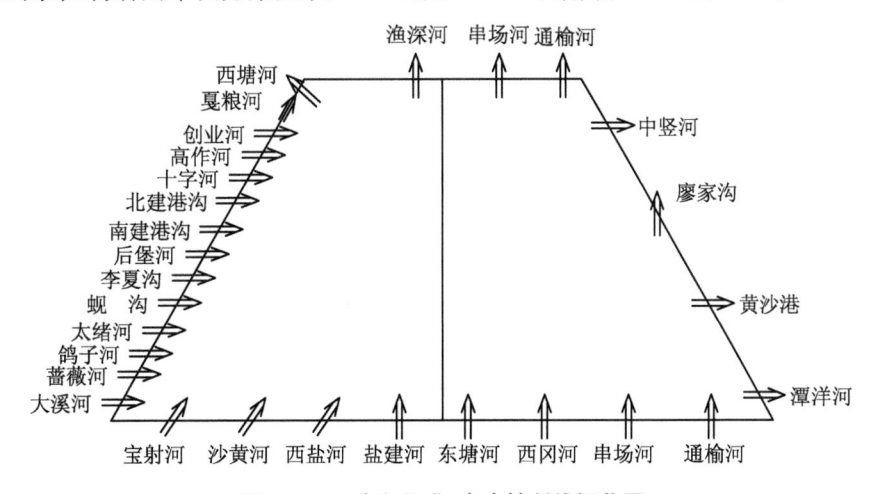

图 11-10 建湖县进、出水控制线概化图

表 11-16　建湖县进出水断面表

分线	主要进水断面	中小口门
西线	黄土沟(沙)、黄土沟(宝)、小黄土沟、恒济九里、西射阳、沿南、苗庄(蔷)、苗庄(鸽)、花垛、沙庄、收成庄、后堡、新阳、瓦瓷、李舍、邱家庄、张庄等	沿荡、戛粮河、射阳河线 34 个
南线	马家洼(通)、小新庄(串)、西冈河桥、张家舍、芦东	沿南草堰河、西盐河、皮岔河西冈河线 62 个

分线	主要出水断面	中小口门
北线	草堰(通)、草堰(串)、陈桥	沿马泥沟、渔深河、北草堰河 27 个
东线	马家洼(通)、冈东(廖)、胜利桥(黄)	沿大洋河、黄沙港、堆塘河、廖家沟 34 个
西线	官渡口、永兴(西)	

11.3.3　质量控制

供水计量是促进节约用水,提高用水效率,推进水价改革,保持水资源可持续利用的基础工作。为全面控制建湖县进(出)水量、降雨、径流量,达到较准确地计算出不同时段内供水量,就要做好计量过程中以下几个方面的质量控制。

1) 仪器质量控制

实施过程中使用的所有仪器,必须经国家质检部门检定认可。以流量测验选择的流速仪和 StreamProADCP 两种仪器为例。

流速仪是目前各类水文站普遍使用的流量测验仪器,是国家相关机构认可的仪器,有多种型号。以重庆水文仪器厂生产的 LS78 型和 LS68 型两种流速仪为例：LS78 型,测速范围为 $0.02\sim0.5$ m/s,起转速为 $V_0\leqslant0.018$ m/s,核定公式的均方差 $m\leqslant\pm2\%$；LS68 型,测速范围为 $0.2\sim3.5$ m/s,起转速为 $V_0\leqslant0.08$ m/s,核定公式的均方差 $m\leqslant\pm1.5\%$。

StreamProADCP 是美国 RDI 公司新一代 ADCP 产品,是"瑞江"ADCP 的微型版,专门用于极浅河道或明渠中的流量测验,从河道或明渠断面一侧移动到另一侧时即测出流量；它的精度达 $\pm1.0\%\pm0.2$ cm/s。

2) 测验项目质量控制

主要按照《水文测验规范》要求进行,最大限度地减少测验误差。巡测流量测验中,各测验断面用断面桩固定,以保证各巡测断面的同一性；尽量缩短各巡测线巡测时间,以达到相对同步,减少相对误差。

3) 资料分析计算质量控制

各类资料分析计算的质量控制主要是流量资料的质量控制。流量资料质量控制体现在关系线的质量控制；供水计量目前尚无规范,流量关系线只能按照现行的水文有关规范执行,进行质量控制。

按照水利部水文司 1992 年颁布的《平原地区水文站网布设试行办法》的规定：平原地区河网交错,主要按各流量站所占总进、出水流量的权重,控制精度指标。主要控制站要求

75%以上的流量测点偏离不超过±8%~10%;一般巡测站测点偏离不超过±10%~15%;小河道、小堰闸站,测点偏离可放宽到不超过±15%~20%。

建湖县主要进、出水口门(通榆河上、下游,西塘河)和基本站(黄土沟)采用实测流量过程线法进行推算流量,能满足质量控制要求;一般巡测站,根据历年来建湖片的巡测资料计算方法,定线均采用落差法,基本达到《平原地区水文站网布设试行办法》中的质量控制要求。

巡测线外属于建湖县的耕地用水量,是运用小区试验资料进行推算,由于下垫面不完全相同等因素,会带来相应的误差,影响到计量精度,但这部分面积仅占建湖县总面积的8%,对全县供水总量而言,相对误差较小。

4) 进、出水口门布设控制

建湖县处于里下河区,水网密布,进、出水口门的布设是否能全面控制,直接影响到计量精度。为此,选择平水年份(1996年)、枯水年份(1999年)、丰水年份(2003年)三种不同的典型年份,采用江苏省水文水资源勘测局盐城分局对里下河沿荡11条供、排水河道和向阳河一线的实测流量成果,对进、出水监测口门的代表性进行分析。平、枯、丰水年控制口门代表性分析见表11-17和表11-18。

表11-17 平、枯水年(中、低水期)控制口门代表性分析表

测次	总流量(m³/s)	水面宽大于10 m河道断面流量	所占比重(%)	备 注
1	54.17	50.92	94.0	1996年
2	13.34	13.03	97.6	1999年
3	20.47	19.3	94.3	1999年
平均			94.6	

表11-18 丰水年(高水期)控制口门代表性分析表

测次	总流量(m³/s)	控制性河道断面流量(m³/s)			
		水面宽大于20 m河道	所占比重(%)	水面宽大于30米河道	所占比重(%)
1	151.48	149.03	98.4	143.7	94.9
2	129.85	129.85	100	127.29	98.0
3	131.87	130.94	99.3	126.15	95.7
平均			99.2		96.1

分析表明:在平、枯两种年份,只要控制了水面宽大于10 m的河道(里下河水面宽大于10 m的河道为区域内主要引、排水河道),即能控制该沿线总流量的94%以上;丰水年份,控制了水面宽大于30 m的河道,即能控制该沿线总流量的94%以上。本方案在初步调查的基础上,将建湖县四周各进、出水口门列出,已控制了所有的进、出水口门。

质量控制流程见图11-11。

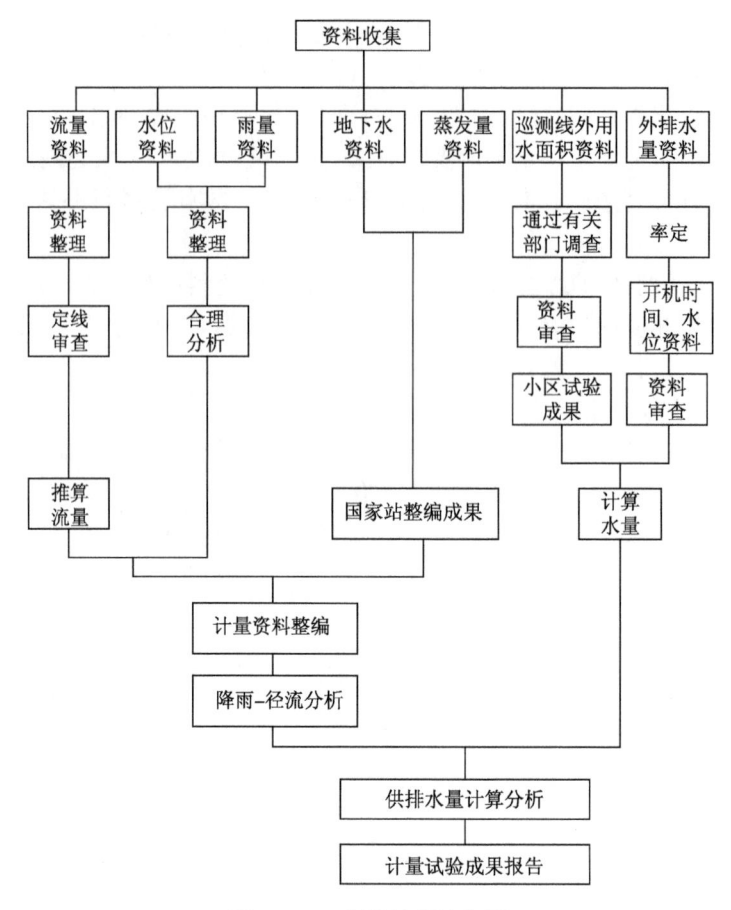

图 11-11 质量控制流程图

11.3.4 流量测验方案

建湖县进、出水量计量依靠现有水文站资料,或采用委托驻测和巡测法(桥测与船测相结合)获得,测验按照《河流流量测验规范》《水文巡测规范》《平原地区水文站网布设办法》等技术规定要求进行。

(1) 水文站(委托驻测站)、通榆河县界进出水口门流量测验

黄土沟国家水文站只在汛期(每年5—9月)进行每日2、8、14、20时流量测验,采用实测流量过程线法计算汛期进、出水量;西塘河(永兴站)属于建湖县主要出水口门,该河道受黄沙港、射阳河两大港影响,流向顺逆不定,采用常规巡测法不能完全掌握进、出水量,现状委托人员驻测,采用连实测流量过程线法推算汛期水量;通榆河上的县界进水口门马家洼、出水口门草堰现状只在汛期采用流速仪法测流,采用水位落差法推流。

上述站均考虑采用流量在线实时监测,推算水量。

(2) 巡测流量测验

各巡测断面流量测验严格按《水文巡测规范》要求进行。测验断面需埋设断面桩固定并垂直于河道中心线。每个进、出水口门在年巡测30测次基础上,用水高峰期做到每周一个测次,特殊水情加测;每次巡测时间间隔不长于3天,以达到规范规定的定线精度和满足供

水计量要求。

各进、出水口门的流向复杂,可根据区域水文特征,增设部分水位站进行综合水位落差分析确定。

(3) 泵站水量率定

巡测主控线上的各独立圩区进、出水量以行政区域为界分类,分别统计到进、出水量中,按开机时间、率定功率计算水量。开机时间按各泵站开关机记录计算抽排水量。巡测主控线上共有排涝泵站61处。其中沿蔷薇河、戛粮河、射阳河线17处,沿大洋河、黄沙港、堆塘河、廖家沟线12处,沿西盐河、皮岔河、西冈河线22处,沿马泥沟、渔深河、北草堰河线10处。以上四线巡测主控线排涝泵站登记表见附表11-16至附表11-19。

11.3.5 水位等水文要素测验方案

1) 水位站网布设

考虑水位落差法推算流量需要,在建湖县境内已有黄土沟、上冈国家水文站,建湖、永兴水位站,中小河流建设站点近湖、院道港水位站、开发区水文站以及建湖县周边宝应射阳湖镇、盐城市区东洪桥、阜宁县裴桥水位站基础上,计划利用建湖县防办建设的单庄河颜单、北建港沟建阳、高作河高作、北塘河宝塔、芦沟河芦沟、西冈河庆丰、冈西河冈西等7处水位站点,规划新增阜宁县陈良新同水位站1处。建湖县水位、雨量站网见图11-12。

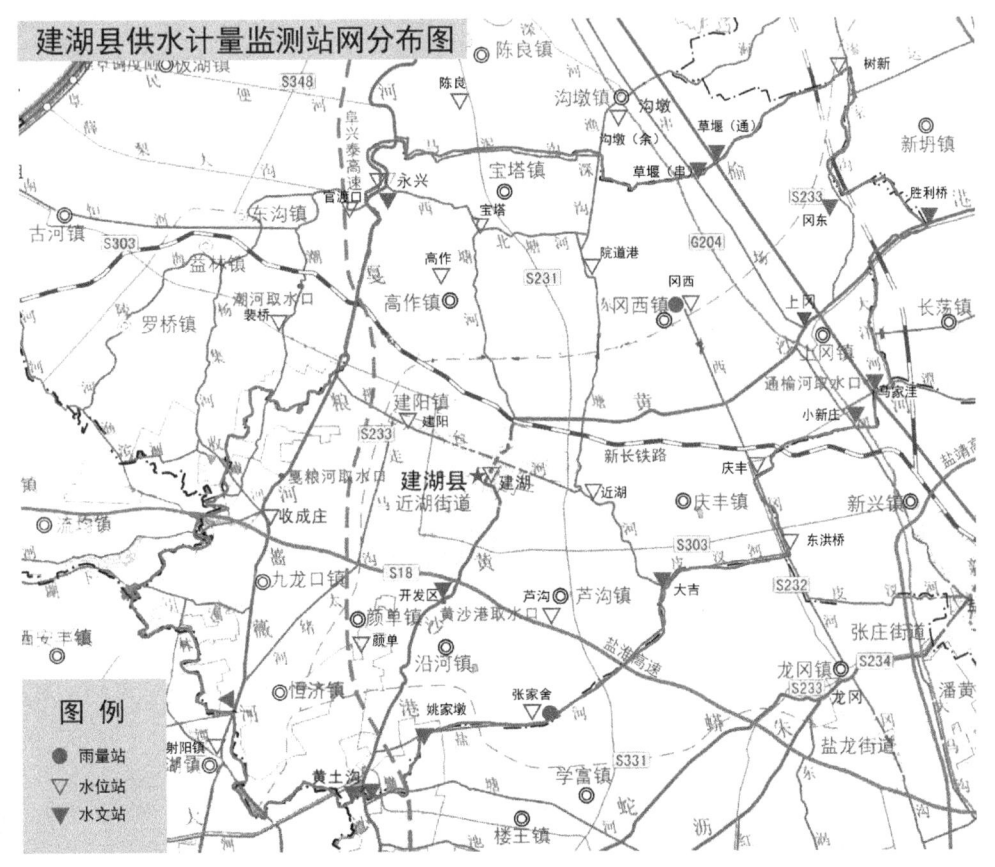

图 11-12 建湖县供水计量监测站网分布图

2) 雨量站网布设

根据《水文测验规范》中控制面积和站点分布应大致均匀的要求,建湖县需设站 10 处。境内现有国家降水量观测站 5 处,中小河流建设已建 3 处,拟增设冈西、张家舍 2 处遥测雨量站,以计算县内面平均雨量。

3) 地下水监测站网

考虑到建湖县地处里下河腹部水网,地下水埋深浅,地下水位在面上变化不大,本次计量监测地下水观测资料直接借用县境内国家基本站(共 5 处)为主,不另增加站点。

4) 墒情监测站网

为掌握不同下垫面水资源需水量的变化,对试点区内不同下垫面要增设墒情观测站,现有钟庄试验小区资料,可直接用于试点区内的里下河区,但东部垦区没有墒情站,考虑到建湖县垦区面积较小,且墒情站投资大、技术要求高等因素,暂不设垦区墒情站,所用资料借用射阳水利试验站资料。

5) 水质监测站网

江苏省水环境监测中心盐城分中心在建湖县境内已布置了 12 个水质监测站,以掌握建湖县水质状况。从多年资料分析,建湖县水质达到Ⅲ~Ⅳ类水质标准,能满足工、农业生产对水质的要求,且本项目处于试点阶段,故暂不增设水质监测站网。

6) 水位、雨量测验

国家水文站、委托站、中小河流建设等站点的水位、雨量均实施遥测,其监测精度满足水文测验规范。

7) 蒸发、地下水测验

该两项测验站网与建湖县现有国家水文站网相同,未增设新的测站,故由国家水文站按《水文测验规范》和《测站任务书》要求进行。

11.3.6 供水计量试点工作成果

通过供水计量试验研究,初步掌握了研究区域降水、蒸发量变化规律,地表水位涨落特性,地下水上涨消退曲线,进出流量变化过程,探索验证了建湖县计量监测站网布设、测流断面设置原则和方法的科学性。主要获得以下成果:

(1) 建湖县逐月面降水量、蒸发量、地表水位、地下水位综合过程线对照图表;
(2) 代表站暴雨期地下水上涨曲线及雨后地下水消退曲线图;
(3) 建湖县主要河流进(出)水量过程线;
(4) 建湖县降雨-径流关系。

11.4 小区试验

11.4.1 研究目的

通过对试验小区内的进水量、出水量、降水量、蒸发量、稻田水深和地下水位的测验,结合 20 世纪 70 年代开展的监测试验成果,分析研究出小区的水田、旱地水面产流模型及水量平衡计算所需相关参数,对原水量平衡计算所用的相关参数进行补充、验证,计算出试验年度内各种作物的用水定额和小区不同时段的供水量,为大区供水计量试验研究水量平衡计算及供水量计算提供基础资料和典型分析、参数分析的依据。

11.4.2 典型小区的选择

在选择建湖县作为供水计量试点县后,需要选择一个典型小区。

原江苏省水文总站盐城水文分站于20世纪70年代前后,对建湖县钟庄公社陶舍大队圩区进行过短期观测试验,编制了《平原水网区降雨径流分析》。据2002年勘查成果,陶舍圩区总面积1.955 km²,圩内地面高程在1.1 m至1.7 m之间,平均地面高1.3 m左右,圩堤顶高4 m左右,顶宽4 m,四周圩堤封闭良好,外圩有两处4 m宽的进出水闸(红旗、扬中)和2座固定排涝站(红旗站、新河站),圩堤外侧由红旗大沟等4条相连的河道环绕;圩内以稻麦轮作为主、兼有少量的棉花和其他旱作物以及养殖鱼塘等。常住人口1 150人,建湖县陶舍径流小区现状水文站点位置见图11-13。该区地面高程、土壤植被、人口密度、主作物

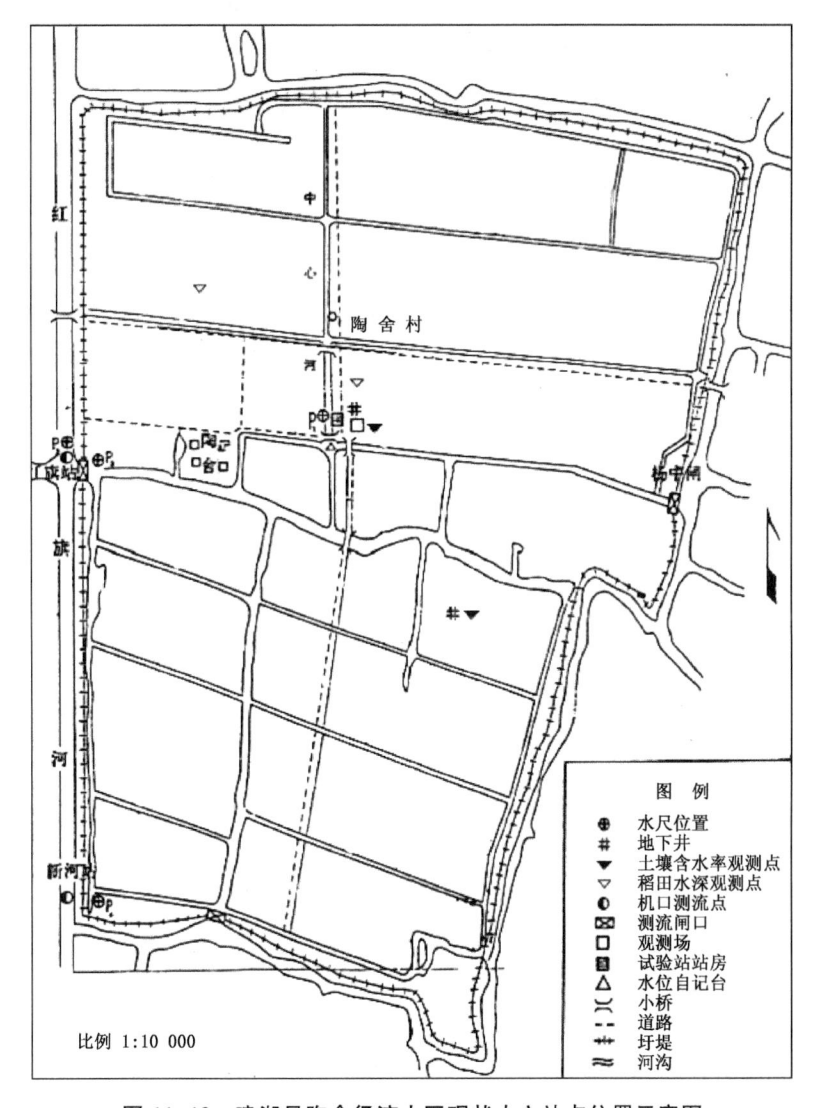

图 11-13　建湖县陶舍径流小区现状水文站点位置示意图

稻麦田占总耕地面积比例,以及其他种养结构、耕作方式与建湖县基本相同,在里下河水网区具有一定的代表性,适宜开展水平衡相关要素及农业、渔业用水定额的试点研究工作。

11.4.3 站网布设与水文测验

(1) 清水河水位:在区内中心河设简易水位计台一座,作为小区水位代表站,同时设立校核水尺一组,每日8时、20时两次人工观测;圩外河道设水尺一组,用于封圩期每天人工观测三次,即8、14、20时。各抽水站进水池设水尺一组,在抽水时观测水位,同时记录抽水历时。

(2) 地下水位:在圩区中部三麦、棉花旱作物种植地选具有一定代表性的地区设地下水观测井两眼,每日8时左右观测水位各一次。

(3) 降雨量、蒸发量、旱作物耗水量:在圩区内中部空旷地带建 6 m×6 m 观测场一处,场内设标准自记雨量计、E601 蒸发器和土壤蒸发器各一台。汛期使用自记雨量计,并以人工观测作为校核,非汛期降雨量以标准雨量器观测,水面蒸发使用 E601 观测。旱作物耗水量用观测场内长 2 m、宽 2 m、深 2 m 的土壤蒸发器(独立原状土立方体)进行观测,在原状土体上凿一眼地下水位观测井,观测土体内地下水位埋深变化,通过降雨产流后取水、干旱时缺水加水,并保持土壤蒸发器内的地下水埋深与大田地下水埋深基本一致,逐日观测取水量或加水量变化值,用以推算立方体内土块的水分蒸发量,从而确定旱作物的耗水量。

(4) 土壤含水率:分别选择在棉花田和观测场内旱地各一个固定点用快速测墒仪进行定点测定土壤含水率,每 5 天观测一次,大雨前后各加测一次。

(5) 稻田水深:在圩区内选择较有代表性的中季水稻大田作为稻田水深固定观测点,且每日8时左右观测一次稻田水深,同时在圩区内选择两块稻田观测整个水稻生长期的灌水量。

(6) 流量测验:每日中午分别在进出口门施测流量一次,封圩期间对翻水站水量进行实测。

(7) 水产养殖观测:选用养殖鱼塘,每日观测鱼塘水位变化、鱼塘抽用水量和排出水量,得出水产养殖单位耗水量。

11.4.4 资料整理与分析

按水文资料整编规范进行整编,计算出圩内外河道代表站日平均水位、区内旱作物生长地逐日地下水位、逐日降雨量、蒸发量。以人工观测雨量与其产水量、取水量以及地下水埋深的变化值,计算出各种不同旱作物生长期逐日耗水量。

(1) 水稻用水量计算

以两块田块上固定观测点每日8时的观测值计算平均值作为水稻生长期的稻田水深,并以两块田亩的实测灌水量加权平均值作为稻田灌水量,再结合其降水量和稻田水深计算出水稻用水量。

(2) 流量计算

将区内仅有的两个进出口门每日实测一次的流量值,按连实测流量过程线法计算出进出口门逐日平均流量,推算其逐日进出水量。

(3) 耗水量分类计算

① 小区内三麦、棉花等作物耗水量,按生长时间由土壤蒸发器内实测量计算。水稻从稻田插秧开始观测稻田水深及灌水量并结合降雨量计算。

水面蒸发量采用 $E_水=\alpha E_{601}$ 公式计算,系数 α 采用《江苏省水文手册》宜兴蒸发试验资料计算。水面蒸发系数 α 见表 11-19。

表 11-19 水面蒸发系数 α 表

月份	1	2	3	4	5	6	7	8	9	10	11	12	年
α	1.05	0.92	0.90	0.88	0.92	0.94	0.94	0.98	1.06	1.04	1.12	1.12	0.98

② 水产养殖,根据独立鱼塘的实测水位变化、进出水量计算而得。

③ 其他(旱地)耗水量:主要包括圩堤、宅基、道路、蔬菜等旱地,按公式 $E_旱=\beta E_{601}$ 计算(β 值汛期取 0.45、非汛期取 0.70)。

(4) 圩堤渗漏量计算

根据江苏省水文总站编写的《水文计算方法介绍》,当圩外水位高于圩内水位 0.3~0.5 m 时或圩内水位高于圩外水位 0.2~0.7 m 时,圩堤每天渗漏量为每米渗进水量 5 m³ 到渗出水量 4 m³ 之间。试验区圩堤总长 6 km,该圩堤筑于 20 世纪 70 年代初,90 年代又进行了加高加宽,本地土壤又属于黏性土壤,密度较好,并参阅相关资料进行分析对比。综合考虑,圩堤渗漏量按每天每米 3 m³ 计算。

(5) 供水量计算

依据《中国水资源公报》(2000 年)的相关定义,供水量是指各类水源工程为用户提供的包括输水损失在内的毛供水量。

小区供水量分 1—4 月份、5—10 月份、11—12 月份及全年四个时段观测计算统计。具体计算公式为

$$W_供 = \sum W_进 - \sum W_出 + \sum Wp \pm \Delta W \pm g \tag{11.26}$$

式中:$W_供$ 为计算时段内供水量;

$\sum W_进$ 为计算时段内总进水量,万 m³;

$\sum W_出$ 为计算时段内总出水量,万 m³;

$\sum Wp$ 为计算时段内降雨径流量,万 m³;

ΔW 为计算时段内河槽蓄变量,万 m³;

g 为封圩期间圩堤渗漏量,万 m³。

(6) 水量平衡计算

水量平衡计算公式为

$$W_进 - W_出 + P - E \pm \Delta W \pm g = 0 \tag{11.27}$$

式中:$W_进 - W_出$ 为总进出水量之差,万 m³;

P 为降雨产流量,万 m³;

E 为总损失量,万 m³;

ΔW 为河槽调蓄量,万 m³;

g 为圩堤渗漏量,万 m³。

(7) 试验项目实施过程

为保证小区试验工作的顺利开展,专门抽调技术人员成立了试验工作组,负责试验工作

的技术、组织、协调,以及各项目测验、资料整理、水文调查、计算分析、报告编制等。

小区试验于 2002 年 8 月开始对小区进行试验项目设置、准备及勘查,9 月份编制小区试验报告大纲,10 月设立观测项目设施、制定测验要求及规章制度、进行人员业务培训,并于同年 11 月开始实施小区试验项目观测。2004 年 9 月初开始在已有两个试验年度的基础上继续完成土壤蒸发器的安装,11 月开始土壤蒸发量观测;2005 年 3 月又完成养殖鱼塘内各种测验设施建设。小区试验项目均观测至 2006 年 10 月底,历时 4 年多。

11.4.5 主要成果

根据试验目的、任务和要求,通过四个年度的试验工作,对其资料进行分析研究,取得了以下主要成果。

1) 单位耗水量

陶舍试验小区的试验工作进行了四个年度,其中第一、四年度属洪涝年,第二年度是典型干旱年,第三年度又是旱涝急转年份,所收集的资料既有较好的典型代表性,其结果又有差异,现将四个年度的单位耗水量进行对比。具体见表 11-20。

表 11-20 小区单位耗水量统计表 单位:m³/hm²

年度	三麦	棉花	水稻	水面蒸发	养殖	其他
2002.11—2003.10	0.236	0.452	0.774	0.663	0.663	0.493
2003.11—2004.10	0.381	0.531	1.228	0.796	0.796	0.597
2004.11—2005.10	0.398	0.565	1.079	0.734	1.704	0.555
2005.11—2006.10	0.340	0.532	1.268	0.706	1.156	0.530

说明:1. 三麦、棉花均为整个生长期的净耗量,水量不包括渗漏量;
  2. 水稻耗水量色括泡田用水量在内整个生长期毛用水量(即包括渗漏量);
  3. 其他包括圩堤、宅基、道路、零星蔬菜等旱地耗水量。

2) 水量平衡验算

根据公式(11.27),将四个试验年度进行水量平衡分析,汇总成果见表 11-21。

表 11-21 小区水量平衡表 单位:万 m³

年　度	总进水量	总产流量	总损失量	调蓄水量	圩堤渗漏量	平衡差
2002.11—2003.10	−138.293	190.94	147.010	1.2	90.00	−3.163
2003.11—2004.10	130.651	57.054	198.202	−1.6	0	−12.097
2004.11—2005.10	−127.580	192.03	139.85	−0.9	84.60	8.300
2005.11—2006.10	−29.880	148.760	131.82	0.7	16.20	3.960

说明:1. 平衡差=河道供水量+降雨径流量−损失量±调蓄水量±圩堤渗漏量;
  2. 河道供水量为小区监测口门进、出水量之差;
  3. 损失量为水面蒸发量、植物蒸腾量、土壤下渗量之和;
  4. 2003 年 11 月至 2004 年 10 月为干旱年,无圩堤渗漏量。

从表 11-21 可以看出:四个试验年度的平衡差分别为−3.163 万 m³、−12.097 万 m³、8.300 万 m³ 和 3.960 万 m³,相对误差分别为−2.2%、−6.1%、3.0% 和 2.4%,其误差均控

制在允许的范围即±10%以内。

3) 供水量计算

依据《中国水资源公报》的相关定义,按公式(11.26)计算出4个试验年度不同时段的供水量,见表11-22。

表 11-22　小区各年度不同时段供水量统计表　　　　　　　　单位:万 m³

年度	11—12 月份	1—4 月份	5—10 月份	全年
2002—2003	−2.508	44.300	102.055	143.847
2003—2004	6.586	0.868	125.837	133.291
2004—2005	10.270	5.200	132.680	148.150
2005—2006	4.850	4.170	133.960	142.980

4) 降雨径流关系分析

由于小区试验仅历时4年,且2004年适逢干旱年,故可供月降雨径流关系分析的雨洪径流资料较少,仅作次降雨径流关系分析。

2003年主汛期7—8月和2005年7—10月(部分时段)和2006年8月出现洪涝,在封圩排涝期间进行了排涝流量的测定,得出次洪水的排水量,采用经验相关法进行次降雨径流量分析。分析和计算方法如下:

(1) 面平均降雨量(P)

由于小区面积不大,故直接以小区雨量站观测值代表小区面平均雨量(P)。

(2) 计算前期影响雨量(P_a)

计算公式为

$$P_a = \sum K^t P_t \tag{11.28}$$

式中:P_t 为流域面平均雨量,即试验小区自记雨量计观测值;

t 为时间,采用 15 d;

K 为折减系数,即产流参数。

在计算 P_a 过程中,以 I_m(流域最大损失值)作控制,当 $P_a > I_m$ 时,取 $P_a = I_m$。根据建湖片历史资料分析概化为 $I_m = 70$ mm。

折减系数 K 值,按 $K = 1 - Z_m/I_m$ 公式用实测资料分析而得。式中 Z_m 为最大日蒸发量,由于小区地处里下河腹部水网区,故取 $K = 0.89$。

(3) 计算次径流深(R)

计算公式为

$$R = [(Q_出 - Q_入) \pm \Delta W]/F \tag{11.29}$$

式中:R 为次降雨径流深,mm;

F 为圩区面积,km²,在此取 1.955 km²;

$Q_出$ 为圩区封圩排涝水量,万 m³;

$Q_入$ 为圩区封圩排涝期间圩堤渗漏水量,万 m³;

ΔW 为圩区在一次洪水计算过程时间内河网蓄水变量,万 m³。

(4) 建立次降雨($P+P_a$)－径流(R)深关系图

点绘次降雨-径流深,即($P+P_a$)－R相关曲线,结合 2003 年和 2005 年 2 年主汛期封圩排涝,建立次降雨径流关系曲线。

(5) 误差控制

根据《水文情报预报规范》(SZL 250—2000)中 3.5.4.3 条规定的径流深预报许可误差:径流深预报以实测值的±20%作为许可误差,当该值大于 20 mm 时,取 20 mm;小于 3 mm时,取 3 mm。据此对降雨径流关系误差统计得出,近 4 年中的 11 次降雨径流过程有 9 次在规定的误差范围内,2 次降雨过程超过误差范围,合格率为 81.8%。

以上几项主要分析成果可以为开展县级行政区供水计量及水资源监测提供计算和模型的分析参数。

11.4.6 成果分析

1) 次降雨($P+P_a$)- 径流(R)关系

该成果应用 2003—2006 年共 11 场次降雨径流实测资料,采用经验相关法进行次降雨($P+P_a$)-径流(R)关系分析,11 个实测点中有 2 次超过规定的误差。究其原因:0382 次前期雨量偏小、不集中,7 月下旬至 8 月上旬天气放晴,蒸发量加大,使土壤含水率减少,根据土壤含水率实测资料,8 月 18 日前表层土壤 45 cm 以内的含水率仅为 30%左右,而该次 2 天降雨仅 55.4 mm,降雨径流量偏小;0383 次前期雨量偏小,该次大雨后,当地未及时封圩,导致外水倒灌,使圩内水量大于降雨实际产流量。因此,0382、0383 次径流资料仅作($P+P_a$)-R定线参考。陶舍径流小区次降雨径流关系曲线见图 11-14。

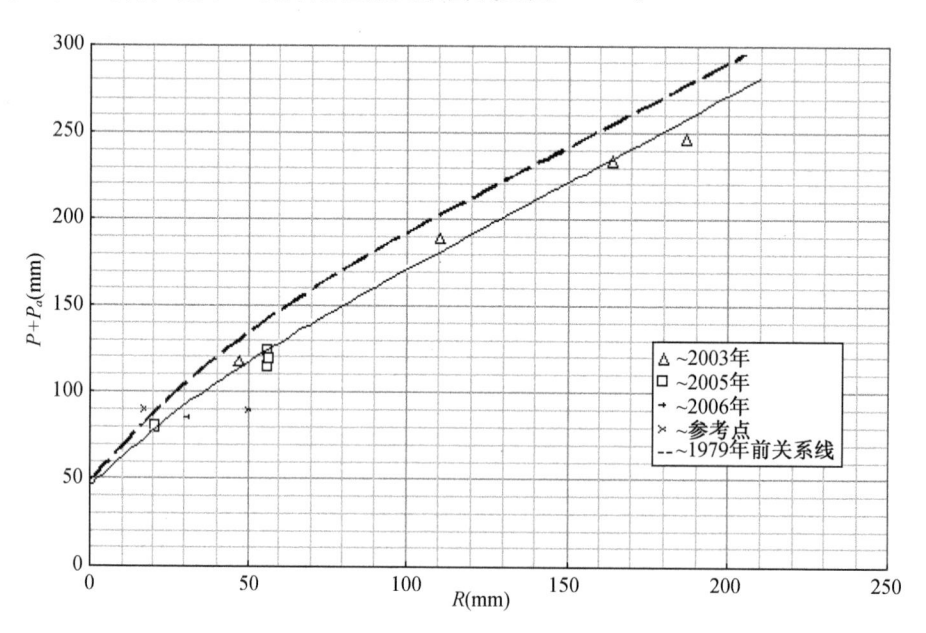

图 11-14 陶舍径流小区次降雨径流关系曲线

小区次降雨径流关系与历史资料对比分析:本次降雨径流关系挑选 2002—2003 年度,2004—2005 年度和 2005—2006 年度 11 场次降雨径流资料成果,采用经验相关法分析定线。从验证结果看,现状工情下产流量有偏大趋势。经分析主要有以下几个方面的原因:

(1) 现状工情与 1979 年以前比发生变化,宅基、道路、水泥场地等不透水层面积加大。据调查,小区内不透水层已占其他用地面积(0.461 km²)的 35%,达 0.161 1 km²。

(2) 原有河道库容量缩小。近年来乡村河道淤积严重,使原库容量严重减缩。测量结果表明,现小区内中心河道的河底高程仅为 −0.32 m 左右,比原设计高程淤高 1.20 m 左右。

(3) 原有容水物基本消失。1979 年前小区内居民以草房为主,现为砖瓦结构,这一影响也不容忽视。

(4) 小区内下垫面状况发生了变化。1979 年前小区内存有部分草滩、洼地等,含水量较高,目前全部为农田、道路,土壤含水量变小。

2) 单位耗水量分析

后 3 个试验年度三麦、棉花、水稻水面蒸发均由实测值计算而得,所得出的耗用水量基本与年型和年内降雨在时空上的分布相吻合。以水稻用水量为例,由于 2006 年降雨较为集中(6 月 21 日—7 月 13 日,计 23 天),如小区内时段雨量占汛期总降水量 54.6%,占试验年度降水量 45.7%,但前后均属于偏旱,尤其在 6 月上中旬泡田期间,所以单位耗水量在 4 个试验年度中最大。而 2004—2005 年度从 6 月底至 10 月均偏涝,2003—2004 年度 5 月至 8 月上旬,雨量水位较正常,仅发生秋旱,综合分析这 4 个年度各农作物单位耗水量与年型雨、水情特征基本一致,符合实际情况。

水产养殖单位耗水量相差较大的原因是:前 2 个年度由于小区内无独立的水产养殖面积,计算的养殖单位耗水量是运用水面蒸发量推算而得。从 2005 年度开始在蒋营收成村选大小约 0.13 hm² 的养殖池塘专门观测和计算养殖用水量,准确性和代表性提高了。但 2006 年度较上年度偏小,原因在于 2005 年度鱼塘进行两次换水,而 2006 年度一次未换。

3) 水量平衡分析

各年度水量平衡验算结果的相对误差虽在 ±10% 以内,但年度间相差较大,初步分析,误差来自以下原因。

(1) 2002—2003 和 2004—2005 两个年度为洪涝年,圩区排涝,产水量较大,并且有较大的圩堤渗漏量,相比之下,2003—2004 年度是大旱年,而 2006 年度第一场暴雨过程中,未能及时封圩,因此平衡后的相对误差较大。

(2) 观测手段相对落后,测量的稳定性存在偏差,若在此方面加大投资,可收到很好的效果。

(3) 区内水存在重复利用,实际用水量大于供水量,产生一定的误差。

(4) 根据《江苏省水资源调查评价报告》(地下水部分),该区域地下水交换相对平衡,对于大区域这一概念是正确的;但是对于小区,特别是在干旱年份,有一定的地下水交换量,由于条件限制,暂时无法提供小区的地下水资料,因此在平衡计算中未予考虑,这对计算结果也会产生一定的影响。

4) 试验成果评价

小区试验从 2002 年 11 月开始至 2006 年 10 月结束。在这 4 个年度中,里下河地区 2003 年、2006 年度均为涝年,2004 年是旱年,2005 年属于旱涝急转年。所收集的资料具有一定的代表性,试验过程中包含了丰枯年型,其降雨-径流关系分析的结果基本反映了现状工情下降雨径流关系状况;试验得出的参数、定额基本能提供给建湖县和同类型地区分析计算时应用;经与历史资料对比分析,也反映了当前人类活动对大自然影响的一个方面,可供其他地区进行供水计量分析计算时参考。

11.5 供水计量成果验证(水量平衡原理)

水量平衡原理被广泛应用于水资源监测、管理和理论研究。作为水资源量监测技术的一个分支,供水计量技术也可使用水量平衡原理进行成果验证。

11.5.1 水量平衡数学模型

区域时段内的水量平衡方程如下

$$P + Q_{si} + Q_{ui} - E - I - Q_{so} - Q_{uo} \pm \Delta Q \pm \eta = 0 \tag{11.30}$$

式中:P 为降雨径流量;

Q_{si} 为进入本区域的地表水量;

Q_{ui} 为进入本区域的地下水量;

E 为蒸发量;

I 为渗漏量;

Q_{so} 为流出区域外的地表水量;

Q_{uo} 为流出区域外的地下水量;

ΔQ 为区域内蓄水量的变化量;

η 为测验过程中发生的测验与估算误差项。

其中,P、Q_{si}、Q_{ui} 为区域入流量;E、I、Q_{so}、Q_{uo} 为区域出流量。区域小范围的交换水量折算到误差项。蓄水量的变化量 ΔQ 由土壤水、含水层、湖泊和水库、河槽、积雪量等几个分项蓄水量组成。

11.5.2 水量平衡计算存在的问题

(1) 水位流量关系复杂,分析计算工作量大

对地表进、出水量,除安装自动测报系统的断面可以直接累计计算时段水量外,其他断面须定线推流。水位流量关系曲线有稳定的单一曲线和不稳定的关系曲线。稳定的单一线可直接用于推流;不稳定的水位流量关系须在对影响因素分析的基础上,对之做单一化处理,再进行推流。

因固定水文测站较少,巡测断面数目很多,断面分布不均,且大部分断面流量较小,流向不定,水位流量关系曲线复杂。建立水位流量关系曲线时,需大量的原始水文资料积累。因此,在实施初期应当搜集本地区近几年来的相关水文资料,并实测各监测断面的同时期水位、流量。通过按地区分块切割,确定水位流量关系较为稳定的区域作为资料整编区间。

对于堰闸、涵洞等水工建筑物的流量计算,根据水力学的相似理论,采用模型试验的方法,直接测出不同流态下的上游水位、下游水位、闸门开度与过流流量,由此率定流量公式的系数,建立推流公式,直接输入自动测报系统,由系统自动显示出水量。在实际运行过程中,仍需通过实测方式分年度进一步校正流量系数。

（2）径流量须由降雨径流关系($P-R$)推定

降水径流量的计算，一般通过建立降雨径流关系($P-R$)来推定。以往均以《江苏省暴雨洪水图集》作为依据，考虑到该图集依据的基本资料较早（1984年以前），近几年气候与下垫面因素改变较大，因此，需要在此基础上，选择建湖县境内一圩区进行试验、研究，并借助工程实施初期的实测资料，对降雨径流关系进行校验、修正，以适应供水计量精度要求。

（3）蒸发量只能借用实测资料

水面、陆面蒸发量的计算还存在很多未知参数，目前只有借用盐城水文局已有的蒸发站资料计算。

（4）难于准确计算地下水交换量

对于地质构造易于形成地下水漏失的地区，需考虑地质条件引起的储存与运移，即地下水的水量交换。准确计算地下水的交换量是很难做到的，只能依据地下水测井的水位间接估算地下水蓄水量的变化量。考虑到盐城市里下河地区、垦区、渠北区之间相互独立，区内地势平坦，且该项要比其他各项小得多，可以忽略不计。

（5）水量平衡计算须面对各要素变化的不确定性

对区域水量平衡，常会出现计算出的用水量不等于区域内各用户累加的水量的情况。产生该问题的原因除了测验方法与测验设施带来的误差以外，最主要的原因在于水量平衡公式中各组成要素变化的不确定性。例如流域蓄水量，蓄水量的变化量主要包括以下部分：流域地表蓄水量、土壤与包气蓄水量、地下水蓄水量等。因此，在该项工程实施过程中，要利用先进的仪器、设备，不断提高测验质量，还要对相关的试验资料和相关成果加以分析、研究，使一些不确定要素能接近于实际。

（6）地表调蓄水量形态多样

地表调蓄水量要考虑众多的坑洼蓄水量、固态（如冰雪）蓄水量、湖泊水库蓄水量、河槽蓄水量。对盐城地区而言，河槽蓄水量是必须考虑的一个重要因素，一般可用上下游监测断面的平均流量乘以测站之间的滞时计算，也可按水面比降进行估算。湖泊蓄水量目前可按有关规范，借用省水利勘测设计院对里下河区有关分析资料进行计算。土壤与包气蓄水量是指地表至潜水位之间的整个土层蓄水量，一般用测读土壤湿度的方法计算，目前可借用东台、射阳等土壤研究所的有关资料进行计算。

现有水文测站、水质站在选址上已经过严密论证，具有一定的代表性。各县（市）的用水量计算数学模型，主要应考虑进出县域内的水量平衡，入流部分应包括降雨量（实际降到地面的雨量和雪量）转化成的产流量、区域外地表水和地下水的入流量，出流部分主要考虑水体表面的蒸发量、本地区流向外区域的地表水和地下水出流量。由于测验方案的局限性及经济等原因，以及水量平衡计算中的一些不确定性因素，供水计量数学模型尚需在方案具体实施过程中进一步研究。

综上，各县（市）水量平衡要素构成非常复杂，观测方法与测验精度直接与各地区水费总量高低相联系，因此，必须通过区域水量平衡的研究试点，探讨适合于盐城各地区的水量平衡要素组成，并进而评价各用水定额在水量平衡计算中的作用。

鉴于盐城市水系以里下河水网地区最为复杂，20世纪80年代后期又没有产流、汇流等试验分析资料，为了保证供水计量的可操作性，2002年选择建湖县进行供水计量和水量平衡相关要素的试验研究。

11.5.3 水量平衡验算

县域供水水量平衡计算是控制供水计量分析计算误差的有效手段,涉及分析范围产流、总进水量、总出水量,以及进出水计量主控制线外的属于研究县域用水面积的用水量、河槽蓄变量等水文要素计算。

1) 河槽蓄量、蓄变量计算

近年来各类河道淤积相当严重,已达不到原设计标准,对试点区域内各类河槽的蓄量、蓄变量计算,采用对各类河道进行抽测的方式,每类(分骨干河道、大沟、中沟、小沟)河道各抽测 10 个代表性断面,分别进行代表性分析,结合各类河道的总长度,计算出区域内的河道库容曲线,结合年初水位算出河槽蓄量和年内不同时期的蓄变量。

2) 水面积计算

根据上文河槽蓄量、蓄变量计算中的说明,各类河道抽测的 10 个代表性断面,结合各类河道总长度,分析计算出水位-水面面积关系曲线,由此计算各个不同时期不同水位级下的水面面积。

3) 供水量计算

依据《中国水资源公报》,供水量是指各类水源工程为用户提供的包括输水损失在内的毛供水量。因此,建湖县某一时段的区域供水量,是总进水量、降雨径流量、河槽内的蓄变量与总出水量、巡测主控制线上各排涝站抽排涝水量之差,计算公式为

$$W_{供} = \sum W_{进} - \sum W_{出} + \sum W_{线外} + \sum W_p - \sum W_{抽排} \pm \Delta W \tag{11.31}$$

式中:$W_{供}$ 为建湖县供水量;

$\sum W_{进}$ 为巡测线控制范围内总进水量,即

$$\sum W_{进} = \sum W_a + \sum W_b \tag{11.32}$$

其中,$\sum W_a$ 为沿计量南主控线上各口门进水量,$\sum W_b$ 为沿计量西主控线上各口门进水量;

$\sum W_{出}$ 为巡测线控制范围内总出水量,即

$$\sum W_{出} = \sum W_c + \sum W_d + \sum W_e \tag{11.33}$$

其中,$\sum W_c$ 为夏粮河、西塘河出水量,$\sum W_d$ 为沿计量北主控线上各口门出水量;$\sum W_e$ 为沿计量东主控线上各口门出水量;

$\sum W_{线外}$ 为进、出水计量主控制线外的属于建湖县用水面积的用水量;

$\sum W_p$ 为巡测线控制范围内降雨径流量;

ΔW 为年初、年末河槽调蓄变化量;

$\sum W_{抽排}$ 为沿计量主控线上各排涝站抽排涝水量。

建湖县进出水量概化图见图 11-15。

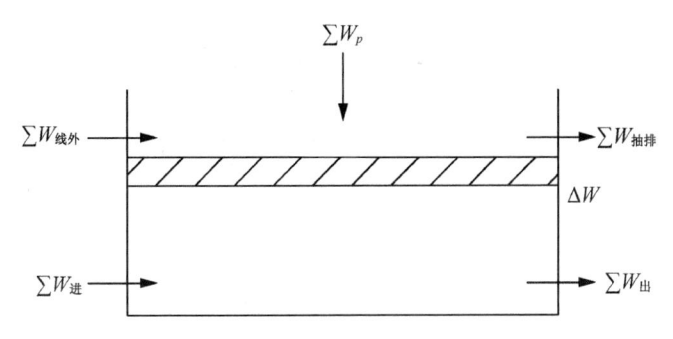

图 11-15 建湖县进出水量概化图

4) 水量平衡验算

为检验区域供水量成果的准确性,结合小区试验成果,对建湖区域进行水量平衡验算,其验算公式为

$$\sum W_{进} - \sum W_{出} + \sum W_p - \sum E \pm \Delta W = 0 \quad (11.34)$$

式中:$\sum W_{进}$ 为巡测线控制范围内总进水量;

$\sum W_{出}$ 为巡测线控制范围内总出水量;

$\sum W_p$ 为巡测线控制范围内降雨径流量;

$\sum E$ 为巡测线控制范围内总损失量,包括水面蒸发、输水损失、各种作物损失等,由小区试验资料分析计算;

ΔW 是指河槽调蓄量。

根据 2004 年度《江苏省水资源调查评价报告》(地下水部分),本地区浅层地下水补给、排出量处于基本平衡状态,故在水量平衡验算中未考虑地下水进、出量。

11.6 结论

1) 典型小区设置

典型小区的设置主要考虑历史研究状况、面的代表性(作物耕作制度、气象条件、下垫面),要求封闭条件好,进出水口门少、面积 2 km² 以上。

2) 水位、流量监测断面布设

水位监测断面布设以便于以水工建筑物、水位落差法推流,水位影响因素少,管理方便为原则,一般不宜紧靠水闸、泵站、骨干河道交叉口。

调水干线、市县级行政区界县级以上河道一般设立流量自动监测;水工建筑物控制的中小口门、无工程控制的大沟以上河道采用水文巡测,单独率定水位流量关系推算水量;其他中小河道采用分段方式,合并率定水位流量关系推算水量。

3) 监测区到行政区域控制水量转化

行政区域常由监测区和若干插花地组成,其控制水量可由典型小区试验定额(农作物耗水、牲畜饮用水等经济社会用水)乘以插花地分类面积叠加监测区水量。

4）供水信息管理

现场采集点与市信息中心由主信道、备用信道连接成树形网络结构，县中心作为访问节点由市中心分发访问权限。

附表 11-1　盐城市里下河区调水干线供水站网一览表

名称	进水断面名称	所在河流	来水	水位测验方案	计量方案	附注
泰东河—通榆河（东线）	溱东（泰）	泰东河	江水		在线驻测法	市界
	时堰	泰东河	江水	遥测式	借用水文资料	节点
	东台（泰）	泰东河	江水	遥测式	在线驻测法	节点
	东台（通）	通榆河	江水		在线驻测法	县界
	富安梁一（通）	通榆河	江水		在线驻测法	市界
	大团（通北）	通榆河	江水		在线驻测法	县界
	阜宁（通）	通榆河	江水	遥测式	在线驻测法	节点
	滨海枢纽（通）	通榆河	江水		在线驻测法	县界
	滨海（通）	通榆河	江水		在线驻测法	县界
	灌河地涵（通）	通榆河	江水		在线驻测法	市界
沙黄河—黄沙港（中线1）	黄土沟（沙）	沙黄河	江水	遥测式	在线驻测法	市界
	黄土沟（宝）	宝射河	江水		在线驻测法	市界
	建湖（西）	黄沙港	江水		在线驻测法	节点
	上冈（黄）	黄沙港	江水	遥测式	借用水文资料	节点
	胜利桥（黄）	黄沙港	江水		在线驻测法	县界
	黄沙港闸	黄沙港			在线驻测法	出海
朱沥沟—新洋港（中线2）	胥家庄	朱沥沟	江水		在线驻测法	市界
	新洋港闸	新洋港		遥测式	借用水文资料	出海
戛粮河—射阳河（西线）	恒济	蔷薇河	江水		在线驻测法	市界
	官渡口	戛粮河	江水		在线驻测法	县界
	永兴	戛粮河	江水		在线驻测法	县界
	永兴（射）	射阳河	江水	遥测式	借用水文资料	节点
	阜宁（射）	射阳河	江水	遥测式	借用水文资料	节点
	阜宁（射下）	射阳河	江水		在线驻测法	节点
	五汛（射）	射阳河	江水		在线驻测法	县界
	射阳河闸	射阳河		遥测式	在线驻测法	出海

附表 11-2 盐城市调水干线(苏北灌溉总渠)供水站网一览表

进水断面						
进水断面名称	所在河流	来水	水位测验方案	计量方案	附注
苏嘴	苏北灌溉总渠	淮水		在线驻测法	市界
阜宁腰闸	苏北灌溉总渠	淮水	遥测式	借用水文资料	节点
阜宁水电站	苏北灌溉总渠	淮水	遥测式	借用水文资料	节点
阜宁泵站	小中河	江水	遥测式	Z-Q法	里下河区
北坍站	民便河	江水	遥测式	Z-Q法	里下河区
滨海枢纽(通)	通榆河	江水	遥测式	在线驻测法	县界

出水断面					
出水断面名称	所在河流	出水	水位测验方案	计量方案	附注
六垛南闸	苏北灌溉总渠	淮水	遥测式	借用水文资料	出海
苏嘴洞	苏北灌溉总渠	阜宁	遥测式	Z-Q法	里下河区
恒河洞	苏北灌溉总渠	阜宁	遥测式	Z-Q法	里下河区
薛犁洞	苏北灌溉总渠	阜宁	遥测式	Z-Q法	里下河区
潮沟洞	苏北灌溉总渠	阜宁	遥测式	Z-Q法	里下河区
三乡洞	苏北灌溉总渠	阜宁	遥测式	Z-Q法	里下河区
跃进洞	苏北灌溉总渠	阜宁	遥测式	Z-Q法	里下河区
马河洞	苏北灌溉总渠	阜宁	遥测式	Z-Q法	里下河区
小中地龙	苏北灌溉总渠	阜宁	遥测式	Z-Q法	里下河区
东沙港洞	苏北灌溉总渠	阜宁	遥测式	Z-Q法	里下河区
阜沙洞	苏北灌溉总渠	阜宁	遥测式	Z-Q法	里下河区
天沟洞	苏北灌溉总渠	阜宁	遥测式	Z-Q法	里下河区
小圩洞	苏北灌溉总渠	滨海	遥测式	Z-Q法	里下河区
阜坎洞	苏北灌溉总渠	滨海	遥测式	Z-Q法	里下河区
刘大庄洞	苏北灌溉总渠	滨海	遥测式	Z-Q法	里下河区
三里洞	苏北灌溉总渠	滨海	遥测式	Z-Q法	里下河区
王圩洞	苏北灌溉总渠	滨海	遥测式	Z-Q法	里下河区
十八层洞	苏北灌溉总渠	滨海	遥测式	Z-Q法	里下河区
民便河冲淤洞	苏北灌溉总渠	滨海	遥测式	Z-Q法	里下河区
射北洞	苏北灌溉总渠	滨海	遥测式	Z-Q法	里下河区
五岸西洞	苏北灌溉总渠	射阳	遥测式	Z-Q法	县界
五岸东洞	苏北灌溉总渠	射阳	遥测式	Z-Q法	县界

附表 11-3　盐城市调水干线（废黄河—中山河）供水站网一览表

进水断面					
进水断面名称	所在河流	来水	水位测验方案	计量方案	附注
官滩	废黄河	淮水	遥测式	在线驻测法	市界
大套一站	引江济黄河	江水	遥测式	Z-Q法	县界
滨海（通）（大套二、三站）	通榆河	江水	遥测式	在线驻测法	县界
童营洞	废黄河	淮水	遥测式	Z-Q法	市界
童营翻水站	废黄河	淮水	遥测式	Z-Q法	市界

出水断面					
出水断面名称	所在河流	出水	水位测验方案	计量方案	附注
滨海新闸	中山河	出海	遥测式	在线驻测法	沂南区
周门	三码河	废黄河	遥测式	Z-Q法	市界
单港	大沙河	废黄河	遥测式	Z-Q法	市界
北沙	川里河	废黄河	遥测式	Z-Q法	市界
小关洞		滨海	遥测式	Z-Q法	县界
西园进水洞		滨海	遥测式	Z-Q法	县界
西坎套闸	响坎河	滨海	遥测式	Z-Q法	县界
张弓进水闸	张弓干渠	滨海	遥测式	Z-Q法	县界
双龙翻水站		滨海	遥测式	Z-Q法	县界
淤黄河闸	淤黄河	滨海	遥测式	Z-Q法	县界
淤黄河中泓进水闸	淤黄河	滨海	遥测式	Z-Q法	县界
南干闸	南干渠	滨海	遥测式	Z-Q法	县界
南干新闸	南干渠	滨海	遥测式	Z-Q法	县界
南干翻水站	南干渠	滨海	遥测式	Z-Q法	县界
新垦洞		滨海	遥测式	Z-Q法	县界
部队农场涵洞		滨海	遥测式	Z-Q法	县界
五分场涵洞		滨海	遥测式	Z-Q法	县界
北干闸	北干渠	滨海	遥测式	Z-Q法	县界
北干翻水站	北干渠	滨海	遥测式	Z-Q法	县界

附表 11-4 盐城市级进水断面方案选择表

进水断面名称	所在河流	来水	水位测验方案	计量方案	水资源分区	附注
丁堡河闸	丁堡河	海安		在线驻测法		市级南线（东台）
富安梁一	通榆河	海安		在线驻测法		市级南线（东台）
仇湖大桥	仇湖港	海安		在线驻测法		市级南线（东台）
安丰	流星港	海安	水尺式	常规巡测法		市级南线（东台）
东风大桥	南官河	海安		在线驻测法		市级南线（东台）
杨沈	台先河	海安	借用邻站	常规巡测法		市级南线（东台）
九龙	先进河	海安	遥测式	常规巡测法		市级南线（东台）
后港	先胜河	海安	借用邻站	常规巡测法		市级南线（东台）
沙杨	沙杨河	海安		在线驻测法		市级南线（东台）
鲍南	白米河	姜堰	遥测式	常规巡测法		市级南线（东台）
罗一	丰收河	姜堰	水尺式	常规巡测法		市级南线（东台）
周黄 1	姜潼河	姜堰		在线驻测法		市级南线（东台）
周黄 2	周黄河	姜堰	借用邻站	常规巡测法		市级南线（东台）
东台南线交界口门 16 处			水尺式借用邻站	常规巡测法		市级南线（东台）
溱东大桥	泰东河	姜堰		在线驻测法	里下河区	市级西线（东台）
时堰大桥	泰东河	兴化	遥测式	借用水位站资料		
东大河桥	泰东河	兴化		在线驻测法		市级西线（东台）
广山	辞郎河	兴化	遥测式	常规巡测法		市级西线（东台）
张家舍	蚌蜒河	兴化		在线驻测法		市级西线（东台）
博镇	梓辛河	兴化		在线驻测法		市级西线（东台）
三周	窑砣河	兴化	遥测式	常规巡测法		市级西线（东台）
沿泰东河西岸 10 个口门		兴化	遥测式水尺式（2）	常规巡测法		市级西线（东台）
冯家舍（丁）	丁溪河	兴化		在线驻测法		市级西线（大丰）
水泥厂桥	五十里河	兴化		在线驻测法		市级西线（大丰）
白驹	三十里河 1	兴化		在线驻测法		市级西线（大丰）
白驹镇北	三十里河 2	兴化		在线驻测法		市级西线（大丰）
刘庄镇南	七灶河	兴化		在线驻测法		市级西线（大丰）
刘庄镇西	串场河	兴化		在线驻测法		市级西线（大丰）
三圩纪范庄	新河	兴化	遥测式	常规巡测法		市级西线（大丰）

续 表

进水断面名称	所在河流	来水	水位测验方案	计量方案	水资源分区	附注
孙童庄	斗龙港	兴化		在线驻测法		市级西线(大丰)
沿串场河东岸兴盐界河北岸26个口门		兴化	水尺式(4)借用邻站	常规巡测法		市级西线(大丰)
大冈	冈沟河	兴盐界河		在线驻测法		市级西线(市区)
东花三庄	东涡河	兴盐界河	遥测式	常规巡测法		市级西线(市区)
西高田	红九河	兴盐界河	遥测式	常规巡测法		市级西线(市区)
郝荣	上官河	兴盐界河		在线驻测法		市级西线(市区)
胥家庄	朱沥沟	兴盐界河		在线驻测法		市级西线(市区)
北宋庄	蟒蛇河	兴盐界河		在线驻测法		市级西线(市区)
杨庄	横字河	西部荡区	遥测式	常规巡测法		市级西线(市区)
潭溪	迎春河	沙黄河	遥测式	常规巡测法		市级西线(市区)
莘野	池沟	沙黄河		在线驻测法		市级西线(市区)
北莘野	横塘河	沙黄河	遥测式	常规巡测法		市级西线(市区)
沿兴盐界河北岸55个口门			水尺式(6)借用邻站	常规巡测法	里下河区	市级西线(市区)
沿大纵湖北岸13个口门			水尺式(3)借用邻站	常规巡测法		市级西线(市区)
沿沙黄河东岸13个口门			水尺式(3)借用邻站	常规巡测法		市级西线(市区)
黄土沟(沙)	沙黄河	兴化		在线驻测法		市级西线(建湖)
黄土沟(宝)	宝射河	宝应		在线驻测法		市级西线(建湖)
小黄土沟	粮棉河	宝应	水尺式	常规巡测法		市级西线(建湖)
恒济九里	走马河	宝应	水尺式	常规巡测法		市级西线(建湖)
沿南	沿河	宝应	水尺式	常规巡测法		市级西线(建湖)
西射阳	大溪河	宝应	遥测式	常规巡测法		市级西线(建湖)
苗庄(鸽)	鸽子河	宝应	水尺式	常规巡测法		市级西线(建湖)
蔷薇河	蔷薇河	宝应		在线驻测法		市级西线(建湖)
花垛	太绪河	宝应	水尺式	常规巡测法		市级西线(建湖)
沙庄	蚬河	宝应	遥测式	常规巡测法		市级西线(建湖)
收成庄	李家沟	淮安	遥测式	常规巡测法		市级西线(建湖)
后堡	后堡河	淮安	水尺式	常规巡测法		市级西线(建湖)
新阳	南建港沟	淮安	遥测式	常规巡测法		市级西线(建湖)

续 表

进水断面名称	所在河流	来水	水位测验方案	计量方案	水资源分区	附注
瓦瓷	北建港沟		水尺式	常规巡测法	里下河区	市级西线(建湖)
官渡口	戛粮河	马家荡		在线驻测法		市级西线(建湖)
北建港沟以南20个口门		宝应、淮安	水尺式(4)借用邻站	常规巡测法		市级西线(建湖)
荡东	潮河	马家荡		在线驻测法		市级西线(阜宁)
马家荡	杨集河	马家荡		在线驻测法		市级西线(阜宁)
青沟闸	海陵河	淮安	遥测式	Z-Q法		市级西线(阜宁)
沿阜宁西线15个口门		淮安	水尺式(5)借用邻站	常规巡测法		市级西线(阜宁)
苏嘴	灌溉总渠	淮水		在线驻测法	渠北区	市级西线(阜宁)
童营洞	废黄河	淮水	遥测式	Z-Q法		市级西线(阜宁)
童营翻水站		淮水	遥测式	Z-Q法		市级西线(阜宁)
官滩	废黄河	淮水		在线驻测法	沂南区	市级西线(响水)
小尖(甸)	甸响河	灌南		在线驻测法		市级西线(响水)
小尖(唐)	唐响河	灌南	遥测式	常规巡测法		市级西线(响水)

说明:表中水尺式(2)表示在两个断面上各设一组人工观测水尺;水尺式(3)表示在三个断面上各设一组人工观测水尺;其余表示类同。

附表11-5 盐城市级出水断面方案选择表

出水断面名称	所在河流	出水	水位测验方案	计量方案	水资源分区	附注
方塘河闸	方塘河	出海	遥测式	常规巡测法	里下河区	市级东线(东台)
梁垛河南闸	新东河	出海	遥测式	借用水文资料		市级东线(东台)
梁垛河闸	梁垛河	出海	遥测式	借用水文资料		市级东线(东台)
川水港闸	东台河	出海	遥测式	在线驻测法		市级东线(东台)
东台沿海其他8座小闸		出海	水尺式(8)	常规巡测法		市级东线(东台)
川东港闸	川东港	出海	遥测式	借用水文资料		市级东线(大丰)
竹港新闸	疆界河	出海	遥测式	常规巡测法		市级东线(大丰)
王港新闸	王港	出海	遥测式	在线驻测法		市级东线(大丰)
四卯酉闸	四卯酉河	出海	遥测式	借用水文资料		市级东线(大丰)
大丰闸	大丰干河	出海	遥测式	借用水文资料		市级东线(大丰)
斗龙港闸	斗龙港	出海	遥测式	借用水文资料		市级东线(大丰)
兴垦闸	海堤河	出海	遥测式	常规巡测法		市级东线(大丰)
三里闸	南直河	出海	遥测式	常规巡测法		市级东线(大丰)

续 表

出水断面名称	所在河流	出水	水位测验方案	计量方案	水资源分区	附注
大丰沿海其他12座小闸		出海	水尺式(12)	常规巡测法	里下河区	市级东线(大丰)
西潮河闸	西潮河	出海	遥测式	借用水文资料		市级东线(市区)
新洋港闸	新洋港	出海	遥测式	借用水文资料		市级东线(市区)
市区沿海其他3座小闸		出海	水尺式(3)	常规巡测法		市级东线(市区)
利民河闸	利民河	出海	遥测式	借用水文资料		市级东线(射阳)
黄沙港闸	黄沙港	出海	遥测式	在线驻测法		市级东线(射阳)
运棉河闸	运棉河	出海	遥测式	借用水文资料		市级东线(射阳)
射阳河闸	射阳河	出海	遥测式	在线驻测法		市级东线(射阳)
环洋洞	海堤河	出海	遥测式	常规巡测法		市级东线(射阳)
射阳港闸	射阳港	出海	遥测式	常规巡测法		市级东线(射阳)
运粮河闸	运粮河	出海	遥测式	常规巡测法		市级东线(射阳)
双洋闸	八丈河	出海	遥测式	常规巡测法		市级东线(射阳)
夸套闸	夸套河	出海	遥测式	常规巡测法		市级东线(射阳)
射阳沿海其他18座小闸		出海	水尺式(18)	常规巡测法		市级东线(射阳)
周门	三码河	废黄河	遥测式	Z-Q法	渠北区	市级北线(阜宁)
单港	大沙河	废黄河	遥测式	Z-Q法		市级北线(阜宁)
北沙	川里河	废黄河	遥测式	Z-Q法		市级北线(阜宁)
六垛南闸	灌溉总渠	出海	遥测式	借用水文资料		市级东线(射阳)
海口北闸	入海水道	出海	遥测式	借用水文资料		市级东线(滨海)
南八滩闸	南八滩渠	出海	遥测式	常规巡测法		市级东线(滨海)
二罾闸	中八滩渠	出海	遥测式	常规巡测法		市级东线(滨海)
振东闸	北八滩渠	出海	遥测式	常规巡测法		市级东线(滨海)
滨海沿海其他3座小闸		出海	水尺式(3)	常规巡测法		市级东线(滨海)
淤黄河闸	淤黄河	出海	遥测式	常规巡测法	沂南区	市级东线(滨海)
翻身河闸	翻身河	出海	遥测式	常规巡测法		市级东线(滨海)
滨海沿海其他8座小闸		出海	水尺式(8)	常规巡测法		市级东线(滨海)
滨海新闸	中山河	出海		在线驻测法		市级东线(响水)

续 表

出水断面名称	所在河流	出水	水位测验方案	计量方案	水资源分区	附注
响水沿海其他15座小闸		出海	水尺式(15)	常规巡测法	沂南区	市级东线(响水)
南潮河闸	南潮河	灌河	遥测式	常规巡测法		市级北线(响水)
民生河闸	民生河	灌河	遥测式	常规巡测法		市级北线(响水)
红卫河闸	红卫河	灌河	遥测式	常规巡测法		市级北线(响水)
运响河闸	运响河	灌河	遥测式	常规巡测法		市级北线(响水)
甸响河闸	甸响河	灌河	遥测式	常规巡测法		市级北线(响水)
唐响河闸	唐响河	灌河	遥测式	常规巡测法		市级北线(响水)
海安闸	二分排河	灌河	遥测式	常规巡测法		市级北线(响水)
新建河闸	新建河	灌河	遥测式	常规巡测法		市级北线(响水)
灌河地涵	通榆河	灌河(北)		在线驻测法		市级北线(响水)
响水沿灌河其他26座小闸		灌河	水尺式(26)	常规巡测法		市级北线(响水)

说明:表中水尺式括弧内的数字表示同附表11-4。

附表11-6　盐城市级(市内水资源分区)进出水断面方案选择表

进水断面

进水断面名称	所在河流	来水	水位测验方案	计量方案	水资源分区	附注
苏嘴洞		灌溉总渠	遥测式	Z-Q法	里下河区	里下河区北线
恒河洞	恒河	灌溉总渠	遥测式	Z-Q法		里下河区北线
薛犁洞	薛犁大沟	灌溉总渠	遥测式	Z-Q法		里下河区北线
潮沟洞	潮沟	灌溉总渠	遥测式	Z-Q法		里下河区北线
三乡洞		灌溉总渠	遥测式	Z-Q法		里下河区北线
跃进洞	跃进河	灌溉总渠	遥测式	Z-Q法		里下河区北线
马河洞	马河	灌溉总渠	遥测式	Z-Q法		里下河区北线
小中地龙	小中河	灌溉总渠	遥测式	Z-Q法		里下河区北线
东沙港洞	东沙港	灌溉总渠	遥测式	Z-Q法		里下河区北线
阜沙洞		灌溉总渠	遥测式	Z-Q法		里下河区北线
天沟洞		灌溉总渠	遥测式	Z-Q法		里下河区北线
小圩洞		灌溉总渠	遥测式	Z-Q法		里下河区北线
阜坎洞		灌溉总渠	遥测式	Z-Q法		里下河区北线
刘大庄洞		灌溉总渠	遥测式	Z-Q法		里下河区北线

续 表

进水断面							
进水断面名称	所在河流	来水	水位测验方案	计量方案	水资源分区	附注
三里洞		灌溉总渠	遥测式	Z-Q法	里下河区	里下河区北线
王圩洞		灌溉总渠	遥测式	Z-Q法	^	里下河区北线
十八层洞		灌溉总渠	遥测式	Z-Q法	^	里下河区北线
民便河冲淤洞	民便河	灌溉总渠	遥测式	Z-Q法	^	里下河区北线
射北洞		灌溉总渠	遥测式	Z-Q法	^	里下河区北线
五岸西洞		灌溉总渠	遥测式	Z-Q法	^	里下河区北线
五岸东洞		灌溉总渠	遥测式	Z-Q法	^	里下河区北线
小关洞		废黄河	遥测式	Z-Q法	渠北区	渠北区北线
西园进水洞		废黄河	遥测式	Z-Q法	^	渠北区北线
西坎套闸	坎响河	废黄河	遥测式	Z-Q法	^	渠北区北线
张弓进水闸	张弓干渠	废黄河	遥测式	Z-Q法	^	渠北区北线
双龙翻水站	张弓干渠	废黄河	遥测式	Z-Q法	渠北区	渠北区北线
淤黄河闸	淤黄河	废黄河	遥测式	Z-Q法	^	渠北区北线
淤黄河中泓进水闸	淤黄河	废黄河	遥测式	Z-Q法	^	渠北区北线
南干闸	南干渠	废黄河	遥测式	Z-Q法	^	渠北区北线
南干新闸	南干渠	废黄河	遥测式	Z-Q法	^	渠北区北线
南干翻水站	南干渠	废黄河	遥测式	Z-Q法	^	渠北区北线
八滩	通济河	淤黄河	遥测式	Z-Q法	^	渠北区北线
出水断面							
出水断面名称	所在河流	出水	水位测验方案	计量方案	水资源分区	附注
阜宁泵站	小中河	灌溉总渠	遥测式	Z-Q法	里下河区	里下河区北线
北圩站	民便河	灌溉总渠	遥测式	Z-Q法	^	里下河区北线
滨海枢纽	通榆河	通榆河		在线驻测法	^	里下河区北线
大套一站	引江济黄河	废黄河	遥测式	Z-Q法	渠北区	渠北区北线
滨海(通)(大套二、三站)	通榆河	通榆河		在线驻测法	^	渠北区北线
周门	三码河	废黄河	遥测式	Z-Q法	^	同市级北线(阜宁)
单港	大沙河	废黄河	遥测式	Z-Q法	^	同市级北线(阜宁)
北沙	川里河	废黄河	遥测式	Z-Q法	^	同市级北线(阜宁)

附表 11-7 建湖县进水断面测验方案选择表

进水断面名称	所在河流	来水	水位测验方案	计量方案	附注
马家洼(通)	通榆河	盐城市区		在线驻测法	同盐城市区出水
小新庄(串)	串场河	盐城市区		在线驻测法	同盐城市区出水
西冈河桥	西冈河	盐城市区	遥测式	常规巡测法	同盐城市区出水
芦东	东塘河	盐城市区		在线驻测法	同盐城市区出水
张家舍	盐建河	盐城市区	遥测式	常规巡测法	同盐城市区出水
黄土沟(沙)	沙黄河	兴化		借用水文站资料	同市级西线建湖
黄土沟(宝)	宝射河	宝应		在线驻测法	同市级西线建湖
小黄土沟	粮棉河	宝应	借用邻站	常规巡测法	同市级西线建湖
恒济九里	走马河	宝应	水尺式	常规巡测法	同市级西线建湖
西射阳	大溪河	宝应	遥测式	常规巡测法	同市级西线建湖
沿南	沿河	宝应	借用邻站	常规巡测法	同市级西线建湖
苗庄(蔷)	蔷薇河	宝应		在线驻测法	同市级西线建湖
苗庄(鸽)	鸽子河	宝应	借用邻站	常规巡测法	同市级西线建湖
花垛	太绪沟	宝应	借用邻站	常规巡测法	同市级西线建湖
沙庄	蚬河	宝应	遥测式	常规巡测法	同市级西线建湖
收成庄	李夏沟	淮安	借用水位站资料	常规巡测法	同市级西线建湖
后堡	后堡河	淮安	借用水位站资料	常规巡测法	同市级西线建湖
新阳	南建港沟	淮安	水尺式	常规巡测法	同市级西线建湖
瓦瓷	北建港沟	马家荡	借用邻站	常规巡测法	同市级西线建湖
李舍	十字河	阜宁	借用邻站	常规巡测法	
邱家庄	高作河	阜宁	水尺式	常规巡测法	
张庄	创业河	阜宁	水尺式	常规巡测法	
沿南草堰河北岸13个进水口门		盐城市区	借用邻站	常规巡测法	见附表11-9
沿西盐河北岸26个进水口门		盐城市区	借用邻站	常规巡测法	见附表11-10
沿皮岔河、西冈河北岸23个进水口门		盐城市区	借用邻站	常规巡测法	见附表11-11
北建港沟以南沿荡19个进水口门		荡区	借用邻站	常规巡测法	见附表11-12
北建港沟以北沿戛粮河、射阳河东岸15个引水口门		戛粮河	借用邻站	常规巡测法	见附表11-13

附表 11-8　建湖县出水断面测验方案选择表

出水断面名称	所在河流	出水	水位测验方案	计量方案	附注
官渡口	戛粮河	阜宁		在线驻测法	同市级西线建湖
永兴(西)	西塘河	阜宁	已有水位站	在线驻测法	县级西线
陈桥	渔深河	阜宁	水尺式	常规巡测法	县级北线
草堰(串)	串场河	阜宁	遥测式	常规巡测法	县级北线
草堰(通)	通榆河	阜宁		在线驻测法	县级北线
马家注(潭)	潭阳河	射阳	借用邻站	常规巡测法	县级东线
冈东(廖)	廖家沟	射阳		在线驻测法	县级东线
胜利桥(黄)	黄沙港	射阳		在线驻测法	县级东线
姚家墩	西盐河	盐城市区		在线驻测法	县级东线
沿马泥沟、渔深河、北草堰河南岸 27 个出水口门		阜宁	借用邻站	常规巡测法	见附表 11-14
沿潭洋河、大洋河、黄沙港、堆塘河、吴堠河、廖家沟西岸 34 个出水口门		阜宁	借用邻站	常规巡测法	见附表 11-15

附表 11-9　沿南草堰河北岸巡测主控线进水口门登记表

进水断面名称	所在河流	来水	水位测验方案	计量方案	附注
新光	新光沟	盐城市区	借用邻站	常规巡测法	
新光闸	新光中心河	盐城市区	借用邻站	常规巡测法	
民灶	民灶沟	盐城市区	借用邻站	常规巡测法	
黎明	黎明沟	盐城市区	水尺式	常规巡测法	
王家庄	黎明生产河	盐城市区	借用邻站	常规巡测法	
坍圩	坍圩河	盐城市区	借用邻站	常规巡测法	
王家圩	铁石中心河	盐城市区	借用邻站	常规巡测法	
刘圩	光华河	盐城市区	借用邻站	常规巡测法	
新沟浜	新沟	盐城市区	借用邻站	常规巡测法	
新坍	新坍河	盐城市区	借用邻站	常规巡测法	
大团	新坍沟	盐城市区	借用邻站	常规巡测法	
新团闸	新团河	盐城市区	借用邻站	常规巡测法	
沈唐灶	沈唐灶河	盐城市区	借用邻站	常规巡测法	

附表 11-10　沿西盐河北岸巡测主控线进水口门登记表

进水断面名称	所在河流	来水	水位测验方案	计量方案	附注
方湾闸	方湾沟	盐城市区	借用邻站	常规巡测法	
方姚闸	方姚河	盐城市区	借用邻站	常规巡测法	
姚墩闸	姚墩沟	盐城市区	借用邻站	常规巡测法	
引江河南闸	引江河	盐城市区	借用邻站	常规巡测法	
向阳河南闸	向阳河	盐城市区	借用邻站	常规巡测法	
朱墩闸	朱墩河	盐城市区	借用邻站	常规巡测法	
陈墩闸	陈墩河	盐城市区	借用邻站	常规巡测法	
姜舍闸	姜舍沟	盐城市区	水尺式	常规巡测法	
赵舍闸	赵舍沟	盐城市区	借用邻站	常规巡测法	
方墩闸	方墩河	盐城市区	借用邻站	常规巡测法	
骨干河南闸	骨干河	盐城市区	借用邻站	常规巡测法	
民生闸	滕沟	盐城市区	借用邻站	常规巡测法	
徐沟闸	徐沟	盐城市区	借用邻站	常规巡测法	
新凌闸	新凌河	盐城市区	借用邻站	常规巡测法	
裴港闸	裴刘港	盐城市区	水尺式	常规巡测法	
范吉闸	范吉港	盐城市区	借用邻站	常规巡测法	
成墩闸	成墩港	盐城市区	借用邻站	常规巡测法	
新生闸	新生港	盐城市区	借用邻站	常规巡测法	
唐港闸	唐家港	盐城市区	水尺式	常规巡测法	
彭墩闸	彭墩河	盐城市区	借用邻站	常规巡测法	
窑厂西闸	袁家港	盐城市区	借用邻站	常规巡测法	
窑厂东闸	肖南沟	盐城市区	借用邻站	常规巡测法	
河口闸	新沟	盐城市区	借用邻站	常规巡测法	
潘庄闸	潘庄沟	盐城市区	借用邻站	常规巡测法	
同意闸	同意港	盐城市区	借用邻站	常规巡测法	
孔庄闸	孔庄沟	盐城市区	借用邻站	常规巡测法	

附表 11-11　沿皮岔河、西冈河北岸巡测主控线进水口门登记表

进水断面名称	所在河流	来水	水位测验方案	计量方案	附注
谷荡闸	谷荡沟	盐城市区	借用邻站	常规巡测法	
朱家港闸	朱家港	盐城市区	借用邻站	常规巡测法	
万舍闸	万舍港	盐城市区	借用邻站	常规巡测法	

续表

进水断面名称	所在河流	来水	水位测验方案	计量方案	附注
中陈1闸	中陈港	盐城市区	借用邻站	常规巡测法	
中陈2闸	中陈沟	盐城市区	借用邻站	常规巡测法	
逍遥港闸	逍遥港	盐城市区	借用邻站	常规巡测法	
东刘闸	东刘港	盐城市区	借用邻站	常规巡测法	
中心河闸	中心河	盐城市区	借用邻站	常规巡测法	
西逍遥港闸	西逍遥港	盐城市区	水尺式	常规巡测法	
凌庄闸	中心河	盐城市区	借用邻站	常规巡测法	
乔河闸	乔河	盐城市区	借用邻站	常规巡测法	
新阜闸	新阜中心河	盐城市区	水尺式	常规巡测法	
潘沟闸	潘沟	盐城市区	借用邻站	常规巡测法	
东洪闸	东洪沟	盐城市区	借用邻站	常规巡测法	
粮库闸	粮库河	盐城市区	借用邻站	常规巡测法	
元新闸	元新港	盐城市区	借用邻站	常规巡测法	
元庄闸	元庄沟	盐城市区	借用邻站	常规巡测法	
洪桥闸	洪桥河	盐城市区	遥测式	常规巡测法	
界牌闸	界牌河	盐城市区	借用邻站	常规巡测法	
谷巷闸	谷巷河	盐城市区	借用邻站	常规巡测法	
红旗闸	红旗河	盐城市区	借用邻站	常规巡测法	
先陈闸	先陈沟	盐城市区	借用邻站	常规巡测法	
先进闸	先进河	盐城市区	借用邻站	常规巡测法	

附表11-12 北建港沟以南沿荡巡测主控线进水口门登记表

进水断面名称	所在河流	来水	水位测验方案	计量方案	附注
芦舍圩口闸	芦舍中心河	荡区	借用邻站	常规巡测法	
欧丰庄闸	欧丰生产河	荡区	借用邻站	常规巡测法	
蔷薇北闸	蔷薇生产河	荡区	借用邻站	常规巡测法	
建中闸	林上河	荡区	水尺式	常规巡测法	
后港北闸	后港北生产河	荡区	借用邻站	常规巡测法	
后港南闸	后港南生产河	荡区	借用邻站	常规巡测法	
新庄沟闸	新庄河	荡区	借用邻站	常规巡测法	
苗庄垦田南闸	垦田河	荡区	水尺式	常规巡测法	

续　表

进水断面名称	所在河流	来水	水位测验方案	计量方案	附注
大干闸	大干生产河	荡区	借用邻站	常规巡测法	
贡沟闸	贡河	荡区	借用邻站	常规巡测法	
杨沟闸	杨沟	荡区	借用邻站	常规巡测法	
前庄闸	前庄沟	荡区	借用邻站	常规巡测法	
庄前闸	庄前沟	荡区	水尺式	常规巡测法	
新阳闸	新阳生产河	荡区	借用邻站	常规巡测法	
渔业闸	渔业河	荡区	借用邻站	常规巡测法	
垦田1闸	垦田生产沟	荡区	借用邻站	常规巡测法	
垦田2闸	垦田生产沟	荡区	水尺式	常规巡测法	
垦田3闸	垦田生产沟	荡区	借用邻站	常规巡测法	
亭子港闸	亭子港	荡区	借用邻站	常规巡测法	

附表 11-13　北建港沟以北沿戛粮河、射阳河东岸巡测主控线进水口门登记表

进水断面名称	所在河流	来水	水位测验方案	计量方案	附注
瓦瓷6队闸	瓦瓷生产沟	戛粮河	借用邻站	常规巡测法	
瓦瓷3队闸	瓦瓷生产沟	戛粮河	借用邻站	常规巡测法	
瓦瓷1队闸	瓦瓷生产沟	戛粮河	借用邻站	常规巡测法	
袁家舍	刘业河	戛粮河	水尺式	常规巡测法	
卞舍闸	卞舍沟	戛粮河	借用邻站	常规巡测法	
乔加闸	乔王沟	戛粮河	借用邻站	常规巡测法	
植西闸	曹王沟	戛粮河	借用邻站	常规巡测法	
甲东闸	石桥沟	戛粮河	借用邻站	常规巡测法	
沙子港闸	沙子港	射阳河	借用邻站	常规巡测法	
双湾闸	双湾港	射阳河	借用邻站	常规巡测法	
双湾2队闸	生产河	射阳河	借用邻站	常规巡测法	
双湾1队闸	生产河	射阳河	借用邻站	常规巡测法	
老庄闸	老庄沟	射阳河	借用邻站	常规巡测法	
宝塔10队闸	生产河	射阳河	借用邻站	常规巡测法	
宝塔9队闸	生产河	射阳河	借用邻站	常规巡测法	

附表 11-14　沿马泥沟、渔深河、北草堰河巡测主控线出水口门登记表

出水断面名称	所在河流	出水	水位测验方案	计量方案	附注
白兔港闸	白兔港	马泥沟	借用邻站	常规巡测法	
马南闸	马南河	马泥沟	借用邻站	常规巡测法	
高凤港闸	高凤港	马泥沟	水尺式	常规巡测法	
辛北闸	辛北河	马泥沟	借用邻站	常规巡测法	
交界闸	交界河	马泥沟	借用邻站	常规巡测法	
潘渡 2 队闸	生产河	马泥沟	借用邻站	常规巡测法	
潘渡 3 队闸	生产河	马泥沟	借用邻站	常规巡测法	
潘渡 7 队闸	生产河	马泥沟	借用邻站	常规巡测法	
汤祁闸	汤祁沟	马泥沟	借用邻站	常规巡测法	
裴桥闸	裴桥港	马泥沟	借用邻站	常规巡测法	
滩河闸	滩河港	马泥沟	借用邻站	常规巡测法	
龙河北闸	龙河	马泥沟	水尺式	常规巡测法	
陈庄闸	陈庄河	马泥沟	借用邻站	常规巡测法	
大兴闸	兴北河	马泥沟	借用邻站	常规巡测法	
小浮闸	小浮沟	马泥沟	借用邻站	常规巡测法	
双湾闸	双湾河	马泥沟	借用邻站	常规巡测法	
宝塔闸	宝塔港	马泥沟	借用邻站	常规巡测法	
唐扬闸	唐扬河	渔深河	水尺式	常规巡测法	
陈村闸	陈村河	渔深河	借用邻站	常规巡测法	
长春闸	长春河	渔深河	借用邻站	常规巡测法	
三里闸	三里半沟	渔深河	借用邻站	常规巡测法	
长陈闸	长陈河	渔深河	借用邻站	常规巡测法	
范坝闸	范坝河	北草堰河	借用邻站	常规巡测法	
堰南闸	堰南河	北草堰河	水尺式	常规巡测法	
前江闸	前江家庄河	北草堰河	借用邻站	常规巡测法	
堰红闸	堰红河	北草堰河	借用邻站	常规巡测法	
陆河闸	陆河	北草堰河	借用邻站	常规巡测法	

附表 11-15　沿潭洋河、大洋河、黄沙港、堆塘河、吴埝河、廖家沟巡测主控线出水口门登记表

出水断面名称	所在河流	出水	水位测验方案	计量方案	附注
大团 8 队闸		潭洋河	借用邻站	常规巡测法	
榆东中心河闸	榆东中心河	潭洋河	借用邻站	常规巡测法	

续表

出水断面名称	所在河流	出水	水位测验方案	计量方案	附注
原榆东 1 队闸		潭洋河	水尺式	常规巡测法	
原榆东 3 队闸		大洋河	借用邻站	常规巡测法	
原榆东 5 队闸		大洋河	借用邻站	常规巡测法	
原利华 6 队闸		大洋河	遥测式	常规巡测法	
6 队闸		大洋河	借用邻站	常规巡测法	
苏Ⅱ泵闸		大洋河	借用邻站	常规巡测法	
利华 2 队闸		小洋河	借用邻站	常规巡测法	
益民村部闸		小洋河	借用邻站	常规巡测法	
3 队闸		小洋河	水尺式	常规巡测法	
2 队东闸		小洋河	借用邻站	常规巡测法	
10 队闸		小洋河	借用邻站	常规巡测法	
大洋河闸	大洋河	黄沙港	借用邻站	常规巡测法	
川沙河闸	川沙河	黄沙港	水尺式	常规巡测法	
中心河闸	中心河	堆塘河	借用邻站	常规巡测法	
跃进河闸	跃进河	堆塘河	借用邻站	常规巡测法	
新进河闸	新进河	堆塘河	借用邻站	常规巡测法	
星火河闸	星火河	堆塘河	遥测式	常规巡测法	
三中沟北闸	三中沟	吴埝河	水尺式	常规巡测法	
镇中十沟闸	镇中十沟	廖家沟	借用邻站	常规巡测法	
南竖河闸	南竖河	廖家沟	借用邻站	常规巡测法	
益民河闸	益民河	廖家沟	借用邻站	常规巡测法	
凤华闸	凤华河	廖家沟	水尺式	常规巡测法	
三星河闸	三星河	廖家沟	水尺式	常规巡测法	
三组河闸	三组河闸	廖家沟	水尺式	常规巡测法	
跃进河闸	跃进河	廖家沟	借用邻站	常规巡测法	
川洋河闸	川洋河	廖家沟	水尺式	常规巡测法	
树山河闸	树山河	廖家沟	借用邻站	常规巡测法	
朝阳河闸	朝阳河	廖家沟	借用邻站	常规巡测法	
中竖河	中竖河	廖家沟	遥测式	常规巡测法	
民生河闸	民生河	廖家沟	借用邻站	常规巡测法	
青年河闸	青年河	廖家沟	水尺式	常规巡测法	
四号河闸	四号河	廖家沟	借用邻站	常规巡测法	

附表 11-16　沿蔷薇河、戛粮河、射阳河巡测主控线排涝泵站登记表

序号	站名	泵型	所在乡镇	排入河道
1	福赢排涝 1 站	苏Ⅳ型	蒋营镇	蔷薇河
2	福赢排涝 2 站	PV50 型	蒋营镇	蔷薇河
3	成南排涝站	苏Ⅳ型	蒋营镇	蔷薇河
4	花垛排涝站	28 寸轴流泵	恒济镇	蔷薇河
5	芦舍排涝站	苏Ⅳ型	恒济镇	蔷薇河
6	苗庄排涝 1 站	24 寸轴流泵	恒济镇	蔷薇河
7	苗庄排涝 2 站	苏Ⅱ型	恒济镇	蔷薇河
8	卞舍排涝站	苏Ⅱ型	高作镇	戛粮河
9	乔加排涝站	苏Ⅱ型	高作镇	戛粮河
10	植西排涝站	苏Ⅳ型	高作镇	戛粮河
11	甲东排涝站	苏Ⅳ型	高作镇	戛粮河
12	瓦瓷排涝 1 站	苏Ⅳ型	建阳镇	戛粮河
13	瓦瓷排涝 2 站	20 寸轴流泵×2	建阳镇	戛粮河
14	渔业排涝站	24 寸轴流泵	建阳镇	戛粮河
15	新阳排涝站	22、24 寸轴流泵	建阳镇	戛粮河
16	双湾排涝站	苏Ⅱ型	宝塔镇	射阳河
17	宝塔排涝站	20 寸轴流泵	宝塔镇	射阳河

附表 11-17　沿大洋河、黄沙港、堆塘河、廖家沟巡测主控线排涝泵站登记表

序号	站名	泵型	所在乡镇	排入河道
1	榆东中心河站	苏Ⅱ型	上冈镇	大洋河
2	大洋河站	苏Ⅱ型	上冈镇	大洋河
3	三中沟北站	苏Ⅱ型	上冈镇	吴垱河
4	跃进河站	20 寸泵	上冈镇	廖家沟
5	树山河站	苏Ⅱ型	上冈镇	廖家沟
6	朝阳河站	苏Ⅱ型	上冈镇	廖家沟
7	三组河站	苏Ⅱ型	上冈镇	廖家沟
8	三星河站	苏Ⅱ型	上冈镇	廖家沟
9	益民河站	20 寸泵	上冈镇	廖家沟
10	南竖河站	苏Ⅱ型	上冈镇	廖家沟
11	十组河站	苏Ⅱ型	上冈镇	廖家沟
12	四号河站	苏Ⅱ型	上冈镇	廖家沟

附表 11-18　沿西盐河、皮岔河、西冈河巡测主控线排涝泵站登记表

序号	站名	泵型	所在乡镇	排入河道
13	方姚排涝站	PV50 型	沿河镇	西盐河
14	烽火排涝 1 站	苏Ⅱ型	沿河镇	西盐河
15	烽火排涝 2 站	24 寸轴流泵	沿河镇	西盐河
16	民生排涝站	24 寸轴流泵	芦沟镇	西盐河
17	新凌排涝站	24 寸轴流泵	芦沟镇	西盐河
18	裴港排涝站	苏Ⅱ型	芦沟镇	西盐河
19	塘港排涝站	苏Ⅱ型	芦沟镇	西盐河
20	红亮排涝站	苏Ⅳ型	芦沟镇	西盐河
21	潘庄排涝 1 站	PV50 型	芦沟镇	西盐河
22	潘庄排涝 2 站	苏Ⅳ型	芦沟镇	西盐河
23	孔庄排涝站	苏Ⅱ型	芦沟镇	西盐河
24	朱港排涝 1 站	苏Ⅳ型	庆丰镇	皮岔河
25	朱港排涝 2 站	苏Ⅳ型×2	庆丰镇	皮岔河
26	中陈排涝站	苏Ⅱ型	庆丰镇	皮岔河
27	逍遥排涝站	苏Ⅳ型	庆丰镇	皮岔河
28	东刘排涝站	苏Ⅳ型	庆丰镇	皮岔河
29	凌庄排涝站	苏Ⅳ型	庆丰镇	皮岔河
30	新阜排涝 1 站	苏Ⅱ型×2	庆丰镇	皮岔河
31	新阜排涝 2 站	苏Ⅳ型	庆丰镇	皮岔河
32	东洪排涝站	苏Ⅳ型	庆丰镇	皮岔河
33	洪桥排涝站	苏Ⅳ型	庆丰镇	西冈河
34	谷港排涝站	苏Ⅳ型	庆丰镇	西冈河

附表 11-19　沿马泥沟、渔深河、北草堰河巡测主控线排涝泵站登记表

序号	站名	泵型	所在乡镇	排入河道
1	马南排涝站	28 寸轴流泵	宝塔镇	马泥沟
2	潘渡三组排涝站	24 寸轴流泵	宝塔镇	马泥沟
3	潘渡七组排涝站	24 寸轴流泵	宝塔镇	马泥沟
4	裴桥排涝站	苏Ⅳ型	宝塔镇	马泥沟
5	大兴排涝站	24 寸轴流泵	宝塔镇	马泥沟
6	长春排涝站	苏Ⅱ型	宝塔镇	渔深河
7	陈桥排涝站	苏Ⅱ型	宝塔镇	渔深河
8	埝红排涝站	苏Ⅳ型	草堰口镇	北草堰河
9	埝南排涝站	28 寸轴流泵	草堰口镇	北草堰河
10	陆河排涝站	苏Ⅱ型	冈西镇	北草堰河

第十二章 苏北地区供水计量成果分析评价

江苏省从 1996 年起,相继实施了京杭运河苏北地区遥测系统、苏北地区水资源信息采集系统、国家防汛防旱指挥系统徐州与连云港示范区建设等工程,至 2006 年,累计建成水资源信息采集点 149 个,基本建成了苏北水资源配置监控调度系统。该系统以南水北调东线主要干河——京杭运河苏北段为主线,串以徐州、宿迁、连云港、淮安、盐城、扬州 6 市为重要"省控市域",初步实现了江、淮、沂三大储备水源互济互调的有效监测与信息处理。

自 2000 年起,江苏省先后实施了南四湖应急生态补水计量监测、沿京杭运河 7 条骨干河道(段)输水损失测验等以供水、调水为目标的水量监测试验研究工作,积极开展了区域供水计量技术研究,持续开展了苏北 6 市供水计量监测,均取得了较好的实际成果,积累了较丰富的经验。这些实践和经验为有效实施南水北调东线工程长距离多平交输水、大区域用水、经济发达地区供水,以及科学配置以满足过境区域生产、生活和生态环境等多功能综合用水需要,提供了大量有价值的基础技术支撑,其实践成果不仅在水资源优化配置、节约和保护中发挥了广泛而积极的作用,而且为平原水网、水系复杂地区,区域水资源水量配置与交换频繁地区的供水计量提供了借鉴。

本章在前述各章技术实践应用基础上,依序规划监测站网,实施计量监测,进行成果评价和效益分析。

12.1 监测站网

苏北供水计量规划站网分大区(即重要水源控制的水平衡区,如洪泽湖、骆马湖等)、小区(即按照行政区划设立的行政分区,包括省控市域和市控县域的水平衡区,如淮安市、盐城市、建湖县等)和代表片(即有较好代表性且周界线封闭的较小水平衡区,如陶舍小区)3 类。规划设计流量站网密度初步以水量控制大区 70% 以上、小区 90% 以上、代表片区 95% 以上为准,流量实时在线控制分别为 70%、60% 和 50% 以上;水位站网以控制区域、河段或工程上下游水位变化过程为原则,辅助流量站网进行水量计量或蓄水变量计算。没有控制或暂时难以控制的水位或流量,以巡测解决。视需要和经济、技术发展逐步补充、完善和提高站网建设,最终实现全周界线控制,水位、流量、水质、降水、蒸发、墒情等全要素实时在线监测。

以下从算清水账角度,分别对小区、大区供水计量监测站网布设的控制程度和合理性进行评价,代表片区供水计量监测站网布设的控制程度和合理性分析评价,见第十一章内容。

12.1.1 小区监测站网

从 2000 年起,江苏省水文局对苏北地区扬州等 6 个市规划、落实了供水计量监测站网,提出了监测时间、监测频次、测报项目、监测质量控制、测报信息传输等工作要求,以苏北6市行政区域为界,以水源控制和市际控制为主,对进出各行政区的水位、流量、水量进行监测计量,监测成果按照水文资料整编规范相关质量要求进行分析汇编。经过几年的优化调整,到2003年基本固定为34处监测站点(断面),具体见图12-1和图2-1。

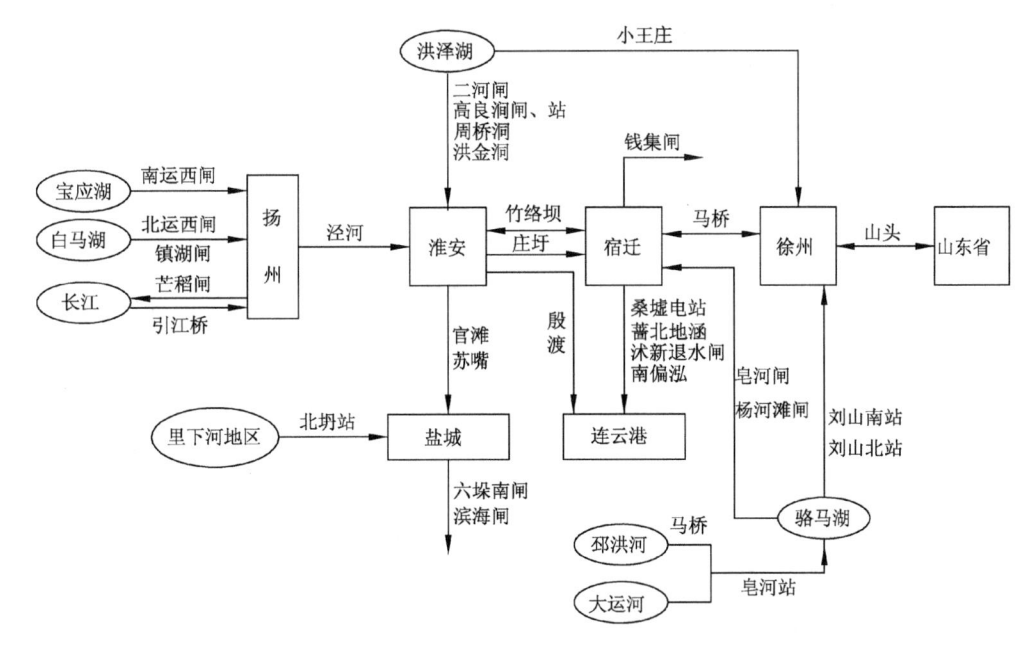

图 12-1　苏北供水计量监测水源配置监控网络概化图

12.1.1.1　扬州市

扬州市地处江苏中部,长江北岸,江淮平原南端。境内有长江岸线80.5 km,沿岸有仪征、江都、邗江2市1区;主要湖泊有白马湖、宝应湖、高邮湖、邵伯湖等,京杭大运河纵贯南北。除长江和京杭大运河以外,主要河流还有东西向的宝射河、大潼河、北澄子河、通扬运河、新通扬运河。

该市苏北市际供水计量监测断面共计4处,即江都引江桥、芒稻闸、河湖调度闸和泾河断面。

进入该区域的水量监测断面有:南运西闸和北运西闸,这两处断面控制宝应湖、白马湖入扬州市的水量,引江桥断面控制江都抽水站抽引的长江水量。

流出该区域的水量监测断面有:芒稻闸和北运西闸,这两处断面控制由京杭大运河入长江和白马湖的水量。

京杭运河上的泾河监测断面位于扬州、淮安两市交界处的泾河小涵洞北约15 m处,是扬州与淮安两市供水计量的市际监测控制断面。该断面流量直接反映了江水北调和淮水南下进出量,是一个重要的监测断面。当淮水丰沛时,由淮安枢纽泄水南下,通过泾河断面进入该市,淮水不足时,则从江都抽水站抽引江水,经由泾河断面北上向淮安及苏北其他地区送水。

河湖调度闸和泾河两个监测断面相距约70 km,它们的东面为淮江公路西侧;南面为江都水利枢纽;西面分别有邵伯湖、高邮湖、宝应湖和白马湖;北面为淮安水利枢纽。监测区域沿线西堤有涵闸(洞)6 座,船闸 5 座,东堤有涵闸(洞)23 座,船闸 3 座,自来水厂 5 座。

河湖调度闸在高邮市境内,是在原高邮湖船闸的基础上改造而成的,其功能是:当上游淮水来量较大、高邮湖水位较高时,开闸向京杭大运河排水;当天气干旱,且高邮湖水位偏低时,开闸向高邮湖引水。该闸一般以排水为主。

扬州市供水监测进、出水量断面布置概化见图 12-2。

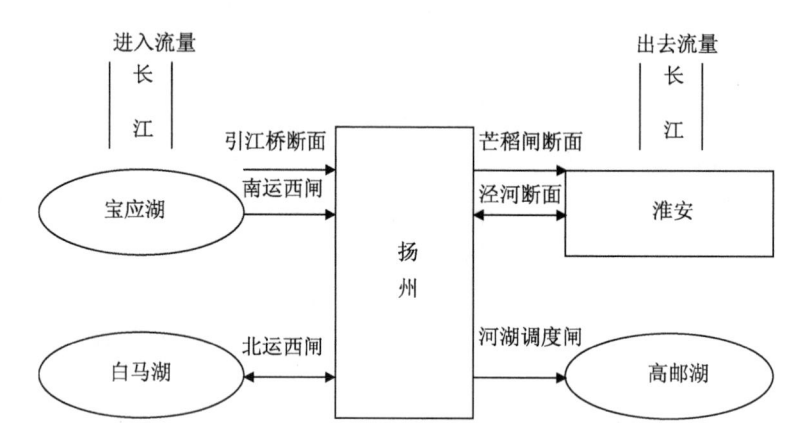

图 12-2　扬州市供水计量监测断面布置示意图

12.1.1.2　盐城市

盐城市地处淮河下游区江淮平原东部,东临黄海,南与南通、泰州两市接壤,西与扬州、淮安两市毗邻,北与连云港市隔灌河相望。

苏北 6 市供水计量监测以京杭运河为输水干河展开。盐城市的供水除了连接京杭运河的苏北灌溉总渠和废黄河外,还有通榆河等引江水河道,但该河道上供水计量断面没有纳入 34 处苏北供水计量监测断面,这里不作叙述。

盐城市苏北供水计量监测断面有苏嘴、北坍站、六垛南闸、官滩和滨海闸共 5 处。

进入该市的供水计量监测断面有 3 个,分别为官滩、苏嘴、北坍站。

流出该市的供水计量监测断面有 2 个,分别为六垛南闸和滨海闸。

苏嘴站是淮安与盐城两市的市界断面,主要是控制监测从灌溉总渠进入盐城市的水量。北坍翻水站主要是控制监测从里下河地区翻水进入盐城市的水量。另外,在废黄河上布设的官滩站也是淮安与盐城两市的市界断面,主要监测计量由该断面进入盐城市的水量,下游入海口处滨海闸站为流出该市的水量监测断面。六垛南闸站主要是监测由灌溉总渠流出盐城市的水量。

该市供水监测进、出水量断面布置概化见图 12-3。

12.1.1.3　淮安市

淮安市地处苏北平原南部中心地域,东与盐城市相邻,南与扬州市、安徽省接壤,西接宿迁市,北临连云港市。

该市供水计量监测断面共计 12 处:京杭运河泾河站,白马湖镇湖闸站,洪泽湖的二河闸站、高良涧闸站、高良涧水电站、洪金洞站、周桥洞站,废黄河官滩站,盐河殷渡站,灌溉总渠苏嘴站,淮沭河庄坍站,京杭运河竹络坝站。其中,泾河断面控制京杭运河水从淮安

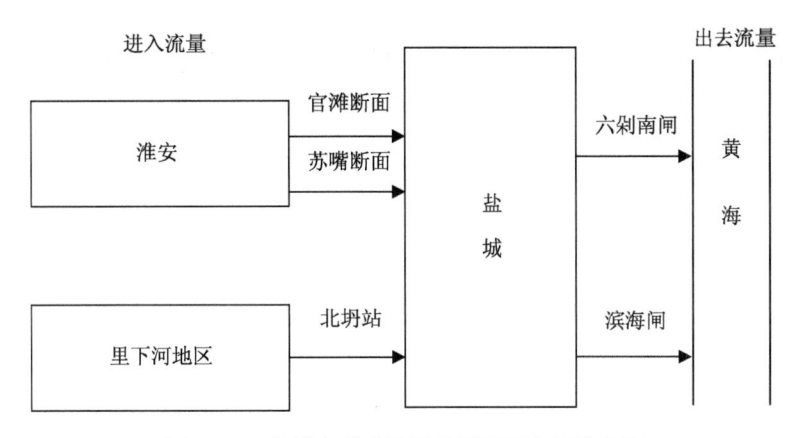

```
          进入流量                                          出去流量
                      官滩断面
          ┌────────┐  ─────────→  ┌──────┐   六刹南闸   ┌──┐
          │  淮安  │               │      │  ─────────→ │黄│
          │        │  ─────────→  │  盐  │              │  │
          └────────┘  苏嘴断面     │  城  │              │海│
                                   │      │   滨海闸     │  │
          ┌────────┐               │      │  ─────────→ └──┘
          │里下河地区│ ─────────→  │      │
          └────────┘   北坍站      └──────┘
```

图 12-3 盐城市供水计量监测断面布置示意图

市进入扬州市,镇湖闸断面控制白马湖水进入淮安市,二河闸断面控制洪泽湖水由二河进入淮安市,高良涧闸、高良涧水电站断面控制洪泽湖水由灌溉总渠进入淮安市,洪金洞和周桥洞断面控制洪泽湖水由洪金、周桥两灌区进入淮安市,官滩断面控制废黄河水从淮安市进入盐城市的水量,苏嘴断面控制监测灌溉总渠水从淮安进入盐城市的水量,殷渡断面监测盐河水从淮安市进入连云港市的水量,庄圩断面监测淮沭河水从淮安市进入宿迁市的水量,竹络坝断面监测京杭运河水从淮安市进入宿迁市的水量。

进入该市的供水计量监测断面有 7 个,分别为泾河、镇湖闸、二河闸、高良涧闸、高良涧水电站、洪金洞和周桥洞。

出该市的供水计量监测断面有 5 个,分别为官滩、苏嘴、殷渡、竹络坝和庄圩。

废黄河官滩站是控制淮安市由废黄河进入盐城市的市际监测断面,本断面上游约 100 km 有杨庄节制闸及活动坝水电站各一座,下游由滨海闸控制入海。

盐河殷渡站是控制淮安市由盐河入连云港市的市际监测断面。该断面上游约 24 km 有朱码闸、朱码水电站、朱码船闸等建筑物,工程控制和影响水流因素均较复杂;下游与武障河、南北六塘河、柴米河、义泽河相交,河道水流受武障河闸、六塘河闸、龙沟闸、义泽河闸等挡潮工程影响,所以该断面水流有时会受灌河潮水影响。

淮沭河庄圩断面在淮沭河东、西两偏泓交汇处的上游,为市际监测断面,分设东、西两个控制断面,两断面相隔约 0.6 km,且东、西偏泓均为通航河道,西偏泓通航船只相对较多。距断面上游约 40 km 处为分淮入沂控制工程淮阴闸。庄圩断面下游 2 km 处有钱集闸控制淮沭河水进入六塘河,有六塘河船闸沟通淮沭河与六塘河的航运;监测断面下游还有分淮入沂末级控制工程——沭阳闸控制淮沭河水汇入新沂河,正常情况下沭阳闸闸门全部提出水面,以方便船只通过沭阳闸通航孔向上、下游通行,沭阳闸向北过新沂河后有沭新闸,淮沭河水穿过新沂河经沭新闸由沭新河进入连云港市境内。新沂河高水位行洪时,为保护淮沭河东西偏泓之间约 9 万亩夹滩地农作物不受洪水淹没,沭阳闸闸门全部关闭,当淮沭河排洪时,洪水通过沭阳闸汇入新沂河后向东入海。

京杭运河(中运河段)竹络坝断面位于淮阴区三树乡竹络坝与泗阳县交界处,为市际监测断面,主要作用是控制中运河水由淮安市境内进入宿迁市的水量。中运河承担输水、排洪和航运等多种功能,作为二级航道,沟通南北水路交通,是一段黄金水道,来往船只非常频繁。竹络坝站上游连通五岔河口段（二河、中运河、淮沭河、盐河和废黄河这五条河的交汇段）。该段进水一是来源于洪泽湖出口的二河闸工程泄放淮水,二是来源于淮阴第一抽水站、淮阴第二抽水站、淮阴临时抽水站抽取的苏北灌溉总渠和里运河的江水,三是来源于中运河上通过泗阳闸、泗阳船闸的骆马湖水。

该中运河河段出水控制工程还包括淮沭河上的淮阴闸、盐河上的盐河闸、废黄河上的杨庄闸和活动坝水电站,以及淮涟灌区的渠首控制工程淮涟闸等。

竹络坝站下游有泗阳抽水一站、二站,泗阳节制闸和泗阳复线船闸。

该市供水计量监测断面的布置情况概化见图12-4。

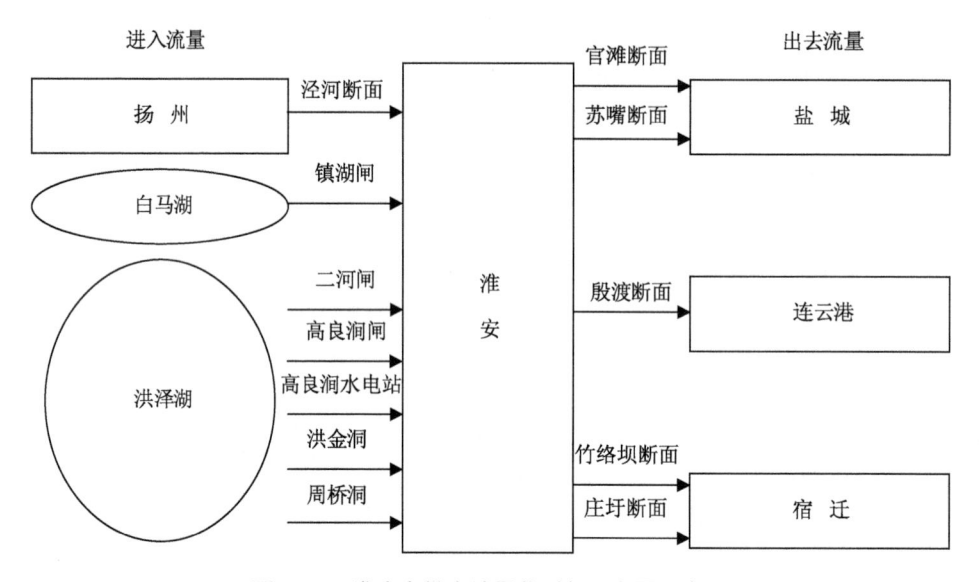

图12-4 淮安市供水计量监测断面布置示意图

12.1.1.4 宿迁市

宿迁市地处江苏省北部,其北、东、南分别与徐州市、连云港市、淮安市接壤。

进入该市水量的监测断面有5处,分别为京杭运河竹络坝站,骆马湖皂河闸、洋河滩闸站,邳洪河马桥站和淮沭河庄圩站。

流出该市的水量监测断面有6处,即沭新河蔷北地涵、桑墟电站、沭新退水闸站,淮沭河钱集闸站,骆马湖皂河闸站和新沂河南偏泓站。

新沂河南偏泓站位于新沂河上,为市际监测控制断面。该断面上游约2 km处有新沂河南偏泓节制闸和小水电站各一座,下游有连云港蔷薇河送清水工程叮当河枢纽和新沂河入海口控制工程。该站主要监测淮沭河水入新沂河后向东供连云港市的用水。当骆马湖嶂山闸开闸排洪时,南偏泓断面所监测的流量属于排洪水量,非实际需供水。

沭新河上的蔷北地涵、桑墟电站、沭新退水闸3断面,也是市际计量监测断面,主要监测淮沭河水经沭新河后入连云港市的用水量,该3处断面控制了连云港市主要的工农业生产和居民生活、生态用水,是连云港市的重要水源通道。

钱集闸站位于淮沭河东偏泓东岸,主要监测控制淮沭河水入六塘河的水量。

该市供水计量监测断面的布置情况概化见图12-5。

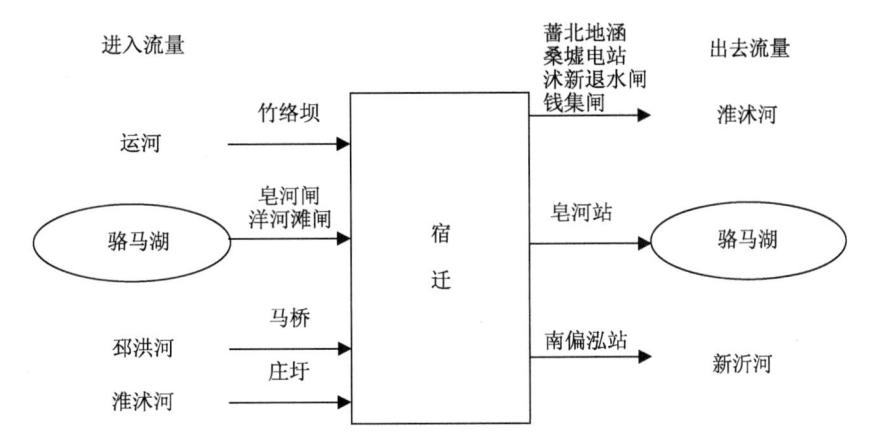

图 12-5　宿迁市供水计量监测断面布置示意图

12.1.1.5　徐州市

徐州市位于江苏省西北部，与鲁、豫、皖三省交界。该市属淮河流域，其废黄河以南为洪泽湖水系淮安区，以北为沂、沭、泗水系，也称沂沭泗运区。流经该市主要骨干河道有沂河、沭河、泗河及邳苍分洪道，另外还有复兴河、大沙河、沿河、郑集河、房亭河、徐洪河、徐沙河等地方性河道。

徐州市供水计量监测断面共有 4 处，其中省际计量监测断面为山头站，市际监测断面有小王庄站、刘山南站、刘山北站 3 处。

徐洪河小王庄站位于徐州、宿迁两市交界处的宿迁市宿豫区龙河镇，主要有徐洪河、新龙河、老龙河、徐沙河、白塘河等支流汇入，上接房亭河刘集地涵，下通安河汇入洪泽湖；区域内主要水利工程有徐沙河的沙集西闸、徐洪河沙集闸、沙集翻水站、新龙河凌城闸、凌城翻水站等。该站对进、出徐州市的水量进行计量监测，以监测控制进、出洪泽湖的水量。

刘山南站、刘山北站位于邳州市宿羊山镇刘山闸，是江水北调进入徐州不牢河段的总口门。刘山南站测流断面位于刘山翻水站出水口下游 80 m 处，水流稳定，断面流速分布均匀，控制良好，其翻引水量主要用于运南灌区的农作物灌溉及向不牢河补水；刘山北站位于刘山节制闸北端，该翻水站计量监测断面位于工程出水口下游约 70 m 处，断面稳定，控制良好，其翻引水量主要是向上游补水，再通过解台翻水站把水翻至上游，以满足上游区农业灌溉、航运及徐州市区工业、生活用水。

中运河山头站位于苏、鲁两省交界处的江苏省邳州市戴庄镇山头村。该河段顺直，断面为复式河床，该站主要监测从江苏省出去的水量，为苏鲁省界控制断面，为南水北调东线向山东供水计量而设立，在南水北调东线调水工程未启用前暂无计量监测任务。

该市供水计量监测断面布置概化见图 12-6。

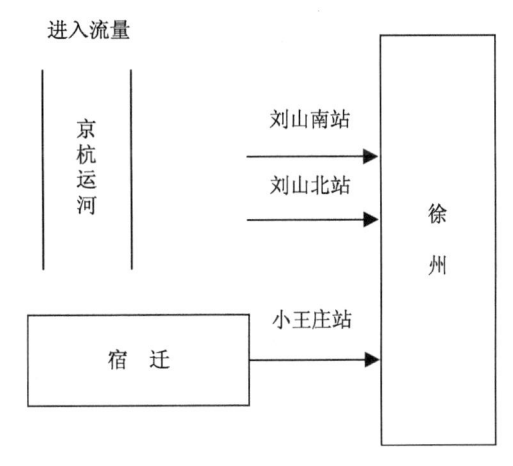

图 12-6　徐州市供水计量监测断面布置示意图

12.1.1.6 连云港市

连云港市位于江苏省东北部,其西北与徐州市相邻,西南与宿迁比邻,南部和东南部分别与淮安市、盐城市接壤。

进入该市水量的监测断面有5处,即沭新河桑墟电站、蔷北地涵、沭新退水闸,盐河殷渡断面及新沂河南偏泓断面。

桑墟电站断面是监测该电站发电后尾水作为供水水源输入蔷薇河,供给连云港市市区用水量;沭新退水闸的主要任务是排泄区间洪涝水,当遇干旱或枯水时,若桑墟电站供水量不能满足连云港市用水需要,则通过该闸引沭新河水向蔷薇河补充水源;蔷北地涵断面向东海县沭新灌区供水。

盐河殷渡断面主要监测通过盐河由淮安市进入连云港市灌南县的生产、生活和生态环境用水量。

新沂河南偏泓断面主要监测由宿迁市进入连云港市灌云、灌南两县的生产、生活等用水量。

连云港市供水计量监测断面布置概化见图12-7。

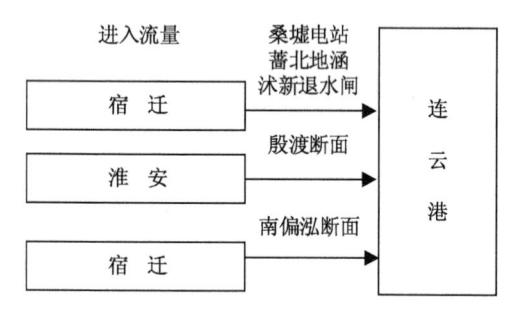

图12-7 连云港市供水计量监测断面布置示意图

总体上来说,以京杭运河为主干线,以引江水、配淮水为主要供水水源的苏北6市供水计量监测站网布设比较合理,较好地控制了进出各个行政区域的交换水量,特别是扬州、淮安两行政区域,进出区域水量基本得到控制。

需要说明的是,在主汛期,当洪泽湖储水丰沛,或淮河、沂沭泗运河来水丰沛时,由于供水沿线部分小型水电站如盐河闸附属的盐河水电站等会利用过境丰沛的弃水发电,一定程度上提高了该行政区域的实际用水量,但该水量占年度总用水量的比重不大,且对供水矛盾相对突出的农业灌溉期间尤其是6月份大用水期间的用水量配置基本没有影响,因为该时段水电站发电所用水量全部供给了水稻栽插用水。

但仍有部分行政区域水量控制断面设置不尽完善。如连云港市仅有进水控制断面,没有出水控制断面,且以进水断面流量数值大小划定进入区域的水是用水或弃水,造成连云港市各年用水量均偏大;宿迁市、徐州市用水区域不封闭,造成供水计量偏小等;盐城市由于工程建设,区域工情发生变化,通过里下河地区进入盐城市的水量增加了通榆河送水等,但没有设置监测断面。

苏北6市6月份以后,从南到北逐步过渡到夏收夏种的农业用水高峰期,苏北6市主要蓄水源"三湖一库"及本地调蓄径流量趋于宝贵,农业灌溉用水损失很少,基本没有弃水。因此,位于下游的连云港、盐城等受水区,虽然出境水量没有计量控制,但在进行供水计量分析时,如以大用水的6月份为计算时段,计算京杭运河输水干线的输水对盐城或连云港市的时空辐射效果和效益,则更为合理。

12.1.2 大区监测站网

大区,即重要水源控制的水平衡区,如洪泽湖、骆马湖等,主要是依据区域水量平衡原理,利用2005年供水计量监测数据,采用水量平衡法,以洪泽湖和骆马湖进出湖水量平衡计算为例,验证供水计量监测站网布设、计量监测方案编制和计量监测成果的合理性,进一步验证计量计算方法和监测成果精度的可靠性。

12.1.2.1 洪泽湖

洪泽湖进湖水系主要有淮河、池河、怀洪新河、新汴河、濉河、老濉河、徐洪河及滨湖圩区、湖面等,分别由小柳巷、明光、双沟、宿县闸、泗洪(老)、泗洪(濉)、金锁镇等水文站计量监测控制入洪泽湖水量。洪泽湖出湖水系有入江水道、灌溉总渠、淮沭河等,分别有三河闸、高良涧进水闸、二河闸等控制工程的水文站计量监测和控制出洪泽湖的水量。

1) 洪泽湖区间面积与湖面面积计算

洪泽湖区间是指从 7 条主要河流入湖控制站以下到三河闸(中渡)水文站这一范围,入洪泽湖主要控制站面积统计及区间面积估算见表 12-1。

表 12-1　入洪泽湖主要控制站面积统计及区间面积估算表

各控制站			区间面积组成	区间面积(km^2)	备注
站名	面积(km^2)	占比(%)			
小柳巷	123 950	78.4	淮河干流小柳巷—老子山	1 861	淮河干流部分合计 1 773 km^2,洪泽 88 km^2
明光	3 470	2.2	淮南片	559	盱眙县其他部分
双沟	12 240	7.7	淮北片	2 570	泗洪 1 795 km^2 泗阳 553 km^2 淮阴 222 km^2
宿县闸	6 467	4.1			
泗洪(濉)	2 991	1.9			
泗洪(老濉)	635	0.4			
金锁镇	1 843	1.2			
中渡	158 160		湖区水面	1 575	水位为 12.50 m 时的面积
区间	6 565	4.2			

三河闸(中渡)水文站以上控制面积为 158 160 km^2,7 条入湖主要河流控制面积为 151 595 km^2,故洪泽湖湖面面积 6 565 km^2,扣除小柳巷到老子山 1 861 km^2,洪泽湖周边(淮北片)面积 2 570 km^2,尚余 2 134 km^2 面积为洪泽湖湖体面积及明光以下和淮河以南部分面积,经查《江苏省防汛防旱手册》1999 年版,当蒋坝水位为 12.50 m 时,洪泽湖湖体面积为 1 575 km^2,尚余 559 km^2 面积属淮南片。

根据小柳巷、明光、宿县闸报汛资料,双沟、泗洪、金锁镇、三河闸、高良涧进水闸、高良涧水电站、二河闸等水文站整编资料计算出日平均进出湖流量。湖面降水量为临淮头、尚嘴、双沟、老子山、赵集、曹嘴、三河闸等 7 个雨量站年降水量平均值。湖面蒸发量为泗洪、三河闸 2 个水文站的平均值。

2) 洪泽湖湖面产水量

洪泽湖湖面降水量用临淮头、尚嘴、双沟、老子山、赵集、曹嘴、三河闸等 7 个站雨量算术平均计算,湖面面积为 1 575 km^2。平均年降水量为 1 138 mm,折算水量为 17.9 亿 m^3。

3) 洪泽湖湖面蒸发量

由于洪泽湖上没有水面蒸发站,湖面蒸发用泗洪和三河闸 2 个代表站蒸发资料平均计算,2 站平均为 845.7 mm,折算成水量为 13.3 亿 m³。

4) 洪泽湖区间产水量计算

淮河干流小柳巷到老子山段区间面积为 1 861 km²,其区间水量采用小柳巷站控制面积(123 950 km²),根据 2005 年径流量(468 亿 m³)所计算的径流深度反推;淮北片区间入湖水量用淮北片 5 条河流控制站实际控制面积根据 2005 年年径流量综合计算的径流深度反推;淮南片区间产水量采用池河明光站的控制面积根据 2005 年径流量资料计算结果反推。

5) 洪泽湖槽蓄变量

以蒋坝水位站水位代表洪泽湖水位,蒋坝水位站 2005 年 1 月 1 日平均水位为 13.05 m,12 月 31 日平均水位为 13.32 m。根据《江苏省防汛防旱手册》洪泽湖水位-容积关系曲线,查得相应的容积分别为 30.95 亿 m³ 和 35.4 亿 m³,槽蓄变量为 4.45 亿 m³。

6) 洪泽湖进出湖水量平衡计算

计算公式为:入湖水量 $W_入 = Q_入 \times \Delta T$,出湖水量 $W_出 = Q_出 \times \Delta T$,其中,$Q_入$ 为进湖流量,$Q_出$ 为出湖流量,ΔT 为计算时段。各计量参数单位,水量为万 m³,流量为 m³/s,时间为 s。

7) 洪泽湖水量平衡分析

2005 年,洪泽湖进水量 578 亿 m³,出湖水量 566.6 亿 m³,进出湖水量相差 11.4 亿 m³,年初与年末槽蓄变量 4.45 亿 m³,计算偏差水量为 6.95 亿 m³,相当于日均流量 22.3 m³/s,分别占入湖、出湖控制水量的 1.20% 和 1.23%,详见表 12-2。

这一偏差水量,涵盖了湖区渗漏水量、以陆地蒸发站代替湖面蒸发站的偏差及进出洪泽湖水量计量中没有完全控制的水量。如洪泽湖周边的 5 座船闸运行泄放水量,湖堤上洪金洞、周桥洞的灌溉引水量,以及农业灌溉大用水时期湖堤周围临时抽水泵站的抽提水量等。在实际计量中,这些水量的漏计可以合并至不可避免的损失水量中。

表 12-2 洪泽湖水量平衡计算表　　　　　　　　　　　　单位:10⁸ m³

进湖水量		出湖水量		湖库槽蓄变量	偏差水量
控制断面	计算水量	控制断面	计算水量		
小柳巷	468	三河闸	410.7		
宿县闸	5.03	高良涧闸(站)	59.8		
明光	2.08	二河闸	82.76		
双沟	47.5	湖面蒸发量	13.3		
泗洪(老)	0.84				
泗洪(濉)	10.5				
金锁镇	15.27				
湖面降水	17.9				
区间径流	10.8				
合计	578		566.6	4.45	6.95

12.1.2.2 骆马湖

骆马湖的入湖水量主要来自运河、沂河这两条水系,包括京杭运河运河水文站、沂河港上水文站、房亭河刘集闸入骆马湖水量,大运河皂河抽水站的抽水量,湖面降水量,以及港上房亭河控制站以下至骆马湖以上区间降水径流量。

骆马湖出湖水量包括新沂河嶂山闸、总六塘河的杨河滩闸、大运河皂河闸、房亭河刘集闸、房亭河地涵、皂河船闸和睢宁船闸的过闸水量,以及骆马湖湖面蒸发量。

1) 区间径流量

骆马湖区间径流量即骆马湖以上降水产生径流的入湖水量,根据沂沭泗流域水文预报方案知,现有控制口门以下、骆马湖以上区间径流面积为 1 416 km²(包括临沂到港上区间面积),径流系数为0.17,区间平均面雨量用港上、运河、新安三站资料算术平均,港上、运河、新安年降水量分别为 1 279.7 mm、1 018.4 mm、1 169.0 mm,平均面降水量为 1 161.7 mm,则区间径流量为2.80 亿 m³。

2) 湖面蒸发水量

骆马湖湖面面积为 413 km²,由于骆马湖上没有水面蒸发站,湖面蒸发用宿迁闸蒸发站资料来计算,2005年宿迁闸蒸发站实测蒸发量为 864.4 mm,折算成水量为 3.57 亿 m³。

3) 湖面降水量

根据沂沭泗流域水文预报方案知,骆马湖湖面降水量用嶂山闸、皂河闸、宿迁闸三站算术平均计算,湖面面积为 413 km²。2005年嶂山闸实测降水量为 811.2 mm,皂河闸实测降水量为 936.6 mm,宿迁闸实测降水量为 982.0 mm,算术平均得湖面年降水量为 909.9 mm,折算水量为 3.75 亿 m³。

4) 湖库槽蓄变量

根据骆马湖水位-库容关系曲线,由骆马湖水位代表站点洋河滩闸上游测记的年初水位、年末水位对应的槽蓄量,计算蓄水变量为－0.96 亿 m³。

5) 进出湖水量平衡计算分析

经统计分析,皂河船闸日平均流量以 10 m³/s 计,睢宁船闸日平均流量为 3 m³/s。其他各入量、出量的断面均为供水监测站点或常规水文站点控制,水量采用水文资料整编及供水计量监测成果。2005年,骆马湖进湖水量为143.85 亿 m³,出湖水量为 142.81 亿 m³,年初与年末的槽蓄变量为－0.96 亿 m³,计算偏差水量为 2.00 亿 m³,相当于日均流量6.34 m³/s,详见表 12-3。这一偏差,涵盖了湖区渗漏水量、以陆地蒸发站代替湖面蒸发站的偏差及进出骆马湖水量计量中没有完全控制的水量。如计算区间降水径流时多算了临沂到港上区间的径流量,造成入湖水量计算偏大;而出湖水量中由于骆马湖周边一些农用临时抽水泵站的抽水无法计量而造成出湖水量计算偏小。在实际计量中,这些水量的漏计均合并入不可避免的损失水量中。

表 12-3 骆马湖水量平衡计算表　　　　　　单位:10⁸ m³

进湖水量		出湖水量		湖库槽蓄变量	偏差水量
控制断面	计算水量	控制断面	计算水量		
港上	44.26	嶂山闸	110.2		
运河	89.07	杨河滩闸	9.50		
皂河站	1.17	皂河闸	6.24		
刘集	2.80	皂河船闸	3.15		
区间径流	2.80	刘集地涵	4.20		

续 表

进湖水量		出湖水量		湖库槽蓄变量	偏差水量
控制断面	计算水量	控制断面	计算水量		
湖面降水	3.75	睢宁船闸	0.95		
		房亭河地涵	4.90		
		湖面蒸发	3.57		
合计	143.85		142.81	−0.96	2.00

洪泽湖、骆马湖这两个大区水量监测和平衡计算分析，证明了大区计量监测站网布设合理，计量监测技术、手段可行，计量监测和计量计算方法科学、精度可靠。

洪泽湖、骆马湖这两个大区的进出水量计量与水量平衡计算，为苏北六市行政区域的供水计量监测、区域水量平衡计算分析等提供了可靠的技术和理论支持。

12.2 计量监测

12.2.1 超声波测速仪与传统流速仪测流比较

1) 普通流速仪测流特点

传统的流量测验主要采用流速仪法。流速仪法测流主要是测定水的流速。在超声波等先进测流仪器、设备没研发出来前，常采用旋杯或旋桨等转子式流速仪测定水流的速度，进而通过与过水断面面积的乘积等数学方法计算出通过过水断面的流量。

转子式流速仪是根据水流对流速仪转子的动量传递而进行工作的。当水流流过流速仪转子时，水流直线运动能量产生转子转矩。此转矩克服转子的惯量、轴承等内摩阻，以及水流与转子之间相对运动引起的流体阻力等，使转子转动。从流体力学理论分析，上述各力作用下的运动机理十分复杂，难以具体分析，但其作用结果却比较简单，即在一定的速度范围内，流速仪转子的转速与水流速度呈简单的近似线性关系。因此，国内外都应用传统的水槽实验方法，建立转子转速 n 与水流速度 v 之间的经验公式：$v = Kn + C$。式中，K 为流速仪转子的水力螺距，n 为流速仪转子的转率，C 为待定常数。

一般地，转子式流速仪测量的准确度主要取决于流速仪结构设计（特别是转子结构是否适应河流水流特性）、仪器的制造工艺和装配质量，以及仪器的检定质量等因素。由于转子式流速仪具有结构简单、容易掌握、性能可靠、测量准确、种类齐全、适用范围广泛等明显的优点，经过长期探索研究和实际应用，转子式流速仪已经广泛地应用于高、中、低各级流速测量和含沙量较高的水流流速测量。

在我国，截至目前，在抗洪测报中，转子式流速仪仍然被认为是在天然水流中测量流速的最标准仪器。所有新的流速测量仪器都可以通过与转子式流速仪进行比测来判断流速测量准确性。

但是，转子式流速仪也有明显的不足。转子式流速仪是在以洪涝测报为主要工作对象下研究、应用和发展起来的，在大江、大河、大洪水、大涝水的测验中发挥了极其重要的作用。随着水的资源化利用不断深入,在小流量、小流速、水质较浑浊,以及受地域限制、平原水网区水量交换复杂等,难以寻找到流速平稳的测流断面的情况下,利用转子式流速仪测定水流流速,由于其不能自动识别和记忆水流方向的矢量值,无法对水流的方向进行矢量矫正,所测流速较实际流速往往偏大,对水量交换频繁复杂区域供水计量精度有一定影响,在水工建筑物过流能力计算与分析中,发现近一半涵闸淹没孔流下率定的水位-流量关系曲线出现底部不归零而趋向于无穷大的现象。

江苏省自 20 世纪 90 年代开始,不断进行超声波多普勒剖面流速仪(ADCP)等新型测流仪器的应用研究,进入 21 世纪后,ADCP 等先进测流仪器在巡测等机动测流中得到了广泛的应用。通过 ADCP 与传统流速仪的应用比较,可进一步验证两种仪器的测验精度和测验的应用范围。

2) 超声波测速仪 ADCP 的测流特点

在本书前述章节中,就超声波测速仪 ADCP 测流原理和特点、测验应用条件、测流中的注意事项等已经做了比较详细的说明。

ADCP 测速仪器不但滤去了断面旋流、层面紊流的影响,而且能识别和记忆断面水流方向的矢量值,从而使各次流速测量系列数据系统一致,测量成果比普通流速仪更加准确,精度更高。对于前述转子式流速仪使用时出现的水位流量关系与理论相左问题能更充分地证明和解释。

3) 转子式流速仪与 ADCP 测速比较分析

下文以淮阴闸工程淹没孔流过流能力测验率定为例,对比分析研究转子式流速仪与 ADCP 测流成果。

淮阴闸为分淮入沂主体控制工程,共 30 孔,单孔净宽 10 m,闸底板高程 6.00 m,设计流量 3 000 m^3/s,主要功能有防洪、灌溉、航运及供水等。该闸自 1959 年建成以来,遇 1991 年、2003 年淮河大洪水,两次实施分淮入沂,最大分洪过闸流量分别达 1 270 m^3/s、1 440 m^3/s。

淮阴闸闸上游测验河段顺直段长 300 m,断面呈复式,最大河宽 420 m,主河宽 350 m。淮阴闸闸下游向下 300 m 处河道分东、西偏泓,中间滩面设圩堰挡水保护滩地农作物,一般在流量小于 800 m^3/s 时,水流归于泓道,不漫滩,仍然在位于闸下游 500 m 的东、西偏泓施测流量。当漫滩行洪时,下游测流断面难以满足安全和精度要求,则改在闸上游测流。1991 年、2003 年淮阴闸开闸泄洪时,下游破圩漫滩行洪,虽然过水断面加大,但圩堰和滩地农作物对行洪阻碍较大。淮阴闸测流断面位置见图 12-8。

图 12-8 淮阴闸测流断面位置图

2003年以前,该闸过水流量测验主要采用转子流速仪桥上测验或在东、西偏泓采用过河索缆道测验。2003年淮河大水以后,淮阴闸作为治淮主要工程之一,于2004年实施工程加固。加固后,闸底板高程由6 m增厚到6.1 m,更换了所有的弧形钢闸门,闸室以及闸墩贴角进行了防碳化处理。

该闸加固以后,水文人员及时抓住供水、排洪、排涝等不同机遇,利用ADCP率定淹没孔流下水位流量关系。根据闸门不同开启孔数、开启高度等组合,在闸上游或闸下游测流断面施测过流流量。经率定的淹没孔流水位流量关系与加固前相比发生了明显变化,集中体现在水位流量关系线下部线型走向,见图12-9。

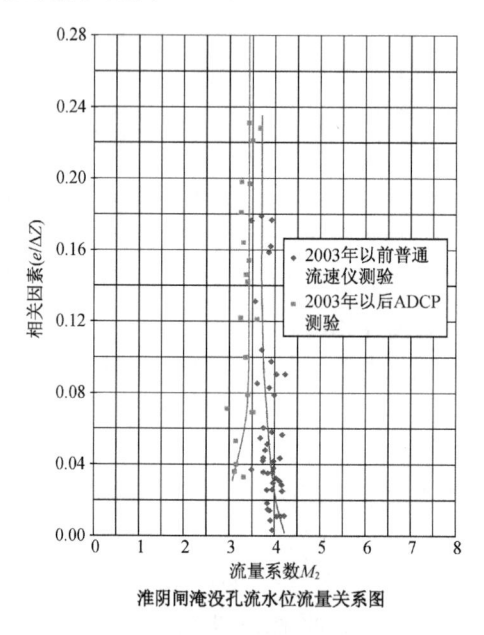

图12-9 淮阴闸流速仪法与ADCP法测的淹没孔流水位流量关系线比较图

从图12-9中可见,加固后淮阴闸工程出流能力比加固前偏小,稳定出流能力较加固前减小7.6%。究其原因,一方面,采用了ADCP测流,因ADCP的矢量识别特性,对断面水流流向予以矫正,使同一工况下(水情、开高、开孔等相同)测得的流量比转子流速仪偏小;另一方面,加固后该闸底板加厚、闸室闸墩防碳化处理加厚,闸孔过水面积和过水能力减小,测得的闸孔稳定过流能力也减小。

在江苏平原水网区,水资源的调度供给受水利工程控制。由于工程众多,水系复杂,很多供水河段水量交换频繁复杂,难以找到水流平稳的测流断面供流速仪测速,以准确推算供水流量和水量。而ADCP对水流流向的矢量识别与矫正功能,有效弥补了流速仪施测时水流流速无矢量识别的不足,提高了测速的精度,保证了供水流量、水量的推算精度,可以广泛地应用到复杂供水区域的供水计量监测中。

12.2.2 实时流量在线监测成果质量评价

苏北水资源配置监控调度系统建设中,先后在苏北灌溉总渠上建设了苏嘴SL流量自动监测站、在京杭运河上建设了泾河H-ADCP流量自动监测站等多处流量自动在线监测站点。在各站点的建设中,着重抓好站点踏勘选址、测站水文特性调查、测流仪器设备选型、仪器设备的比测分析和率定等各个重点环节工作,确保仪器设备选型得当,流量自动在线监测方案合理可行,在线监测精度满足相关水文规范和供水计量精度要求。本节以京杭运河泾河站流量自动在线监测为例,对流量自动在线监测成果进行分析评价。

1) 概况

泾河水文站位于京杭运河扬州、淮安两市交界处,于 2000 年建设,为供水计量专用站,主要任务是监测扬州、淮安两市之间通过京杭运河输送的水量。作为扬州、淮安两市的重要市界输水控制断面,该站于 2000 年即开始进行供水计量,监测手段以传统流速仪船测法为主,辅以 ADCP 互相校核。该站测验断面宽 150 m,为倒梯形、复式断面。该站测验河段较为顺直,河势比较稳定,年际冲淤变化不明显。由于该站地处水运交通要道,船舶来往频繁,年货运量达 2 亿 t,航运对流量测验有一定的影响,日常计量测验费时、费事、费力,作业成本高,航道水上作业安全隐患多、风险大,迫切需要采取先进的测验技术手段,实施实时流量在线监测,以保证供水计量监测安全,有效提高供水监测效率。2006 年 10 月底,该站安装了水平声学多普勒流速仪 H-ADCP(以下简称"H-ADCP"),拟对进出该站断面水量进行实时在线自动监测。

为探寻 H-ADCP 测速与传统流速仪测速的相关关系,2007 年 1 月 1 日,泾河站开始进行 H-ADCP 与传统流速仪船测法同步比测,到 2008 年 12 月 31 日结束,共取得同步测验资料 905 组。2009 年 1 月 1 日以后,该站 H-ADCP 正式投入使用,并开始使用走航 ADCP 校测,2010 取得同步测验资料 30 组,2011 年取得同步测验资料 21 组。至此,同步测验数据已达 956 组,经过分析,滤去受船舶航行变动回水影响较大的测流数据组,得到有效同步测验数据总数达 670 组。

依据水文资料整编规范要求,通过对泾河站 670 组有效同步比测数据分析研究,结合 H-ADCP 仪器技术特性,采用指标流速法,对 H-ADCP 与流速仪测流的断面平均流速进行了相关关系率定。

通过对这些同步测验数据的分析研究,率定出了满足供水计量精度要求的流速比测相关关系,建立了相应的数学模型,实现了泾河站供水计量实时在线监测的目标。

2) H-ADCP 流量自动监测方法

H-ADCP 的工作原理是利用声学多普勒频移效应进行测流,与计算机系统集成在一起进行流量实时在线自动监测,见图 12-10。

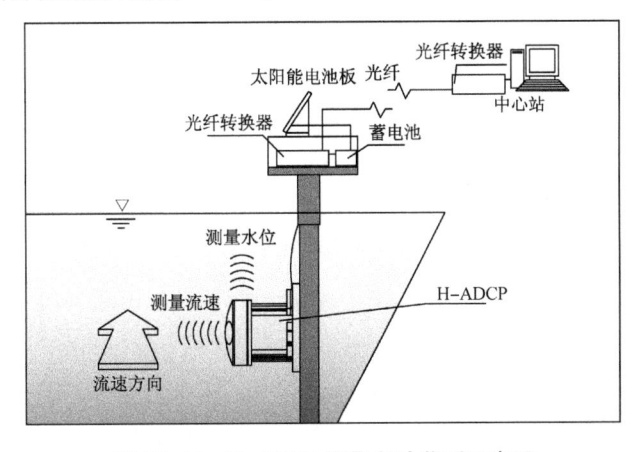

图 12-10　H-ADCP 流量自动监测示意图

H-ADCP 能够将仪器所在水层剖面分割成多个测量单元(1～128 个),单元长度可自行设定(0.1～10 m),最大测量剖面宽度 300 m,流速量程±10.0 m/s。选取具有良好代表性的某水层段,H-ADCP 测得各个单元内的平均流速,从而算得该段内的水平平均流速,即指标流速(即局部流速),根据指标流速与整体流速的关系,推算整体平均流速,进而推算出水道断面流量。

水道断面流量计算公式为

$$Q = AV$$

式中:Q 为断面流量,m^3/s;

A 为断面面积,m^2。对于较规则稳定河段,水道断面面积与水位 H 关系密切,即 $A = f(H)$;

V 为断面平均流速,m/s。一般地,稳定河段的断面平均流速与某一指标流速 V' 和水位 H 有关,即 $V = f(H, V')$。

因此,只要能建立满足要求的水道断面面积数学模型,寻找到指标流速与水道断面平均流速间的定量相关关系,即可实现断面流量的自动监测。

3) 水道断面面积与断面平均流速数学模型建立

(1) 水道断面面积数学模型

泾河站基本测流断面所处河段顺直,河床较稳定,断面为较规则的倒梯形,有稳定的水位面积关系,经分析计算,建立了断面面积数学模型:

$$A = 6.368\ 6H^2 + 39.114H - 76.463 \tag{12.1}$$

式中:A 为断面面积,m^2;H 为水位,m。

水位面积相关系数 R^2 达到 0.999 9,说明相关性很好。该站基本测流断面图及水位面积相关曲线见图 12-11。

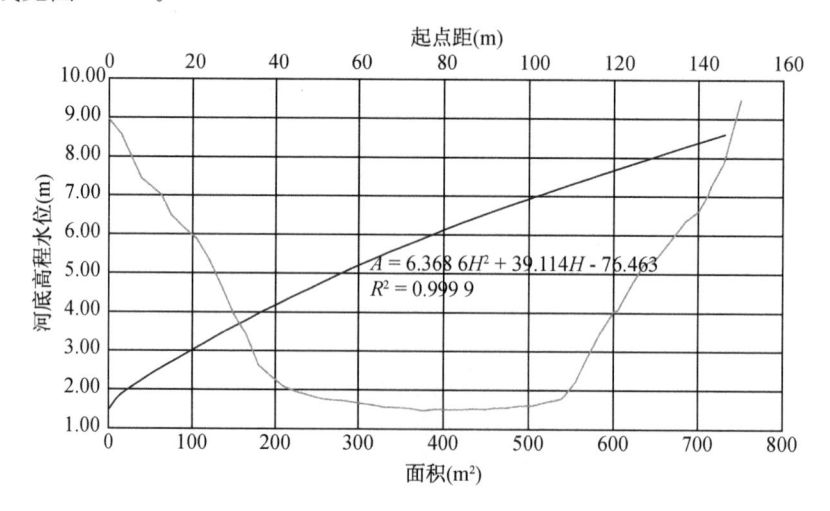

图 12-11 大运河泾河站大断面及水位面积关系曲线图(2010 年)

(2) 断面平均流速数学模型

对于泾河站,其基本测流断面的流速分布较复杂。根据大量实测资料分析,一方面不同泄流量下,其断面流速分布具有不同的特点。当流量较小时,断面流速受过往船行波影响较大,分布不太规则;当流量较大时,过往船行波的影响相对小些,断面流速分布较规则。另一方面,过往船只靠近测流设备的距离越近,对断面流速的影响越明显。因此,对于泾河站基本测流断面,采用单点流速法或垂线平均流速法测定全断面平均流速并以此作为指标流速,代表性不足。通过多次比测分析,采用部分水平平均流速法测定指标流速。

根据 H-ADCP 的技术特点,要求使用指标流速法进行流速关系率定。指标流速法定义为:利用 H-ADCP 测量流速的同时,用流速仪船测(或走航 ADCP)方法测量河流标准流量,根据水道断面面积关系,推算断面平均流速。经回归分析,建立流速仪船测断面平均流速 V_{cm} 与 H-ADCP 实测指标流速 V_{hadcp} 之间的数学模型:

$$V_{cm} = b_1 + (b_2 + b_3 H)V_{hadcp} \tag{12.2}$$

式中:b_1 为流速关系线截距;b_2 为流速关系线斜率;b_3 为 H-ADCP 安装高度影响系数;H 为水位或水头,m。

建立相关数学模型步骤如下:

第一步,点绘同步流速数据分布图,筛选高集中度同步比测数据组。通过对 H-ADCP 测量数据的分析研究,发现起点距 20~40 m 断面范围内的指标流速与流速仪测得的断面平均流速相关性较好(此段数据受岸边变动回水影响小,受船舶运行影响相对较小),进行去伪存真分析,筛选得到有效比测数据 629 组,点绘同步流速数据分布图,发现数据基本集中在过原点的一条直线上。以数据集中度指标 1.30 作为数据筛选的控制值对数据做进一步筛选,去掉 95 组集中度大于 1.30 的数据,得到 534 组高集中度的同步比测数据组。

第二步,分析确定相关参数,建立初步数学模型。泾河断面流量有正有负,流速为零时流量为零,因此所配曲线应该通过原点,可以得到:$b_1 = 0$。通过对仪器安装高度的影响分析,发现泾河站 H-ADCP 测量数据对安装高度不敏感,H-ADCP 相对深度(H-ADCP 安装深度与船测断面平均水深的比值)对流速关系影响不显著,可以得到:$b_3 = 0$。这样,该站的流速关系可简化为 $V_{cm} = b_2 V_{hadcp}$。由此可见,b_2 的数值与流速方向无关。因此,配线中,使用流速数据的绝对值。对 534 组同步流速资料的绝对值数据进行配线,得到泾河站 V_{cm}-V_{hadcp} 初定数学模型,见图 12-12。

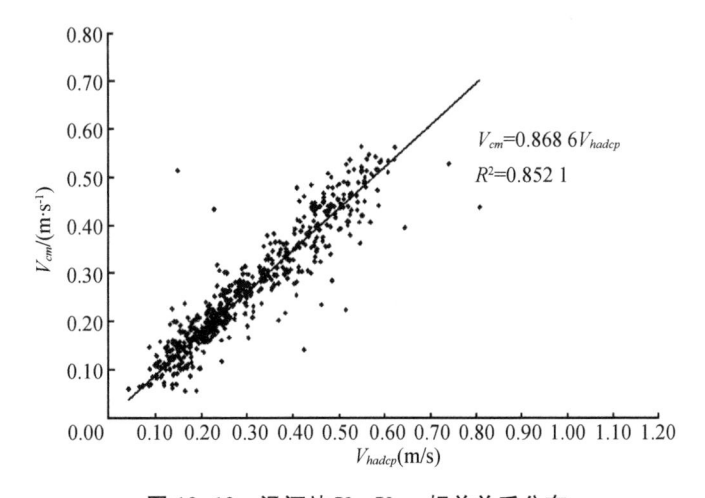

图 12-12 泾河站 V_{cm}-V_{hadcp} 相关关系分布

第三步,定量分析船行波的影响,确定流速关系数学模型。从图 12-13 中点据分布来看,除少数特异点外,流速绝对值越小,相对误差越大。究其原因,主要是受船行波的影响。根据 2008 年 1—6 月份 H-ADCP 与流速仪同步比测数据,分析计算流速测量综合标准差。假定船行波在测量中对测量数据的误差影响是独立的,依据《水文巡测规范》(SL195—1997)中一类精度水文站关于定线精度的要求,其不确定度上中部为 8.0%,下部为 14.0%,相应地其相对标准差应为 0.04 和 0.07。这样就可以定量分析船行波的影响程度,具体见图 12-13。由图可知,在流速为 0.20 m/s 时,综合标准差达 0.21,已达到 3 倍一类精度站标准差,测量数据便不能被接受了;而流速更小时,两条曲线接近重合,由仪器测量本身所产生的误差已经可以忽略。

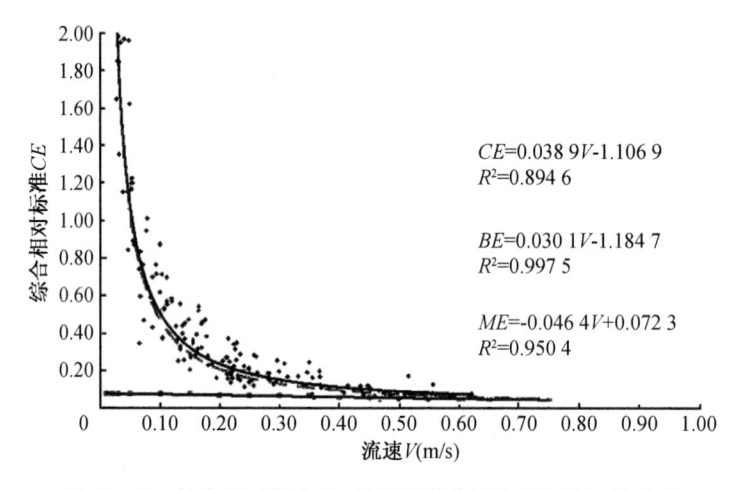

$CE = 0.0389V^{-1.1069}$
$R^2 = 0.8946$

$BE = 0.0301V^{-1.1847}$
$R^2 = 0.9975$

$ME = -0.0464V + 0.0723$
$R^2 = 0.9504$

图 12-13　综合相对标准差、船行波所致标准差与流速的关系

根据上述船行波影响计算,分析确定流速为 0~0.10 m/s 时,综合标准差取 0.3,流速为 0.10~0.20 m/s 时综合标准差取 0.20,流速为 0.20 m/s 以上时综合标准差数值取 0.16,对 534 组同步点据再次进行数据筛选,将大于规定综合标准差的数据剔除,并重新进行定线拟合数学模型。以相关系数最大者为最终定线结果,见图 12-14。对此关系线进行符号检验、适线检验和偏离数值检验,三种检验均通过,随机不确定度为 17.2%,精度符合《水文资料整编规范》要求,可以用此关系进行 H-ADCP 自动测流。

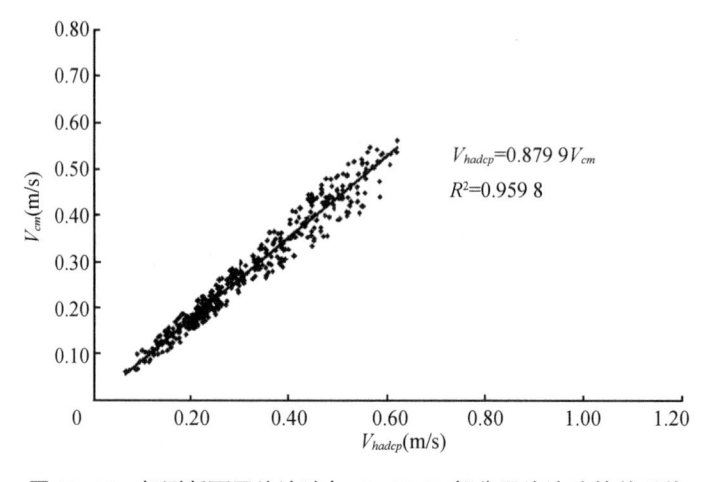

$V_{hadcp} = 0.8799 V_{cm}$
$R^2 = 0.9598$

图 12-14　船测断面平均流速与 H-ADCP 部分平均流速的关系线

(3)流速关系数学模型精度评定与模型修正

将上述船测断面平均流速与 H-ADCP 部分平均流速的数学模型运用于 2010 年、2011 年同步比测校核,通过对 2010 年 30 个同步比测数组的校核,t 检验通过,原定线可用。关系线进一步修订后同步比测成果拟合度更高(见图 12-15),关系线(流速关系数学模型)修订为 $V_p = 0.915\,5 V_i$,相关系数 $R^2 = 0.957\,4$,标准差 $S_e = 6.53\%$,不确定度 $X' = 13.06\%$,达到二类精度站标准。

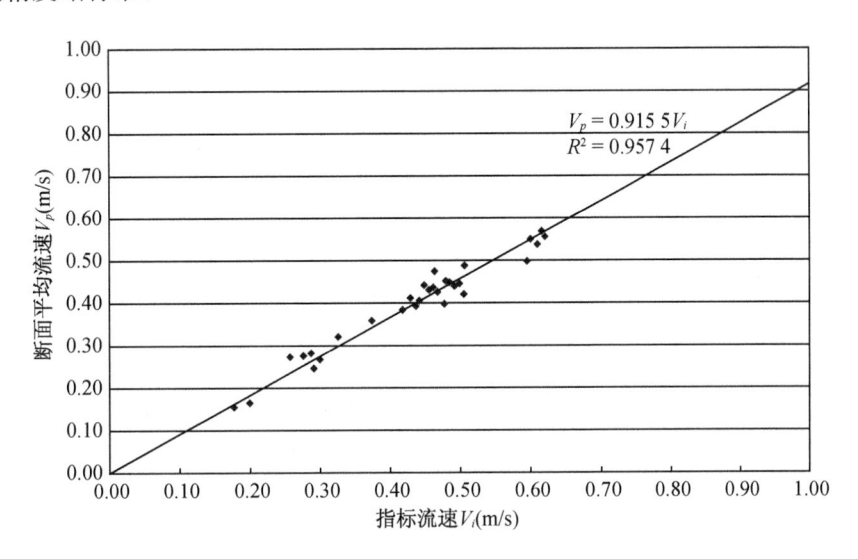

图 12-15　泾河断面流速关系修正后关系线图

用 2011 年同步比测成果,与 2010 年修订后的流速关系模型进行 t 检验拟合分析,$n_1 = 30$,$x_{1p} = 0.53$,$\sum (x_{1i} - x_{1p})^2 = 1\,084.86$,$n_2 = 21$,$(P_i - P_p)^2 = 638.12$,标准差 $S_e = 6.9\%$,随机不确定度 $X' = 13.8\%$,说明 2010 年修订的关系线数学模型可继续运用,相关关系精度能够满足有关规范对流量测验的精度要求,也充分说明该相关关系数学模型可以应用于供水计量监测的自动测流中。

多年应用实践证明,泾河站 H-ADCP 测验河段选择与断面设立、H-ADCP 主机安装高程的确定、指标流速的选择与确定、测流断面水位面积关系数学模型与流速关系数学模型的确立、H-ADCP 测流平台设计等,均是科学合理的,比测试验是成功的,H-ADCP 测验数据的分析方法正确,H-ADCP 测流精度满足规范要求。泾河站作为京杭大运河上航运繁忙的河道站,其 H-ADCP 自动测流系统的应用获得了成功。

泾河站位于京杭运河上,来往船只多,水流方向不单一,其水流特性相对较复杂。该站的成功建设与应用,为采用先进测流测速设备建设流量自动监测站,以及分析评判站点建设科学合理性等积累了丰富的实践经验。

12.3　成果评价

据《江苏省 2004 年国民经济和社会发展统计年报》统计,苏北扬州、淮安、盐城、宿迁、徐州、连云港 6 市共辖 26 个市县 19 个区,面积 5.87 万 km^2,人口 1 700 万,耕地面积 3 01 万 hm^2

(合 3 万 km² 4 515 万亩),其中水田面积超过半数。由于南北地区气候、土壤、水源等条件不同,其水田面积占比也不相同,从南到北基本呈递减变化,各行政区水田面积占各市耕地面积比重,扬州市为 92%,淮安市为 71%,宿迁市为 57%,盐城市为 52%,连云港市为 44%,徐州市为 30%。

区域供用水量包括农业用水、工业用水、生活用水、生态环境用水等。据统计,全世界农业用水量占总用水量的 65% 左右,1949 年我国农业用水量占总用水量的比例高达 97%,1980 年为 83%,20 世纪 90 年代我国每年农业用水量占总用水量的 70% 左右,而农业灌溉用水占农业用水的比例则在 90% 以上。农业用水量的大小与地区气候条件、农业种植面积、种植结构和种植技术,渠系灌溉配套情况,节水灌溉水平与技术等密切相关。分析苏北六市供用水时空变化情况,可以有效折射出该地区的国民经济组成、结构,如以农业为重的苏北地区,其区域供用水应主要以农业需用水为主。

本节依据苏北六市 2003—2006 年供水计量监测成果,从年供水和不同农供期供水两个角度进行成果评价,以期找寻苏北供水资源需求与供给配置的规律。

12.3.1 年度供用水评价

下文根据 2003—2006 年苏北 6 市供水计量监测成果,分析年度总用水情况。

2003 年,苏北 6 市总供水量为 138.4 亿 m³。其中,扬州、盐城、淮安、宿迁、连云港、徐州各市用水量分别占总供水量的 9%、16%、23%、13%、33% 和 6%。

2004 年,苏北 6 市总供水量为 131.9 亿 m³。其中,扬州、盐城、淮安、宿迁、连云港、徐州各市用水量分别占总供水量的 15%、11%、35%、9%、27% 和 3%。在总供水量中,引长江水 27.92 亿 m³,占供水总量的 21.2%,其他均为淮河和骆马湖等水源。

2005 年,苏北 6 市总供水量为 112.6 亿 m³。其中,扬州、盐城、淮安、宿迁、连云港、徐州各市用水量分别占总供水量的 15%、15%、24%、9%、35% 和 2%。在总供水量中,引长江水 7.23 亿 m³,占供水总量的 6.4%,其他均为淮河和骆马湖等水源。

2006 年,苏北 6 市总供水量为 127.4 亿 m³。其中,扬州、盐城、淮安、宿迁、连云港、徐州各市用水量分别占总供水量的 17%、14%、33%、9%、26% 和 1%。在总供水量中,引长江水 17.99 亿 m³,占供水总量的 14.1%,其他均为淮河和骆马湖等水源。

2003—2006 年苏北 6 市年平均总供水量为 127.6 亿 m³。其中,扬州、盐城、淮安、宿迁、连云港、徐州各市用水量分别占总供水量的 14%、14%、29%、10%、30% 和 3%。具体见图 12-16、图 12-17 和图 12-18。

2003—2006 年苏北 6 市月平均用水量情况如下:总体上 1—4 月用水量少而平稳,5、6 月份用水增加,6 月份因水稻栽插用水增加幅度最大,且用水量位居年度各月用水之首,7—9 月因水稻等农作物生长需水大而用水量增加,10 月由于作物处于生长后期趋于成熟,耗水量减少,11、12 月用水量基本回复到 1—4 月的少而平稳状态,月用水量基本维持在 5 亿 m³ 左右。

2003 年,淮河发生了仅次于 1954 年的流域性大洪水,作为其下游的苏北地区也出现了超 1991 年的大洪水,是典型的洪水年份。苏北 6 市面平均降水 1 333.5 mm,比多年平均 910.4 mm 偏多 423.1 mm,雨量丰沛。特别是梅雨期,苏北 6 市发生了大范围的降雨,6 市面平均降雨量 444.3 mm,是多年平均梅雨量的 2.2 倍。6 月 21 日—7 月 21 日期间,苏北地区发生 6 次强降雨过程,出现了 15 个暴雨日,雨强大、范围广,平均降雨量为 617 mm,是常

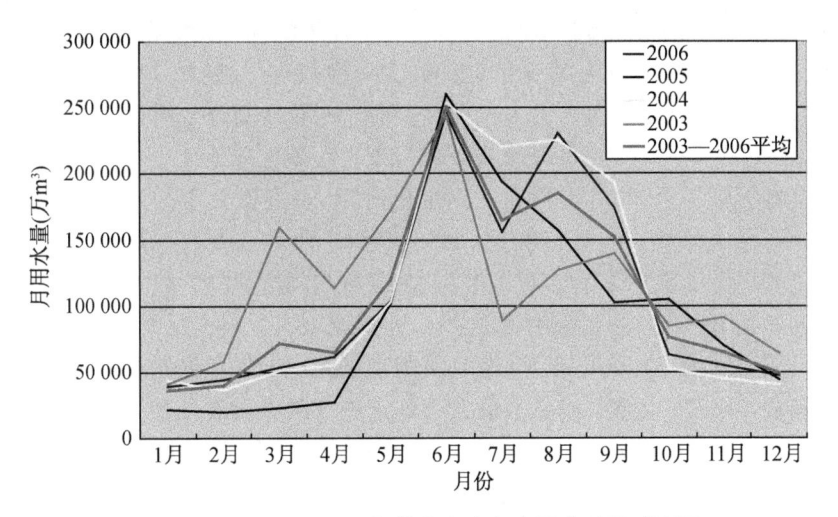

图 12-16 2003—2006 年苏北六市年度用水过程对比图

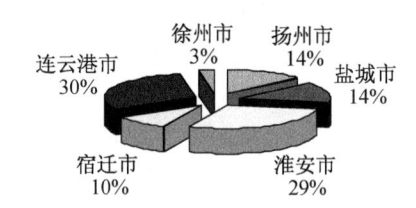

图 12-17 2003—2006 年苏北六市年平均用水量饼状图

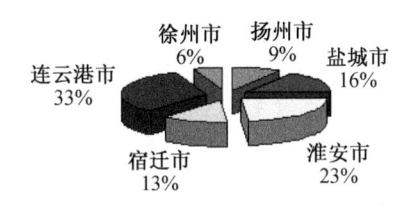

a. 2003年苏北六市供水量对比饼状图

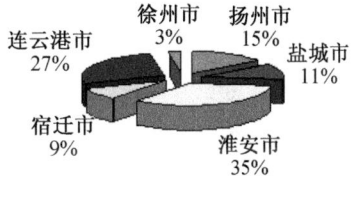

b. 2004年苏北六市供水量对比饼状图

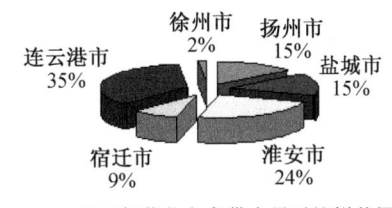

c. 2005年苏北六市供水量对比饼状图

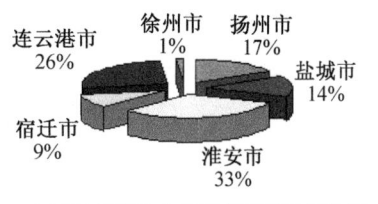

d. 2006年苏北六市供水量对比饼状图

图 12-18 2003—2006 年苏北六市年用水量占比饼状图

年同期雨量的 2.7 倍。降雨量超过 800 mm 的有泗阳、涟水两个县,其中涟水县最大降雨量达 823 mm。宿迁市降雨量达 696 mm,是近百年来发生的同期最大降雨;淮安、灌云两站点降雨量分别为 1914 年和 1917 年以来的同期最大;高邮、兴化、盐城 3 站点为 1921 年以来的第二大降雨,基本达到百年一遇。进入汛期,特别是 6 月 21 日—7 月 21 日期间,连续不断的强降水造成上游洪水来势汹涌,水位猛涨,同时,本省区域普降大雨,内涝严重,内外夹击,外洪内涝。苏北地区供用水状况,也因这一时期的降雨、蒸发以及上游下泄的大量过境洪水,在客观上发生了较大变化。与往年相比,2003 年苏北地区工农业生产用水、城市居民用水等供水水源主要以上游淮河下泄的过境水为主,区域内的河、湖蓄水为辅。本年苏北地区总用水量为 138.4 亿 m^3,居于 4 年供用水之最。究其原因,一方面,区域供水计量监测出水断面设置或计量用水数值界定尚不合理,造成供用水偏大。如连云港市仅有进水控制断面,没有出水控制断面,且以进水断面流量数值大小划定进入区域的水是用水或弃水的评判标准,造成连云港市年用水量明显偏大。另一方面,丰沛的过境弃水,为兼作供水计量断面的水力发电站提供了充足的水源,虚增了区域用水量。如 2003 年连云港市总用水量达 33.02 亿 m^3,仅次于淮安市的用水量。

2004 年初,洪泽湖、骆马湖、微山湖和石梁河水库等"三湖一库"蓄水 73.54 亿 m^3,比多年平均(61.4 亿 m^3)多蓄 12.14 亿 m^3。但由于 2004 年全省降水普遍偏少,苏北 6 市面平均降水 649 mm,比多年平均偏少 261.4 mm,苏北供水用水虽然总体平稳,但局部时段仍然一度较为紧张,不得不实施江水北调。2004 年 3、4 月份苏北特别是淮北地区发生了春旱,面平均降水量仅 32.5 mm,比常年同期偏少 64%。3 月 21 日—4 月 16 日,降雨异常偏少,尤其是淮北地区面平均降雨量仅 4 mm,比常年同期偏少 91%,而淮河、沂沭泗来水甚少乃至断流,湖库水位不断下降,蓄水量明显减少。4 月 19 日,在洪泽湖水位还高于 12.90 m,"三湖一库"蓄水量好于多年同期的情况下,即实施江水北调,全年累计抽江水 27.92 亿 m^3,江水北调沿线省属及省指定泵站累计翻水 68.7 亿 m^3,皂河站补入骆马湖水量 3.1 亿 m^3。9 月下旬到 11 月 6 日降水再次异常偏少,江淮之间和淮北地区面平均降水量仅 17 mm 和 25 mm,分别比常年同期偏少 81% 和 66%。由于苏北供水沿线各市降雨及本地径流少,供用水紧张问题比较突出,苏北地区工农业生产、居民生活及生态用水等供水水源主要以区域内的河、湖、库蓄水和淮河流域下泄的过境客水为主,抽引长江水为辅。2004 年苏北 6 市年度用水总量 131.9 亿 m^3,其中,引长江水 27.92 亿 m^3,占供水总量的 21.2%。由于充分拦蓄洪水资源和积极实施江水北调,科学合理地调度水源,苏北地区总体上水情平稳。

2005 年,苏北 6 市面平均降水量 1 182.2 mm,比多年平均偏多 271.8 mm,总体水情平稳,但也发生了局部旱情。3 月底至 6 月初,全省降雨普遍偏少,江淮之间、淮北地区面平均降雨量比常年同期偏少 5~6 成,旱情较明显,局部地区一度影响到生活用水,全省丘陵山区旱情一度十分严重。为缓解旱情,江苏省积极实施江水、淮水北调。自 4 月 20 日起,实施江水北调以缓解苏北旱情,至 7 月底,江水北调沿线各级泵站累计抽水 36.1 亿 m^3。7 月上旬,相机利用沂沭泗流域较丰沛的洪水资源,利用中运河、徐洪河等工程,实施"引沂济淮",向洪泽湖跨流域调水 1.1 亿 m^3,缓解了淮河下游地区旱情,在确保骆马湖下游地区的防洪安全的同时,实现了洪水的资源化利用。2005 年淮河干流发生 3 次中等洪水过程,其中 7 月上中旬淮河污水随洪水下泄,对我省造成危害;沂沭泗流域来水连续 3 年偏多。影响我省的台风共 4 个,其中第 9 号台风"麦莎"和第 15 号台风"卡努"从我省穿境而过,造成了较严重的灾害损失。2005 年洪泽湖、骆马湖、微山湖和石梁河水库等"三湖一库"蓄水情况持续好于常年同期,且一度全部有所超蓄,年初"三湖一库"蓄水总量为 63.0 亿 m³,比正常多蓄 1.6 亿 m³,年末总蓄水量 68.1 亿 m³,比常年多蓄水 6.7 亿 m³。

2006 年,苏北 6 市面平均降水 972.9 mm,比多年平均偏多 62.5 mm,总体水情平稳,仅 5 月下旬至入梅前,江淮之间、淮北地区降雨量偏少,出现较明显旱情,局部地区一度影响到生活用水。但通过实施江水、淮水北调,加大江、淮水供给量;在上游大用水前,提前抽引江、淮水补充区域蓄水,提高内河蓄水,实施错峰供水;利用江都站抽引江水,实施江水就地就近抗旱。这些措施有效地保障了苏北 6 市的供用水安全。年初洪泽湖、骆马湖、微山湖和石梁河水库等"三湖一库"蓄水 68.1 亿 m³,比正常蓄水总量多 6.7 亿 m³。2006 年苏北 6 市年度供用水总量为 127.4 亿 m³,其中,引江水 17.99 亿 m³,占供水总量的 14.1%,其他均为淮河和骆马湖等水源。

由于实施供水计量以配合供用水计划的执行和监督,各地、各级政府、各用水户的节约用水意识不断增强,尽管年度水情不同,旱涝有别,但通过计量管理,节约使用,科学配置,不论丰水年景、干旱年景或正常年景,年供水总体保证了农业用水的平稳需求和工业、生活、生态环境等其他用水需要。这一点,从苏北供水计量后水费收取的比例上也可窥见一斑。

为适应农村税费改革的需要,按照财政部、国家计委、农业部 3 部委《关于取消农村税费改革试点地区有关涉及农民负担的收费项目的通知》(财规〔2000〕10 号),自 2001 年起,江苏省各地水利工程水费全部转为经营性收费管理。至 2003 年,水费转型工作基本完成。根据江苏省苏北供水局统计,苏北 6 市 2003 年收取水费 18 029.7 万元,其中农业水费占 77.5%;2004 年收取水费 20 456 万元,其中农业水费占 77%;2005 年收取水费 21 872 万元,其中农业水费占 75%;2006 年收取水费 24 974 万元,其中农业水费占 72%。这说明,一方面苏北地区的用水对象主要是农业用水,农业用水仍然是大户;另一方面,随着区域供水计量工作的不断深入,农业用水的节约意识也在进一步增强,无论政府还是直接用水的农户,对用水的计量管理都有了较深刻的认识。

根据《江苏省 2003 年水资源公报》分析,2003 年全省总用水量中,生产用水占 91.3%,生活用水占 7.0%,生态环境用水(不包括河湖补水和湿地补水)占 1.7%。生产用水中,第一产业用水 221.4 亿 m³,占总用水量的 57.5%,其中农田灌溉用水 199.0 亿 m³;第二产业用水 157.3 亿 m³,占总用水量的 40.9%,其中工业用水 155.8 亿 m³;第三产业用水 6.0 亿 m³,占总用水量的 1.6%。生活用水中,城镇居民生活用水 17.0 亿 m³,占生活用水的 58.0%。各行政区域由于地区经济发展结构不同,农业、工业、生活 3 大用水占比也不同(见图 12-19),苏北地区农业用水占比大,苏南等经济发达地区工业用水量一般高于农业用水量。

因此,探索研究苏北 6 市农业用水规律,采取准确、可靠的供水计量技术,有效实施江水北调,有效节约用水,严格推行计划用水、计量考核、超用累计加价等措施,对提高供水效率和供水效果具有十分重要的作用。

12.3.2 不同农供期供用水评价

根据苏北 6 市 2003—2006 年逐月用水过程与 4 年逐月平均用水过程,按照农供前期(1—5 月)、农供期(6—8 月)、农供后期(9—12 月)分段对比分析用水量情况(见图 12-20),

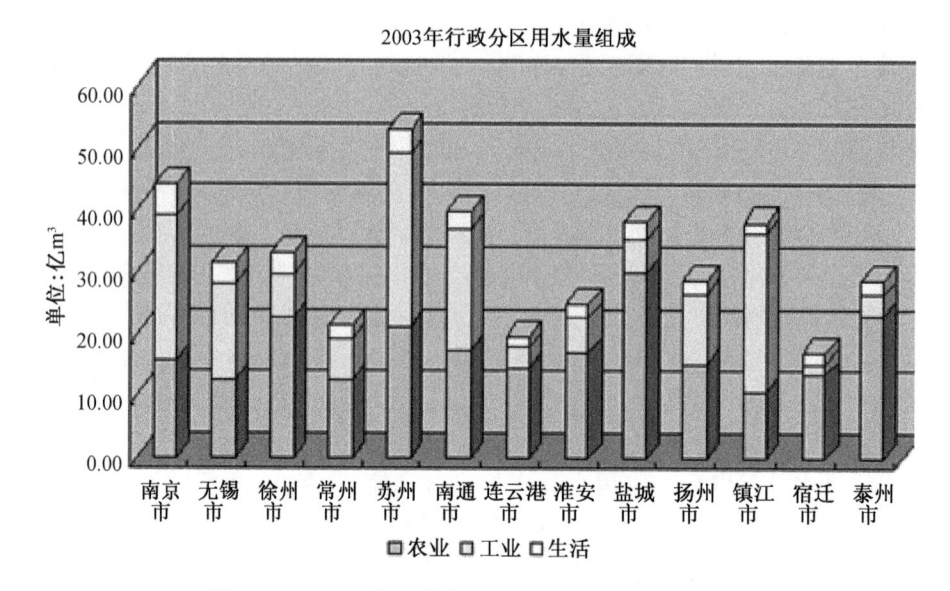

图 12-19 2003 年江苏省各市各类用水量占比柱状图

除 2003 年大水年外,其他年份不同农供期供水特性基本相似,即农供前期和农供后期供水量较少。农供前期供水量一般在 20 亿～30 亿 m³,农供后期供水量基本维持在 35 亿 m³。但农供期供水量较大,维持在 60 亿～70 亿 m³,相当于农供前、后期的总和。这也充分说明了苏北供用水主要体现在农业用水方面,特别是农供期(6—8月份),与夏季水稻生长需水量大相印证。

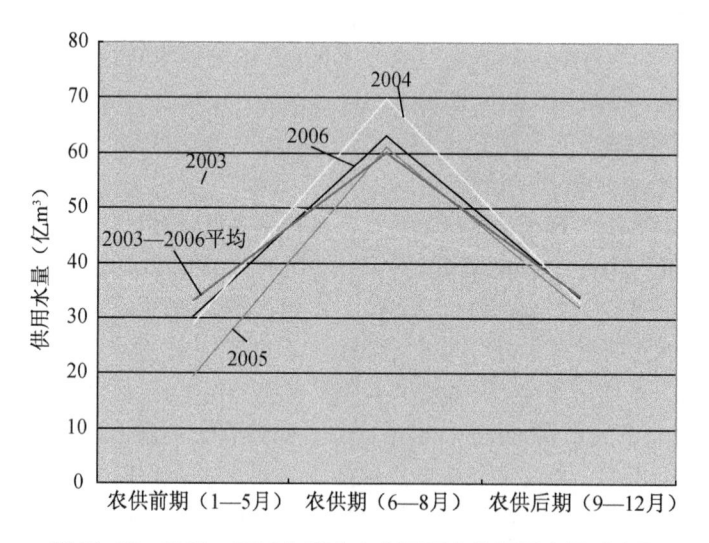

图 12-20 2003—2006 年苏北六市不同农供期用水量对比图

江苏省农业种植结构主要包括粮食、棉花、油料、蔬菜等。据统计,2004 年,全省粮食种植面积 477.46 万 hm²,棉花种植面积 40.96 万 hm²,油料种植面积 92.07 万 hm²,蔬菜种植面积 126.6 万 hm²。粮食作物主要包括水稻、小麦、玉米等。不同作物生育期内所需水量是不同的,同一作物不同种植地以及不同生长时期的生长需水量也不同。不同环境、气候、气象条件下作物的净灌溉需水量(有效降雨量满足不了生育期内作物需水量,差额部分必须通过灌溉补充)也不尽相同。根据中国水利水电科学研究院刘钰等撰写的《中国主要作物灌溉需水量空间分布特征》一文,我国从南到北,冬小麦生长需水量在300~400 mm,其净灌溉需水量在250~300 mm;水稻(指中稻)生长需水量在600~800 mm,其净灌溉需水量在300~350 mm;棉花生长需水量在550 mm左右,其净灌溉需水量在200 mm左右;夏玉米生长需水量在350 mm左右,其净灌溉需水量在100 mm左右。但是,不同的水情年,农业用水也会呈现不同的需求特性,这也是年际间供水计量成果有差别的主要原因之一。

在农供期,用水量峰值主要集中在6月份的农业用水高峰期,此时正值水稻栽插期,而水稻是我省苏北主要农作物种植品种。据统计,2003—2006年每年6月用水高峰期的供用水量基本上在25亿 m³ 左右,苏北六市四年间6月份平均供用水25.10亿 m³(具体见图12-21)。

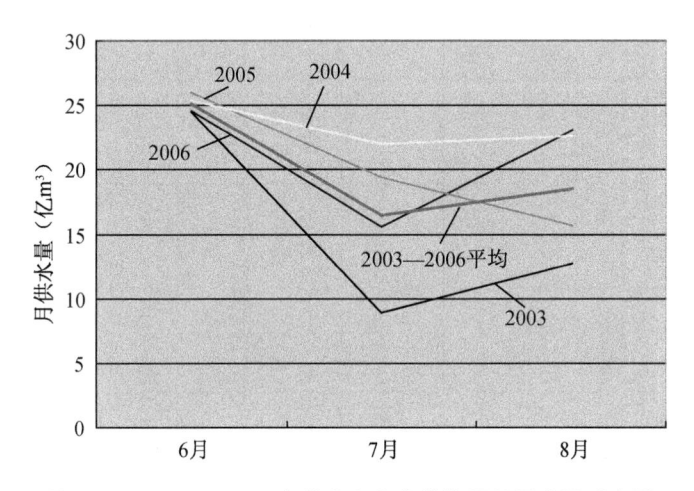

图12-21 2003—2006年苏北六市农供期月总用水量对比图

我省苏北地区水稻一般5月初下种,6月初自南向北麦收后逐步种植。过去人工插秧,种植持续时间较长,南北相差可达1月以上,水稻栽种期间,用水过程相对扁平化。随着农业机械化的逐步推广和栽种新技术(旱稻种植技术)等的应用,苏北地区水稻栽种期明显缩短,用水过程和需用水趋向集中化。因此,分析评价5、6月份的用水需求,采取有效措施充分拦蓄过境客水和本地径流,力争农供前期的"三湖一库"和本地拦蓄水满足农供期水稻栽种的大量需用水,具有十分重大的意义。

目前,苏北地区主要蓄水工程有"三湖一库"以及其他主要分布在徐州、连云港、淮安3市的26座大中型水库。"三湖一库"汛后正常蓄水量为61.4亿 m³,扣除死库容,兴利库容只有45.4亿 m³。26座大中型水库正常蓄水量也只有6.1亿 m³。

因此,为保证苏北6市6月份小秧栽插高峰期用水量,在用水高峰到来前,"三湖一库"最低储蓄可用水量应在25.10亿 m³,或有相应的江水北调、本地径流或拦蓄水等水源补给。

苏北6市2003—2006年供用水情况统计见表12-4。

表 12-4　苏北 6 市 2003—2006 年供用水情况统计表

单位：$10^4 \, m^3$

年份	地区	1月	2月	3月	4月	5月	6月	7月	8月	9月	10月	11月	12月	合计
2006年	扬州市	385.3	1 826	0	10 310	14 750	45 080	16 980	51 080	32 450	2 906	24 670	13 640	214 100
	盐城市	3 640	5 502	6 139	11 510	20 860	27 030	11 470	23 380	27 830	17 380	6 131	13 800	174 700
	淮安市	14 890	18 040	27 490	15 690	32 970	78 380	44 560	89 960	63 870	22 660	4 169	3 288	416 000
	宿迁市	0	0	361	2 603	15 850	51 400	5 805	28 310	4 796	7 120	3 438	1 011	120 700
	连云港市	20 340	18 930	19 580	21 410	17 180	27 480	76 890	37 750	45 210	13 030	16 510	15 840	330 200
	徐州市	0	0	0	367.5	1 852	16 210	0	0	0	0	0	0	18 430
	合计	39 260	44 300	53 570	61 890	103 500	245 600	155 700	230 500	174 100	63 100	54 920	47 560	1 274 000
2005年	扬州市	0	0	0	1 529	14 350	50 290	28 950	34 030	20 890	5 469	6 606	1 315	163 400
	盐城市	5 147	4 468	5 674	5 909	19 000	32 210	29 930	26 890	10 960	13 400	10 430	7 961	172 000
	淮安市	143.4	483	3 309	1 287	27 080	87 580	41 410	24 870	29 810	17 280	27 760	10 750	271 800
	宿迁市	0	0	0	1 282	22 100	57 390	4 495	7 462	2 753	0	249.7	39.7	95 770
	连云港市	16 490	15 020	14 220	16 900	15 430	17 690	89 140	63 830	37 740	68 300	24 650	24 200	403 600
	徐州市	0	0	0	258.1	3 983	15 180	128	0	0	0	0	0	19 550
	合计	21 780	19 970	23 200	27 160	101 900	260 300	194 100	157 100	102 100	104 500	69 700	44 260	1 126 000

续表

年份	地区	1月	2月	3月	4月	5月	6月	7月	8月	9月	10月	11月	12月	合计
2004年	扬州市	842.4	574.6	324	3 488	16 940	45 530	43 890	48 360	28 850	5 544	7 663	0	202000
	盐城市	4 762	8 165	8 638	10 500	11 330	25 870	27 460	29 680	14 810	1 710	3 205	5 376	151 500
	淮安市	13 580	6 079	19 680	13 870	41 340	84 920	73 950	70 680	69 350	23 080	17 430	17 500	451 500
	宿迁市	1 124	966	7 107	10 400	14 290	55 950	21 840	624	5 367	611	0	913	119 200
	连云港市	23 040	20 820	15 140	15 690	10 330	19 710	50 940	76 360	74 760	21 610	16 680	16 600	361 700
	徐州市	0	0	0	1 670	8 340	21 600	2 000	0	0	0	0	0	33 610
	合计	43 350	36 600	50 890	55 620	102 600	253 600	220 100	225 700	193 100	52 550	44 980	40 390	1 319 000
2003年	扬州市	0	0	136.5	321.4	15 380	44 830	3 864	30 970	18 980	4 354	7 423	0	126 300
	盐城市	4 899	5 892	20 630	15 320	31 670	25 690	3 568	39 070	34 860	18 030	12 150	13 340	225 100
	淮安市	8 861	28 900	21 140	14 620	50 540	92 790	0	0	44 250	17 340	25 570	19 080	323 100
	宿迁市	1 143	145.2	74 420	36 600	21 260	37 790	0	0	0	1 863	3 006	186.6	176 400
	连云港市	15 910	16 880	32 420	34 100	39 310	21 230	81 210	56 200	41 870	43 290	42 610	31 410	456 400
	徐州市	10 100	6 217	10 920	12 780	14 010	22 080	0	919.9	0	0	0	0	77 030
	合计	40 910	58 030	159 700	113 700	172 200	244 400	88 640	127 200	140 000	84 880	90 760	64 020	1 384 000
2003—2006年平均		36 325	39 725	71 840	64 593	120 050	250 975	164 635	185 125	152 325	76 257.5	65 090	49 057.5	1 275 750

12.4 效益分析

(1) 供水计量为农业用水考核提供了公正、准确的依据

江苏省自 2000 年起开展供水计量,实施计划用水、计量考核、超用累计加价的水费收取政策,到 2003 年水费收取政策转型基本完成。自 2003 年至 2010 年的 8 年间,苏北 6 市共收取计量水费 195 224.7 万元,其中农业水费 143 379.8 万元。在农业水费的收取中,供水计量提供了公正、准确的收费依据。

表 12-5　2003—2010 年苏北 6 市水费收取情况统计表(单位:万元)

年份	年收总取水费	其中农业水费	农业水费占比(%)
2003	18 029.7	13 977.8	77.5
2004	20 456	15 836	77.4
2005	21 872	16 400	75.0
2006	24 974	17 932	71.8
2007	25 605	18 327	71.6
2008	26 899	19 171	71.3
2009	28 625	20 922	73.1
2010	28 764	20 814	72.4
合计	195 224.7	143 379.8	平均 73.76

(2) 供水计量在保障粮食连年增产中发挥了重要作用

苏北 6 市供水计量监测工作从 2000 年开始,到 2003 年供水站网基本完善定型。2004 年,江苏省实施"一降三补"为重点的扶农政策措施,全省农业税税率降低了 3 个百分点,全面推行水稻直接补贴、良种补贴和农机具购置补贴政策等,有效提高了农民种粮的积极性,粮食生产呈现恢复性增长,播种面积遏制了连续 6 年下滑的势头,截至 2011 年,粮食产量连续 7 年增长。以苏北淮安市为例,2004 年粮食种植面积 825 万亩,粮食总产量 333.73 万 t,平均亩产 404 kg。到 2011 年,粮食种植面积增加到 974.91 万亩,粮食总产量 453.42 万 t,平均亩产 465 kg,其播种面积、总产量和平均亩产分别比 2004 年增长 18%、36% 和 15%。粮食种植面积的增加意味着灌溉用水量增加,连续 7 年的粮食增产,必须依靠有效的灌溉供水支持。而有效的灌溉供水必须通过科学的水源配置调度,科学的水源配置调度又必须依靠及时、准确的供水计量监测信息作为基础技术支持。因此,供水计量监测在农业增产增效中发挥了重要而积极的作用。

(3) 供水计量可以有效揭示地区经济结构特征

从全球用水和耗水趋势来看,工业用水是继农业用水之后的第二大用水户,随着工业化的发展,工业用水也以相当惊人的速度增长。1900 年全世界工业用水量为 300 亿 m^3,占年总用水量的 7.5%;到了 1975 年,全世界工业用水量达到 6 330 亿 m^3,占年总用水量的 22.2%,而此时美国的工业用水已超过农业用水,占总用水量的 58%。从 1900 年到 1975 年,全世界工业用水量竟增长了 20 倍!到 2000 年,全世界工业用水量已高达 19 000 亿 m^3,占

总用水量的 33.1%。

我国工业用水从 1949 年的 24 亿 m³ 到 2000 年的 1 138 亿 m³,增长了 46 倍,工业用水占总用水量的比例由 1949 年的 2.3% 增长到 20.7%,增长了 8 倍。

江苏省近年来地区经济发展不平衡,地区经济、产业布局各异,但各产业的布局都离不开"水"这个生命源。地区供用水组成也充分反映了当地生产力的布局和工、农业生产对水资源供给的依赖程度。

2002 年,江苏全省各类用水总量 478.75 亿 m³(含地表水、地下水),其中,农田灌溉用水 263.47 亿 m³,占全省总用水量的 55.03%;工业用水 145.53 亿 m³,占总用水量的 30.40%;城镇生活用水(包括公共设施用水和流动人口用水)26.05 亿 m³,占总用水量的 5.44%;农村生活用水(包括牲畜用水)17.97 亿 m³,占总用水量的 3.75%;林牧渔用水 25.73 亿 m³,占用水量的 5.37%。

到 2010 年,江苏全省总用水量达到 552.2 亿 m³,其中,农田灌溉用水 270.3 亿 m³,较 2002 年基本接近;工业用水 193.8 亿 m³,较 2002 年增加了 48.27 亿 m³,增长 33.17%;城镇生活用水 34.0 亿 m³,比 2002 年增长了 30.52%。从 2010 年度江苏省辖市用水量组成柱状图(图 12-22)也可以看出,江苏南部的南京、苏州、无锡、常州、镇江 5 市用水 230.1 亿 m³,占全省总用水量的 41.7%,中部的南通、扬州、泰州 3 市用水量 130.8 亿 m³,占全省总用水量的 23.7%,北部的淮安、盐城、宿迁、连云港、徐州 5 市用水量 191.3 亿 m³,占全省总用水量的 34.6%。纵观农业、工业、生活三大用水组成,苏北各市农业用水占比明显偏高,苏中次之,苏南最少;苏南工业用水明显高于苏中和苏北,其中苏州市工业用水占比超过了 60%。

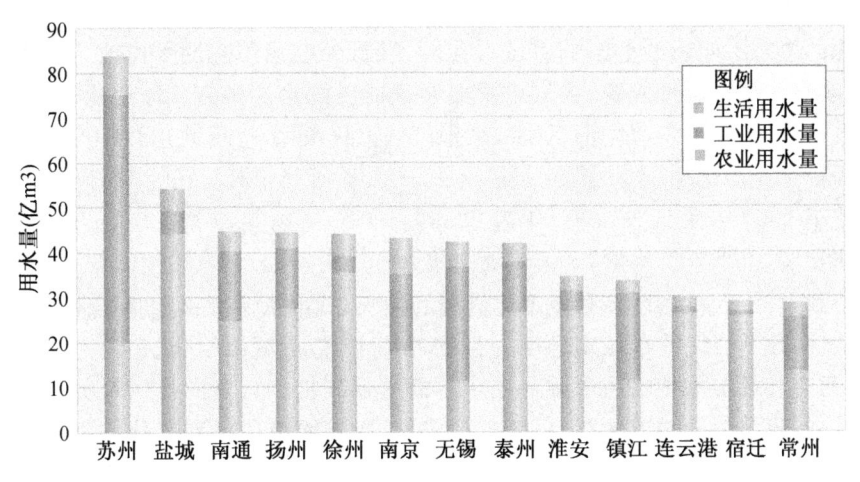

图 12-22 2010 年度江苏省辖市用水量组成柱状图

虽然苏北各市的工业用水量占比较小,但工业用水对国民经济的贡献不小。以淮安市为例,2006 年全市实现地区生产总值 651.06 亿元,其中,第一产业增加值 123.78 亿元,第二产业增加值 305.23 亿元,第三产业增加值 222.05 亿元,三次产业结构为 19.0∶46.9∶34.1。2010 年全市实现地区生产总值 1 345.07 亿元,其中,第一产业增加值 189.97 亿元,第二产业增加值 647.10 亿元,第三产业增加值 508.00 亿元,三次产业比例为 14.1∶48.1∶37.8,经济结构进一步优化。由此可见,工业用水总量不大,但对工业生产的保障作用不可小觑,供水在工业经济发展中的保障作用显得更加突出。

现在,我国正在进行经济结构转型升级,逐步淘汰落后、高耗能、高耗资源产业,水作为重要的自然资源也在保护和控制之列。万元工业产值用水量的下降,反映了我国工业用水效率有所提高,但与发达国家相比,我国工业用水效率仍然很低,工业用水的重复利用率与发达国家相比差距仍然很大,大部分城市工业用水的重复利用率仅为30%～40%,而日本、美国等发达国家工业用水的重复利用率已达到75%～85%。实施有效供水计量,量化考核工业生产消耗用水,合理高效利用水资源、节约水资源,保障工业用水的可持续性,是一项长久而艰巨的工作任务。

(4) 供水计量有利于促进生产力的合理布局

生产力布局是指物质资料生产在一个国家或地区的地理分布,包括生产的地点、区域、规模、相互联系和地域结构。影响生产力布局的主要因素有自然因素、经济因素、社会文化因素等。水资源作为重要的自然因素之一,既可循环再生,又能转移异地利用,同时还具有不可替代性,是生产力布局中极其重要的因素之一。国民经济要实现持续发展,就要加强水资源的规划与管理,搞好江河湖库塘坝水资源的合理配置,协调生产、生活和生态用水。城市建设和工农业生产布局要充分考虑水资源的承受能力。尽量少发展耗水量大的工业,发展节水农业,发展耗水少的农作物和畜牧品种,农业、工业结构和规模要与当地水资源的状况相匹配。江苏省通过实施供水计量,科学合理地采取跨流域江水北调、引沂济淮、江水东引北送、引江济太等措施,改变了水资源的原始布局,提高了水资源的利用效果,打破了传统的产业结构布局,生产结构进一步调整优化,有力地促进了全省经济的发展。

(5) 供水计量与人民追求美好生活密不可分

有效供水为城市化发展提供了良好的保障。自古以来,人类都是依水而居,择水而居。区域水资源的多寡一定程度上影响着城市化的发展,采取远距离调水可改变水资源的原始时空分布,实现水资源合理配置,为城市化发展创造良好水源条件。城市化率(指城市人口和地区总人口之比)在一定程度上反映一个地区城市化水平,也反映出该地区水资源供给的保障程度。我国城市化率1990年为26.41%,2000年为36.22%,2009年达到46.59%。江苏省城市化率1990年为21%,2001年为42.6%,2010达到60.6%。江苏苏北地区城市化水平也快速发展,以淮安市为例,2005年城市化率为36.7%,2010年达到50.79%。随着经济社会的不断发展、人口的增多和城市化进程的加快,城市水资源供给将越来越重要。城市化进程的加快,预示着以改善城市环境为目的的用水,包括城市绿化、道路冲洗、公园湖泊、水景观赏、河道和环境保护中污水稀释用水等需求量增加。水资源作为最关键的生态环境因素介入其中,起着关系城市生存、制约城市发展、影响城市风格和美化城市环境的重要作用。实施有效供水计量,科学优化水资源配置,可以为创建良好生态文明社会,创造美好生活提供重要技术支撑。

(6) 供水计量其他社会效益显著体现

苏北供水计量监测工作自2000年起实施,以现有国家和省级基本水文站网为骨干,以供水专用站网为补充,新、改、扩建了一批专用供水计量监测站。开展供水计量工作,为防汛防旱和水资源的调度配置、供水计量考核等提供了大量准确的基础数据支撑;同时,也为水资源水费的收取,为引领和倡导全社会节约水资源、保护水资源提供了有力的技术支持;为切实贯彻实施创新、协调、绿色、开放、共享的发展理念,向国民、省民、市民、村民等普及科学知识提供了良好的水情教育资源。

参考资料

[1] 江苏省地方志编撰委员会.江苏省志·水利志[M].南京:江苏古籍出版社,2001.

[2] 江苏省防汛防旱指挥部办公室.江苏省防汛防旱手册[M].南京:江苏省防汛防旱指挥部办公室,1999.

[3] 江苏省防汛防旱指挥部办公室.江苏省防汛抗旱工程[M].南京:江苏省防汛防旱指挥部办公室,2000.

[4] 朱晓原,张留柱,姚永熙.水文测验实用手册[M].北京:中国水利水电出版社,2013.

[5] 丁昌言,徐明,司存友.泾河水文站 HADCP 流量关系率定校正及应用[J].人民长江,2009(16):22-24.

[6] 房福龙,徐德祥.水利专用通信系统建设与发展探析[J].中国电子商情:通信市场,2002(10):54-56.

[7] 水利部长江水利委员会水文局.水位观测标准:GB/T 50138—2010[S].北京:中国计划出版社,2010.

[8] 水利部.河流流量测验规范:GB 50179—1993[S].北京:水利电力出版社,1993.

[9] 水利部长江水利委员会水文局.声学多普勒流量测验规范:SL 337—2006[S].北京:中国水利水电出版社,2006.

[10] 水利部长江水利委员会水文局.水文缆道测验规范:SL 443—2009[S].北京:中国水利水电出版社,2009.

[11] 水利部水文局.水文基础设施建设及技术装备标准:SL 276—2002[S].北京:中国水利水电出版社,2002.

[12] 水利部水文局.水工建筑物与堰槽测流规范:SL 537—2011[S].北京:中国水利水电出版社,2011.